普通物理学教程

电磁学（拓展篇）

梁灿彬　曹周键　陈陟陶　著

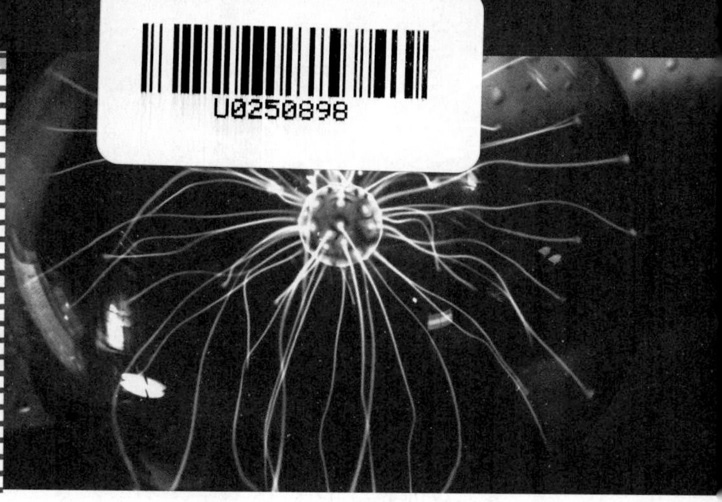

高等教育出版社·北京

内容提要

本书是“十二五”普通高等教育本科国家级规划教材梁灿彬、秦光戎、梁竹健原著，梁灿彬修订《普通物理学教程 电磁学》（第三版）的拓展篇。本书包含24个专题，各专题均设有导读部分，以问题的形式对专题的要点进行概括，以引导和便于读者学习。在专题讨论部分，以对话的形式辨析概念定义及观点，有助于读者更好地学习和理解相关内容。本书涵盖电磁学的多个重难点，部分内容涉及电动力学的某些方面，个别内容甚至超出电动力学的范畴。本书在编写时注重概念的准确性和逻辑推理过程的严谨性，观点鲜明，见解独特。

本书可作为高等学校物理类专业电磁学的参考书，也可供从事电磁学方面工作的广大科技工作者参考和使用。

图书在版编目（CIP）数据

普通物理学教程. 电磁学. 拓展篇 / 梁灿彬，曹周键，陈陟陶著. --北京：高等教育出版社，2018.3（2023.11重印）

ISBN 978-7-04-048831-9

Ⅰ.①普… Ⅱ.①梁… ②曹… ③陈… Ⅲ.①电磁学-高等学校-教材 Ⅳ.①O4

中国版本图书馆 CIP 数据核字（2017）第 274736 号

PUTONG WULIXUE JIAOCHENG DIANCIXUE（TUOZHANPIAN）

策划编辑 李 颖　　责任编辑 缪可可　　封面设计 赵 阳　　版式设计 杜微言

插图绘制 杜晓丹　　责任校对 胡美萍　　责任印制 赵 振

出版发行 高等教育出版社
社　　址 北京市西城区德外大街4号
邮政编码 100120
印　　刷 河北鹏盛贤印刷有限公司
开　　本 787mm×1092mm 1/16
印　　张 20.75
字　　数 500千字
购书热线 010-58581118
咨询电话 400-810-0598
网　　址 http://www.hep.edu.cn
　　　　 http://www.hep.com.cn
网上订购 http://www.hepmall.com.cn
　　　　 http://www.hepmall.com
　　　　 http://www.hepmall.cn
版　　次 2018年3月第1版
印　　次 2023年11月第6次印刷
定　　价 38.60元

物 料 号 48831-00

普通物理学教程
电磁学

（拓展篇）

梁灿彬
曹周键　著
陈陟陶

1 计算机访问http://abook.hep.com.cn/1245104，或手机扫描二维码、下载并安装Abook应用。

2 注册并登录，进入“我的课程”。

3 输入封底数字课程账号（20位密码，刮开涂层可见），或通过Abook应用扫描封底数字课程账号二维码，完成课程绑定。

4 单击“进入课程”按钮，开始本数字课程的学习。

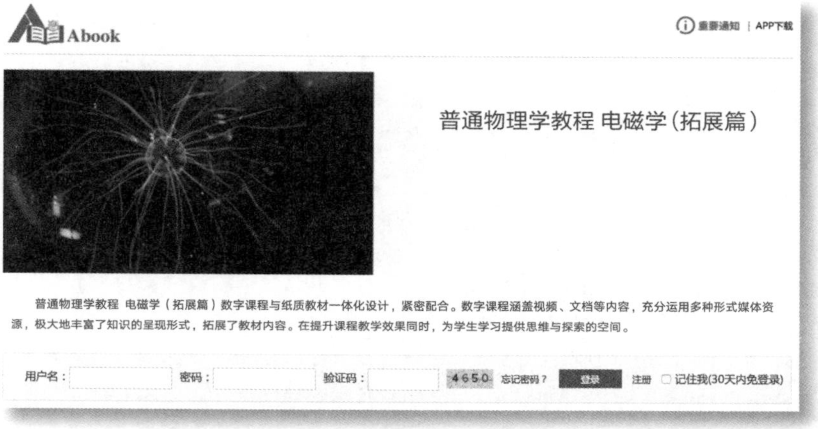

课程绑定后一年为数字课程使用有效期。受硬件限制，部分内容无法在手机端显示，请按提示通过计算机访问学习。

如有使用问题，请发邮件至abook@hep.com.cn。

扫描二维码
下载Abook应用

http://abook.hep.com.cn/1245104

前　　言

我从1959年毕业留校任教开始，就对电磁学及其后续课程电工学和电子学产生浓厚兴趣并深入钻研，对一个个问题逐渐积累起“贴上了自己的标签”的见解。1960年（毕业后仅一年），基于当时“教育革命”的特殊需要（用“多快好省”取代“少慢差费”），教研室决定把电磁学、电工学和电子学三门课程“合三为一”，把总学时从300压缩为80，一个学期讲完（当时称为“三百变八十”教改方案），并且指定我为主讲教师。我在讲课时就试着把自己的理解融入教学内容之中，获得学生的好评。试验只此一回，教改高潮过后一切复原，我仍担任多门课程的助教。1963年，我被指定正式担任物理系电磁学课的主讲教师，同时撰写了《电磁学讲义》（油印版），后来成为1980年出版的《电磁学》第一版的蓝本。出版前的审稿期间，当时的“河北北京师范学院”物理系邀请我到保定为他们主办的“电磁学讲习班”担任主讲，详细介绍《电磁学》一书的重点内容，特别是书中的小字部分以及“小字背后的小字”。当时正值“文化大革命”结束不久，百废待兴，高校教师个个摩拳擦掌，准备再干一番事业，前来听课的教师竟达300人之众。讲课获得好评，但听众反映听课笔记零散破碎，甚易遗忘，强烈要求我尽快以《电磁学教研专题》为名出书。之后的十多年中我应邀到过广州、大连、桂林、唐山、北京、西安、廊坊、南阳、邯郸、临汾、杭州、大同等地多次讲过同类内容，听众仍然是普遍要求尽早出书。然而，由于教学、科研工作繁忙，此事被迫一拖再拖。《电磁学》于2004年再版，再版前曾与出版社商定，把《电磁学》分为基础篇和拓展篇，基础篇就是《电磁学》第一版的修订版，拓展篇则相当于原定的《电磁学教研专题》，打算跟《电磁学》第二版同时出版。但是后来发现拓展篇的写作非常耗费时间，只好于2004年先出基础篇的第二版。经过一而再、再而三的推迟，拓展篇的写作终于在近期完成并准备送交出版社。

本拓展篇包含24个专题。由于电动力学是电磁学在理论方面的后续课程，电磁学拓展篇不可避免地会拓展到电动力学的某些领域，个别内容甚至超出了电动力学的范畴［例如专题17（麦氏方程再讨论）、专题18（再论库仑电场和感生电场）以及专题22（磁荷存在性与磁单极子存在性是两回事）］。

本拓展篇有以下几个总体特色。

（1）大多数内容都是我从1959年以来不断独立思考的产物，其中部分内容则是与同行（特别是本书第二、第三作者）讨论的结果。我虽然经常翻阅中外参考文献并着意汲取其营养成分，但由于脑子里的许多问题都未能在文献中找到答案（其中不少问题甚至在文献中根本无人提及，遑论给出解答），只好独自冥思苦想，或者找人讨论。因此，拓展篇中的许多内容都是本书作者（包括第二、第三作者）的个人见解和杜撰，在其他文献中难以找到这些讲法。“用自己的语言讲自己的理解”本来就是我写书的基本信条，本拓展篇表现得尤其淋漓尽致。我当然深知此种写法要冒很大风险，因为我自知智商平平，虽然笃信“愚者千虑必有一得”的格言，但也无从保证书中的各种杜撰讲法不出错漏，所以写书过程一直诚惶诚恐，反复推敲。出书后欢迎读者批评指正。作为一般规律，读者对一本书的批评意见也许正确，也许错误。我想在此申明一点：因为年事已高，而且还有至少三本书要写，所以对于错误（或不当）

的批评性意见，我不会在有关杂志上载文反驳或者参与争论，敬请读者见谅。

(2) 对于某些文献中我们认为不对的讲法，本书会在适当地方明确指出，以期澄清是非，辨明真伪。我们的态度是对事不对人，除去极少数必须点名引用的有错误讲法的文献之外，我们仅是引述错误（或欠妥）讲法而不指明出处。

(3) 拓展篇的选读部分相当于基础篇的小字部分，只供有余力的读者阅读。必读部分自成体系，不会由于略去选读部分而影响后续必读内容的学习。

(4) 本书特别重视逻辑推理的严谨性，例如，专题 15 在指出物理书对旋度所下定义的不严谨之处后给出了我们杜撰的严谨定义，将使感兴趣的读者耳目一新。我们相信，强调严谨性对于保证结论的正确性以及培养严谨的逻辑思维能力都有莫大好处。我们当然也深知某些物理工作者对此不太喜欢甚至反感，所以常常把有关内容放在“选读”之中。

(5) 虽然物理界的多数人士认为物理公式是量的等式，但我们坚定不移地认为这些都是数的等式（同类量等式除外），并至少取得三本重要专著的强烈支持。有鉴于此，一般书中出现的许多带有“量”字的词汇在本书中都改为“数”字，例如我们会把万有引力公式中的 G 称为“引力常数”而不是“引力常量”，把涉及电介质的公式中的 ε 称为“介电常数”而不是“介电常量”，如此等等。我们当然不否认有引力常量和介电常量这些物理量，但我们要强调公式中的 G 和 ε 都不是量而是数（用适当单位测量各该量所得的数）。我们将在有待出版的专著《量纲理论和应用》（暂名）中对此详加论述。鉴于量纲分析对物理学非常重要，本书也专辟两个专题分别介绍量纲理论和电磁学单位制（专题 23 及 24）。

本书有大量定理、命题和例题，为便于阅读，定理和命题的证明结束处加□，代表“证毕”；例题的求解结束处加■，代表“解毕”。

虽然本书篇幅不算很大，但认真读完 24 个专题仍要颇费时间。对于不能抽出足够时间的读者，与其把不多的时间分散于对 24 个专题的粗略浏览，不如把时间用于精读少数专题。我们推荐如下 9 个最有特色的专题（其中的选读部分可以从略）：专题 3（电场线两大性质是静电场两大定理的形象表述）、专题 6（静电屏蔽再讨论）、专题 8（电容、电容系数和电容器）、专题 9（地球与无限远的等势问题）、专题 16（导体电荷面密度与曲率的关系）、专题 17（麦氏方程再讨论）、专题 18（再论库仑电场和感生电场）、专题 19（交流电路的电压概念）、专题 22（磁荷存在性与磁单极子存在性是两回事）。

本书第二作者、中国科学院应用数学研究所副研究员曹周键是我毕生教学中遇到的最优秀的学生之一。本书第三作者陈陟陶也是我最优秀的前学生之一，现在德国读研（埃尔朗根-纽伦堡大学硕士研究生）。我与这两位作者在这次合作写书中有过无数次讨论，在带着百思不解的若干问题跟他们讨论后都受到重要启发，甚至问题迎刃而解。书中有不少问题的独特理解都包含着他们的卓越贡献，他们的加盟使本书质量得以明显提高。

我与曹周键的共同朋友、美国广义相对论著名专家 James Nester 教授曾参与过专题 16 的部分内容的讨论并提出过重要建议，特此鸣谢。我的另一位极其优秀的前学生张宏宝博士（现在北京师范大学物理系任教）也对专题 16 的部分选读内容做出过重要贡献。北京师范大学物理系的本科生费啸天和贾唯真同学阅读过部分专题的初稿并提出过很好的意见，在此一并致谢。

梁灿彬

2017 年 4 月 20 日于北京师范大学

目　　录

专题1　客体与模型

本专题导读

（1）除点电荷外，电磁学还有其他点模型，例如电偶极子、电四极子和磁偶极子。你知道怎么理解这些点模型吗？

（2）“均匀带电无限平面”模型的客体基础（选读1-2）。

（3）螺线管模型的一个佯谬。

（4）一个有挑战性的问题：求均匀充满体电荷的无限大空间的电场。

§1.1　不要把模型用出范围

物理学的研究对象是各种物理客体。客体一般都太复杂，通常总是先对客体进行简化以形成模型。质点、刚体、点电荷、面电荷、电偶极子等都是模型。先对模型进行充分研究，再把结论近似用于客体。为了给出基本正确的结果，模型应该这样选择，使它与客体在我们所关心的那些方面近似一样。既然两者只在某些方面近似一样，自然存在两者不同的另一些方面。因此，使用模型的第一个注意事项就是不要把模型用出了范围。例如，点电荷 q 的静电场公式为

$$\boldsymbol{E}=\frac{q}{4\pi\varepsilon_0 r^2}\boldsymbol{e}_r\ , \tag{1-1}$$

若问点电荷所在点的电场，回答是“没有意义”（以零为分母的分数无意义），也可说是“无限大”（准确地说是沿任意曲线趋近该点时 E 都无限变大）。有的学生对这种回答感到不舒服，他认为各点的电场都应有确定值。这时就应告诉他，点电荷只是一种模型，其客体基础是小带电体，只当场点与带电体任一点的距离都很大于带电体的尺度时才近似适用①。当你关心一个小带电体上某点的电场并试图用式(1-1)在 $r=0$ 的值描述时，你已经把点模型用出了范围。类似地，“电场在带电面上突变”是面模型的结论，但靠近带电“面”时它已不能被看作几何面了。虽然模型语言中带电面上任一点的电场都无意义，但可以明确地谈及相应的客体（带电薄层）中任一点的电场。不过这时当然已经不是在使用面模型了。

在讨论物理问题时，由于不自觉地把模型用出了范围而导致佯谬的情况可以说是不胜枚举。§12.2关于恒压源和恒流源的例1和例2就是两个例子。但是，只要从现在起在心里有“不能把模型用出范围”这根“弦”，往往可以一眼看清问题而不至于陷入苦恼境地。

为便于讨论，下面采用对话方式，其中乙代表笔者。（以下各专题经常使用对话方式，不另声明。）

---

① 我们不拟涉及粒子（例如电子）的尺度是否为零这一复杂问题。

[选读 1-1]

甲 除了点电荷模型外，电磁学中还有其他点模型吗？

乙 还有不少，例如电偶极子。

甲 什么？电偶极子不是由两个相距很近的等值异号点电荷组成的吗？怎么能看成一个点？

乙 当你说“电偶极子由两个相距很近的等值异号点电荷组成”这句话时，你说的其实是电偶极子的一个客体基础；而“电偶极子”则是从这类客体提炼出来的一个模型。与点电荷一样，它也位于空间的一点；与点电荷不同的是，点电荷由该点的一个标量（电荷 q）描述，而电偶极子则由该点的一个矢量（电偶极矩 $\boldsymbol{p}$）描述。

甲 但是矢量（箭头）总有一定长度，怎能只占据一个空间点？一旦把箭头缩为一点，就只能是零矢量了。

乙 这正是那么多人不知道“偶极子也是点模型”的关键原因。人们（包括数学家）都爱用箭头直观地表示矢量，而箭头总不能只占据一个空间点。但是，根据微分几何，“位于某个空间点 P 的矢量”其实只反映这个点的某一内在属性，与该点以外的东西没有关系。用箭头表示矢量只是一种不得已而为之的表示法，箭头应该越短越好，可惜太短就没法画了。

甲 我们不懂微分几何，对您的结论难以理解。

乙 专题 15 选读 15-3 对此将有详细讲解，缺少微分几何知识的读者也能跟上。你现在只需暂时承认这个结论。

图 1-1(b) 示出电偶极子模型的电场线（实线）和等势线（虚线），电偶极子位于全图的中心点，其偶极矩 $\boldsymbol{p}$ 竖直放置（图中无法示出）；这个模型的客体基础是图 1-1(a)。

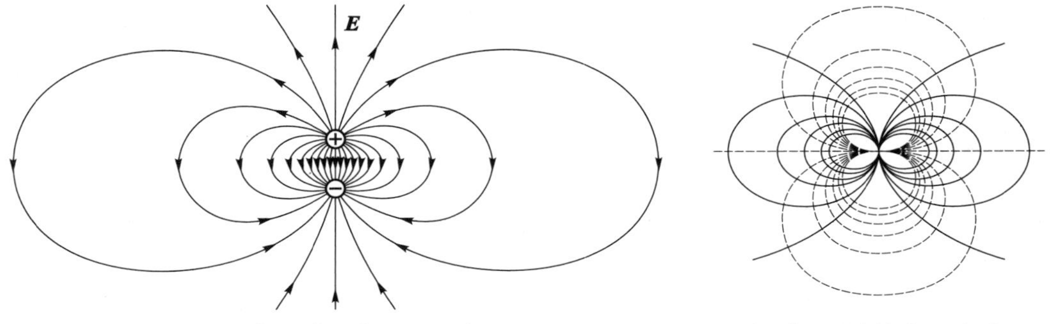

(a) 电偶极子模型的客体基础——两个很近的等值异号点电荷——及其电场线

(b) 电偶极子的点模型，偶极子位于全图中心，其偶极矩竖直放置。实线和虚线分别是电场线和等势线。

图 1-1 电偶极子的客体基础和点模型

总之，点电荷和电偶极子都是点模型，前者的特征量是电荷 q（标量），后者的特征量是电偶极矩 $\boldsymbol{p}$（矢量）。选该模型所在点为原点建立球坐标系后，两者激发的电场 $\boldsymbol{E}$ 都由其特征量以及场点的坐标 (r, θ, φ) 决定，分别由以下两式表出：

点电荷 q 的静电场：
$$\boldsymbol{E}(r)=\frac{q}{4\pi\varepsilon_0 r^2}\boldsymbol{e}_r\ ; \qquad (1-2)$$

电偶极子 $\boldsymbol{p}$ 的静电场：

$$\boldsymbol{E}(r,\theta)=\frac{p}{4\pi\varepsilon_0 r^3}(\boldsymbol{e}_r 2\cos\theta+\boldsymbol{e}_\theta\sin\theta)\,。\tag{1-3}$$

甲 那么电四极子是否也是点模型？

乙 也是，只不过其特征量是张量。本书不拟过多涉及张量，所以此处不写出其表达式。

甲 图 1-1(b)中的电场线非常特别，它既不起于(或止于)点电荷，也不起于(或止于)无限远，因而不具备基础篇[指梁灿彬、秦光戎、梁竹健原著，梁灿彬修订《普通物理学教程 电磁学》(第三版)]1.5.2 小节的性质 1(起止于点电荷或无限远)。对此应如何理解？难道性质 1 也有例外吗？

乙 只要与图 1-1(a)对比就可以找到解释：图 1-1(a)的电场线是具备性质 1 的，但一旦采用偶极子这个点模型后这一性质就不成立了。请特别注意图 1-1(a)是图 1-1(b)的客体基础，电场线起止问题的不同结论就来自你是用偶极子模型讨论还是用客体讨论。可见，对于基础篇所讲的性质 1 应该在心中加如下注释：当偶极子或四极子等点模型被采用时例外。

甲 磁偶极子也是点模型吗？

乙 也是。

甲 但是，磁场的高斯定理 $\oiint \boldsymbol{B}\cdot\mathrm{d}\boldsymbol{S}=0$ 表明磁荷不存在，磁偶极子的客体基础是什么？

乙 磁介质理论中存在着分子电流观点和磁荷观点。根据磁荷观点，条形磁铁两端分别存在正、负磁荷，对于足够远的场点而言，它们就可被近似看作一个磁偶极子。至于分子电流观点，正如基础篇的 §5.7 所讲，圆形载流线圈在远区激发的磁场的表达式为

$$\boldsymbol{B}(r,\theta)=\frac{\mu_0 p_m}{4\pi r^3}(\boldsymbol{e}_r 2\cos\theta+\boldsymbol{e}_\theta\sin\theta)\,。\tag{1-4}$$

注意到电与磁(指分子电流观点)的下列对应关系：

$$\boldsymbol{E}\leftrightarrow\boldsymbol{B}\,,\qquad \boldsymbol{p}\leftrightarrow\boldsymbol{p}_{\mathrm{m}}\,,\qquad \varepsilon_0\leftrightarrow\frac{1}{\mu_0}\,,$$

就会看出式(1-4)与式(1-3)非常类似，所以圆形载流线圈就是磁偶极子的一种客体基础(见图 1-2)，而磁偶极子则是从这个客体提炼出来的点模型，其特征量是磁偶极矩 $\boldsymbol{p}_{\mathrm{m}}$(同样是矢量)。

[选读 1-1 完]

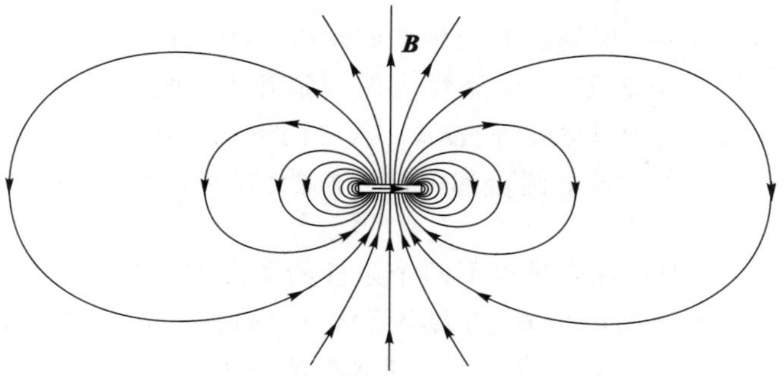

图 1-2 磁偶极子的客体基础——圆形载流线圈

(细长方形代表线圈，里面的箭头代表电流方向)

§1.2 同一客体可提炼不同模型

使用模型的第二个注意事项是：对同一客体，由于所关心的方面不同，可能要选不同的模型。

先看一个很简单的例子。设客体是个均匀带电圆盘，则其轴线上的电场可以表示为[基础篇的式(1-18)]

$$E=\frac{\sigma}{2\varepsilon_0}\left[1-\frac{1}{\sqrt{1+(R/z)^2}}\right], \tag{1-5}$$

其中 σ 和 R 分别是圆盘的电荷面密度和半径，z 是场点与盘心的距离。当我们关心与盘心相距很远的场点时(满足 $R/z\ll 1$)，不难证明(见基础篇 P.14)

$$E\approx\frac{\sigma}{4\varepsilon_0}\frac{R^2}{z^2}=\frac{\pi R^2\sigma}{4\pi\varepsilon_0 z^2}=\frac{q}{4\pi\varepsilon_0 z^2}\text{，}(q\text{ 是圆盘的总电荷}) \tag{1-6}$$

与点电荷电场公式一致。虽然上式是对轴上远离盘心的点推出的，但不难相信，远离圆盘的任何场点都近似适用点电荷电场公式，所以在此情况下可把带电圆盘近似看作点电荷，就是说，允许使用点电荷模型。反之，当我们关心轴线上很靠近盘心的一点时(满足 $R/z\gg 1$)，上式近似归结为

$$E=\frac{\sigma}{2\varepsilon_0}, \tag{1-7}$$

所以在此情况下又可把带电圆盘近似看作均匀带电无限平面，就是说，允许使用均匀带电无限平面模型。

甲 您只讨论了轴线上的两种近似，但我还有下列两个问题。

(A) 对于偏离轴线的场点，在什么情况下可以把圆盘近似看作均匀带电无限平面？

(B) 在日常讨论中还会遇到边缘不是圆形的均匀带电盘(指形状任意的闭合曲线围成的均匀带电平面区域)，这时还有可能使用均匀带电无限平面模型吗？

乙 问题(A)的答案是：只要场点 P 与轴线的距离 $y\ll R$；而且 P 与圆盘的距离 $z\ll R$，均匀带电无限平面模型就近似适用(证明见选读 1-2)。图 1-3 是直观示意图，其中 Ω 区代表式(1-7)的近似适用区。就是说，对 Ω 区内的任一点，均匀带电圆盘都可被近似看作均匀带电无限平面。

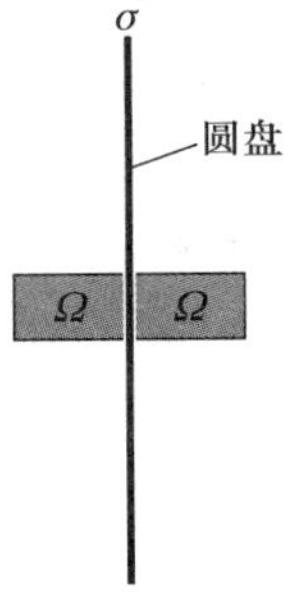

图 1-3 均匀带电圆盘中心附近的 Ω 区

问题(B)的答案是：只要存在满足以下两个条件的场点 P，这带电盘对 P 而言也可近似看作均匀带电无限平面，即 P 点的电场 $\boldsymbol{E}$(的大小 E)也可用式(1-7)近似表示。这两个条件是

$$①\ z\ll R_{小}\text{；}\qquad ②\ R_{大}-R_{小}\ll R_{小}\text{，} \tag{1-8}$$

其中 z 为 P 与带电盘的距离，$R_{小}$ 和 $R_{大}$ 分别是 P 与带电区域边缘的最小和最大距离①。证明亦

① 这两个答案其实就是基础篇(第三版)P.14 给出的结论。

见选读 1-2。

[选读 1-2]

本选读证明上面给出的两个结论。由于问题(A)可以被视为问题(B)的特例，我们先证明问题(B)的结论。

以 O_P 代表 P 点在带电盘的投影。因 z 很小[式(1-8)的条件①]，在以下讨论中可近似看作为零，所以也可认为 $R_{小}$ 和 $R_{大}$ 分别是 O_P 点与带电区域边缘的最小和最大距离，如图 1-4 所示。以 A 代表带电区域(阴影部分)边缘与 O_P 点距离最小的点，则 A 与 O_P 的距离近似为 $R_{小}$。以 O_P 为心、$R_{小}$ 为半径作圆，它把带电区域分为内、外两区，两区电荷对 P 点电场的贡献分别记作 $\boldsymbol{E}_{内}$ 和 $\boldsymbol{E}_{外}$。由于内区就是以 O_P 为圆心的均匀带电圆盘，故

$$E_{内} \approx \frac{\sigma}{2\varepsilon_0}\ 。\tag{1-9}$$

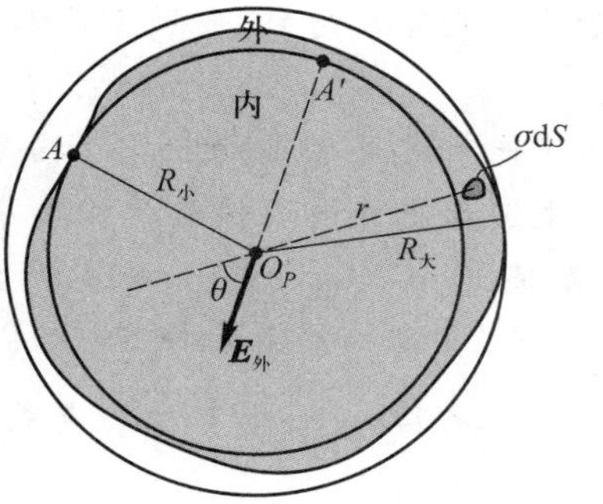

图 1-4 阴影部分代表带电区域

难点在于如何估算 $\boldsymbol{E}_{外}$。在外区任取一个面元 $\mathrm{d}S$ 并将它看作带电为 $\sigma\mathrm{d}S$ 的点电荷，设它与 O_P 点距离为 r，则它对 $\boldsymbol{E}_{外}$ 的贡献(的大小)为

$$\frac{\sigma\mathrm{d}S}{4\pi\varepsilon_0 r^2}\cos\theta\ 。\quad(\text{其中 }\theta\text{ 如图所示})$$

以 A'代表 $\boldsymbol{E}_{外}$ 反向延长线与图中的内圆周的交点，设想将这份电荷 $\sigma\mathrm{d}S$ 改放在 A'点，则它对 $E_{外}$ 的贡献变为

$$\frac{\sigma\mathrm{d}S}{4\pi\varepsilon_0 R_{小}^2}\ 。$$

注意到 $r \geqslant R_{小}$，有

$$\frac{\sigma\mathrm{d}S}{4\pi\varepsilon_0 R_{小}^2} \geqslant \frac{\sigma\mathrm{d}S}{4\pi\varepsilon_0 r^2}\cos\theta\ 。\tag{1-10}$$

若把外区所有电荷都放到 A'点，则它对 P 点贡献的电场(的大小)为

$$\frac{\sigma S_{外}}{4\pi\varepsilon_0 R_{小}^2} \geqslant E_{外}\ ,\tag{1-11}$$

其中 $S_{外}$ 代表带电外区的面积。再以 O_P 为心、$R_{大}$ 为半径作圆，得同心圆环，其面积大于(等于)$S_{外}$，故

$$S_{外} \leqslant \pi(R_{大}^2 - R_{小}^2) = \pi(R_{大} - R_{小})(R_{大} + R_{小}) \ll \pi R_{小}(R_{大} + R_{小})\ ,\tag{1-12}$$

其中最后一步用到 $R_{大} - R_{小} \ll R_{小}$[式(1-8)的条件②]。再由 $R_{大} - R_{小} \ll R_{小}$ 又显见 $R_{大} \ll 2R_{小}$，代入上式给出

$$S_{外} \ll \pi R_{小} \cdot 3R_{小} = 3\pi R_{小}^2\ ,$$

与式(1-11)结合便知

$$E_{外} \ll \frac{\sigma \cdot 3\pi R_{小}^2}{4\pi\varepsilon_0 R_{小}^2} = \frac{3}{2}\,\frac{\sigma}{2\varepsilon_0} \approx \frac{3}{2}E_{内}\ ,$$

因而

$$E \approx E_{内} \approx \frac{\sigma}{2\varepsilon_0}\ 。$$

问题(B)的答案便告证毕。

现在证明问题(A)的答案。现在的带电区域是圆盘，其圆心记作 O。以 O_P 代表场点 P 在圆盘的投影(图 1-5)，则它与盘心 O 的距离为 y。把图 1-5 看作图 1-4 的特例，则由图可见

$$R_{小}=R-y\ ,\qquad R_{大}=R+y\ 。\tag{1-13}$$

为了能利用问题(B)的结论，就是说，为了证明对问题(A)而言带电圆盘仍可被近似看作均匀带电无限平面，只需验证问题(A)的 P 点也满足式(1-8)的两个条件。

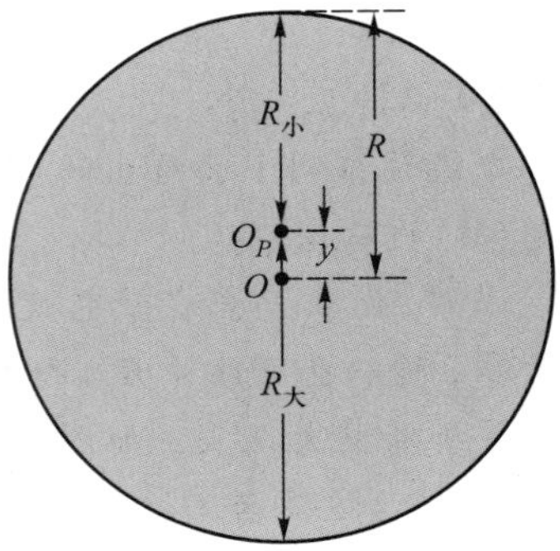

图 1-5 问题(A)证明用图

1. 由已知条件 $y \ll R$ 和 $z \ll R$ 得 $z+y \ll R$，故 $z \ll R-y=R_{小}$，可见条件①满足。

2. 令 $\delta \equiv \frac{y}{R}$，则 $y=R\delta$，与式(1-13)结合得

$$R_{小}=R(1-\delta)\ ,\qquad R_{大}=R(1+\delta)\ ,\tag{1-14}$$

因而

$$R_{大}-R_{小}=2R\delta\ 。\tag{1-15}$$

又因为已知条件 $y \ll R$ 保证 $\delta \ll 1$，故 $3\delta \ll 1$，即 $2\delta \ll 1-\delta$，导致 $2R\delta \ll R(1-\delta)$，与式(1-15)及(1-14)结合便知 $R_{大}-R_{小} \ll R_{小}$，此即待证的条件②。 **[选读 1-2 完]**

为了介绍第二个例子，我们先看一个佯谬。在无限长螺线管外作一圆周 L，其圆心在管轴上，如图 1-6。设 S 是以 L 为边线的圆平面，则它必然与螺线管上所绕的载流导线相交一次。以 I 代表导线电流，则由安培环路定理可知管外的磁场 $\boldsymbol{B}_{外}$ 满足

$$\oint_L \boldsymbol{B}_{外}\cdot \mathrm{d}\boldsymbol{l}=\mu_0 I \neq 0\ 。$$

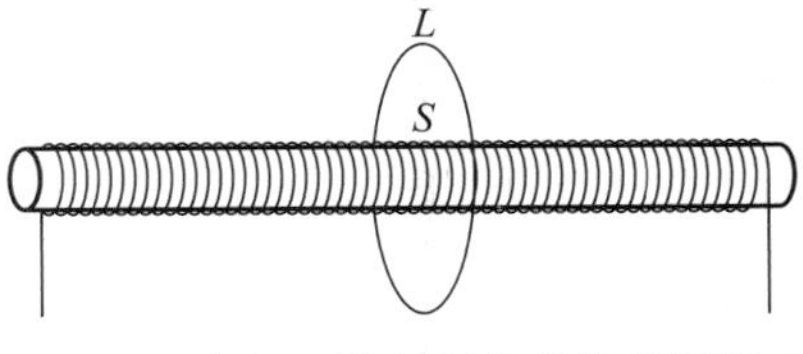

图 1-6 套在无限长螺线管外的圆周 L

另一方面，我们又知道无限长密绕螺线管的 $\boldsymbol{B}_{外}=0$。岂非矛盾？这个佯谬的起因在于：$\boldsymbol{B}_{外}=0$ 的结论是由"并排圆电流模型"推出的(证明见基础篇小节 5.4.3)；而以上对图 1-6 的讨论其实是在使用"一线绕模型"(因而平面 S 必与导线相交一次)。如果使用"并排圆电流模型"，则 S 面与导线无交，结果自然是 $\oint_L \boldsymbol{B}_{外}\cdot \mathrm{d}\boldsymbol{l}=0$，与 $\boldsymbol{B}_{外}=0$ 并无矛盾。以上讨论表明，直长螺线管这一客体至少存在两种不同的模型。"并排圆电流模型"固然比较简单，但在精确度要求很高($\boldsymbol{B}_{外}$ 不可近似看作零)的情况下就要采用"一线绕模型"。为便于使用，在许多场合下也可将此模型做适当简化，即认为导线"无限薄地"贴在螺线管的圆筒表面，从而可用面电流密度 $\boldsymbol{\alpha}$ 刻画①。因为导线半径不会为零，$\boldsymbol{\alpha}$ 又可表为"轴向"和"切向"两个分量之和，即 $\boldsymbol{\alpha}=\boldsymbol{\alpha}_{轴}+\boldsymbol{\alpha}_{切}$，通常有 $\alpha_{轴} \ll \alpha_{切}$。图 1-7 象征性地表示出两个分量的不同效应：$\boldsymbol{\alpha}_{切}$ 的贡献类似于"并排圆电流模型"中导线电流的贡献，即只提供 $\boldsymbol{B}_{内}$(沿轴向并均匀)而不提供 $\boldsymbol{B}_{外}$。反之，$\boldsymbol{\alpha}_{轴}$ 则只提供 $\boldsymbol{B}_{外}$ 而不提供 $\boldsymbol{B}_{内}$。由于导线一般很细，在通常情况下有 $\alpha_{轴} \ll \alpha_{切}$，所以往往忽略 $\boldsymbol{\alpha}_{轴}$(从而近似认为 $\boldsymbol{B}_{外}=0$)，这就是"并排圆电流模型"被广泛采用的原因。

笔者曾听说过一种观点，认为 $B_{内}$ 与 $B_{外}$ 没有可比较性，因为它们分别描写管内点和管外点

---

① 按照国家标准《量和单位》(GB 3100~3102—93)，《普通物理学教程 电磁学》(第四版)中把"面电流密度"改称"电流线密度".

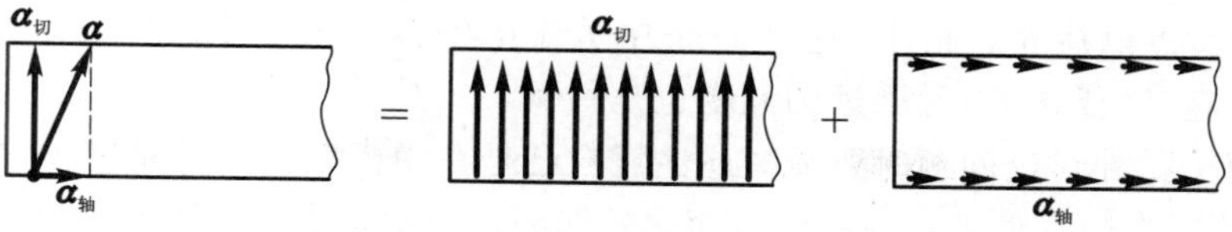

图 1-7　“一线绕模型”相当于“并排圆电流模型”加上少许“轴向修正”

的磁场，正如月球表面的引力场强 $g_{月}$ 虽然很小于地球表面的引力场强 $g_{地}$，但站在月球上的人仍会感觉受到引力，不能因为 $g_{月} \ll g_{地}$ 就说 $g_{月}=0$。然而，笔者认为，在许多物理场合中的确是要对 $B_{外}$ 和 $B_{内}$ 做(间接的)比较的。为避免涉及太多太具体的物理问题，这里只举一个人为想象的例子：假定实验室中有个通电螺线管。如果你想对一块钢条充磁使之成为永磁铁，你当然要把它置于管内；反之，如果你嫌你的手表(怕磁场的机械表)影响工作而摘下它，你一定不会把它放进管中。在你这样做之前，你已经(无意中)对螺线管的 $B_{外}$ 和 $B_{内}$ 做了比较。进一步说，如果由于空间太挤，你的手表只能放在管外离管壁不远的地方，你就得计算出该处 $B_{外}$ 的数值，以便判断它是否超过你的手表所允许的 B 值。而为此就要使用“一线绕模型”了。

§1.3　孤立体系模型

宇宙万物之间互有联系，但我们往往只关心其中的某一部分。如果这部分同其他部分的联系可以忽略，就可近似认为这个部分组成一个**孤立体系**，而把其他部分略去(认为不存在)。例如，当我们关心太阳周围行星的运动时，可忽略来自其他恒星的影响而把太阳系选作孤立体系。可见孤立体系也是一种模型。这是物理学中最基础的、用得最广泛的一种模型。美国著名相对论学家、芝加哥大学的 Geroch 教授说过[Geroch(1977)P. 1-2](以下是笔者的译文)：“*在某种意义上，只是由于能够提出关于孤立体系的概念，人们才能够分别地讨论整个宇宙中的各种子体系。……如果没有划分子体系的能力，人们不论在物理学的哪一个领域中都只能限于研究整个宇宙的每一个细节，事实上也就几乎无法在物理研究中获得任何进展。*”

在电磁学中经常用到孤立点电荷模型。点电荷是个模型就不用多说了。“孤立的”也是模型语言中的形容词。“孤立点电荷”就是假定宇宙中除了这个点电荷以外没有任何物体。这当然不是物理的实在，但在许多情况下往往是足够好的近似。例如，有一个半径为 0.01 m 的带电小球，如果以它为球心、以 100 m 为半径的球面内别无他物(而且此范围外的物体带电不至于太多)，加之我们又只关心以球心为心、以 1 m 为半径的球状区域以内的静电场，就可以相当好地把带电小球看作孤立点电荷。请注意模型语言与客体语言的区别。在客体语言中，我们说从某正点电荷出发的场线必定终止于某负点电荷，但在模型语言中只能说：从孤立的正点电荷发出的场线延伸至无限远(因为在“孤立点电荷”模型中除此点电荷外没有任何电荷)。

有时，不注意区分两种语言会导致一些纠缠不清的问题。例如，有的学生问：“正点电荷的场线是球对称的，它们到无限远后都将终止于负点电荷，但是为什么碰巧在无限远处会有那么多对称分布的负点电荷等着这些场线去终止呢？”前文中曾提过，若按模型语言，哪条场线都将无限延伸而不终止于负点电荷。反之，若按客体语言，当场线走得足够远(以致走出了“孤立点电荷”模型的适用范围)时，它们可以拐弯，它们可能分别终止于一些分布不规则(取决于客体的实际情况)的负点电荷处。此外，选读1-1中关于电偶极子模型中的电场线既不起于(或止于)点电荷也不起于(或止于)无限远的问题也是一例。

以上讨论表明，在讨论问题时要清醒地注意自己是在用模型语言还是客体语言。这可以看作使用模型的第三个注意事项。一些似是而非的问题往往就是由于混淆两种语言而导致的。

上面那位学生提的问题中还涉及“在无限远处”这一常见提法，我们将在下一专题中专门讨论“无限远”这一微妙提法及其有关问题。

§1.4 一个有挑战性的问题

最后，我们来讨论一个有趣(而且具有挑战性)的问题。设电荷以体密度 ρ 均匀分布在无限大空间中，欲求任一点 P 的电场 $\boldsymbol{E}$。

甲 由题目所给的对称性看来，似乎 P 点的任一方向都并不更为特殊(与众不同)，于是 P 点的 $\boldsymbol{E}$(作为一个矢量)似乎只能为零。然而空间各点电场为零的答案显然与高斯定理相悖，因为任一闭合面 S 的电场强度通量 $\oint\!\!\oint_S \boldsymbol{E}\cdot \mathrm{d}\boldsymbol{S}$ 由于 S 上点点有 $\boldsymbol{E}=0$ 而为零，而面内的总电荷 $q_{内}$ 显然非零。这就成了一个两难问题。很想听听您的高见。

乙 这个题目有些含糊之处，因为“电荷以体密度 ρ 均匀分布在无限大空间”这个已知条件有两种不同含义(有歧义)，不同人对此可以有不同理解。你刚才的思考代表第一种含义，就是默认已知条件包含着全部对称性(例如有平移和旋转不变性)，于是 P 点的 $\boldsymbol{E}$ 只能为零，但这又跟高斯定理明显冲突。如果竟然存在这样一种客体，以它为基础可以提炼出上述模型，我们就必然处于两难境地。

甲 但是我觉得这个模型还是有客体基础的。最有希望的客体就是以体密度 ρ 均匀分布着电荷的、半径 R 很大的球形区域(均匀带电大球体)。

乙 好的，我们就对这个客体进行讨论。设 $\boldsymbol{r}$ 是从球心 O 到(球内)场点 P 的径矢，则由基础篇的式(1-32)不难推出 P 点的电场

$$\boldsymbol{E}_P=\frac{\rho}{3\varepsilon_0}\boldsymbol{r}\ , \tag{1-16}$$

表明 $\boldsymbol{E}_P$ 与带电球的半径 R 无关。另一方面，上式又表明 $\boldsymbol{E}_P$ 密切依赖于测量径矢 $\boldsymbol{r}$ 的原点 O(球对称性的中心)。可见，对 $\boldsymbol{E}_P$ 而言，带电球的半径 R 是无用信息；带电区域的球对称中心是重要信息。然而“均匀带电无限空间”这一模型竟把重要信息(球对称中心)丢掉而强调了无用信息 R(强调其“很大”以至无限大)，所以是不合理的。

甲 但我觉得“均匀带电无限空间”很类似于“均匀带电无限平面”，而后者的确有客体基础，例如均匀带电的大圆盘。

乙 表面看来两者很像，其实本质不同。均匀带电圆盘轴线上任一点 P 的电场(大小)为[此即前面的式(1-5)]

$$E_P=\frac{\sigma}{2\varepsilon_0}\left[1-\frac{1}{\sqrt{1+(R/z)^2}}\right]\ 。 \tag{1-17}$$

上式与式(1-16)截然不同，它表明 $\boldsymbol{E}_P$ 与圆盘半径 R 有关(准确说是 $\boldsymbol{E}_P$ 与 R/z 有关)，而且这

种关系保证当 $R\gg z$ 时式(1-17)与均匀带电无限平面的电场公式 $E=\sigma/2\varepsilon_0$ 近似一样，所以可以认为半径很大的大圆盘是均匀带电无限平面的客体基础。值得强调的是，对带电平面而言，“R 很大”是重要信息，这恰恰与带电球体相反。

甲 您刚才说过，在提炼“均匀带电无限空间”这一模型时丢掉了“球对称中心”这一重要信息，但我觉得在提炼“均匀带电无限平面”这一模型时也丢掉了“圆盘的对称中心”这一信息啊。不是吗？

乙 是的。不过，“均匀带电无限空间”由于缺少“球对称中心”会呈现两难局面，而“均匀带电无限平面”虽然也缺少“圆盘对称中心”这一信息，却不会导致困难，原因如下。选读 1-2 已经证明，略微偏离轴线的场点的电场大小仍近似为 $E\approx\sigma/2\varepsilon_0$，所以在此情形下轴线就不甚重要，从而“圆盘对称中心”是无用信息。反观均匀带电大球体，若球心 O 偏移一个矢量 $\boldsymbol{d}$ 而到达另一点 O'，则其内部电场自然是

$$\boldsymbol{E}_P=\frac{\rho}{3\varepsilon_0}\boldsymbol{r}', \tag{1-16'}$$

其中 $\boldsymbol{r}'$ 是从 O' 到 P 的径矢，有 $\boldsymbol{r}'=\boldsymbol{r}+\boldsymbol{d}$。原则上 $\boldsymbol{r}$ 是可以小到零的，所以不论球心的偏移 $\boldsymbol{d}$ 多小，与 $\boldsymbol{r}$ 相比都无法忽略不计。可见在此情形下，球对称中心“丝毫不能有所偏移”，与均匀带电大圆盘的情形有着天壤之别。

甲 看来均匀带电的大球体是不能充当“均匀带电无限空间”这一模型的客体基础了。这一模型还可能以其他什么客体为基础吗？

乙 不可能了，因为这样的客体必然与高斯定理相矛盾，而我们坚信高斯定理在静电学中是正确的，所以只能认为第一种含义的“均匀带电无限空间”是个“没有客体基础的模型”。应该尽量谢绝讨论任何没有客体基础的模型。

甲 那么您的第二种含义是什么？

乙 “电荷以体密度 ρ 均匀分布在无限空间”的第二种含义是：电荷分布有对称性，但对边界条件并未提出对称性的要求。

甲 为什么会涉及边界条件？

乙 基础篇第一章讲过，为确定某个空间区域 Ω 的静电场 $\boldsymbol{E}$，不但要给定 Ω 内 $\boldsymbol{E}$ 场所满足的场方程，而且要给定 $\boldsymbol{E}$ 场在 Ω 的边界上所应满足的条件($\boldsymbol{E}$ 在边界上的法向分量 E_n)①。静电场的场方程为

$$\oiint_S \boldsymbol{E}\cdot \mathrm{d}\boldsymbol{S}=q_{\text{内}}/\varepsilon_0\ ,\quad (\text{相应的微分形式为}\nabla\cdot\boldsymbol{E}=\rho/\varepsilon_0) \tag{1-18}$$

$$\oint \boldsymbol{E}\cdot \mathrm{d}\boldsymbol{l}=0\ 。\quad (\text{相应的微分形式为}\nabla\times\boldsymbol{E}=0) \tag{1-19}$$

方程(1-18)涉及任一闭曲面 S 所包围的 $q_{\text{内}}$，所谓给定场方程就是给定每个曲面内的电荷。对现在讨论的问题而言，由于空间的电荷体密度 ρ 是已知数，所以场方程(1-18)和(1-19)已经给定。至于边界条件，因为问题所涉及的区域 Ω 是整个(无限大)空间，“给定边界条件”就是指定 $\boldsymbol{E}$ 在无限远的行为。然而题目对此并未指定，所以求不出 $\boldsymbol{E}$ 来是很自然的。这其实是一个只给定场方程而未给定边界条件的问题。题目只告诉你电荷密度在全空间均匀(这表明电荷分布有

① 这其实是把一个数学定理用于静电场的结果，该定理的陈述及证明见专题 18 的定理 18-5。

很好的对称性)，但你在前面的讨论中不自觉地添加了一个默认，即默认边界条件也有这样的对称性，从而场 $\boldsymbol{E}$ 也有这样的对称性，于是被迫认为 $\boldsymbol{E}$ 非零不可。而这又与高斯定理冲突，所以陷入两难境地——问题无解。然而，如果注意到边界条件并未给定，则问题非但不是无解，而且是有太多的解(无唯一解)。

甲 这种无限远的边界条件如何给定?

乙 不妨再次考察刚才你认为的那个客体，即半径 R 很大的均匀带电球体。选这个球形区域为 Ω 区，将式(1-16)用到该区的边界(球面)便得电场在边界上的法向分量

$$E_{\mathrm{n}}\bigg|_{r=R}=\frac{\rho R}{3\varepsilon_0}。\tag{1-20}$$

可以看出，不论 R 多大，Ω 区的边界条件都只有球对称性而没有平移对称性。因此，当 $R\to\infty$ 时，从该客体提炼出的无限大空间的边界条件也就只有球对称性而没有平移对称性，这就不同于你刚才理解的含义——连电荷分布带边界条件都有全部对称性。

甲 我现在明白了，我来小结一下。这个题目有点含糊，允许有两种理解。如果理解为连电荷分布带边界条件都有全部对称性，则问题无解；如果理解为只知道电荷分布有全部对称性而边界条件的对称性尚未给定，则问题有太多解。例如，任取一点 O 为测量径矢 $\boldsymbol{r}$ 的原点，就容易验证

$$\boldsymbol{E}=\frac{\rho}{3\varepsilon_0}\boldsymbol{r}\tag{1-21}$$

是方程组(1-18)、(1-19)的一个解，它相应于边界条件具有以 O 为中心的球对称性[不妨就表为式(1-20)，但要说明 $R\to\infty$]。

乙 很对。当然，由于 O 点可以任选，形如上式的解就已经有无限多个。刚才认为两难，是因为 P 点的 $\boldsymbol{E}$ 指向任何方向都不行，而现在发现，由于边界条件并未指定，P 点的 $\boldsymbol{E}$ 指向任何方向都并无不可。此外，例如，设 $\boldsymbol{a}$ 是个常矢量场，则

$$\boldsymbol{E}=\frac{\rho}{3\varepsilon_0}\boldsymbol{r}+\boldsymbol{a}\tag{1-22}$$

也是方程组(1-18)、(1-19)的一个解，它相应于边界条件具有轴对称性(过 O 且平行于 $\boldsymbol{a}$ 的轴)。可见，只给定方程组而不给定边界条件的结果不是无解，而是有太多解!

无独有偶。“充有均匀时变磁场的无限空间”这一模型也会带来类似的两难问题。由题设的对称性看来(按第一种含义)，任一场点 P 的感生电场 $\boldsymbol{E}_{感}$ 也只能为零，而这又与法拉第定律相悖。设某甲过 P 点作如图 1-8 的圆周 C 并得出结论说 P 点的 $\boldsymbol{E}_{感}$ 向上(设已知 $\mathrm{d}B/\mathrm{d}t>0$)，但某乙也可作另一圆周 C'(虚线)并认为 $\boldsymbol{E}_{感}$ 向下。这一两难问题的答案仍然是：这是一个没有客体基础的模型。与图 1-8 类似的、经常遇到的(似乎可充当客体基础的)物理情况是：在电磁铁的两个圆柱形磁极之间的气隙中的磁场 $\boldsymbol{B}$ 可近似看作均匀，但 B 随时间而变。这时可近似认为气隙内的 $\boldsymbol{E}_{感}$ 线为同心圆(与基础篇图 6-14 类似)，由此不难近似求得每点的 $|\boldsymbol{E}_{感}|$ 为[见基础篇的式(6-21)]

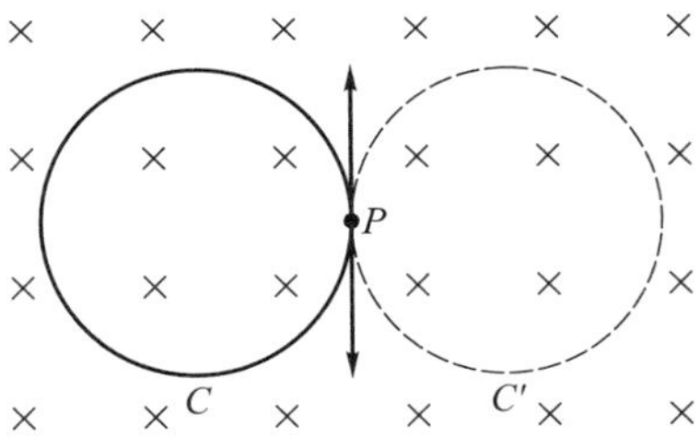

图 1-8 P 点的 $\boldsymbol{E}_{感}$ 指向何方?

$$|\boldsymbol{E}_{感}| \approx \frac{r}{2}\left|\frac{\mathrm{d}B}{\mathrm{d}t}\right|, \tag{1-23}$$

其中 r 是场点的半径，即与气隙圆心的距离。上式与均匀带电球体内部电场的表达式(1-16)非常类似——电场大小都与场点的半径 r 成正比，所以讨论也跟前面相仿，结论是：气隙圆心(对称中心)的位置是重要信息，而一旦提炼为“充有均匀时变磁场的无限空间”这一模型就丢掉了这一信息，所以陷于两难境地。

以上两例使我们认识到使用模型的第四个注意事项，就是不宜使用“没有客体基础”的模型。

作为本专题的结束语，在此将使用模型的四个注意事项再罗列一遍：

(1) 不要把模型用到适用范围以外；

(2) 对同一客体，在关心不同的问题时要用不同的模型；

(3) 清醒地知道自己是在使用客体语言还是模型语言；

(4) 不宜使用“没有客体基础”的模型。

专题2　无限远问题

本专题导读

(1) 弄清“数学无限远”和“物理无限远”的定义、联系和区别。

(2) 当无限远有电荷时，通常不能把电势参考点选在无限远，但也有个别例外，请注意例外情况。

“无限远”是电磁学、电动力学、流体力学以及狭义、广义相对论中经常遇到的、不可回避的问题。物理学家又把它分为“数学无限远”和“物理无限远”两个概念，两者都有重要应用。

§2.1　数学无限远

数学无限远是一个纯数学概念。正如无限大不是一个数(不是实数轴上的一点)那样，无限远也不是一个点或一个地区。正如无限大描述的是一个变数的变动趋势那样，无限远描写的是一个动点的变动趋势。不能说一个点位于无限远(指数学无限远)，只能说一个点趋于无限远。

任选一点 O 为原点，令 r 代表某点 P 与 O 的距离，则 r 越大代表 P 离 O 越远。若 P 为一动点，则 r 为一变数。所谓“动点 P 趋于无限远”自然是指其 $r\to\infty$。但在不少情况下还要关心动点 P 怎样趋于无限远，这不能从 $r\to\infty$ 看出。描写这个“怎样”的最准确方法就是指明一条曲线 L(其 r 坐标趋于无限大)作为 P 点的变动路径。

在以上基础上就可给出“电势参考点(零势点)在无限远”的明确定义。场点 P 的静电势既与 P 有关又与参考点(记作 $\bar{P}$)有关，为明确起见，我们用记号 $V_P[\bar{P}]$ 代表 P 点的、以 $\bar{P}$ 为参考点的电势，由定义有

$$V_P[\bar{P}]=\int_P^{\bar{P}}\boldsymbol{E}\cdot\mathrm{d}\boldsymbol{l}\text{。(积分路径是从 }P\text{ 到 }\bar{P}\text{ 的任意曲线)}\tag{2-1}$$

所谓参考点在无限远时 P 点的电势(简记作 $V_P[\infty]$)，显然是指 $V_P[\bar{P}]$ 在 $\bar{P}$ 趋于无限远时的极限。注意到 $\bar{P}$ 可沿各种不同曲线 L 趋于无限远，应该提出如下条件：(a) $\bar{P}$ 沿任一曲线趋于无限远时 $V_P[\bar{P}]$ 都有极限；(b) $V_P[\bar{P}]$ 的极限与所选曲线无关。只当这两个条件被满足时 $V_P[\infty]$ 才有明确意义，即

$$V_P[\infty]=\lim_{\substack{\bar{P}\text{沿任一曲}\\\text{线趋于无限远}}}\int_P^{\bar{P}}\boldsymbol{E}\cdot\mathrm{d}\boldsymbol{l}\text{。}\tag{2-2}$$

点电荷 q 的静电场满足上述两条件，所以 $V_P[\infty]$ 有明确意义，而且不难求得它的表达式为

$$V_P[\infty]=\frac{q}{4\pi\varepsilon_0 r_P},\tag{2-3}$$

其中 r_P 是场点与点电荷所在点的距离。其实，只要电荷分布在有限区，$V_P[\infty]$就有意义，而且等于把带电区域分为无数个点电荷后按式(2-3)求得的结果之和。“电荷分布在有限区”的确切含义是：任取一点 O 为原点，若存在实数 R，使得以 O 为心、以 R 为半径的球面外没有电荷，便可说是“电荷分布在有限区”。请注意，这一条件之所以有可能被满足，是因为我们在默默地使用孤立带电体系的概念。当我们说电荷分布在有限区时，这“电荷”指的就是把宇宙中其他电荷全部略去之后所得的孤立带电体系的电荷(详见专题1)。

当“电荷分布在有限区”的条件得不到满足(也说这时的电荷分布延伸至无限远)时，前面关于 $V_P[\infty]$有意义的两个条件通常不被满足。先以均匀带电无限平面为例。考虑任一场点 P 的电势。任取一点 $\bar{P}$ 作为参考点(请注意，只要明确指定一点 $\bar{P}$，它就不会“在无限远”)。以 x_P 和 $x_{\bar{P}}$ 分别代表 P 和 $\bar{P}$ 点与带电平面的距离，则易证

$$V_P[\bar{P}]=\int_P^{\bar{P}}\boldsymbol{E}\cdot\mathrm{d}\boldsymbol{l}=\frac{\sigma}{2\varepsilon_0}\Delta x\ , \tag{2-4}$$

其中 σ 是带电面的电荷面密度，$\Delta x\equiv x_{\bar{P}}-x_P$(见图2-1)。现在把 $\bar{P}$ 看作动点并令其沿某曲线 L 趋于无限远。以 $\Sigma_{\bar{P}}$ 代表过 $\bar{P}$ 的原始位置并且平行于带电面的平面(仍见图2-1)，如果整条 L 线都躺在 $\Sigma_{\bar{P}}$ 面内(专记作 $\bar{L}$)，则

$$\lim_{\bar{P}\text{沿}\bar{L}\text{趋于无限远}}\Delta x=\Delta x\ , \tag{2-5}$$

故

$$\lim_{\bar{P}\text{沿}\bar{L}\text{趋于无限远}}\int_P^{\bar{P}}\boldsymbol{E}\cdot\mathrm{d}\boldsymbol{l}=\frac{\sigma}{2\varepsilon_0}\Delta x\ 。 \tag{2-6}$$

当然，即使 L 线并非整条躺在 $\Sigma_{\bar{P}}$ 面内，式(2-5)也有可能满足，而只要此式满足，式(2-6)就成立。问题在于还有大量的 L 会使式(2-5)不满足，事实上有大量的 L 会使 $\lim\limits_{\bar{P}\text{沿}L\text{趋于无限远}}\Delta x$ 不存在(例如图2-1的 L)，即 $\lim\limits_{\bar{P}\text{沿}L\text{趋于无限远}}\Delta x=\infty$。可见在此情况下前面关于$V_P[\infty]$有意义的两个条件都不被满足。因此，结论是：对均匀带电无限平面的静电场，电势参考点不能选在无限远。

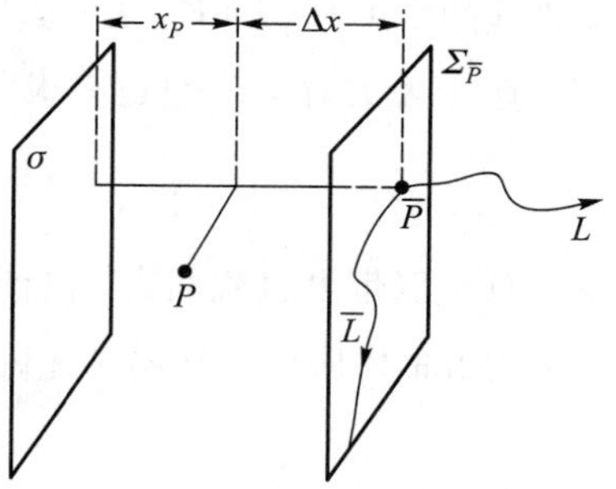

图2-1 场点 P、参考点 $\bar{P}$ 以及趋于无限远的曲线 $\bar{L}$ 和 L

再看均匀带电无限长直线的静电场。以带电线为轴选柱坐标 ρ,φ,z，由高斯定理易得其电场为[见基础篇习题1.3.7之(2)]

$$\boldsymbol{E}=\frac{\eta}{2\pi\varepsilon_0\rho}\boldsymbol{e}_\rho\ , \tag{2-7}$$

其中 η 是直线的电荷线密度，$\boldsymbol{e}_\rho$ 是沿坐标 ρ 增加方向的单位矢量。设参考点 $\bar{P}$ 的柱坐标为 $\bar{\rho}$, $\bar{\varphi}$, $\bar{z}$，则易得

$$V_P[\bar{P}]=\frac{\eta}{2\pi\varepsilon_0}\ln\frac{\bar{\rho}}{\rho}\ 。 \tag{2-8}$$

当 $\bar{P}$ 沿着与带电直线平行的直线(记作 $L_\parallel$)趋向无限远时 $\bar{\rho}$ 不变，故 $\lim V_P[\bar{P}]$存在并等于

$\dfrac{\eta}{2\pi\varepsilon_0}\ln\dfrac{\bar{\rho}}{\rho}$，但如果 $\bar{P}$ 沿着与带电直线垂直的直线趋向无限远，就有

$$\lim_{\substack{\bar{P}\text{沿与带电线垂直}\\\text{的直线趋于无限远}}} V_P[\bar{P}]=\infty ,$$

所以也不满足上述关于 $V_P[\bar{P}]$ 有意义的两个条件。由此可得结论：对均匀带电无限直线的静电场，电势参考点也不能选在无限远。

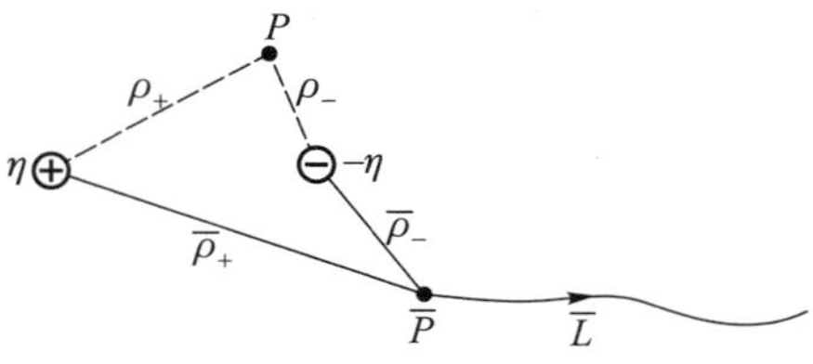

图 2-2 过 $\bar{P}$ 的横截面图

然而，有趣的是，如果在原带电直线之外还有一条与之平行的带电直线，电荷线密度为 $-\eta$，情况就变得微妙。分别以 ρ_+，ρ_- 和 $\bar{\rho}_+$，$\bar{\rho}_-$ 代表 P 和 $\bar{P}$ 点与带 η 的线和带 $-\eta$ 的线的距离（图 2-2），则

$$V_P[\bar{P}]=\frac{\eta}{2\pi\varepsilon_0}\ln\frac{\bar{\rho}_+}{\rho_+}+\frac{-\eta}{2\pi\varepsilon_0}\ln\frac{\bar{\rho}_-}{\rho_-}=\frac{\eta}{2\pi\varepsilon_0}\ln\frac{\bar{\rho}_+\rho_-}{\rho_+\bar{\rho}_-} , \tag{2-9}$$

令 $K\equiv\rho_-/\rho_+$，则

$$V_P[\bar{P}]=\frac{\eta}{2\pi\varepsilon_0}\ln\left(K\frac{\bar{\rho}_+}{\bar{\rho}_-}\right) 。\tag{2-10}$$

上式与带电直线的式(2-8)有一根本不同。由式(2-8)可知，只要 $\bar{\rho}$ 趋于无穷，则 $V_P[\bar{P}]$ 必无极限；但对双带电直线的情况[式(2-10)]，只要 $\bar{\rho}_+$ 和 $\bar{\rho}_-$ 中有一个趋于无穷，则另一个也趋于无穷，而且 $\lim(\bar{\rho}_+/\bar{\rho}_-)=1$。于是，不但在 $\bar{\rho}_+$（因而 $\bar{\rho}_-$）不趋于无穷时 $V_P[\bar{P}]$ 有极限，而且当 $\bar{\rho}_+$（因而 $\bar{\rho}_-$）趋于无穷时 $V_P[\bar{P}]$ 也有极限，其值为

$$\lim_{\bar{P}\text{沿}L\text{趋于无限远}} V_P[\bar{P}]=\frac{\eta}{2\pi\varepsilon_0}\ln K 。\tag{2-11}$$

可见，对于双带电直线而言，保证 $V_P[\infty]$ 有意义的条件(a)得到满足。然而条件(b)却不被满足，因为 $\lim V_P[\bar{P}]$ 与 $\bar{P}$ 趋于无限远的曲线有关：

$$\lim V_P[\bar{P}]=\frac{\eta}{2\pi\varepsilon_0}\lim\ \ln\left(K\frac{\bar{\rho}_+}{\bar{\rho}_-}\right) , \tag{2-12}$$

只要 $\bar{P}$ 沿着一条最终保证 $\bar{\rho}_+\neq\bar{\rho}_-$ 的曲线趋于无限远，就有与式(2-11)不等的结果。可见条件(b)不被满足。

虽然条件(b)未被满足，但不妨对它适当放宽。以 $\Sigma_{\bar{P}}$ 代表过 $\bar{P}$ 并与带电直线垂直的截面（即图 2-2 所在的纸面），则式(2-11)在 $\bar{P}$ 沿着任一躺在 $\Sigma_{\bar{P}}$ 内的曲线（专记作 $\bar{L}$）趋于无限远时都成立。既然如此，不妨就把 $V_P[\infty]$ 定义为

$$V_P[\infty]\equiv\lim_{\bar{P}\text{沿}\bar{L}\text{趋于无限远}} V_P[\bar{P}]=\frac{\eta}{2\pi\varepsilon_0}\ln\frac{\rho_-}{\rho_+} 。\tag{2-13}$$

从物理上看，选这样的 $\bar{L}$ 是有理由的：双带电直线问题的电荷分布具有沿线平移的对称性，如果 $\bar{P}$ 点沿着与带电线平行的直线 $L_{\parallel}$ 无限地走下去，虽然也可说它趋于无限远，但恐怕不是我们

原先想象的那种无限远，因为无论它如何走下去，平移对称性决定了物理情况并无改变。反之，沿着躺在 Σ_P 内的曲线走下去才更像物理上"希望"的那种无限远。不妨把这种做法称为"对称约化"①，还可推广到其他有对称性的场合。

在狭义及广义相对论中，当问题涉及整个时空的全局时，经常遇到无限远问题。只要涉及无限远，就会产生一种"没抓没挠"的感觉，就只能用极限手法。这不但很麻烦，而且常会遇到求极限与求导是否可交换的数学问题。国际相对论界的数学强人 Penrose 提出了一种很高明的数学手法，利用"共形变换"对时空加以压缩（越远处压缩量越大），竟能将无限远"压"到"近处"，并作为边界面贴附于已压缩的时空之上。这时的"无限远"就"既可望又可及"，可以指着这个边界面上的点（无限远点）说三道四而无须借助极限过程。这是研究物理场的无限远行为的巧妙手法，有兴趣的读者不妨参见梁灿彬、周彬著的《微分几何入门与广义相对论》（第二版）中册（2009）的 §12.2。掌握这种手法有助于更严密准确地讨论电磁学和电动力学的无限远问题，不过这已大大超出了本书的既定范围。

§2.2 物理无限远

用数学无限远讨论问题的好处是保证严格性，缺点是比较抽象，常有一种"没抓没挠"的感觉。例如，只要指定一个具体的点（无论它离原点有多远），就不能说"它在无限远处"或"它是无限远点"。又如，因为"无限远"并非任何区域，所以不允许谈及"无限远区"，更不能说"无限远区内的点都是无限远点"。这的确是比较麻烦的。因此，许多物理学家喜欢采用"物理无限远"的提法。这是一种虽然近似但在许多问题中比较方便的做法，其合理性来自：①静电场强与距离平方成反比（对于时变电场和磁场虽然未必与距离平方成反比，但总还是越远越弱）；②物理上允许近似地讨论问题。

设电荷只分布在有限区 ω 内（请注意这已用了孤立体系模型）。在 ω 区任取一点 O 为原点。假设我们只关心以 O 为心、以某实数 $R>0$ 为半径的球面 S 内的区域（记作 Ω）的静电场 $\boldsymbol{E}$。再以 O 为心、以某实数 $R_{大} \gg R$ 为半径作一球面 Σ（图 2-3），则 Σ 上的电场 $\boldsymbol{E}|_\Sigma$ 比 Ω 内的电场 $\boldsymbol{E}|_\Omega$ 要弱得多，以致可以认为 $\boldsymbol{E}|_\Sigma$ 与 $\boldsymbol{E}|_\Omega$ 相较可被忽略，就不妨把 Σ 以外的整个区域称为物理无限远区，把区内的任一点称为物理无限远点。由于默认采用孤立体系模型，即默认全空间除 ω 区外都无电荷，所以物理无限远区内任一点的 $\boldsymbol{E}$ 与 Ω 中的 $\boldsymbol{E}$ 相较都可忽略。先讨论最简单的情况：设存在以 O 为心、以某实数 $R_1>R$ 为半径的球面 S_1（见图 2-4），使得在关心 S_1 和 S 之间的球层（记作 Ω'）内的场时 ω 可看作点电荷（数值为 q）。设 $\tilde{P}$ 是 Σ 的任一点（仍见图 2-3），我们来证明，对 Ω' 的任一场点 P（见图 2-4）的电势而言，把参考点选在 $\tilde{P}$ 和选在数学无限远的结果近似相同，即 $V_P[\tilde{P}] \approx V_P[\infty]$，其中 ∞ 代表数学无限远。证明如下。

① 与广义相对论的对称约化方法实质相同。

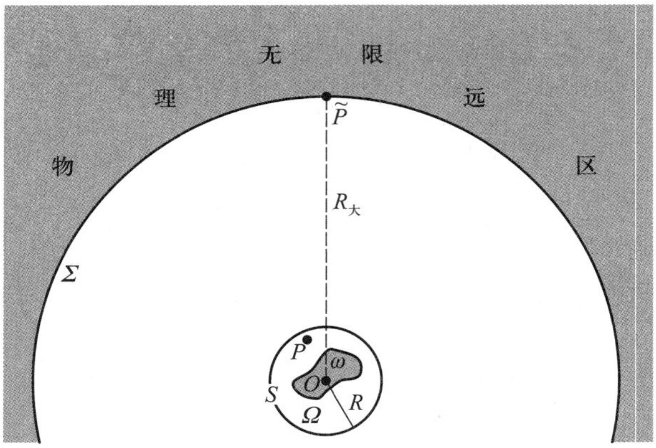

图 2-3 物理无限远区示意

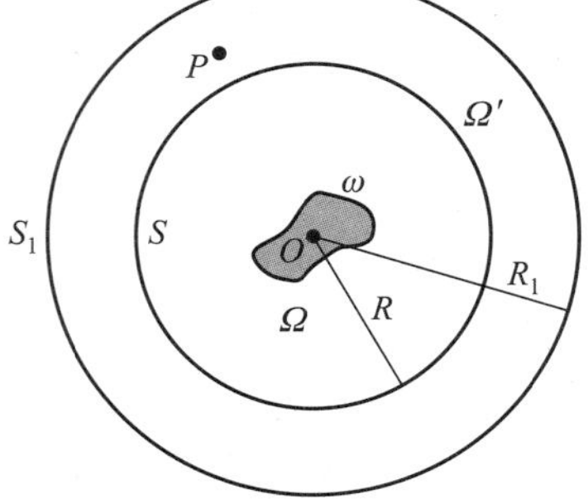

图 2-4 图 2-3 的局部放大和补充

$$V_P[\tilde{P}] = \int_P^{\tilde{P}} \boldsymbol{E}\cdot \mathrm{d}\boldsymbol{l} = \int_P^{\infty} \boldsymbol{E}\cdot \mathrm{d}\boldsymbol{l} + \int_{\infty}^{\tilde{P}} \boldsymbol{E}\cdot \mathrm{d}\boldsymbol{l}$$
$$= \frac{q}{4\pi\varepsilon_0}\left(\int_{r_P}^{\infty}\frac{1}{r^2}\mathrm{d}r + \int_{\infty}^{r_{\tilde{P}}}\frac{1}{r^2}\mathrm{d}r\right) = \frac{q}{4\pi\varepsilon_0}\left(\frac{1}{r_P} - \frac{1}{r_{\tilde{P}}}\right) \approx \frac{q}{4\pi\varepsilon_0 r_P}, \tag{2-14}$$

其中末步用到 $r_{\tilde{P}} \gg r_P$；另一方面，以 L 代表从 $\tilde{P}$ 点伸向无限远（指数学无限远）的直线，又有

$$V_P[\infty] = \lim_{\tilde{P}\text{沿}L\text{趋于无限远}} \int_P^{\tilde{P}} \boldsymbol{E}\cdot \mathrm{d}\boldsymbol{l} = \frac{q}{4\pi\varepsilon_0}\lim_{r_{\tilde{P}}\to\infty}\int_{r_P}^{r_{\tilde{P}}}\frac{1}{r^2}\mathrm{d}r = \frac{q}{4\pi\varepsilon_0}\left(\frac{1}{r_P} - \lim_{r_{\tilde{P}}\to\infty}\frac{1}{r_{\tilde{P}}}\right) = \frac{q}{4\pi\varepsilon_0 r_P}。 \tag{2-15}$$

对比式(2-14)和式(2-15)便知 $V_P[\tilde{P}] \approx V_P[\infty]$（证毕）。可见把 $\tilde{P}$ 作为参考点与把参考点选在数学无限远求得的 P 点的电势近似一样。虽然我们只就 ω 可看作点电荷的情况做了证明，但利用叠加原理不难知道这一结论对 ω 区内有任意电荷分布的一般情况也成立。所以把 $\tilde{P}$ 看作（称为）物理无限远点是合理的。

以上讨论的出发点是电荷只分布在有限区 ω 内。如果在 ω 原有电荷的基础上再加上一个均匀带电无限平面，便会出现电荷分布延伸至（物理）无限远的情况。请注意现在采用的是物理式（而不是数学模型式）的讨论，所谓无限大面其实也是有限大的，只不过它延伸到物理无限远区而已。但也正因为如此，物理无限远区就不再是等势区，因此在这种情况下“把参考点选在无限远”就不再有意义。以上只是以均匀带电无限平面为例，但由此不难加深对下述常见结论的理解：“当电荷分布延伸至无限远时，不能把参考点选在无限远。”

专题3　电场线两大性质是静电场两大定理的形象表述

本专题导读

谁都知道电场线起于正电荷、止于负电荷、在无电荷处不中断。我们称此为电场线的性质1。你知道这是高斯定理的逻辑结果吗？你知道“没有高斯定理就没有性质1吗”？可是有人喜欢用“电场线在无电荷处不中断”这一性质轻易地证明高斯定理。你不觉得这是因果倒置吗？

静电学中存在着一类经常遇到却又相当棘手的问题，这就是静电平衡时导体表面的电荷分布问题。电场线在讨论此类问题中可以发挥十分独特的作用，因为它有两个非常重要、非常好用的性质：

电场线性质1　电场线起于正电荷(或无限远)，止于负电荷(或无限远)①，在无电荷处不中断(更准确的提法见本专题稍后部分)。

电场线性质2　电势沿电场线不断降低。

然而，每当听到“用电场线可以解决某些静电平衡问题”时，不少人总会对其严格性和可信性持怀疑态度，理由是：电场线只是想象中的曲线，并无物理真实性。但是笔者认为，所谓用电场线讨论和解决问题，关键是利用它的上述两个重要性质，而它们乃是静电场的两个基本规律——高斯定理和环路定理——的逻辑结果。与其说场线是想象出来的，不如说它是借助于数学手法人为定义的，因为它本质上就是矢量场 $\boldsymbol{E}$ 的积分曲线，而“矢量场的积分曲线”是微分几何中早已存在、十分有用的概念。讨论静电学时经常需要使用高斯定理和环路定理，不幸的是，直接使用这两个定理往往遇到各种数学困难，常常使人发出“定理虽好，使用太难”的慨叹。然而，从电场线的定义(配之以绘制电场线的附加规定)出发，利用高斯定理就可以严格证明电场线的上述性质1，而性质2则显然是环路定理(配之以电势定义)的结果，于是就可借用电场线为载体形象地应用这两大定理(“借尸还魂”)，何乐而不为!？谁都承认数学是物理的重要工具，谁也都说静电场 $\boldsymbol{E}$ 是一种矢量场(而矢量场本身就是微分几何中的一个基本概念)，为什么单单对使用电场线(它无非是 $\boldsymbol{E}$ 的积分曲线)这一数学工具所得到的结果的可信性持怀疑态度？究其原因，笔者窃以为是他们大概并未非常清晰地认识到如下的逻辑关系：电场线性质1乃是静电场高斯定理的必然逻辑产物。本专题的重点就是要强调和证明这一结论。下面逐渐进入主题。

首先应该仔细分清三件事情：①电场线的定义；②对绘制电场线图的附加规定；③电场线的性质。鉴于不少教材对这三件事情不做明确区分(甚至不明确陈述)，下面逐一详细说明。

---

①　在采用电偶极子和电四极子模型时可以例外，见专题1选读1-1。

电场线的定义 电场线是电场中这样的有向曲线，线上每点的切向与该点的电场 $\boldsymbol{E}$ 方向相同。

正是这一定义使得电场线实质上是矢量场 $\boldsymbol{E}$ 的积分曲线①。

先讨论一个常见的问题：两条电场线是否可能相交？答案是：不会。理由呢？通常给出的理由是：假若两条场线竟然相交，则交点的电场就有两个不同的方向，而这显然不符合电场线的定义。然而，爱思索的读者会觉得这一证明不够严格，因为两线在一点处相切也是一种相交，而这并不导致交点有两个不同的电场方向。于是自然要改问：场线是否可以相切？这是一个并不那么容易回答的问题。笔者的回答是：不会，理由是微分几何有一个定理，称为“积分曲线的存在唯一性定理”，它保证：对给定的矢量场 $\boldsymbol{v}$，空间任一点都有 $\boldsymbol{v}$ 的唯一的积分曲线经过。这一定理排除了两条电场线在任一点相切的可能性。我们不要求本书读者懂得微分几何，但希望读者知道“场线不能相切”这一结论是有严格的数学依据的。

下面让我们回到本专题的主题上来。

根据电场线的上述定义，任何一段有向曲线，只要线上各点的切向与该点的 $\boldsymbol{E}$ 同向，就是一条电场线。因此，在电场中密密麻麻地画出许多段这样的曲线，就能大致表现出 $\boldsymbol{E}$ 在各处的方向，曲线越密则表现力越强。现在问：图 3-1 是否可被称为孤立点电荷 q 的场线图？答案是肯定的，因为每段曲线（现在指直线）都满足场线的上述定义。然而此图只能表现点电荷 q 的静电场 $\boldsymbol{E}$ 在各处的方向（处处沿径向朝外）而不能表现该场在各处的强弱（$\boldsymbol{E}$ 的大小）。“一分钱一分货”，为了使场线图还能表现 $\boldsymbol{E}$ 的大小，人们特别为场线图的绘制方法约定了如下的附加规定。

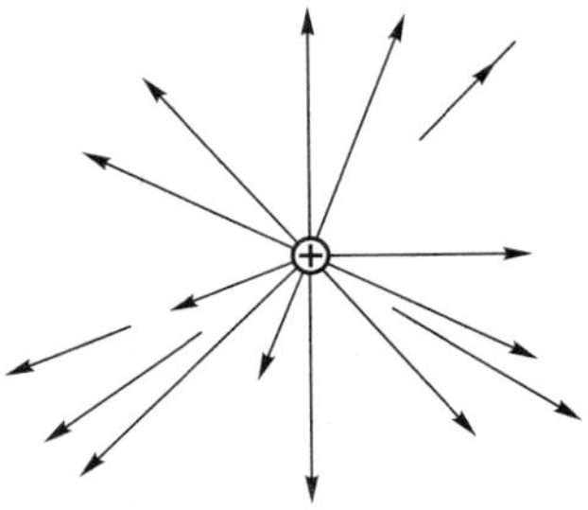

图 3-1 根据定义，图中每一直线段都是电场线

绘制电场线图的附加规定 穿过电场中任一面元 ΔS 的场线条数要正比于该面元的 $\boldsymbol{E}$ 通量，即

$$\text{穿过 } \Delta S \text{ 的场线数} = K\boldsymbol{E}\cdot\Delta\boldsymbol{S}, \tag{3-1}$$

其中 $K(>0)$ 为事先选定的比例常数，K 值越大描写越准确。不难证明（见基础篇），只要遵守这一附加规定，必有

$$\text{场线密度} = K|\boldsymbol{E}|, \tag{3-2}$$

可见，只要在绘制场线图时遵守附加规定，场线的疏密就能描写 $\boldsymbol{E}$ 的大小 $|\boldsymbol{E}|$。

如果只管定义而不管附加规定，场线的画法有相当的任意性——只要画出一些曲线段，线上每点都以该点的 $\boldsymbol{E}$ 为切向，就是一张场线图。至于何处画线何处不画线，何处画密些何处画疏些，乃至画连续曲线还是断续曲线，原则上都存在任意性（仍见图 3-1）。然而，一旦添上附加规定，这些任意性便告消失。这一附加规定是如此之司空见惯，以致许多人不假思索就接受（甚至往往视而不见），其实它对场线的画法给出了非常苛刻的约束：为了保证穿过任一面元

① （不懂微分几何的读者对此脚注可以不加理会）所谓“实质上”是因为通常理解的电场线与积分曲线存在如下微小差别：根据微分几何，矢量场 $\boldsymbol{v}$ 的积分曲线是从实数域的某区间到 $\boldsymbol{v}$ 的定义域的一个映射，因而是带参数的曲线（线上每点都有一个确定的参数值），而通常理解的电场线则是指该映射的像，不强调其参数。不过，在定量计算中有时要列出电场线的微分方程（然后求解），这时的电场线就必须看作带参数的曲线，就完全是矢量场 $\boldsymbol{E}$ 的积分曲线。笔者的确见过少数很老的电磁学教材，其中就给出电场线的微分方程。

ΔS 的场线条数等于 $KE\cdot\Delta S$，可能不得不令某些场线在某些地方中断，或者被迫要从某些地方出发另画一些场线。假定果真如此，场线的绘制将变得十分困难。事实上，在体电荷存在的区域的确存在这一问题。例如，均匀带正电球体内部任意两个相邻同心球面之间的球层内都存在正电荷，导致外球面比内球面有较大的 $\boldsymbol{E}$ 通量，于是被迫从层内发出若干条场线，以至整个球体内部的场线处处都是"无限碎"，实际上就是无法画出。幸好，对于只有点、线、面电荷的静电场，高斯定理与附加规定相结合可以逻辑地推出电场线的如下重要性质，此即本专题开头的性质 1。下面是这一性质的准确表述。

电场线性质 1（准确表述）

(A) 电场线起于正电荷(或无限远)，止于负电荷(或无限远)，在无电荷处不起不止。[$\boldsymbol{E}=0$ 的点(例如图 3-2 的 P_3 点)可以例外，该点可以既"发出"又"终止"场线，但起、止场线数相同。]

(B) 点电荷 q 发出(或终止)的场线条数为 $K|q|/\varepsilon_0$，其中 K 是绘制场线图之初选定的那个常数。

性质 1 的证明　以任意场点 P 为心作小球面 S，设 S 面的 $\boldsymbol{E}$ 通量为 Φ，从 S 面穿出的场线条数为 N，则由附加规定可知

$$N=K\Phi\ 。\tag{3-3}$$

另一方面，对球面 S 使用高斯定理又得

$$\Phi=\frac{1}{\varepsilon_0}q_{内}\ ,\quad 其中\ q_{内}\ 是\ S\ 面内的电荷。\tag{3-4}$$

与式(3-3)结合便得

$$N=\frac{K}{\varepsilon_0}q_{内}\ 。\tag{3-5}$$

由上式可知

$$q_{内}>0 \Leftrightarrow N>0\ ,\tag{3-6a}$$

$$q_{内}<0 \Leftrightarrow N<0\ ,\tag{3-6b}$$

$$q_{内}=0 \Leftrightarrow N=0\ 。\tag{3-6c}$$

式(3-6a)又可拆为 $N>0 \Rightarrow q_{内}>0$ 以及 $q_{内}>0 \Rightarrow N>0$。前者表明场线的出发点("源头")必有正点电荷，后者表明正点电荷所在点必发出场线。再由式(3-5)便知，定量地说，正点电荷 q 必发出 Kq/ε_0 条场线。同理可知，式(3-6b)表明场线的终止点("尾闾")必有负点电荷，配以式(3-5)又知负点电荷 $q(<0)$ 必终止 $K|q|/\varepsilon_0$ 条场线。又由于对所选的孤立体系而言某些正、负点电荷可能位于"无限远"，便有性质 1 中关于场线也可能起止于无限远的说法。至于式(3-6c)的含义，则还须稍加小心。该式表明无电荷处($q_{内}=0$)对应于 $N=0$，即从 S 面穿出的场线总数(条数的代数和)为零，而这又有三种可能性：①P 点位于未画场线之处(如图 3-2 中的 P_1)；②P 点位于某条场线上(如图 3-2 中的 P_2)，因而进出 S 面的条数各为 1；③(最特殊的可能性)以图3-2 中的 P_3 点为例，其相应的 S 面(记作 S_3)既有两条场线进入("对头碰"于 P_3 点)又有两条场线穿出("背靠背"地离开 P_3 点)，表明电场 $\boldsymbol{E}$ 的方向在 P_3 点发生突变。而 $\boldsymbol{E}$ 在无点(面)电荷处应该连续，所以 $\boldsymbol{E}$ 方向在 P_3 的突变只能起因于 $\boldsymbol{E}$ 在 P_3 点为零。于是可得结论：对于无电荷的点，只当其 $\boldsymbol{E}=0$ 时才会出现既"发出"又"终止"场线这一特殊情况。有人问：P_3 点

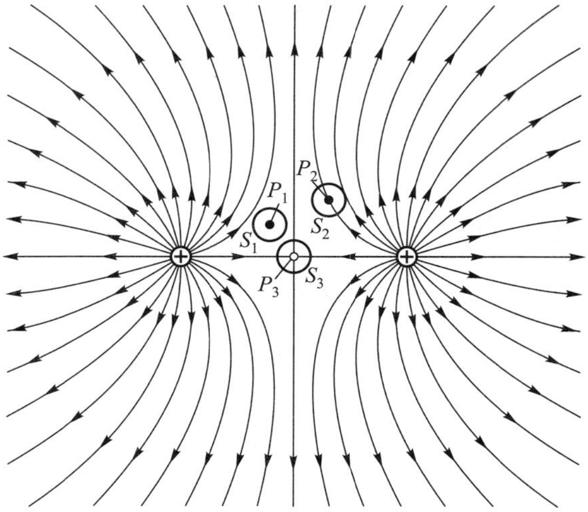

图 3-2　两个等值同号点电荷的场线图（进出 S_3 面的场线数相等，对应于 $\boldsymbol{E}$ 在 P_3 为零）

算不算是 4 条场线的交点？这可否成为“场线不相交”性质的反例？答案是否定的，详见选读 3-2。

以上讨论完成了场线性质 1 的证明。从这一证明可知场线性质 1 是以下两个前提的必然逻辑结果：①高斯定理；②绘制场线图的附加规定。两者缺一不可。（但不少读者对这两个前提若明若暗，甚至根本不知，还以为场线性质 1 是什么“实验结果”。）

高斯定理和电场线是静电学的两大课题。关于两者的出场先后，众多中外电磁学教材历来就有两种不同顺序，这本是个纯教学法问题，完全可依作者的喜好而定，不存在对错问题。然而，如果对于上面一再强调的“场线性质 1 是高斯定理（及附加规定）的逻辑结果”这一结论缺乏清醒的认识，就可能犯“利用场线性质 1 证明高斯定理”这样一种“倒果为因”式的逻辑错误。一种典型的表现是：先用点电荷电场公式（很容易地）证明以点电荷 q 为球心的球面 S 的 $\boldsymbol{E}$ 通量等于 q/ε_0，再讨论包围 q 的任一闭合面 S'，利用“场线在无电荷处不中断”这一默认性质证明 S' 的 $\boldsymbol{E}$ 通量也等于 q/ε_0，最后再次利用“场线不断”证明不包围 q 的闭合面的通量为零。现在可以清楚地看到，这是在用场线性质 1“证明”高斯定理，犯了因果倒置的错误。不过对这种证明途径也有一个（不一定很好的）补救办法：在证完“以点电荷 q 为球心的球面 S 的 $\boldsymbol{E}$ 通量等于 q/ε_0”之后，先指出这一结论与球面半径无关，因而可以相信点电荷场的场线不中断，然后再由此说明包围 q 的任一闭合面 S' 的通量也是 $q/\varepsilon_0$①。

既然附加规定对性质 1 的证明如此重要，为何不索性把它纳为场线定义的一部分？笔者的看法是：单列于定义之外有其好处。在某些情况下，如果坚持附加规定，电场线将无从画出。均匀带电球体内部就是一例，这时不妨画出从球心出发的、均匀辐射状的许多场线（辐射状表明它们满足场线定义），并声明这一场线图是不按附加规定绘制的。这样的场线图虽然不能反映电场的大小，但仍可以描写电场的方向（仍可“不得已而求其次”）。单列附加规定的更重要好

① 本书第一作者梁灿彬 1977 年参加了陈鹏万先生编写的《电磁学》教材的集体审稿会，当面向陈先生提出了这一修改建议并被陈先生欣然接受。

处在于，静电场只是矢量场的特例，所以电场线的定义应该是矢量场积分曲线的一个具体表现，而根据微分几何，矢量场的积分曲线的定义中并不包含任何附加规定。

对附加规定可能会提出如下质疑。设 P 是某两条场线之间的一点，ΔS 是过 P 点的一个面元。只要 ΔS 足够小，穿过它的场线数自然为零。然而 ΔS 的 $\boldsymbol{E}$ 通量当然可以非零，这岂非违反附加规定？我们的回答是：场线密度的定义是“穿过单位垂直面元的场线条数”，但由于场线不可能铺满电场（否则一团漆黑），所取的面元并非“多小都行”。这与理想气体的密度类似：气体密度定义为单位体积的质量，但由于气体分子不会充满容器，所取的体积应该是“宏观小”而“微观大”的，后者是指大到足以包含许多分子。类似地，也不妨说场线密度定义中的面元也应该“宏观小”而“微观大”，（此处的“宏观”和“微观”当然只是借用词，“微观大”是指有足够数量的场线穿过。）而刚才质疑中的面元 ΔS 不满足“微观大”的要求。

由“场线不能铺满”所带来的质疑还可以举出若干，都可以给出回答，不再详述。

附加规定最重要的作用在于它与高斯定理配合可以得出场线性质 1，而这一性质与性质 2 相结合可以有效地讨论静电平衡问题，这一结论不因存在若干质疑而改变。

［选读 3-1］

正文中把“场线密度”定义为单位垂直面元的场线数，不妨称之为场线的“面密度”。虽然正比于电场的应是场线的面密度，但场线图是画在 2 维平面上的，而人眼观察 2 维场线图时所感觉到的疏密程度是场线的“线密度”（定义为穿过单位垂直线元的场线数）。一般说来线密度与面密度不成正比，这就会带来若干问题。以最熟悉、最简单的孤立点电荷的场线图为例（图 3-3）。该图给出如下信息：以点电荷为圆心的任一圆周上各点的电场大小相等，而且离点电荷越远处电场越小。这些无疑是对的。然而，定量地说，该图中场线的线密度与距离成反比，因而会造成电场与距离一次方（而不是平方）成反比的错觉。事实上，只要在平面上画场线图（而实用上向来如此），就难以避免这一错觉，除非电场具有沿某方向的平移对称性。有平移对称性的最简单例子当推无限长均匀带电直线，由式（2-7）可知其电场大小 E 反比于场点与带电线的距离 ρ（一次方反比，即 $E\propto\rho^{-1}$），所以把图 3-3 解释为均匀带电无限直线横截面上的场线图就非常恰当。（所谓“非常恰当”，是指由这一 2 维场线图发展而得的 3 维场线图必然符合附加规定，而所谓“发展而得”是指如下做法：把 2 维场线图沿带电线等距平移无限多次，每次移后每根场线在空间留下了“烙印”，所有“烙印”的总体即为“发展而得”的 3 维场线图。）如果电场没有平移对称性，对 2 维场线图的画法就难以约定一个统一的标准，因为似乎不存在一种从 2 维“发展”到 3 维的自然的方式。因此，2 维场线图的画法在某些情况下存在着“见仁见智”的现状。例如，有一种意见认为“只要 2 维看来舒服”就可，不必考虑“发展”到 3 维后是否舒服（指是否符合附加规定）的问题。按照这种意见，我们既可把图 3-3 说成是点电荷的场线图，也可把它说成是无限长带电直线的场线图。

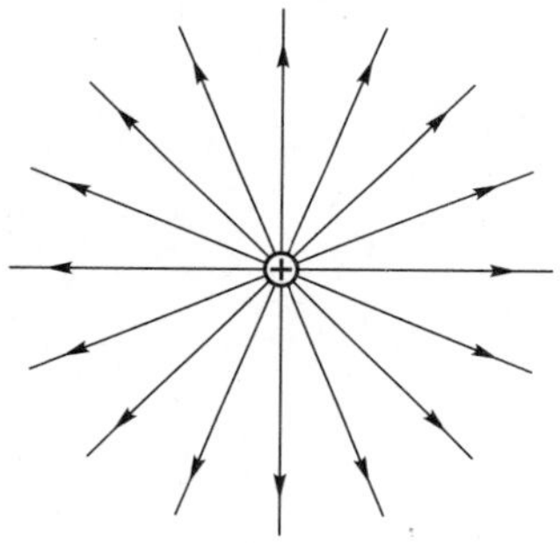

图 3-3　点电荷的场线图，也可解释为均匀带电无限直线横截面上的场线图

［选读 3-1 完］

[选读 3-2]

图 3-2 的 P_3 点算不算 4 条电场线的交点？如果算，这岂非给“电场线不能相交”的结论提供了反例？这是一个微妙的问题，只有利用微分几何方可讲清楚。本专题的第二个脚注(见 18 页)讲过，根据微分几何，矢量场 $\boldsymbol{v}$ 的积分曲线是从实数域到 $\boldsymbol{v}$ 的定义域的映射，因而是带参数的曲线(线上每点都有一个确定的参数值)。如果 $\boldsymbol{v}$ 在某点 P 的取值为零，即 $\boldsymbol{v}|_P=0$，则过 P 点的积分曲线是一条独点线(无论参数取何值，曲线映射的像点都是 P)。对图 3-2 而言，由于 $\boldsymbol{E}|_{P_3}=0$，过 P_3 点的积分曲线就是独点线，即 P_3 点自身。至于图中似乎与 P_3 点相交的 4 条电场线，它们的像点在参数趋于无限大时无限趋于(却永远到不了) P_3 点，因而 P_3 点不属于这 4 条线的任一条。所以我们认为，P_3 点不是这 4 条电场线的交点。

[选读 3-2 完]

专题4　用电场线讨论静电平衡问题

本专题导读

利用电场线的两个性质可以巧妙地对某些静电平衡问题得出结论。不要以为这种方法缺乏可信度，因为电场线的两个性质正是静电场的两个定理——高斯定理和环路定理——的形象体现。这两个定理的直接应用往往遇到数学困难，借用电场线的两个性质讨论问题其实是巧妙地、“借尸还魂”地应用两个定理。

无论是普通物理还是中学物理，总要涉及金属导体在静电平衡时的表现（例如静电感应和静电屏蔽问题）。基础篇（第三版）2.1.4 小节开头一段已经说明了这类问题的复杂性的原因。可以说这是一类这样的问题：一方面，只要谈及静电学就几乎都要涉及这类问题，因而属于“极其常见的问题”；另一方面，要定量解决这类问题（甚至只想得出某些正确的定性结论）往往很不容易，因而又属于“十分困难的问题”。某些教材把这类问题称为**静电学基本问题**①，在本书中称为**静电平衡问题**。这类问题的已知条件是空间中各个导体的位形（包括位置和形状）及电荷（或电势），待求的则是空间的静电场 $\boldsymbol{E}$（空间中的矢量场）以及各导体表面的电荷面密度 σ（曲面上的标量场）。虽然静电唯一性定理（详见专题5）保证这类问题的解必定唯一，但只当导体形状非常简单时才有可能求得定量解。长期以来，人们创造了若干非常巧妙的解题技巧，使得有尽可能多的具体问题得以解决。这些解题技巧基本上都以静电唯一性定理为理论基础。我们将在下个专题介绍这一定理及其证明，然后再用几个专题逐一介绍利用这一定理解决问题的几种方法和实例。

然而，由于教学时间以及学生抽象思维能力的限制，在大学普通物理（以及中学物理）阶段通常不讲静电唯一性定理，但却又不得不讨论静电感应和静电屏蔽等静电平衡问题。讨论这些问题本应依靠静电学的两个基本规律——高斯定理和环路定理（静电唯一性定理也是这两个定理的产物），但是把它们用于具体问题时往往遇到许多数学困难，而中学物理更是不可能讲这两个定理。于是可供使用的工具似乎只剩下“同性相斥异性相吸”以及“正电荷从高势走向低势”这两个规律。利用这两个规律，必要时加上想当然式的讨论，往往就成为“讲解”这类问题的实用方式。例如，某些（老）文献把静电平衡时导体电荷必分布于表面的理由归结为“同性相斥”（据说最终就“斥”到了表面）。然而我们知道（见基础篇 2.1.1 小节），证明导体电荷必分布于表面的关键依据是高斯定理，而高斯定理又依赖于库仑平方反比定律。假若电荷服从“同性相斥”规律，但这斥力不满足平方反比律（因而不满足高斯定理），谁又能保证所有电荷都被“斥”到导体表面？有些（老）文献甚至用“同性相斥”来解释孤立导体尖端密度较大的事实（因为“相

---

① 见，例如，卡兰达罗夫，聂孟著，钟兆琥译，电工学的理论基础，第三册，§250。

斥”，同性电荷就要尽量远离，于是更多地被“斥”到尖端去)，整个“论证”充满着想当然的味道。另一例子是对静电感应“近端接地”问题的争论(见图 4-1)。位于 A 点的点电荷 $q(>0)$ 在中性导体 B 的近、远两端感应出负、正电荷[即近端有 $\sigma<0$，远端有 $\sigma>0$，见图 4-1(a)]。用导线把远端接地[图 4-1(b)]，则远端的感生正电荷将全数沿线流入大地，所以 B 的表面不再有 $\sigma>0$ 的点。这是人所共知的结论。然而，如果改用导线把近端接地[图 4-1(c)]，远端的正电荷还会经导线流入大地吗？会流光吗？(远端是否还有某些点，其 $\sigma>0$？) 根据笔者所知，这一问题在过去曾经引起过许多普通物理(及中学)教师的热烈争论。有人说远端的正电荷本来就受到近端负电荷的吸引(“异性相吸”!)，现在近端又有接地线，自然会流到近端并沿线流入大地。有人说它流向近端时会受到施感正电荷 q 的排斥(“同性相斥”!)，因而不会流到近端，从而也就不能沿线入地。有人则用“正电荷从高势走向低势”想问题，他们认为，远端刚接地时，远端电势高于地的电势，所以正电荷沿线入地；近端接地时，正电荷要沿线入地就要先走到近端，但远、近端原来电势相同，正电荷怎能走向近端？此外还有其他说法。虽然众说纷纭，莫衷一是，然而却有如下共性：都在致力于“动态分析”而不知道应该巧用静电学的基本规律针对最终的静电平衡态直接得出结论。具体地说，问题本来是关于导体接地并达到新的静电平衡态后的电荷分布，但他们却只热衷于接地线刚接上后电荷如何流动的问题(只热衷于动态分析)，而这偏偏是最不容易想清楚的，因为这时的情况极其复杂，能够使用的工具又少得可怜，差不多就只有“同性相斥异性相吸”以及“正电荷从高势走向低势”这两个规律，而这往往又不够用，于是只好再加上想当然式的讨论来凑出一个“答案”。这种“论证”带有浓厚的“信不信由你”的味道，使得认真思考(不彻底弄清楚决不肯罢休)的学生越听越糊涂。其实，上述关于“近端接地”的种种“论证”从方法论上说就是错误的：待回答的问题本来是达到新平衡态后电荷如何分布，他们却舍近求远地热衷于讨论从旧平衡态到新平衡态的极其短暂的过渡阶段中电荷的流动方式(而这偏偏又是最难的)，却不知道应该利用静电学的两个基本规律(高斯定理和环路定理)针对新的静电平衡状态直接得出结论[结论很简单：近端接地与远端接地结果一样，远端都不再有正电荷，见基础篇(第三版)P. 52]。以上只以静电感应现象为例指出这一方法论上的错误，其实还有大量的类似例子(所谓的“Purcell 问题”就是又一例，见稍后的例 8)。实事求是地说，这种致力于动态分析的做法也是被逼出来的，许多人也知道应该利用高斯定理和环路定理，只是在试图利用时遇到各种数学困难，只好放弃静态分析而改用动态分析。笔者从 20 世纪 50 年代后期开始思考这类问题，发现以电场线为工具可对静电屏蔽、静电感应以及其他一些静电平衡问题给出比较满意的讨论和答案。后来又进一步意识到，用场线讨论时主要是利用了场线的两个基本性质：①发自正点电荷 q(以及止于负点电荷 q)的场线条数正比于 $|q|$；②电势沿场线不断下降。而这两个性质正是静电学两个基本规律——高斯定理和环路定理——的形象表述，

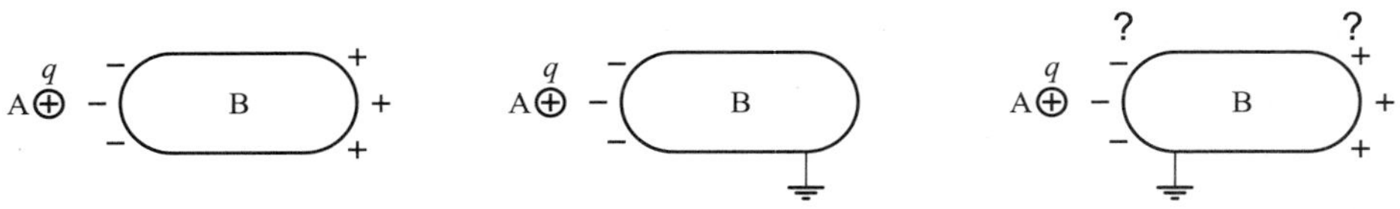

(a) B感应出左负右正的电荷　(b) 远端接地　(c) 近端接地

图 4-1　静电感应

因此，场线方法是有其理论基础的，**用场线讨论问题其实是在形象地应用高斯定理和环路定理**。虽然纯数学式地应用这两个定理往往会遇到数学困难，但通过电场线这一形象载体可以“借尸还魂”地应用这两个定理。何乐而不为？

基础篇中已经介绍过用场线讨论静电学问题的几个例子，现在再补充若干其他例子。为使读者有一个较为完整的印象，下面把基础篇的例子以及现在补充的新例子依次罗列出来。

例 1　在图 4-1 的静电感应现象中，A 是带正电 q 的点电荷，B 是中性导体，试证 B 左端(近端)的感生负电荷绝对值 q' 小于等于施感电荷 q。

证明　见基础篇(第三版)P. 50。 □

例 2　中性封闭金属壳内有正点电荷 q，求壳的内、外壁上感应电荷的数量。

证明　见基础篇(第三版)P. 51。 □

例 3　把图 4-1 的导体 B 接地(无论近端还是远端接地)，试证 B 上不再有 $\sigma>0$ 的点。

证明　见基础篇(第三版)P. 52。请注意这一证明对远端和近端接地一律适用。 □

例 4(静电屏蔽)　(a) 设封闭金属壳内空间无带电体，试证：无论壳外空间有怎样的电荷分布，壳内空间的静电场必定为零；(b) 设接地金属壳外空间无带电体，试证：无论壳内空间有怎样的电荷分布，壳外空间的静电场必定为零。

证明　见基础篇(第三版)P. 56-58。 □

例 5　在带正电的导体 A 附近有一接地导体 B，试证 A 离 B 越近时 A 的电势越低。

证明　见基础篇(第三版)P. 75。 □

例 6　有三个金属导体 A，B，C。已知 A 的电荷为 $q(>0)$，B 的电荷为 $-q$，C 为中性。试证：用导线接通 A，B 并达到静电平衡后，空间各点的静电场强为零。

证明　A，B 接通后可看成一个导体(记作 AB)。由已知条件及电荷守恒律可知 AB 的电荷为零。于是空间中只有两个导体，即 AB 和 C，而且都是中性导体。为方便起见，把 AB 和 C 改称为导体 1 和 2。因为空间各点场强为零等价于导体表面任一点的电荷面密度 σ 为零，所以只需证明后者。用反证法。假定导体 1 表面某点的 $\sigma>0$，则有场线从该点出发，它只有两个可能去处：①导体 2；②无限远。如果可能性①成立，则该场线终止于导体 2 上的那点必有 $\sigma<0$。由于导体 2 为中性，其表面必有 $\sigma>0$ 的点，因而要发出场线。这条场线不能终止于导体 1(因为已有场线从 1 到 2，表明有电势关系 $V_1>V_2$)，只能伸向无限远。另一方面，导体 1 也是中性导体，既然其表面存在 $\sigma>0$ 的点，就必然存在 $\sigma<0$ 的点，故必有场线止于该点。这条场线不能来自导体 2，故只能来自无限远。但这就导致 $V_1<V_\infty<V_2<V_1$ 的矛盾。所以可能性①不成立。类似地也可证明可能性②不成立，所以导体 1 表面任一点的 σ 都不能为正。同理可证导体 1 表面任一点的 σ 都不能为负。故导体 1 表面各点有 $\sigma=0$。上述证明中只用到导体 1 为中性的条件，既然导体 2 也为中性，此结论也适用于导体 2。 □

上面其实证明了这样的结论：如果除两个中性导体外一无所有，则两导体表面任一点的 $\sigma=0$。等价地，空间中处处静电场强为零。这一结论还可推广到空间中除 N 个中性导体外一无所有的情况(N 为任一正整数)。

注 1　笔者在北师大某年的期中考试有一道试题(题目本身故弄玄虚)：导体 A，B，C 的电荷分别为 $q_A>0$，$q_B=-q_A$，$q_C=0$，用导线接通 A 和 B，求三个导体的电荷。答案本来非常简单：由于 $q_B=-q_A$，接通后(记作 AB)和 C 都是中性导体，三者的电荷都为零。但有的学生禁不住迷惑，他们觉得原来的带电情况是 A 正 B 负，接通后是否可能在 A 上残留一些正电荷、在 B 上残留一些负电荷？其实不少人在类似问题上都会感到迷惑，他们总觉得接通前的“带电历史”对接通后的电荷分布很可能有影响。其实这种对 A 和 B 各自“带电历史”的考虑纯属多余，因为接通后就是一个导体，其电荷只取决于原来各组成部分的电荷的代数和（对本例就是零），与每部分各带多少电荷毫无关系。两个导体的带电历史对接通后的电荷分布只有一种影响——两者原来电荷的代数和等于接成一个导体后的总电荷，至于后来的电荷分布情况，则完全取决于这个总电荷以及周围导体的位置、形状和电荷，对本例而言，“周围导体”就是中性导体 C，由上面用场线的讨论可知 AB 和 C 的表面任一点都有 $\sigma=0$，A 和 B 不会因为原来的带电状况（历史）而分别残留一些正和负的电荷。

例 7　封闭金属壳 C 内有若干中性金属导体，试证：无论壳外有怎样的电荷分布，C 的内壁所围的空间的静电场强必定为零。

证明　与例 6 的证明实质一样。因下文（专题 5）需要使用本例结论，故将本例单列为一例。□

例 8（“Purcell”问题）　图 4-2（a）的 A，B，C，D 是四个全同金属小球，A 和 D 的电荷为 $q(>0)$，B 和 C 的电荷为 $-q$。用很长的细导线按图 4-2（b）分别把 A，C 及 B，D 连接起来，求静电平衡后各球的电荷。

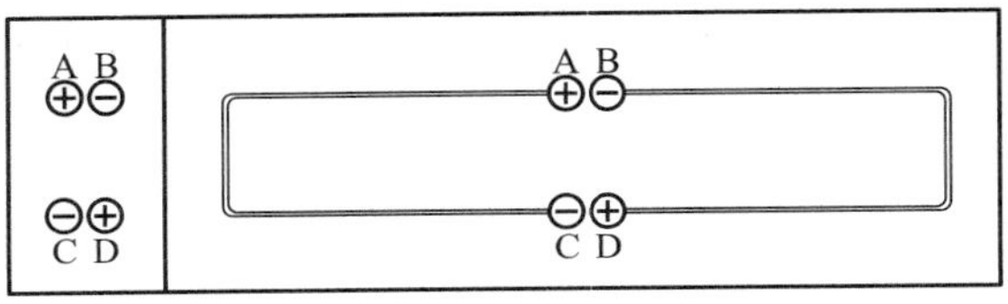

图 4-2　Purcell 问题

解　由于 A，C 带电等值异号，两者被接通后就成为一个中性导体 AC。同理，BD 也是个中性导体。所以本例与例 6 实质一样，结果自然是各球的电荷都为零。然而有人这样想：“C 带负电而 A，D 都带正电，故 A，D 对 C 都有吸引力。由于 C 离 D 很近而 C 与 A 相距颇远，D 对 C 的吸引力远大于 A 对 C 的吸引力，看来 C 的多余电子不会都沿导线移到 A 处。”于是答案竟然成了问题。这种顾虑也是一味致力于说不清楚的“动态分析”所导致的。只要像例 6 的证明那样利用电场线（其实是利用高斯和环路定理）对静电平衡后的静态做分析，马上便知各球的电荷都为零。■

例 9　设空间中只有两个金属导体，带电情况任意，试证其中至少有一个导体，其表面各点的电荷面密度 σ 不异号（要么处处 $\sigma\geqslant0$，要么处处 $\sigma\leqslant0$）。

解　留作练习。■

注 2　本例看似纯“思维游戏”，其实有其应用价值。仅举一例说明。某思考题集有这样一道题：A、B 为两个全同金属球，带等值同号电荷，问：两球间的静电力有无可能为吸力？书中所给答案是：当两球靠得足够近时静电力为吸力。这个答案不对。此题可能是从下述问题演化而成：设 B 为金属球，A 为点电荷（也可以是金属球，只是半径小到可被看作点电荷），B 球电荷为 $Q>0$，A 带电荷 $q>0$，问 A、B 有无可能相吸。计算表明，对于给定的比值 Q/q，总有一个临界

距离 l_c，当 A 与 B 的球心的距离 l 满足 $l<l_c$ 时 A、B 之间的静电力为吸力（详细计算和讨论见专题 7 注 4）。这是因为当 A、B 靠近时球 B 表面上面对 A 的一侧（“近端”）在 A 的正电荷的感应下出现负电荷，而 B 的另一侧（“远端”）则有比 Q 更多的正电荷。“远端”每一面元与 A 之间的静电力为斥力，“近端”每一面元与 A 之间的静电力为吸力。当 $l<l_c$ 时吸力超过斥力，因而 A、B 之间相吸。然而整个计算都以 A 是点电荷为前提。若把 A、B 改为带等值同号电荷的全同金属球，情况就发生质变。根据例 9，球 A、B 中至少有一个球（设为 A），其表面各点的电荷面密度不异号（不妨设其 $\sigma \geqslant 0$）。但 A、B 两球全同（包括电荷），从对称性考虑，上述结论若对球 A 成立，对球 B 也必然成立，结果两球表面各点都有 $\sigma \geqslant 0$，于是两球间的静电力在任何情况下都是斥力。

例 10　空间中除 N 个金属导体外别无所有，已知各导体电势为零，试证：(a) 各导体表面电荷面密度处处为零；(b) 空间中的静电场处处为零。

证明　结论(b)是(a)的推论，故只需证明结论(a)。用反证法，设某导体 A 表面某点 P 有 $\sigma(P) \neq 0$。若 $\sigma(P)>0$，则该点发出的电场线只能终止于另一导体（记做 B）或伸向无限远。前者导致 $V_B<V_A=0$，后者导致 $V_\infty<V_A=0$，都有矛盾。可见 $\sigma(P)>0$ 不成立。同理可知 $\sigma(P)<0$ 也会推出矛盾。于是命题得证。 □

例 11　静电唯一性定理是非常重要的定理，其证明通常要借助于矢量场论的格林公式或高斯公式。但笔者发现用电场线也可以证明这个定理（详见专题 5），使得不熟悉矢量场论的学生（包括中学生）也可听懂。

证明　详见专题 5。 □

专题5　静电唯一性定理

本专题导读

(1) 给出了唯一性定理的两种证明，其中一种是我们杜撰的“土法证明”。

(2) 给唯一性定理添补了一个条件——导体不延伸至无限远。未见有关教材写进这个条件，但似乎许多作者都不加说明地默认此条件。

(3) 学过(或知道)唯一性定理的不少人往往没有养成“该用就用，活学活用”的习惯。例如，唯一性定理表明导体的电势与电荷互不独立，但不少人对此结论若明若暗，没在脑子里生根，易说错话。

(4) 用唯一性定理证明了很有用的静电叠加定理。

§5.1　静电唯一性定理

设空间中除 N 个静止的金属导体外一无所有。直观地想，如果给定每个导体的(总)电荷，空间中的静电场以及每个导体表面的电荷分布(由表面上的标量场 σ 刻画)就应全盘定局。根据下面将要证明的唯一性定理，这一想法是正确的。此外，在许多实用情况下已知的不是导体的电荷而是它们的电势(例如图5-1的已知条件就是导体A和B的电势，即 $V_B=0$, $V_A=12$ V)，这时静电场及每个导体表面的电荷分布是否也能定局？下面将看到唯一性定理对这个问题也给出肯定的答案。更一般地说，只要每个导体的电荷(或电势)被事先指定，静电场就能被唯一地决定。这就是静电学唯一性定理的内容。唯一性定理是讨论静电平衡问题的极为有力的武器，本书将在几个后续专题中介绍这一定理的重要应用。

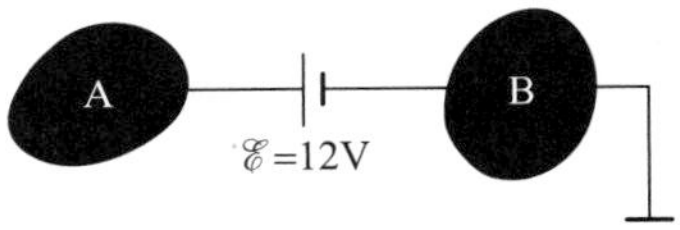

图5-1　两导体的电势分别为 $V_B=0$, $V_A=12$ V

由于静电平衡时各导体内部的场强为零，求空间静电场的任务化简为求各导体表面以外的空间(默认为真空)中的静电场。

静电唯一性定理　设 Ω 是由若干个边界面围成的真空区域(这些边界面除了一个可以是无限远面之外都是金属导体表面，默认所有导体都不延伸至无限远)，则 Ω 区内的静电场由每个导体的电荷(或电势)唯一决定。

注1　图5-2示出了两种代表性的 Ω 区，其中图(a)的外边界面 S_c 是某个空腔导体的内壁；图(b)的外边界面是无限远边界面 S_∞ 的示意。

注2　给定各导体的电荷(或电势)叫作给定 Ω 区的边界条件。约定把电势参考点选在无限远，因而 $V|_{S_\infty}=0$。

注3　这一定理的证明在许多中外电动力学教材中都可找到，但通常要用到矢量场论的格

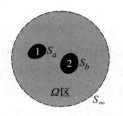

(a) 由边界面S_a、S_b和S_c围成的有限Ω区　　(b) 由S_a、S_b和S_∞围成的无限Ω区

图 5-2　两种代表性的 Ω 区(灰色)，S_a、S_b 和 S_c 是导体(黑色)表面，S_∞ 代表无限远边界面

林公式或高斯公式。为适应普通物理教学(以及对优秀中学生指导)的需要，我们杜撰了一种借助于电场线的独特证明方法(后来发现它还有其他好处)。下面给出这一证明，用矢量场论的证明则放在选读 5-1。

唯一性定理的证明　设 Ω 区内存在两个满足所给边界条件的静电场 $\boldsymbol{E}_甲$ 和 $\boldsymbol{E}_乙$。令 $\boldsymbol{E}\equiv\boldsymbol{E}_甲-\boldsymbol{E}_乙$，则只需证明 $\boldsymbol{E}=0$。因为 $\boldsymbol{E}_甲$ 和 $\boldsymbol{E}_乙$ 都满足静电场方程(高斯定理和环路定理)，而静电场方程是线性方程，所以 $\boldsymbol{E}$ 也满足静电场方程，即 $\boldsymbol{E}$ 也是 Ω 区内的静电场。下面按边界条件分成三种情况讨论。

(A) 边界条件全部是电势条件(即每个导体的电势都已给定)

考虑场中的任一导体，令 P 是其表面的任一点(图 5-3)，$V_甲(P)$是静电场 $\boldsymbol{E}_甲$ 在 P 点的电势，则

$$V_甲(P)=\int_P^\infty \boldsymbol{E}_甲\cdot \mathrm{d}\boldsymbol{l}\ ,$$

同理，设 $V_乙(P)$是静电场 $\boldsymbol{E}_乙$ 在 P 点的电势，则

$$V_乙(P)=\int_P^\infty \boldsymbol{E}_乙\cdot \mathrm{d}\boldsymbol{l}\ 。$$

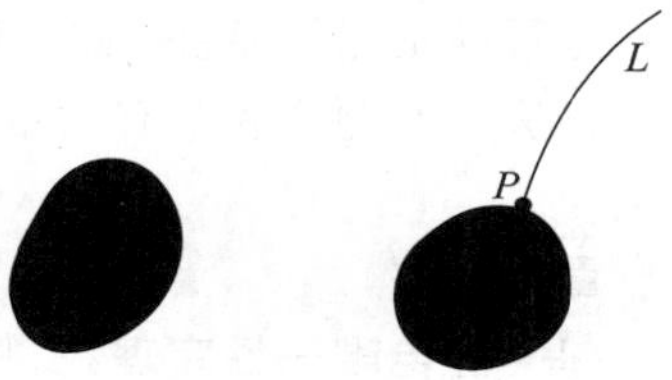

图 5-3　P 是任一导体表面的任一点

再以 $V(P)$代表静电场 $\boldsymbol{E}$ 在 P 点的电势，则

$$V(P)=\int_P^\infty \boldsymbol{E}\cdot \mathrm{d}\boldsymbol{l}=\int_P^\infty \boldsymbol{E}_甲\cdot \mathrm{d}\boldsymbol{l}-\int_P^\infty \boldsymbol{E}_乙\cdot \mathrm{d}\boldsymbol{l}=V_甲(P)-V_乙(P)\ 。$$

由于静电场 $\boldsymbol{E}_甲$ 和 $\boldsymbol{E}_乙$ 都满足边界面上的电势条件(就是说，$\boldsymbol{E}_甲$ 和 $\boldsymbol{E}_乙$ 在各边界上给出相同的电势)，所以 $V_甲(P)=V_乙(P)$，因而 $V(P)=0$。以上讨论适用于每一导体表面的每一点，可见静电场 $\boldsymbol{E}$ 在每一导体上的电势都为零。借用电场线(见专题 4 例 10)便知 Ω 区内处处有 $\boldsymbol{E}=0$(因而 $\boldsymbol{E}_甲=\boldsymbol{E}_乙$)，所以 Ω 区内的静电场由各导体的电势条件唯一确定。

(B) 边界条件全部是电荷条件(即每个导体的电荷都已给定)

静电场 $\boldsymbol{E}$ 在任一导体表面 S 靠外极近处的法向分量 $\boldsymbol{E}_\mathrm{n}$ 按 $\sigma=\varepsilon_0E_\mathrm{n}$ 决定 S 的电荷面密度 σ，而 σ 在该表面的积分便是该导体相应于静电场 $\boldsymbol{E}$ 的总电荷 q，即

$$q=\oiint_S \sigma\mathrm{d}S=\varepsilon_0\oiint_S E_\mathrm{n}\mathrm{d}S\ 。$$

同理，该导体相应于静电场 $\boldsymbol{E}_甲$ 和 $\boldsymbol{E}_乙$ 的总电荷 $q_甲$ 和 $q_乙$ 分别为

$$q_甲=\varepsilon_0\oiint_S E_{甲\mathrm{n}}\mathrm{d}S\ ,\qquad q_乙=\varepsilon_0\oiint_S E_{乙\mathrm{n}}\mathrm{d}S\ ,$$

而 $\boldsymbol{E}\equiv\boldsymbol{E}_甲-\boldsymbol{E}_乙$ 导致 $E_\mathrm{n}=E_{甲\mathrm{n}}-E_{乙\mathrm{n}}$，故

$$q=\varepsilon_0\oint\!\!\!\oint_S E_{甲\text{n}}\text{d}S-\varepsilon_0\oint\!\!\!\oint_S E_{乙\text{n}}\text{d}S=q_{甲}-q_{乙}。$$

然而 $\boldsymbol{E}_{甲}$ 和 $\boldsymbol{E}_{乙}$ 在该导体表面上满足相同的电荷条件，即 $q_{甲}=q_{乙}$，故 $q=0$。以上讨论适用于每一导体，可见各导体相应于静电场 $\boldsymbol{E}$ 的电荷都为零，仿照专题4的例7，借用电场线便可证明 Ω 区内处处有 $\boldsymbol{E}=0$，即 $\boldsymbol{E}_{甲}=\boldsymbol{E}_{乙}$，所以 Ω 区中的静电场由各导体的电荷条件唯一确定。

(C) 边界条件为混合条件(某些边界面给定电势，其余边界面给定电荷)

留给读者自行证明。 □

注4 本专题的涉及范畴有两处简化：①只讨论真空中的导体而不涉及介质，有介质时的唯一性定理将在专题10介绍；②默认 Ω 区无电荷分布。当电荷以连续的体密度 $\rho(x,y,z)$ 分布于 Ω 区内时，前面的结论仍然成立(熟悉静电场方程微分形式的读者对此很易接受)。如果 Ω 区内还存在点电荷，虽然定理的结论也成立，但会涉及静电场的奇点问题(证明时就要将它"抠掉")，此处不拟详述。在今后的应用中，只要有点电荷，我们总是把它看作一个半径甚小的金属球，将其表面看作 Ω 区的又一个边界面。专题7(电像法)有几个这样的例子。

注5 唯一性定理非常有助于求解导体以外的静电场。先打一个比喻。某甲对某乙说："请你进教室找一个人，此人满足3个条件：①女性；②短发；③戴眼镜，而且我知道教室中满足这3个条件的人只有一个"，据此，乙进教室后很快就找到此人，不会找错。关键在于满足这3个条件的人是唯一的。仿此，求解静电场时，我们可以根据物理考虑和经验先猜测一个解，再验证它是否满足边界条件，如果满足，这个猜测解就是正确解。这是唯一性定理的一种很巧妙的应用方法。专题7和8有大量的例子。当然，唯一性定理也有其他用法，例如，见专题6。

重要述评

(1) **静电唯一性定理**在讨论静电平衡问题时可说是**价值连城**。可惜的是，虽然许多人学过(至少知道)这个定理，但却不注意活学活用。例如，不少人知道电像法，但只知道把它作为一种方法来用，却很少注意此法正确性的理论基础正是唯一性定理。"学不致用"的例子还有很多。因此本书要专辟几个后续专题强调性地介绍这一定理在各个方面的应用。

(2) 根据唯一性定理，只要给定各导体的电荷，它们的电势就被唯一确定，反之，给定各导体的电势就能确定其电荷，可见**导体的电荷与电势互不独立**。但是有太多的人对此不予注意(在脑子里"不生根")，他们在出题目时既给定一个导体的电势又给定它的电荷，例如某道试题有这样的已知条件："空间有导体A和B，所带电荷分别为 q_A 和 q_B，且B是接地导体。"既然B是接地导体(而且A的电荷给定)，B上的电荷 q_B 就由不得你了，你怎么还能把 q_B 作为已知量来给定!? 也许出题人会分辩道："我的意思是说B在接地前所带电荷为 q_B。"这又暴露出另一个常见错误——有些人喜欢强调导体在接地前(或与其他导体连接前)的带电历史，殊不知这个历史在接地后完全不起作用，不妨形象地说"导体接地后把自己的带电历史忘得一干二净"。所以，在已知条件中给定带电历史无异于画蛇添足。但类似的"蛇足性"陈述却不很少见，例如某些作者写过这样的话(大意)："空间有两个物体A和B，A是带电体，B是接地导体，B原先不带电。"既然B是接地导体，原先带电与否对结果就毫无影响，你还加上"原先不带电"干什么!?

[**选读5-1**]

唯一性定理的上述证明是笔者专为电磁学阶段的教学而杜撰的"土法证明"。下面是用矢量场论的证明。关于矢量场论，本书专题15有非常详细的讲解。

证明 设Ω区内存在两个满足所给边界条件的静电场$\boldsymbol{E}_{甲}$和$\boldsymbol{E}_{乙}$。令

$$\boldsymbol{E}\equiv\boldsymbol{E}_{甲}-\boldsymbol{E}_{乙}\ ,\tag{5-1}$$

则只需证明$\boldsymbol{E}=0$。因为$\boldsymbol{E}_{甲}$和$\boldsymbol{E}_{乙}$都满足静电场方程，而静电场方程是线性方程，所以$\boldsymbol{E}$也满足静电场方程，即$\boldsymbol{E}$也是Ω区内的静电场(满足$\nabla\cdot\boldsymbol{E}=0$及$\nabla\times\boldsymbol{E}=0$)。以$V_{甲}$、$V_{乙}$及$V$依次代表$\boldsymbol{E}_{甲}$、$\boldsymbol{E}_{乙}$及$\boldsymbol{E}$的电势，则

$$\boldsymbol{E}_{甲}=-\nabla V_{甲}\ ,\qquad \boldsymbol{E}_{乙}=-\nabla V_{乙}\ ,\qquad \boldsymbol{E}=-\nabla V\ ,$$

与式(5-1)结合得(默认3个电势的参考点都在无限远)

$$V=V_{甲}-V_{乙}\ ,\tag{5-2}$$

因而

$$\nabla^2 V=\nabla\cdot(\nabla V)=-\nabla\cdot\boldsymbol{E}=0\ 。\quad[第一步用到专题15的式(15-79)]\tag{5-3}$$

由定理的条件可知Ω区的边界面S是若干个等势面的并集，其中除了一个可以是无限远面S_∞之外都是导体表面，具体到图5-2而言，对图(a)，S是3个导体表面S_a、S_b和S_c的并集；对图(b)，S是S_a、S_b和S_∞的并集。考虑矢量场$V\nabla V$在S上的通量$\oint\!\!\!\oint_S(V\nabla V)\cdot\mathrm{d}\boldsymbol{S}$，用高斯公式[见式(15-30)]将此面积分化为体积分(为避免与电势V符号重合，把体元改记作$\mathrm{d}\omega$)：

$$\begin{aligned}\oint\!\!\!\oint_S(V\nabla V)\cdot\mathrm{d}\boldsymbol{S}&=\iiint_\Omega\nabla\cdot(V\nabla V)\,\mathrm{d}\omega\\&=\iiint_\Omega(\nabla V)\cdot(\nabla V)\,\mathrm{d}\omega+\iiint_\Omega V\,\nabla^2V\mathrm{d}\omega=\iiint_\Omega(\nabla V)^2\mathrm{d}\omega\ ,\end{aligned}\tag{5-4}$$

其中第二步用到式(15-106b)，第三步用到式(5-3)。利用

$$\nabla V\cdot\mathrm{d}\boldsymbol{S}=-\boldsymbol{E}\cdot\mathrm{d}\boldsymbol{S}=-E_{\mathrm{n}}\mathrm{d}S$$

可将式5-4改写为

$$-\oint\!\!\!\oint_S VE_{\mathrm{n}}\mathrm{d}S=\iiint_\Omega(\nabla V)^2\mathrm{d}\omega\ 。\tag{5-5}$$

(A) 设边界条件是电势条件，则“$\boldsymbol{E}_{甲}$和$\boldsymbol{E}_{乙}$满足边界条件”保证

$$V_{甲}\big|_S=V_{乙}\big|_S=边界上所给的电势,$$

因而$V\big|_S=0$。代入式(5-5)便知

$$\iiint_\Omega(\nabla V)^2\mathrm{d}\omega=0\ ,\tag{5-6}$$

上式的被积函数处处非负[即$(\nabla V)^2\geqslant0$]，故有$(\nabla V)\big|_\Omega=0$，即$\boldsymbol{E}\big|_\Omega=0$。

(B) 设边界条件是电荷条件。

对图5-2(a)代表的情况，S是若干个(设为N个)导体表面的并集，以S_i代表第i个导体表面，则

$$\begin{aligned}式(5-5)左边&=-\sum_{i=1}^{N}\oint\!\!\!\oint_{S_i}V_iE_{i\mathrm{n}}\mathrm{d}S=-\sum_{i=1}^{N}V_i\oint\!\!\!\oint_{S_i}(E_{甲i\mathrm{n}}-E_{乙i\mathrm{n}})\mathrm{d}S\\&=-\sum_{i=1}^{N}V_i\oint\!\!\!\oint_{S_i}\frac{\sigma_{甲i}-\sigma_{乙i}}{\varepsilon_0}\mathrm{d}S=-\sum_{i=1}^{N}\frac{V_i}{\varepsilon_0}(q_{甲i}-q_{乙i})\ 。\end{aligned}\tag{5-7}$$

其中$\sigma_{甲i}$、$\sigma_{乙i}$和$q_{甲i}$、$q_{乙i}$分别是电场$\boldsymbol{E}_{甲}$和$\boldsymbol{E}_{乙}$在导体面S_i上相应的电荷面密度和总电荷。“$\boldsymbol{E}_{甲}$

和 $\boldsymbol{E}_{乙}$ 满足导体表面的电荷条件”导致

$$q_{甲i}=q_{乙i}\ ,\quad i=1\ ,\cdots,N,$$

故式(5-7)右边=0，于是式(5-5)左边=0，因而

$$0=式(5-5)右边=\iiint_{\Omega}(\nabla V)^{2}\mathrm{d}\omega\ ,$$

上式的被积函数处处非负[即 $(\nabla V)^2\geqslant 0$]，所以只能有 $(\nabla V)|_{\Omega}=0$，即 $\boldsymbol{E}|_{\Omega}=0$。

对图5-2(b)代表的情况，S 是 N 个导体表面以及 S_∞ 的并集，所以

$$式(5-5)左边=-\sum_{i=1}^{N}\oint\!\!\!\oint_{S_i}V_iE_{in}\mathrm{d}S-\oint\!\!\!\oint_{S_\infty}VE_{\mathrm{n}}\mathrm{d}S$$

比式(5-7)只多出一项 $-\oint\!\!\!\oint_{S_\infty}VE_{\mathrm{n}}\mathrm{d}S$，但由 $V|_{S_\infty}=0$ 可知此项为零，故式(5-7)照样成立，因而同样有 $\boldsymbol{E}|_{\Omega}=0$。

(C) 设边界条件是电势和电荷的混合条件，读者不难看出也有 $\boldsymbol{E}|_{\Omega}=0$。 □

甲 我有个问题。对于图5-2(b)的情况，Ω 区的外边界面 S_∞ 远到根本不存在的程度，这时高斯公式的积分 $\oint\!\!\!\oint_{S}(V\nabla V)\cdot\mathrm{d}\boldsymbol{S}$（关键是它包含着 $\oint\!\!\!\oint_{S_\infty}VE_{\mathrm{n}}\mathrm{d}S$）还有意义吗？

乙 这是个很好的问题。从数学角度看，这个积分的确没有意义，但物理上可以这样处理：先把 S_∞ 理解为半径 r 很大的有限球面，求得积分，再取 $r\to\infty$ 的极限。

甲 这个极限一定存在吗？

乙 不一定，所以需要对唯一性定理的适用对象加以限制。我们发现，若所有金属导体都位于有限区（即只包含图5-2所代表的两种情形），则该极限存在。下面通过量级估算证明。

“所有金属导体位于有限区”的条件保证电荷也分布在有限区，因而电场在趋于无限远时的行为就近似于点电荷场的表现，即

$$E\sim r^{-2}\ ,\qquad V\sim r^{-1}\ ,\quad （其中\sim 代表“数量级相等”）\tag{5-8}$$

故 $VE_{\mathrm{n}}\sim r^{-3}$；而 $\mathrm{d}S\sim r^2$，于是有

$$\oint\!\!\!\oint_{S_r}VE_{\mathrm{n}}\mathrm{d}S\sim r^{-1}\ ,（其中 S_r 代表半径为 r 的球面）\tag{5-9}$$

从而

$$\oint\!\!\!\oint_{S_\infty}VE_{\mathrm{n}}\mathrm{d}S\equiv\lim_{r\to\infty}\oint\!\!\!\oint_{S_r}VE_{\mathrm{n}}\mathrm{d}S=0\ 。\tag{5-10}$$

证毕。

事实上，当所有金属导体都位于有限区时，唯一性定理证明中所出现的其他无穷限积分[例如高斯公式的积分 $\iiint_{\Omega}(\nabla V)\cdot(\nabla V)\mathrm{d}\omega$、“土法证明”中的积分 $\int_P^\infty\boldsymbol{E}\cdot\mathrm{d}\boldsymbol{l}$]也都同理可证是收敛的（有余力的读者可自行验证），所以唯一性定理在该条件下严格成立。

甲 如果有金属导体延伸至无限远，唯一性定理还成立吗？

乙 我们未能在有关文献中找到对这种问题的讨论①，我们认为在遇到这类问题时只能具体问题具体分析。专题7(电像法)的例1就是一个这样的例子，届时将针对该具体问题详述我们的意见。

[选读5-1完]

§5.2 唯一性定理应用一例——静电叠加定理

设空间中除 N 个金属导体外一无所有，则空间的静电场服从如下的叠加定理。

注6 为行文简练，陈述和证明定理时仅以图5-2为例，读者不难推广至 N 个导体的情形。

静电叠加定理 设导体1、2的电荷分别为 q_1' 和 q_2' 时 Ω 区的电场为 $\boldsymbol{E}'$；导体1、2的电荷分别为 q_1'' 和 q_2'' 时 Ω 区的电场为 $\boldsymbol{E}''$，则当导体1、2的电荷分别为 $q_1'+q_1''$ 和 $q_2'+q_2''$ 时 Ω 区的电场为 $\boldsymbol{E}'+\boldsymbol{E}''$。

证明 令 $\tilde{\boldsymbol{E}}\equiv\boldsymbol{E}'+\boldsymbol{E}''$，取 $\tilde{\boldsymbol{E}}$ 为 Ω 区的电场的猜测解，则只需验证它满足唯一性定理的条件，这可分为三步进行。

(1) 令 P 是导体1表面的任一点(仍用图5-3)，$\tilde{V}_1$、V_1'、V_1'' 依次是导体1的、与静电场 $\tilde{\boldsymbol{E}}$、$\boldsymbol{E}'$、$\boldsymbol{E}''$相应的电势，则

$$\tilde{V}_1=\int_P^\infty \tilde{\boldsymbol{E}}\cdot \mathrm{d}\boldsymbol{l}=\int_P^\infty \boldsymbol{E}'\cdot \mathrm{d}\boldsymbol{l}+\int_P^\infty \boldsymbol{E}''\cdot \mathrm{d}\boldsymbol{l}=V_1'+V_1''\ 。$$

既然导体1的表面是 V_1' 和 V_1'' 的等势面，由上式可知它也是 $\tilde{V}_1$ 的等势面。类似地，设 $\tilde{V}_2$ 是导体2的、与静电场 $\tilde{\boldsymbol{E}}$ 相应的电势，则同理可证导体2的表面是 $\tilde{V}_2$ 的等势面。

(2) 验证 $\tilde{\boldsymbol{E}}$ 满足导体1、2的电荷条件。以 $\tilde{\sigma}_1$、σ_1' 及 σ_1'' 分别代表导体1与电场 $\tilde{\boldsymbol{E}}$、$\boldsymbol{E}'$及$\boldsymbol{E}''$相应的电荷面密度，$\tilde{q}_1$ 代表导体1与电场 $\tilde{\boldsymbol{E}}$ 相应的电荷，则

$$\begin{aligned}\tilde{q}_1&=\oiint_{S_1}\tilde{\sigma}_1\mathrm{d}S=\oiint_{S_1}\varepsilon_0\tilde{E}_{\mathrm{n}}\mathrm{d}S=\oiint_{S_1}\varepsilon_0E_{\mathrm{n}}'\mathrm{d}S+\oiint_{S_1}\varepsilon_0E_{\mathrm{n}}''\mathrm{d}S\\&=\oiint_{S_1}\sigma_1'\mathrm{d}S+\oiint_{S_1}\sigma_1''\mathrm{d}S=q_1'+q_1'',\end{aligned}\tag{5-11}$$

上式表明猜测解 $\tilde{\boldsymbol{E}}$ 满足导体1的已知电荷条件(已知其电荷为 $q_1'+q_1''$)，同理可证它也满足导体2的电荷条件。

(3) 验证 $\tilde{\boldsymbol{E}}$ 满足 Ω 区的外边界的电学条件。所谓外边界，对图5-2(b)是指 S_∞，其电学条件是电势为零；对图5-2(a)是指 S_c，其电学条件包括两点：① S_c 是 $\tilde{\boldsymbol{E}}$ 的等势面；②当导体1、2的电荷分别为 $q_1'+q_1''$ 和 $q_2'+q_2''$ 时 S_c 的电荷应为 $-[(q_1'+q_1'')+(q_2'+q_2'')]$(在外围空腔导体的金属内部作高斯面易证)。下面分别验证。

① 在我们的视野中，所有讲唯一性定理的作者都在心中若明若暗地默认“金属导体不延伸至无限远”这一前提条件，但未见任一本教材对此明确指出。

对图 5-2(b)，由于导体(因而电荷)位于有限区，S_∞ 的电势显然为零，验证完毕。

对图 5-2(a)，①由 S_c 是 $\boldsymbol{E}'$ 和 $\boldsymbol{E}''$ 的等势面易证 S_c 是 $\tilde{\boldsymbol{E}}$ 的等势面；②选 S_c 上任一点 P 的法矢指向空腔内，则场为 $\tilde{\boldsymbol{E}}$ 时 P 点的电荷面密度

$$\tilde{\sigma}_c=\varepsilon_0\tilde{E}_n=\varepsilon_0E'_n+\varepsilon_0E''_n=\sigma'_c+\sigma''_c,$$

其中 σ'_c 和 σ''_c 分别代表场为 $\boldsymbol{E}'$ 和 $\boldsymbol{E}''$ 时 P 点的电荷面密度。于是

$$\text{场为 }\tilde{\boldsymbol{E}}\text{ 时 }S_c\text{ 的电荷}=\oint\!\!\!\oint_{S_c}\tilde{\sigma}_c\mathrm{d}S=\oint\!\!\!\oint_{S_c}\sigma'_c\mathrm{d}S+\oint\!\!\!\oint_{S_c}\sigma''_c\mathrm{d}S\text{。}\tag{5-12}$$

$$\text{式(5-12)右边第一项}=\oint\!\!\!\oint_{S_c}\sigma'_c\mathrm{d}S=\text{场为 }\boldsymbol{E}'\text{ 时 }S_c\text{ 的电荷}$$

$$=-(\text{场为 }\boldsymbol{E}'\text{ 时 }S_a\text{ 的电荷}+\text{场为 }\boldsymbol{E}'\text{ 时 }S_b\text{ 的电荷})=-(q'_1+q'_2),\tag{5-13}$$

同理可证

$$\text{式(5-12)右边第二项}=-(q''_1+q''_2),\tag{5-14}$$

代回式(5-12)便得

$$\text{场为 }\tilde{\boldsymbol{E}}\text{ 时 }S_c\text{ 的电荷}=-[(q'_1+q''_1)+(q'_2+q''_2)],$$

这正是所要验证的。 □

注 7 下面是叠加定理的一个简单特例：设导体 1、2 的电荷分别为 q_1 和 $q_2=0$ 时 Ω 区的电场为 $\boldsymbol{E}'$；导体 1、2 的电荷分别为 $q_1=0$ 和 q_2 时 Ω 区的电场为 $\boldsymbol{E}''$，则当导体 1、2 的电荷分别为 q_1 和 q_2 时 Ω 区的电场为 $\boldsymbol{E}'+\boldsymbol{E}''$。应该特别注意，虽然 $q_2=0$，但导体 2 依然存在，它会受导体 1 的电荷的感应而有某种面密度分布，只不过 $\oint\!\!\!\oint_{S_2}\sigma_2\mathrm{d}S=q_2=0$ 而已。许多人对此注意不够，想问题时会误以为 $q_2=0$ 等价于“导体 2 被拿走”，从而导致错误。为了防止这种错误，笔者构思了一幅“防误图”，见图 5-4。

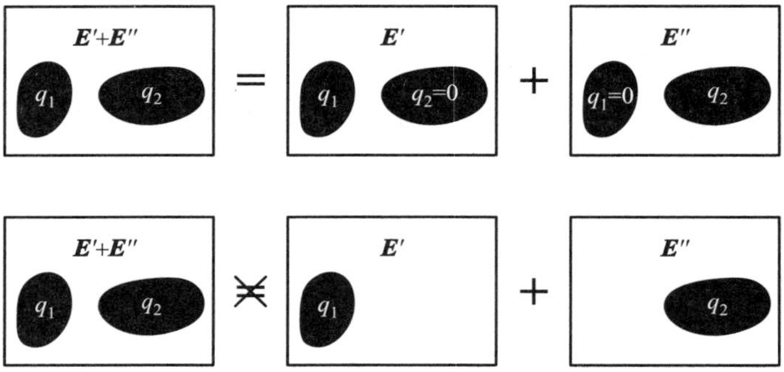

图 5-4 防误图

专题6　静电屏蔽再讨论

本专题导读

（1）本专题是活学活用唯一性定理的好例子。例如，对“内置偏心点电荷的金属球壳的外部电场”问题（见基础篇）可以说得一清二楚。

（2）用唯一性定理补证了基础篇给而不证的一个结论，见本专题的命题6-1。

（3）电子电路理论的“静电屏蔽”结论看似与电磁学结论大相径庭，§6.3在§6.2的“学究式”讲法的基础上对这两种结论的一致性给出了清晰的讲解。这是本书的一大特色（未在任何文献中看到）。

关于静电屏蔽这一静电学的重要话题，基础篇曾用电场线就某些简单情况给出过结论和证明，同时也介绍了某些难于用电场线证明的结论。由于专题5已经讲述了静电唯一性定理，现在就可以用这一定理对静电屏蔽的有关重要结论（包括基础篇证明过和未证明过的）做出证明。此外，§6.2和§6.3还将对静电屏蔽问题做出更为深入的讨论。

§6.1　用唯一性定理证明静电屏蔽的主要结论

6.1.1　壳内空间的静电场

设金属壳内除了N个带电导体A_1，A_2，…，A_N外为真空，壳外带电体分布情况任意。我们来证明，不论壳接地与否，壳内空间的静电场都不受壳外电荷分布的影响。把壳内各导体表面（包括壳的内壁$S_内$）所围成的空间记作$\Omega_内$（图6-1）。所谓壳内静电场不受壳外影响，是指一旦壳内各导体电荷给定后，无论壳外电荷的数量和分布如何，达到静电平衡后，$\Omega_内$的静电场都一样。既然壳内各导体电荷给定，壳的内壁$S_内$的电荷也就确定（与壳内各导体电荷代数和等值异号）。根据静电唯一性定理，$\Omega_内$的静电场$\boldsymbol{E}_内$由壳内各导体表面以及$S_内$面的电荷唯一确定。既然这些电荷都与壳外电荷的数量及分布无关，$\Omega_内$的静电场$\boldsymbol{E}_内$自然就不受壳外电荷的影响。

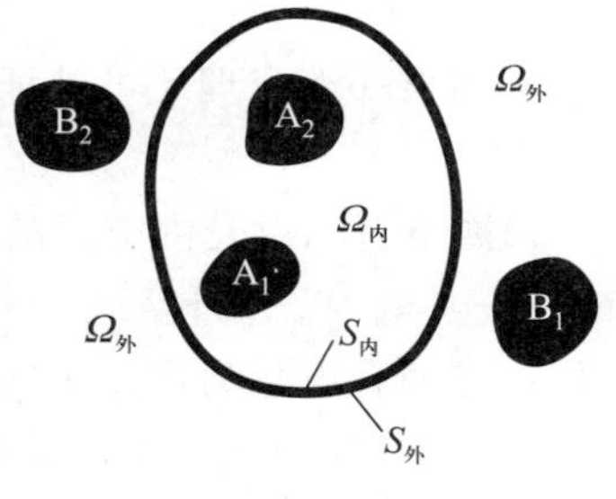

图6-1　封闭金属壳的静电屏蔽

6.1.2　壳外空间的静电场

作为一般讨论，设不接地金属壳所带电荷为Q（包括$Q=0$这一常见情况），壳内空间的总电荷为q_1，则壳外壁$S_外$的电荷等于$Q+q_1$。当q_1改变（例如从壳内取走一个带电导体）时，$S_外$的电荷随之而变，因而壳外静电场一般要变。然而用唯一性定理不难证明，只要将壳接地，壳内电荷对壳外静电场就不再有影响。证明如下。把介于 $S_外$ 以及壳外导体（B_1，B_2，…）外表面以及无限远面 S_∞ 之间的空间记作 $\Omega_外$。（仍见图 6-1，但壳要接地，图中的 S_∞ 没有画出。）设壳外每个导体或则给定电荷或则给定电势，加上已知 S_∞ 及 $S_外$ 的电势为零（因壳接地），由唯一性定理便知 $\Omega_外$ 的静电场与壳内电荷的数量及分布无关。

虽然壳不接地时壳内电荷对壳外静电场有影响，但由唯一性定理不难证明，只要壳内导体总电荷不变，无论其分布如何（例如导体 A_1 换一个位置，或者令 A_1 与 A_2 相接触，甚至把 A_1 的电荷移交给 A_2 再将 A_1 取走），壳外静电场都一样。原因很简单：q_1 不变意味着 $S_外$ 的电荷一定，加之壳外各导体都已给定电荷或电势（它们显然不因壳内电荷分布改变而改变），故 $\Omega_外$ 的静电场唯一确定。由此也可看出，所谓壳内电荷 q_1 对壳外电场有影响，完全是通过它在 $S_外$ 感应出的那份电荷（等于 q_1）起作用。至于那份电荷在 $S_外$ 上如何分布，则完全取决于壳外情况。这一结论的一个简单应用就是基础篇讨论过的不接地中性金属球壳内置点电荷的问题（见图 6-2）。当时曾通过某种论述得出结论：无论点电荷在球心还是偏心，壳外电场一样（电场线呈均匀辐射状）。但同时也指出（见基础篇 P. 59 脚注①）这种论述尚不够严格，而严格的证明可由唯一性定理给出。现在看到，从唯一性定理果然可以一望而知壳外静电场的确与壳内点电荷的位置无关。

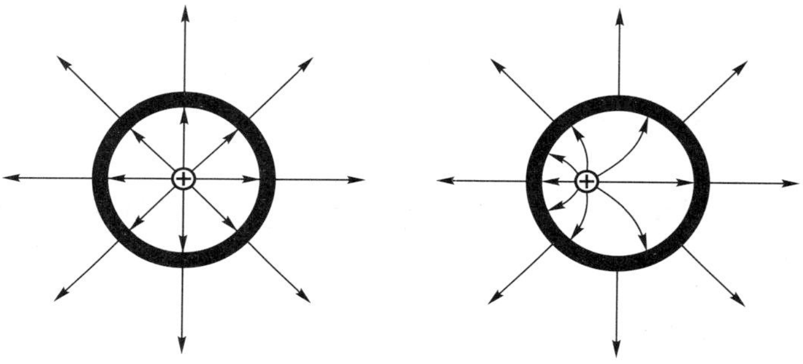

图 6-2　金属球壳外的静电场与壳内点电荷位置无关

利用唯一性定理还可补证基础篇（第三版）P. 60 用重点号给出的结论，即（现在称为命题 6-1）：

命题 6-1　设壳内空间的电荷为 q_1，壳内壁电荷为 q_2（$=-q_1$），壳外壁电荷为 q_3（对中性壳有 $q_3=-q_2=q_1$），壳外空间（不含外壁）的电荷为 q_4，则不论壳是否接地，（a）q_1，q_2 在壳内壁之外任一点的合电场为零；（b）q_3，q_4 在壳外壁之内任一点的合电场为零。

证明　用图 6-3(a) 表示 q_1，q_2，q_3，q_4 的含义。设想用金属填满图 6-3(a) 的 $\Omega_外$［成为图 6-3(b)］，则把唯一性定理（边界为电荷条件）用于图 6-3(b) 的 $\Omega_内$ 可知 q_1 和 q_2 在 S_1 面和 S_2 面上的分布不会因填入金属而改变。而这一分布情况恰能保证 S_2 面外任一点（都在金属内部）的静电场为零，可见图 6-3(a) 中的 q_1 和 q_2 在 S_2 面外任一点的合电场为零。类似地，用不带电金属填满图6-3(a) 的 $\Omega_内$［成为图 6-3(c)］，则原来分别存在于 S_1、S_2 和 S_3 面的电荷 q_1、q_2 和 q_3 都只能存在于 S_3 面，其值为 $q_1+q_2+q_3=q_3$，故 S_3 面的电荷不因填入金属而改变。把唯一性定理（边界为电荷条件）用于图 6-3(c) 的 $\Omega_外$ 可知 q_3 和 q_4 在 S_3 面和 S_4 面上的分布不会有变化。而这一分布情况

恰能保证 S_3 面内任一点的电场为零，故图 6-3(a)中的 q_3 和 q_4 在 S_3 面内任一点的合电场为零。 □

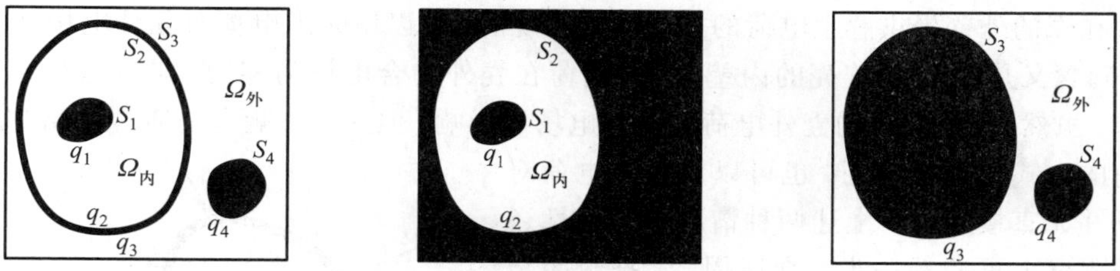

(a) q_1, q_2, q_3, q_4的含义　(b) 在S_2面外填满金属　(c) 在S_3面内填满金属

图 6-3　命题 6-1 证明用图

§6.2　对静电屏蔽的进一步讨论

静电屏蔽理论中的屏蔽罩(金属壳)总是封闭的。如果金属壳有一小孔，严格的理论讨论就很难，但物理直觉使人们相信带小孔的金属壳仍有近似的屏蔽作用(都相信很少有电场线穿过小孔入内)。事实上，大量实验的确表明金属网(可看作带有很多小孔的金属壳)也能起到相当不错的屏蔽作用。然而，如果金属壳 B 只有一个小孔，但从壳内导体 A 引出一根导线经小孔伸至外部，特别地，如果到了外部又与另一导体 D 相接[图 6-4(a)]，问题就变得微妙。设导体 A，B，D 都不带电，则 A，D 接通后壳内外仍无静电场。但若在外部再引入一个带电导体 C，情况就要变化，这时 A，B 之间将会出现可观的静电场[图 6-4(b)]。这并不是因为 C 发出的场线会穿过 B 的小孔进入 B 内形成电场(如果移去 A，D 之间的连接导线，带电导体 C 通过小孔在 A，B 之间形成的电场根本微不足道)，而关键在于 A 与 D 有导线相连。C 的存在将在壳外形成电场，于是在 C，D 之间存在电压 U_{CD}，在 C，B 之间存在电压 U_{CB}。一般说来 $U_{CD} \neq U_{CB}$，所以 $U_{BD} \neq 0$，但是 $V_A = V_D$，故 $U_{BA} \neq 0$。于是 A，B 之间出现静电场，而且可以很强。既然在外部引入 C 就会在内部出现静电场，“外对内无影响”的提法现在就不再成立。这里重要的不在于金属壳有一小孔，而在于壳内导体 A 引出导线穿过小孔与壳外导体相连。在这种情况下应该说金属壳不能屏蔽掉“外对内的影响”。我们当然记得“不接地金属壳不能屏蔽掉内对外的影响”这一结

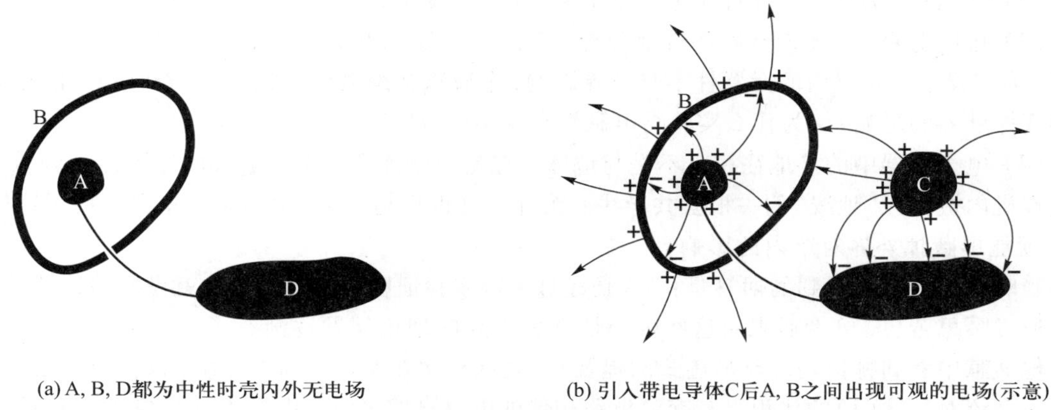

(a) A, B, D都为中性时壳内外无电场　(b) 引入带电导体C后A, B之间出现可观的电场(示意)

图 6-4　金属壳 B 内导体 A 引出导线接外部导体 D

论，其实这两种情况有惊人的相似性。虽然不接地金属壳内电荷对壳外电场有影响，但这一影响是通过在壳的外壁提供感生电荷的方式间接实现的，可以说壳内电荷对壳外电场并无直接影响，其准确含义是：壳内(连壳的内壁)所有电荷在壳外的合电场为零[此即命题 6-1 之(a)]。无独有偶：虽然图 6-4(b)的壳外电荷对壳内电场有影响，但这一影响也是通过在壳的内部提供感生电荷的方式间接实现的，也可以说壳外电荷对壳内电场并无直接影响。上述两种情况的类似性还可在某种程度上再挖掘一步。众所周知，把封闭金属壳接地就可消除壳内电荷对壳外电场的(间接)影响。那么，对图6-4(b)而言，有没有办法消除壳外电荷对壳内电场的(间接)影响呢？答案是：只需用导线把金属壳 B 接 D(是接 D 而不是接地)，见图 6-5。理由很简单：B 接 D 后 $V_B=V_D$，加上原来就有的 $V_A=V_D$，自然有 $V_A=V_B$，可见壳内不可能存在场线，即壳内电场为零。

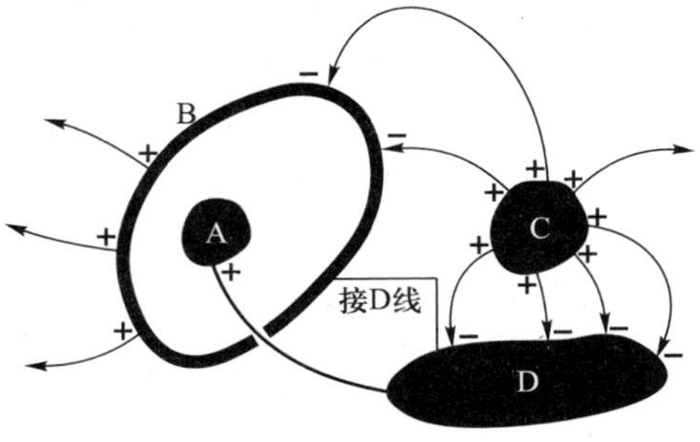

图 6-5　接 D 封闭金属壳的静电屏蔽

上述讨论乍看起来带有“纯学究式”的味道，似乎难以想象有什么实际应用。然而，这一讨论其实是笔者在 20 世纪 60 年代初期对某些非常实际的电子电路(如收音机)的某些现象做冥思苦想时提炼出来的，对理解和解释电子电路的“静电”屏蔽现象有非常重要的帮助，详见下节。本节和下节是本专题的特色所在。

§6.3　电子电路中的“静电屏蔽”

电工学和电子学是电磁学的后续课程，当然应以电磁学为理论基础。电子电路中经常用到“静电屏蔽”的手法，按说其原理应能用电磁学解释。然而，笔者在大学阶段学习电子学的“静电屏蔽”现象时却发现有几个问题的讲法与电磁学的讲法似有明显抵触：电磁学的静电屏蔽是对静电场的屏蔽，而电子电路涉及的是变化电场而不是静电场，于是就产生如下问题：

(1) 为什么把对时变电场的屏蔽也称为静电屏蔽？

(2) 特别是，为什么也允许用电磁学中关于静电屏蔽的结论？

(3) 按照电磁学，无论金属罩接地与否，罩内静电场都不受罩外电荷的影响；而在电子电路中，为使置于金属罩内的元器件不受外界影响，金属罩必须接地(实验的确表明若不接地就不能屏蔽掉外界的影响)。为什么实验与电磁学理论不一致？

(4) 电子仪器中的接地往往既不是与地球连接也不是连接一个足够大的导体(金属)块，而是连接机内被称为“地线”的一根公共导线。为什么这也算是接地，而且金属罩只要接了这样的“地”就能屏蔽掉外界对罩内的影响？

当时从老师口里得到的回答是：“这是经过无数实验证明了的！不信你就做实验试试！”

通过冥思苦想，笔者后来对这些曾经是百思不解的理论问题逐渐有了自己的解释(未在任何其他文献中看到哪怕是蛛丝马迹式的提及)。现在首次在本拓展篇中介绍，权作引玉之砖。

先介绍对问题(1)的认识。与交流电路相伴的电场自然是时变电场 $\boldsymbol{E}(t)$，它通常可被分解为库仑电场 $\boldsymbol{E}_{库}(t)$ 和感生电场 $\boldsymbol{E}_{感}(t)$ 两部分(详见专题 18)。如果满足集中参数电路的条件(见

基础篇 §9.5)，则可以认为 $\boldsymbol{E}_{库}(t)$ 和 $\boldsymbol{E}_{感}(t)$ 分别只存在于电容器内和电感线圈中。然而，随着工作频率的提高，就不得不考虑分布参数(潜布电容和电感)的影响。这些影响往往是设计中未加考虑的，其存在常会干扰电路的正常工作，因而要设法减轻或消除。这就要使用屏蔽技巧。某些无线电教材(笔者当年熟悉的都是苏联老教材)提到的“电场的屏蔽”和“磁场的屏蔽”大致对应于本书中“对 $\boldsymbol{E}_{库}$ 的屏蔽”和“对 $\boldsymbol{E}_{感}$ 的屏蔽”。本专题只涉及对 $\boldsymbol{E}_{库}$ 的屏蔽。库仑电场虽然也是时变电场，但因为它是由电荷按库仑定律瞬时决定的，所以与静电场非常相似(每一时刻的 $\boldsymbol{E}_{库}$ 等同于由该时刻的电荷分布按库仑定律激发的电场，详见专题 18)，许多作者也就(不做任何解释地)把 $\boldsymbol{E}_{库}$ 称为静电场。电子电路中的各个元器件以及导线表面都有电荷分布，它们都要激发库仑电场。为了减少(甚或基本消除)这种电场对某些需要重点保护的元器件(例如收音机内的中频变压器)的影响，就要将它们置于金属罩内。人们就把这种做法称为“静电屏蔽”，实质上就是库仑电场的屏蔽。这就是笔者对问题(1)的回答。

再介绍对问题(2)的回答[这是比问题(1)还要难得多的问题]。静电屏蔽的理论依据是静电唯一性定理，而唯一性定理是根据导体[以及其外部(真空)]在静电平衡状态的各种性质(例如静电场方程、导体内部场强 $E_{内}=0$、导体表面为等势面)证明出来的。在电子电路的情况下，$\boldsymbol{E}_{库}$ 虽然与静电场有不少相同性质，但它毕竟是随时间而变的，这个时变电场中的导体也有静电场中的导体那些性质吗？譬如，电子电路中的导体也有 $E_{内}=0$ 吗？不妨以示波管内的水平偏转板(可看作电容器)为例。如果两板间的电压为常数，每块板内(金属板内部)当然有 $E_{内}=0$；现在让电压有一个改变(突变)，在改变的瞬间板内场强 $E_{内}$ 变得非零，但很快就达到新的静电平衡态，$E_{内}$ 又复归零。导体从一个静电平衡态到另一个静电平衡态所用的时间称为弛豫时间(relaxation time)，非常短暂，约为10^{-19} s。示波器工作时，板间电压随时间连续变化(例如线性变化或简谐变化)，于是板内板外不断地从一个静电平衡态转换到另一个静电平衡态。只要这个连续变化的“特征时间”远远长于10^{-19} s(弛豫时间)，情况就像是一直处于(一个接一个的)静电平衡状态中，与热力学的准静态过程十分类似。对简谐变化而言，“特征时间”当然是指周期；对于更为一般的变化，可以是指“周期段”，或者说“频段”的倒数。弛豫时间的倒数高达10^{19} Hz，通常的电子电路的频段都远低于这个频率，所以的确可以实现静电屏蔽。

至于问题(3)和(4)，虽然表面看来这是两个独立的问题，但其实只是同一问题的两个方面。这里的“同一问题”本质上就是本专题 §6.2 所讨论的“纯学究式”的问题。虽然该节的讨论是纯模型式的，但这一模型正是笔者以电子电路的接地屏蔽罩问题为客体所提炼出来的。

电子仪器的内部电路可按所起作用分为若干个工作单元。以多级放大器为例，每级可看作一个单元，单元 1 把放大了的信号电压经由电容 C_{12}和电阻 R_{12}耦合到单元 2 再做进一步的放大(图 6-6)。两个单元之间的耦合当然要用两根导线。为方便起见，通常用一根公共导线将各个单元接通，再在每两个相邻单元之间加一根耦合导线。人们把这根联结各单元的公共导线称为**地线**，其实它与大地可以毫无联系，“地线”一词只是一种惯用称谓。在理想情况下，两个相邻单元之间除了由这两根导线提供的耦合外不存在其他耦合。然而，由于这两个单元的导线、焊点、元件等靠得很近，难免出现不希望的相互影响。为了突出问题的本质，我们用非常简化的手法画出两个单元中的某些部分的示意图(图 6-7)。图中 H_1，H_2 代表每个单元中的一个焊点(明显夸大)，由于彼此靠近，一个焊点上的时变电荷激发的电场会影响到另一焊点。图中用潜布电容 C(虚线)代表这种不希望的耦合。具体说，设单元 2 中的某个交变电动势 e_2 提供的交变

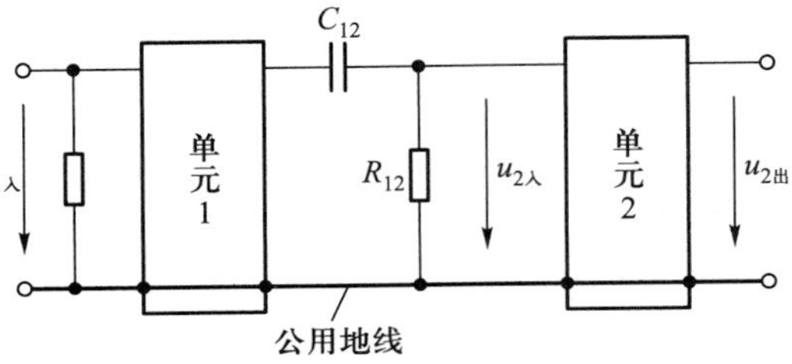

图 6-6 单元 1 把放大了的电信号经电容 C_{12}和电阻 R_{12}耦合到单元 2

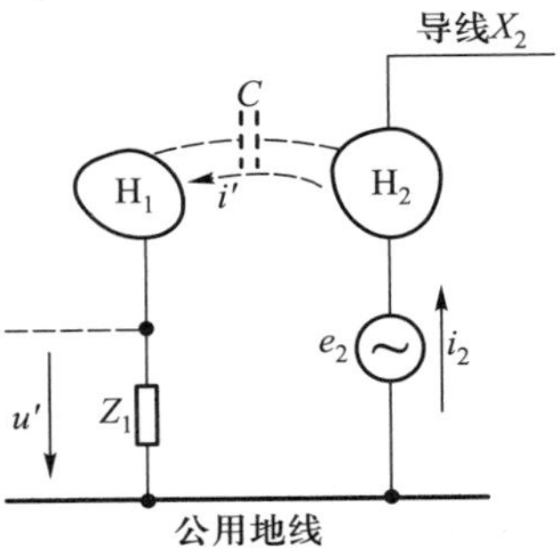

图 6-7 潜布电容 C 代表焊点 H_1 和 H_2 之间存在(不希望的)耦合

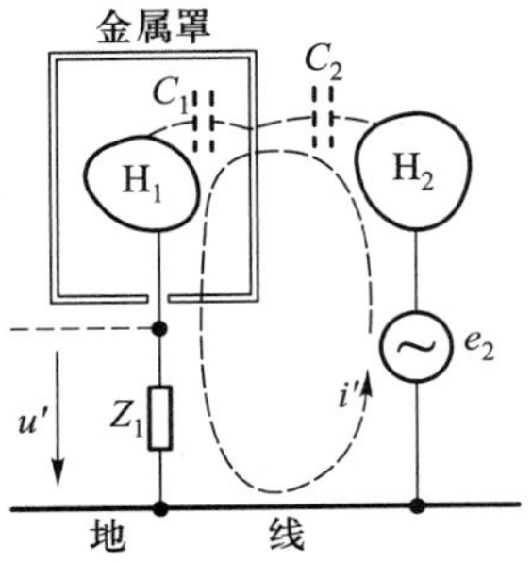

图 6-8 不接地线的金属罩无济于事，干扰电压照样存在

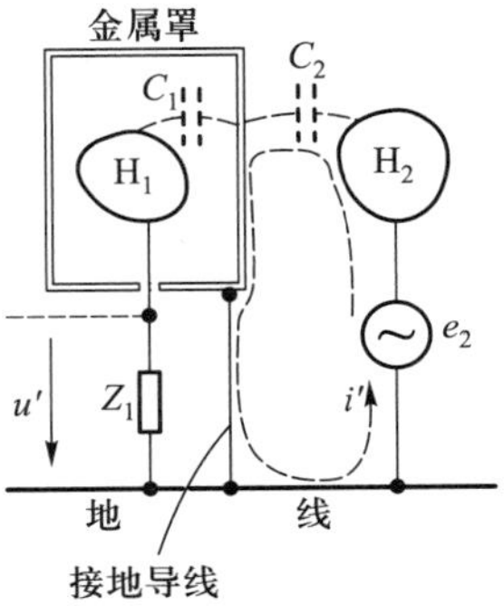

图 6-9 金属罩接地线后干扰电压 u'为零

电流(图中的 i_2)流经焊点 H_2，该电流本应只沿导线 X_2 流动，但由于潜布电容 C 的存在，i_2 中将有一小部分(图中的 i')沿 C 到 H_1 并经阻抗 Z_1 进入地线(再回到 e_2 的下端)。这个在设计中本来没有的电流 i'在阻抗 Z_1 上造成不希望的电压 u'，它会在不同程度上干扰电路的正常工作。为了消除这种不希望的耦合，可以考虑把 H_1 置于一个金属罩内，如图 6-8。然而这也无济于事，因为 H_1 与罩之间以及罩与 H_2 之间仍有潜布电容，信号源 e_2 仍会在 Z_1 上造成电流。消除这一电流的巧妙办法是将金属罩接“地”(接公共地线而不是大地，如图 6-9)。这样一来，罩的接地导线与 C_1-H_1-Z_1 支路并联，由于导线的阻抗(几乎为零)远小于后者，e_2 提供的电流都经接地导线进入地线，Z_1 上不再出现不希望的电压 u'。结论：金属罩只有接“地”方能起到屏蔽作用。把现在的讨论与 §6.2 的讨论对比，不难看出 §6.2 是对电子电路屏蔽问题的一种模型化。从实质上说，图 6-8 和 6-9 分别对应于图 6-4 和 6-5，图 6-4 和 6-5 的壳外导体“D”在相当程度上对应于图 6-8 和 6-9 的“地”。两者之间的某些表面差别是：电子电路中喜欢用“路”的语言，所以图 6-8 和 6-9 画出潜布电容 C_1 和 C_2；而 §6.2 中喜欢用“场”的语言，所以不提潜布电容而更爱画场线。如果对图 6-9 使用“场”的语言，则可说：接地后与 C_1 相应的空间没有位移电流，故罩与 H_1 之间没有电压，因而罩内没有库仑电场。可见接地可以对 $\boldsymbol{E}_{库}$ 起屏蔽作用，从而(用“路”的语言说)可以消除由 $\boldsymbol{E}_{库}$ 在 Z_1 上造成的电压 u'。顺便一提，电子仪器中提供待放大的微弱信号的导线之所以要用蛇皮线(实质上是同轴电缆，其金属外皮称为蛇皮)，而且蛇皮要“接地”(与公共地线相接)，也是出于同一道理。

专题7　电　像　法

本专题导读

(1) 给出了5个例子，着重说明这种方法的理论根据，关键是用唯一性定理。

(2) 例2说明了金属平板接地与否不影响结论的道理。

(3) 对带电金属球与球外同性点电荷之间的静电力可否为吸力的问题做了详细计算并导出了结论。

乙　专题4一开头讲过，为使尽量多的静电平衡问题得以解决，人们创造了各种巧妙方法，电像法就是其中之一，是由英国物理学家开尔文于19世纪中叶首创的。

甲　我在不止一本电动力学教材中都学过电像法，而且熟悉用电像法解决问题的各种例子，是否可以略而不读本专题？

乙　这取决于你的个人意愿。不过，本专题最重要的目的不是讲解例题本身，而是想通过讲解例题使读者一板一眼地明了电像法的理论依据（特别是唯一性定理在保证此法正确性方面所起的作用）。我们不喜欢那种重方法轻理由（甚至不讲理由）的讲授方法。本专题在讲解理论依据时，若干讲法还是笔者杜撰的，仅供参考。

电像法要解决的问题与静电感应密切相关。专题4已经用电场线对静电感应问题得出过定性结论（见图4-1），但因导体B的形状过于一般，无法定量讨论。（设A的正电荷量已知，如何求得B上的负电荷量以及负电荷在B的表面的分布情况？）然而，如果B是大块金属平板或金属球，就可用电像法巧妙地求得定量结果，见下面的例1至例4。

例1　无限大接地金属平板左侧有一与板距离为l的点电荷$q>0$（图7-1），求：①金属板左、右侧空间的静电场；②金属板左右壁的感生电荷面密度σ'；③金属板左右壁的感生电荷总量。

解　左侧的空间可看作半无限大空间，以S_∞代表它的无限远边界面（图7-1中三段虚直线示意地代表的面）。把点电荷q看作足够小的金属小球，其表面记作S_1。以S_2代表金属板的左壁，再以Ω代表由三个边界面S_1、S_2和S_∞围成的空间区域。根据唯一性定理，Ω内的静电场由这三个边界面的电势或电荷唯一决定。对本例而言，由于金属板接地，S_2面的电势自然为零；默认$V_\infty=V_{地}$，又知S_∞面的电势也为零；S_1面是金属小球（看作点电荷q）的表面，故其电荷为已知（就等于q）。只要利用物理直觉和经验猜出Ω区内的、满足上述边界条件的静电场，它就必定是正确解。

现在就来猜测。Ω区内的静电场要满足的条件之一是它在无限大平面S_2上的电势为零，而我们熟知两个等值异号点电荷的中分面正是零电势面。既然Ω区内有个点电荷q，自然猜想，如果在S_2面右侧（在Ω区外）的对称位置放个等值异号的点电荷$-q$（称为q的**像电荷**，见图

7-2)，则 q 与 $-q$ 在 Ω 区内激发的静电场（记作 $\boldsymbol{E}$）正是待求的静电场。请注意，Ω 区内的静电场本是由点电荷 q 及 S_2 上的感生负电荷共同激发的，但我们猜想，像电荷 $-q$ 对 Ω 区内的静电场的贡献与 S_2 上的感生负电荷的贡献一样（等效），因而可用像电荷等效替代。

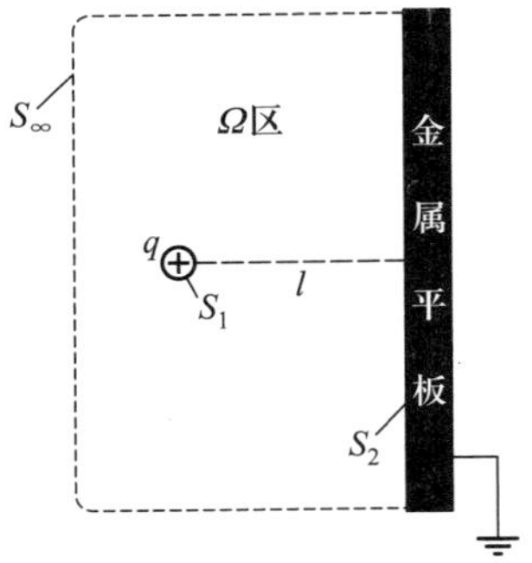

图 7-1 点电荷 q 对无限大接地平板的静电感应

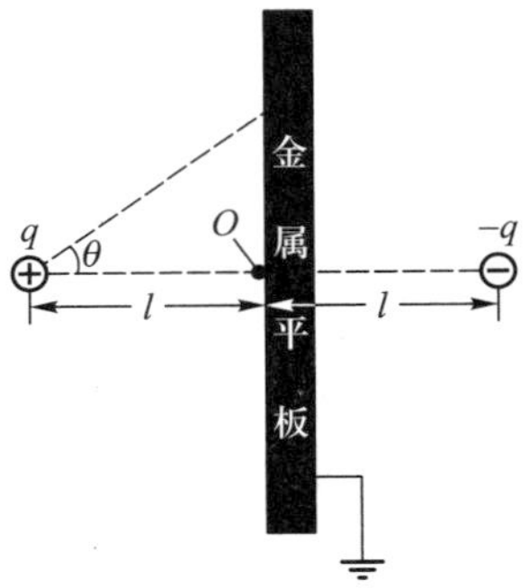

图 7-2 $-q$ 是 q 的像电荷，两者在 Ω 区内贡献的 $\boldsymbol{E}$ 正是 Ω 区内待求的静电场

为了证实这个猜想，只需针对图 7-1 的 Ω 区的 3 个边界面验证这个 $\boldsymbol{E}$ 的确满足上述边界条件。$\boldsymbol{E}$ 场在 S_2 面上电势为零是毫无疑问的。由于激发 $\boldsymbol{E}$ 场的电荷（q 和 $-q$）位于有限地区，S_∞ 面的电势当然也为零。所余任务就是要验证小球面 S_1 也是 $\boldsymbol{E}$ 场的等势面，而且由 $\boldsymbol{E}$ 场可以求得其电荷恰好为 q ①。

点电荷的含义是其尺度足够小，故 S_1 面是个足够小的球面，所谓“足够”，就是小到这样的程度，使得 S_1 面上的电场和电势只包含点电荷 q 的贡献（$-q$ 的贡献可以忽略），因而 S_1 面是 $\boldsymbol{E}$ 场的等势面。再以 σ 代表 S_1 面的电荷面密度，则

$$\boldsymbol{E}\text{ 场在 } S_1 \text{ 面相应的电荷} = \oint\!\!\!\oint_{S_1} \sigma \mathrm{d}S = \oint\!\!\!\oint_{S_1} \varepsilon_0 E_{\mathrm{n}} \mathrm{d}S = \varepsilon_0 \oint\!\!\!\oint_{S_1} \boldsymbol{E} \cdot \mathrm{d}\boldsymbol{S} = \varepsilon_0 (q_{内} / \varepsilon_0) = q \text{ 。}$$

（其中倒数第二步用到高斯定理，$q_{内}$ 代表高斯面内的电荷。）

这就验证了 $\boldsymbol{E}$ 场在 S_1 面上的确满足所给的电荷条件。可见猜测解 $\boldsymbol{E}$ 就是正确解（就是 Ω 区内的静电场）。

再谈金属板右侧。由于金属板接地，只要承认 $V_\infty = V_{地}$，利用电场线就不难证明右侧的电场为零。于是可得

结论① 金属板右侧无电场，左侧的静电场相当于以像电荷 $-q$ 代替金属板左壁感生负电荷后的静电场。

至于金属板左右壁的感生电荷面密度 σ'，则可利用上面求得的 $\boldsymbol{E}$ 借助于公式 $\sigma' = \varepsilon_0 E_{\mathrm{n}}$ 方便地求得，结果如下。

结论② 金属板右壁电荷面密度为零，左壁面密度为

$$\sigma' = -\frac{q}{2\pi l^2}\cos^3\theta \text{ ,} \tag{7-1}$$

---

① 此处用的是专题 5 的唯一性定理，其前提是 Ω 区内为真空。当 Ω 区内有点电荷时，就要把它看作带电金属小球并验证其表面 S_1 的电荷条件，所以才有正文的麻烦。电动力学教材的唯一性定理允许 Ω 区内有给定的电荷（包括点电荷），故可免去这一麻烦。不过，正文的麻烦对于深入理解某些问题也是有好处的。

其中 θ 是场点(左壁的点)关于点电荷 q 所在点的角度坐标，见图 7-2。以 O 代表从 q 点到左壁所作垂线的垂足，则式(7-1)表明左壁感生电荷面密度 σ' 关于 O 点作对称分布。

用积分不难证明左壁总电荷(感生电荷总量)等于 $-q$，故有

结论③ 金属板左壁的感生电荷总量为 $-q$，右壁的感生电荷总量为零(读者不妨与专题 4 的例 1 对照理解)。

用电像法求解还可方便地画出 Ω 内的场线图(见图 7-3)，它既有助于直观地表现静电场，又有助于直观地看出平板左壁感生电荷的大致分布。 ■

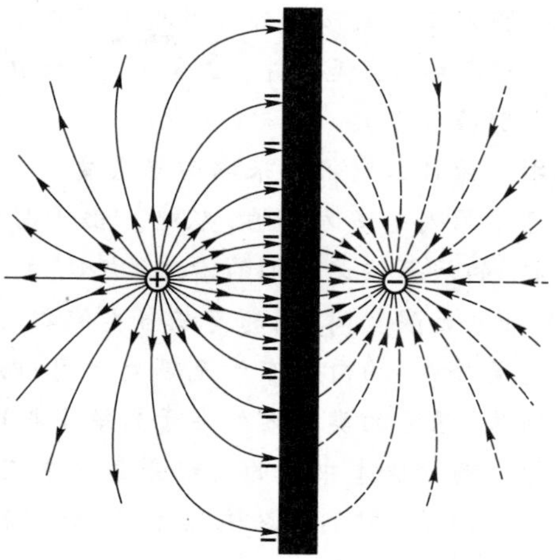

图 7-3 平板左侧的静电场(由实场线描绘)是 q 与平板左壁感生负电荷 σ' 共同激发的，但对左侧空间而言，σ' 的贡献可由像电荷 $-q$ 代替

注 1 我们在基础篇 2.1.4 小节的例 6 已经求得过式(7-1)，但限于未能讲授静电唯一性定理，当时是利用笔者杜撰的另一种巧妙方法求得的。

注 2 以上讨论间接证明了一个结论——点电荷 q 与金属板左壁的感生电荷 σ' 在左壁以右的空间贡献的合电场为零。这一结论也可用下法直接证明。以 A 和 B 分别代表点电荷 q 和像电荷 $-q$ 所在点，由以上讨论可知，对金属板左壁以左的电场 $\boldsymbol{E}_{左}$ 而言，像电荷 $-q$ 与感生面电荷 σ' 的贡献相同，即

$$\sigma'\text{对 }\boldsymbol{E}_{左}\text{ 的贡献}=B\text{ 点的像电荷}-q\text{ 对 }\boldsymbol{E}_{左}\text{ 的贡献},$$

不妨简记为

$$\boldsymbol{E}_{左}(\sigma')=\boldsymbol{E}_{左}(B\text{ 点放}-q),$$

再以 $\boldsymbol{E}_{右}(\sigma')$ 代表由 σ' 在左壁以右空间贡献的电场，利用镜像对称性不难推知

$$\boldsymbol{E}_{右}(\sigma')=\boldsymbol{E}_{右}(A\text{ 点放}-q)。$$

于是

$$\boldsymbol{E}_{右}(\sigma')+\boldsymbol{E}_{右}(A\text{ 点放 }q)=\boldsymbol{E}_{右}(A\text{ 点放}-q)+\boldsymbol{E}_{右}(A\text{ 点放 }q)=0\ 。$$

证毕。

注 3 电像法的妙处在于利用“藏在”Ω 区以外的“像电荷”等效代替 Ω 区的边界上的感生电荷。所谓等效，是指两者在 Ω 区内贡献的电场一样。用电像法解题时的关键一步是凭借物理知识、直觉和经验猜测像电荷的位置，这个位置当然不能在 Ω 区内，否则求得的电场就不是题目要你求的电场。

[选读 7-1]

甲 专题 5 的唯一性定理明确地把“所有导体都不延伸至无限远”列为前提条件，但图 7-1 的金属平板明明是延伸至无限远的，您为什么还能用(还敢用)唯一性定理证明用电像法求得的解是正确解?

乙 这是个极好的问题，在回答之前我想先简介一点背景材料。电动力学教材都讲唯一性定理，而且在讲电像法时都把本例作为第一个应用实例(以下简称之为“大板电像法”)。然而，

在我们视野中的众多中外文教材都有以下两点缺失：①在讲唯一性定理时都不讲“导体不延伸至无限远”这一前提条件；②在讲“大板电像法”时都不提无限远边界面（更不用说验证该边界面的电势条件了）。

甲　为什么它们都采取回避态度？

乙　原因是多方面的，从略。出于写作“拓展篇”的既定目的，我们决心对这个“惹不起却躲得起”的问题谈谈我们的看法（决心“惹它一把”），仅供参考。我们认为这个问题与专题1的“均匀带电无限空间”问题有相当类似之处。专题1在讨论该问题时已经明确指出，如果只给定空间电荷分布（均匀分布于无限大空间）而不给定无限远边界条件，就不足以确定电场 $\boldsymbol{E}$。“大板电像法”跟它的类似之处在于只给定接地大板以及附近的点电荷 q 而没给定无限远边界条件。

甲　既然除本书外的大部分参考书连无限远边界都不提，自然不会给定无限远边界条件。令人不解的是，它们怎么依然能用（敢用）唯一性定理证明电场就是由点电荷 q 与像电荷 $-q$ 贡献的场？

乙　问得好。本书与它们的一个重要区别，就是在求解的一开始就明确指出“默认 $V_\infty=V_{地}$，所以 S_∞ 面的电势也为零”。这在实质上就是给定了无限远边界条件。$V_\infty=V_{地}=0$ 保证专题5的“土法证明”适用，因而唯一性定理在此条件下成立（这是关键环节）。我们正是在这个前提下提出我们的猜测解（Ω 区的 $\boldsymbol{E}$ 只由点电荷 q 和像电荷 $-q$ 激发）的。

甲　但是，您事先怎么知道 $V_\infty=V_{地}$ 是合理的无限远边界条件呢？

乙　不妨认为这也是带有猜测性和试验性的做法：先猜测 $V_\infty=V_{地}$ 成立，再按电像法提出猜测解（Ω 区的 $\boldsymbol{E}$ 只由点电荷 q 和像电荷 $-q$ 激发），此解说明激发 $\boldsymbol{E}$ 场的这两个点电荷都位于有限区，所以 E 在趋于无限远时必定衰减得足够快（按 r^{-2} 衰减），因而可以把电势参考点选在无限远，这也就反过来验证了 $V_\infty=V_{地}$ 是一种合理的猜测。不妨说，这种先猜测再做“自洽性验证”的做法是物理人做物理的一种方法。

甲　这样看来，既然所有书都给出（承认）“Ω 区的 $\boldsymbol{E}$ 只由点电荷 q 和像电荷 $-q$ 激发”这一结论，就意味着它们也承认本例中的无限远的电势为零（虽然没有明确地说），加之它们都明确承认地的电势为零，可见它们实质上都承认 $V_\infty=V_{地}$。

乙　的确如此，但是它们都不爱明确说出“地球与无限远等势”（或是写出 $V_\infty=V_{地}$）这一结论。我们把这种现象戏称为“羞羞答答地用”。

甲　为什么这么多书在使用这个结论时都如此羞羞答答？

乙　原因也不止一个，不过有一个共同的、最重要的原因，那就是 $V_\infty=V_{地}$ 的结论到底是否正确还是个有待严肃探讨的问题。本书的专题9对此问题将有颇为详细的讨论。

［选读7-1完］

例2　把例1的接地金属板改为不接地中性金属板，结论又如何？

解　讨论方法与例1很像，但金属板的电学条件要从电势条件改为电荷条件（总电荷为零）。我们来证明已知条件的这种改变并不导致结论改变。为此，仍取例1的猜测解，唯一需要重新验证的是这一猜测解能使金属板的总电荷为零。乍看起来似不可能，因为例1表明金属板左壁的总（感生）电荷为 $-q$，而右壁又无电荷，两壁电荷之和怎能为零［$0+(-q)\neq 0$］？然而可做如下的物理思辨：点电荷 q 的存在使金属板左壁出现总电荷为 $-q$ 的感生电荷，既然板为中性，其右壁必定出现与此等值异号的感生正电荷，总电荷为 q。由于点电荷 q 与平板左壁的感生电荷在左壁以右贡献的合电场为零(见注2),右壁的感生电荷必然均匀分布,既然右壁面积为无限大,有限的电荷 q 均匀分布所得的面密度只能为零,因而与猜测解并无矛盾。 ■

例3 半径为 R 的接地金属球外有一距球心为 l 的点电荷 q,求空间的静电场以及金属球表面的感生电荷面密度。

解 把点电荷看作一个带有电荷 q 的金属小球,以 Ω 代表除金属大球及金属小球以外的全空间,它有3个边界面:①金属小球表面 S_1,②金属大球表面 S_2,③无限远边界面 S_∞。我们在例1已经尝到电像法的甜头,自然希望现在也能找到一个(藏在大球内的)像电荷 q',它对 Ω 区内电场的贡献等于大球表面感生电荷的贡献。以 A 代表点电荷 q 所在点,O 代表大球球心,假定像电荷 q' 位于 AO 连线上的某点 A'。目前这只是一种尝试,由此出发进行计算,希望真能找到 A' 点以及位于该点的、数量适当的像电荷 q',使 q' 与 q 在 Ω 区内的合电场 $\boldsymbol{E}$ 满足以下要求:(a)三个边界面都是等势面,(b)S_∞ 和 S_2 面的电势为零,(c)S_1 面的电荷为 q。下面就来寻找 A' 点和 q' 值。

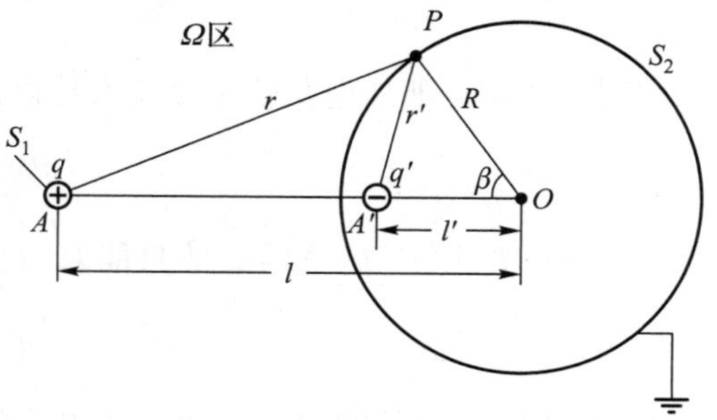

图7-4 像电荷的位置(l'值)和数量(q'值)的推求用图

$\boldsymbol{E}$ 在大球表面(S_2 面)任一点 P 的电势为(见图7-4)

$$V_P=\frac{q}{4\pi\varepsilon_0 r}+\frac{q'}{4\pi\varepsilon_0 r'},\tag{7-2}$$

其中 r 和 r' 分别是 A 和 A' 与 P 的距离。因 $V_P=0$(球接地),故上式等价于

$$\frac{q}{q'}=-\frac{r}{r'},\tag{7-3}$$

于是有

$$\frac{q^2}{q'^2}=\frac{r^2}{r'^2}。\tag{7-4}$$

由余弦定理得

$$r^2=R^2+l^2-2Rl\cos\beta\ ,\qquad r'^2=R^2+l'^2-2Rl'\cos\beta\ ,\tag{7-5}$$

其中角度 β 的含义见图7-4。上式代入式(7-4)给出

$$q^2(R^2+l'^2)-q'^2(R^2+l^2)=2R(q^2l'-q'^2l)\cos\beta\ 。\tag{7-6}$$

上式中的 β 由场点 P 在球面的位置决定。我们希望找到两个实数 l' 和 q',使得上式对球面的任意场点 P 都成立。暂设 l' 和 q' 的确存在(只要后面真的求解出来,就真存在),则上式左边是常数而右边是 $\cos\beta$ 的函数,这是矛盾的,除非 $\cos\beta$ 的系数为零,于是逼出

$$q'^2=\frac{l'}{l}q^2\ 。\tag{7-7}$$

代回式(7-7)给出

$$l'^2-\frac{R^2+l^2}{l}l'+R^2=0\ ,\tag{7-8}$$

由此解得

$$l'=\frac{1}{2}\left[\frac{R^2+l^2}{l}\pm\sqrt{\left(\frac{R^2+l^2}{l}\right)^2-4R^2}\right],\tag{7-9}$$

可见或者 $l'=R^2/l$，或者 $l'=l$ 。但 $l'=l$ 导致像电荷位于 A 点，不合要求，故只能取

$$l'=\frac{R^2}{l}。\tag{7-10}$$

由 $R<l$ 易见 $l'<R$，即像电荷位于金属大球以内，这正是我们希望的。把上式代入式(7-7)又得

$$q'^2=q^2\left(\frac{R}{l}\right)^2。\tag{7-11}$$

又因式(7-3)要求 q' 与 q 异号，故只能取

$$q'=-\frac{R}{l}q。\tag{7-12}$$

式(7-10)和(7-12)分别给出了像电荷的位置和数量。现在就可对本例的静电场提出如下的猜测解：

Ω 区内的静电场相当于点电荷 q 与位于 $l'=\dfrac{R^2}{l}$ 处的像电荷 $q'=-\dfrac{R}{l}q$ 在 Ω 区内激发的合电场 $\boldsymbol{E}$。

为证实这一猜测解的确是正确解，只需验证它满足所要求的边界条件。验证过程与例 1 类似，留给读者完成。

从上述静电场 $\boldsymbol{E}$ 出发，借用公式 $\sigma=\varepsilon_0E_n$ 便可方便地求得金属大球表面 S_2 上的电荷面密度 σ（作为球面上的点函数）。

用电像法求解本例的另一重要好处就是可以轻松、准确地画出 Ω 区内的场线图，由此不但可以大致看出静电场的直观形象，还可看出金属大球表面上感生电荷的分布状况。图 7-5 给出 $l=2R=4l'$ 情况中的场线分布。请特别注意：①每条场线都与大球表面（等势面）正交；②金属球内的虚线不代表场线，因为金属导体内的电场为零，而且“静电场 $\boldsymbol{E}$ 相当于点电荷 q 与像电荷 q' 激发的合电场”的结论只适用于 Ω 区（不含金属球）。 ■

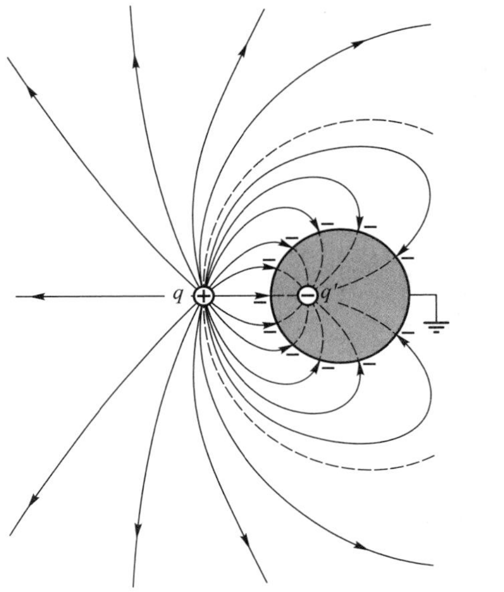

图 7-5 点电荷 q 在接地金属球外的场线图（$l=2R=4l'$，$q'=-q/2$），虚线不代表场线

例 4 半径为 R、电荷为 Q 的不接地金属球外有一距球心为 l 的点电荷 q，求空间的静电场以及金属球表面的感生电荷面密度。

解 与例 3 相比，本例的唯一不同在于现在的金属球是个不接地的带电球，因而其表面 S_2 的边界条件从电势条件改为电荷条件——S_2 的总电荷为 Q。若仍假定 Ω 区内的静电场 $\boldsymbol{E}$（暂时称为猜想电场）与例 3 的 $\boldsymbol{E}$ 相同，则仍能保证 S_2 为等势面，但却不能保证 S_2 面的总电荷为 Q，因为，设 σ 是 S_2 面上与 $\boldsymbol{E}$ 相应的电荷面密度，则 $\sigma=\varepsilon_0E_n$，故 S_2 面的总电荷为

$$\oiint_{S_2}\sigma\mathrm{d}S=\oiint_{S_2}\varepsilon_0E_n\mathrm{d}S=\varepsilon_0\oiint_{S_2}\boldsymbol{E}\cdot\mathrm{d}\boldsymbol{S}=\varepsilon_0\frac{q'}{\varepsilon_0}=q'=-\frac{R}{l}q。\tag{7-13}$$

(其中第三步用到高斯定理。) 上式表明 S_2 面与 $\boldsymbol{E}$ 相应的总电荷为 q'，不等于 Q(除非题设的 Q 恰好等于 $-\frac{R}{l}q$)。可见上述 $\boldsymbol{E}$ 场不满足 S_2 面的电荷条件。然而我们可从式(7-13)的推导过程受到启发：为使 S_2 面的电荷条件得到满足，应该猜想大球内还有另一像电荷 $q''=Q-q'$，就是说，猜想 Ω 区内的静电场相当于由点电荷 q、q' 和 q'' 所激发的合电场，记作 $\tilde{\boldsymbol{E}}$(新的猜想电场)。但现在又出现一个新问题：S_2 是 $\boldsymbol{E}$ 场的等势面，它也能是 $\tilde{\boldsymbol{E}}$ 场的等势面吗(而这是必须满足的)？这个问题不难解决：只需令像电荷 q'' 位于大球的球心。至此，读者不难验证 $\tilde{\boldsymbol{E}}$ 满足所有边界条件，因而是正确解。

结论 Ω 区内的静电场相当于由点电荷 q、q' 和 q'' 所激发的合电场，其中 $q'=-qR/l$，$q''=Q-q'$，q'' 位于大球的球心，q' 位于球心左边距离 $l'=R^2/l$ 处。 ■

注 4 利用例 4 的结论可以对一个有趣问题给出明确答案。设 A 是点带电体，电荷为 $q>0$，B 是金属大球，电荷为 $Q>0$，我们关心 B 对 A 的静电力 $\boldsymbol{F}_{BA}$。当两者远离时 $\boldsymbol{F}_{BA}$ 自然是斥力(同性相斥)。然而，随着 A 向 B 靠近，B 不可再被看作点带电体，其表面上较近 A 的部分("近端")会出现负的电荷密度，它们对 A 将提供吸力。考虑 $\boldsymbol{F}_{BA}$ 时当然不能忘记 B 上电荷密度为正的部分("远端")所提供的斥力。于是出现一个有趣的问题：B 的近端对 A 的吸力可否超过远端对 A 的斥力，以至 A 所受的总静电力 $\boldsymbol{F}_{BA}$ 为吸力？答案是：只要两者足够靠近①，$\boldsymbol{F}_{BA}$ 一定是吸力。下面借例 4 的结论对此给出证明。

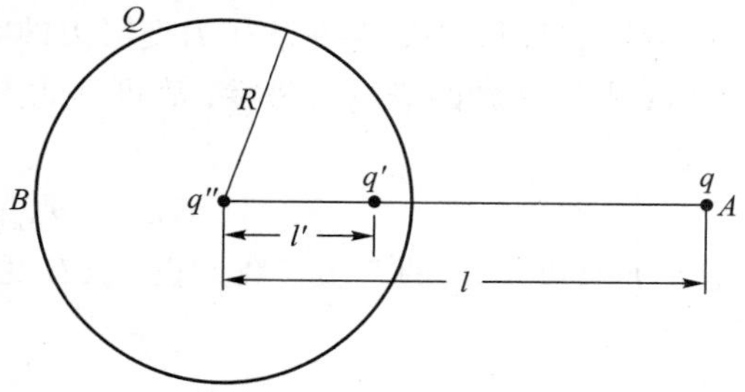

图 7-6 电荷为 $Q>0$ 的金属球对附近同性点电荷 q 的静电力

在讨论 $\boldsymbol{F}_{BA}$ 时，B 表面上的所有电荷可用两个点电荷 q' 和 $q''\equiv Q-q'$ 等效代替，见图 7-6(为便于跟图 7-7 对照，本图把点带电体 A 改画在大金属球 B 的右边)。以 $\boldsymbol{e}_{BA}$ 代表从 B 向 A 的单位矢，把 $\boldsymbol{F}_{BA}$ 表为 $\boldsymbol{F}_{BA}=F\boldsymbol{e}_{BA}$，则 $\boldsymbol{F}_{BA}$ 为斥力对应于 $F>0$。由库仑定律和叠加原理得

$$\begin{aligned}4\pi\varepsilon_0F&=\frac{qq''}{l^2}+\frac{qq'}{(l-l')^2}=\frac{q(Q-q')}{l^2}+\frac{qq'}{(l-l')^2}\\&=\frac{q}{l^2}\left(Q+\frac{Rq}{l}\right)-\frac{q^2R}{l}\frac{1}{\left(l-\dfrac{R^2}{l}\right)^2}=\frac{q(Ql+qR)}{l^3}-\frac{q^2Rl}{(l^2-R^2)^2},\end{aligned}$$

故

$$4\pi\varepsilon_0\frac{Fl^2}{q^2}=\frac{Ql+qR}{ql}-\frac{Rl^3}{(l^2-R^2)^2}=\frac{Q}{q}+\frac{R}{l}-\frac{Rl^3}{R^4\left(\dfrac{l^2}{R^2}-1\right)^2}。$$

① 我们约定，无论两者靠得多么近，A 总可被看作点带电体。

引入无量纲量 $\Theta\equiv\dfrac{Q}{q}$，$\lambda\equiv\dfrac{l}{R}$，则上式变形为

$$4\pi\varepsilon_0\frac{R^2}{q^2}F=\frac{\Theta}{\lambda^2}+\frac{1}{\lambda^3}-\frac{\lambda}{(\lambda^2-1)^2}。\tag{7-14}$$

假定开始时两者相距非常遥远（$l>>R$），则 $\lambda>>1$，这时上式右边第三项分母中的 1 可被略去，故

$$4\pi\varepsilon_0\frac{R^2}{q^2}F\approx\frac{\Theta}{\lambda^2}+\frac{1}{\lambda^3}-\frac{\lambda}{\lambda^4}=\frac{QR^2}{ql^2},\tag{7-15}$$

因而

$$F\approx\frac{qQ}{4\pi\varepsilon_0 l^2}。\tag{7-16}$$

此即点电荷之间的库仑力公式，$F>0$ 表明 $\boldsymbol{F}_{BA}$ 为斥力。现在让点带电体 A 沿着两者的连线自右而左逐渐靠近大球 B（即保持 R 不变而令 l 在 $l>R$ 的前提下逐渐减小），则 λ 从很大于 1 开始渐减并且不断接近 1，这时式(7-14)右边前两项保持有限而第三项发散，因而

$$\lim_{\lambda\to1^+}F=-\infty。\tag{7-17}$$

上式说明，只要 A 与大球 B 足够靠近，F 就为负，因而 $\boldsymbol{F}_{BA}$ 就变为吸力。可见，当 A 从远处向大球 B 连续靠近时，必定存在从斥力变吸力的临界点（其 l 值和 λ 值分别记作 l_c 和 λ_c），当 A 位于此点时，它所受到的静电力为零，故可称此点为**零力点**。令式(7-14)的 $F=0$ 便可求得 λ_c 满足的方程：

$$\Theta\lambda_c^5-2\Theta\lambda_c^3-2\lambda_c^2+\Theta\lambda_c+1=0\ 。\tag{7-18}$$

这是关于未知数 λ_c 的 5 次代数方程，没有既定的求解方法，较为实用的做法是画曲线图。引入“无量纲力”

$$\tilde{F}\equiv4\pi\varepsilon_0\frac{R^2}{q^2}F,\tag{7-19}$$

则 $\tilde{F}$ 与 F 恒同号，故 $\boldsymbol{F}_{BA}$ 为斥力当且仅当 $\tilde{F}>0$。上式与式(7-14)结合给出

$$\tilde{F}=\frac{Q/q}{\lambda^2}+\frac{1}{\lambda^3}-\frac{\lambda}{(\lambda^2-1)^2}。\tag{7-20}$$

即 $\tilde{F}$ 是 Q/q 和 λ 的二元函数。把 Q/q 看作参数，指定一个参数值 Q/q 便得到 $\tilde{F}$ 作为 λ（即 l/R）的一元函数的函数关系。图 7-7 的上面两条曲线的参数值分别是 $Q/q=3$ 和 $Q/q=1$，这两条曲线与横轴的交点代表零力点。由曲线可以看出，q 所受的静电力在从远而近的过程中先是斥力，而且从小变大，达到极大值后开始变小，经过零力点后从斥力变为引力，在趋于大球面时引力趋于无限大。

虽然前面的讨论是在 $Q>0$ 和 $q>0$ 的前提下进行的，但对 $Q<0$ 和 $q<0$ 的情况其实也成立（这时参数 Q/q 也为正）。进一步说，从推导可知式(7-20)对 $Q/q\leqslant0$ 也成立，只不过无论点电荷 A 在何处都受吸力，图 7-7 的另外两条曲线（$Q/q=0$ 和 $Q/q=-1$）就代表这种情况。

无论 Q 与 q 是同号还是异号，当 $l>>R$ 时式(7-16)都成立，而此式正是点电荷之间的库仑力公式，可见此时的确可以把大球也看作点电荷。这虽然是谁都知道的结论，但我们从未定量

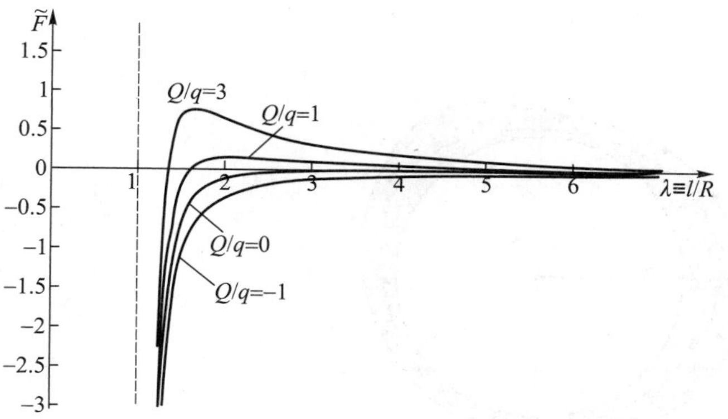

图 7-7 4 种不同参数值 Q/q 的受力曲线。$\widetilde{F}>0$ 为斥力，$\widetilde{F}<0$ 为吸力。

地给出过证明。本段的计算可以看作是第一次的定量证明，所以值得再次提及。

例 5 在任意外形的接地金属块中有一球形空腔，在腔内任意点置一点电荷 q（与空腔球心 O 的距离为 l），求腔内的静电场。

解 把点电荷看作电荷量为 q 的金属小球，以 Ω 代表空腔以内除金属小球外的空间，则它有两个边界面，即小球表面 S_1 和空腔内壁 S_2。受例 3 的启发，假想在 S_2 面外有一像电荷 q'，位于空腔球心 O 与 q 所在点的连线上，与 O 距离为 l'，见图 7-8。把 q 和 q' 在 Ω 区贡献的合电场 $\boldsymbol{E}$ 称为猜测解。仿照例 3 的计算不难知道，为保证 S_2 是 $\boldsymbol{E}$ 的电势为零的等势面（这是关键），只需让 l' 和 q' 满足

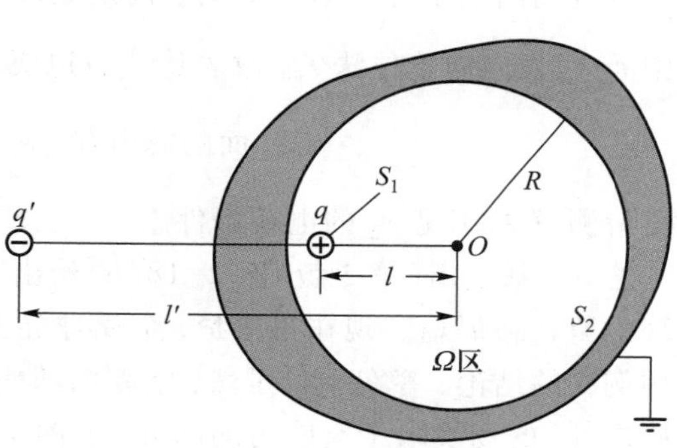

图 7-8 接地金属块内球形空腔中有点电荷 q

$$l'=\frac{R^2}{l}, \qquad q'=-q\,\frac{R}{l}。 \tag{7-21}$$

读者不难验证这一猜测解满足所有边界条件，因而是正确解。

结论 Ω 区内的静电场相当于点电荷 q 与图 7-8 所示的像电荷 q' 贡献的合电场，其中 q' 和 l' 满足式(7-21)。 ■

例 6 撤去例 5 中金属块的接地线，结果又如何？

解 腔内（Ω 区内）静电场不变，证明如下。

本例与例 5 的唯一不同是 S_2 的边界条件从电势条件（电势为零）改为电荷条件。在金属内部作一任意形状的闭合面 S'（见图 7-9 虚线），对 S' 使用高斯定理可知 S_2 面的总电荷等于 $-q$，这就是猜测解 $\boldsymbol{E}$ 必须满足的电荷条件。仍以例 5 的 $\boldsymbol{E}$ 为猜测解，下面验证它的确满足上述电荷条件。以 σ 代表 S_2 面上与 $\boldsymbol{E}$ 相应的电荷面密度，$\boldsymbol{e}_n$ 代表 S_2 面的内向单位法矢，则 $\sigma=\varepsilon_0 E_n$，故

$$S_2\text{ 面的总电荷}=\oint\!\!\!\oint_{S_2}\sigma\,\mathrm{d}S=\varepsilon_0\oint\!\!\!\oint_{S_2}E_n\,\mathrm{d}S=\varepsilon_0\oint\!\!\!\oint_{S_2}\boldsymbol{E}\cdot\mathrm{d}\boldsymbol{S}\ 。$$

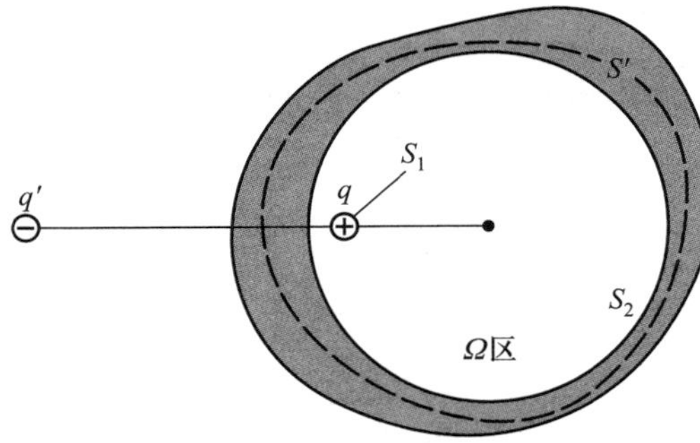

图 7-9　不接地金属块内球形空腔中有点电荷 q

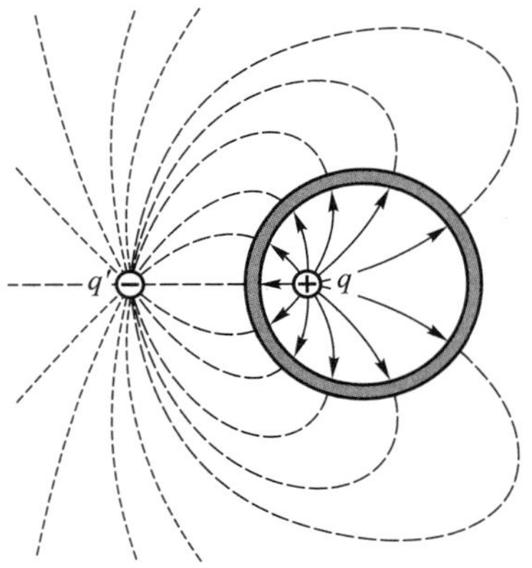

图 7-10　内置偏心点电荷 q 的金属球壳内部场线图

现在就可用高斯定理。通常形式的高斯定理 $\oiint_S \boldsymbol{E}\cdot \mathrm{d}\boldsymbol{S}=q_{内}/\varepsilon_0$ 要求闭合面 S 取外向法矢，而本例中 $\boldsymbol{e}_{\mathrm{n}}$ 代表内向单位法矢，故表达式右边要加一负号，于是

$$S_2\text{ 面的总电荷}=\varepsilon_0\oiint_{S_2}\boldsymbol{E}\cdot \mathrm{d}\boldsymbol{S}=-\varepsilon_0\frac{q}{\varepsilon_0}=-q,$$

可见猜测解 $\boldsymbol{E}$ 满足 S_2 的电荷条件。■

注 5　基础篇(第 3 版)图 2-18(b)给出了内有偏心点电荷的金属球壳内部的场线分布，但将理由留在拓展篇。现在很清楚，金属球壳无非是有球形空腔的任意形状金属块的简单特例，利用例 6 的结论，答案一目了然：空腔内部的场线是位于直径延长线上两个异号点电荷(分别在空腔内外)的场线限于空腔内的部分，如图 7-10 所示。但请勿误以为壳外虚线也是场线。若问图 7-10 中球壳外部的电场和场线，则由唯一性定理立即肯定其为球对称电场，场线为均匀辐射状直线，见基础篇图 2-18(b)。

专题 8　电容、电容系数和电容器

本专题导读

(1) 谁都知道孤立导体的电容定义为 $C\equiv q/V$，但你知道如何证明 C 是常数(与 q 及 V 无关)吗?

(2) 谁都知道平板电容器的电容定义为 $C\equiv Q/U$，但你能说清 Q 代表哪一份电荷吗? 特别是当两板电荷并不等值异号时 Q 代表什么?!

(3) 谁都知道电容器的电容是常数(与带电状态无关)，但你能证明吗?

(4) 两个任意形状的导体也可构成电容器吗? 如果可以，它的电容也定义为 $C\equiv Q/U$ 吗? 如果是，这个 Q 又代表什么?! 你能证明这个电容也是常数吗? 引入第 3 个导体会影响这个电容吗?

(5) 谁都认为串联电容公式的推导极其容易(中学书就有)，但读到 §8.5 时你会发现推导中隐藏着一个很不容易说清的问题。读完该节你才会彻底领悟。

本专题是静电唯一性定理精彩应用的一个实例。虽然读者很熟悉电容器和电容，但本专题将讲授很多你可能从未想过和听说过、但又是如此有道理、有用处的内容。

§8.1　孤立导体的电容

众所周知，孤立导体的电容 C 由下式定义:

$$C\equiv\frac{q}{V},\tag{8-1}$$

其中 q 和 V 分别是该导体的电荷和电势(参考点选在无限远)。应该指出，q 和 V 都是描写孤立导体的带电状态的量，但电容 C 却应该与带电状态无关(是不依赖于 q 和 V 的常数)。于是在用式(8-1)给电容下定义前必须证明一个命题: 不论孤立导体处于什么带电状态，该状态中的电荷 q 和电势 V 的比值是常数(与带电状态无关)。直观地想，这一命题不难接受("水涨船高"嘛!)，然而命题的严格(定量)证明却并非如此简单。下面用唯一性定理给出一个"滴水不漏"的巧妙证明。

以 (q, V) 代表孤立导体的一个带电状态，(q', KV) 代表另一个状态(K 为任意常实数)，若能证明 $q'=Kq$，便证明了上述命题，即 q 与 V 之比为常数。把导体以外的全空间选作 Ω 区，则它的边界面是导体表面 S 和无限远面 S_∞。设导体处于 (q, V) 和 (q', KV) 态时 Ω 区的静电场分别为 $\boldsymbol{E}$ 和 $\boldsymbol{E}'$。为求 q' 与 q 的关系可先求 $\boldsymbol{E}'$ 与 $\boldsymbol{E}$ 的关系。把 $\boldsymbol{E}$ 看作已知，则 $\boldsymbol{E}'$ 为待求。这待求静电场应满足如下边界条件: ①导体表面 S 是 $\boldsymbol{E}'$ 场的等势面，电势等于 KV; ②$\boldsymbol{E}'$ 场在 S_∞ 上的电

势为零。既然唯一性定理保证满足这些条件的静电场只有一个，就可根据物理直觉或其他考虑对 $\boldsymbol{E}'$ 提出一个猜测解，再判明它是否满足上述条件。因为最终要证明 $q'=Kq$，自然猜想（希望）$\boldsymbol{E}'$ 取如下简单形式：

$$\boldsymbol{E}'(x,y,z)=K\boldsymbol{E}(x,y,z), \tag{8-2}$$

式中补上 (x,y,z) 旨在强调每一空间点上的 $\boldsymbol{E}'$ 都等于该点的 $\boldsymbol{E}$ 的 K 倍（这是一个很强的要求）。现在验证这样的 $\boldsymbol{E}'$ 果然满足上述边界条件。由于激发 $\boldsymbol{E}'$ 场的电荷位于导体表面（在有限区），上述条件②自然满足，故只需验证条件①。设 P 是导体表面的任一点，V_P 和 V'_P 分别是 $\boldsymbol{E}$ 和 $\boldsymbol{E}'$ 在 P 点的电势，则

$$V'_P=\int_P^\infty \boldsymbol{E}'\cdot \mathrm{d}\boldsymbol{l}=K\int_P^\infty \boldsymbol{E}\cdot \mathrm{d}\boldsymbol{l}=KV_P\ 。\tag{8-3}$$

（积分沿着从 P 到无限远的任一曲线。）既然导体表面 S 是 $\boldsymbol{E}$ 场的等势面，上式表明它也是 $\boldsymbol{E}'$ 场的等势面，而且电势的确等于 KV。可见猜测解 $\boldsymbol{E}'$ 是正确解。据此就不难证明本节的关键命题 $q'=Kq$：设 σ 和 σ' 分别代表 S 面上与 $\boldsymbol{E}$ 和 $\boldsymbol{E}'$ 场相应的电荷面密度，便有

$$q'=\oint\!\!\!\oint_S \sigma'\mathrm{d}S=\oint\!\!\!\oint_S \varepsilon_0 E'_{\mathrm{n}}\mathrm{d}S=\oint\!\!\!\oint_S \varepsilon_0 KE_{\mathrm{n}}\mathrm{d}S=K\oint\!\!\!\oint_S \sigma\mathrm{d}S=Kq\ 。$$

待证命题证毕。由此可得结论：孤立导体的电荷 q 与电势 V 的比值与带电状态无关，因而描述导体自身的性质（形状和大小等几何条件）。例如，半径为 R 的孤立导体球的电容等于 $4\pi\varepsilon_0 R$。

亲爱的读者，你以前学习（甚至讲授）“孤立导体的电容”时想到过上述结论是要证明的吗？知道能这样证明吗？

以上证明中介绍了应用唯一性定理证明问题时的一种有用技巧——先提出猜测解，再验证边界条件；只要验证无误，就可确信其为正确解。后面还将多次使用这一技巧。

§8.2 导体组的电容系数

与孤立导体不同，当空间有不止一个导体时，每个导体的电荷不但取决于自身的电势，而且与其他导体的电势有关。先以两个导体构成的导体组为例介绍这一关系。后面将看到这一关系对讨论许多问题有异乎寻常的用处。

命题 8-1 设导体1、2的电荷分别为 q_1、q_2，电势分别为 V_1、V_2，则

$$q_1=C_{11}V_1+C_{12}V_2\ , \tag{8-4a}$$

$$q_2=C_{21}V_1+C_{22}V_2\ , \tag{8-4b}$$

其中 C_{11}、C_{12}、C_{21}、C_{22} 为常数（与各导体的带电状态无关），只取决于两个导体的几何因素。

为证明命题8-1，先要证明一个引理。引理讨论两种特殊情况：（A）$V_1=$ 任意值，$V_2=0$［见图8-1(a)］；（B）$V_1=0$，$V_2=$ 任意值［见图8-1(b)］。

引理 8-1 对情况A有 $q_1=C_{11}V_1$，$q_2=C_{21}V_1$；对情况B有 $q_1=C_{12}V_2$，$q_2=C_{22}V_2$，其中 C_{11}、C_{12}、C_{21}、C_{22} 为常数。

引理 8-1 的证明 先讨论情况A。设导体1的电势由 V_1 变为 $V'_1=KV_1$（K 为常数），相应地，两导体电荷由 q_1、q_2 变为 q'_1、q'_2，空间电场由 $\boldsymbol{E}(x,y,z)$ 变为 $\boldsymbol{E}'(x,y,z)$，我们猜测

$$\boldsymbol{E}'(x,y,z)=K\boldsymbol{E}(x,y,z)\ 。$$

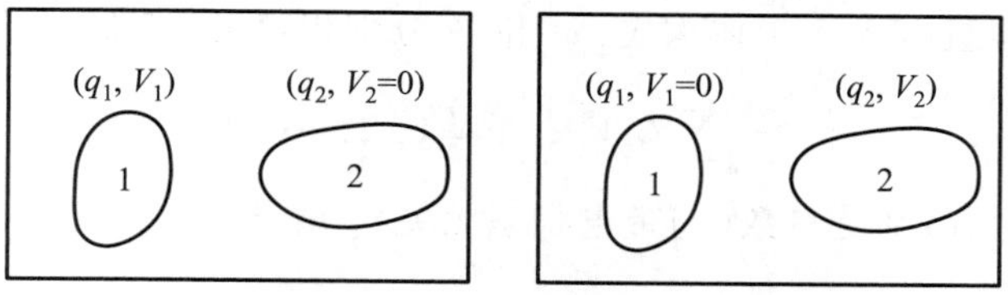

(a) 情况A (b) 情况B

图 8-1 两种特殊情况

只需验证这个猜测解 $\boldsymbol{E}'$满足两导体的电势条件。(这条件是：导体 1 的电势 $V_1'=KV_1$，导体 2 的电势为零。)设 P_1 和 P_2 各为导体 1 和 2 表面的一点，则

$$\text{导体 1 与 } \boldsymbol{E}' \text{相应的电势} = \int_{P_1}^{\infty} \boldsymbol{E}' \cdot \mathrm{d}\boldsymbol{l} = K\int_{P_1}^{\infty} \boldsymbol{E} \cdot \mathrm{d}\boldsymbol{l} = KV_1 \ ,$$

$$\text{导体 2 与 } \boldsymbol{E}' \text{相应的电势} = \int_{P_2}^{\infty} \boldsymbol{E}' \cdot \mathrm{d}\boldsymbol{l} = K\int_{P_2}^{\infty} \boldsymbol{E} \cdot \mathrm{d}\boldsymbol{l} = 0 \ ,$$

可见猜测解为正确解。设 S_1 为导体 1 的表面，σ_1 和 σ_1' 分别是 S_1 上与电场 $\boldsymbol{E}$ 和 $\boldsymbol{E}'$相应的电荷面密度，则由猜测解 $\boldsymbol{E}'(x, y, z)=K\boldsymbol{E}(x, y, z)$得

$$q_1' = \oint\!\!\!\oint_{S_1} \sigma_1' \mathrm{d}S = \oint\!\!\!\oint_{S_1} \varepsilon_0 E_n' \mathrm{d}S = K\oint\!\!\!\oint_{S_1} \varepsilon_0 E_n \mathrm{d}S = K\oint\!\!\!\oint_{S_1} \sigma_1 \mathrm{d}S = Kq_1 \ ,$$

同 $V_1'=KV_1$ 结合可知 q_1 与 V_1 成正比。设比例常数为 C_{11}，便有 $q_1=C_{11}V_1$。同理可证 $q_2=C_{21}V_1$。对情况 B 可作类似讨论，从而得到 $q_1=C_{12}V_2$ 和 $q_2=C_{22}V_2$。 □

命题 8-1 的证明 设当导体 1、2 的电势为 V_1、V_2 时电场为 $\boldsymbol{E}(x, y, z)$，我们猜测

$$\boldsymbol{E}(x, y, z)=\boldsymbol{E}_{\mathrm{A}}(x, y, z)+\boldsymbol{E}_{\mathrm{B}}(x, y, z),$$

其中 $\boldsymbol{E}_{\mathrm{A}}(x, y, z)$是导体 2 接地而导体 1 电势为 V_1 时(情况 A)的电场，$\boldsymbol{E}_{\mathrm{B}}(x, y, z)$是导体 1 接地而导体 2 电势为 V_2 时(情况 B)的电场。下面验证这个 $\boldsymbol{E}(x, y, z)$满足"导体 1、2 电势各为 V_1、V_2"的边界条件。设 P_1、P_2 各为导体 1、2 表面的一点，则

$$\text{导体 1 与 } \boldsymbol{E} \text{ 相应的电势} = \int_{P_1}^{\infty} \boldsymbol{E} \cdot \mathrm{d}\boldsymbol{l} = \int_{P_1}^{\infty} \boldsymbol{E}_{\mathrm{A}} \cdot \mathrm{d}\boldsymbol{l} + \int_{P_1}^{\infty} \boldsymbol{E}_{\mathrm{B}} \cdot \mathrm{d}\boldsymbol{l} = V_1 + 0 = V_1 \ ,$$

$$\text{导体 2 与 } \boldsymbol{E} \text{ 相应的电势} = \int_{P_2}^{\infty} \boldsymbol{E} \cdot \mathrm{d}\boldsymbol{l} = \int_{P_2}^{\infty} \boldsymbol{E}_{\mathrm{A}} \cdot \mathrm{d}\boldsymbol{l} + \int_{P_2}^{\infty} \boldsymbol{E}_{\mathrm{B}} \cdot \mathrm{d}\boldsymbol{l} = 0 + V_2 = V_2 \ ,$$

可见猜测解 $\boldsymbol{E}=\boldsymbol{E}_{\mathrm{A}}+\boldsymbol{E}_{\mathrm{B}}$ 为正确解。由 $\boldsymbol{E}=\boldsymbol{E}_{\mathrm{A}}+\boldsymbol{E}_{\mathrm{B}}$ 可知当空间的电场为 $\boldsymbol{E}$(即导体电势各为 V_1、V_2)时导体 1 的电荷

$$q_1 = \oint\!\!\!\oint_{S_1} \sigma_1 \mathrm{d}S = \oint\!\!\!\oint_{S_1} \varepsilon_0 E_n \mathrm{d}S = \oint\!\!\!\oint_{S_1} \varepsilon_0 E_{\mathrm{An}} \mathrm{d}S + \oint\!\!\!\oint_{S_1} \varepsilon_0 E_{\mathrm{Bn}} \mathrm{d}S = \oint\!\!\!\oint_{S_1} \sigma_{1\mathrm{A}} \mathrm{d}S + \oint\!\!\!\oint_{S_1} \sigma_{1\mathrm{B}} \mathrm{d}S = q_{1\mathrm{A}} + q_{1\mathrm{B}} \ ,$$

其中 $q_{1\mathrm{A}}$和 $q_{1\mathrm{B}}$分别是导体 1 在情况 A 和 B 中的电荷。由引理 8-1 可知 $q_{1\mathrm{A}}=C_{11}V_1$，$q_{1\mathrm{B}}=C_{12}V_2$，故

$$q_1=C_{11}V_1+C_{12}V_2 \ 。$$

同理可证

$$q_2=C_{21}V_1+C_{22}V_2 \ 。$$

于是命题 8-1 得证。 □

命题 8-1 表明每个导体的电荷都与各导体的电势有线性关系。这一结论不难推广到由任意个导体构成的导体组，见以下命题。

命题 8-2　设导体组由 N 个导体构成，q_i 和 V_i 分别代表第 i 个导体的电荷和电势，则

$$q_i = \sum_{j=1}^{N} C_{ij} V_j , \quad i=1, 2, \cdots, N, \tag{8-5}$$

其中 $C_{ij}(i, j=1, 2, \cdots, N)$ 都是常数(与带电状态无关)，由导体组的几何因素决定，叫作导体组的**电容系数**。

注 1　电容系数有一个重要性质(称为**互易性**)，即

$$C_{ij}=C_{ji}, \quad \text{对任意 } i, j \text{ 成立。}$$

证明见选读 8-1。

注 2　从线性方程组(8-4)可以解出用 q_1、q_2 表示 V_1、V_2 的表达式，即

$$V_1=\alpha_{11}q_1+\alpha_{12}q_2 , \tag{8-6a}$$

$$V_2=\alpha_{21}q_1+\alpha_{22}q_2 , \tag{8-6b}$$

其中常系数 α_{11}，α_{12}，α_{21}，α_{22} 可由电容系数 C_{11}，$C_{12}(=C_{21})$，C_{22} 求得。更一般地，从线性方程组(8-5)可以解出用 q_1，$\cdots$，q_N 表示 V_1，$\cdots$，V_N 的表达式，即

$$V_i = \sum_{j=1}^{N} \alpha_{ij} q_j , \quad i=1, 2, \cdots, N, \tag{8-7}$$

其中常系数 $\alpha_{ij}(i, j=1, 2, \cdots, N)$ 叫作导体组的**电势系数**，可由电容系数 C_{ij} 求得。α_{ij} 也有互易性，即

$$\alpha_{ij}=\alpha_{ji}, \quad \text{对任意 } i, j \text{ 成立。}$$

注 3　孤立导体的电容是导体组电容系数在 $N=1$ 时的特例，这时只有一个等式，即 $q_1=C_{11}V_1$，这 C_{11} 就是孤立导体的电容 C。

注 4　式(8-5)和(8-7)清楚表明电荷条件与电势条件互不独立。不少人对此若明若暗，有时就会出错。例如某些习题的已知条件有这样一句错话：“设 B 是中性接地导体”，错在同时给出“中性”及“接地”两个已知条件。“中性”是电荷条件，“接地”是电势条件，两者互不独立，不应同时作为已知条件给出。作者心中的图像可能是：这导体原是中性的，然后被接地。值得指出的是：①即使接地前为中性，接地后是否中性就由不得你了，例如图 8-2(a)的导体板 B 为中性($q_B=0$)，但接地后不再为中性($q_B<0$)；②导体接地后的带电状态由自身的电势条件($V=0$)及其他导体情况唯一决定，与该导体接地前的电荷(带电历史)毫无关系。原来中性与否对问题毫无影响，为什么在“接地”前还要加上“中性”呢？

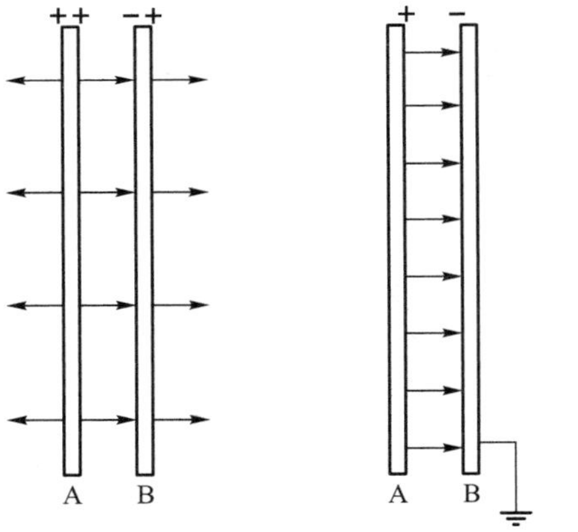

(a) 接地前B为中性　　(b) 接地后不再中性

图 8-2　电荷条件与电势条件互不独立

§8.3　两个任意形状导体的电容

两个任意形状的导体所组成的孤立体系叫作一个**电容器**。人们最熟悉的三种典型电容器是

平板电容器、圆柱电容器和球形电容器。众所周知，这三种电容器的电容都定义为

$$C\equiv\frac{Q}{U},\tag{8-8}$$

其中 U 叫作**电容器的电压**，是指两导体间电压的绝对值，Q 叫作**电容器的电荷**（专用大写字母 Q 代表，以区别于每个导体的电荷，读者务必严格区分），对球形（圆柱）电容器，是指内球（内柱）电荷的绝对值，对平板电容器则是指一板内壁电荷的绝对值。不论多么薄的板都有两个壁（几何面），因此平板电容器共有 4 个壁（参看图 8-2）。不难证明两板外壁电荷等值同号，两板内壁电荷等值异号（见基础篇小节 2.1.5）。由“外壁电荷等值同号”不难看出，只有内壁电荷才与板间电场（因而板间电压）有关。

电容是描写电容器特性的概念——给定一个电容器，就有一个确定的电容，与电容器的带电状态无关，只取决于电容器的几何因素（若两导体间存在电介质，则还与介电常数有关）。与此相反，“电容器的电荷 Q”和“电容器的电压 U”都是描写电容器带电状态的概念。对上述三种典型电容器，不难证明 Q 与 U 的比值与带电状态无关。也正因为如此，才可以把这一比值定义为电容器的电容。

我们想把电容的上述定义推广到由两个任意形状导体构成的电容器。电容器的电压 U 仍可定义为两导体间电压的绝对值，推广的关键困难是如何定义电容器的电荷 Q。对三种典型电容器，虽然“两导体电荷总是等值异号”这一流行说法并不确切，但只要改为“两导体中互相对着的两壁的电荷总是等值异号”就正确，所以自然可用其中任一壁的电荷的绝对值作为“电容器的电荷 Q”的定义。然而在任意形状导体的情况下，不但两导体的电荷完全可以互不等值异号（甚至可以同号），而且无法在每个导体表面指定一块面积，使这两块面积的电荷等值异号。为了给“电容器的电荷 Q”这一概念找到一个合适的广义定义，先要注意它必须满足如下三个条件：①Q 应能描写电容器的带电状态——把两个导体的电荷各为 q_1 和 q_2 的带电状态简记为 (q_1, q_2)，我们的任务是要给每一带电状态 (q_1, q_2) 指定一个数 Q；②Q 与 U 之比应与带电状态无关；③用于三种典型电容器时，这个广义的电荷 Q 应与原来（狭义）的定义一致。经过分析，我们发现这个定义可以用下面的假想实验表述。设当电容器处于带电状态 (q_1, q_2) 时两导体的电势各为 V_1 和 V_2（不失一般性，设 $V_1>V_2$），则电容器的电压自然是 $U=V_1-V_2$。假想用导线将两导体接通，则在重新达到静电平衡（两者等势）之前将有一份电荷 $Q>0$ 从导体 1 流到导体 2（见图 8-3），这个 Q 就定义为电容器在带电状态 (q_1, q_2)［图8-3(a)］下的电荷。不难看出这样定义的“电容器电荷 Q”满足上列条件①和③，下面证明它也满足条件②。

把式(8-6)分别用于图 8-3(a)及(c)的带电状态，得

$$V_1-V_2=(\alpha_{11}q_1+\alpha_{12}q_2)-(\alpha_{21}q_1+\alpha_{22}q_2)=(\alpha_{11}-\alpha_{21})q_1+(\alpha_{12}-\alpha_{22})q_2\ ,\tag{8-9a}$$

$$V_1'-V_2'=(\alpha_{11}-\alpha_{21})q_1'+(\alpha_{12}-\alpha_{22})q_2'\ 。\tag{8-9b}$$

由图 8-3 又有

$$q_1'=q_1-Q\ ,\qquad q_2'=q_2+Q\ ,\qquad V_1'-V_2'=0\ ,\tag{8-10}$$

与式(8-9)结合，注意到 $\alpha_{12}=\alpha_{21}$，便得

$$V_1-V_2=(\alpha_{11}-2\alpha_{12}+\alpha_{22})Q\ 。\tag{8-11}$$

因 V_1-V_2 就是电容器在图 8-3(a)所示带电状态的电压 U，故

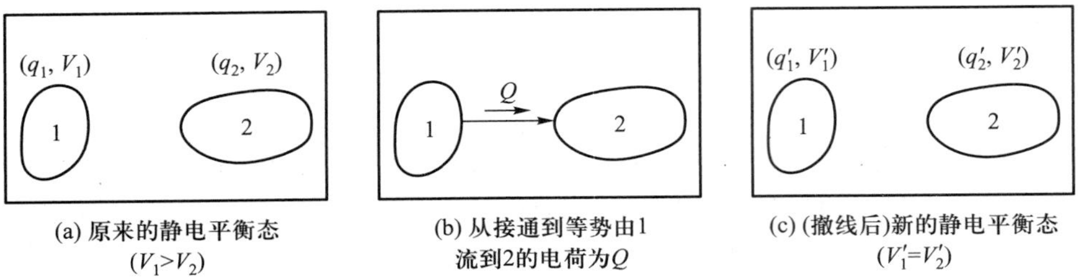

图 8-3 导体 1、2 构成的电容器的电荷 Q 的定义

$$\frac{Q}{U}=\frac{1}{\alpha_{11}-2\alpha_{12}+\alpha_{22}}。\tag{8-12}$$

上式右边与带电状态无关，故条件②得到满足。可见上面对电容器电荷 Q 所下的定义是合理的①。由上式还立即可知电容器的电容为

$$C=\frac{1}{\alpha_{11}-2\alpha_{12}+\alpha_{22}}。\tag{8-13}$$

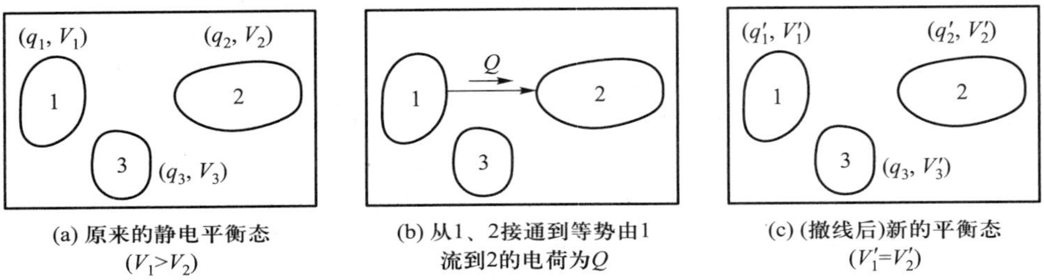

图 8-4 导体 3 存在时导体 1、2 构成的电容器的电荷 Q 的定义

以上讨论的是两个远离其他物体的任意导体构成的电容器。如果附近还有第三个导体(见图 8-4)，原来两导体的 Q/U_{12} 还是常数吗(Q 仍用图 8-3 定义)？如果是，Q/U_{12} 的表达式还是式(8-13)吗？下面先证明这两个问题都有肯定的答案。

以 $\alpha_{ij}(i,j=1,2,3)$ 代表这 3 个导体构成的导体组的电势系数，把式(8-7)(取 $N=3$)分别用于图 8-4(a)及(c)的带电状态得

$$\begin{aligned}U_{12}\equiv V_1-V_2 &=(\alpha_{11}q_1+\alpha_{12}q_2+\alpha_{13}q_3)-(\alpha_{21}q_1+\alpha_{22}q_2+\alpha_{23}q_3)\\&=(\alpha_{11}-\alpha_{21})q_1+(\alpha_{12}-\alpha_{22})q_2+(\alpha_{13}-\alpha_{23})q_3,\end{aligned}\tag{8-14}$$

$$0=V'_1-V'_2=(\alpha_{11}-\alpha_{21})q'_1+(\alpha_{12}-\alpha_{22})q'_2+(\alpha_{13}-\alpha_{23})q_3。\tag{8-15}$$

对比图 8-4 与图 8-3 可知式(8-10)照样成立，用式(8-14)减去式(8-15)，再利用式(8-10)便得

---

① 并不是每个作者都知道这个美妙的定义。许多作者会说任意两个导体构成一个电容器，但对其电容的定义却往往若明若暗。例如，笔者曾在书中看到过这样的定义：“任何两导体间都有一个电容存在，它的定义是当这两导体带有等量异性电荷时，此电荷的量 q 与两导体间电压 U 之比”(重点号出自原文)。爱思考的读者不禁要问：当这两导体的电荷并非等量异性时这个电容器的电容就无法定义吗？果真如此的话，这两个导体到底是否构成一个电容器？难道是否构成电容器这件事情还跟它的带电状态有关吗？两个焊点是否构成一个电容器？凭什么能保证它们的电荷一定等量异性？

$$\frac{Q}{U_{12}}=\frac{1}{\alpha_{11}-2\alpha_{12}+\alpha_{22}},\tag{8-16}$$

可见 Q/U_{12} 仍是常数，而且其表达式与式(8-12)全同，因而由导体1、2构成的电容器的电容仍可表为式(8-13)。这是否说明导体3的存在对1、2之间的电容并无影响？否，因为导体3的存在会改变电容系数 α_{11}、α_{12} 和 α_{22}。下面给出两个例子。

例1　设导体1、2就是平板电容器的两板，导体3是在两板之间插入的第3板(不妨设为中性，见图8-5)，则不难证明由1、2板构成的电容器的电容(定义为 $C\equiv Q/U_{12}$，其中 Q 由图8-4定义)等于 $\varepsilon_0 S/(d_1+d_2)$，比没有第3板时的 $\varepsilon_0 S/d$ 要大。从上面的一般证明可知这一结果即使第3板带电也正确，读者不妨对图8-5的具体例子直接证明这个结论(思路是简单的，但计算较冗长)。

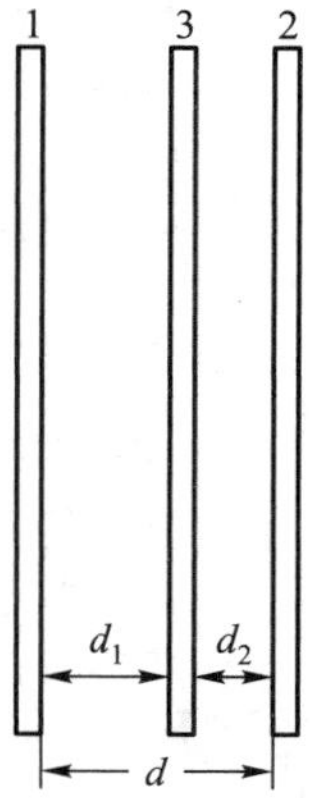

图8-5　导体1、2的电容因3的存在而变大

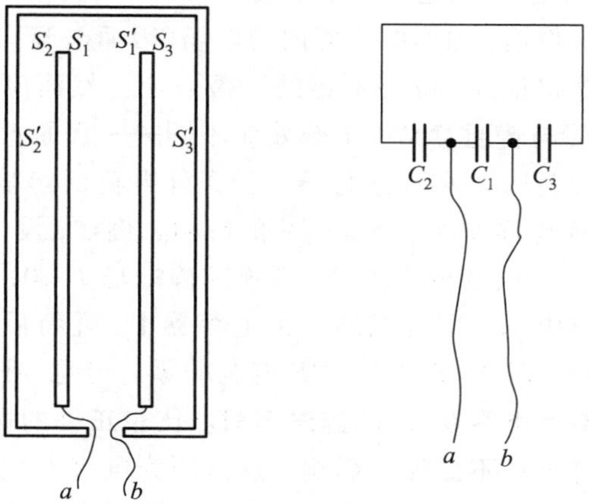

(a) 加罩的平板电容器　(b) 等效电路

图8-6　平板电容器加金属罩后电容变大

例2　为了静电屏蔽，实验室中的平板电容器会被装在方形金属罩内[见图8-6(a)，金属罩就起到第三导体的作用]。从引出线 a、b 测其电容，得值会大于没有金属罩时的电容值。原因不难理解：原电容器两板的内壁 S_1、S_1' 构成一个电容器 C_1(其电容等于原电容器电容)，其外壁 S_2 和 S_3 则分别与罩的内壁的 S_2' 和 S_3' 构成两个电容器 C_2 和 C_3，三个电容器的串并联关系如图8-6(b)所示，故由引线 a、b 测得的电容值变大。

以上两例都说明第三导体的存在有可能改变平板电容器的电容。

§8.4　为什么要用典型电容器?

虽然两个形状任意的导体可以构成电容器，但制造电容器时通常要把两导体的形状和相互配置取得尽量简单，最常见的就是制成平板或圆柱电容器。这有许多优点，此处仅列出两条。首先，可以在体积不大的前提下获取相当大的电容。例如，平板电容器便于尽量缩小两板距离，还便于把多个电容器并联使用[图8-7(a)，请注意每一金属平板的两壁都被派上用场]；对圆柱电容器则可把一张细长(而且甚薄)介质膜夹在两张同样大小的金属箔中并卷成圆柱形[图

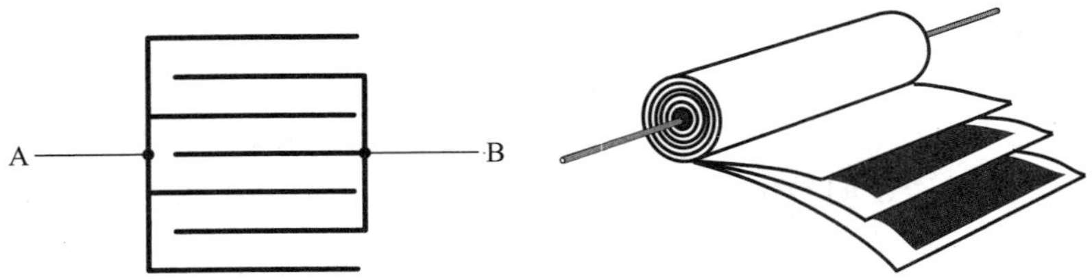

(a) 平板电容器 (b) 圆柱电容器

图 8-7 电容器的实用并联方式

8-7(b)，相当于许多圆柱电容器的并联]。其次，平板、圆柱和球形电容器的电容不受(或近似不受)外界的影响。这当然是至关紧要的，因为设计电路时无法考虑外界影响。由于外球壳有很好的屏蔽作用，球形电容器内的电场(因而电容)自然不受外界影响①。平板和圆柱电容器由于两导体靠得很近，也有不错的屏蔽效应。然而应该注意这一"屏蔽效应"与普通意义的屏蔽效应不同——普通意义的静电屏蔽是指封闭金属壳内的静电场不受壳外电荷的影响，而平板电容器内的静电场却会受外界电荷的影响。例如，设 A、B 构成平板电容器，若 A、B 皆为中性，则板间静电场 $\boldsymbol{E}=0$；但若把这个电容器置于由 A′、B′构成的平板电容器中，并将后者与电池接通(图 8-8)，则 A、B 之间的 $\boldsymbol{E}$ 变为非零。可见"**平板电容器内的静电场不受外界影响**"的提法不对。**比较正确的提法是：平板电容器的电容 C 不受外界影响**。这是因为电容 C 定义为一板内壁的电荷 Q 与板间电压 U 之比(的绝对值)，而 $\boldsymbol{E}$ 一方面与 Q 成正比，另一方面又与 U 成正比，$\boldsymbol{E}$ 虽可改变，但 $C\equiv Q/U$ 不变。当然，考虑到边缘效应，上述结论也只是近似成立。我们之所以说第二个结论"比较正确"而不说"正确"，是因为可以举出如图 8-5 的反例(1、2 两板构成的电容器的电容由于引入第 3 板而改变)。尽管如此，只要添加一个说明，即"所谓'不受外界影响'，是指不受两板以外的物体的影响"，就可以说"平板电容器的电容不受外界影响"是正确提法，因为只要两板之间不加进任何物体(保持真空)，不论两板之外放上任何东西，在忽略边缘效应的前提下两板之间的电场仍然是均匀电场，而且仍与内壁电荷成正比。从上述讨论还可看到，虽然球形电容器没有"用小体积获取大电容"的优点，但其电容是在三种典型电容器中受外界影响最小的。

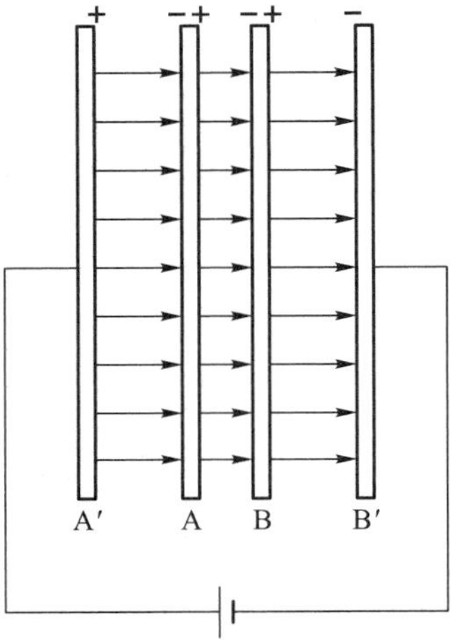

图 8-8 平板电容器 AB 内的静电场会受外界影响，不过电容不受影响

甲 但我觉得图 8-6(a)的情况是您的上述结论的反例，因为图中的平板电容器的电容的确受到来自两板以外的物体(金属罩)的影响。不是吗?

乙 我不这样认为。图 8-6(b)表明，所测得的电容值之所以变大，是因为原来的电容器 C_1 与其他电容器做了并联了。至于我把 C_1 看作"原来的电容器"的理由，我将在下节之末说明(现在要讲还"欠点儿火候")。

① 球形电容器的外球必须开一小孔以便内球引线与外界相连，所以"不受外界影响"也只是近似的。

与三种典型电容器不同，两个任意形状的导体构成的电容器多数没有“不受外界影响”这一好性质。（正如上文所讲，第3导体的引进通常会改变原来两导体的电容。）总之，平板、圆柱电容器由于容易获得大电容而且电容不受外界影响而被广泛应用。另一方面，虽然几乎无人故意在一个实用电路中装入由两个不规则形状导体构成的电容器，但由于各导线、焊点及元件之间的靠近，实用电路中处处存在着复杂的“潜布”电容器。它们的电容虽然很小，但当交变电流频率很高时它们的影响就未必可被忽略。不论从场还是路的角度考虑，这些“潜布电容”（又称“杂散电容”）所带来的往往都是高度复杂（更接近工程学）的问题。

§8.5 “一板两壁”的事实不容忽视

本节讨论电容器的一个常遭忽视的重要问题。

甲 在我看到的中外文教材里，平板电容器电容定义 $C=Q/U$ 中的 Q 都代表一板电荷（的绝对值），但您的书却说 Q 代表一板内壁电荷（的绝对值），为什么要加“内壁”两字？

乙 有两个原因。第一，若令每板分别带电（原则上没有理由不允许），两板电荷的绝对值完全可以不等（甚至不排除两板带同性电荷的情况），这时该用哪一板的电荷定义电容？只有加上“内壁”两字，问题方可烟消云散。第二，不加“内壁”两字会导致 Q/U 不是常数（而这是无法接受的严重问题）。以 q_A，q_B 代表两板的电荷，$\sigma_{A内}$，$\sigma_{A外}$，$\sigma_{B内}$，$\sigma_{B外}$ 依次代表4壁的电荷面密度，S 代表每板的面积，则基础篇小节2.1.5（**平行板导体组例题**）已经证明①

$$\sigma_{A内}=-\sigma_{B内}=\frac{q_A-q_B}{2S},\qquad \sigma_{A外}=\sigma_{B外}=\frac{q_A+q_B}{2S}。\tag{8-17}$$

上式表明，只要 $q_A\neq -q_B$，便有 $\sigma_{A外}=\sigma_{B外}\neq 0$，这两个带有非零等值电荷的外壁在板间贡献的合电场为零。而内壁电荷与板间电场 $\boldsymbol{E}$ 总是成正比的（因为 $|\boldsymbol{E}|=\dfrac{|\sigma_内|}{\varepsilon_0}$），故 U 与 $|q_内|$ 必成正比：

$$U=|\boldsymbol{E}|d=|\sigma_内|\frac{d}{\varepsilon_0}=|q_内|\frac{d}{\varepsilon_0 S}。\tag{8-18}$$

如果 $\sigma_{A外}=\sigma_{B外}\neq 0$，就会导致 U 与 Q（只要定义为 $Q\equiv|q_内+q_外|$）不成正比的严重恶果。

甲 能给个严格证明吗？

乙 可以。要证明的结论是：若把 Q 理解为一板电荷的绝对值（无论用A板还是B板），即 $Q\equiv|q_内+q_外|$，则只要 $q_外$ 非零，Q/U 就不是常数。证明如下。

令 $\psi\equiv\dfrac{q_内+q_外}{U}$，则只需证明当 $q_外$ 非零时 ψ 不是常数。设 $q_内>0$（对 $q_内<0$ 的情况读者可仿此补证），则

$$q_内=S\sigma_内=S\varepsilon_0 E=\frac{S\varepsilon_0}{d}U,\tag{8-19}$$

① 请特别注意式(8-17)在讨论平板电容器时的重要作用。正因为如此，所以基础篇与众不同地专辟一个小节（小节2.1.5，**平行板导体组例题**）详细讨论有关问题，特别是推出式(8-17)。我们并未看到中外文教科书中有这样的讨论和公式。

其中 E 代表板间电场 $\boldsymbol{E}$ 的大小。记 $\beta\equiv\frac{S\varepsilon_0}{d}$，便有 $q_{内}=\beta U$，故

$$\psi=\frac{\beta U+q_{外}}{U}=\beta+\frac{q_{外}}{U}, \tag{8-20}$$

而由式(8-19)和(8-17)不难推得

$$\frac{q_{外}}{U}=\beta\frac{q_A+q_B}{q_A-q_B},$$

代入式(8-20)便得

$$\psi=2\beta\frac{q_A}{q_A-q_B}。\tag{8-21}$$

上式表明 ψ 随描写两板带电状态的 $\frac{q_A}{q_A-q_B}$ 而变，所以不是常数。

甲 我懂了，您加上“内壁”两字就一箭双雕地解决了这两个问题。现在我认识到“内壁”两字的非常必要性了。

乙 大多数教材把电容器从一开始就画成图 8-9(a)的样子，使人觉得两块薄板就是两个几何面，压根儿想不到还有个“外壁电荷”的问题。这种画法掩盖了由外壁电荷可能带来的问题，有点“掩耳盗铃”的味道，所以我更偏爱于如实地(虽然对厚度有些夸张地)画成图 8-9(b)的样子。

甲 请问外壁电荷的存在会带来什么问题?

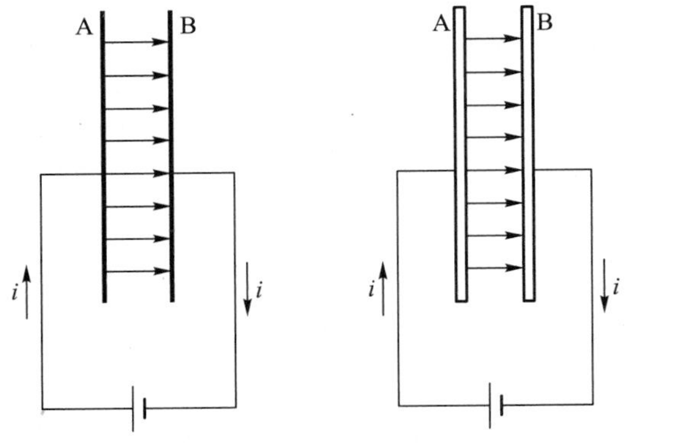

(a) 画成两个几何面　(b) 强调四个几何面

图 8-9 电容器的两种表示法

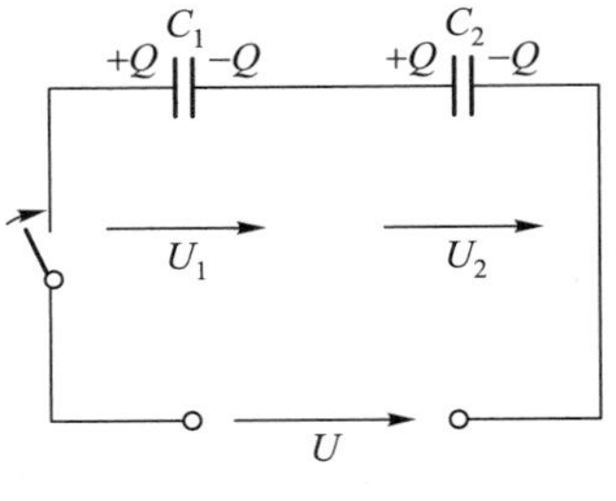

图 8-10 电容器的串联

(默认充电前每个电容器的电荷为零)

乙 仅以电容器的串联公式为例(图 8-10)，人们总说：“流入串联电容器的电荷 Q 全数进入第一个电容器的左板，其右板因感应而带 $-Q$，于是第二个电容器左板带 Q，右板带 $-Q$。”由此自然易得

$$串联总电容\ C\equiv\frac{Q}{U}=\frac{Q}{U_1+U_2}=\frac{1}{\frac{U_1}{Q}+\frac{U_2}{Q}}=\frac{1}{\frac{1}{C_1}+\frac{1}{C_2}}, \tag{8-22}$$

因而

$$\frac{1}{C}=\frac{1}{C_1}+\frac{1}{C_2}。\tag{8-23}$$

这个推导看似简单，但是，只要如实地画成两板 4 壁，自然就会产生问题：进入第一个电容器左板的电荷 Q 一定全数定位于内壁吗？如果有一部分留在外壁，则内壁电荷不等于 Q，式(8-22)的最末一个等号就不成立(因 $U_1/Q\neq 1/C_1$)。对第二个电容器也可提出类似问题。这样，岂非连串联总电容公式(8-23)也成了问题!?

上述问题还可从平板电容器推广到一般电容器(可参见图 8-11)。以 A、B 代表一般电容器的两个导体，则电容器的电荷 Q(用图 8-3 定义)可以不等于任一导体的电荷。充电时流入一个导体的电荷(此处改记为 $\tilde{Q}$)自然等于从另一导体流出的电荷(理由：默认充电电流是似稳电流，则充电过程中导线任一截面在任一时刻的电流都相等，因而充电中流入 A 的电荷等于从 B 流出的电荷)，问题在于这个 $\tilde{Q}$ 是否就是电容器的电荷在充电时的增量，即是否有 $\tilde{Q}=Q'-Q$，其中 Q 和 Q'分别是充电前后电容器的电荷。只要这个结论不成立，串联电容的公式就成问题。

甲 这的确是个问题。怎么解决?

乙 经过思考，我发现这个结论是可以被证明的。下面用命题的方式表出。

命题 8-3 无论什么形状的电容器，无论每个导体的电荷 q_A 和 q_B 取何值，充电时流入一个导体的电荷 $\tilde{Q}$ 必定等于电容器的电荷 Q 的增量，即

$$\tilde{Q}=Q'-Q。\tag{8-24}$$

证明

(A) 先就平板电容器给出证明，这时电容器的电荷 Q 定义为一板内壁的电荷(绝对值)，就是说，设 $q_{A内}>0$，则 $Q\equiv q_{A内}$。要证明的结论是：充电时流入 A 板(从 B 板流出)的电荷 $\tilde{Q}$ 将全数定位于 A 板的内壁(因而两板外壁电荷在充电前后不变)，就是说，若以加撇的字母代表充电后的数值，则有

$$q'_{A外}=q_{A外}，\quad q'_{A内}=q_{A内}+\tilde{Q}，\quad q'_{B内}=q_{B内}-\tilde{Q}，\quad q'_{B外}=q_{B外}。\tag{8-25}$$

只要熟悉式(8-17)，证明就非常简单：

$$q'_{A内}=\frac{1}{2}(q'_A-q'_B)=\frac{1}{2}[(q_A+\tilde{Q})-(q_B-\tilde{Q})]=\frac{1}{2}(q_A-q_B)+\tilde{Q}=q_{A内}+\tilde{Q}。$$

此即待证等式的第二式，易证其他三式也成立。

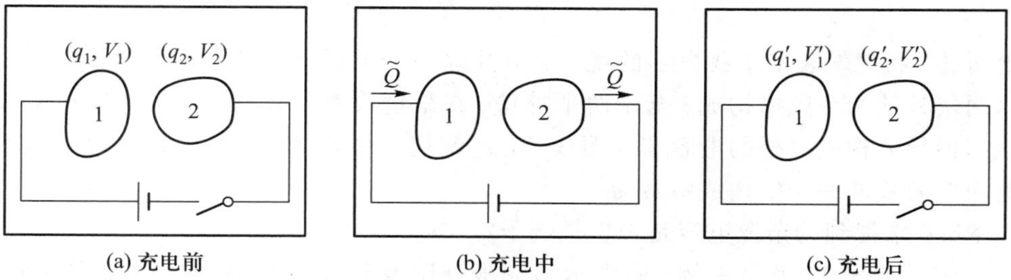

(a) 充电前　　(b) 充电中　　(c) 充电后

图 8-11 任意形状电容器的充电

（B）再就两任意导体构成的电容器给出证明（图 8-11）。以 C 代表电容，V_1、V_2 和 q_1、q_2 分别代表两导体在充电前的电势和电荷，加撇代表充电后的数值，则

$$q_1'=q_1+\tilde{Q}\ ,\qquad q_2'=q_2-\tilde{Q}\ ,$$

故

$$Q=C(V_1-V_2)=C[(\alpha_{11}q_1+\alpha_{12}q_2)-(\alpha_{21}q_1+\alpha_{22}q_2)]=C[(\alpha_{11}-\alpha_{21})q_1+(\alpha_{12}-\alpha_{22})q_2]\ ,\tag{8-26}$$

［其中第二步用到式（8-6a）。］

$$\begin{aligned}Q'=C(V_1'-V_2')&=C[(\alpha_{11}-\alpha_{21})q_1'+(\alpha_{12}-\alpha_{22})q_2']\\&=C[(\alpha_{11}-\alpha_{21})(q_1+\tilde{Q})+(\alpha_{12}-\alpha_{22})(q_2-\tilde{Q})]\\&=C[(\alpha_{11}-\alpha_{21})q_1+(\alpha_{12}-\alpha_{22})q_2+(\alpha_{11}-2\alpha_{12}+\alpha_{22})\tilde{Q}]\\&=Q+C(\alpha_{11}-2\alpha_{12}+\alpha_{22})\tilde{Q}\ ,\end{aligned}$$

其中末步用到式（8-26）。注意到式（8-13），便得 $Q'=Q+\tilde{Q}$，待证等式（8-24）证毕。 □

甲 太好了，问题至此已圆满解决。看来，至少在充电（以及串并联）问题上把电容器简化地画成两条平行直线是允许的。

乙 我同意，但是如果平板电容器附近还有其他导体，两板外壁的电荷就未必能被忽略，所以两板四壁的问题仍要注意。§8.3 的例 2 就很说明问题（见图 8-6）。由于每块板的外壁都与金属罩构成电容器，外壁电荷当然不可忽视。

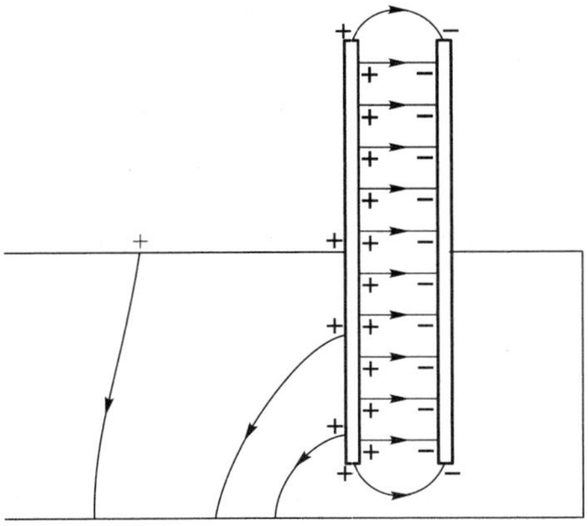

图 8-12 一板外壁及其连线造成的杂散电容

综上所述，我想发表一个我自己的观点：与其说一个平板电容器由两块平板构成，不如说只是由这两块板的两个内壁构成；至于两个外壁，在附近没有导体时不起作用，在附近有导体时则会跟其他导体构成另外的电容器。图 8-7（a）就是一个好例子，其中每块金属板的两壁都跟另外两块金属板的一个壁构成电容器。

甲 §8.4 末提到的杂散电容是否也是例子？

乙 是的。图 8-12 就是一例，图中示出一板外壁及其连线与另一导线构成的杂散电容。

此图改画自一本参考书[Scott(1959)]的 Fig. 2. 7b。该图的优点是把两板如实地画成有 4 个壁，但该书对电容下定义时(P. 86 末)也说“Q 代表一个导体的电荷”而不是说“一板内壁的电荷”，不能不说是个遗憾。

甲 我还有个问题。在 § 8.3 靠近结尾时您说“**平板电容器的电容 C 不受外界影响**”，但图 8-6(a)的平板电容器由于装在金属罩(外界)内而影响电容，岂不是一个反例?

乙 我不认为是反例，因为我心中坚持刚才讲过的观点，即“平板电容器由其两板的两个内壁构成”。根据这个观点，图 8-6(a)的平板电容器(指两个内壁)的电容并不因装在金属罩内而改变；从两根引出线测得的电容其实是这个电容与其他电容的并联结果[见图 8-6(b)]，所以才会变大。

§8.6 电容器的“电库”功能

水库是水的容器，由于具有丰水期蓄水和缺水期放水的功能而为农田水利屡立战功。类似地，电容器是电(荷)的容器，由于具有充电和放电的功能而被广泛应用于各种涉及时变电流(电压)的电路中①。为了帮助初学者更好地体会电容器的“电库”功能，笔者喜欢在适当场合介绍下面的例子。

许多仪器需要低压直流电源。为了节省费用(也为了环保)，可用整流装置代替电池。基本原理很简单：用变压器把廉价的交流市电(220 V)降至适当电压后经过整流变成直流电压。图 8-13 代表最简单的整流电路，其中 u 代表简谐交流电源，R 代表负载电阻，D 代表单向导电器件(二极管)。当电源电压 $u_{AG}>0$ 时 D 的电阻(正向电阻)很小，电路导通；当 $u_{AG}<0$ 时 D 的电阻非常大(在模型语言中就是无限大)，电路切断。所以负载 R 上的电流 i_R 是脉动直流，因而其电压 $u_R=i_RR$ 随时间 t 的变化如图 8-14 的粗线所示(脉动直流电压)。脉动直流虽然也算直流，但离我们所要的(基本上不随时间而变的)电压仍然相去甚远，所以还要采取滤波措施，即把脉动直流中的各种交流成分尽量滤除。用一个大容量的电容器 C 与 R 并联(图 8-15)就可起到较好的滤波作用，理由如下。

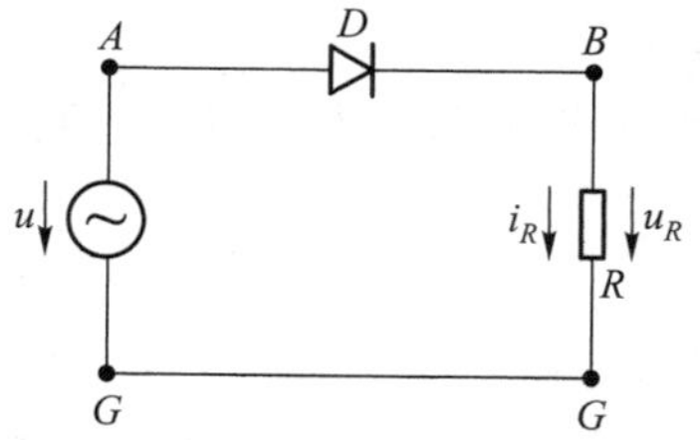

图 8-13 最简单的整流电路

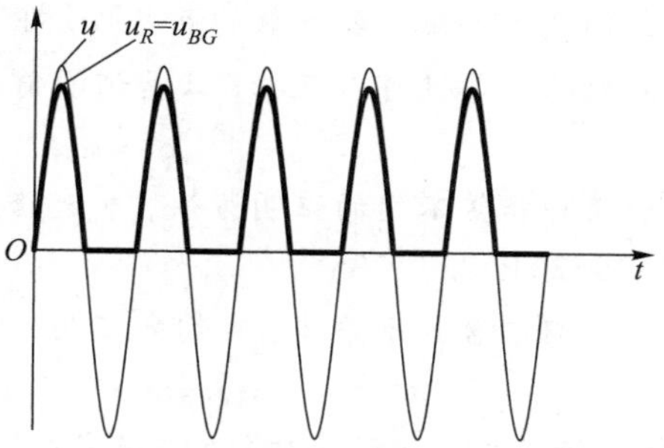

图 8-14 负载 R 上的脉动直流电压 u_R

① 电容器还有其他作用，特别是其两极间的强电场可使带电粒子受力偏转。例如，汤姆孙实验管(见基础篇图 5-30)以及示波器中的平板电容器都起这种作用。

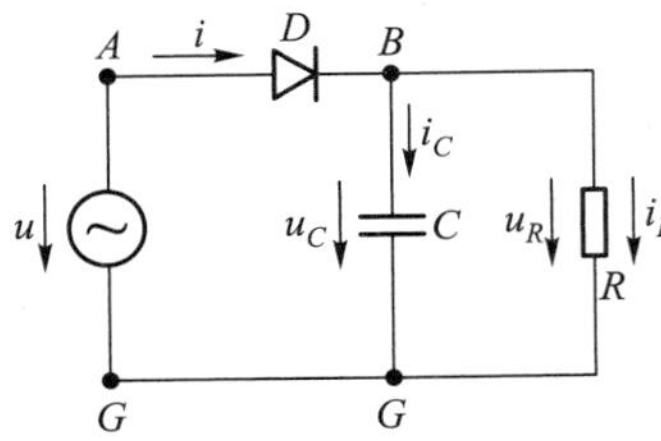

图 8-15 并入电容就起滤波作用

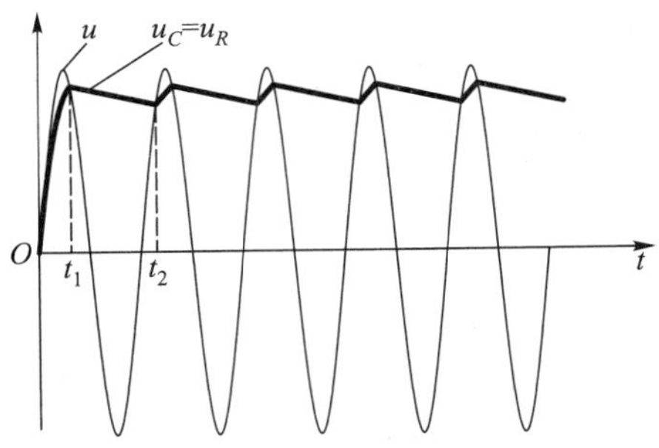

图 8-16 C 的周期性充放电使负载电压 $u_R=u_C=u_{BG}$平滑，此即 C 的滤波效应

二极管 D 只当 $u_{AB}>0$ 时导通，而 $u_{AB}=u-u_C$。设 $t=0$ 时 u_C 为零，则 $u_{AB}=u=0$，此后 u_{AB} 随 u 的增大而增大，故二极管导通，其电流 $i=i_C+i_R$ 的一部分（指 i_R）流过负载 R，另一部分（指 i_C）则对电容器 C 充电，因而 u_C 曲线从零起上升（图 8-16）。二极管导通时电阻很小，它与电容 C 的乘积（充电的时间常数）不大，故充电较快。及至 u_C 曲线与 u 曲线相交时（图 8-16 的 t_1 时刻）$u_{AB}=u-u_C=0$，二极管关闭，C 左边的支路 $BDAG$ 被切断，只剩下由 C 和 R 组成的回路 $BRGCB$，于是 C 通过 R 放电。由于 R 通常比 D 的导通电阻大得多，所以放电时间常数 CR 远大于充电时间常数，体现为图 8-16 的 u_C 下降得很慢。当 u_C 曲线降至与 u 曲线再次相交时（t_2 时刻）D 再次导通，C 再次被充电，以后就是周期性的反复充放电，于是负载 R 上的电压曲线（即 u_C 曲线）比没有 C 时的脉动直流平滑得多。为了获得更平滑的负载电压，还可再加另一电容器（并配以自感线圈或电阻器，详略）。

电容器 C 在上述滤波过程中的作用与水库的作用实在非常类似。D 导通时（“丰水期”），C 的分流（“蓄水”）作用使负载 R（“农田”）的电压不至于急剧增长（不至于“被淹”）；D 关闭时（“缺水期”），C 的放电（“放水”）作用使负载 R 的电压不至于明显下降。电容器的电容 C 越大，所得负载电压就越平滑。

[选读 8-1]

现在补证导体组电容系数的互易性，即 $C_{ij}=C_{ji}$（对任意 i, j 成立）。由于电势系数的互易性与电容系数的互易性可以互推，只需证明前者，即

$$\alpha_{ij}=\alpha_{ji}, \quad \text{对任意 } i, j \text{ 成立。}$$

存在至少两种非常不同的证明方法，本选读只介绍其一，另一证法见卡兰达罗夫，聂孟（第三册中译本，1953）P. 733-735。

设导体组包含 3 个导体，我们来证明

$$\alpha_{12}=\alpha_{21}, \qquad \alpha_{13}=\alpha_{31}, \qquad \alpha_{23}=\alpha_{32}\text{。} \tag{8-27}$$

（对于包含任意个导体的导体组，其互易性同理可证。）把三个导体的电荷依次为 Q_1、Q_2 和 Q_3 的带电状态简记作 (Q_1, Q_2, Q_3)。为使导体组从状态 $(0, 0, 0)$ 开始到达状态 $(Q_1, Q_2, 0)$，外力要克服电场力做功，这份功 W 将转化为导体组在状态 $(Q_1, Q_2, 0)$ 下的电场能 E_e。这种状态可经以下两步到达：

$$(0, 0, 0) \to (Q_1, 0, 0) \to (Q_1, Q_2, 0)\text{。} \tag{8-28}$$

设导体 1 在第一步中的任一时刻的电荷为 q_1，则其电势

$$V_1=\alpha_{11}q_1\ 。$$

设导体 1 在此电势下获得元电荷 $\mathrm{d}q_1$，则外力所做的元功

$$\mathrm{d}\overline{W}=V_1\mathrm{d}q_1=\alpha_{11}q_1\mathrm{d}q_1\ ,$$

从 0 到 Q_1 积分，便求得外力在第一步中所做的功

$$\overline{W}=\alpha_{11}\int_0^{Q_1}q_1\mathrm{d}q_1=\frac{1}{2}\alpha_{11}Q_1^2\ 。\tag{8-29}$$

再以 q_2 代表导体 2 在第二步中任一时刻的电荷，注意到导体 1 有电荷 Q_1，可知导体 2 的电势为

$$V_2=\alpha_{21}Q_1+\alpha_{22}q_2\ 。$$

导体 2 在此电势下获得元电荷 $\mathrm{d}q_2$ 所需的元功为

$$\mathrm{d}\,\overline{\overline{W}}=V_2\mathrm{d}q_2=(\alpha_{21}Q_1+\alpha_{22}q_2)\mathrm{d}q_2\ ,$$

从 0 到 Q_2 积分，便求得外力在第二步中的功

$$\overline{\overline{W}}=\int_0^{Q_2}(\alpha_{21}Q_1+\alpha_{22}q_2)\mathrm{d}q_2=\alpha_{21}Q_1Q_2+\frac{1}{2}\alpha_{22}Q_2^2\ 。\tag{8-30}$$

上述两份功之和应等于导体组在状态$(Q_1,Q_2,0)$下的电场能量 E_e，故

$$E_\mathrm{e}=\overline{W}+\overline{\overline{W}}=\frac{1}{2}\alpha_{11}Q_1^2+\frac{1}{2}\alpha_{22}Q_2^2+\alpha_{21}Q_1Q_2\ 。\tag{8-31}$$

但状态$(Q_1,Q_2,0)$也可通过其他途径到达，例如可经以下两步：

$$(0,0,0)\to(0,Q_2,0)\to(Q_1,Q_2,0)\ 。\tag{8-28$'$}$$

仿照以上讨论不难相信经此途径到达状态$(Q_1,Q_2,0)$后的电场能量为

$$E'_\mathrm{e}=\frac{1}{2}\alpha_{11}Q_1^2+\frac{1}{2}\alpha_{22}Q_2^2+\alpha_{12}Q_1Q_2\ 。\tag{8-31$'$}$$

由于两种途径到达的末态相同，有 $E'_\mathrm{e}=E_\mathrm{e}$。对比式(8-31)和(8-31′)便知 $\alpha_{12}=\alpha_{21}$。此即待证等式(8-27)的第一式，其他两式可仿此证明。

[选读 8-1 完]

专题9　地球与无限远的等势问题

本专题导读

(1) 地球带电导致 $V_{地} \neq V_{\infty}$，但在讨论时只要同时涉及地和无限远的电势，就都默认 $V_{地}=V_{\infty}$。这能对吗？

(2) 由于墙壁的屏蔽作用，室内近似有 $V_{地}=V_{\infty}$。

(3) 在室外，只要涉及的电场很大于地面附近因地球带电而有的电场(100 V/m)，也可近似使用 $V_{地}=V_{\infty}$。本专题给出了工程设计的某些启发性例子。

甲　静电学经常遇到导体接地问题，而只要涉及这一问题，就不可避免地要用到地球与无限远等电势的结论，即 $V_{地}=V_{\infty}$(专题4、6、7、8都用)。然而，这个结论真的对吗？为什么？

乙　你问得很好。只要涉及导体接地，几乎所有人都默认 $V_{地}=V_{\infty}$ 这个结论，这个“默认”的默字已经“默”到这样的程度，以至于绝大多数教科书的作者心中用着这个等式却不告诉读者(本书可以说是非常少见的例外)，不妨戏称为“羞羞答答地用”(例如在静电屏蔽及电像法的讲授中)。我估计这种“默用”的一个重要原因就在于 $V_{地}=V_{\infty}$ 的对错是个非常棘手的问题。棘手的关键在于地球是个带电导体。实测表明地球表面带负电，总电荷达到 $Q\approx-4\times10^{5}$(C)的程度，在地面附近造成的静电场强度达到100 V/m①，如图9-1(a)所示。

甲　这还了得？一个1.8 m高的人站在室外地面上，他的头顶与脚底之间竟有180 V的电压，为什么没有触电感觉？

乙　因为这是所谓的“软电压”，非常不同于常见的交流市电的“硬电压”。(“硬电压”是指两个导体之间的这样一种电势差，一旦将两者接通，就有可观而持续的电流流过。)市电电压来自输配电变压器的副边。该变压器把线电压为10 kV的交流电压降至380 V，对应的相电压为220 V。这个220 V的相电压基本上不受负载的影响②。如果你敢用两个手指接触这个市电电源的两端，经过两指之间的强大电流足以把手局部灼伤甚至烧焦③。但是室外地面附近的电压却非常不同。你的身体是导体，你一站在地面上，地面的负电荷就迅速传到你身体的表面，很快就达到新的静电平衡。电荷分布的这种改变立即导致电场(以及等势面形状)的改变，使你与地面等势[见图9-1(b)]。我们把这种类型的电压戏称为“软电压”。

---

① 以下数据是各量在国际单位制的数值(故不标单位)。由实验测得地面附近的电场 $E_{n}\approx-100$(n是指地面向上的法矢)，故地面电荷面密度 $\sigma=\varepsilon_{0}E_{n}\approx(8.85\times10^{-12})\times(-100)=-8.85\times10^{-10}$。地球半径 $R\approx6\times10^{6}$，故地球电荷 $Q=4\pi R^{2}\sigma\approx4\pi\times(6\times10^{6})^{2}\times(-8.85\times10^{-10})\approx-4\times10^{5}$。

② 除非负载几乎为短路线，这会导致保护装置“跳闸”。

③ 笔者在大学期间(1956年)，一位同学做电工实验时不幸出现这种事故，手被灼伤，拇指与食指之间有局部烧焦痕迹。

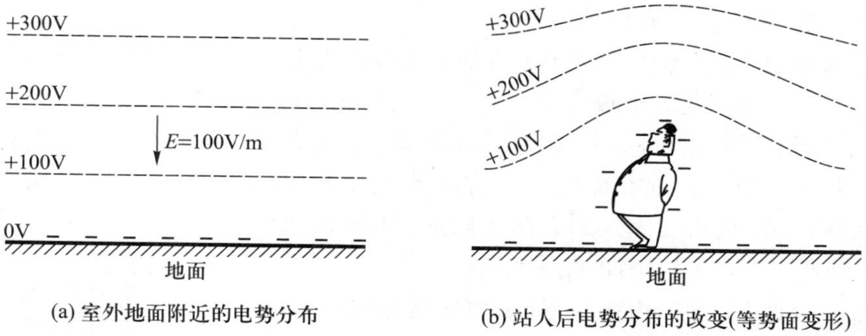

图 9-1　室外地面附近“软电压”示意［仿 Feynman(1964)II 的图 9-1 改画］

甲　既然负电荷从地面移至人体，不就有电流流过人体吗？为何没有触电感觉？

乙　持续时间如此之短的电流是不会造成任何感觉的。

甲　那为什么地面附近的电压是如此之“软”？

乙　因为它基本上是静电场的电压。谁都知道，在静电场中引入导体就会改变电场，在新的平衡态中导体总是等势体，不会存在头顶与脚底之间的电压。

甲　既然地面有负电荷，就要终止自上而下的电场线，这些场线又是从哪里的正电荷发出的？

乙　终止于地面的电场线发自大约 50 km 高空处的正电荷。虽然这一高度比电离层略低，但也已经可以看作电导率足够高的导体，它与地面构成一个电容器，两者之间的电压(电势差)约为 400 kV。

甲　地面与 50 km 高空之间的空气也有一定的导电性，岂不是总有从 50 km 高空到地面的电流？

乙　是的。虽然空气的电导率相当小，但因地球的表面积很大，整个地球上空自上而下的电流竟然达到 1800 A 这样的强度。

甲　这样一来，这个“电容器”岂不是很快就放电完毕？为什么地面附近任何时候都维持着 100 V/m 的电场？

乙　如果只放电不充电，这个电容器会在半小时内放电完毕①。

甲　难道还有什么电源会给这个电容器充电？

乙　这是个长期困扰人们的问题。最后发现这个“充电”竟然是雷电(雷雨和闪电)的贡献，因为雷电流把负电荷自上而下带给地球。全地球平均每天约有 300 次雷电，正是它的充电作用使得空气不断放电的效应得以抵消。达到动态平衡时，这个电容器维持着 400 kV 的电压。以上是“大气电学”的基本知识，详见 Feynman(1964)II。

甲　雷电不是雷云与地面之间的放电效应吗？为什么现在又说它反倒给地面充电？

乙　这是个非常复杂的实际问题，Feynman(1964)II 的 §9-5(及其前后文)对此有物理式的讨论。我们不妨先承认这个结论。

---

①　“半小时”来自 Feynman(1964)，若用弛豫时间估算，似乎最多只要 5 分钟。

甲 地球带电与 $V_{地}=V_{\infty}$ 有何关系？

乙 关系太密切了。我们的结论是：①如果地球不带电，$V_{地}=V_{\infty}$ 的成立不成问题；②如果地球带电，$V_{地}=V_{\infty}$ 至多只能近似成立。

为了由简至繁，我们先讨论一个模型化的地球，它与真实地球只有一个区别，就是不带电。现在证明在此前提下 $V_{地}=V_{\infty}$ 的确成立。这里的∞代表无限远，既可以理解为数学无限远，也可以理解为物理无限远，在两种情况下都可以证明 $V_{地}=V_{\infty}$。

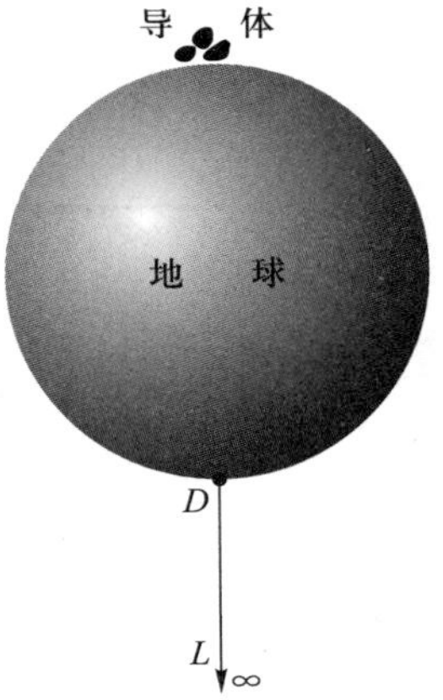

图 9-2 模型地球与数学无限远等势的证明示意

若导体都不接地，则地球电荷为零（模型化地球的定义）①。若一个或几个导体接地，则导体的电荷有一部分会进入地球，但因地球很大，这份电荷在地球表面造成的电荷面密度小得可被忽略，所以地球表面电场强度仍近似为零②。现在计算地球与无限远的电势差。先考虑数学无限远。在地球表面背离导体的一侧取一点 D 并从 D 引一直线 L 至数学无限远（图 9-2）。因 L 上各点电场强度近似为零，故

$$V_D - V_{\infty} = \int_D^{\infty} \boldsymbol{E} \cdot \mathrm{d}\boldsymbol{l} = 0,$$

因而 $V_{地}=V_{\infty}$③。再考虑物理无限远。设导体所在区域（图 9-3 的球面 S 以内）的线度为 R，以该区内某点 O 为心、以某实数 $R_{大} \gg R$ 为半径作球面 Σ，如图 9-3，则 Σ 以外的区域可以看作物理无限远区（详见专题 2 的 § 2.2 开头）。对模型化的地球，由于电荷近似只分布在有限区，无限远区是等电势区，V_{∞} 有意义。由图 9-3 可知地球（或其大部分）也属于这个区中，故 $V_{地}=V_{\infty}$ 显然成立。

总之，对不带电的模型地球，$V_{地}=V_{\infty}$ 是不难接受的。

甲 问题在于真实地球是带电的，您讨论不带电的模型化地球有什么用？

乙 首先，懂得了模型化地球 $V_{地}=V_{\infty}$ 的证明有助于看出此式对真实地球至少不会严格成立（详见稍后）；其次，模型化地球的结论对室内静电学非常有用。由于房屋墙壁及天花板的屏蔽作用，室内地面及墙壁的电荷面密度为零（见图 9-4），而且室外地面的电荷所激发的电场对室内无影响，所以可用模型化地球等效替代。只要所讨论的导体距离地面、墙壁及天花板都足够远（或所带电荷足够小），后者就可被看作位于物理无限远，就可认为前面关于不带电地球的讨论适用，因而可以应用 $V_{地}=V_{\infty}$ 的结论。这（指室内静电学问题）是相当重要的一类静电学情况。

甲 但是，讨论室外静电学问题时还能用 $V_{地}=V_{\infty}$ 吗？

乙 这当然是个必问的问题。先讨论数学无限远的情况（仍用图 9-2）。由于地球带有数量巨大的负电荷（-4×10^5 C），沿图 9-2 的直线 L 的积分 $\int_D^{\infty} \boldsymbol{E} \cdot \mathrm{d}\boldsymbol{l}$ 不再为零，而是约等于 4×10^5 V

---

① 而且绝大部分地面的电荷面密度为零。

② 至少绝大部分地面是这样。

③ 严格说来，等号应改为近似号，因为前面提到“地球表面电场强度近似为零”，但因近似程度很高，物理上就不妨写成等号。

[参见 Feynman(1964) Ⅱ；具体计算见刘盛耀(1988)]，这就表明 $V_{地} \neq V_{\infty}$。再讨论物理无限远的情况(仍用图 9-3)。由于地球表面电荷面密度处处(指室外)非零，而地球又是物理无限远区的一部分，所以现在属于电荷分布延伸至无限远的情况。如前所述，这时物理无限远区本身就不是等势体，V_{∞} 已无意义，更谈不上 $V_{地}=V_{\infty}$ 了。

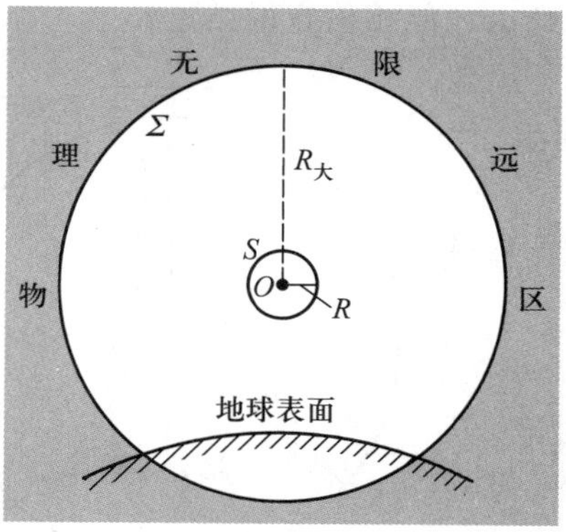

图 9-3　地球(或其大部分)属于物理无限远区，若地球不带电，自然有 $V_{地}=V_{\infty}$

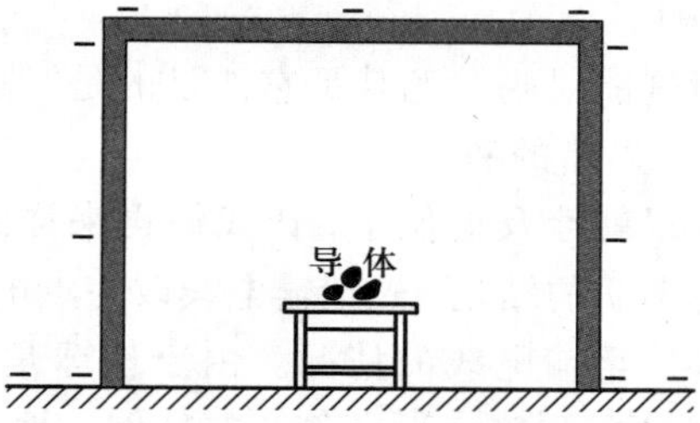

图 9-4　$V_{地}=V_{\infty}$ 近似适用于室内静电学

甲　这样的答案似乎很悲观。照此说来，室外问题一律不能用 $V_{地}=V_{\infty}$ 这个结论了，但是所有教科书和文献一涉及接地时(不分室内室外)都在默默地应用这一结论(本书前面许多专题也不例外)，这岂不是根本不对？我觉得这是个很严重的问题。

乙　问得很好！大多数文献都只是默默地("偷偷摸摸"地)使用这个结论而不提你所提的问题。少数文献也曾谈及甚至讨论这个问题，但我们在能查到的中外文献中似乎没能找到有很重要价值的讨论和答案，所以在此只好给出我们自己的大胆看法，仅供参考，以期抛砖引玉。

甲　我愿洗耳恭听。

乙　基于前面的分析，无论是数学还是物理无限远，只要承认地球带电，对室外问题就只能得出 $V_{地} \neq V_{\infty}$ 的结论。不过物理学离不开近似，如果所论导体组周围的静电场强 E 远大于 100 V/m，就不妨忽略地球电荷贡献的电场(不妨用不带电地球近似地等效替代带电地球)，从而接受 $V_{地} \approx V_{\infty}$ 的结论。以一个非常实际的问题——室外架空高压输电线对地电容的计算——为例。输电线和地球是两个导体，它们之间存在电容。暂时假定地球不带电，则地面总电荷量为零。当输电线有电流时，其表面就有某种电荷分布，于是地面感生出电荷分布。因此，输电线的对地电容是输电线设计时应当考虑的问题。《电工基础》课程①比电磁学、电动力学更靠近实际，这类教材常会介绍输电线对地电容的计算，所用的基本技巧就是电像法。专题 7 例 1 讲过接地金属平板外有点电荷 q 时的空间电场 $\boldsymbol{E}$ 的电像求解法，结论是：金属板上感生电荷的贡献可以用一个藏在板内对称位置的像电荷 $-q$ 替代。由此不难相信，如果点电荷 q 改为与平板平

① 《电工基础》的全称是《电工学的理论基础》，属于工科院校的基础性课程，是我国解放初期学习苏联的产物。我的案头就有好几套苏联的这类教材以及我国作者写的同类教材。除了对路的理论非常重视之外，这种教材也用大量篇幅介绍场的理论，其中不乏在电磁学和电动力学教材中找不到的关于场的问题的论述和方法。该类教材的另一特点就是工科味道较浓。

行的无限长直带电线(电荷线密度为 η),平板表面感生电荷的贡献也可用藏在板内对称位置的“像带电线”替代。这正是《电工基础》类教材计算输电线外电场的手法。

甲 现在遇到一个敏感问题。专题 7 例 1 的结论之所以正确,是因为默认 $V_{地}=V_{\infty}$(在验证唯一性定理时,边界条件设定为 $V_{地}=0$, $V_{\infty}=0$),但真实地球是带电的,室外输电线没有电流时地面也有电荷密度,专题 7 例 1 的前提条件已不满足,凭什么还能相信它的结论?

乙 你问到关键问题了。大部分《电工基础》教材都不提地球带电,所以它们实质上自始至终都默认不带电的地球模型,因而默认 $V_{地}=V_{\infty}$。

甲 但这能对吗?尤其是它涉足的是“真刀真枪”的工程设计,是不允许出错的啊。

乙 这里就涉及近似了,让我们再来详细讨论一番。为了便于利用专题 7 的结论,先把输电线改为点电荷 q 进行讨论,其结果不难推广至输电线的情况。由于地球是带电导体球(设其电荷为 Q),正好看作专题 7 例 3 的特例。地球及点电荷以外的空间(Ω 区)的电场本来是 q 和地面电荷的联合贡献,但后者可用藏在地球内部适当位置(q 与地心连线上距离球心 l' 处)的像电荷 q' 以及藏在地心的点电荷 $q''=Q-q'$ 的贡献替代,如图 7-6(重画成图 9-5)。因为

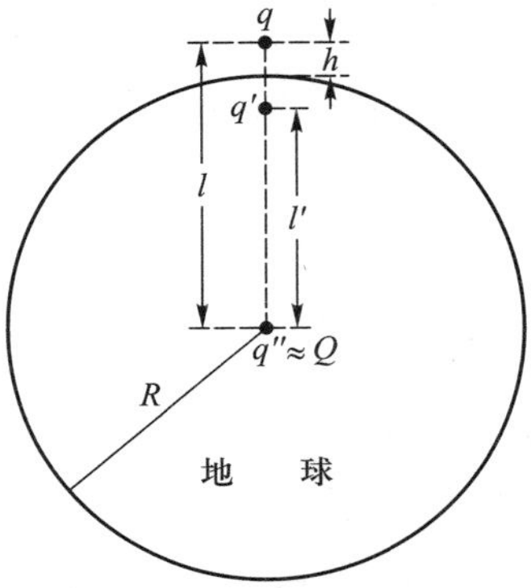

图 9-5 地面上方存在点电荷时的镜像讨论(长度不按比例)

$$l'=\frac{R^2}{l}, \qquad q'=-\frac{R}{l}q\ , \qquad [见式(7-10)及(7-12)] \tag{9-1}$$

其中 R 现在是地球半径,l 则是点电荷 q 与地心的距离。设 q 的高度为 h,则

$$l=R+h\approx R\ , \tag{9-2}$$

故

$$q'\approx -q\ 。 \tag{9-3}$$

实际遇到的点电荷 q 总会远小于地球电荷,即 $q\ll Q$,故

$$q''\approx Q\ 。 \tag{9-4}$$

于是 Ω 区的静电场为

$$\boldsymbol{E}=\boldsymbol{E}(q)+\boldsymbol{E}(q')+\boldsymbol{E}(q'')\ , \tag{9-5}$$

其中 $\boldsymbol{E}(q)$、$\boldsymbol{E}(q')$、$\boldsymbol{E}(q'')$ 依次是三个点电荷 q、q'、q'' 贡献的场。因 $q''\approx Q$,故 $\boldsymbol{E}(q'')$ 无异于室外地面附近的静电场,其大小为 100 V/m。如果 $|q|$ 和 $|q'|$ 足够大,以至于对我们关心的任一场点都有

$$|\boldsymbol{E}(q)|\gg 100(\mathrm{V/m}), \qquad |\boldsymbol{E}(q')|\gg 100(\mathrm{V/m}), \tag{9-6}$$

则式(9-5)近似简化为

$$\boldsymbol{E}=\boldsymbol{E}(q)+\boldsymbol{E}(q')\ 。 \tag{9-7}$$

可见,只要满足式(9-6),地球带电的影响就可被忽略,就可以用不带电的模型地球代替真实地球。

甲 其实您刚才就已经提过这个条件及其结论了,现在无非是用点电荷的例子更准确地给了一个定量证明。但问题仍然在于必须满足式(9-6)这个条件。难道所有工程实用问题都能

满足？

乙　恐怕谁也不能保证所有工程实用问题都满足式(9-6)。但是至少可以说许多工程问题的确能够近似满足。

甲　能举些实际数据吗？

乙　工程实用中非常重视的一个问题是输电线周围的电场强度，因为当场强超过 3×10^6 V/m 时空气就会被击穿。设计输电线时就要设法保证周围的场强小于这个击穿临界值。例如，苏联有一条著名的远距离高压输电线，它把古比雪夫(发电侧)与莫斯科(用电侧)联结起来①。设计时，根据有关条件(离地高度、线径……)求得与击穿场强 3×10^6 V/m 相应的击穿电压是 450 kV，所以该输电线的运行对地电压(有效值)设计为 400 kV。事实上，高压输电线的电压(在允许条件下)越高越好，但电压太高会导致空气击穿，于是工程技术人员用尽各种巧妙方法②力图在不超过击穿场强的前提下提高电压。

甲　很有意思。我听出味道来了——工程技术人员所顾虑的是输电线周围的场强过高(例如接近10^6 V/m 的量级)，这就表明实际情况下的场强会比地球电荷在地面附近造成的场强 $|\boldsymbol{E}(q'')|=100$ (V/m)要高出几个量级，当然满足式(9-6)，所以用不带电的地球模型是允许的。

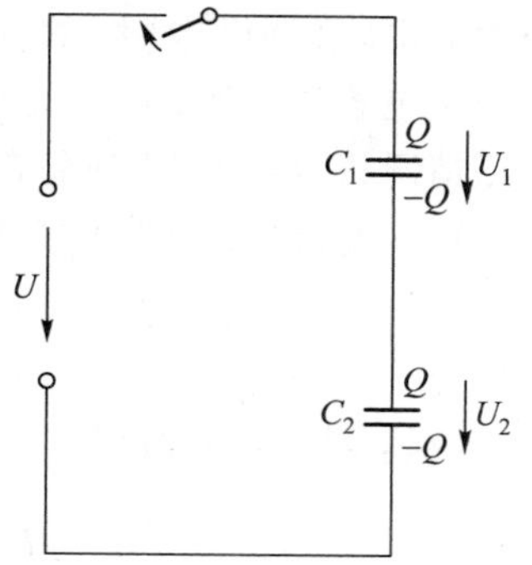

图 9-6　“经院式”的串联电容器

乙　对了。事实上，一些《电工基础》教材在举出纯理论性的例题时似乎也注意到这一点，例如俞大光(下册，1961) P. 90 例题 20-1 提及，“点电荷的电量为 0.1 μC(微库)，在空中距地面 3 cm，问它与地面间的引力是多少？”该书采用电像法解此题，求得引力 $F=0.025$ (N)。我们更感兴趣的则是相应的场强 E，由 $E=F/q$ 易得 $E=2.5\times10^5$(V/m)，也比 100(V/m)大 3 个量级。

甲　这些都是有说服力的数据。尽管如此，正如您刚才所讲，绝大部分文献只要一遇到接地问题都直接[即不问所讨论的 E 是否很大于 100 V/m]默默使用 $V_{地}=V_{\infty}$，难道这也能被接受!?

乙　你不妨把它称为“经院式”的学问，也就是不一定都很实际。

甲　但物理学难道可以不讲实际、不与实验相符吗？

乙　当然不可以。不过，物理教学中的确存在极少数问题是采用“经院式”教学的。如果为之辩解的话，至少可以给出两个理由：①每种“经院式”讲法都会在某些特殊情况下适用(见后)；②可以简化问题以利于脑力锻炼。除了 $V_{地}=V_{\infty}$ 这个例子之外，还可举出另一例子。静电学中经常有这样的习题：电容各为 C_1 和 C_2 的两个电容器串联后由直流电源供电(图 9-6)。已知电源电压为 U，求两个电容器上的电压 U_1 和 U_2。

甲　这不是很容易吗？由 $Q=C_1U_1=C_2U_2$ 得

① 限于年龄、健康状况以及忙于其他专业(相对论)等原因，我(梁灿彬)不可能抽空查阅较为新近的数据，只能从老教科书中举出一些有说服力的老数据。

② 例如把一根圆截面导线改为由金属联结起来的几根圆截面导线。

$$\frac{U_1}{U_2}=\frac{C_2}{C_1},\quad \text{（串联时电压与电容成反比）}$$

又知 $U_1+U_2=U$，联立便可解得

$$U_1=\frac{C_2}{C_1+C_2}U\ ,\qquad U_2=\frac{C_1}{C_1+C_2}U\ 。\tag{9-8}$$

乙　按照“经院式”教学的要求，你肯定会得满分，但如果你用两个真实电容器串联，实际的分压情况却可能与你的答案大相径庭。

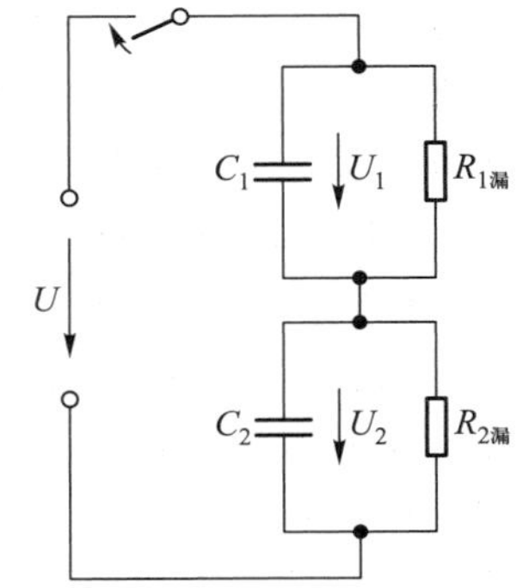

图 9-7　真实串联电容器的等效电路

甲　为什么?!

乙　因为实际电容器或多或少都有漏电（除非你把平板电容器放在真空中），所以一个实际电容器等效于一个电容和一个很大的电阻（漏电电阻）的并联（如图 9-7）。开关接通的瞬时的确按电容值分压，随之是一个短暂的暂态过程（在此过程中分压情况很复杂），达到稳态后，电容上没有电流，电阻 $R_{1漏}$ 和 $R_{2漏}$ 的电流相等，因而电压 U 必按阻值分压，即

$$\frac{U_1}{U_2}=\frac{R_{1漏}}{R_{2漏}},$$

又知 $U_1+U_2=U$，联立解得

$$U_1=\frac{R_{1漏}}{R_{1漏}+R_{2漏}}U\ ,\qquad U_2=\frac{R_{2漏}}{R_{1漏}+R_{2漏}}U\ 。\tag{9-9}$$

分压情况只取决于漏电电阻，与两个电容值毫无关系。可见“经院式”教学的答案与实际情况完全不同。

甲　那么教科书上为什么还要这么写呢?

乙　原因恐怕是多方面的，例如：①式(9-8)至少在确定暂态过程的初始条件时有用；②式(9-8)适用于放置在真空中的电容器。

甲　但如果把此式用于实际电路的稳态情况，岂非要出大问题?

乙　是的。到了实际问题（仍指稳态），就要掌握更为实际的知识。事实上，在电子电路中（比电磁学更为讲求实际）往往会遇到这种情况。电路某处本来应有一个电容器，但因两端电压太高，怕一个电容器经受不住，就改用两个电容器串联。例如，假定该处需要一个电容为 10 μF的电容器，要求耐受 300 V 的电压。若按“经院式”教学，似乎可以用两个电容为 20 μF、耐压为 160 V 的电容器串联。然而如果真的这样做，两个电容器有可能都被击穿。关键在于购买电容器时，卖方只能根据 20 μF、耐压为 160 V 这两个数据供货，却无法告诉你它们的漏电电阻（标有“20 μF，160 V”的两个电容器的漏电电阻可能非常不同）。把它们串联接入电路并接通电源后，300 V 的

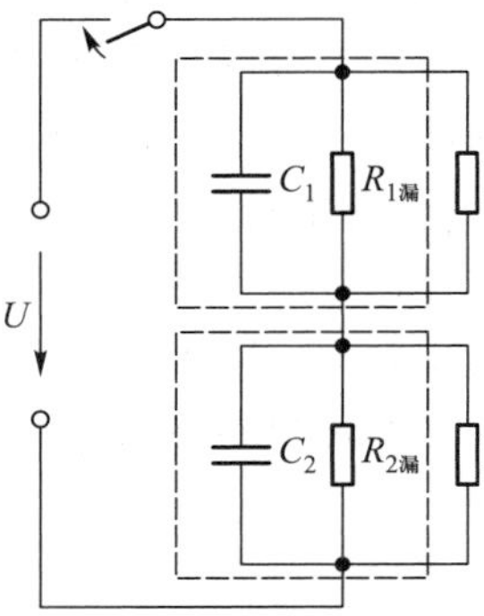

图 9-8　$\bar{R}$ 虽大，但比漏电电阻仍小得多，故 $R_{1漏}\parallel\bar{R}$ 几乎等于 $R_{2漏}\parallel\bar{R}$

电压将按漏电电阻正比地分压，假定$R_{2漏}=2R_{1漏}$，分压结果就是 $U_1=100(\text{V})$ 而 $U_2=200(\text{V})$，第二个电容器就可能被击穿（短路），导致 300 V 的电压全部加在第一个电容器上并将其击穿。

甲　那么怎么解决？

乙　电子电路中的实际做法是用两个阻值相等的大电阻，记作 $\bar{R}$（例如每个为 2 MΩ）分别与每个电容器并联（如图 9-8）。$\bar{R}$ 虽大，但仍比漏电电阻小得多。以 $R_{1漏}\parallel\bar{R}$ 代表 $R_{1漏}$ 与 $\bar{R}$ 的并联阻值，就有$(R_{1漏}\parallel\bar{R})\approx(R_{2漏}\parallel\bar{R})$，于是两个电容器上电压近似相等（都约为 150 V），就没有击穿之虞。

甲　这是很巧妙的实际做法，您为什么在基础篇中根本不讲？

乙　如果加进这段内容，基础篇还要变厚。更重要的是，由于种种原因，所有电磁学教材都没有这种讲法，这使我们很无奈，只能在本拓展篇中提及了。

甲　我们都熟知如下结论：孤立中性导体的电荷面密度 σ 处处为零。但是，只要在地面上方做实验，它就会受到地面负电荷的静电感应而出现上负下正的 σ（图 9-9）。因此，“孤立中性导体的 σ 处处为零”的结论也是“经院式”结论吧？

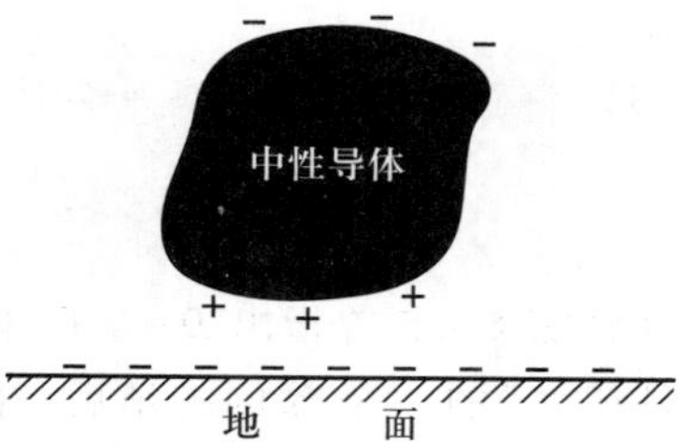

图 9-9　地面附近的中性导体表面电荷面密度非零

乙　正是，但这结论至少在下列情况下适用：①室内；②封闭金属壳内；③距离地面 50 km 以上的高空；④不带电行星的表面；⑤远离各星球的太空。

甲　我还有最后一个问题。前面讲输电线对地电容时用到电像法，但输电线传输的往往是交流电，已经不是静电了，为什么还能用静电学里的电像法？

乙　这又是一个很好的问题，我们将在专题 18（库仑电场和感生电场）中详细讨论。

专题10　有介质的唯一性定理及应用

本专题导读

（1）陈述并证明了有介质的唯一性定理，由此证明了基础篇的结论：当均匀介质分区充满电场空间且分界面为等势面时有 $\boldsymbol{D}=\varepsilon_0\boldsymbol{E}_0$。

（2）导体表面的自由电荷分布在充入介质前后可能不同，这个问题似乎未曾引起人们的足够重视。

（3）举了两个由于不满足条件而导致 $\boldsymbol{D}\neq\varepsilon_0\boldsymbol{E}_0$ 的好例子，着重说明如何证明其 $\boldsymbol{D}\neq\varepsilon_0\boldsymbol{E}_0$。

基础篇§3.5曾指出 $\boldsymbol{D}=\varepsilon_0\boldsymbol{E}_0$ 的成立是有条件的，并且用图3-19举出了伪命题"$\boldsymbol{D}=\varepsilon_0\boldsymbol{E}_0$ 无条件成立"的一个反例。稍后（§3.5末）又给出了 $\boldsymbol{D}=\varepsilon_0\boldsymbol{E}_0$ 成立的充分条件，表现为如下命题：

命题10-1　当均匀介质分区充满电场空间且分界面都是等势面时，场中各点有 $\boldsymbol{D}=\varepsilon_0\boldsymbol{E}_0$。

基础篇没有证明这个命题，因为证明要用到唯一性定理，而且是有介质时的唯一性定理。本专题将首先陈述并证明这个唯一性定理，再用此定理证明命题10-1。

（有介质的）唯一性定理　设 Ω 区由均匀介质①分区充满，其边界面除了一个可以是无限远面之外都是金属导体表面（所有导体以及介质交界面都不延伸至无限远），自由电荷只存在于导体表面，则 Ω 区内满足以下三条件的静电场 $\boldsymbol{E}$ 是唯一的。

（a）在各介质中满足静电场方程；

（b）在介质 i、j 交界面 S_{ij} 上满足 $E_{it}=E_{jt}$，$\varepsilon_i E_{in}=\varepsilon_j E_{jn}$；

（c）在每个导体表面上相应的电势（或自由电荷量）等于事先给定的值。

证明［选读］

设存在满足上述三条件的两个静电场 $\boldsymbol{E}_{甲}$ 和 $\boldsymbol{E}_{乙}$，令 $\boldsymbol{E}\equiv\boldsymbol{E}_{甲}-\boldsymbol{E}_{乙}$，则只需证明 $\boldsymbol{E}=0$。

由于 $\boldsymbol{E}_{甲}$ 和 $\boldsymbol{E}_{乙}$ 都满足静电场方程，而且静电场方程是线性方程，所以 $\boldsymbol{E}$ 也满足静电场方程。注意到介质中没有自由电荷，便知

$$\nabla\cdot\boldsymbol{E}=0\ 。（在每个均匀区内）\tag{10-1}$$

以 $V_{甲}$、$V_{乙}$ 及 V 依次代表与场 $\boldsymbol{E}_{甲}$、$\boldsymbol{E}_{乙}$ 及 $\boldsymbol{E}$ 相应的势，即

$$\boldsymbol{E}_{甲}=-\nabla V_{甲}\ ,\qquad \boldsymbol{E}_{乙}=-\nabla V_{乙}\ ,\qquad \boldsymbol{E}=-\nabla V\ ,$$

则式(10-1)导致

$$\nabla^2 V=0。（在每个均匀区内）\tag{10-2}$$

以 S_i 代表第 i 个均匀区的边界。（对图10-1，S_1 是 S_a 与 S_c 的并集；S_2 是 S_b 与 S_c 的并集。）

① 本专题的"介质"均指各向同性线性电介质。

考虑矢量场 $V\varepsilon_i\nabla V$ 在 S_i 上的通量 $\oiint_{S_i}(V\varepsilon_i\nabla V)\cdot d\boldsymbol{S}$，用高斯公式[见式(15-30)]将此面积分化为体积分(为避免与电势 V 符号重合，把体元改记作 $d\omega$)：

$$\oiint_{S_i}(V\varepsilon_i\nabla V)\cdot d\boldsymbol{S}=\iiint_{\Omega_i}\nabla\cdot(V\varepsilon_i\nabla V)d\omega$$
$$=\iiint_{\Omega_i}\varepsilon_i(\nabla V)\cdot(\nabla V)d\omega+\iiint_{\Omega_i}\varepsilon_i V\nabla^2 Vd\omega\ ,$$

其中 Ω_i 代表第 i 个均匀区，第二步用到式(15-106b)。注意到 $\nabla^2 V=0$[见式(10-2)]及 $(\nabla V)\cdot(\nabla V)=(\nabla V)^2$，上式又简化为

$$\oiint_{S_i}(V\varepsilon_i\nabla V)\cdot d\boldsymbol{S}=\iiint_{\Omega_i}\varepsilon_i(\nabla V)^2 d\omega\ 。\tag{10-3}$$

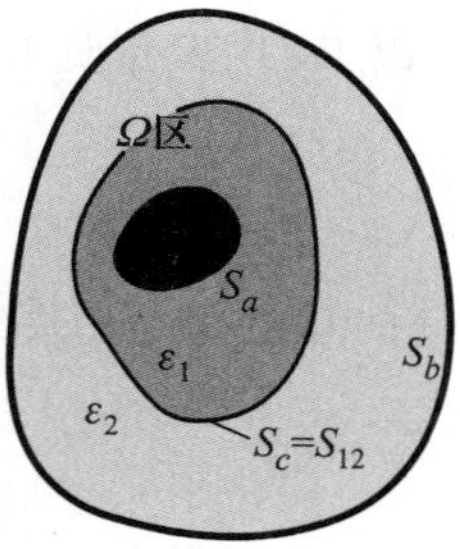

图 10-1　均匀介质分两区充满 Ω 区(S_b 面也可在无限远)

对所有均匀区取和，得

$$\sum_i\oiint_{S_i}(V\varepsilon_i\nabla V)\cdot d\boldsymbol{S}=\sum_i\iiint_{\Omega_i}\varepsilon_i(\nabla V)^2 d\omega\ 。\tag{10-4}$$

上式左边的 $\nabla V\cdot d\boldsymbol{S}=-\boldsymbol{E}_i\cdot d\boldsymbol{S}=-E_{in}dS$，故

$$\oiint_{S_i}(V\varepsilon_i\nabla V)\cdot d\boldsymbol{S}=-\oiint_{S_i}V\varepsilon_i E_{in}dS\ ,\tag{10-5}$$

因而式(10-4)变为

$$-\sum_i\oiint_{S_i}V\varepsilon_i E_{in}dS=\sum_i\iiint_{\Omega_i}\varepsilon_i(\nabla V)^2 d\omega\ 。\tag{10-4′}$$

在两个相邻均匀区 Ω_i 和 Ω_j 的交界面 S_{ij} 上，由于有定理条件(b)的 $\varepsilon_i E_{in}=\varepsilon_j E_{jn}$，又因为面元 $d\boldsymbol{S}_{ij}=-d\boldsymbol{S}_{ji}$(外法向相反)，对积分取和时交界面 S_{ij} 上的积分互相抵消，故式(10-4′)左边的和式中只剩下整个 Ω 区的边界面 S 上的积分。如能证明式(10-4′)左边为零，便知其右边为零，再由 $\varepsilon_i(\nabla V)^2\geqslant 0$ 便得 $\nabla V=0$，即 $\boldsymbol{E}=0$，命题便告证毕。所谓 Ω 区的边界面 S，具体到图 10-1，S 就是 S_a 与 S_b 的并集，其中 S_b 既可以是金属壳的内壁，也可以是无限远面 S_∞。鉴于专题 5 在证明(无介质的)唯一性定理时对这两种可能都做过细致讨论，此处就只讨论 S_b 是金属壳内壁的情况。下面证明式(10-4′)左边为零。

如果导体表面给定电势值，则 $V_甲|_S=V_乙|_S$，故

$$V|_S=V_甲|_S-V_乙|_S=0\ ,$$

于是式(10-4′)左边为零；如果导体表面给定电荷，仿照专题 5 选读 5-1 的证法也可证明式(10-4′)左边为零。□

注 1　仿照专题 5 选读 5-1 的讨论，由于已将“导体不延伸至无限远”写入定理条件，上述证明中涉及的对无限远面 S_∞ 的积分都一定存在(收敛)。

在唯一性定理的基础上就可给出命题 10-1 的证明。讲证明前要说明两点。

(1) 先讨论一个易被忽略的问题。设场中只有一个金属导体(其自由电荷总量 q_0 已知)，外部空间充满介质(不一定是均匀介质)。问：自由电荷在导体表面的分布(面密度)在充入介质的前后是否相同？答案是未必相同。图 10-2 就是前后不同的例子。以 σ_{001} 和 σ_{002} 代表金属板左右壁在充介质前的自由电荷面密度，以 $\boldsymbol{E}_{00}$

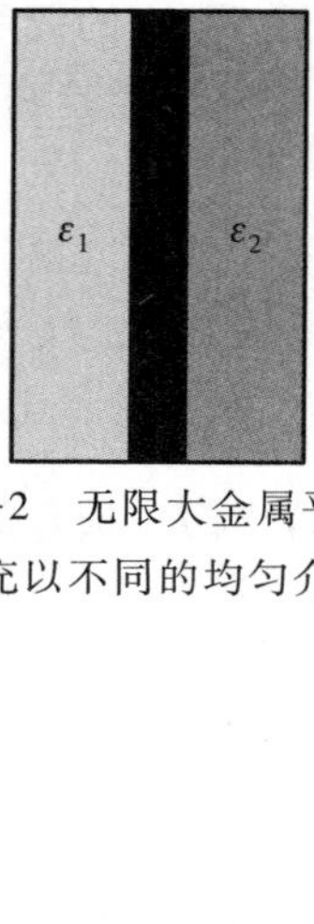

图 10-2　无限大金属平板两侧充以不同的均匀介质

代表全部自由电荷在充介质前贡献的电场，则由金属板内 $\boldsymbol{E}_{00}=0$ 可知

$$\sigma_{001}=\sigma_{002}\text{。} \tag{10-6}$$

再讨论充介质后的情况(图 10-2)。以 σ_{01}(和 σ'_1)代表金属板左壁的自由(和极化)电荷面密度，以 P_{1n}代表介质 1 的极化强度的法向分量(取 $\boldsymbol{e}_n$ 从金属指向介质)，则

$$\sigma'_1=-P_{1n}=-\varepsilon_0\chi_1 E_{1n}=-\frac{\varepsilon_0\chi_1}{\varepsilon_1}D_{1n}=-\frac{\varepsilon_1-\varepsilon_0}{\varepsilon_1}\sigma_{01}\text{，} \tag{10-7}$$

故左壁的总电荷面密度

$$\sigma_1=\sigma_{01}+\sigma'_1=\sigma_{01}\left(1-\frac{\varepsilon_1-\varepsilon_0}{\varepsilon_1}\right)=\frac{\varepsilon_0}{\varepsilon_1}\sigma_{01}=\frac{\sigma_{01}}{\varepsilon_{1r}}\text{，} \tag{10-8a}$$

同理，对右壁有

$$\sigma_2=\frac{\sigma_{02}}{\varepsilon_{2r}}\text{。} \tag{10-8b}$$

金属板内有 $\boldsymbol{E}=0$，注意到 $\boldsymbol{E}=\boldsymbol{E}_0+\boldsymbol{E}'$由 σ_1 和 σ_2 共同激发，便知

$$\sigma_1=\sigma_2\text{，} \tag{10-9}$$

与式(10-8)结合得

$$\frac{\sigma_{01}}{\varepsilon_{1r}}=\frac{\sigma_{02}}{\varepsilon_{2r}}\text{，} \tag{10-10}$$

因而

$$\sigma_{01}\neq\sigma_{02}\text{。(除非 }\varepsilon_1=\varepsilon_2\text{)} \tag{10-11}$$

对比上式与式(10-6)可知自由电荷面密度在充介质前后有所不同。场中有多个导体时也一样，所以应特别注意区分 σ_{00}与 σ_0(从而也要区别 $\boldsymbol{E}_{00}$与 $\boldsymbol{E}_0$)。不过，正如下面要证明的，只要满足(有介质的)唯一性定理的三个条件，就一定有 $\sigma_0=\sigma_{00}$以及 $\boldsymbol{E}_0=\boldsymbol{E}_{00}$(这可看作命题 10-1 的副产品)。

(2) 前面几个专题给出了(无介质时的)唯一性定理的许多应用实例，从这些实例不难看出，唯一性定理的使用方法常常可以归纳为如下的“三步曲”：①**猜**(提出猜测解)；②**验**(对猜测解是否满足定理条件进行验证)；③**用**(猜测解一旦满足条件就是正确解，就可付诸应用，解决问题)。这个“三步曲”也适用于有介质的唯一性定理的应用。下面就利用唯一性定理按“三步曲”给出命题 10-1 的证明。

命题 10-1 的证明

猜 根据经验和直觉，我们猜测第 i 介质中的静电场为

$$\boldsymbol{E}_i=\frac{\varepsilon_0}{\varepsilon_i}\boldsymbol{E}_{00i}\text{。} \tag{10-12}$$

(请注意 $\boldsymbol{E}_{00i}$代表充介质前所有自由电荷在充介质后的第 i 介质区贡献的电场。)

验 现在验证上述猜测解满足唯一性定理的三个条件。

(a) 因 $\boldsymbol{E}_{00}$满足静电场方程，而在每一介质内 ε 都为常数，故 $\boldsymbol{E}_i=\dfrac{\varepsilon_0}{\varepsilon_i}\boldsymbol{E}_{00i}$也满足静电场方程。

(b) 因交界面 S_{ij} 为 $\boldsymbol{E}$ 场的等势面，故 $\boldsymbol{E}\perp S_{ij}$，因而切向分量 $E_{it}=0=E_{jt}$。另一方面，由式(10-12)又得

$$\varepsilon_i E_{in}=\varepsilon_0 E_{00in}\,,\qquad \varepsilon_j E_{jn}=\varepsilon_0 E_{00jn}\,。$$

而 $E_{00in}=E_{00jn}$(因 S_{ij} 无自由电荷面密度，故 $\boldsymbol{E}_{00}$ 在 S_{ij} 上无突变)，与上式联立便得 $\varepsilon_i E_{in}=\varepsilon_j E_{jn}$。于是条件(b)得到满足。

(c) 不妨设只有一个导体(容易推广至多个导体的情形)，其事先给定的自由电荷为 q_0。充介质前当然有 $q_0=\oint\!\!\oint\sigma_{00}\mathrm{d}S$。如能证明猜测解(10-12)相应的 $\sigma_0=\sigma_{00}$，则此解自然满足电荷条件，即 $\oint\!\!\oint\sigma_0\mathrm{d}S=q_0$。下面补证 $\sigma_0=\sigma_{00}$。把与导体相邻的介质记作第 1 介质，则

$$\sigma_0=D_{1n}=\varepsilon_1 E_{1n}=\varepsilon_0 E_{00n}=\sigma_{00}\,。$$

[其中第三步用到式(10-12)，第四步是因为 $E_{00n}=\sigma_{00}/\varepsilon_0$。]

因此，猜测解(10-12)是正确解。

用　把式(10-12)用于第 i 介质得 $\boldsymbol{D}_i=\varepsilon_i\boldsymbol{E}_i=\varepsilon_0\boldsymbol{E}_{00i}=\varepsilon_0\boldsymbol{E}_{0i}$(末步是因为 $\sigma_0=\sigma_{00}$ 保证 $\boldsymbol{E}_0=\boldsymbol{E}_{00}$)。故命题 10-1 得证。□

注 2　原则上还应验证导体表面(作为 Ω 区的边界面)是等势面，但式(10-12)表明一定如此，因导体表面是 $\boldsymbol{E}_{00}$ 场的等势面，必也是 $\boldsymbol{E}$ 场的等势面。

甲　我觉得图 10-2 是命题 10-1 的反例，因为它满足命题 10-1 的条件，但却有 $\boldsymbol{D}\neq\varepsilon_0\boldsymbol{E}_0$，证明如下。全部自由电荷在介质 1 中贡献的场强法向分量为

$$E_{01n}=\frac{\sigma_{01}+\sigma_{02}}{2\varepsilon_0}\,,$$

故

$$\varepsilon_0 E_{01n}=\frac{1}{2}(\sigma_{01}+\sigma_{02})\,;\tag{10-13}$$

而

$$D_{1n}=\sigma_{01}\neq\frac{1}{2}(\sigma_{01}+\sigma_{02})\,,\tag{10-14}$$

[不等号来自式(10-11)。] 可见 $\boldsymbol{D}_1\neq\varepsilon_0\boldsymbol{E}_{01}$。这就表明图 10-2 是命题 10-1 的反例。

乙　你的推导完全正确，但却不构成命题 10-1 的反例。关键在于命题 10-1 是靠(有介质的)唯一性定理证明的，而该定理的成立前提是“导体不延伸至无限远”。偏偏图 10-2 的“主角”正是延伸至无限远的导体板，所以唯一性定理对图 10-2 根本不成立，从而命题 10-1 对它也不成立。

下面再举两例，它们既是应用唯一性定理的好例子，又是 $\boldsymbol{D}\neq\varepsilon_0\boldsymbol{E}_0$ 的例子。

例 1　在球形电容器内按图 10-3 充以两种均匀电介质，$\varepsilon_1\neq\varepsilon_2$，内球的自由电荷总量为 q_0，求：

(1) 电介质中的静电场 $\boldsymbol{E}$；(2) 内球面上自由电荷及总电荷的电荷面密度 σ_{01}，σ_{02} 及 σ_1，σ_2。

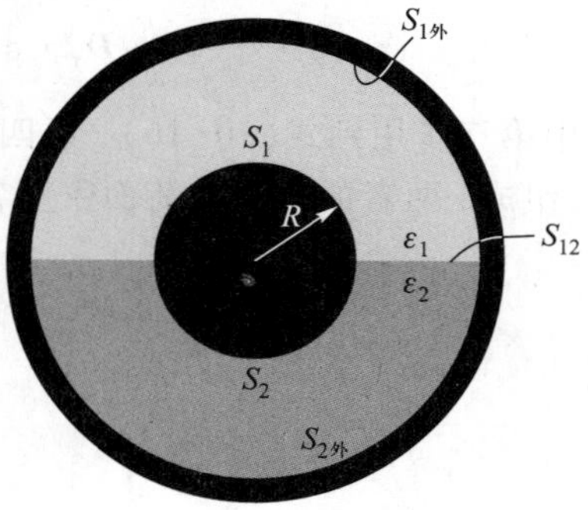

图 10-3　例 1 用图

解 用唯一性定理求解，选介质所在空间区域为 Ω 区。仍按“三步曲”进行。

猜 虽然 $\varepsilon_1 \neq \varepsilon_2$ 使问题的球对称性受到一定破坏，但为了保证唯一性定理的条件(b)得到满足，不妨猜测 Ω 区内的 $\boldsymbol{E}$ 仍可表为

$$\boldsymbol{E}=\frac{K}{r^2}\boldsymbol{e}_r \text{ ，(此即猜测解)} \tag{10-15}$$

其中 K 为待定常数，r 为场点与球心的距离，$\boldsymbol{e}_r$ 为径向(朝外)单位矢。

验 (a) 式(10-15)与点电荷场强公式本质一样，故 $\boldsymbol{E}$ 必满足静电场方程，条件(a)因而满足。

(b) 对分界面 S_{12} 的点，径向也就是界面的切向，故

$$E_{1t}=\frac{K}{r^2}=E_{2t}, \quad \varepsilon_1 E_{1n}=0=\varepsilon_2 E_{2n},$$

可见条件(b)也满足。

(c) 先验证用 $\boldsymbol{E}$ 在内球面求得的自由电荷总量等于 q_0。为此须先确定 K 的值。利用定理 $\oint\!\!\oint_S \boldsymbol{D}\cdot \mathrm{d}\boldsymbol{S}=q_0$，其中 $\boldsymbol{D}$ 是与 $\boldsymbol{E}$ 相应的电位移，S 是内球表面[更准确地说是内球表面靠外一点点(在介质中)的球面]。以 S_1 和 S_2 代表两个半球面，由 $\varepsilon_1 \neq \varepsilon_2$ 以及 S_1 和 S_2 上的 E 值相等可知 D 值不等，故

$$\begin{aligned} q_0 &= \oint\!\!\oint_S \boldsymbol{D}\cdot \mathrm{d}\boldsymbol{S}=\iint_{S_1}\boldsymbol{D}_1\cdot \mathrm{d}\boldsymbol{S}+\iint_{S_2}\boldsymbol{D}_2\cdot \mathrm{d}\boldsymbol{S}=\iint_{S_1}\varepsilon_1\boldsymbol{E}_1\cdot \mathrm{d}\boldsymbol{S}+\iint_{S_2}\varepsilon_2\boldsymbol{E}_2\cdot \mathrm{d}\boldsymbol{S} \\ &= \iint_{S_1}\frac{\varepsilon_1 K}{R^2}\mathrm{d}S+\iint_{S_2}\frac{\varepsilon_2 K}{R^2}\mathrm{d}S=\frac{(\varepsilon_1+\varepsilon_2)K}{R^2}2\pi R^2=2\pi(\varepsilon_1+\varepsilon_2)K, \end{aligned} \tag{10-16}$$

上式暗示我们应取

$$K=\frac{q_0}{2\pi(\varepsilon_1+\varepsilon_2)}, \tag{10-17}$$

代入式(10-15)便得

$$\boldsymbol{E}=\frac{q_0}{2\pi(\varepsilon_1+\varepsilon_2)r^2}\boldsymbol{e}_r \text{ 。} \tag{10-18}$$

现在即可验证如下：

$$\begin{aligned} \boldsymbol{E}\text{ 在 } S \text{ 面相应的自由电荷} &= \iint_{S_1}\sigma_{01}\mathrm{d}S+\iint_{S_2}\sigma_{02}\mathrm{d}S \\ &= \iint_{S_1}\boldsymbol{D}_1\cdot \mathrm{d}\boldsymbol{S}+\iint_{S_2}\boldsymbol{D}_2\cdot \mathrm{d}\boldsymbol{S}=2\pi(\varepsilon_1+\varepsilon_2)K=q_0, \end{aligned}$$

其中第三步用到式(10-16)，第四步用到式(10-17)。再验证 $S_{外}$ 上的电荷条件。$S_{外}$ 由 $S_{1外}$ 和 $S_{2外}$ 组成，两者的自由电荷面密度各为(以 $\boldsymbol{e}_\mathrm{n}$ 代表从金属到介质的单位矢量，故 $\boldsymbol{e}_\mathrm{n}=-\boldsymbol{e}_r$)

$$\sigma_{01外}=\boldsymbol{D}_{1外}\cdot\boldsymbol{e}_\mathrm{n}=-\boldsymbol{D}_{1外}\cdot\boldsymbol{e}_r=-\varepsilon_1\boldsymbol{E}_{1外}\cdot\boldsymbol{e}_r=-\frac{\varepsilon_1 q_0}{2\pi(\varepsilon_1+\varepsilon_2)R_{外}^2} \tag{10-19a}$$

和

$$\sigma_{02外}=-\frac{\varepsilon_2 q_0}{2\pi(\varepsilon_1+\varepsilon_2)R_{外}^2}, \tag{10-19b}$$

故

$$\boldsymbol{E}\text{ 在 }S_{外}\text{ 上相应的自由电荷}=\iint_{S_{1外}}\sigma_{01外}\mathrm{d}S+\iint_{S_{2外}}\sigma_{02外}\mathrm{d}S$$

$$=-\iint_{S_{1外}}\frac{\varepsilon_1 q_0}{2\pi(\varepsilon_1+\varepsilon_2)R_{外}^2}\mathrm{d}S-\iint_{S_{1外}}\frac{\varepsilon_2 q_0}{2\pi(\varepsilon_1+\varepsilon_2)R_{外}^2}\mathrm{d}S=-q_0\text{ 。}$$

可见条件(c)被满足，于是式(10-18)为正确解。至此已完成本例题的任务(1)，而任务(2)的完成则可看作“三步曲”的第三步，即：

用

$$\sigma_{01}=D_{1\mathrm{n}}=\varepsilon_1 E_{1\mathrm{n}}=\frac{\varepsilon_1 q_0}{2\pi(\varepsilon_1+\varepsilon_2)R^2},\tag{10-20a}$$

其中第三步用到猜测解(正确解)，即式(10-18)。类似地还有

$$\sigma_{02}=\frac{\varepsilon_2 q_0}{2\pi(\varepsilon_1+\varepsilon_2)R^2},\tag{10-20b}$$

表明 S_1 和 S_2 的自由电荷面密度不等($\sigma_{02}\neq\sigma_{01}$)。再求总电荷面密度 σ_1，σ_2。仿照式(10-8)的推导得

$$\sigma_1=\frac{\sigma_{01}}{\varepsilon_{1\mathrm{r}}},\quad\text{及}\quad\sigma_2=\frac{\sigma_{02}}{\varepsilon_{2\mathrm{r}}},\tag{10-21}$$

故

$$\sigma_1=\frac{\sigma_{01}}{\varepsilon_{1\mathrm{r}}}=\frac{\varepsilon_0 q_0}{2\pi(\varepsilon_1+\varepsilon_2)R^2},\quad\text{及}\quad\sigma_2=\frac{\sigma_{02}}{\varepsilon_{2\mathrm{r}}}=\frac{\varepsilon_0 q_0}{2\pi(\varepsilon_1+\varepsilon_2)R^2},\tag{10-22}$$

可见对 S_1 和 S_2 有

$$\sigma_{01}\neq\sigma_{02},\qquad\sigma_1=\sigma_2\text{ 。}\tag{10-23}$$

对于外球内壁也有类似结果：

$$\sigma_{01外}\neq\sigma_{02外},\qquad\sigma_{1外}=\sigma_{2外}\text{ 。}\tag{10-24}$$

■

注 3

① 由式(10-18)可知 Ω 区内的 $\boldsymbol{E}$ 有球对称性，与 $\sigma_1=\sigma_2$ 及 $\sigma_{1外}=\sigma_{2外}$ 相一致，因为 $\boldsymbol{E}$ 是由 σ_1、σ_2 及 $\sigma_{1外}$、$\sigma_{2外}$ 共同激发的；若 $\sigma_1\neq\sigma_2$ 或 $\sigma_{1外}\neq\sigma_{2外}$，则 $\boldsymbol{E}$ 不会有球对称性。

② $\varepsilon_1\neq\varepsilon_2$ 配上 $\boldsymbol{E}$ 有球对称性导致 $\boldsymbol{D}$ 无球对称性，与 $\sigma_{01}\neq\sigma_{02}$ 及 $\sigma_{01外}\neq\sigma_{02外}$ 相一致。

甲 您刚才说上例也是 $\boldsymbol{D}\neq\varepsilon_0\boldsymbol{E}_0$ 的例子，怎么证明 $\boldsymbol{D}\neq\varepsilon_0\boldsymbol{E}_0$?

乙 $\boldsymbol{E}_0$ 由 σ_{01}、σ_{02} 及 $\sigma_{01外}$、$\sigma_{02外}$ 共同激发；$\sigma_{01}\neq\sigma_{02}$ 及 $\sigma_{01外}\neq\sigma_{02外}$ 使我们无法用高斯定理计算 $\boldsymbol{E}_0$。由于 σ_{01}、σ_{02} 及 $\sigma_{01外}$、$\sigma_{02外}$ 都有表达式可用，原则上可用积分求 $\boldsymbol{E}_0$ 并验证 $\boldsymbol{D}\neq\varepsilon_0\boldsymbol{E}_0$，但计算颇为麻烦，远不如用简单得多的反证法。假定

$$\boldsymbol{D}=\varepsilon_0\boldsymbol{E}_0\ ,\tag{10-25}$$

我们来推出矛盾。在界面 S_{12} 两侧取非常靠近 S_{12} 的邻点 P_1 和 P_2(如图 10-4)，则由式(10-25)得

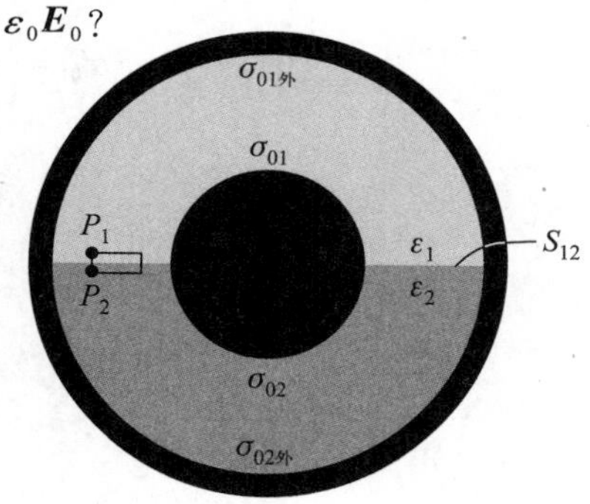

图 10-4 $\boldsymbol{D}\neq\varepsilon_0\boldsymbol{E}_0$ 证明用图

$$\boldsymbol{E}_0(P_1)=\frac{\boldsymbol{D}(P_1)}{\varepsilon_0}=\frac{\varepsilon_1}{\varepsilon_0}\boldsymbol{E}(P_1), \tag{10-26a}$$

$$\boldsymbol{E}_0(P_2)=\frac{\boldsymbol{D}(P_2)}{\varepsilon_0}=\frac{\varepsilon_2}{\varepsilon_0}\boldsymbol{E}(P_2), \tag{10-26b}$$

故

$$\boldsymbol{E}_0(P_1)=\frac{\varepsilon_1}{\varepsilon_0}\boldsymbol{E}(P_1)\neq\frac{\varepsilon_2}{\varepsilon_0}\boldsymbol{E}(P_1)=\frac{\varepsilon_2}{\varepsilon_0}\boldsymbol{E}(P_2)=\boldsymbol{E}_0(P_2), \tag{10-27}$$

其中第三步是因为 $\boldsymbol{E}$ 是连续函数[见式(10-18)]而且 P_1 和 P_2 极其靠近。又因为 $\boldsymbol{D}=\varepsilon\boldsymbol{E}$ 沿径向[见式(10-18)]，所以式(10-25)导致 $\boldsymbol{E}_0$ 也沿径向，这意味着 $\boldsymbol{E}_0|_{S_{12}}$ 沿界面的切向，以 $\boldsymbol{e}_t$ 代表切向单位矢量，便有

$$E_{0t}(P_1)\boldsymbol{e}_t=\boldsymbol{E}_0(P_1), \qquad E_{0t}(P_2)\boldsymbol{e}_t=\boldsymbol{E}_0(P_2), \tag{10-28}$$

与式(10-27)结合便得

$$E_{0t}(P_1)\neq E_{0t}(P_2)。 \tag{10-29}$$

然而这是个错误结论，因为它导致 $\boldsymbol{E}_0$ 沿图中的小矩形的环流非零，与静电场的环路定理相矛盾。

■

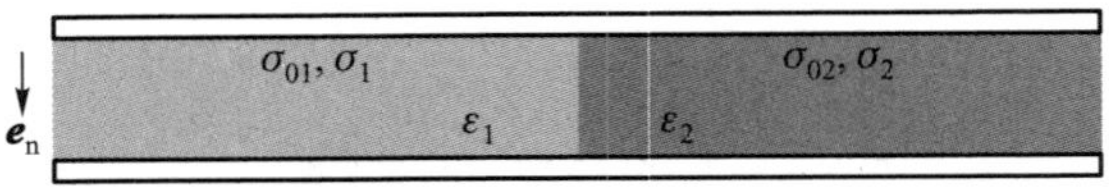

图 10-5 例 2 用图

例 2 在平板电容器内按图 10-5 充以两种均匀电介质，$\varepsilon_1\neq\varepsilon_2$，上板内壁面积为 S，自由电荷总量为 q_0，求：

(1) 电介质中的静电场 $\boldsymbol{E}$；

(2) 上板内壁的自由电荷及总电荷的电荷面密度 σ_{01}，σ_{02} 及 σ_1，σ_2。

解 与例 1 非常类似，答案为

(1)
$$\boldsymbol{E}=\frac{2q_0}{(\varepsilon_1+\varepsilon_2)S}\boldsymbol{e}_n, \tag{10-30}$$

其中 $\boldsymbol{e}_n$ 是向下的单位法矢。

(2)
$$\sigma_{01}=\frac{2\varepsilon_1 q_0}{(\varepsilon_1+\varepsilon_2)S}, \qquad \sigma_{02}=\frac{2\varepsilon_2 q_0}{(\varepsilon_1+\varepsilon_2)S}, \tag{10-31}$$

$$\sigma_1=\frac{2\varepsilon_0 q_0}{(\varepsilon_1+\varepsilon_2)S}=\sigma_2。 \tag{10-32}$$

■

专题 11　网络拓扑学与公式 $b=m+n-1$ 的证明

本专题导读

（1）介绍网络拓扑学的一批定义和定理，最终证明了基础篇给而不证的结论——基氏方程的总数等于支路数，即 $b=m+n-1$。

（2）为读懂专题 12（线性网络理论）打下必备基础。

拓扑学是近代数学的一个重要分支，在物理学中也有广泛的应用。从某种意义上说，拓扑学可以通俗地称为“橡皮膜上的几何学”。普通几何学认为很重要的长度、面积、角度等概念，在拓扑学里没有地位。拓扑学只关心图形在连续变形（拉伸、压缩、弯折）下保持不变的那些性质。在橡皮膜上画一条直线，如果使膜连续变形，这条直线将变成各种形状的（非闭合）曲线，但从拓扑学的角度看来，这些曲线与原来的直线是“相同”的。应该注意，连续变形不包括剪断与黏合，所以一条不闭合曲线与一条闭合曲线是拓扑不同的。初看起来，这样一门对长度、角度等等漠不关心的学科似乎很难有多少实际应用，其实不然。一个简单的例子是电路问题。图 11-1 的（a）和（b）虽然从欧氏几何看来有很大差别，但从电路角度看则全同。反之，如果把图（b）中任一条支路剪断［成为图（c）］，从电路看就十分不同。这与拓扑学关心的角度一样。可见，研究电路时，我们关心的正是图形的拓扑结构（当然还有电结构，即每条支路的电动势和电阻）。拓扑学对复杂电路（电网络）的研究非常有用，早已形成了“网络拓扑学”这个小小的应用分支。

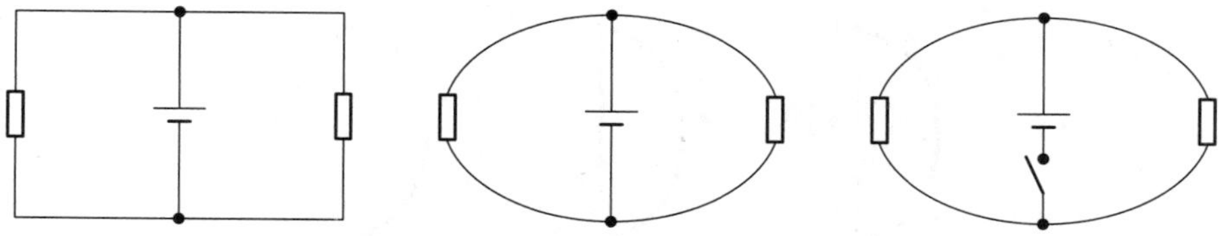

(a)　　(b)　　(c)

图 11-1　从电路或拓扑学角度看，图（a）与（b）全同，图（b）与（c）不同。从几何学看却不然。

普通物理和电工基础教材都提到如下结论：如果电路有 n 个节点，b 条支路，就一定有 $n-1$ 个独立的节点方程和 $m\equiv b-n+1$ 个独立的回路方程，因此共有

$$(n-1)+(b-n+1)=b$$

个独立方程，正好可以解出 b 个未知数（支路电流）。“有 $n-1$ 个独立节点方程”的证明不很困难，但基础篇没有给出；“有 $m\equiv b-n+1$ 个独立回路方程”的证明则要难得多，早已超出基础篇的范围。下面简介网络拓扑学并在此基础上给出上述两结论的证明。

定义 11-1 若干个点以及点间的若干条线的总体称为一个**网络**(network),其中的点和线分别称为**节点**(note)和**支路**(branch)。一条支路所联结的两个节点称为该支路的**端点**。如果从节点 N_1 出发沿若干支路前行能到达节点 N_2,就说这些支路构成从 N_1 到 N_2 的一条**路径**。从 N_1 出发回到 N_1 的路径称为**闭合路径**。

定义 11-2 任意两个节点之间都有路径的网络称为**连通网络**(connected network)。

以下讨论的网络如无特别声明都指连通网络。

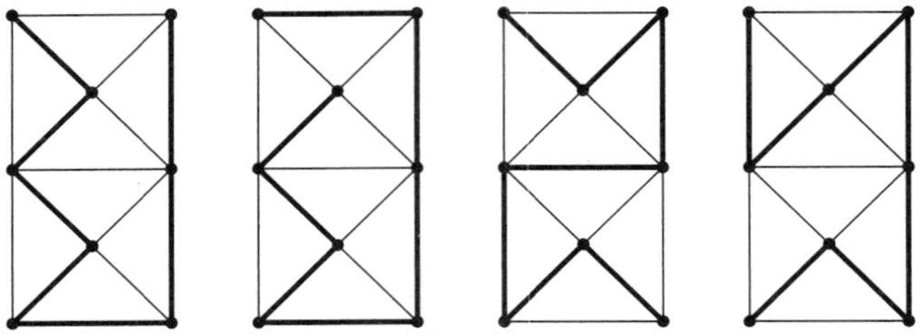

图 11-2 同一网络的 4 种树的选法(粗线代表树枝,细线代表连枝)

定义 11-3 若干支路的集合简称为**支路集**,满足以下条件的支路集称为**树**(tree):

(a) 切断集外所有支路,网络仍连通;

(b) 切断集外所有支路和集内任一支路,网络不再连通。

定义 11-4 树内的支路称为**树枝**(tree branch),树外的支路称为**连枝**或**链**(link)。

以下分别用 n 和 b 代表所研究的网络的节点数和支路数。给定网络之后,树的选择有相当的任意性。图 11-2 给出 $n=8$, $b=15$ 的一个网络的 4 种树的选法。

定理 11-1 选定树后,任意两个节点之间必存在只由树枝组成的路径。

证明 用反证法。假若节点 N_1 与 N_2 之间没有只由树枝组成的路径,则切断所有连枝就切断 N_1 与 N_2 之间的所有路径,网络就不连通。这同树的定义矛盾。 □

定理 11-2 ($n>0$ 的)任一棵树的树枝数都为 $n-1$。

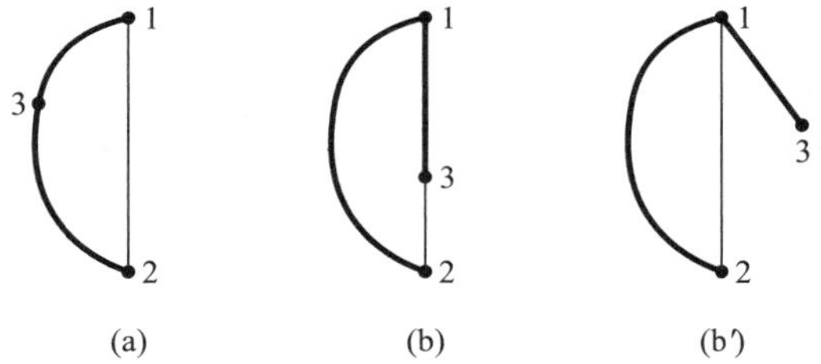

图 11-3 新添节点 3 导致树枝数由 1 变 2

证明 $n=1$ 的网络无树枝,故树枝数为 $0=n-1$。若 $n=2$,则网络可有不止一条支路(都以这两个节点为端点),但由树的定义易见任一棵树都只含 1 条树枝,故

$$树枝数=1=n-1 \quad 。$$

若 $n=3$,可认为这是在原来的两节点网络上补上节点 3 的结果。若该节点恰在原网络的树枝上(图 11-3a),树枝就被分成两段(两条支路),它们显然构成新网络的一棵树,故

$$树枝数=2=n-1 \quad ;$$

若节点 3 在原网络的树枝外，为使新网络连通(以及符合树的定义)，必须补上一条树枝(例如图 11-3b 或 b′)，此新树枝与原树枝合起来构成新网络的一棵树，故仍有

$$树枝数=2=n-1\ 。$$

由数学归纳法便可证明一般结论。 □

注 1　电路理论通常默认至少联接 3 条支路的点才叫**节点**，于是，例如图 11-3(a)、(b)中的点 3 都不是节点。今后我们一律采用节点的这个新定义。定理 11-1 和 11-2 对这个新定义当然照样成立。

注 2　两个端点是同一节点的支路(如图 11-4)称为**傻圈**(stupid loop)，它与网络的其余部分没有电流的联系，可以剥离。今后凡涉及电路问题都默认傻圈不存在。

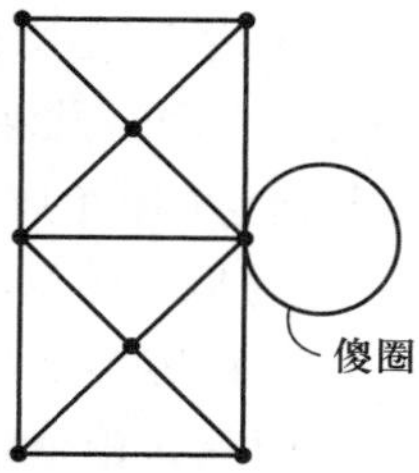

图 11-4　傻圈

定义 11-5　满足以下条件的支路集称为**割集**(cut set)：

(a) 切断集内所有支路，网络不再连通；

(b) 少切一条都不行(准确的提法是：切断集内除任一支路外的所有支路，网络仍连通)。

定理 11-3　对任一割集，必有满足如下条件的闭合面 S：(a) S 与集外任一支路相交偶数次；(b) S 与集内任一支路相交奇数次。

证明　本证明既冗长又抽象，估计很少有读者能耐心读完，从略。图 11-5 是简单例子，图中的树枝 T_1 以及带 * 的 3 条连枝构成一个割集，相应地就有闭合面 S，它与割集外的每一支路相交都是 0 次(偶数次)，与割集内的每一支路相交都是 1 次(奇数次)。 □

定理 11-4　选定树后，(1) 割集必含树枝；(2) 每一树枝决定唯一的单树枝割集(只含一条树枝的割集)。

证明

(1) 用反证法。假若某割集不含树枝，则由树的定义可知切断该集的所有支路都不会使网络变得不连通，这就与割集的定义矛盾。

(2) 为帮助想象，不妨借用图 11-5。设 T_1 是所论树枝。根据树的定义，切断 T_1 后，其两个端点(图中的 N_3、N_4)不再有树枝连接，全部节点便被分成两组，同组的任意两个节点可用树枝连接，不同组的两个节点不可用树枝连接(对图 11-5 而言，N_1、N_3 为一组，N_2、N_4、N_5、N_6 为另一组)。以 * 代表连接不同组的所有连枝(见图)，将它们连同 T_1 切断就使网络不连通，但少切断任一条也不行，所以 T_1 连同这些连枝构成一个单树枝割集(对应于图中的闭合面 S)。这必定是含 T_1 的唯一的单树枝割集，因为：①不将这些(带 * 号的)连枝全部切断不足以使网络不连通，可见每条这样的连枝必须留在含 T_1 的割集内；②若在这些连枝外再添加任一连枝(例如图中的 L_1)，则不切断此连枝而切断带 * 号的所有连枝以及 T_1 仍可使网络不连通，可见添加 L_1 后不满足割集定义。这就证明了带 * 号的连枝及 T_1 构成的割集是含 T_1 的唯一的单树枝割集。 □

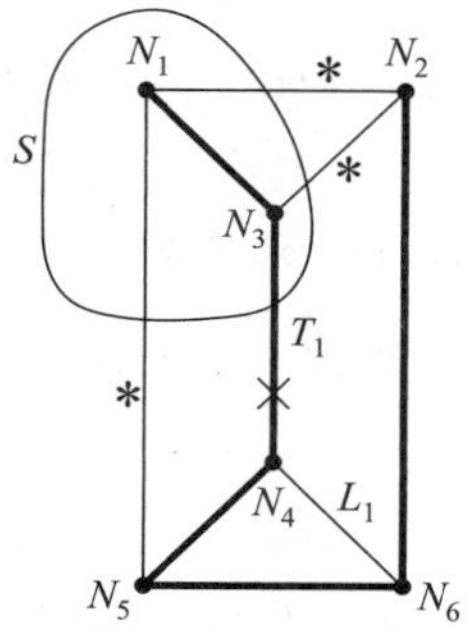

图 11-5　定理 11-4 证明示意图

定义 11-6　满足以下条件的支路集称为**回路**(loop 或 mesh)：

(a) 集内含闭合路径;

(b) 切断集内任一支路后该集不再含闭合路径。

定理 11-5 选定树后,(1) 回路必含连枝;(2) 每一连枝决定唯一的单连枝回路(只含一条连枝的回路)。

证明

(1) 由树的定义可知树内不含闭合路径,而回路按定义必含闭合路径,所以只由树枝不能构成回路,因而回路必含连枝。

(2) 设 L_1 是所论连枝,由树的定义可知从它的一个端点必然可经一条只含树枝的路径到达另一端点,而且此路径必定唯一,因为若有两条这样的路径,它们合起来就构成只含树枝的回路,与结论(1)矛盾。这条路径的树枝与 L_1 的并集必定满足回路的定义,这就是待找的由连枝 L_1 决定的唯一的单连枝回路。

以上内容涉及的是网络的纯拓扑性质。要证明公式 $b=m+n-1$ 还要用到电网络的电路定律。下面只讨论恒定电流电路,但不难把结论推广到集中参数交流电路。

定理 11-6 每个割集给出一个电流方程(基氏第一方程)。

证明 为易懂起见,先对图 11-5 代表的一类最常见、最简单的情况给出证明,图中的树枝 T_1 以及带 * 的 3 条连枝构成一个割集,相应就有闭合面 S,它只跟割集内的每一支路相交 1 次。把恒定电流条件 $\oiint_S \boldsymbol{J}\cdot \mathrm{d}\boldsymbol{S}=0$ 用于 S,便得到一个关于该割集的所有支路的电流关系的方程

$$\sum_{\mu=1}^{C} I_\mu = 0 \ , \qquad (11-1)$$

其中 I_μ 是割集中第 μ 条支路的电流(代数量),C 是割集中的支路数,$\sum$ 是特种求和号,“特种”是指每项之间可能写+号也可能写-号,取决于该项电流的正方向。上式正是所论割集给出的电流方程,其实这是节点方程的推广,当割集中所有支路都以同一节点为一个端点时就是熟知的节点方程(基氏第一方程)。对简单情况的证明至此证毕。现在对最一般的情况进行证明。根据定理 11-3,对每个割集必有一个闭合面 S,它与集外任一支路相交偶数次,与集内任一支路相交奇数次。把恒定条件 $\oiint_S \boldsymbol{J}\cdot \mathrm{d}\boldsymbol{S}=0$ 用于 S 得

$$\sum_{\mu=1}^{C_{内}} I_{内\mu} + \sum_{\mu=1}^{C_{外}} I_{外\mu} = 0 \ , \qquad (11-1')$$

其中“内”、“外”分别相应于割集内、外的支路。由于 S 面与割集外任一支路相交偶数次,而相邻两次的方向必定相反,所以对积分 $\oiint_S \boldsymbol{J}\cdot \mathrm{d}\boldsymbol{S}=0$ 的贡献抵消,式(11-1′)就简化为

$$\sum_{\mu=1}^{C_{内}} I_{内\mu} = 0 \ 。 \qquad (11-1'')$$

又因为 S 面与割集内任一支路相交奇数次,故总有一次不被抵消,所以情况与式(11-1)实质相同,这正是所论割集给出的那个电流方程。 □

一个网络在选定树后可以有很多割集,每个割集都按上述定理给出一个电流方程,但并非所有这些方程都独立。

定理 11-7 设电网络有 n 个节点,则它有(且仅有)$n-1$ 个独立的电流方程。

证明　根据定理 11-2 和 11-4，电网络有且仅有 $n-1$ 个单树枝割集，因而（由定理 11-6）给出 $n-1$ 个电流方程。这些方程必定彼此独立，因为每个单树枝割集都含有一条其他割集所没有的树枝。然而多树枝割集也给出电流方程，于是独立的电流方程数有可能超过 $n-1$。为了证明只有 $n-1$ 个独立的电流方程，必须（且只需）证明所有多树枝割集的方程都可由单树枝割集的方程导出。证明如下。

设所论多树枝割集有 t 条树枝和 l 条连枝，则它给出的电流方程可表为

$$\sum_{\mu=1}^{t} I_\mu + \sum_{\nu=1}^{l} i_\nu = 0 , \tag{11-2}$$

其中 I_μ 代表第 μ 条树枝的电流，i_ν 代表第 ν 条连枝的电流。第 μ 条树枝决定的单树枝割集又给出自己的电流方程

$$I_\mu + \sum_{\sigma=1}^{l_\mu} i_{\mu\sigma} = 0 , \quad \mu = 1, 2, \cdots, t, \tag{11-3}$$

其中 $i_{\mu\sigma}$是第 μ 个单树枝割集中的第 σ 条连枝的电流，l_μ 是该割集含有的连枝数。式(11-3)代入式(11-2)给出

$$-\sum_{\mu=1}^{t}\sum_{\sigma=1}^{l_\mu} i_{\mu\sigma} + \sum_{\nu=1}^{l} i_\nu = 0 , \tag{11-4}$$

上式左边的每一项都是连枝电流。合并同连枝项得

$$a_1 i_1 + a_2 i_2 + \cdots + a_{l'} i_{l'} = 0, \ [l'\text{代表式(11-4)涉及的连枝数}] \tag{11-4$'$}$$

其中 $a_1, a_2, \cdots, a_{l'}$是正、负整数或零。如能证明 $a_1 = a_2 = \cdots = a_{l'} = 0$，式(11-4)就归结为恒等式 $0=0$，表明式(11-2)可由式(11-3)导出，而式(11-3)是单树枝割集方程组，所以方程(11-2)可由单树枝割集方程组导出，定理便得证。下面就补证

$$a_1 = a_2 = \cdots = a_{l'} = 0。$$

不失一般性，只需证明 $a_1=0$。用反证法，设 $a_1 \neq 0$，想象地把式(11-4′)涉及的 l'条连枝中除第 1 条外都切断，则 $i_2 = \cdots = i_{l'} = 0$，故式(11-4′)给出 $a_1 i_1 = 0$，由 $a_1 \neq 0$ 便知 $i_1 = 0$。可见，切断除第 1 连枝外的所有 $l'-1$ 条连枝会导致第 1 条连枝的电流为零。然而这是荒谬的，因为第 1 连枝决定着一个单连枝回路（其内原则上可以含电源），其他 $l'-1$ 条连枝的切断不一定会导致第 1 连枝的电流为零。于是定理得证。 □

定理 11-8　每个回路给出一个电压方程（基氏第二方程）。

证明　根据基础篇，每一回路给出一个形如 $\sum I_\mu R_\mu = \sum \mathscr{E}_\mu$ 的基氏第二方程，其来源是静电场的环路定理 $\oint \boldsymbol{E} \cdot \mathrm{d}\boldsymbol{l} = 0$。若以 U_μ 代表这个回路的第 μ 条支路两端的电压，则环路定理体现为形如 $\sum U_\mu = 0$ 的方程（配以每条支路的欧姆定律便得基氏第二方程 $\sum I_\mu R_\mu = \sum \mathscr{E}_\mu$）。所以基氏第二方程亦可表为 $\sum U_\mu = 0$，称为电压方程。 □

一个网络在选定树后可以有很多回路，每个回路都按上述定理给出一个电压方程，但并非所有这些方程都独立。

定理 11-9　n 个节点、b 条支路的电网络有（且仅有）$m \equiv b-(n-1)$ 个独立的电压方程。

证明　支路不是树枝就是连枝，而任一棵树都有 $n-1$ 条树枝，所以必有 $b-(n-1)$ 条连枝。每一连枝决定唯一的单连枝回路（定理 11-5），每个回路有一个电压方程，所以共有 $b-(n-1)$ 个

电压方程。这些方程必定互相独立，因为每个单连枝回路的方程含有一条其他单连枝回路没有的连枝。这就表明至少有 $b-(n-1)$ 个独立的电压方程。然而多连枝回路也给出电压方程，于是独立的电压方程数有可能超过 $b-(n-1)$。为了证明只有 $b-(n-1)$ 个独立的电压方程，必须（且只需）证明所有多连枝回路的方程都可由单连枝回路的方程导出。证明如下。

设所论多连枝回路有 l 条连枝和 t 条树枝，则它的电压方程可表为

$$\sum_{\mu=1}^{l} u_{\mu} + \sum_{\nu=1}^{t} U_{\nu} = 0 \ , \tag{11-5}$$

其中 u_{μ} 代表第 μ 条连枝的电压，U_{ν} 代表第 ν 条树枝的电压，$\sum$ 仍代表特种求和号。第 μ 条连枝决定的单连枝回路又给出自己的电压方程

$$u_{\mu} + \sum_{\sigma=1}^{t_{\mu}} U_{\mu\sigma} = 0 \ , \quad \mu = 1, 2, \cdots, l, \tag{11-6}$$

其中 $U_{\mu\sigma}$ 是第 μ 个单连枝回路中的第 σ 条树枝的电压，t_{μ} 是该回路含有的树枝数。式(11-6)代入式(11-5)给出

$$-\sum_{\mu=1}^{l}\sum_{\sigma=1}^{t_{\mu}} U_{\mu\sigma} + \sum_{\nu=1}^{t} U_{\nu} = 0 \ , \tag{11-7}$$

上式左边的每一项都是树枝电压。合并同树枝项得

$$b_1U_1+b_2U_2+\cdots+b_{t'}U_{t'}=0 \ , \quad [t'\text{代表式(11-7)涉及的树枝数}] \tag{11-7′}$$

其中 $b_1, b_2, \cdots, b_{t'}$ 是正、负整数或零。如能证明 $b_1=b_2=\cdots=b_{t'}=0$，式(11-7)就归结为恒等式 $0=0$，表明式(11-5)可由式(11-6)导出，而式(11-6)是单连枝回路方程组，所以方程(11-5)可由单连枝回路方程组导出，定理便得证。下面就补证

$$b_1=b_2=\cdots=b_{t'}=0 \ 。$$

不失一般性，只需证明 $b_1=0$。用反证法，设 $b_1\neq 0$，以 T_1 代表第1条树枝，想象地把式(11-7′)涉及的 t' 条树枝中除 T_1 外全部短路，则 $U_2=\cdots=U_{t'}=0$，故式(11-7′)给出 $b_1U_1=0$，由 $b_1\neq 0$ 便知 $U_1=0$。可见，短路除 T_1 外的所有 $t'-1$ 条树枝导致 T_1 的电压为零。然而这是荒谬的，因为 T_1 所在的任一回路都含连枝，即使把除 T_1 外的树枝全部短路，T_1 的电压也可不为零。为帮助理解，不妨再以图 11-5 为例，图中的 T_1 所在回路（比如 $N_3N_4N_5N_6N_2N_3$）至少含一条连枝（N_2N_3），它（身为连枝）不会被短路，原则上总可给它配上电动势而不给其他相关支路配电动势，于是将其余相关树枝短路必定导致树枝 T_1 的电压不为零。定理得证。 □

由定理 11-7 和 11-9 立即可得如下结论。

定理 11-10 n 个节点、b 条支路的电网络有（且仅有）b 个独立的基氏方程。

证明 基氏方程包括电流方程和电压方程，由定理 11-7 和 11-9 易见独立的电流和电压方程的总数为 $(n-1)+[b-(n-1)]=b$。 □

专题 12　线性网络理论

本专题导读

（1）讨论了恒压源和恒流源模型的适用范围。

（2）讲授了回路电流法并借此证明了叠加定理。

（3）详述了关于线性二端网络的特色性内容——①外特性的定义和定理；②等效问题及其定义和定理（含替代定理）；③指出串并联公式的普适性需要证明并（利用我们杜撰的定理）给出了简洁证明。

（4）用新方法证明了戴维南定理。

（5）介绍了笔者在三端网络问题上的杜撰性认识，可以用来严格证明星角变换公式。

线性网络理论是工科大学课程“电工基础”的内容。笔者（指梁灿彬）从 20 世纪 60 年代开始自学，逐渐积累起许多个人理解并挖掘出不少自创内容，深感该理论的逻辑体系有完善化和严密化之必要，所以决定撰写本专题。然而，近年来理科大学物理系的电磁学课程只留很少时间讲电路，多数师生对本专题不感兴趣；工科大学师生则可能不喜欢追求逻辑严密性的风格，所以笔者估计本专题很可能落个“两头不讨好”的下场。尽管如此，我们仍认为有必要将本专题收入本书，因为这样至少可以起到“立此存照”的作用，让少数感兴趣的来者知道原来还有人曾经如此这般地对有关问题做过自创性的研究。

线性网络理论的定理和方法很多，我们只选择其中一部分详加介绍，选择的条件是：①本身很重要的；②其他文献根本没有或者是证明不够严格的。未被选入的定理和方法见其他文献，例如《电工基础》一类的教材。

§12.1　引　言

在实际问题中，需要关心的往往只是电网络中某一支路的电流，为求得这一电流而求解一大堆基氏方程实属事倍功半。例如，假定图 12-1 中所有电动势及电阻皆已知而欲求电流 I。按图中的虚线方框把整个电路分成 N_1 和 N_2 两部分，两者之间由两根导线连接。把 N_1 和 N_2 看成两个整体并关心它们各自的外部特性（定义详见 §12.5），在保持外特性的前提下对它们尽量简化，便可方便地求得 I。电路中任意划出的、有两个引出端的部分称为一个**二端网络**，图12-1的 N_1 和 N_2 就是两个二端网络。此外还有三端网络和四端网络，不过四端网络理论已超出本书范围。为了叙述方便，我们也把没有引出端的连通网络（例如图 12-1）称为**零端网络**，专题 11（网络拓扑学）的主要研究对象就是零端网络。根据内部是否包含电源又可把二端网络分成**无源二**

端网络和**有源二端网络**①。由线性元件组成的网络称为**线性网络**，我们只讨论线性网络。今后不加声明时提到的网络都指线性网络。虽然本专题只讨论直流网络，但其中绝大部分内容略加修改后也适用于交流网络。

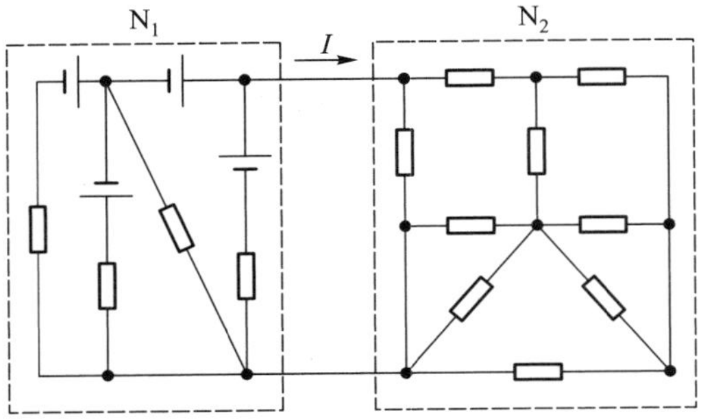

图 12-1 有源二端网络 N_1 和无源二端网络 N_2

二端网络与外界发生关系的物理量有两个：(1) 网络两端之间的电压，称为**二端网络的电压**；(2) 从一端流进(或流出)的电流，称为**二端网络的电流**。(由恒定条件可知二端网络两条引出线上的电流必然是一进一出，而且进出数值相等，所以只有一个电流。)掌握住一个二端网络的电压与电流之间的关系，便掌握了这个二端网络的外部特性(详见 §12.5)。

§12.2 恒压源和恒流源

先讨论最简单的情况。在图 12-2 中，流过电源的电流 I 和电源的端压 U 分别为

$$I=\frac{\mathscr{E}}{R_{内}+R},\qquad U=\frac{R\mathscr{E}}{R_{内}+R}。\tag{12-1}$$

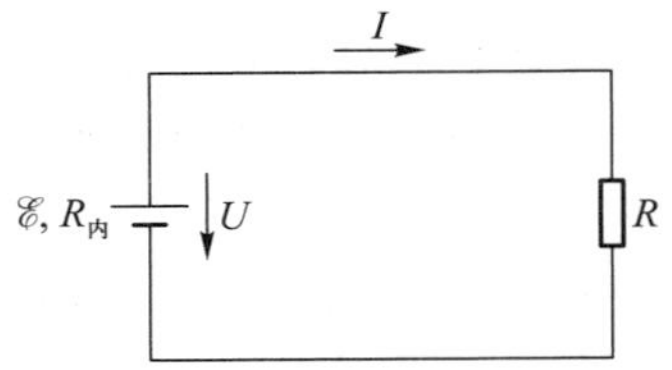

图 12-2 式(12-1)用图

若 $R_{内} \ll R$，则 $U\approx\mathscr{E}$；若 $R_{内} \gg R$，则 $I\approx\mathscr{E}/R_{内}$。这是两种极端情况。在第一种情况下，无论负载电阻 R 为何值(只要满足 $R_{内} \ll R$)，电源的端压 U 都近似一样(等于 $\mathscr{E}$)；在第二种情况下，无论 R 为何值(只要满足 $R_{内} \gg R$)，电源的输出电流 I 都近似一样(等于 $\mathscr{E}/R_{内}$)。受此启发，人们引入两种理想模型——**恒压源**和**恒流源**。前面常用的无内阻电源其实就是恒压源。真实的电源要用两个参数表征，可记作($\mathscr{E}$, $R_{内}$)，恒压源和恒流源则只有一个参数，对前者是电压 U，对后者是电流 I。恒压源和恒流源的符号在各书中不很统一，本书用电池符号代表恒压源，旁边注 U 代表其电压参数[图 12-3(a)]；用含箭头的圆圈代表恒流源，旁边注 I 代表其电流参数[图 12-3(b)]。U 和 I 都是代数量，电池符号的正负极只代表假定的极性(只当 $U>0$ 时才与真实极性相同)，圆圈内的箭头则代表 I 的正方向。

① 设某个二端网络内部含有若干个电源，但它们的效应在某种意义上抵消，致使网络开路时两端电压为零，我们也常把它归结为无源二端网络。

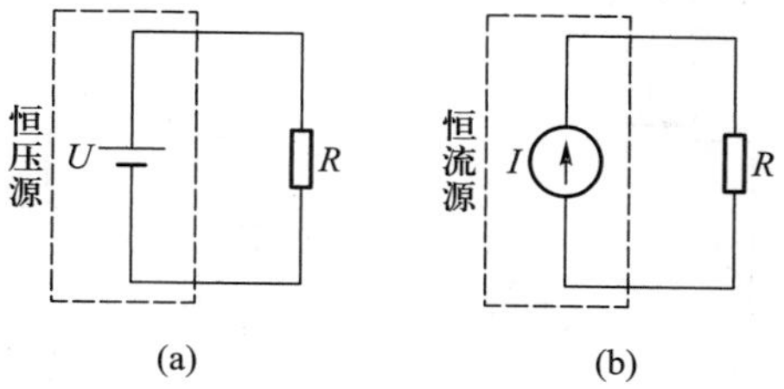

图 12-3 恒压源(a)和恒流源(b)

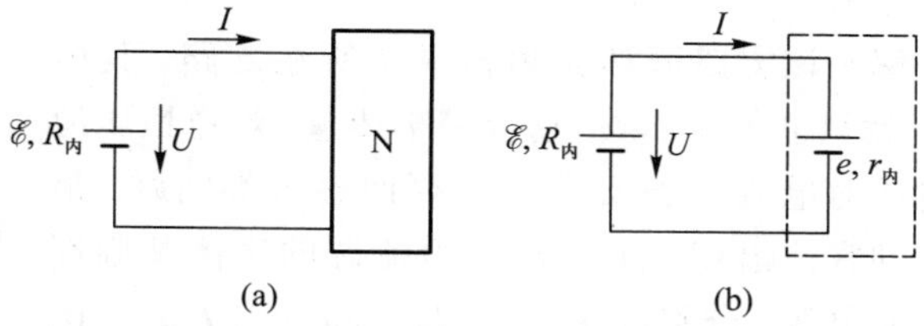

图 12-4 N 为任意二端网络时恒压(流)源的条件

甲 图 12-2 只是最简单的情况——用真实电源给外电阻 R 供电。然而，如果把外电阻改为最一般的二端网络 N[图 12-4(a)]，恒压源条件 $R_{内} \ll R$ 和恒流源条件 $R_{内} \gg R$ 中的 R 已经意义不明，这时恒压(流)源又应如何定义？

乙 问得好。这时恒压(流)源的条件既涉及电源的内阻又涉及 N 的内部参数。

甲 然而 N 的内部参数太任意了，怎么在恒压(流)源的条件中表达？

乙 克服困难的办法是利用戴维南定理(见基础篇 §4.6 定理 3)，该定理说任意二端网络 N 都可用一个电源(e, $r_{内}$)代替，其中 e 等于 N 的开路电压，$r_{内}$ 等于 N 的除源电阻。于是图 12-4(a)可改画成图 12-4(b)，这时的电流和电压为

$$I=\frac{\mathscr{E}-e}{R_{内}+r_{内}}, \qquad U=\frac{r_{内}\mathscr{E}+R_{内}e}{R_{内}+r_{内}}。 \tag{12-2}$$

当 $R_{内} \gg r_{内}$ 而且 $|\mathscr{E}| \gg |e|$ 时有 $I \approx \frac{\mathscr{E}}{R_{内}}$(常数)，故($\mathscr{E}$, $R_{内}$)可看作恒流源；当 $R_{内} \ll r_{内}$ 而且 $|\mathscr{E}|$与$|e|$相比不太小(以保证 $r_{内}|\mathscr{E}| \gg R_{内}|e|$)时有 $U \approx \mathscr{E}$(常数)，故($\mathscr{E}$, $R_{内}$)可看作恒压源。

任何模型都有其适用范围，恒压源和恒流源也不例外。一旦把模型用到适用范围以外就会出问题，甚至导致谬误。下面仅举两例。

例 1 用导线连接恒压源 U 两端构成一个单支路回路[图 12-5(a)]，求支路电流 I。

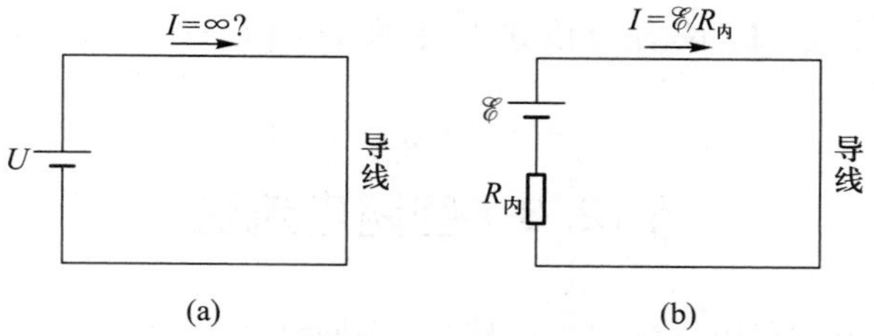

图 12-5 例 1 用图

解 如果坚持用恒压源模型，则全支路无电阻，电流 I 为无限大。这当然是谬误。问题出在把恒压源模型用出了适用范围。恒压源是真实电源的简化模型，只当电源内阻 $R_{内}$ 很小于外电路的电阻 $R_{外}$ 时才适用。而现在的 $R_{外}=0$(这当然也用了“理想导线”模型)，所以 $R_{内} \ll R_{外}$ 肯定不被满足。这时必须放弃模型而还其客体的本来面目，即认为图 12-5(a)的电源是有内阻的真实电源($\mathscr{E}$, $R_{内}$)[图 12-5(b)]，由此求得支路电流 $I \approx \mathscr{E}/R_{内}$。 ■

例 2 用导线把恒压源 $U(>0)$与恒流源 $I(>0)$逆接成一个单支路回路[图 12-6(a)]，求支

路电流 I_1。

解　该支路既然是恒流源 I 所在支路，其电流 I_1 就只能等于 I。但这会带来迷惑：难道恒压源的电压对电流 I_1 毫无影响？要回答这类问题，最好回到客体语言。恒压源和恒流源的客体基础都是真实电源，分别记作($\mathscr{E}_1$, $R_{内1}$)和($\mathscr{E}_2$, $R_{内2}$)[图 12-6(b)]，这时有

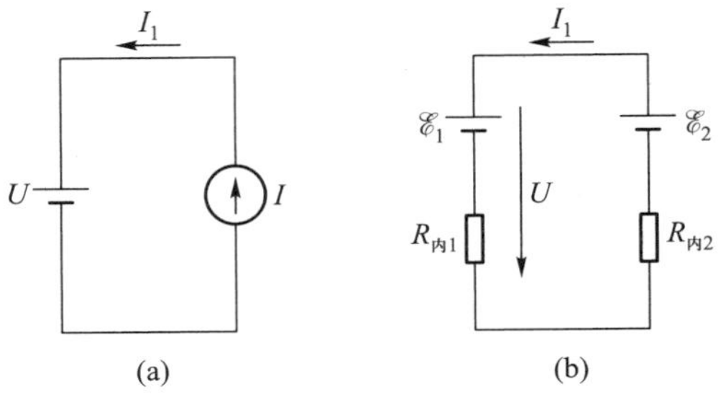

图 12-6　例 2 用图

$$\text{(a)}\ I_1=\frac{\mathscr{E}_2-\mathscr{E}_1}{R_{内1}+R_{内2}},\qquad \text{(b)}\ U=\frac{R_{内2}\mathscr{E}_1+R_{内1}\mathscr{E}_2}{R_{内1}+R_{内2}}。\tag{12-3}$$

把式(12-2)后面的结论用于现在的情况便知，当

$$R_{内1}\ll R_{内2}\quad 而且\quad R_{内2}\mathscr{E}_1\gg R_{内1}\mathscr{E}_2 \tag{12-4}$$

时可把($\mathscr{E}_1$, $R_{内1}$)视为恒压源；当

$$R_{内1}\ll R_{内2}\quad 而且\quad \mathscr{E}_1\ll \mathscr{E}_2 \tag{12-5}$$

时可把($\mathscr{E}_2$, $R_{内2}$)视为恒流源。如果式(12-4)和(12-5)都满足，就可把($\mathscr{E}_1$, $R_{内1}$)和($\mathscr{E}_2$, $R_{内2}$)分别看作恒压源和恒流源，此即图 12-6(a)的客体基础。对图 12-6(a)所提的各种问题都可从式(12-3)出发回答。下面的具体例子对你可能有帮助：设 $\mathscr{E}_1=1$(V)，$\mathscr{E}_2=100$(V)，$R_{内1}=1(\Omega)$，$R_{内2}=10^4(\Omega)$，就有

$$I_1=\frac{100-1}{1+10^4}\approx 9.9\times10^{-3}(\text{即 }9.9\text{ mA}),\qquad U=\frac{10^4+10^2}{1+10^4}\approx 1.01(\text{V}),$$

故($\mathscr{E}_1$, $R_{内1}$)和($\mathscr{E}_2$, $R_{内2}$)的确可以在较高精确度下被分别看作恒压源和恒流源，其电压和电流参数分别为 1 V 和 10 mA。■

注 1　恒压源和恒流源统称**理想电源**。鉴于理想电源的特殊表现，本专题在讲述定义和定理时原则上只针对没有理想电源的情况，必要时在适当之处再讨论这些定义和定理对恒压源和恒流源是否适用的问题。

注 2　学习以下各节之前，读者应该先对专题 11(网络拓扑学)的基本概念和定理有所了解。

§12.3　回路电流法

读者早已熟悉用基氏方程组求解线性电路(零端网络)的方法。采用此法时，待解的独立方程数等于网络的支路数。本节介绍的回路电流法不但可以减少待解方程数，省时省力，而且还有其他用处(见以下若干节)。

为讲解回路电流法，先看一个例子。图 12-7 的节点数 $n=3$，支路数 $b=5$，故独立节点数为 $n-1=2$，独立回路数为 $m\equiv b-(n-1)=3$。若用基氏方程组解题，要列出 2 个电流方程，3 个电压方程，然后联立解出 5 个支路电流 I_1, I_2, I_3, I_4, I_5。但如果改用下面要讲的回路电流法，却只需联立求解 3 个方程。

先对图 12-7 的网络选一棵树，如图 12-8。对上方的两个节点可列出两个独立的电流

方程：

$$I_4=I_1-I_2,\tag{12-6a}$$

$$I_5=I_2+I_3,\tag{12-6b}$$

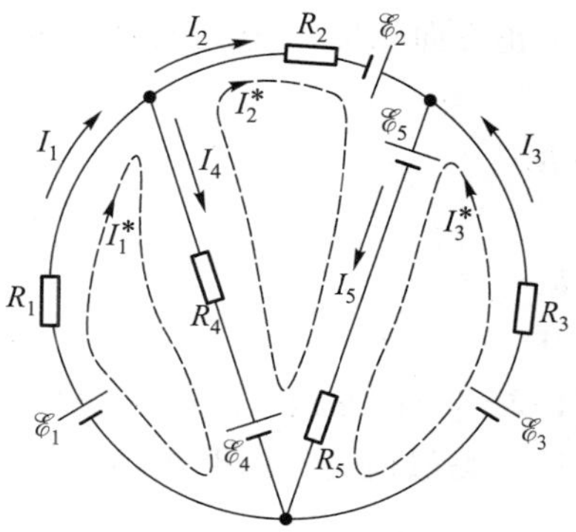

图 12-7 回路电流法入门图

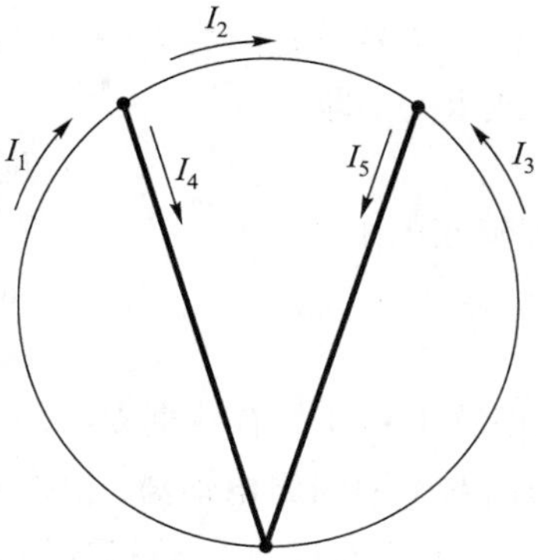

图 12-8 选树示意，粗线代表树枝

再对单连枝回路列出电压方程。列方程时，凡遇到 I_4 就换为 I_1-I_2，遇到 I_5 就换为 I_2+I_3，这样就使电压方程中的电流只出现 I_1，I_2，I_3，未知数便从 5 个减为 3 个，它们必须满足的方程（单连枝回路方程）也恰好为 3 个，便可解出 I_1，I_2，I_3。对图 12-8 的树而言，这 3 个单连枝回路方程为

$$\mathscr{E}_1-\mathscr{E}_4=I_1R_1+(I_1-I_2)R_4\ ,\tag{12-7a}$$

$$\mathscr{E}_2+\mathscr{E}_4-\mathscr{E}_5=I_2R_2+(I_2+I_3)R_5-(I_1-I_2)R_4\ ,\tag{12-7b}$$

$$\mathscr{E}_3-\mathscr{E}_5=I_3R_3+(I_2+I_3)R_5\ 。\tag{12-7c}$$

5 个支路电流中只有 3 个（即 I_1，I_2，I_3）在以上方程中出现，3 式联立便可解出 I_1，I_2 和 I_3，再代入式（12-6）又可求得 I_4 和 I_5。

以上做法的实质是把注意焦点从 5 个支路电流缩小为其中的 3 个连枝电流，待解的方程数也就从 5 个减为 3 个。为形象起见，不妨这样想象：每个单连枝回路中各有一个闭合电流在流动，称为**回路电流**，依次记作 I_1^*，I_2^*，I_3^*（见图 12-7），分别等于该回路所在连枝的支路电流 I_1，I_2，I_3。就是说，每一连枝只有一个回路电流流过，所以支路电流等于回路电流（$I_1^*=I_1$，$I_2^*=I_2$，$I_3^*=I_3$）。然而，每条树枝可能有不止一个回路电流流过（例如图 12-7 的树枝 4），于是树枝电流就等于若干个回路电流的代数和（例如 $I_4=I_1^*-I_2^*$）。应该强调，每条支路只有一个支路电流，引入回路电流的概念只是一种便于计算的等效方法。

把式（12-7）重新整理并用 I_1^*，I_2^*，I_3^* 依次代替 I_1，I_2，I_3 得

$$\mathscr{E}_1-\mathscr{E}_4=(R_1+R_4)I_1^*-R_4I_2^*+0\times I_3^*\ ,\tag{12-8a}$$

$$\mathscr{E}_2+\mathscr{E}_4-\mathscr{E}_5=-R_4I_1^*+(R_2+R_4+R_5)I_2^*+R_5I_3^*\ ,\tag{12-8b}$$

$$\mathscr{E}_3-\mathscr{E}_5=0\times I_1^*+R_5I_2^*+(R_3+R_5)I_3^*\ 。\tag{12-8c}$$

式（12-8a）中 I_1^* 的系数 R_1+R_4 是回路 1 中各支路的电阻之和，称为回路 1 的**自电阻**，记作 R_{11}，即

$$R_{11}\equiv R_1+R_4\ 。\tag{12-9a}$$

类似地，式（12-8b）中 I_2^* 的系数 $R_2+R_4+R_5$ 称为回路 2 的自电阻，记作 R_{22}，同法还可定义回路

3 的自电阻 R_{33}，即

$$R_{22} \equiv R_2+R_4+R_5 \ , \tag{12-9b}$$

$$R_{33} \equiv R_3+R_5 \ 。 \tag{12-9c}$$

此外，式(12-8a)中 I_2^* 的系数与式(12-8b)中 I_1^* 的系数相等，都等于回路 1 和 2 的共享支路(树枝)的电阻(加负号只是因为 I_1^* 和 I_2^* 在此支路上正方向相反)，称为回路 1 和 2 之间的**互电阻**，记作 R_{12}(或 R_{21})，即

$$R_{12}=R_{21} \equiv -R_4 \ , \tag{12-10a}$$

类似地不难理解互电阻

$$R_{23}=R_{32} \equiv R_5 \ , \tag{12-10b}$$

$$R_{13}=R_{31} \equiv 0 \ 。 \tag{12-10c}$$

(第二式表明回路 1 和 3 没有共享支路。) 最后，式(12-8a)的左边 $\mathscr{E}_1-\mathscr{E}_4$是回路 1 内电动势的代数和，称为回路 1 的**回路电动势**，记作 $\mathscr{E}_1^* \equiv \mathscr{E}_1-\mathscr{E}_4$。类似地还有回路电动势 $\mathscr{E}_2^* \equiv \mathscr{E}_2+\mathscr{E}_4-\mathscr{E}_5$ 和 $\mathscr{E}_3^* \equiv \mathscr{E}_3-\mathscr{E}_5$。于是方程(12-8)可改写为

$$R_{11}I_1^* +R_{12}I_2^* +R_{13}I_3^* =\mathscr{E}_1^* \ , \tag{12-11a}$$

$$R_{21}I_1^* +R_{22}I_2^* +R_{23}I_3^* =\mathscr{E}_2^* \ , \tag{12-11b}$$

$$R_{31}I_1^* +R_{32}I_2^* +R_{33}I_3^* =\mathscr{E}_3^* \ 。 \tag{12-11c}$$

设各支路电阻及电动势皆为已知，则上式是关于 3 个未知数 I_1^*，I_2^*，I_3^* 的 3 个线性代数方程，有唯一解。

以上只是特例，其中节点数 $n=3$，支路数 $b=5$，因而单连枝回路数(独立回路数) $m=5-(3-1)=3$。推广到一般情况，设独立回路数为 m，便有关于 m 个回路电流 I_1^*，…，I_m^* 的 m 个线性代数方程

$$\begin{cases} R_{11}I_1^* +R_{12}I_2^* +\cdots +R_{1m}I_m^* =\mathscr{E}_1^* \ , \\ R_{21}I_1^* +R_{22}I_2^* +\cdots +R_{2m}I_m^* =\mathscr{E}_2^* \ , \\ \cdots\cdots\cdots\cdots \\ R_{m1}I_1^* +R_{m2}I_2^* +\cdots +R_{mm}I_m^* =\mathscr{E}_m^* \ , \end{cases} \tag{12-12}$$

也可更精炼地表达为

$$\sum_{j=1}^{m} R_{ij}I_j^* =\mathscr{E}_i^* , \quad i=1,2,\cdots,m, \tag{12-12'}$$

其中 R_{ii}是第 i 个回路的自电阻，等于该回路中所有支路电阻之和，$R_{ij}=R_{ji}$是第 i,j 回路之间的互电阻，大小等于第 i,j 回路的共享支路的电阻，I_i^* 与 I_j^* 的正方向相同时为正，否则为负。用这 m 个回路电流便可表出全部(b 个)支路电流。

[选读 12-1]

甲 用基氏方程解题时，设零端网络有 b 条支路，就要联立求解 b 个独立的线性方程。改用回路电流法后，只需对 $m<b$ 个未知数(回路电流)求解 m 个线性方程。但是，这 m 个方程一定独立吗？如果不独立，就无法解出唯一的回路电流，问题就大了。

乙 一定独立，证明很简单。根据线性代数，线性方程组的独立性等价于它有非零的系数行列式 Δ。专题 11 已经证明基氏方程组的独立性，所以其系数行列式 $\Delta_{基} \neq 0$。对回路电流法，

回路方程组的系数矩阵无非是对基氏方程组的系数矩阵做初等变换的结果，而初等变换不改变矩阵的秩，所以 $\Delta_{基}\neq 0$ 保证 $\Delta_{回}\neq 0$（$\Delta_{回}$ 代表回路电流方程组的系数矩阵）。

［**选读 12-1 完**］

［**选读 12-2**］

甲 虽然直观看来把式(12-11)推广到一般情况应该得到式(12-12)，但我觉得最好把道理讲得更清楚。特别是，为什么 R_{ij} 总等于 R_{ji}？

乙 好的。先看式(12-7a)，它无非是两步操作的结果，第一步是对回路 1 列出基氏第二方程

$$\mathscr{E}_1-\mathscr{E}_4=I_1R_1+I_4R_4\ , \tag{12-13}$$

第二步是把基氏第一方程 $I_4=I_1-I_2$ 代入上式。I_4 的第一分量 I_1 乘以 R_4 再与原式本来就有的 I_1R_1 合并便得 $I_1(R_1+R_4)$，可改写为 $(R_1+R_4)I_1^*$，其中 R_1+R_4 是回路 1 中各支路电阻之和，这就是“自电阻”$R_{11}\equiv R_1+R_4$ 的成因。如果回路 1 含有不止两条支路，不难相信每条支路的电流都含有 I_1^* 这个分量，因此在最后的回路 1 方程中 I_1^* 项的系数必为回路 1 中各支路电阻之和。

甲 自电阻是清楚了，互电阻呢？

乙 这就涉及 I_4 的第二分量 $-I_2$ 了。$-I_2$ 乘以 R_4 就成为式(12-8a)右边的 $-R_4I_2^*$，这就是“互电阻”$R_{12}=-R_4$ 的来源（负号是因为 I_1^* 与 I_2^* 在 R_4 所在支路上正方向相反）。

甲 那么为什么有 $R_{21}=R_{12}$？

乙 支路 4 是回路 1 和 2 的共享支路，其电流 $I_4=I_1^*-I_2^*$。刚才把支路 4 看作回路 1 的一条支路，故把分量 I_1^* 和 I_2^* 分别看作“自电流”和“互电流”；现在把支路 4 看作回路 2 的一条支路，I_1^* 和 I_2^* 的角色就要交换，就应把 I_1^* 和 I_2^* 分别看作“互电流”和“自电流”，于是 I_1^* 在回路 2 的方程中贡献的 $-R_4I_1^*$ 项的系数 $-R_4$ 自然就成为互电阻 R_{21}，所以一定有 $R_{12}=R_{21}\equiv -R_4$。

［**选读 12-2 完**］

§12.4 叠加定理

叠加定理 零端网络中每一支路的电流等于每个电源单独存在时该支路的电流之和。

注 3 “每个电源单独存在”是指其他电源都不存在。对真实电源，“不存在”是指其电动势应看作零，但内阻仍留在支路中；对恒压源，“不存在”是指其电压为零（即短路）；对恒流源，“不存在”是指其所在支路开路。

证明 设零端网络的节点数为 n，支路数为 b，则独立回路数 $m=b-(n-1)$。总可这样选树，使所论支路为第 1 连枝，故其支路电流 I_1 等于其所决定的单连枝回路的回路电流 I_1^*。写出所有（m 个）单连枝回路的回路电流方程

$$\begin{aligned}&R_{11}I_1^*+R_{12}I_2^*+\cdots+R_{1m}I_m^*=\mathscr{E}_1^*\ ,\\&\cdots\cdots\cdots\cdots\\&R_{m1}I_1^*+R_{m2}I_2^*+\cdots+R_{mm}I_m^*=\mathscr{E}_m^*\ ,\end{aligned} \tag{12-14}$$

由线性代数方程的求解方法可得

$$I_1 = I_1^* = \frac{\Delta_1}{\Delta_{回}}, \tag{12-15}$$

其中

$$\Delta_{回} \equiv \begin{vmatrix} R_{11} & R_{12} & \cdots & R_{1m} \\ \vdots & \vdots & & \vdots \\ R_{m1} & R_{m2} & \cdots & R_{mm} \end{vmatrix} \neq 0 \tag{12-16}$$

是回路电流方程组(12-14)的系数行列式($\Delta_{回} \neq 0$ 的理由已详于选读 12-1),

$$\Delta_1 \equiv \begin{vmatrix} \mathscr{E}_1^* & R_{12} & \cdots & R_{1m} \\ \vdots & \vdots & & \vdots \\ \mathscr{E}_m^* & R_{m2} & \cdots & R_{mm} \end{vmatrix} = \mathscr{E}_1^* \Delta_{11} + \mathscr{E}_2^* \Delta_{12} + \cdots + \mathscr{E}_m^* \Delta_{1m}, \tag{12-17}$$

上式右边的 $\Delta_{1j}(j=1, \cdots, m)$ 代表 Δ_1 的 1 列 j 行元素的代数余子式。代入式(12-15)便得

$$I_1 = \frac{\Delta_{11}}{\Delta_{回}}\mathscr{E}_1^* + \frac{\Delta_{12}}{\Delta_{回}}\mathscr{E}_2^* + \cdots + \frac{\Delta_{1m}}{\Delta_{回}}\mathscr{E}_m^*。 \tag{12-18}$$

由上式立即可知,支路电流 I_1 等于每个回路电动势单独存在时该支路的电流之和。这也是一种叠加定理,也很有用。但是我们更关心的是本书所讲的叠加定理的结论:支路电流 I_1 等于每个电源(而不是指回路电动势)单独存在时该支路的电流之和。为便于理解下面的一般性证明,先看图 12-7 的特例,这时 $b=5$,$m=3$,故上式具体化为

$$I_1 = \frac{\Delta_{11}}{\Delta_{回}}\mathscr{E}_1^* + \frac{\Delta_{12}}{\Delta_{回}}\mathscr{E}_2^* + \frac{\Delta_{13}}{\Delta_{回}}\mathscr{E}_3^*, \tag{12-19}$$

其中

$$\mathscr{E}_1^* = \mathscr{E}_1 - \mathscr{E}_4, \qquad \mathscr{E}_2^* = \mathscr{E}_2 + \mathscr{E}_4 - \mathscr{E}_5, \qquad \mathscr{E}_3^* = \mathscr{E}_3 - \mathscr{E}_5, \tag{12-20}$$

于是

$$I_1 = \left(\frac{\Delta_{11}}{\Delta_{回}}\mathscr{E}_1 + \frac{\Delta_{12}}{\Delta_{回}}\mathscr{E}_2 + \frac{\Delta_{13}}{\Delta_{回}}\mathscr{E}_3\right) + \left[\left(\frac{\Delta_{12}}{\Delta_{回}} - \frac{\Delta_{11}}{\Delta_{回}}\right)\mathscr{E}_4 - \left(\frac{\Delta_{12}}{\Delta_{回}} + \frac{\Delta_{13}}{\Delta_{回}}\right)\mathscr{E}_5\right]。 \tag{12-21}$$

图 12-7 共有 5 条支路,前 3 条为连枝,后两条为树枝。现在回到最一般的证明(读者不妨以上述特例协助想象),这时先要区分两类指标:

① 以 i(或 j)代表连枝(及其决定的回路)的编号,因为共有 m 条连枝,所以

$$i(或\ j) = 1, 2, \cdots, m;$$

② 以 μ(或 ν)代表树枝的编号,因为共有 b 条支路,且已约定前 m 条为连枝,故树枝应从 $m+1$起编号,即

$$\mu(或\ \nu) = m+1, m+2, \cdots, b。$$

不失一般性,设每条支路仅有 1 个电源,依次记作 $\mathscr{E}_1, \cdots, \mathscr{E}_m$;$\mathscr{E}_{m+1}, \cdots, \mathscr{E}_b$,其中前 m 个是连枝电动势;后续的是树枝电动势。式(12-20)可推广为

$$\mathscr{E}_i^* = \mathscr{E}_i + \sum_{\mu=m+1}^{b} \chi_{i\mu}\mathscr{E}_\mu, \quad i = 1, 2, \cdots, m, \tag{12-22}$$

其中

$$\chi_{i\mu} \equiv \begin{cases} 1, & \text{若第 } \mu \text{ 树枝在第 } i \text{ 个单连枝回路上,} \\ 0, & \text{若第 } \mu \text{ 树枝不在第 } i \text{ 个单连枝回路上,} \end{cases}$$

Σ 是特种求和号,“特种”是指每项之间可能写+号也可能写-号,取决于该项的代数量的正方向。于是式(12-18)便可借助于式(12-22)改写为

$$I_1 = \sum_{i=1}^{m} \frac{\Delta_{1i}}{\Delta_{回}} \mathscr{E}_i^* = \sum_{i=1}^{m} \frac{\Delta_{1i}}{\Delta_{回}} \left(\mathscr{E}_i + \sum_{\mu=m+1}^{b} \chi_{i\mu} \mathscr{E}_\mu \right)。 \tag{12-23}$$

以 $I_1^{(j)}$(及 $I_1^{(\nu)}$)代表 $\mathscr{E}_j$(及 $\mathscr{E}_\nu$)单独存在时的 I_1,则由上式得

$$I_1^{(j)} = \frac{\Delta_{1j}}{\Delta_{回}} \mathscr{E}_j, \qquad I_1^{(\nu)} = \sum_{i=1}^{m} \frac{\Delta_{1i}}{\Delta_{回}} \chi_{i\nu} \mathscr{E}_\nu。 \tag{12-24}$$

因此,为了证明本定理,只需证明

$$I_1 = \sum_{j=1}^{m} I_1^{(j)} + \sum_{\nu=m+1}^{b} I_1^{(\nu)}。 \tag{12-25}$$

证明很简单:

$$\begin{aligned} \text{式(12-25)右边} &= \sum_{j=1}^{m} I_1^{(j)} + \sum_{\nu=m+1}^{b} I_1^{(\nu)} = \sum_{j=1}^{m} \frac{\Delta_{1j}}{\Delta_{回}} \mathscr{E}_j + \sum_{\nu=m+1}^{b} \sum_{i=1}^{m} \frac{\Delta_{1i}}{\Delta_{回}} \chi_{i\nu} \mathscr{E}_\nu \\ &= \sum_{i=1}^{m} \frac{\Delta_{1i}}{\Delta_{回}} \mathscr{E}_i + \sum_{i=1}^{m} \frac{\Delta_{1i}}{\Delta_{回}} \sum_{\mu=m+1}^{b} \chi_{i\mu} \mathscr{E}_\mu = \sum_{i=1}^{m} \frac{\Delta_{1i}}{\Delta_{回}} \left(\mathscr{E}_i + \sum_{\mu=m+1}^{b} \chi_{i\mu} \mathscr{E}_\mu \right) \\ &= I_1 = \text{式(12-25)左边。} \end{aligned}$$

[其中第二步用到式(12-24),第五步用到式(12-23)。] 可见式(12-25)成立。以上只讨论了所有电源都是真实电源的情况,在此基础上就不难理解有恒压(流)源的情况。恒压源可看作只有电动势而无内阻的电源,其“不存在”相当于其电动势为零,鉴于其内阻本来就为零,故某恒压源“不存在”就是指其电压为零(被短路)。恒流源可看作内阻无限大(非常大)的电源,其“不存在”相当于它所在的支路为开路。 □

§12.5　二端网络的外特性

设线性二端网络 N 与任意二端网络 $\hat{\text{N}}$ 对接,我们关心 N 的电流 I 与电压 U 的关系。先看 N 的 4 个简单特例。

例 3　设 N 是线性电阻 R(图 12-9),则 I 与 U 有正比关系,考虑到图中所选的正方向,有

$$I = -\frac{U}{R}。 \tag{12-26}$$

例 4　设 N 是真实电源($\mathscr{E}$, $R_内$)(图 12-10),则

$$I = \frac{1}{R_内}(\mathscr{E} - U)。 \tag{12-27}$$

把 I 看作 U 的函数，记作 $I=f(U)$，则无论线性电阻还是电源，其 $I=f(U)$ 都是线性函数①，函数关系 f 可由其内部参数表出(这个“内部参数”对电阻是指 R，对电源是指 $R_{内}$ 和 $\mathscr{E}$)。

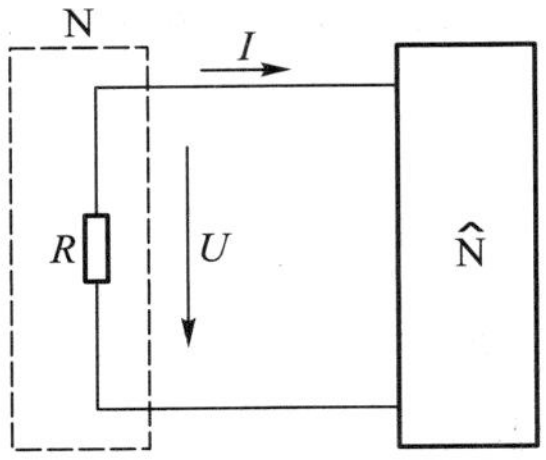

图 12-9 N 为电阻

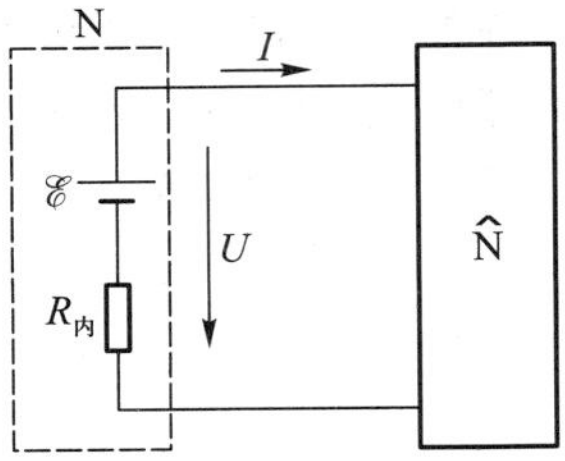

图 12-10 N 为真实电源

例 5 设 N 是恒流源 I_0(图 12-11)，则 N 的电流 $I=I_0=$常数，此式仍可纳入 $I=f(U)$ 的形式，只不过函数关系是常数(当然也是线性函数)。

例 6 设 N 是恒压源 U_0(图 12-12)，则 N 的电压 $U=U_0=$常数，而电流 I 可为任何值(取决于 $\hat{\mathrm{N}}$ 的内部参数)，这时无论如何不能说 I 是 U 的函数(“自变数”U 竟然不能变!)，因而不能纳入 $I=f(U)$ 的形式。

为了更具普适性，不如从一开始就把函数关系 $I=f(U)$ 改写为 $F(I,U)=0$ 的形式，其中 F 代表某个适当的二元函数关系。$F(I,U)=0$ 与 $I=f(U)$ 对于恒压源之外的二端网络都等价，但恒压源则只能用 $F(I,U)=0$ 描述。这个 $F(I,U)=0$ 是二端网络 N 与外界(指 $\hat{\mathrm{N}}$)打交道时表现出来的特性，所以称为二端网络 N 的外特性②。请注意上述 4 例中的 F 都是线性函数关系。这一概念和结论还可推广至任意二端网络。

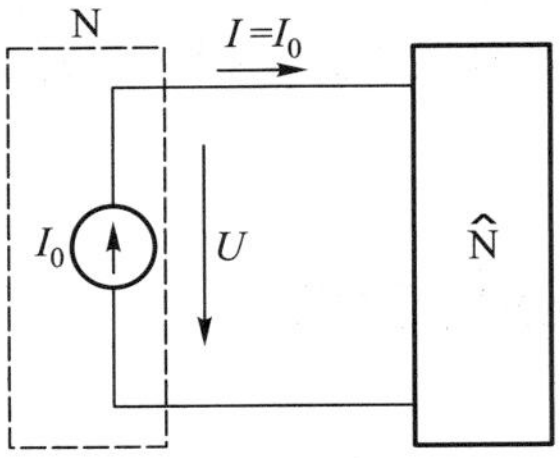

图 12-11 N 为恒流源

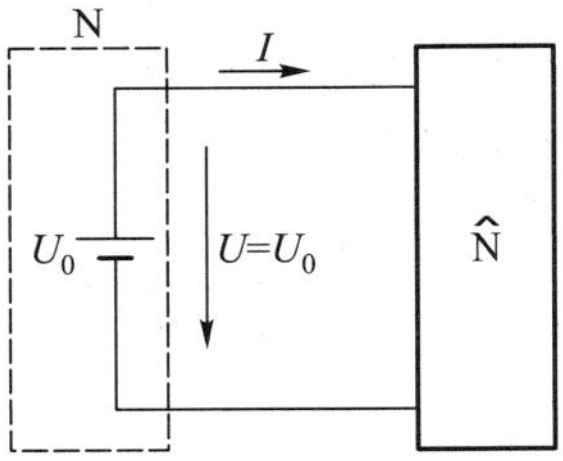

图 12-12 N 为恒压源

定义 12-1 二端网络 N 的电流 I 与电压 U 的关系 $F(I,U)=0$ 称为 N 的**外特性**。

N 的电流 I 和电压 U 当然取决于 N 的工作状态(即取决于 N 与什么二端网络对接)，例如，若 N 处于开路状态(可认为 N 与电阻为无限大的无源二端网络对接)，则其 $I=0$，其 U 等于其开路电压；若 N 处于短路状态(与电阻为零的无源二端网络对接)，则其 $U=0$。然而，重要的是，N 的外特性 $F(I,U)=0$ 却与 N 的工作状态无关，而且具有线性特性，上述 4 例都是例子。对于一

① 但是半导体二极管、真空二极管以及气体导电管等元器件的 $f(U)$ 都不是线性函数。

② 又称**伏安特性**。

般情况，请看如下定理。

定理 12-1 线性二端网络 N 的外特性具有线性特性，就是说，其 $F(I, U)=0$ 可以表为线性方程

$$aI+bU=c\ , \tag{12-28}$$

其中常数 a，b，c 只取决于 N 的内部参数，而且 a 和 b 不全为零。

证明 将 N 与任一线性二端网络 $\hat{\mathrm{N}}$ 对接，如图 12-13。若 N 内无节点，则 N 内只有 1 条支路，由含源支路欧姆定律便知 $aI+bU=c$ 成立，故以下只讨论 N 内有节点的情况。把去掉两条引出线的 N 记作 N^-，它是个零端网络。设 N^- 有 $b-1$ 条支路，其中有 $m-1$ 条连枝。因为电路理论默认至少连接 3 条支路的点才叫**节点**，所以 N^- 的最简情况是有 2 个节点和 2 条支路，如图 12-14。由于 树枝数=节点数-1，即使在最简情况下 N^- 内也必有树枝和连枝，所以下面的一般讨论总有意义。最简情况过于特殊，一般情况又过于抽象，我们以图 12-15 示出一个简繁适宜的情况，读者阅读抽象公式时可借此图协助想象。对图 12-13(具体可看图 12-14 及图 12-15)这样选树并给支路这样编号，使得

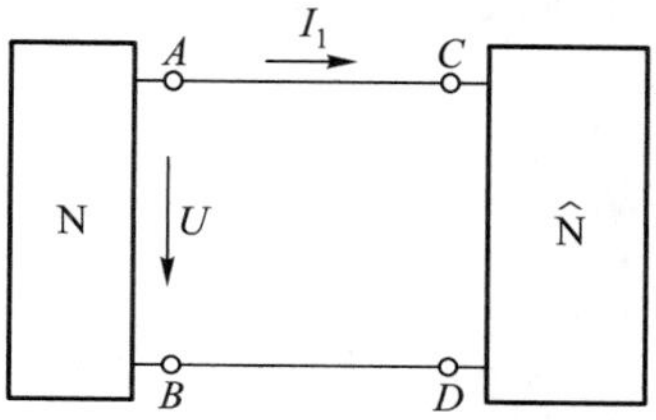

图 12-13 N 与 $\hat{\mathrm{N}}$ 对接

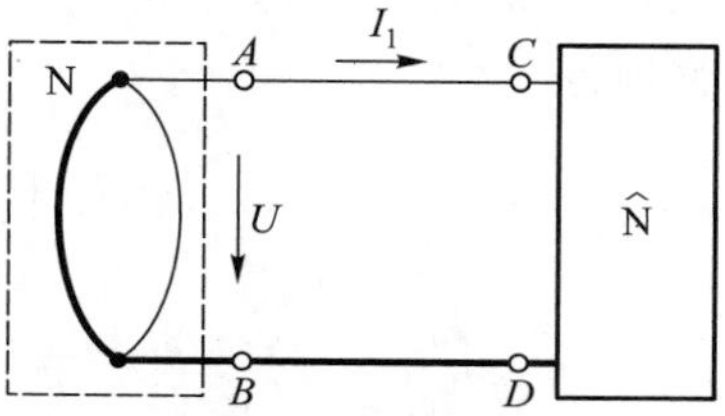

图 12-14 最简情况

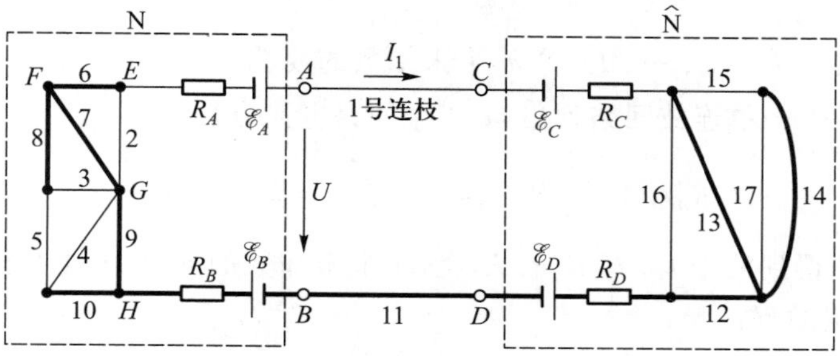

图 12-15 繁简适宜的一种具体情况（其中 $m=5$；$i=2, 3, 4, 5$；$b=10$；$\mu=6, 7, 8, 9, 10$。粗线代表树枝，细线代表连枝。除支路 1 和 11 外的支路都略去电源和电阻。）

(1) 支路 AC 为第 1 号连枝，于是 BD 必为树枝①；

(2) N^- 内的 $m-1$ 条连枝编号为 2, …, m，在抽象公式中以 i, j 代表；

(3) N^- 内的树枝编号为 $m+1$, …, b，在抽象公式中以 μ, ν 代表。

本证明的关键是运用环路定理。为了易懂，先看图 12-15 这一具体例子，对路径 $AEFGHB$

① 除非 $\hat{\mathrm{N}}$ 无节点。当 $\hat{\mathrm{N}}$ 无节点时 AC、BD 同为第 1 连枝，但下文结论不变。

运用环路定理，得

$$U \equiv U_{AB}=U_{AE}+U_{EF}+U_{FG}+U_{GH}+U_{HB}。 \tag{12-29}$$

请注意这一路径所含支路都是树枝（只有从 A 向左的一段是第 1 连枝）。对上式右边每项使用含源支路欧姆定律（例如对第一项有 $U_{AE}=\mathscr{E}_A-I_1R_A$），就得到这样一个公式，其左边是 U，右边是多项之和，每项含有所涉及支路的电动势、电流和电阻。推广到一般情况（图 12-13），就是选一条从 A 经 N 内到 B 的路径（其中除第 1 连枝外都是树枝）并运用环路定理①，便得

$$U=(\mathscr{E}_A+\mathscr{E}_B)-I_1(R_A+R_B)+\sum_{\mu=m+1}^{b}(\pm\chi_{1\mu}\mathscr{E}_\mu)-\sum_{\mu=m+1}^{b}\chi_{1\mu}I_\mu R_\mu, \tag{12-30}$$

其中 I_μ、$\mathscr{E}_\mu$ 和 R_μ 分别是第 μ 条树枝的电流、电动势和电阻（$\mathscr{E}_\mu$ 项的±号取决于 $\mathscr{E}_\mu$ 的正方向），$\chi_{1\mu}$的含义是：若第 μ 条树枝在第 1 单连枝回路（对图 12-15 是指由第 1 连枝及树枝 6，7，9，11，12，13 构成的回路）内，则$\chi_{1\mu}=1$，否则$\chi_{1\mu}=0$。又因为第 μ 条树枝的电流 I_μ 等于所有过此树枝的单连枝回路的回路电流代数和，所以

$$I_\mu=\chi_{1\mu}I_1^*+\sum_{i=2}^{m}(\pm\chi_{i\mu}I_i^*)=\chi_{1\mu}I_1+\sum_{i=2}^{m}(\pm\chi_{i\mu}I_i^*), \tag{12-31}$$

式中的±号取决于第 μ 条树枝上的 I_i^* 与 I_1 的正方向相同还是相反。将式（12-31）代入式（12-30）并整理得

$$AI_1+\sum_{i=2}^{m}A_iI_i^*=B-U, \tag{12-32}$$

其中

$$A\equiv(R_A+R_B)+\sum_{\mu=m+1}^{b}\chi_{1\mu}R_\mu,\qquad A_i\equiv\sum_{\mu=m+1}^{b}(\pm\chi_{1\mu}\chi_{i\mu}R_\mu), \tag{12-33a}$$

$$B\equiv\mathscr{E}_A+\mathscr{E}_B+\sum_{\mu=m+1}^{b}(\pm\chi_{1\mu}\mathscr{E}_\mu)。 \tag{12-33b}$$

式（12-32）是一个关于 I_1，I_2^*，…，I_m^* 等 m 个未知数的线性方程。

再对 N^-内的 $m-1$ 个单连枝回路列出 $m-1$ 个回路电流方程：

$$R_{j1}I_1+\sum_{i=2}^{m}R_{ji}I_i^*=\mathscr{E}_j^*,\quad j=2,\cdots,m, \tag{12-34}$$

与式（12-32）联立便得到关于 I_1，I_2^*，…，I_m^* 等 m 个未知数的 m 个线性方程，由线性代数便可求得这个线性方程组的解：

$$I=\frac{\Delta_1^{\mathrm{N}}}{\Delta^{\mathrm{N}}}, \tag{12-35}$$

其中

$$\Delta^{\mathrm{N}}\equiv\begin{vmatrix}A & A_i\\ R_{j1} & R_{ji}\end{vmatrix},\qquad \Delta_1^{\mathrm{N}}\equiv\begin{vmatrix}B-U & A_i\\ \mathscr{E}_j^* & R_{ji}\end{vmatrix} \tag{12-36}$$

都是 m 行 m 列的行列式（其中 $i,j=2$，…，m）。式（12-35）之所以能让 Δ^{N} 充当分母，是因为可以证明 $\Delta^{\mathrm{N}}\neq0$（见选读 12-3）。

---

① 默认第 1 单连枝回路内的树枝的电流正方向与 I_1 一致。

注意到 A, A_i 及 B 的含义[式(12-33)]，特别地，U 是线性地含于 Δ_1^N 中[见式(12-36)]，便知式(12-35)是一个关于 I_1(等于二端网络 N 的电流 I)和 U(二端网络 N 的电压)的线性方程，而且各个系数均由 N 的内部参数构成。于是 I 与 U 的关系可以写成 $aI+bU=c$ 的形式，其中常数 a, b, c 只取决于 N 的内部参数。 □

[选读 12-3]

现在讨论 A, A_i 及 B 的物理意义。由自电阻的定义可知第 1 个单连枝回路的自电阻

$$R_{11} = R_A + R_B + \sum_{\mu=m+1}^{b} \chi_{1\mu} R_\mu + (R_C + R_D) + \sum_{\mu'} \chi_{1\mu'} R_{\mu'}, \tag{12-37}$$

其中 μ' 代表 $\hat{\mathrm{N}}$ 中的树枝编号。上式右边前三项之和是 R_{11} 在 N 中的部分，不妨记作 R_{11}^N，与式(12-33a)对比发现它就是式中的 A，今后就把 A 改记为 R_{11}^N(以突出其物理意义)。类似地，不难看出式(12-33b)的 B 就是第 1 单连枝回路的回路电动势在 N 中的部分，不妨改记作 $\mathscr{E}_1^{*N}$。最后，读者应能看出式(12-33a)的 A_i 正是第 1 单连枝回路与第 i 单连枝回路之间的互电阻，即 $A_i = R_{1i}$。于是式(12-36)可以意义明确地改写为

$$\Delta^N \equiv \begin{vmatrix} R_{11}^N & R_{1i} \\ R_{j1} & R_{ji} \end{vmatrix}, \quad \Delta_1^N \equiv \begin{vmatrix} \mathscr{E}_1^{*N} - U & R_{1i} \\ \mathscr{E}_j^* & R_{ji} \end{vmatrix}。 \tag{12-38}$$

下面补证 $\Delta^N \neq 0$[否则以 Δ^N 为分母的式(12-35)无意义]。用短路线把图 12-13 的 C, D 两点短接，则二端网络 N 与短路线构成一个零端网络，记作 N′。对 N′按以下要求选树：①N^- 内的树枝、连枝及其编号不变；②短路线所在支路为第 1 连枝。对 N′列出回路电流方程组，其系数行列式记作 $\Delta'_{回}$，则

$$\Delta'_{回} \equiv \begin{vmatrix} R'_{11} & R'_{1i} \\ R'_{j1} & R'_{ji} \end{vmatrix},$$

而且显然有 $\Delta'_{回} \neq 0$(见选读 12-1)。若能证明 $\Delta'_{回} = \Delta^N$，便完成了 $\Delta^N \neq 0$ 的补证。所以现在只需证明 $\Delta'_{回} = \Delta^N$。借用图 12-15 不难看出①$R'_{ji} = R_{ji}$；②$R'_{1i} = R_{1i}$；

$$③\ R'_{11} = R_A + R_B + \sum_{\mu} \chi_{1\mu} R_\mu = R_{11}^N,$$

可见确有 $\Delta'_{回} = \Delta^N$。

[选读 12-3 完]

注 4　上述证明默认 N 内没有理想电源，现在讨论 N 自身就是理想电源的情况。若 N 是恒压源 U_0，则 $U = U_0$，满足 $aI+bU=c$($a=0$, $b=1$, $c=U_0$)；若 N 是恒流源 I_0，则 $I = I_0$，满足 $aI+bU=c$($a=1$, $b=0$, $c=I_0$)。所以，当 N 是理想电源时定理 12-1 也成立。

甲　我有个问题。图 12-11 的 N 既然与 $\hat{\mathrm{N}}$ 对接，它们就有相同的 I 和 U，那么 I 与 U 的函数关系是否也可用 $\hat{\mathrm{N}}$ 的内部参数表出？

乙　当然可以，结论是

$$\hat{a}I + \hat{b}U = \hat{c}\ 。 \tag{12-28′}$$

其中 $\hat{a}$, $\hat{b}$ 和 $\hat{c}$ 只取决于 $\hat{\mathrm{N}}$ 的内部参数。

甲　但一般来说 $\hat{a} \neq a$, $\hat{b} \neq b$, $\hat{c} \neq c$，由式(12-28′)表出的 I 与 U 的函数关系岂非不同于由

式(12-28)表出的 I 与 U 的函数关系?

乙　的确不同,不妨把式(12-28′)的函数关系记作 $\hat{F}(I,U)=0$,它代表二端网络 $\hat{\mathrm{N}}$ 的外特性。两个变数 I 和 U 既满足 N 的外特性[式(12-28)]又满足 $\hat{\mathrm{N}}$ 的外特性[式(12-28′)],两式联立便可解出确定的 I 和 U 值。例如,设 N 为电阻 R,$\hat{\mathrm{N}}$ 为电源($\mathscr{E}$, $R_{内}$)(图 12-16),则 I 和 U 既满足 N 的外特性,即

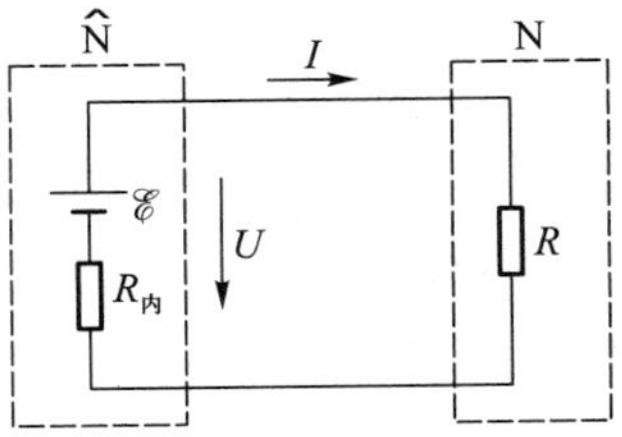

图 12-16　由 N 和 $\hat{\mathrm{N}}$ 的外特性联立解出 I 和 U

$$I=\frac{U}{R}$$

(请注意正方向配合有别于图 12-9),又满足 $\hat{\mathrm{N}}$ 的外特性,即

$$I=\frac{1}{R_{内}}(\mathscr{E}-U),$$

两式联立便可解出

$$I=\frac{\mathscr{E}}{R+R_{内}},\qquad U=\mathscr{E}\frac{R}{R+R_{内}}。$$

玩笑式比喻　以上讨论表明,二端网络 N 与 $\hat{\mathrm{N}}$ 对接时,两者都向对方表现出自己的外特性。这类似于两人谈恋爱时都向对方表现出自己的外在性格。人的外在性格在某种程度上是内在品质的外在流露,与二端网络的外特性取决于内部参数类似。

甲　但也有人谈恋爱时假装出许多内在没有的优点啊。

乙　是的。请注意"二端网络外特性由内部参数决定"的结论也只适用于线性网络,而人却是高度非线性的!所以比喻只能适可而止。

甲　既然二端网络的外特性是线性方程,是否也可用图示法(直线)表示?

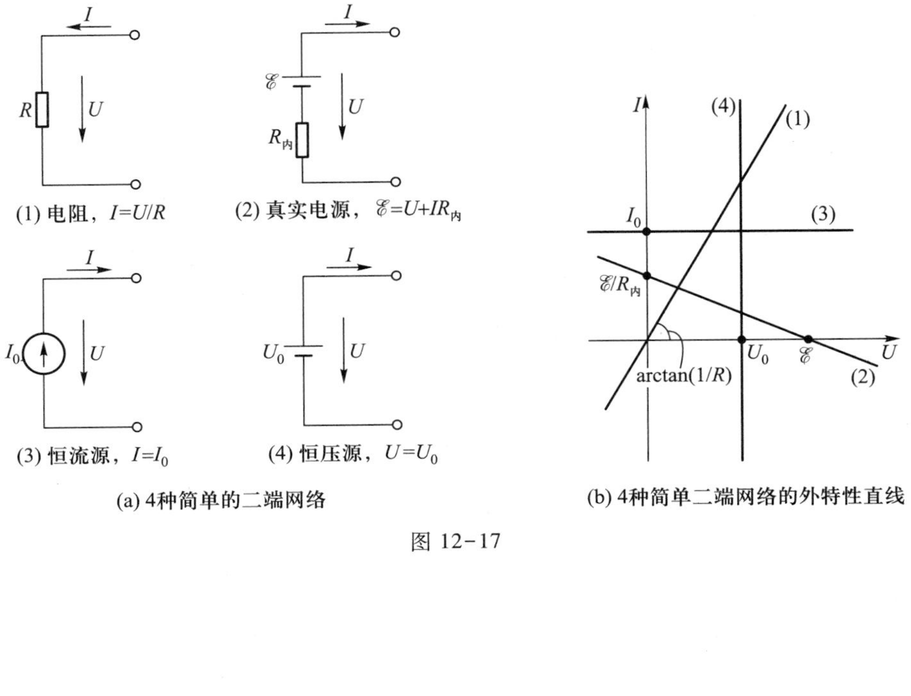

图 12-17

乙　不但可以，而且更为直观。与外特性方程相应的曲线称为**外特性曲线**，线性二端网络的外特性曲线都是直线。图 12-17 给出 4 种简单的二端网络的外特性直线。还有两种非常特别的情况：设所论二端网络是个开关，则它只有两种状态——接通态（短路态）和开断态，不妨称之为**短路电键**和**开路电键**（都是二端网络，分别记作 $N_{短}$ 和 $N_{开}$）。不难看出，$N_{短}$ 相当于电压 $U_0=0$的恒压源，其外特性是与 I 轴重合的直线；$N_{开}$ 相当于电流 $I_0=0$ 的恒流源，其外特性是与 U 轴重合的直线。

外特性反映二端网络的电流 I 与电压 U 的关系，所以还取决于 I 与 U 的正方向。由图 12-17不难总结出至少两个结论：

1. 无源二端网络的外特性直线必过原点。当 I 与 U 的正方向一致时［如图 12-17(a)之(1)］，外特性直线斜率为正（因而位于Ⅰ、Ⅲ象限）；否则外特性直线斜率为负（因而位于Ⅱ、Ⅳ象限）；

2. 对真实电源，外特性直线必然不过原点（因为直线的截距要等于开路电压）。当 I、U、$\mathscr{E}$ 的正方向关系如图 12-17(a)之(2)［即 I、$\mathscr{E}$ 正方向相同，U 与它们相反，所谓的“两同一反”］时，外特性直线的斜率为负（截距为正）。

虽然二端网络 N 的电压 U 和电流 I 取决于 N 与什么二端网络对接，但(U, I)值必定位于它的外特性直线上。就是说，N 的外特性直线的每一点代表 N 的一个允许工作状态，所以我们把线上的每点称为一个**工作点**。当 N 与任一二端网络 $\bar{N}$ 对接时，N 及 $\bar{N}$ 的共同工作点就只能是两者的外特性直线的交点。

甲　万一这两条外特性直线没有交点（两线平行）或有无数交点（两线重合），又怎么办？

乙　不可能出现这两种情况。只要注意到正方向问题并结合刚刚讲过的两点结论，你就不难相信两线必定交于一点。当然也可以从另一角度证明这个结果：N 与 $\bar{N}$ 对接后成为一个零端网络 N_0，把一条对接线看作 N_0 内的一条支路，对 N_0 使用回路电流法，必可求得这条对接线的（唯一的）电流，而按照定义，这个电流正是 $F(U, I)$ 以及 $\bar{F}(U, I)$ 中的那个唯一的共同电流 I。

§12.6　二端网络的等效问题，替代定理

二端网络的等效概念对研究二端网络有非常重要的帮助。先看两个定义。

定义 12-2　设二端网络 N_1 与 N 对接（图 12-18）。如果用二端网络 N_2 替换 N_1 后 N 两端的电流和电压不变，就说 **N_2 与 N_1 关于 N 等效**①。

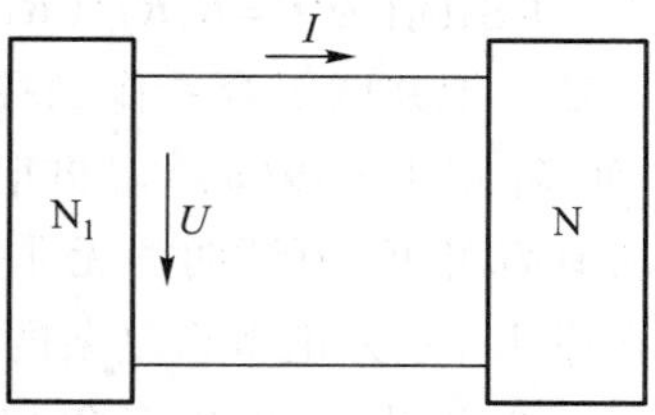

图 12-18　定义 12-2 用图

注 5　只要 N 不是恒流源（包括开路电键 $N_{开}$），也不是恒压源（包括短路电键 $N_{短}$），则由图 12-17(b)可以看出：

N 两端的电流不变⇒N 两端的电压不变；

N 两端的电压不变⇒N 两端的电流不变。

所以定义 12-2 中的“N 两端的电流和电压不变”可简化为“N 两端的电流或电压不变”。

① 若 N 是恒流源（包括开路电键 $N_{开}$），则“N 内各支路电流不变”应改为“N 的电压不变”。

注 6 “N 两端的电流不变”足以保证 N 内各支路的电流不变。证明如下。在定理 12-1 的证明中曾对图 12-13 的 N 列出 $m-1$ 个回路电流方程，即式(12-34)，其中的 I_1 是二端网络 N 的电流。将现在的 N 看作该定理的 N(也设 N 内有 $m-1$ 个单连枝回路)，便得到与式(12-34)完全类似的 $m-1$ 个回路电流方程：

$$R_{j1}I_0+\sum_{i=2}^{m}R_{ji}I_i^*=\mathscr{E}_j^*,\quad j=2,\cdots,m。\tag{12-39}$$

刚才已经证明，无论 N 是与 N_1 还是与 N_2 对接，N 的电流都是 I_0，把 I_0 看作已知数，上式就成为关于 $m-1$ 个回路电流 $I_i^*(i=2,\cdots,m)$ 的 $m-1$ 个线性方程，可以唯一地解出这 $m-1$ 个回路电流，从而唯一地确定 N 内的全部支路电流。证毕。

定义 12-3 如果二端网络 N_1 与 N_2 关于所有二端网络都等效，就说 N_1 **与** N_2 **等效**，并说 N_1 和 N_2 互为对方的**等效二端网络**。

甲 这两个定义似乎在其他书上都未曾见过。有什么用?

乙 本节内容全部是我们杜撰的，非常有用。限于篇幅，此处只举一例。有一个极其简单、众所周知的结论——R_1 与 R_2 的并联阻值是 $R=R_1R_2/(R_1+R_2)$。你知道怎么证明吗?

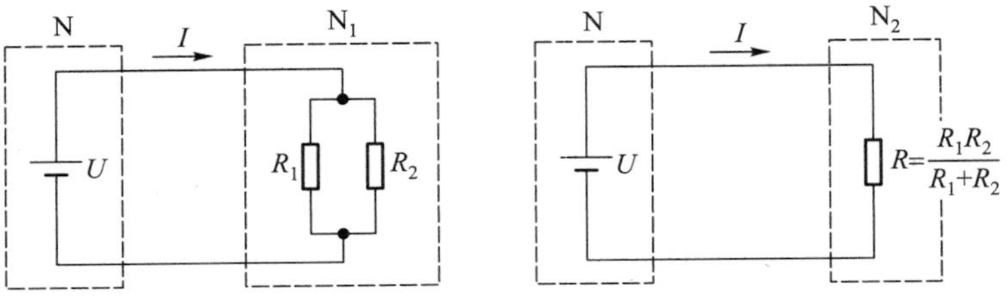

(a) (b)

图 12-19 并联公式的证明

甲 这太容易了，连中学书都有证明。大意是，在 R_1 与 R_2 的并联组合上加电压 U[图 12-19(a)]，容易求得总电流为

$$I=\frac{U}{R_1R_2/(R_1+R_2)},\tag{12-40}$$

可见并联阻值为 $R=R_1R_2/(R_1+R_2)$。难道这还有问题吗?

乙 把并联组合看作二端网络 N_1，两端加电压 U 相当于用恒压源 U(看作二端网络 N)与 N_1 对接[图 12-19(a)]。再把电阻 $R=R_1R_2/(R_1+R_2)$ 看作二端网络 N_2[图 12-19(b)]。你(以及所有教科书)所证明的无非是 N_1 和 N_2 关于 N(即恒压源 U)等效，却并未证明 N_1 与 N_2 等效。但在应用中，无论多么复杂的电路，只要里面有 R_1 与 R_2 的并联组合[例如图 12-20(a)]，谁都敢用一个电阻 $R=R_1R_2/(R_1+R_2)$ 去替换这个并联组合[图 12-20(b)]，即默认替换后其他支路电流不变。我问你，你凭什么敢肯定其他支路电流不变?

甲 现在我不得不承认，为了肯定其他支路电流不变，必须先证明 N_1(并联组合)与 N_2(单个电阻 R)等效，即 N_1 与 N_2 关于任何二端网络都等效。

乙 很好，你是个明白人，你听明白了。可以说，“任何电路中的 R_1，R_2 的并联组合等价于一个电阻 $R=R_1R_2/(R_1+R_2)$”这个结论是一个几乎人人都认为不证自明而其实必须证明的

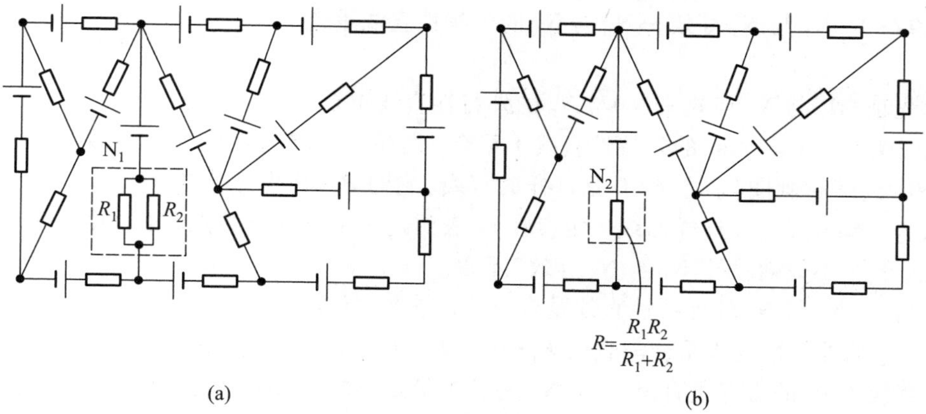

图 12-20　复杂电路中的并联组合

结论。

甲　怎么证明呢？这种一般性很强的结论通常都是较难证明的。

乙　听完下段内容，证明就无比简单。先讲两个定理。

定理 12-2　N_1 与 N_2 关于 N 等效的充要条件是三者的外特性直线交于一点（三线共点）。

注 7　默认 N、N_1 及 N_2 都不是理想电源。当这三者中有理想电源时要针对具体情况做具体分析。

证明

（A）必要性（即：N_1 与 N_2 关于 N 等效⇒三线共点）

以 $F_1(I, U)=0$，$F_2(I, U)=0$ 及 $F(I, U)=0$ 依次代表 N_1，N_2 及 N 的外特性。设直线 $F_1=0$ 与 $F=0$ 交于点(U_1, I_1)，直线 $F_2=0$ 与 $F=0$ 交于点(U_2, I_2)。所谓 N_1 与 N_2 关于 N 等效，就是用 N_2 替换图 12-18 的 N_1 后 N 内电流不变（定义 12-2），而这就要求 $I_1=I_2$，注意到点(U_1, I_1)和(U_2, I_2)都在直线 $F=0$ 上，$I_1=I_2$ 必导致 $U_1=U_2$①，可见三条直线交于同一工作点(U_0, I_0)，其中 $U_0\equiv U_1=U_2$，$I_0\equiv I_1=I_2$（图 12-21）。

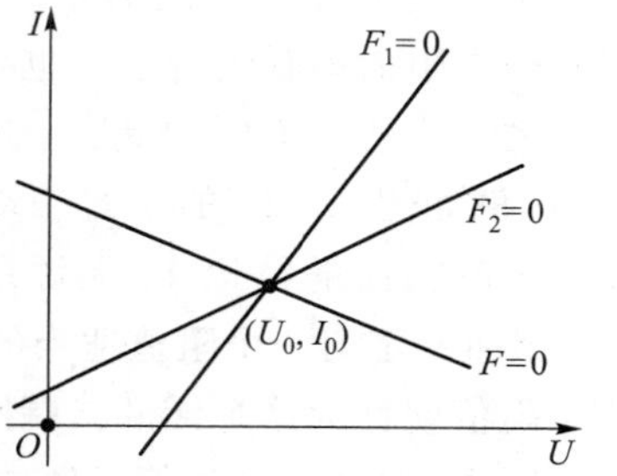

图 12-21　定理 12-2 证明（A）用图

（B）充分性（即：三线共点⇒N_1 与 N_2 关于 N 等效）

三线交于一点［记作(U_0, I_0)］表明：①N_1 与 N 对接时的共同工作点是(U_0, I_0)；②N_2 与 N 对接时的共同工作点也是(U_0, I_0)②。所以，如果用 N_2 替换图 12-18 的 N_1，则 N 的电流和电压仍分别是 I_0 和 U_0，由定义 12-2 便知 N_1 与 N_2 关于 N 等效。□

① 如果 N 是恒流源，则直线 $F=0$ 是水平直线，这时 $I_1=I_2$ 不足以导致 $U_1=U_2$。

② 这句话在 N 及 N_2 都是恒压源时不成立，因为“三线共点”要求 N 及 N_2（作为恒压源）的电压参数相等，设为 U_0，故 $F=0$及 $F_2=0$ 是同一竖直线，“三线共点”只能是 $F_1=0$ 与这条竖直线交于点(U_0, I_0)。一旦用 N_2 替换 N_1，就只剩一条竖直线，“共同工作点”就只能是竖直线上的任一点，不确定。

定理 12-3 N_1 与 N_2 等效 $\Leftrightarrow$ N_1 与 N_2 的外特性直线重合。

证明

(A) 先证"N_1 与 N_2 等效 $\Rightarrow$ N_1 与 N_2 的外特性直线重合"。

用反证法。设 N_1 与 N_2 的外特性直线不重合，则存在点 (U_1, I_1)，它在直线 $F_1=0$ 上而不在直线 $F_2=0$ 上（请自画图）。令 $F=0$ 是这样的直线，它与 $F_1=0$ 线交于点 (U_1, I_1)，与 $F_2=0$ 线交于点 $(U_2, I_2) \neq (U_1, I_1)$（这样的线一定存在），表明这三条直线不共点，于是由定理 12-2 便知 N_1 与 N_2 关于 N 不等效，同"N_1 与 N_2 等效"矛盾。

(B) 再证"N_1 与 N_2 的外特性直线重合 $\Rightarrow$ N_1 与 N_2 等效"。

N_1 与 N_2 的外特性直线重合 $\Rightarrow$ 直线 $F_1=0$ 和 $F_2=0$ 是同一条直线 $\Rightarrow$ 两线与任一二端网络 N 的外特性直线 $F=0$ 的交点重合 $\Rightarrow$ N_1 与 N_2 关于 N 等效 $\Rightarrow$ N_1 与 N_2 等效，其中第三个箭头用到定理 12-2，第四个箭头用到 N 的任意性。 □

有了定理 12-3，刚才遗留的"并联公式的普适性"就极易证明。以 N_1 代表 R_1、R_2 的并联组合，N_2 代表单个电阻 $R=R_1R_2/(R_1+R_2)$，则上述结论等价于 N_1 与 N_2 等效。根据定理 12-3，为证明 N_1 与 N_2 等效只需证明 N_1 与 N_2 有相同的外特性。你（以及所有书）已求得 N_1 的外特性（即 I-U 关系）为式(12-40)，即

$$I=\frac{U}{R_1R_2/(R_1+R_2)},$$

而 N_2[作为一个电阻 $R\equiv R_1R_2/(R_1+R_2)$]的外特性显然是

$$I=\frac{U}{R}=\frac{U}{R_1R_2/(R_1+R_2)},$$

可见 N_1 与 N_2 的确有相同的外特性，因而等效（证毕）。

甲 这个证明如此简单，完全仰仗于上述定理的威力。对两个电阻的串联组合自然也有类似结论吧？

乙 当然。不但如此，上述结论还适用于任何无源二端网络（例如图 12-22 的桥式二端网络 N）。关键在于，根据图 12-17 所在段的结论 1，无源二端网络的外特性直线必过原点，因而一定与一个阻值适当的电阻（也看作二端网络）等效，这个阻值就称为这个无源二端网络的**等效电阻**（或**总电阻**，甚至简称**电阻**）。为了计算无源二端网络的等效电阻，只需求得在它的两个引出端加上电压 U 后的电流 I，两者之比便是等效电阻 R。仍以图 12-22 的桥式二端网络 N 为例，设 5 个电阻的阻值皆为已知，为了求得 N 的等效电阻 R，可以列出个数足够的基氏方程，联立解出电流 I，再令 $R\equiv U/I$，便可求得 R 用 R_1，R_2，R_3，R_4，R_5 的如下表达式：

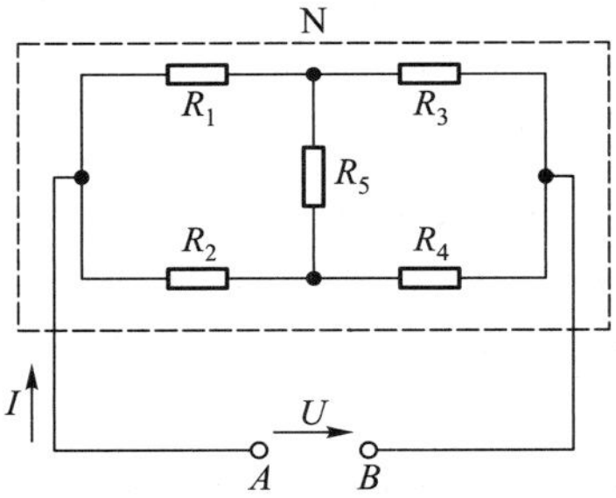

图 12-22 桥式二端网络

$$R=\frac{R_1R_2(R_3+R_4)+R_3R_4(R_1+R_2)+R_5(R_1+R_3)(R_2+R_4)}{(R_1+R_2)(R_3+R_4)+R_5(R_1+R_2+R_3+R_4)}。\tag{12-41}$$

基础篇小节 4.5.3 例 2 就是把给定的 R_1，R_2，R_3，R_4，R_5 的具体数值代入上式后求得的 R 值。

下面再讲一个有用的定理及其推论。

定理 12-4(等效判别定理) 满足下列 3 条件就能保证 N_1 与 N_2 等效：①N_1 与 N_2 关于某个

二端网络 N 等效，②N_1 与 N_2 关于另一个二端网络 $\tilde{N}$ 等效，③N 与 $\tilde{N}$ 关于 N_1 不等效。

证明 设 N，N_1 的外特性直线 $F=0$，$F_1=0$ 交于点 (U_1, I_1)，$\tilde{N}$ 线与 N_1 线交于点 $(\tilde{U}_1, \tilde{I}_1)$（图 12-23），则条件③⇒$(\tilde{U}_1, \tilde{I}_1) \neq (U_1, I_1)$。而条件①⇒ N_1，N_2，N 三线共点，既然 (U_1, I_1) 是 N_1 线与 N 线的交点，N_2 线必过点 (U_1, I_1)。同理，条件②⇒ N_1，N_2，$\tilde{N}$ 三线共点。既然 $(\tilde{U}_1, \tilde{I}_1)$ 是 N_1 线与 $\tilde{N}$ 线的交点，N_2 线也必过点 $(\tilde{U}_1, \tilde{I}_1)$。又因为两点定一直线，所以 N_2 线只能与 N_1 线重合，因而 N_2 与 N_1 等效。 □

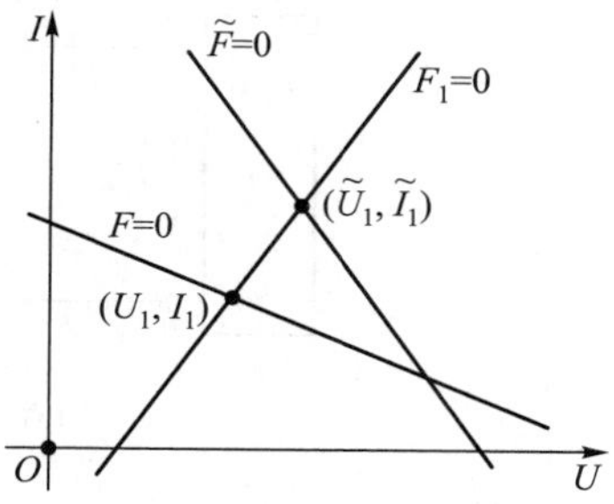

图 12-23 (U_1, I_1) 和 $(\tilde{U}_1, \tilde{I}_1)$ 是 N_1 线的点，只要证明它们也是 N_2 线的点，便知两线重合。

注 8 对 N_1 和 N_2 来说，虽然"关于某个 N 等效"一般而言比"等效"要弱，但定理 12-4 表明，如果 N_1 与 N_2 关于两个适当的二端网络（指定理中的 N 和 $\tilde{N}$）等效，就能保证 N_1 与 N_2 等效。更有甚者，若 N_1 和 N_2 是无源二端网络，则等效的条件还可进一步弱化，从而更好用。请看本定理的如下推论。

定理 12-4 的推论 设 N_1，N_2 是无源二端网络，若存在有源二端网络 N，使得 N_1 与 N_2 关于 N 等效，则 N_1 与 N_2 等效。

证明 首先证明 N_1 与 N_2 关于导线（看作定理 12-4 的二端网络 $\tilde{N}$）等效。这是显然的，因为 N_1 是无源网络，与导线对接后导线电流必为零。把 N_1 换成 N_2（也无源），导线电流仍为零，故 N_1 与 N_2 关于导线（看作二端网络）等效。这一结果与已知条件"N_1 与 N_2 关于有源二端网络 N 等效"相结合，就满足了等效判别定理的条件①和②。下面证明条件③也满足。设 $\tilde{N}$ 与 N_1 对接，因为 N_1 无源，$\tilde{N}$ 为导线，故 N_1 任一支路都无电流。再用 N 替换 $\tilde{N}$，因为 N 有源，N_1 中必然存在电流非零的支路，可见 N 与 $\tilde{N}$ 关于 N_1 不等效，条件③因而被满足。于是，由等效判别定理便知 N_1 与 N_2 等效。 □

利用这个推论也可（从另一角度）证明"并联公式的普适性"。图 12-20 的 N_1 和 N_2 都是无源二端网络，既然你已经证明 N_1 与 N_2 关于有源二端网络 N（指恒压源 U）等效，根据上述推论，N_1 与 N_2 就等效，于是在任何复杂电路中的 N_1（R_1 与 R_2 的并联组合）都可用 N_2[电阻 $R=R_1R_2/(R_1+R_2)$]替换，未换部分任何支路的电流都不会由此带来改变。

定理 12-5（替代定理） 设零端网络中某个二端网络 N 的电压为 U_{AB}[图 12-24(a)]，以电压为 $U_0=U_{AB}$ 的恒压源方向适当地替换 N[图 12-24(b)]，则未换部分（指图中的二端网络 $\bar{N}$）各支路电流不变。

注 9 查遍手头资料，未见有哪一本教材介绍这一定理，只在上海交大的《电工理论基础》第一册（1961）查到一个适用范围狭窄的"替代原理"。本书特有的、最为一般的上述替代定理是我们自己杜撰的。为了保证它适用于最一般的情况，证明过程是高度抽象而且冗长的。然而

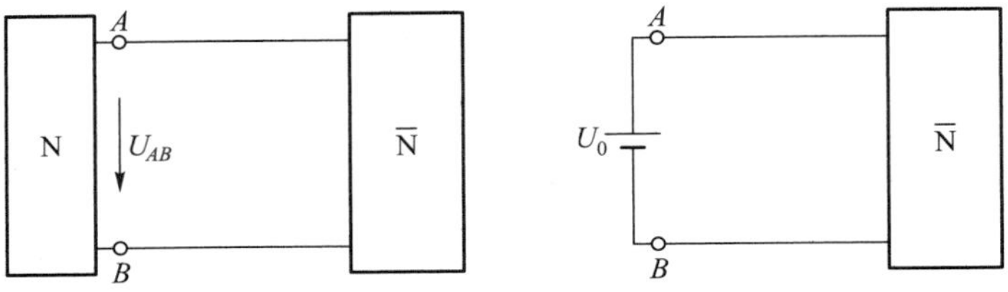

(a) (b)

图 12-24 替代定理图示

后来发现这一替代定理只不过是定理 12-2 的一个推论，证明极为简单。

证明 根据定义 12-2，替代定理的实质无非是：图 12-24(a)的 N 与恒压源 U_0 关于 $\overline{\text{N}}$ 等效。以 $F(I,U)=0$、$\overline{F}(I,U)=0$ 分别代表 N、$\overline{\text{N}}$ 的外特性，由图 12-24(a)可知此二线的交点必在电压值为 U_0 的竖直线上(见图 12-25)，而这条竖直线正是恒压源 U_0 的外特性直线，可见 N、$\overline{\text{N}}$ 和恒压源 U_0 这三个二端网络的外特性直线共点，故由定理 12-2 便知 N 与恒压源 U_0 关于 $\overline{\text{N}}$ 等效。 □

注 10 在图 12-25 上再加一条过点(U_0, I_0)的水平线(恒流源 I_0 的外特性直线)，仿照刚才关于替代定理的证明，不难看出替代定理还可用恒流源表述：

替代定理(恒流源表述) 设零端网络中某个二端网络 N 的电流为 I_0，以电流为 I_0 的恒流源方向适当地替代 N，则未换部分各支路电流不变。

在应用中可根据具体情况选用恒压源或恒流源做替代。

替代定理的上述证明是严格的，但从头开始就默认不含理想电源。如果涉及理想电源，就可能出现"反例"。仅举两例。

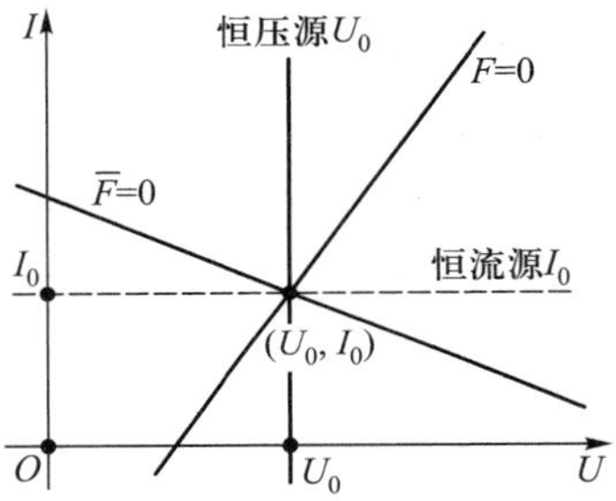

图 12-25 三条外特性直线共点

例 7 设电阻 R 由恒压源 U 供电，则电流 $I=U/R$[图 12-26(a)]。把电阻 R 和恒压源分别看作图 12-24(a)的二端网络 N 和 $\overline{\text{N}}$，由于 $U_{AB}=U$，若用电压为 U 的恒压源替代电阻(即 N)，由替代定理可知电流 I 应不变。然而替代后成为图 12-26(b)，整条支路的电动势和电阻都是零，故电流 I 是不定值 0/0 而不是 U/R。这在某种程度上可以看作替代定理的反例。对这件"怪事"的原因可从两方面分析。首先，替代定理是定理 12-2 的推论，而定理 12-2 的证明(B)的脚注已经点出了造成"怪事"的原因；其次，怪事的"罪魁祸首"就是恒压源这个理想模型，只要把恒压源改为有内阻的真实电源($\mathscr{E}$, $R_{内}$)，问题就不复存在。具体说，只要把图 12-26 改为图 12-27，为区别起见，把图(a)的电流改记作 I'，便有

$$I'=\frac{\mathscr{E}}{R+R_{内}},$$

故

$$U=\mathscr{E}-I'R_{内}=\frac{R}{R+R_{内}}\mathscr{E}, \tag{12-42}$$

于是图(b)的 I 为

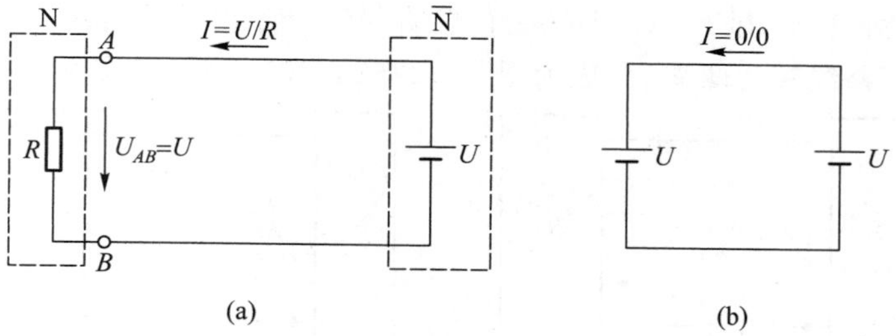

图 12-26 例 7 用图

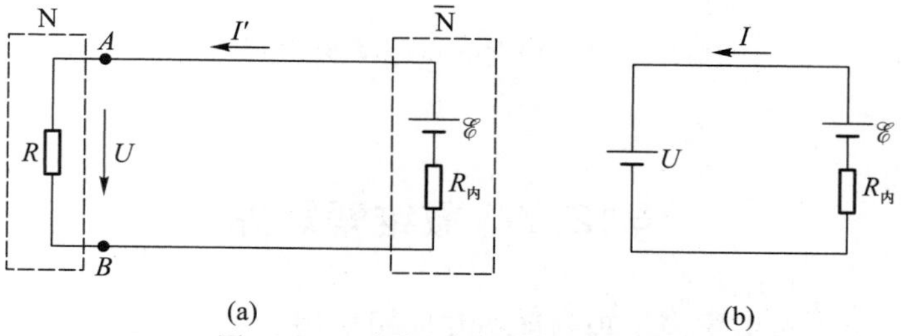

图 12-27 把恒压源改为真实电源

$$I=\frac{\mathscr{E}-U}{R_内}=\frac{\mathscr{E}}{R+R_内}=I', \tag{12-43}$$

一切正常。现在向恒压源模型过渡，令 $R_内\to 0$，则由式(12-42)的第一个等号得 $U\to\mathscr{E}$，故式(12-43)的第一个等号给出

$$I=\frac{\mathscr{E}-U}{R_内}\to\frac{0}{0}。$$

可见，只要用恒压源模型就有可能出现 $I=0/0$ 这种怪事。

例 8 把图 12-26(a)的 $\overline{\text{N}}$ 改为恒流源 I，则用 $U_0=IR$ 的恒压源替代 N(即电阻 R)后，会出现恒压源与恒流源逆接成一个单支路回路的情况(见 § 12.2 例 2)，也会带来一些令人迷惑的问题。

替代定理非常有用，先举一个应用实例。设电路中已知 A，B 两点电势相同，人们的惯用简化手法是在 A，B 之间添加一条短路导线[例如把图 12-28 的(a)变成图(b)]，并默认加导线后所有支路电流不变。直观地想，这种做法(和结论)正确无误，但如何严格证明？其实这是替代定理的一个简单推论，因为导线可被视为电压 $U=0$ 的“恒压源”。这一推论也可以更明确地陈述如下。

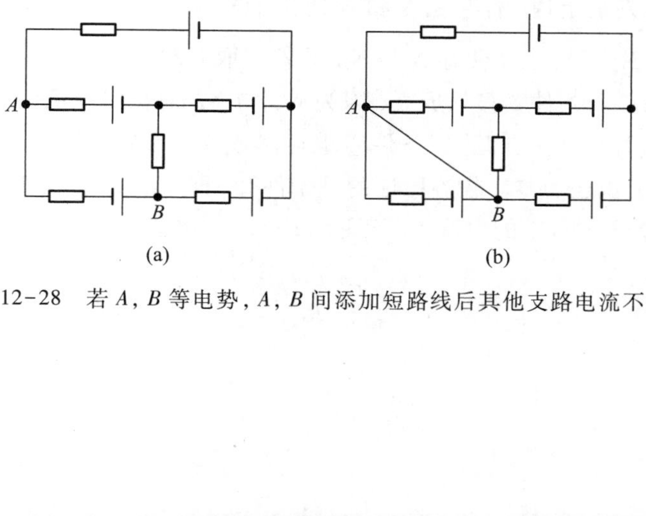

图 12-28 若 A，B 等电势，A，B 间添加短路线后其他支路电流不变

推论　设二端网络 N_1 和 N_2 对接成一个零端网络，而且对接两端 A，B 的电压为零［图 12-29(a)］，则用短路线接通两端后［成为图 12-29(b)］整个网络各支路电流不变。

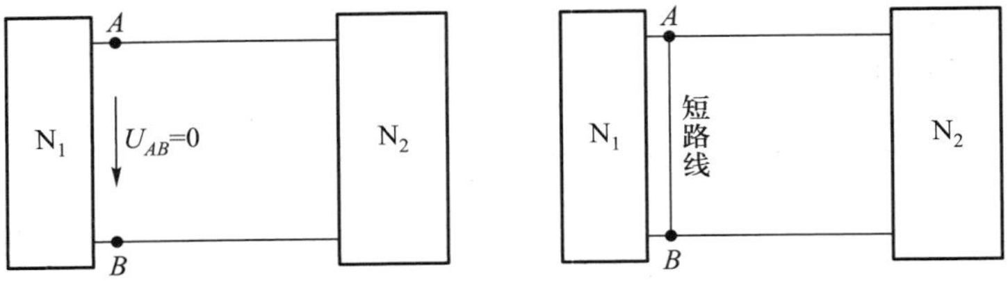

图 12-29　推论用图

§12.7　戴维南定理

基础篇 §4.6 已经讲过戴维南定理的证明和应用举例。此处再给出另一个证明。

先复习两个概念。(1) 二端网络的**开路电压**是指它与开路电键对接时的电压；(2) 有源二端网络的**除源网络**是指将其内部所有电源摘除后所得的无源二端网络，对真实电源，“摘除”是令其电动势为零但保留其内阻；对恒压源，“摘除”是令其电压为零(相当于一条短路线)；对恒流源，“摘除”是令其所在支路开断。除源网络的等效电阻称为原有源网络的**除源电阻**。

戴维南定理　有源二端网络 N 等效于恒压源 $U_{开}$ 与电阻 $R_{除}$ 的串联支路(记作 $N_{戴}$，见图 12-30)，其中 $U_{开}$ 代表 N 的开路电压，$R_{除}$ 代表 N 的除源电阻。

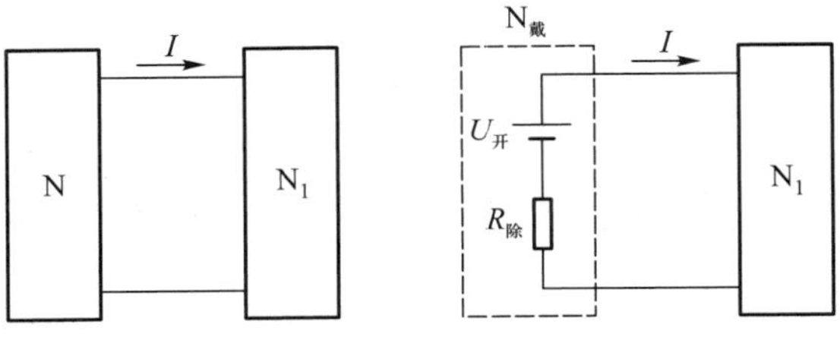

图 12-30　戴维南定理：N 与 $N_{戴}$ 等效

证明　根据等效判别定理，若存在 $\bar{N}$ 和 $\bar{\bar{N}}$ 使得①N 与 $N_{戴}$ 关于 $\bar{N}$ 等效；②N 与 $N_{戴}$ 关于 $\bar{\bar{N}}$ 等效；③$\bar{N}$ 与 $\bar{\bar{N}}$ 关于 $N_{戴}$ 不等效，便知 N 与 $N_{戴}$ 等效。取开路电键 $N_{开}$ 为 $\bar{N}$，短路电键 $N_{短}$ 为 $\bar{\bar{N}}$，并逐一验证上述三条件。条件③显然成立，因为 $N_{开}$ 与 $N_{戴}$ 对接时电流为零，而只要用 $N_{短}$ 替换 $N_{开}$ 则电流必定非零(注意 $N_{戴}$ 有源)。条件①也显然成立，因为 N 与 $N_{开}$ 对接时电流为零，用 $N_{戴}$ 替换 N 后 $N_{开}$ 的电流也为零。较难验证的是条件②，即“N 与 $N_{戴}$ 关于 $N_{短}$ 等效”。为验证条件②，只需证明图 12-31(b)中的电流 I' 等于图 12-31(a)中的电流 I。由图(b)易见

$$I'=\frac{U_{开}}{R_{除}},\tag{12-44}$$

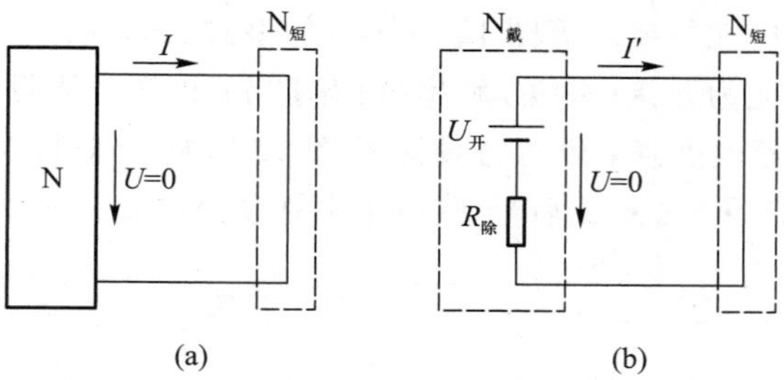

图 12-31　为验证条件②须证 $I=I'$

而 I 的计算则略费笔墨。先用替代定理把图 12-32(a)[亦即图 12-31(a)]变为图 12-32(b)[其中 $U_{开}$ 是 N 的开路电压，两个标有 $U_{开}$ 的逆接电池代表两个电压为 $U_{开}$ 的恒压源]，再用叠加定理变为图 12-32(c)，其中的 I_1 和 I_2 之和就是待求的 I，即 $I=I_1+I_2$。先用下法证明 $I_1=0$。设想 N 与开路电键 $N_{开}$ 对接，则 N 的电压等于 $U_{开}$。若用电压为 $U_{开}$ 的恒压源替换 $N_{开}$[就成为图 12-32(c)左边]，由替代定理可知 N 的电流(即 I_1)与换前一样，而换前电流显然为零，故 $I_1=0$。于是 $I=I_1+I_2$ 简化为 $I=I_2$。注意到图 12-32(c)右边的 $N_{除}$ 是个无源二端网络(总电阻等于 $R_{除}$)，便知

$$I_2=\frac{U_{开}}{R_{除}}。\tag{12-45}$$

与式(12-44)对比便知 $I_2=I'$，因而 $I=I'$。条件②于是得到验证。□

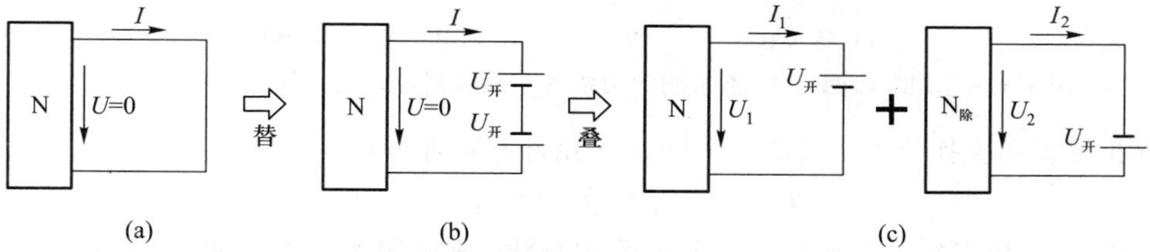

图 12-32　先用替代定理变(a)为(b)，再用叠加定理变(b)为(c)，其中 I_1 和 I_2 满足 $I=I_1+I_2$。

顺便一提，§ 12.5 之末曾经证明过一个结论——相互对接的两个任意二端网络 N 与 $\bar{N}$ 的外特性直线必有交点。现在可以用戴维南定理对此结论从另一角度给出证明。分别用 $N_{戴}$ 和 $\bar{N}_{戴}$ 替换 N 和 $\bar{N}$，如果选 U 和 I 的正方向使得它们对 $N_{戴}$ 而言为同向，则对 $\bar{N}_{戴}$ 而言必为反向(反之亦然)。借助于图 12-17[之(2)]不难相信，当 U, I 正方向相同时外特性直线斜率为负，反之为正。于是 $N_{戴}$ 与 $\bar{N}_{戴}$ 的外特性直线的斜率必然一正一负，因而必然相交。

§ 12.8　三端网络的星角变换

三端网络理论比二端网络理论复杂得多，本节重点讨论两种最简单的三端网络——图 12-33(a)的星形网络 N_Y 和图 12-33(b)的角形网络 N_Δ，它们之间的等效变换①对简化复杂电

① 三端网络的等效定义与二端网络的等效定义一样——把定义 12-2 和 12-3 的“二端网络”改为“三端网络”即可。

路非常有用。例如，实用中往往要计算图 12-34(a)的桥式二端网络(引出端为 A, B)的等效电阻，由于桥式联接无法简化为并接(并联)和串接(串联)，计算电阻就必须联立求解基氏方程，但如果懂得 N_Δ 与 N_Y 的等效变换，就可方便地把图 12-34(a)变换为图 12-34(b)(其中 R_1', R_2', R_5' 可由 R_1, R_2, R_5 求得，公式见后)，然后用串并联公式轻易求得等效电阻。

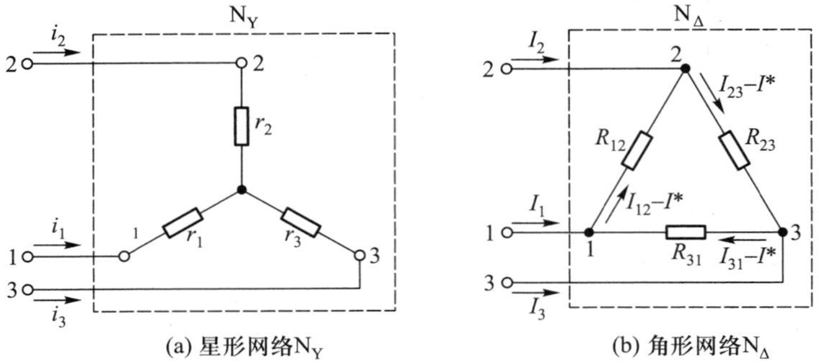

图 12-33 最简单的三端网络

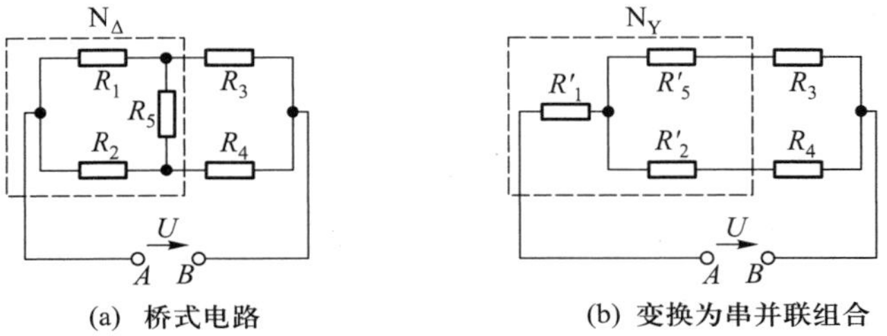

图 12-34 用星形网络 N_Y 替换角形网络 N_Δ，就能把桥式联接简化为串并联组合

下面推导星角变换公式。对图 12-33(a)，由环路定理可得

$$u_{12}=i_1r_1-i_2r_2\ ,\quad u_{23}=i_2r_2-i_3r_3\ ,\quad u_{31}=i_3r_3-i_1r_1\ 。\tag{12-46}$$

对图 12-33(b)，相应的关系要复杂一些。采用巧法，把电阻 R_{12}, R_{23}, R_{31}的电流设为 $I_{12}-I^*$, $I_{23}-I^*$, $I_{31}-I^*$(此处的 I^* 不代表回路电流,引入 I^* 可简化计算)，则由无源支路欧姆定律得

$$U_{12}=(I_{12}-I^*)R_{12},\quad U_{23}=(I_{23}-I^*)R_{23},\quad U_{31}=(I_{31}-I^*)R_{31},\tag{12-47}$$

代入环路定理 $0=U_{12}+U_{23}+U_{31}$后给出

$$0=(I_{12}R_{12}+I_{23}R_{23}+I_{31}R_{31})-I^*\sum R,\tag{12-48}$$

其中

$$\sum R\equiv R_{12}+R_{23}+R_{31}\ ,\tag{12-49}$$

于是

$$I^*=\frac{1}{\sum R}(I_{12}R_{12}+I_{23}R_{23}+I_{31}R_{31}),\tag{12-50}$$

代回式(12-47)，利用节点方程

$$I_1=I_{12}-I_{31}\ ,\quad I_2=I_{23}-I_{12}\ ,\quad I_3=I_{31}-I_{23}\tag{12-51}$$

稍加计算便得

$$U_{12}=\frac{1}{\sum R}(I_1R_{12}R_{31}-I_2R_{23}R_{12}),\tag{12-52a}$$

$$U_{23}=\frac{1}{\sum R}(I_2R_{23}R_{12}-I_3R_{31}R_{23}),\tag{12-52b}$$

$$U_{31}=\frac{1}{\sum R}(I_3R_{31}R_{23}-I_1R_{12}R_{31})。\tag{12-52c}$$

再令

$$R_1\equiv\frac{1}{\sum R}R_{12}R_{31},\qquad R_2\equiv\frac{1}{\sum R}R_{23}R_{12},\qquad R_3\equiv\frac{1}{\sum R}R_{31}R_{23},\tag{12-53}$$

则式(12-52)成为

$$U_{12}=I_1R_1-I_2R_2\ ,\qquad U_{23}=I_2R_2-I_3R_3\ ,\qquad U_{31}=I_3R_3-I_1R_1\ 。\tag{12-54}$$

虽然三端网络因有三根引线而有3个电流 I_1, I_2, I_3 和3个电压 U_{12}, U_{23}, U_{31}，但由 $I_1+I_2+I_3=0$ 和 $U_{12}+U_{23}+U_{31}=0$ 可知只有两个独立电流和电压，取 I_1, I_2 为独立电流，U_{31}, U_{23}为独立电压，并引入符号

$$\bar{U}_1\equiv-U_{31}\ ,\qquad \bar{U}_2\equiv U_{23}\ ,\tag{12-55}$$

则由式(12-54)及 $I_1+I_2+I_3=0$ 得

$$\bar{U}_1=I_1(R_1+R_3)+I_2R_3\ ,\tag{12-56a}$$

$$\bar{U}_2=I_1R_3+I_2(R_2+R_3)\ ,\tag{12-56b}$$

这两个线性方程就代表三端网络 N_Δ 的外特性①。

类似地，对 N_Y 可取 i_1, i_2 为独立电流，取

$$\bar{u}_1\equiv-u_{31}\ ,\qquad \bar{u}_2\equiv u_{23}\tag{12-57}$$

为独立电压，由式(12-46)及 $i_1+i_2+i_3=0$ 易得 N_Y 的外特性

$$\bar{u}_1=i_1(r_1+r_3)+i_2r_3\ ,\tag{12-58a}$$

$$\bar{u}_2=i_1r_3+i_2(r_2+r_3)\ 。\tag{12-58b}$$

根据定理12-3，两个二端网络等效的充要条件是两者的外特性相同。对三端网络也可证明类似定理：两个三端网络等效的充要条件是两者有相同的外特性。具体到 N_Δ 和 N_Y，由式(12-56)、(12-58)可知

$$N_\Delta 与 N_Y 外特性相同 \quad\Leftrightarrow\quad r_1=R_1,\ r_2=R_2,\ r_3=R_3。$$

因而

$$N_\Delta 与 N_Y 等效 \quad\Leftrightarrow\quad r_1=R_1,\ r_2=R_2,\ r_3=R_3。\tag{12-59}$$

利用式(12-53)及(12-49)又可将上式右边的充要条件具体化为

$$\left.\begin{aligned}r_1&=\frac{R_{12}R_{31}}{\sum R}=\frac{R_{12}R_{31}}{R_{12}+R_{23}+R_{31}},\\ r_2&=\frac{R_{23}R_{12}}{\sum R}=\frac{R_{23}R_{12}}{R_{12}+R_{23}+R_{31}},\\ r_3&=\frac{R_{31}R_{23}}{\sum R}=\frac{R_{31}R_{23}}{R_{12}+R_{23}+R_{31}}。\end{aligned}\right\}(角接换为星接)\tag{12-60}$$

① 三端网络外特性的定义与二端网络类似，只是把一个线性方程改为两个线性方程，准确定义见§12.9。

上式的反变换为

$$\left.\begin{aligned} R_{12}&=\frac{r_1r_2+r_2r_3+r_3r_1}{r_3},\\ R_{23}&=\frac{r_1r_2+r_2r_3+r_3r_1}{r_1},\\ R_{31}&=\frac{r_1r_2+r_2r_3+r_3r_1}{r_2}。\end{aligned}\right\}\text{(星接换为角接)} \tag{12-61}$$

以上推导虽然与众多教材大同小异，但得出公式的理由有非常重要的区别。一般教材说："如果给 N_Δ 和 N_Y 加上相同电压后有相同电流，两者就可等效互换(反之亦然)"，我们则说："有相同外特性的 N_Δ 和 N_Y 可以互换(反之亦然)"。

甲 这两种说法有什么实质性的不同吗?

乙 有非常大的区别。一般教材实质上是把等效的充要条件归结为

$$\bar{U}_1=\bar{u}_1,\ \bar{U}_2=\bar{u}_2,\ \bar{U}_2=\bar{u}_2 \quad \Rightarrow \quad I_1=i_1,\ I_2=i_2,\ I_3=i_3, \tag{12-62}$$

就是说，如果电压对应相等能推出电流对应相等，就可等效互换；反之亦然。

甲 难道这不对吗?

乙 不是不对，是不够。$\bar{U}_1=\bar{u}_1$，$\bar{U}_2=\bar{u}_2$，$\bar{U}_2=\bar{u}_2$ 的实质是 N_Y 及 N_Δ 分别与图 12-35 的有源三端网络 $\bar{N}$ 对接，而 $I_1=i_1$，$I_2=i_2$，$I_3=i_3$ 则是说 N_Y 及 N_Δ 与 $\bar{N}$ 对接后引线电流对应相等，所以，满足式(12-62)只说明 N_Y 与 N_Δ 关于 $\bar{N}$ 等效，但它们关于其他三端网络为什么也等效？谁也没有给过证明，但却在任何情况下(指 $\bar{N}$ 是任何三端网络)都敢用 N_Y 替换 N_Δ(或相反)。你不觉得他们的胆子太大了吗?

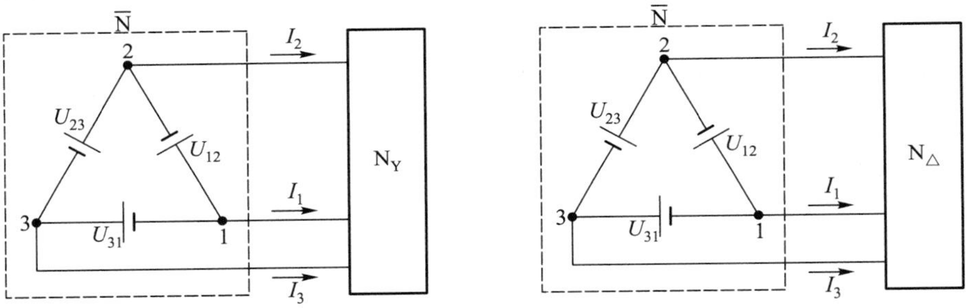

(a) $\bar{N}$与N_Y对接　　(b) $\bar{N}$与N_Δ对接

图 12-35　一般书证明星角变换公式时，实质上用到本图。
(恒压源的正负极仅代表电压的正方向。)

甲 我有点明白了。这非常类似于在二端网络中敢于在任何情况下用 $R=R_1R_2/(R_1+R_2)$ 替换 R_1 与 R_2 的并联组合，但其实这是要证明的。

乙 很好。当初证明"并联公式的普适性"是靠定理 12-3，即：N_1 与 N_2 等效的充要条件是两者有相同的外特性直线。

甲 看来对三端网络也要用到类似定理了。

乙 是的。不过三端网络的外特性不是直线而是平面。刚才已经推出式(12-56)和式

(12-58),它们分别是 N_Δ 和 N_Y 的外特性。以式(12-56)为例。令

$$F_A(\bar{U}_1, I_1, I_2) \equiv \bar{U}_1 - I_1(R_1+R_3) - I_2R_3 \ , \tag{12-63a}$$

$$F_B(\bar{U}_2, I_1, I_2) \equiv \bar{U}_2 - I_2(R_2+R_3) - I_1R_3 \ , \tag{12-63b}$$

则式(12-56)可以表为两个线性方程

$$F_A(\bar{U}_1, I_1, I_2) = 0 \ , \tag{12-64a}$$

$$F_B(\bar{U}_2, I_1, I_2) = 0 \ 。 \tag{12-64b}$$

上列两个方程必然独立,因为第一方程含 $\bar{U}_1$ 而不含 $\bar{U}_2$,第二方程含 $\bar{U}_2$ 而不含 $\bar{U}_1$。

考虑一个抽象的 4 维空间,记作 O^4,其 4 个直角坐标依次为 $\bar{U}_1$, $\bar{U}_2$, I_1, I_2,则线性方程(12-64a)和(12-64b)各自代表 O^4 中的一张 3 维"超平面"("平"是指方程为线性,"超"是因为它比普通的 2 维平面超出了 1 维),这两张超平面相交于一张 2 维平面(是 4 维空间 O^4 中的 2 维平面),不妨称之为 N_Δ 的外特性平面。N_Δ 的工作状态当然是这张平面上的一个点。设 N_Δ 与任一三端网络 N 对接,由于 N 也有自己的外特性平面,它与 N_Δ 的外特性平面交于一点,这正是 N_Δ 和 N 的共同工作点。

甲　两张平面应该相交于一条直线,怎么会交于一点?

乙　你习惯于在 3 维空间讨论问题,两张平面的确交于一条直线。但 4 维空间中的两张 2 维平面(请注意 2 维比空间低两维)之交却只能是个点。从物理角度想,把两个三端网络对接,三条对接线的电压 $\bar{U}_1$, $\bar{U}_2$ 和电流 I_1, I_2 自然唯一确定,而这确定的一组数($\bar{U}_1$, $\bar{U}_2$, I_1, I_2)当然是 O^4 中的一点,即两者的共同工作点。

仿照对二端网络的讨论,不但可对三端网络 N_1 与 N_2 的等效性下定义(类似于定义 12-3),还可证明与定理 12-3 类似的如下定理。

定理 12-6　三端网络 N_1 与 N_2 等效 $\Leftrightarrow$ N_1 与 N_2 的外特性平面重合。

证明　从略。　□

甲　我大概懂了。把上述定理用于 N_Y 和 N_Δ 便得

N_Y 与 N_Δ 等效 $\Leftrightarrow$ N_Y 与 N_Δ 有相同的外特性平面,

而外特性平面取决于外特性方程,对 N_Δ 是

$$\bar{U}_1 - I_1(R_1+R_3) - I_2R_3 = 0 \ , \tag{12-65a}$$

$$\bar{U}_2 - I_2(R_2+R_3) - I_1R_3 = 0 \ , \tag{12-65b}$$

对 N_Y 是

$$\bar{u}_1 - i_1(r_1+r_3) - i_2r_3 = 0 \ , \tag{12-66a}$$

$$\bar{u}_2 - i_2(r_2+r_3) - i_1r_3 = 0 \ , \tag{12-66b}$$

于是就有前面的式(12-59),即

N_Δ 与 N_Y 等效 $\Leftrightarrow$ $r_1 = R_1$, $r_2 = R_2$, $r_3 = R_3$。

这样才逻辑严密地证明了星角变换公式[式(12-60)]的普适性。

乙　很好。

§12.9　线性三端网络的外特性(选读)

讲述本节正文前要适当铺垫。设三端网络 N 的三个引出端为 A, B 和 C,电流依次为 I_1, I_2

和 I_0(正方向见图 12-36)，则由电流的恒定条件可知 $I_0=I_1+I_2$，故只有两个独立电流 I_1 和 I_2。另一方面，虽然 A，B，C 三点之间有三个电压 U_{AC}，U_{BC} 和 U_{AB}，但由环路定理可知 $U_{AB}=U_{AC}+U_{CB}$，故也只有两个独立电压。为与上节一致，取 $\bar{U}_1\equiv U_{AC}$，$\bar{U}_2\equiv U_{BC}$ 为独立电压。以 N^- 代表去掉 N 的三条引出线后的所余部分，它是个零端网络。星形网络是最简单的三端网络，内部只有一个节点。由于节点至少要联结 3 条支路，加上树的定义，不难证明任一三端网络 N 的 N^- 内一定既有树枝又有连枝，所以下面的一般性讨论适用。

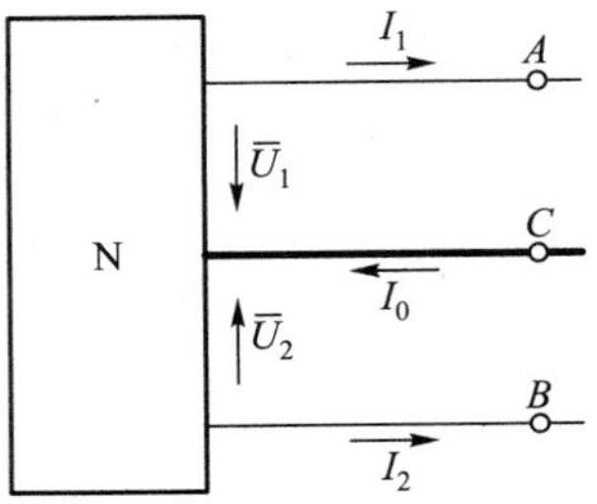

图 12-36 三端网络 N 的独立电流 I_1，I_2 和独立电压 $\bar{U}_1$，$\bar{U}_2$

仿照二端网络，对三端网络也应关心其外特性方程，这是关于 $\bar{U}_1$，$\bar{U}_2$ 及 I_1，I_2 的如下两个方程：

$$\begin{cases} F_A(\bar{U}_1, \bar{U}_2, I_1, I_2)=0 , \\ F_B(\bar{U}_1, \bar{U}_2, I_1, I_2)=0 , \end{cases} \tag{12-67}$$

其中 F_A 和 F_B 代表两个 4 元函数关系。与线性二端网络的定理 12-1 类似，线性三端网络有如下定理。

定理 12-7 线性三端网络 N 的外特性具有线性特性，就是说，其 $\bar{U}_1$，$\bar{U}_2$，I_1，I_2 的关系可以表为两个线性方程

$$\begin{cases} \bar{U}_1=a_1I_1+b_1I_2+c_1 , \\ \bar{U}_2=a_2I_1+b_2I_2+c_2 , \end{cases} \tag{12-68}$$

其中常数 a_1，b_1，c_1，a_2，b_2，c_2 只取决于 N 的内部参数。

证明 将 N 与任一线性三端网络 $\hat{N}$ 对接，如图 12-37。设 N^- 内有 $b-2$ 条支路，其中有 $m-2$ 条连枝。图 12-38 给出一个繁简适宜的具体情况，以便读者在阅读一般公式时协助想象。

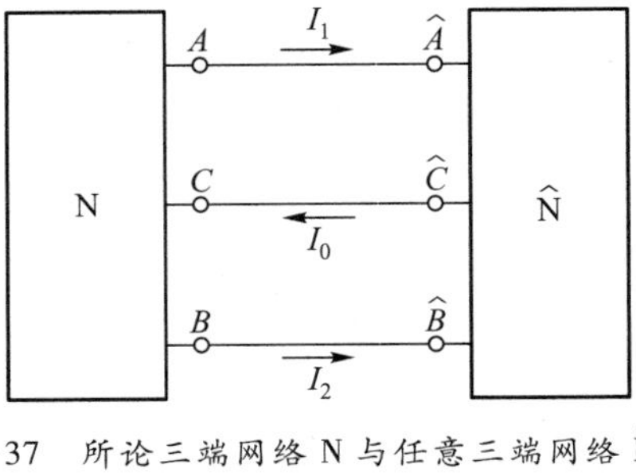

图 12-37 所论三端网络 N 与任意三端网络 $\hat{N}$ 对接

对图 12-37(及图 12-38)选树时要保证 $C\hat{C}$ 所在支路为树枝。再对这两个图的 $\hat{N}$ 以外的支路用如下方式编号：

(1) 支路 $A\hat{A}$ 为第 1 号连枝；

(2) 支路 $B\hat{B}$ 为第 2 号连枝；

(3) N^-内的 $m-2$ 条连枝的编号为 3, …, m, 在抽象公式中以 i, j 代表;

(4) N^-内的树枝编号为 $m+1$, …, b, 在抽象公式中以 μ, ν 代表。

(5) 支路 $C\hat{C}$ 为第 0 号树枝。

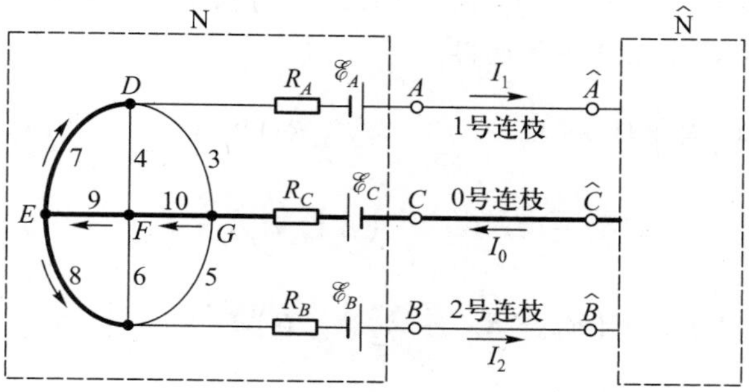

图 12-38 繁简适宜的一种具体情况(其中 $m=6$; $i=3, 4, 5, 6$; $b=10$; $\mu=7, 8, 9, 10$。粗线代表树枝,细线代表连枝。除支路 0, 1, 2 外的支路都略去电源和电阻。)

本证明的关键是利用环路定理。为了易懂,先看图 12-38 这一具体例子,对路径 $ADEFGC$ 运用环路定理,得

$$\overline{U}_1 \equiv U_{AC} = U_{AD} + U_{DE} + U_{EF} + U_{FG} + U_{GC}。 \tag{12-69}$$

对上式右边每项使用含源支路欧姆定律(例如对第一项有 $U_{AD}=\mathscr{E}_A - I_1 R_A$),就得到这样一个公式,其左边是 $\overline{U}_1$,右边是多项之和,每项含有所涉及支路的电动势、电流和电阻。推广到一般情况(图 12-37),就是选一条从 A 经 N 内到 C 的路径(其中除第 1 连枝外都是树枝)并运用环路定理,使得

$$\overline{U}_1 = (\mathscr{E}_A + \mathscr{E}_C) - I_1 R_A - I_0 R_C + \sum_{\mu=m+1}^{b} (\pm \chi_{1\mu} \mathscr{E}_\mu) - \sum_{\mu=m+1}^{b} \chi_{1\mu} I_\mu R_\mu , \tag{12-70a}$$

其中 I_μ、$\mathscr{E}_\mu$ 和 R_μ 分别是第 μ 条树枝的电流、电动势和电阻($\mathscr{E}_\mu$ 项的±号取决于 $\mathscr{E}_\mu$ 的正方向),$\chi_{1\mu}$的含义是:若第 μ 条树枝在第 1 单连枝回路内,则 $\chi_{1\mu}=1$,否则 $\chi_{1\mu}=0$;类似地还有

$$\overline{U}_2 = (\mathscr{E}_B + \mathscr{E}_C) - I_2 R_B - I_0 R_C + \sum_{\mu=m+1}^{b} (\pm \chi_{2\mu} \mathscr{E}_\mu) - \sum_{\mu=m+1}^{b} \chi_{2\mu} I_\mu R_\mu 。 \tag{12-70b}$$

把 $I_0 = I_1 + I_2$ 代入上两式得

$$\overline{U}_1 = (\mathscr{E}_A + \mathscr{E}_C) - I_1(R_A + R_C) - I_2 R_C + \sum_{\mu=m+1}^{b} (\pm \chi_{1\mu} \mathscr{E}_\mu) - \sum_{\mu=m+1}^{b} \chi_{1\mu} I_\mu R_\mu , \tag{12-71a}$$

$$\overline{U}_2 = (\mathscr{E}_B + \mathscr{E}_C) - I_1 R_C - I_2(R_B + R_C) + \sum_{\mu=m+1}^{b} (\pm \chi_{2\mu} \mathscr{E}_\mu) - \sum_{\mu=m+1}^{b} \chi_{2\mu} I_\mu R_\mu 。 \tag{12-71b}$$

写以上方程时曾默认第 1(分别地,第 2)单连枝回路内的树枝电流正方向与 I_1(分别地,I_2)一致。这两个默认互不冲突,因为 $C\hat{C}$ 是两者的公共树枝,借图 12-38 来说,两回路在 $C\hat{C}$ 上方向相同,沿此方向进入 N^-,两者在 N^-内的公共树枝(图 12-38 的 10 和 9)上的方向也必定相同,直至 E 点时两回路"分道扬镳",以后就不会再有公共树枝(否则会出现只由树枝构成的回路,与树的定义矛盾)。又因为第 μ 条树枝的电流 I_μ 等于所有含此树枝的单连枝回路的回路电流代数和,所以

$$I_\mu = \chi_{1\mu} I_1^* + \chi_{2\mu} I_2^* + \sum_{i=3}^{m} (\pm \chi_{i\mu} I_i^*) = \chi_{1\mu} I_1 + \chi_{2\mu} I_2 + \sum_{i=3}^{m} (\pm \chi_{i\mu} I_i^*), \tag{12-72}$$

其中第二步是因为连枝的支路电流就等于其回路电流（其实 I_i^* 也等于 I_i，但我们保留星号）；I_i^* 项的±号取决于第 μ 条树枝上的 I_i^* 与 I_1（或 I_2）的正方向相同还是相反。

将式(12-72)代入式(12-71)并整理得

$$\left(R_A + R_C + \sum_{\mu=m+1}^{b} \chi_{1\mu} R_\mu\right) I_1 + \left(R_C + \sum_{\mu=m+1}^{b} \chi_{1\mu}\chi_{2\mu} R_\mu\right) I_2 + \sum_{i=3}^{m}\left[\sum_{\mu=m+1}^{b} (\pm \chi_{1\mu}\chi_{i\mu} R_\mu)\right] I_i^*$$

$$= \mathscr{E}_A + \mathscr{E}_C + \sum_{\mu=m+1}^{b} (\pm \chi_{1\mu} \mathscr{E}_\mu) - \bar{U}_1, \tag{12-73a}$$

$$\left(R_C + \sum_{\mu=m+1}^{b} \chi_{1\mu}\chi_{2\mu} R_\mu\right) I_1 + \left(R_B + R_C + \sum_{\mu=m+1}^{b} \chi_{2\mu} R_\mu\right) I_2 + \sum_{i=3}^{m}\left[\sum_{\mu=m+1}^{b} (\pm \chi_{2\mu}\chi_{i\mu} R_\mu)\right] I_i^*$$

$$= \mathscr{E}_B + \mathscr{E}_C + \sum_{\mu=m+1}^{b} (\pm \chi_{2\mu} \mathscr{E}_\mu) - \bar{U}_2, \tag{12-73b}$$

上式是关于 m 个未知数 $I_1, I_2, I_3^*, \cdots, I_m^*$ 的两个线性方程。再对 N^- 内的 $m-2$ 个单连枝回路列出 $m-2$ 个回路电流方程：

$$R_{j1} I_1 + R_{j2} I_2 + \sum_{i=3}^{m} R_{ji} I_i^* = \mathscr{E}_j^*, \quad j = 3, \cdots, m, \tag{12-74}$$

与式(12-73)联立便得关于 m 个未知数 $I_1, I_2, I_3^*, \cdots, I_m^*$ 的 m 个线性方程。根据线性代数，有

$$\Delta^{\mathrm{N}} I_1 = \Delta_1^{\mathrm{N}}, \quad \Delta^{\mathrm{N}} I_2 = \Delta_2^{\mathrm{N}}, \tag{12-75}$$

其中 Δ^{N}、Δ_1^{N} 和 Δ_2^{N} 都是 m 行 m 列的行列式，具体为（虽然表面看来似乎是 3 行 3 列）：

$$\Delta^{\mathrm{N}} \equiv \begin{vmatrix} R_A + R_C + \sum_{\mu=m+1}^{b} \chi_{1\mu} R_\mu & R_C + \sum_{\mu=m+1}^{b} \chi_{1\mu}\chi_{2\mu} R_\mu & \sum_{\mu=m+1}^{b} (\pm \chi_{1\mu}\chi_{i\mu} R_\mu) \\ R_C + \sum_{\mu=m+1}^{b} \chi_{1\mu}\chi_{2\mu} R_\mu & R_B + R_C + \sum_{\mu=m+1}^{b} \chi_{2\mu} R_\mu & \sum_{\mu=m+1}^{b} (\pm \chi_{2\mu}\chi_{i\mu} R_\mu) \\ R_{j1} & R_{j2} & R_{ji} \end{vmatrix}, \tag{12-76}$$

$$\Delta_1^{\mathrm{N}} \equiv \begin{vmatrix} \mathscr{E}_A + \mathscr{E}_C + \sum_{\mu=m+1}^{b} (\pm \chi_{1\mu} \mathscr{E}_\mu) - \bar{U}_1 & R_C + \sum_{\mu=m+1}^{b} \chi_{1\mu}\chi_{2\mu} R_\mu & \sum_{\mu=m+1}^{b} (\pm \chi_{1\mu}\chi_{i\mu} R_\mu) \\ \mathscr{E}_B + \mathscr{E}_C + \sum_{\mu=m+1}^{b} (\pm \chi_{2\mu} \mathscr{E}_\mu) - \bar{U}_2 & R_B + R_C + \sum_{\mu=m+1}^{b} \chi_{2\mu} R_\mu & \sum_{\mu=m+1}^{b} (\pm \chi_{2\mu}\chi_{i\mu} R_\mu) \\ \mathscr{E}_j^* & R_{j2} & R_{ji} \end{vmatrix}, \tag{12-77}$$

$$\Delta_2^{\mathrm{N}} \equiv \begin{vmatrix} R_A + R_C + \sum_{\mu=m+1}^{b} \chi_{1\mu} R_\mu & \mathscr{E}_A + \mathscr{E}_C + \sum_{\mu=m+1}^{b} (\pm \chi_{1\mu} \mathscr{E}_\mu) - \bar{U}_1 & \sum_{\mu=m+1}^{b} (\pm \chi_{1\mu}\chi_{i\mu} R_\mu) \\ R_C + \sum_{\mu=m+1}^{b} \chi_{1\mu}\chi_{2\mu} R_\mu & \mathscr{E}_B + \mathscr{E}_C + \sum_{\mu=m+1}^{b} (\pm \chi_{2\mu} \mathscr{E}_\mu) - \bar{U}_2 & \sum_{\mu=m+1}^{b} (\pm \chi_{2\mu}\chi_{i\mu} R_\mu) \\ R_{j1} & \mathscr{E}_j^* & R_{ji} \end{vmatrix}。 \tag{12-78}$$

仿照线性二端网络的讨论(见选读 12-3)，可将以上行列式中的若干项简化，结果为

$$\Delta^{\mathrm{N}}=\begin{vmatrix} R_{11}^{\mathrm{N}} & R_{12}^{\mathrm{N}} & R_{1i} \\ R_{21}^{\mathrm{N}} & R_{22}^{\mathrm{N}} & R_{2i} \\ R_{j1} & R_{j2} & R_{ji} \end{vmatrix}, \tag{12-79}$$

$$\Delta_1^{\mathrm{N}}\equiv\begin{vmatrix} \mathscr{E}_1^{*\mathrm{N}}-\overline{U}_1 & R_{12}^{\mathrm{N}} & R_{1i} \\ \mathscr{E}_2^{*\mathrm{N}}-\overline{U}_2 & R_{22}^{\mathrm{N}} & R_{2i} \\ \mathscr{E}_j^{*} & R_{j2} & R_{ji} \end{vmatrix}, \tag{12-80}$$

$$\Delta_2^{\mathrm{N}}\equiv\begin{vmatrix} R_{11}^{\mathrm{N}} & \mathscr{E}_1^{*\mathrm{N}}-\overline{U}_1 & R_{1i} \\ R_{21}^{\mathrm{N}} & \mathscr{E}_2^{*\mathrm{N}}-\overline{U}_2 & R_{2i} \\ R_{j1} & \mathscr{E}_j^{*} & R_{ji} \end{vmatrix}。 \tag{12-81}$$

最后，仿照选读 12-3 后半部分的做法，可以证明式(12-75)的 $\Delta^{\mathrm{N}}\neq 0$(选读 12-3 引入一条短路线，现在要引入两条短路线)，于是式(12-75)可以改写为

$$I_1=\frac{\Delta_1^{\mathrm{N}}}{\Delta^{\mathrm{N}}}, \qquad I_2=\frac{\Delta_2^{\mathrm{N}}}{\Delta^{\mathrm{N}}}。 \tag{12-82}$$

请注意上面两式右边都含有 $\overline{U}_1$ 和 $\overline{U}_2$，但都不含 I_1 和 I_2，因此可以通过反解得到用 I_1，I_2 分别表达 $\overline{U}_1$ 和 $\overline{U}_2$ 的两个线性方程：

$$\begin{cases} \overline{U}_1=a_1I_1+b_1I_2+c_1 , \\ \overline{U}_2=a_2I_1+b_2I_2+c_2 , \end{cases} \tag{12-83}$$

其中常数 a_1，b_1，c_1，a_2，b_2，c_2 只取决于 N 的内部参数。上式正是待证等式(12-68)。 □

注 11 ①式(12-83)的第一式含 $\overline{U}_1$ 不含 $\overline{U}_2$，第二式含 $\overline{U}_2$ 不含 $\overline{U}_1$，所以两式显然独立。②星角变换的式(12-56)及式(12-58)都是式(12-83)的特例。③令

$$F_A(\overline{U}_1, I_1, I_2)\equiv\overline{U}_1-(a_1I_1+b_1I_2+c_1),$$

$$F_B(\overline{U}_2, I_1, I_2)\equiv\overline{U}_2-(a_2I_1+b_2I_2+c_2),$$

则式(12-83)也可改写为

$$\begin{cases} F_A(\overline{U}_1, I_1, I_2)=0 , \\ F_B(\overline{U}_2, I_1, I_2)=0 , \end{cases}$$

式(12-64)无非是上式在星角变换问题中的具体体现。

专题 13　任意截面螺线管外部磁场为零的证明

本专题导读

（1）对圆截面螺线管推出了式(13-12)，略加修改便可证明非圆截面螺线管也有“管内 $B=\mu_0 nI$、管外 $B=0$”的结论。

（2）对于圆截面螺线管“管内 $B=\mu_0 nI$、管外 $B=0$”的结论，所有教材都是用安培环路定理巧妙地证明的；但是作为有趣的副产品，对式(13-12)积分也可证明这一结论。这是式(13-12)正确性的一个验证。

基础篇小节 5.4.3 对圆形横截面的无限长螺线管证明了“管内 $B=\mu_0 nI$、管外 $B=0$”的重要结论。证明的出发点是轴线上的 $B=\mu_0 nI$，这是小节 5.2.4 借用载流圆环轴线磁场公式(5-5)导出的。然而，实际中的不少螺线管的横截面都并非圆形（例如椭圆形、方形或豆形），式(5-5)对这种情况不再适用，就不敢肯定轴线上有 $B=\mu_0 nI$（甚至连“轴线”一词也可能意义不明）。于是自然要问：“管内 $B=\mu_0 nI$、管外 $B=0$”的结论对非圆截面螺线管是否成立？答案是肯定的，本专题旨在给出证明。证明的要点如下：（1）无论横截面形状如何，电流分布都有镜像对称性，镜像面是与管的母线垂直的平面，由此可知 $\boldsymbol{B}$ 与母线平行；（2）用毕-萨定律通过积分直接证明管外 $B=0$；（3）用安培环路定律（配以镜像对称性）证明管内各点有 $B=\mu_0 nI$。第(1)步无须多费笔墨，第(3)步已详于基础篇小节 5.4.3 中（对非圆截面同样成立），所以本专题只需详述第(2)步。

首先讨论圆形截面的情形。改用面电流模型描述螺线管绕线内的电流——认为电流环形地流过圆柱表面的一个薄层，并用沿切向的面电流密度 $\boldsymbol{\alpha}$ 描述。将这个圆柱薄层分成许多细窄薄长条（宽度为 Δl，见图13-1）。在管外任取场点 P，过 P 点作管轴的垂线，以垂足 O 为原点建右手直角坐标系，其 x 轴向上（故 P 在 x 轴上），z 轴沿管轴，如图 13-2。以 h 代表 P 与螺线管表面的距离，则 P 可用坐标表为

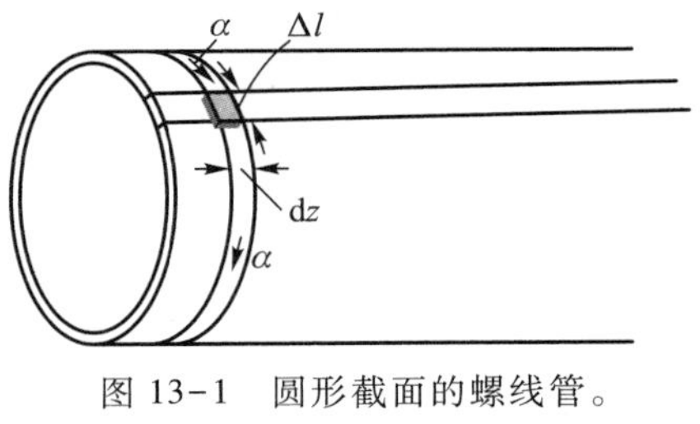

图 13-1　圆形截面的螺线管。改用面电流密度 $\boldsymbol{\alpha}$ 描述

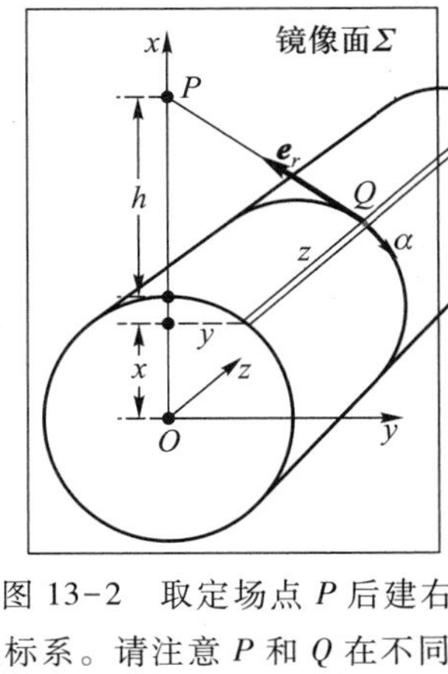

图 13-2　取定场点 P 后建右手直角坐标系。请注意 P 和 Q 在不同横截面上

$$P=(h+R,0,0)\qquad（其中 R 为螺线管半径）。\tag{13-1}$$

把图 13-1 的灰色小薄块看作电流元 $I\mathrm{d}\boldsymbol{l}$，则它可用面电流密度 $\boldsymbol{\alpha}$ 表为 $(\boldsymbol{\alpha}\mathrm{d}z)\Delta l$（见图 13-1）。由毕-萨定律可知此电流元在 P 点贡献的元磁场为

$$\mathrm{d}\boldsymbol{B}=C_1\frac{\boldsymbol{\alpha}\ \mathrm{d}z\times\boldsymbol{e}_r}{r^2},\tag{13-2}$$

其中 $C_1\equiv\dfrac{\mu_0}{4\pi}\Delta l$ 为常数，$\boldsymbol{e}_r$ 是从源点 Q（小薄块所在点）到场点 P 的单位矢量（见图 13-2），r 是 Q 与 P 的距离。源点可用坐标表为 $Q=(x_Q,y_Q,z_Q)$，简记为

$$Q=(x,y,z)。\tag{13-3}$$

从 Q 到 P 的矢量可表为

$$\overrightarrow{QP}=\boldsymbol{e}_x\rho-\boldsymbol{e}_y y-\boldsymbol{e}_z z\ ,\qquad 其中\ \rho\equiv h+R-x\ 。\tag{13-4}$$

注意到式(13-2)的 r 就是 $\overrightarrow{QP}$ 的长度，便得

$$r=\sqrt{\rho^2+y^2+z^2}\ ,\tag{13-5}$$

于是从 Q 到 P 的单位矢量 $\boldsymbol{e}_r$ 可表为

$$\boldsymbol{e}_r=\frac{1}{r}\ (\boldsymbol{e}_x\rho-\boldsymbol{e}_y y-\boldsymbol{e}_z z)\ 。\tag{13-6}$$

令 $\alpha\equiv|\boldsymbol{\alpha}|$，注意到 $\boldsymbol{\alpha}$ 切于 Q 点所在的圆周（见图 13-2），便知沿 $\boldsymbol{\alpha}$ 向的单位矢量 $\boldsymbol{e}_\alpha$ 可用坐标分量表为

$$\boldsymbol{e}_\alpha=R^{-1}(-\boldsymbol{e}_x y+\boldsymbol{e}_y x),\tag{13-7}$$

故

$$\boldsymbol{\alpha}=\alpha R^{-1}(-\boldsymbol{e}_x y+\boldsymbol{e}_y x),\tag{13-8}$$

代入式(13-2)给出

$$\mathrm{d}\boldsymbol{B}=C_1\alpha R^{-1}\frac{(-\boldsymbol{e}_x y+\boldsymbol{e}_y x)\times(\boldsymbol{e}_x\rho-\boldsymbol{e}_y y-\boldsymbol{e}_z z)}{r^3}\ \mathrm{d}z\ 。\tag{13-9}$$

因为电流分布关于镜像面（图 13-2 的 Σ）对称，所以对薄长条求积分时只需关心 $\mathrm{d}\boldsymbol{B}$ 的 z 分量。先求出叉乘积 $(-\boldsymbol{e}_x y+\boldsymbol{e}_y x)\times(\boldsymbol{e}_x\rho-\boldsymbol{e}_y y-\boldsymbol{e}_z z)$，再读出其第三分量（$z$ 分量），便得

$$\mathrm{d}\boldsymbol{B}\ 的\ z\ 分量=C_1\alpha R^{-1}\frac{\mathrm{d}z}{r^3}\ (y^2-x\rho)=C_2\frac{\mathrm{d}z}{(\rho^2+y^2+z^2)^{3/2}},\tag{13-10}$$

其中

$$C_2\equiv C_1\alpha R^{-1}(y^2-x\rho)=常数\quad（与\ z\ 无关），\tag{13-11}$$

所以薄长条对 P 点磁场的贡献 $\Delta\boldsymbol{B}_{条}$ 的大小为

$$\Delta B_{条}=2C_2\int_0^\infty\frac{\mathrm{d}z}{(\rho^2+y^2+z^2)^{3/2}}=\frac{2C_2}{\rho^2+y^2}\frac{z}{\sqrt{(\rho^2+y^2)+z^2}}\Bigg|_0^\infty=$$

$$\frac{2C_2}{\rho^2+y^2}\lim_{z\to\infty}\frac{z}{\sqrt{z^2+(\rho^2+y^2)}}=\frac{2C_2}{\rho^2+y^2}\lim_{z\to\infty}\frac{1}{\sqrt{1+(\rho^2+y^2)/z^2}}=\frac{2C_2}{\rho^2+y^2}。\tag{13-12}$$

利用上式便可证明管外的 $\boldsymbol{B}=0$。为此，借用基础篇（第三版）图 5-20（第二版为图 5-18），把矩形 $CDFE$ 整个移至管外，将安培环路定理用于这一矩形，由 $\boldsymbol{B}$ 与母线平行以及 $\boldsymbol{B}$ 有沿轴平移的对称性可知 $B_{CD}=B_{EF}$，表明管外空间有均匀磁场，所以要证明管外 $\boldsymbol{B}=0$ 只需证明管外某点 $\boldsymbol{B}=0$。令图 13-2 的场点 P 沿竖直线不断向上，则 ρ 随 h 趋于无穷，由式（13-12）和（13-11）看出 $\Delta B_{条}$ 的分子和分母分别随 ρ 线性地和二次地趋于无穷，故 $\Delta B_{条}$ 趋于零。管外 P 点的 $\boldsymbol{B}$ 等于所有薄长条的贡献的矢量和，自然也为零，这就证明了管外的 $\boldsymbol{B}=0$。

上述讨论和计算是对圆截面螺线管进行的。对于横截面不是圆形的螺线管，电流分布仍然具有镜像对称性（镜像面是与管的母线垂直的平面）。由于在最一般情况下“管轴”一词可能没有意义，不妨这样建立直角坐标系，过 P 点作与母线垂直的直线，以此直线在管内的一点为原点 O，令 x 轴向上（故 P 在 x 轴上），z 轴平行于母线。计算中最主要的修改是面电流密度 $\boldsymbol{\alpha}$ 的表达式，因为它不再有“沿圆周切向”的性质。然而它总与 x-y 面平行，所以总可表为

$$\boldsymbol{\alpha}=\alpha(\boldsymbol{e}_x f+\boldsymbol{e}_y g), \tag{13-8$'$}$$

其中 $f=f(x, y)$，$g=g(x, y)$ 是 x，y 的函数而与 z 无关。相应地，式（13-9）和（13-10）改为

$$\mathrm{d}\boldsymbol{B}=C_1\alpha\frac{(\boldsymbol{e}_x f+\boldsymbol{e}_y g)\times(\boldsymbol{e}_x\rho-\boldsymbol{e}_y y-\boldsymbol{e}_z z)}{r^3}\mathrm{d}z \tag{13-9$'$}$$

和

$$\mathrm{d}\boldsymbol{B}\text{ 的 }z\text{ 分量}=-C_1\alpha\frac{\mathrm{d}z}{r^3}(fy+g\rho)=C_2'\frac{\mathrm{d}z}{(\rho^2+y^2+z^2)^{3/2}}, \tag{13-10$'$}$$

其中

$$C_2'\equiv-C_1\alpha(fy+g\rho)=\text{常数}\quad(\text{与 }z\text{ 无关})。 \tag{13-11$'$}$$

于是式（13-12）改为

$$\Delta B_{条}=\frac{2C_2'}{\rho^2+y^2}。 \tag{13-12$'$}$$

仿照圆形螺线管的讨论便知任意截面螺线管的管外 $\boldsymbol{B}=0$。

［选读 13-1］

我们是为证明非圆螺线管磁场的结论而对圆形螺线管推出式（13-12）的（在笔者能查到的中外文文献中未曾见过这一公式）。为了验证此式的正确性，最直接的办法就是把它沿圆周取和（积分）以求得整个圆柱面电流在 P 点贡献的磁场，我们当然希望此积分为零（管外磁场理应为零）。进一步说，为使此式也适用于管内，只需把 h 定义为 $h\equiv x_P-R$（其中 x_P 代表 P 点的 x 坐标），当 P 点在管内时 $x_P<R$，故 $h<0$，我们希望式（13-12）的积分还能给出管内 $B=\mu_0 nI$ 的结论。可喜的是积分结果的确如此，下面给出计算过程。

把 Δl 和 $\Delta B_{条}$ 改记作 $\mathrm{d}l$ 和 $\mathrm{d}B_{条}$。以 φ 代表与直角坐标 x，y 相应的极角，则

$$x=R\cos\varphi,\quad y=R\sin\varphi,\quad \mathrm{d}l=R\mathrm{d}\varphi。 \tag{13-13}$$

把 $C_1\equiv\dfrac{\mu_0}{4\pi}\mathrm{d}l$ 代入 $C_2\equiv C_1\alpha R^{-1}(y^2-x\rho)$ 后再代入式（13-12）便得薄长条在 P 点贡献的磁场

$$\mathrm{d}B_{条}=\frac{\mu_0\alpha}{2\pi R}\frac{(y^2-x\rho)}{\rho^2+y^2}\mathrm{d}l=\frac{\mu_0\alpha}{2\pi}\frac{(y^2-x\rho)}{\rho^2+y^2}\mathrm{d}\varphi。 \tag{13-14}$$

由式（13-13）及 $\rho\equiv h+R-x$［即式（13-4）］得

$$y^2 - x\rho = R[R-(h+R)\cos\varphi], \tag{13-15}$$

$$\rho^2 + y^2 = (h+R-R\cos\varphi)^2 + R^2\sin^2\varphi。 \tag{13-16}$$

代入式(13-14)并积分便得圆形螺线管在管外和管内激发的磁场

$$B = 2\times\frac{\mu_0 \alpha R}{2\pi}\int_0^{\pi}\frac{R-(h+R)\cos\varphi}{(h+R-R\cos\varphi)^2+R^2\sin^2\varphi}\mathrm{d}\varphi, \tag{13-17}$$

与上式的定积分相应的不定积分为

$$\int\frac{R-(h+R)\cos\varphi}{(h+R-R\cos\varphi)^2+R^2\sin^2\varphi}\mathrm{d}\varphi = \frac{\varphi}{2R} - \frac{\arctan\left[\dfrac{(h+2R)}{h}\tan(\varphi/2)\right]}{R}, \tag{13-18}$$

代回式(13-17)便得

$$B = -\frac{\mu_0\alpha}{2\pi}\frac{\{\mathrm{sign}[(h+2R)/h](h+2R)-(h+2R)\}\pi}{h+2R}, \tag{13-19}$$

其中

$$\mathrm{sign}[(h+2R)/h] \equiv \begin{cases} +1, & 当(h+2R)/h>0 \\ -1, & 当(h+2R)/h<0 \end{cases}。$$

由 $h=x_P-R$ 知 $h+2R=x_P+R$，故

对管外：$\left.\begin{cases} (1)\ x_P>R \Rightarrow h>0,\ h+2R>0 \\ 或(2)\ x_P<0,\ |x_P|>R \Rightarrow h<0,\ h+2R<0 \end{cases}\right\} \Rightarrow \mathrm{sign}[(h+2R)/h]=+1$，

故管外有

$$B = -\frac{\mu_0\alpha}{2\pi}\frac{[(h+2R)-(h+2R)]\pi}{h+2R} = 0, \tag{13-20a}$$

对管内：$\left.\begin{cases} (1)\ x_P>0,\ x_P<R \\ 或(2)\ x_P<0,\ |x_P|<R \end{cases}\right\} \Rightarrow h<0,\ h+2R>0 \Rightarrow \mathrm{sign}[(h+2R)/h]=-1$，

故管内有

$$B = -\frac{\mu_0\alpha}{2\pi}\frac{[-(h+2R)-(h+2R)]\pi}{h+2R} = \mu_0\alpha。 \tag{13-20b}$$

面电流密度 α 代表沿圆周切向流过母线上单位长度的电流，还原为绕线电流的语言，就等于单位长度的匝数 n 乘以每根线的电流 I，可见式(13-20b)等价于 $B=\mu_0 nI$。这可以看作是讨论非圆螺线管的一个有趣的副产品——我们从毕-萨定律出发直接积分(而不是用安培环路定理)证明了圆形螺线管的“管内 $B=\mu_0 nI$、管外 $B=0$”的结论。

[选读 13-1 完]

专题 14　任意闭合线圈在均匀磁场中的安培力矩

本专题导读

证明了闭合线圈(含非平面线圈)在均匀外磁场 $\boldsymbol{B}$ 中所受安培力为零，力矩为 $\boldsymbol{M}=\boldsymbol{p}_{\mathrm{m}}\times\boldsymbol{B}$，其中 $\boldsymbol{p}_{\mathrm{m}}\equiv\frac{1}{2}I\oint_L\boldsymbol{r}\times\mathrm{d}\boldsymbol{l}$，验证了此式对平面线圈能回到 $\boldsymbol{p}_{\mathrm{m}}\equiv IS\boldsymbol{e}_{\mathrm{n}}$。

基础篇小节 5.6.2 得出过如下结论：任何形状的平面载流线圈在均匀外磁场 $\boldsymbol{B}$ 中受到的安培合力为零，但受到一个安培力矩 $\boldsymbol{M}$，它力图使线圈的磁矩转到 $\boldsymbol{B}$ 的方向。

本专题旨在证明上述结论对任意形状的闭合载流线圈(包括非平面线圈)也同样成立，准确地说是要证明如下两个命题。

命题 14-1　任意闭合载流线圈在均匀外磁场 $\boldsymbol{B}$ 中受到的安培合力为零。

证明　设线圈的恒定电流为 I，则其任一元段 $\mathrm{d}\boldsymbol{l}$ 所受的安培力为

$$\mathrm{d}\boldsymbol{F}=I\mathrm{d}\boldsymbol{l}\times\boldsymbol{B}\ ,\ [\text{基础篇式(5-34)}] \tag{14-1}$$

整个线圈受到的安培合力等于沿线圈 L 的闭合线积分：

$$\boldsymbol{F}=\oint_L\mathrm{d}\boldsymbol{F}=\oint_L I\mathrm{d}\boldsymbol{l}\times\boldsymbol{B}=I\left(\oint_L\mathrm{d}\boldsymbol{l}\right)\times\boldsymbol{B}=0\ 。$$

其中第三步是因为 ①线圈各元段电流都是 I，②$\boldsymbol{B}$ 是均匀磁场；末步是因为对闭曲线总有 $\oint_L\mathrm{d}\boldsymbol{l}=0$(这无非是图 14-1 的结论的自然推广)。　□

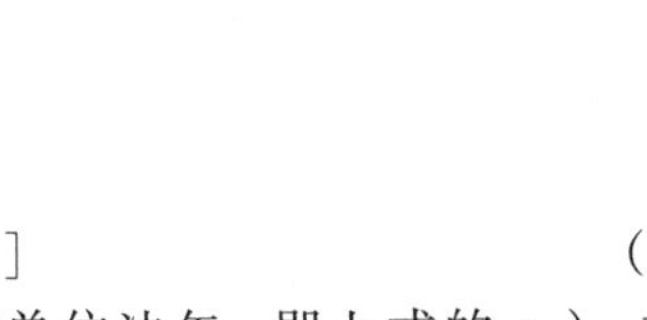

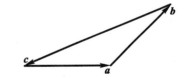

图 14-1　首尾相接的矢量和 $\boldsymbol{a}+\boldsymbol{b}+\boldsymbol{c}=0$

再讨论闭合载流线圈 L 在均匀外磁场 $\boldsymbol{B}$ 中所受的安培力矩 $\boldsymbol{M}$。基础篇已就其简单情况——平面闭合线圈——做了讨论，结论是

$$\boldsymbol{M}=\boldsymbol{p}_{\mathrm{m}}\times\boldsymbol{B}\ ,$$

其中

$$\boldsymbol{p}_{\mathrm{m}}\equiv IS\boldsymbol{e}_{\mathrm{n}}\quad[\text{基础篇式(5-36)}] \tag{14-2}$$

称为线圈的**磁矩**。平面线圈躺在确定的平面上(从而可谈及其单位法矢，即上式的 $\boldsymbol{e}_{\mathrm{n}}$)，并且围出一块确定的面积(从而可谈及其面积，即上式的 S)。然而对非平面线圈来说 $\boldsymbol{e}_{\mathrm{n}}$ 和 S 都失去意义，还能定义磁矩吗？这一困难可被巧妙地克服，因为可对任意闭合线圈用下式定义磁矩：

$$\boldsymbol{p}_{\mathrm{m}}\equiv\frac{1}{2}I\oint_L\boldsymbol{r}\times\mathrm{d}\boldsymbol{l}\ , \tag{14-3}$$

其中 I 是线圈电流，$\boldsymbol{r}$ 是从任一选定原点 O 出发到积分元段 $\mathrm{d}\boldsymbol{l}$ 的径矢。

甲 上式的积分与原点 O 的选择是否有关？如果有关，这一定义就毫无意义了。

乙 问得好。答案当然是无关，证明很简单：设另选原点 O'，则同一元段 $\mathrm{d}\boldsymbol{l}$ 的径矢变为

$$\boldsymbol{r}'=\boldsymbol{r}+\boldsymbol{a},\ (\boldsymbol{a}\text{ 为常矢量})$$

但是积分不变：

$$\oint_L \boldsymbol{r}'\times\mathrm{d}\boldsymbol{l}=\oint_L \boldsymbol{r}\times\mathrm{d}\boldsymbol{l}+\boldsymbol{a}\times\oint_L\mathrm{d}\boldsymbol{l}=\oint_L \boldsymbol{r}\times\mathrm{d}\boldsymbol{l}\ 。$$

（这里再次用到 $\oint_L \mathrm{d}\boldsymbol{l}=0$ 的结论。）

甲 平面闭合线圈是任意闭合线圈的特例，把式(14-3)用于平面闭合线圈能回到式(14-2)吗？

乙 当然可以。设平面线圈 L 躺在纸面上，其电流 I 沿逆时针方向，则其元段 $\mathrm{d}\boldsymbol{l}$ 也沿逆时针方向(见图 14-2)，而其单位法矢 $\boldsymbol{e}_{\mathrm{n}}$ 垂直于纸面向外。以径矢 $\boldsymbol{r}$ 的原点 O 为坐标原点、垂直于纸面向外为 z 轴方向建立一右手柱坐标系$\{\rho,\ \varphi,\ z\}$，则

$$\boldsymbol{r}=r\boldsymbol{e}_\rho\ ,\quad \mathrm{d}\boldsymbol{l}=\boldsymbol{e}_\rho\mathrm{d}\rho+\boldsymbol{e}_\varphi r\mathrm{d}\varphi\ ,\tag{14-4}$$

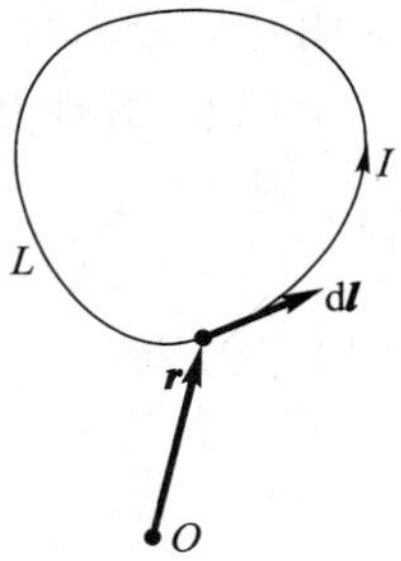

图 14-2 式(14-3)能回到式(14-2)的证明用图

故

$$\boldsymbol{p}_{\mathrm{m}}=\frac{1}{2}I\oint_L \boldsymbol{r}\times\mathrm{d}\boldsymbol{l}=\frac{1}{2}I\oint_L r\boldsymbol{e}_\rho\times(\boldsymbol{e}_\rho\mathrm{d}\rho+\boldsymbol{e}_\varphi r\mathrm{d}\varphi)=I\left(\frac{1}{2}\oint_L r^2\mathrm{d}\varphi\right)\boldsymbol{e}_z\ ,\tag{14-5}$$

其中第三步用到右手系的 $\boldsymbol{e}_\rho\times\boldsymbol{e}_\varphi=\boldsymbol{e}_z$；而 $\frac{1}{2}\oint_L r^2\mathrm{d}\varphi$ 正是任意形状平面闭合曲线 L 所围面积 S 用极坐标的积分表达式(见任一本高数教材)，再加上 $\boldsymbol{e}_{\mathrm{n}}=\boldsymbol{e}_z$(均为单位矢，所以大小相等；均垂直于纸面向外，所以方向相同)，便得

$$\boldsymbol{p}_{\mathrm{m}}=IS\boldsymbol{e}_{\mathrm{n}}\ ,$$

此即待证的式(14-2)。

现在就可陈述并证明本专题的主旨命题。

命题 14-2 任意闭合载流线圈 L 在均匀外磁场 $\boldsymbol{B}$ 中受到的安培力矩为

$$\boldsymbol{M}=\boldsymbol{p}_{\mathrm{m}}\times\boldsymbol{B}\ ,\tag{14-6}$$

其中磁矩 $\boldsymbol{p}_{\mathrm{m}}$ 由式(14-3)定义。

证明 只需证明 $\boldsymbol{M}-\boldsymbol{p}_{\mathrm{m}}\times\boldsymbol{B}=0$。元段 $\mathrm{d}\boldsymbol{l}$ 所受安培力 $\mathrm{d}\boldsymbol{F}=I\mathrm{d}\boldsymbol{l}\times\boldsymbol{B}$，故线圈所受安培力矩为

$$\boldsymbol{M}=\oint_L \boldsymbol{r}\times\mathrm{d}\boldsymbol{F}=I\oint_L \boldsymbol{r}\times(\mathrm{d}\boldsymbol{l}\times\boldsymbol{B}),\tag{14-7}$$

因而

$$\begin{aligned}\boldsymbol{M}-\boldsymbol{p}_{\mathrm{m}}\times\boldsymbol{B}&=I\oint_L \boldsymbol{r}\times(\mathrm{d}\boldsymbol{l}\times\boldsymbol{B})-\left(\frac{1}{2}I\oint_L \boldsymbol{r}\times\mathrm{d}\boldsymbol{l}\right)\times\boldsymbol{B}\\&=I\oint_L\left[\boldsymbol{r}\times(\mathrm{d}\boldsymbol{l}\times\boldsymbol{B})-\frac{1}{2}(\boldsymbol{r}\times\mathrm{d}\boldsymbol{l})\times\boldsymbol{B}\right]\ 。\end{aligned}\tag{14-8}$$

利用矢量代数公式 $\boldsymbol{c}\times(\boldsymbol{a}\times\boldsymbol{b})=(\boldsymbol{c}\cdot\boldsymbol{b})\boldsymbol{a}-(\boldsymbol{c}\cdot\boldsymbol{a})\boldsymbol{b}$(见定理 15-3b)可得

$$\boldsymbol{M}-\boldsymbol{p}_{\mathrm{m}}\times\boldsymbol{B}=I\oint_L\left[(\boldsymbol{r}\cdot\boldsymbol{B})\mathrm{d}\boldsymbol{l}-(\boldsymbol{r}\cdot\mathrm{d}\boldsymbol{l})\boldsymbol{B}+\frac{1}{2}(\boldsymbol{B}\cdot\mathrm{d}\boldsymbol{l})\boldsymbol{r}-\frac{1}{2}(\boldsymbol{B}\cdot\boldsymbol{r})\mathrm{d}\boldsymbol{l}\right]$$

$$=\frac{1}{2}I\oint_L[(\boldsymbol{r}\cdot\boldsymbol{B})\mathrm{d}\boldsymbol{l}+\boldsymbol{r}(\boldsymbol{B}\cdot\mathrm{d}\boldsymbol{l})]-I\boldsymbol{B}\oint_L\boldsymbol{r}\cdot\mathrm{d}\boldsymbol{l}\text{。} \tag{14-9}$$

将上式中的两个积分分别记为

$$J_1\equiv\oint_L\boldsymbol{r}\cdot\mathrm{d}\boldsymbol{l} \tag{14-10}$$

和

$$\boldsymbol{J}_2\equiv\oint_L[(\boldsymbol{r}\cdot\boldsymbol{B})\mathrm{d}\boldsymbol{l}+\boldsymbol{r}(\boldsymbol{B}\cdot\mathrm{d}\boldsymbol{l})]\quad\text{（注意它是矢量），} \tag{14-11}$$

则只需证明它们分别为零。

第一个积分用球坐标系比较简单。以径矢 $\boldsymbol{r}$ 的原点 O 为坐标原点建立球坐标系 $\{r,\theta,\varphi\}$，则

$$\boldsymbol{r}=r\boldsymbol{e}_r,\qquad \mathrm{d}\boldsymbol{l}=\boldsymbol{e}_r\mathrm{d}r+\boldsymbol{e}_\theta r\mathrm{d}\theta+\boldsymbol{e}_\varphi r\sin\theta\mathrm{d}\varphi\ , \tag{14-12}$$

代入式(14-10)得

$$J_1=\oint_L r\mathrm{d}r=\frac{1}{2}\oint_L\mathrm{d}(r^2)=0\ , \tag{14-13}$$

其中最后一步是因为任一全微分的环路积分恒为零。

对于第二个积分，球坐标系就不好用了，因为该积分是矢量，“被积函数”①中包含单位矢，而球坐标系的单位矢不是常矢量，不能提到积分外面，会造成麻烦。因此，宜改用直角坐标系。以径矢 $\boldsymbol{r}$ 的原点 O 为坐标原点建立直角坐标系$\{x,y,z\}$，则

$$\boldsymbol{r}=x\boldsymbol{e}_x+y\boldsymbol{e}_y+z\boldsymbol{e}_z\ ,\qquad \mathrm{d}\boldsymbol{l}=\boldsymbol{e}_x\mathrm{d}x+\boldsymbol{e}_y\mathrm{d}y+\boldsymbol{e}_z\mathrm{d}z\ , \tag{14-14}$$

代入式(14-11)得

$$\begin{aligned}\boldsymbol{J}_2=\oint_L[&(xB_x+yB_y+zB_z)(\boldsymbol{e}_x\mathrm{d}x+\boldsymbol{e}_y\mathrm{d}y+\boldsymbol{e}_z\mathrm{d}z)\\&+(x\boldsymbol{e}_x+y\boldsymbol{e}_y+z\boldsymbol{e}_z)(B_x\mathrm{d}x+B_y\mathrm{d}y+B_z\mathrm{d}z)]\ ,\end{aligned} \tag{14-15}$$

其 x 分量

$$\begin{aligned}J_{2x}&=\oint_L[(xB_x+yB_y+zB_z)\mathrm{d}x+x(B_x\mathrm{d}x+B_y\mathrm{d}y+B_z\mathrm{d}z)]\\&=\oint_L[2B_x x\mathrm{d}x+B_y(y\mathrm{d}x+x\mathrm{d}y)+B_z(z\mathrm{d}x+x\mathrm{d}z)]\\&=B_x\oint_L\mathrm{d}(x^2)+B_y\oint_L\mathrm{d}(xy)+B_z\oint_L\mathrm{d}(xz)=0\ ,\end{aligned} \tag{14-16}$$

其中末步同样是因为全微分的环路积分为零。同理可证 $\boldsymbol{J}_2$ 的 y、z 分量也均为零，因而 $\boldsymbol{J}_2=0$。 □

① 按微分几何理论应称作“被积矢量场”。

专题 15　矢量代数和矢量分析

本专题导读

（1）证明了一个极其有用（但一般书中找不到）的公式，即 $\varepsilon_{kij}\varepsilon_{klm}=\delta_{il}\delta_{jm}-\delta_{im}\delta_{jl}$。

（2）详述了梯度、散度、旋度的定义。对常见旋度定义做了评述并给出了我们独特的严格定义。

（3）详述了导数算符∇的定义、用法和注意事项。

（4）严格证明了一大批定理，其中若干证明是较难找到的。

（5）相当详尽地介绍了拉普拉斯算符∇^2，给出了它作用于矢量场的严格定义（其他书中少见）。

（6）讲了曲线坐标系的基本理论，推出了梯度、散度、旋度和算符∇^2在曲线坐标系的表达式。

以上各专题凡涉及麦氏方程时基本上都只出现积分形式，学过基础篇的读者都能读懂。以下各专题将经常涉及麦氏方程的微分形式，而掌握这种形式的必要前提是掌握矢量分析的基本知识，所以我们专辟本专题对矢量分析（特别是关于算符∇的运算和公式）做一个尽量详尽的介绍。虽然大多数读者都已掌握矢量代数的要点，但为了完整和备查，我们仍将矢量代数单列一节。

§15.1　矢量代数

定义 15-1　矢量 $\boldsymbol{a}$ 与 $\boldsymbol{b}$ 的**点乘积（内积）$\boldsymbol{a}\cdot\boldsymbol{b}$** 是一个标量，定义为

$$\boldsymbol{a}\cdot\boldsymbol{b}\equiv ab\cos(\boldsymbol{a},\boldsymbol{b}),\qquad(15-1)$$

其中 a,b 代表 $\boldsymbol{a}$ 和 $\boldsymbol{b}$ 的大小（即 $a\equiv|\boldsymbol{a}|,b\equiv|\boldsymbol{b}|$），$(\boldsymbol{a},\boldsymbol{b})$代表 $\boldsymbol{a},\boldsymbol{b}$ 之间的夹角。

由上述定义可知点乘运算满足以下规律：

（a）交换律，即

$$\boldsymbol{a}\cdot\boldsymbol{b}=\boldsymbol{b}\cdot\boldsymbol{a}\ ;$$

（b）分配律，即

$$\boldsymbol{a}\cdot(\boldsymbol{b}+\boldsymbol{c})=\boldsymbol{a}\cdot\boldsymbol{b}+\boldsymbol{a}\cdot\boldsymbol{c}\ ;$$

（c）（对实数乘子的）结合律，即

$$\alpha\boldsymbol{a}\cdot\beta\boldsymbol{b}=\alpha\beta\boldsymbol{a}\cdot\boldsymbol{b},\quad \text{其中 }\alpha\text{ 和 }\beta\text{ 是任意实数。}$$

交换律和结合律的证明十分容易，分配律的证明要用到简单的立体几何知识，见选读15-1。

定理 15-1　以 a_x,a_y,a_z 和 b_x,b_y,b_z 分别代表 $\boldsymbol{a}$ 和 $\boldsymbol{b}$ 在同一个直角坐标系的分量，则

$$\boldsymbol{a}\cdot\boldsymbol{b}=a_xb_x+a_yb_y+a_zb_z \text{。} \tag{15-2}$$

证明　设 $\boldsymbol{e}_x,\boldsymbol{e}_y,\boldsymbol{e}_z$ 是任一直角坐标系的三个单位基矢，则

$$\begin{aligned}\boldsymbol{a}\cdot\boldsymbol{b}&=(\boldsymbol{e}_xa_x+\boldsymbol{e}_ya_y+\boldsymbol{e}_za_z)\cdot(\boldsymbol{e}_xb_x+\boldsymbol{e}_yb_y+\boldsymbol{e}_zb_z)\\&=(\boldsymbol{e}_xa_x\cdot\boldsymbol{e}_xb_x+\boldsymbol{e}_xa_x\cdot\boldsymbol{e}_yb_y+\boldsymbol{e}_xa_x\cdot\boldsymbol{e}_zb_z)\\&\quad+(\boldsymbol{e}_ya_y\cdot\boldsymbol{e}_xb_x+\boldsymbol{e}_ya_y\cdot\boldsymbol{e}_yb_y+\boldsymbol{e}_ya_y\cdot\boldsymbol{e}_zb_z)\\&\quad+(\boldsymbol{e}_za_z\cdot\boldsymbol{e}_xb_x+\boldsymbol{e}_za_z\cdot\boldsymbol{e}_yb_y+\boldsymbol{e}_za_z\cdot\boldsymbol{e}_zb_z)\\&=a_xb_x+a_yb_y+a_zb_z\ ,\end{aligned}$$

其中第二步用到点乘的分配律，第三步用到点乘的结合律以及 $\boldsymbol{e}_x,\boldsymbol{e}_y,\boldsymbol{e}_z$ 的正交归一性。　□

定义 15-2　矢量 $\boldsymbol{a}$ 与 $\boldsymbol{b}$ 的**叉乘积(外积)**$\boldsymbol{a}\times\boldsymbol{b}$ 是一个矢量，定义为

$$\boldsymbol{a}\times\boldsymbol{b}\equiv\boldsymbol{e}ab\sin(\boldsymbol{a},\boldsymbol{b})\ , \tag{15-3}$$

其中 $\boldsymbol{e}$ 是这样的单位矢，它垂直于由 $\boldsymbol{a},\boldsymbol{b}$ 构成的平面，方向由如下的右手螺旋定则确定：右手四指从 $\boldsymbol{a}$ 出发经过小于 π 的那个角度转向 $\boldsymbol{b}$ 时拇指的指向就是 $\boldsymbol{e}$ 的方向。

由定义 15-2 可知叉乘运算不满足交换律，具体说就是

$$\boldsymbol{a}\times\boldsymbol{b}=-\boldsymbol{b}\times\boldsymbol{a}\text{ 。（称为“反交换律”）}$$

但是叉乘运算满足以下规律：

(a) 分配律，即

$$\boldsymbol{a}\times(\boldsymbol{b}+\boldsymbol{c})=\boldsymbol{a}\times\boldsymbol{b}+\boldsymbol{a}\times\boldsymbol{c}\ ;$$

(b)（对实数乘子的）结合律，即

$$\alpha\boldsymbol{a}\times\beta\boldsymbol{b}=\alpha\beta\boldsymbol{a}\times\boldsymbol{b}\ ,\quad\text{其中 }\alpha\text{ 和 }\beta\text{ 是任意实数。}$$

结合律的证明十分容易，分配律的证明见选读 15-1。

定理 15-2　设 $\boldsymbol{e}_x,\boldsymbol{e}_y,\boldsymbol{e}_z$ 是任一右手直角坐标系的三个单位基矢，则

$$\boldsymbol{a}\times\boldsymbol{b}=\boldsymbol{e}_x(a_yb_z-a_zb_y)+\boldsymbol{e}_y(a_zb_x-a_xb_z)+\boldsymbol{e}_z(a_xb_y-a_yb_x)\text{ 。} \tag{15-4}$$

证明　由叉乘定义及右手系定义不难看出

$$\boldsymbol{e}_x\times\boldsymbol{e}_x=\boldsymbol{e}_y\times\boldsymbol{e}_y=\boldsymbol{e}_z\times\boldsymbol{e}_z=0\ , \tag{15-5}$$

$$\boldsymbol{e}_x\times\boldsymbol{e}_y=\boldsymbol{e}_z\ ,\qquad\boldsymbol{e}_y\times\boldsymbol{e}_z=\boldsymbol{e}_x\ ,\qquad\boldsymbol{e}_z\times\boldsymbol{e}_x=\boldsymbol{e}_y\text{ 。} \tag{15-6}$$

于是

$$\begin{aligned}\boldsymbol{a}\times\boldsymbol{b}&=(\boldsymbol{e}_xa_x+\boldsymbol{e}_ya_y+\boldsymbol{e}_za_z)\times(\boldsymbol{e}_xb_x+\boldsymbol{e}_yb_y+\boldsymbol{e}_zb_z)\\&=[(\boldsymbol{e}_x\times\boldsymbol{e}_y)a_xb_y+(\boldsymbol{e}_x\times\boldsymbol{e}_z)a_xb_z]\\&\quad+[(\boldsymbol{e}_y\times\boldsymbol{e}_x)a_yb_x+(\boldsymbol{e}_y\times\boldsymbol{e}_z)a_yb_z]\\&\quad+[(\boldsymbol{e}_z\times\boldsymbol{e}_x)a_zb_x+(\boldsymbol{e}_z\times\boldsymbol{e}_y)a_zb_y]\\&=\boldsymbol{e}_z(a_xb_y-a_yb_x)+\boldsymbol{e}_y(a_zb_x-a_xb_z)+\boldsymbol{e}_x(a_yb_z-a_zb_y)\ ,\end{aligned}$$

上式正是待证的式(15-4)。推导中的第二步用到式(15-5)以及叉乘的结合律和分配律，第三步用到式(15-6)以及叉乘的反交换律。　□

仿照行列式的运算法则，可把式(15-4)写成非常便于记忆的形式：

$$\boldsymbol{a}\times\boldsymbol{b}=\begin{vmatrix}\boldsymbol{e}_x&\boldsymbol{e}_y&\boldsymbol{e}_z\\a_x&a_y&a_z\\b_x&b_y&b_z\end{vmatrix}\text{ 。} \tag{15-4$'$}$$

但是式(15-4)和(15-4′)在运算时还是比较麻烦，最好借用 Levi-Civita 记号 ε_{ijk}把叉乘表达式简化。ε_{ijk}(指标 i,j,k 都可从 1 取到 3)的定义如下：

$$\varepsilon_{ijk}\equiv\begin{cases}0, & (\text{当 } i,j,k \text{ 三数中有两个相等时})\\ \varepsilon_{123}=\varepsilon_{312}=\varepsilon_{231}=+1, & \varepsilon_{132}=\varepsilon_{213}=\varepsilon_{321}=-1\end{cases}。\tag{15-7}$$

把(右手)直角坐标 x,y,z 改记为 x^1,x^2,x^3(多数读者习惯于记作 x_1,x_2,x_3，我们记作 x^1,x^2,x^3 是有用意的，不过读者不必理会)，利用记号 ε_{ijk}便可把 $\boldsymbol{a}\times\boldsymbol{b}$ 的第 i 分量表为

$$(\boldsymbol{a}\times\boldsymbol{b})_i=\sum_{j,k=1}^{3}\varepsilon_{ijk}a_jb_k\ , \quad i=1,2,3。\tag{15-8}$$

以后我们采用爱因斯坦惯例，即省略求和号 $\sum\limits_{j,k=1}^{3}$，只要某指标出现两次就要对它从 1 到 3 求和。这样又可把式(15-8)进一步简化为

$$(\boldsymbol{a}\times\boldsymbol{b})_i=\varepsilon_{ijk}a_jb_k\ , \quad i=1,2,3。\tag{15-8′}$$

利用这一简化式可以非常简便地证明以下定理。

定理 15-3a 三个矢量的点叉混合积满足

$$\boldsymbol{a}\cdot(\boldsymbol{b}\times\boldsymbol{c})=\boldsymbol{b}\cdot(\boldsymbol{c}\times\boldsymbol{a})。\tag{15-9}$$

证明

$$\boldsymbol{a}\cdot(\boldsymbol{b}\times\boldsymbol{c})=a_i(\boldsymbol{b}\times\boldsymbol{c})_i=\varepsilon_{ijk}a_ib_jc_k\ ,\tag{15-10a}$$

其中第一步用到式(15-2)，且等号右边已略去求和号 $\sum\limits_{i=1}^{3}$，第二步用到式(15-8′)。类似地，

$$\boldsymbol{b}\cdot(\boldsymbol{c}\times\boldsymbol{a})=b_j(\boldsymbol{c}\times\boldsymbol{a})_j=b_j\varepsilon_{jki}c_ka_i=\varepsilon_{ijk}a_ib_jc_k\ ,\tag{15-10b}$$

其中末步用到式(15-7)。对比式(15-10a)和(15-10b)便知式(15-9)成立。 □

注 1 式(15-9)也可去掉括号而简写为

$$\boldsymbol{a}\cdot\boldsymbol{b}\times\boldsymbol{c}=\boldsymbol{b}\cdot\boldsymbol{c}\times\boldsymbol{a}。\tag{15-9′}$$

在保持·和×号位置的前提下，上式右边是把左边三个矢量中最靠左的那个(即 $\boldsymbol{a}$)调至最靠右的结果，不妨称这一做法为“转圈”操作。重复转圈操作便可把式(15-9′)发展为

$$\boldsymbol{a}\cdot\boldsymbol{b}\times\boldsymbol{c}=\boldsymbol{b}\cdot\boldsymbol{c}\times\boldsymbol{a}=\boldsymbol{c}\cdot\boldsymbol{a}\times\boldsymbol{b}=-\boldsymbol{c}\cdot\boldsymbol{b}\times\boldsymbol{a}=-\boldsymbol{b}\cdot\boldsymbol{a}\times\boldsymbol{c}=-\boldsymbol{a}\cdot\boldsymbol{c}\times\boldsymbol{b}。\tag{15-9″}$$

定理 15-3b 三个矢量的两次叉积满足

$$\boldsymbol{c}\times(\boldsymbol{a}\times\boldsymbol{b})=(\boldsymbol{c}\cdot\boldsymbol{b})\boldsymbol{a}-(\boldsymbol{c}\cdot\boldsymbol{a})\boldsymbol{b}。\tag{15-11}$$

注 2 上式经常用到，证明前先介绍记忆方法。从上式左边的 $\boldsymbol{c}$ 看来，$\boldsymbol{a}$ 较近而 $\boldsymbol{b}$ 较远，因此右边可借如下浓缩口诀记住：

“$\boldsymbol{c}$ 点远乘近减 $\boldsymbol{c}$ 点近乘远”。

证明 式(15-11)是矢量等式，为了证明，只需验证它两边的第 i 分量($i=1,2,3$)相等。左边是矢量 $\boldsymbol{c}$ 与 $\boldsymbol{a}\times\boldsymbol{b}$ 的叉积，连续两次使用式(15-8′)得

$$[\boldsymbol{c}\times(\boldsymbol{a}\times\boldsymbol{b})]_i=\varepsilon_{ijk}c_j(\boldsymbol{a}\times\boldsymbol{b})_k=\varepsilon_{ijk}c_j\varepsilon_{klm}a_lb_m=\varepsilon_{kij}\varepsilon_{klm}c_ja_lb_m。\tag{15-12}$$

下面要用到一个极其好用的公式(证明见选读 15-2)，即

$$\varepsilon_{kij}\varepsilon_{klm}=\delta_{il}\delta_{jm}-\delta_{im}\delta_{jl}\ ,\ (\text{左边重复指标 } k \text{ 暗示要对 } k \text{ 求和})\tag{15-13}$$

其中 δ_{il}是一个带有两个指标的数，定义为

$$\delta_{il}=\begin{cases}1, & (\text{当 } i=l \text{ 时})\\ 0, & (\text{当 } i\neq l \text{ 时})\end{cases}。\tag{15-14}$$

δ_{il}经常出现在 $\delta_{il}a_l$ 一类式子中。如果 $i=1$，则 $\delta_{il}a_l$ 就是 $\delta_{1l}a_l$。注意到重复 l 代表对 l 求和，得

$$\delta_{1l}a_l=\delta_{11}a_1+\delta_{12}a_2+\delta_{13}a_3=a_1+0+0=a_1 \ ,$$

可见 $\delta_{il}a_l=a_i$。此式非常便于计算。例如，将式(15-13)代入式(15-12)得

$$\begin{aligned}[\boldsymbol{c}\times(\boldsymbol{a}\times\boldsymbol{b})]_i &=(\delta_{il}\delta_{jm}-\delta_{im}\delta_{jl})c_ja_lb_m=c_ja_ib_j-c_ja_jb_i\\ &=(\boldsymbol{c}\cdot\boldsymbol{b})a_i-(\boldsymbol{c}\cdot\boldsymbol{a})b_i=[\boldsymbol{c}\cdot\boldsymbol{b})\boldsymbol{a}]_i-[\boldsymbol{c}\cdot\boldsymbol{a})\boldsymbol{b}]_i\ , \quad i=1,2,3。\end{aligned}$$

这就证明了式(15-11)。 □

上述证明的大部分篇幅用于向初学者介绍式(15-13)及其用法。如果熟悉该式，式(15-11)的证明只需如下两行：

$$\begin{aligned}[\boldsymbol{c}\times(\boldsymbol{a}\times\boldsymbol{b})]_i &=\varepsilon_{ijk}c_j(\boldsymbol{a}\times\boldsymbol{b})_k=\varepsilon_{ijk}c_j\varepsilon_{klm}a_lb_m=(\delta_{il}\delta_{jm}-\delta_{im}\delta_{jl})c_ja_lb_m\\ &=c_ja_ib_j-c_ja_jb_i=[(\boldsymbol{c}\cdot\boldsymbol{b})\boldsymbol{a}]_i-[(\boldsymbol{c}\cdot\boldsymbol{a})\boldsymbol{b}]_i \ 。\end{aligned}$$

事实上，上述证明只是式(15-13)的威力的首次展示，后面还会经常用到。此式其实是微分几何中的一个威力强大的普适公式用于最简单的3维欧氏空间的结果。该普适公式适用于任意维数的空间，其证明涉及较多的微分几何知识[见梁灿彬，周彬(2006)上册引理5-4-4(b)及其证明]，在此无法介绍。对本书的一般读者而言，只要知道并会用式(15-13)就已足够(从不会用变得会用是一个质的飞跃)。对于很想知道式(15-13)的证明的读者，我们指出：因为该式只涉及3维欧氏空间，也可用不涉及微分几何的大众化办法证明，见选读15-2。

[选读 15-1]

本选读旨在补证点乘和叉乘运算的分配律。为此，首先定义矢量 $\boldsymbol{a}$ 在矢量 $\boldsymbol{u}$ 方向的投影。过 $\boldsymbol{a}$ 的始、末端 G_1,G_2 作两个垂直于 $\boldsymbol{u}$ 的平面，记作 P_1 和 P_2(见图15-1)。矢量 $\boldsymbol{a}$ 在矢量 $\boldsymbol{u}$ 方向的**投影**(记作 a_u)定义为这样一个代数量，其绝对值等于 P_1 与 P_2 之间的距离，其正负由下法决定：过 G_1 作平行于 $\boldsymbol{u}$ 的直线交 P_2 于 G_2'，以$\overrightarrow{G_1G_2'}$代表由 G_1 到 G_2' 的矢量，当$\overrightarrow{G_1G_2'}$与 $\boldsymbol{u}$ 同向时 $a_u>0$(图15-1就是这种情况)，否则 $a_u<0$。

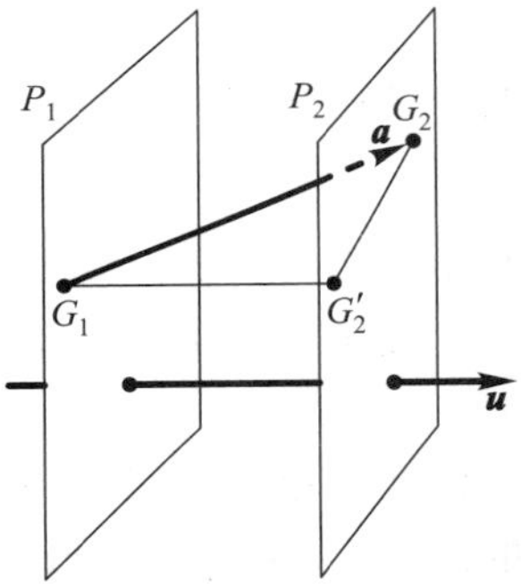

图 15-1　矢量 $\boldsymbol{a}$ 在 $\boldsymbol{u}$ 方向的投影

定理 15-4　设 $\boldsymbol{a},\boldsymbol{b},\boldsymbol{u}$ 为任意矢量，以 a_u,b_u 和 $(\boldsymbol{a}+\boldsymbol{b})_u$ 依次代表 $\boldsymbol{a},\boldsymbol{b}$ 和 $\boldsymbol{a}+\boldsymbol{b}$ 在 $\boldsymbol{u}$ 方向的投影，则

$$(\boldsymbol{a}+\boldsymbol{b})_u=a_u+b_u \ 。\tag{15-15}$$

就是说，矢量和的投影等于投影的代数和。

证明　令 $\boldsymbol{c}\equiv\boldsymbol{a}+\boldsymbol{b}$。以 G_1,G_2 代表矢量 $\boldsymbol{a}$ 的始、末端，G_2,G_3 代表 $\boldsymbol{b}$ 的始、末端，则 G_1,G_3 就是 $\boldsymbol{c}$ 的始、末端，如图15-2。过 G_1,G_2,G_3 依次作垂直于 $\boldsymbol{u}$ 的平面 P_1,P_2,P_3，以 g_1,g_2,g_3 代表这三个平面与 $\boldsymbol{u}$ 的交点。令 $i,j=1,2,3$，考虑从 g_i 到 $g_j(j\neq i)$ 的各矢量$\overrightarrow{g_ig_j}$，再以 λ_{ij}代表$\overrightarrow{g_ig_j}$在 $\boldsymbol{u}$ 方向的投影。暂时假定 g_3 位于 g_1 和 g_2 之间(图15-2就是这种情况)，则 $\lambda_{13}+\lambda_{32}=\lambda_{12}$，故

$$\lambda_{12}+\lambda_{23}+\lambda_{31}=0 \ 。\tag{15-16}$$

如果 g_1(或 g_2)位于其余两点之间，不难看出上式仍成立。由图15-2又知 $\lambda_{12},\lambda_{23}$和 λ_{31}依次是 $\boldsymbol{a},\boldsymbol{b}$ 和 $-\boldsymbol{c}$ 在 $\boldsymbol{u}$ 方向的投影，即

$$\lambda_{12}=a_u \ , \quad \lambda_{23}=b_u \ , \quad \lambda_{31}=-c_u \ ,$$

代入式(15-16)便得 $a_u+b_u-c_u=0$，而这就是待证的式(15-15)。 □

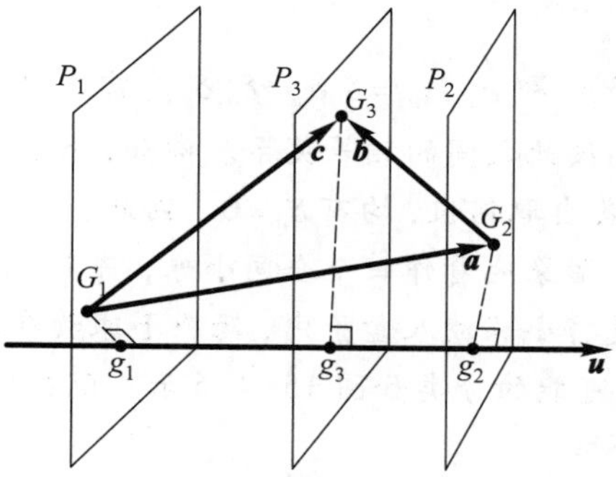

图 15-2 证明矢量和的投影等于投影的代数和

以此为基础便可证明点乘和叉乘运算的分配律。

定理 15-5 矢量间的点乘运算满足分配律，即

$$\boldsymbol{a}\cdot(\boldsymbol{b}+\boldsymbol{c})=\boldsymbol{a}\cdot\boldsymbol{b}+\boldsymbol{a}\cdot\boldsymbol{c}\ 。$$

证明 由点乘的定义式(15-1)以及矢量投影的定义得

$$\boldsymbol{a}\cdot\boldsymbol{b}=ab_a\ ,\quad 其中\ a\equiv|\boldsymbol{a}|,\ b_a\ 是\ \boldsymbol{b}\ 在\ \boldsymbol{a}\ 方向的投影。$$

同理还有

$$\boldsymbol{a}\cdot\boldsymbol{c}=ac_a\ ,\quad \boldsymbol{a}\cdot(\boldsymbol{b}+\boldsymbol{c})=a\,(\boldsymbol{b}+\boldsymbol{c})_a\ 。$$

而由式(15-15)得$(\boldsymbol{b}+\boldsymbol{c})_a=b_a+c_a$，故

$$\boldsymbol{a}\cdot(\boldsymbol{b}+\boldsymbol{c})=a(b_a+c_a)=ab_a+ac_a=\boldsymbol{a}\cdot\boldsymbol{b}+\boldsymbol{a}\cdot\boldsymbol{c}\ 。\qquad \square$$

另一方面，由式(15-3)不难看出$\boldsymbol{a}\times\boldsymbol{b}$的绝对值等于以$\boldsymbol{a}$和$\boldsymbol{b}$为边的平行四边形的面积，这一几何意义有助于证明叉乘的分配律。

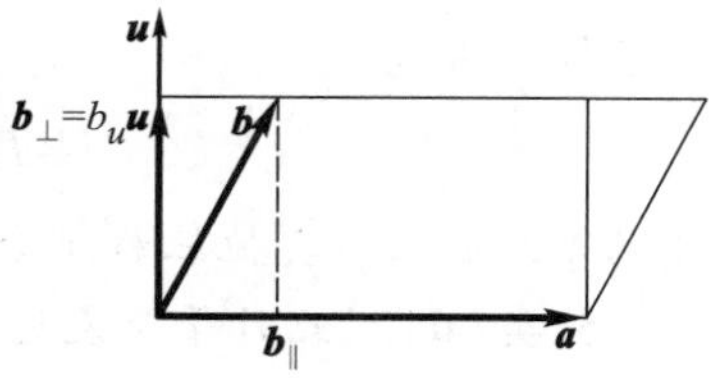

图 15-3 矩形与平行四边形面积相等

定理 15-6 矢量间的叉乘运算满足分配律，即

$$\boldsymbol{a}\times(\boldsymbol{b}+\boldsymbol{c})=\boldsymbol{a}\times\boldsymbol{b}+\boldsymbol{a}\times\boldsymbol{c}\ 。$$

证明 如图 15-3 所示，把$\boldsymbol{b}$分解为平行于$\boldsymbol{a}$的部分(记作$\boldsymbol{b}_\parallel$)和垂直于$\boldsymbol{a}$的部分(记作$\boldsymbol{b}_\perp$)：

$$\boldsymbol{b}=\boldsymbol{b}_\parallel+\boldsymbol{b}_\perp\ 。$$

以$\boldsymbol{u}$代表垂直于$\boldsymbol{a}$的单位矢(两种指向任择其一)，则$\boldsymbol{b}_\perp=b_u\boldsymbol{u}$，故

$$\boldsymbol{b}=\boldsymbol{b}_\parallel+b_u\boldsymbol{u}\ 。$$

同理还有

$$\boldsymbol{c}=\boldsymbol{c}_\parallel+c_u\boldsymbol{u}\ ,\quad \boldsymbol{b}+\boldsymbol{c}=(\boldsymbol{b}+\boldsymbol{c})_\parallel+(\boldsymbol{b}+\boldsymbol{c})_u\boldsymbol{u}\ 。$$

$\boldsymbol{b}_\parallel$与$\boldsymbol{a}$平行导致$\boldsymbol{a}\times\boldsymbol{b}_\parallel=0$，故

$$\boldsymbol{a}\times\boldsymbol{b}=\boldsymbol{a}\times(\boldsymbol{b}_\parallel+b_u\boldsymbol{u})=b_u\boldsymbol{a}\times\boldsymbol{u}\ 。$$

同理还有

$$\boldsymbol{a}\times\boldsymbol{c}=c_u\boldsymbol{a}\times\boldsymbol{u}\ 和\ \boldsymbol{a}\times(\boldsymbol{b}+\boldsymbol{c})=(\boldsymbol{b}+\boldsymbol{c})_u\boldsymbol{a}\times\boldsymbol{u}\ 。$$

于是利用式(15-15)便有

$$\boldsymbol{a}\times(\boldsymbol{b}+\boldsymbol{c})=(b_u+c_u)\boldsymbol{a}\times\boldsymbol{u}=b_u\boldsymbol{a}\times\boldsymbol{u}+c_u\boldsymbol{a}\times\boldsymbol{u}=\boldsymbol{a}\times\boldsymbol{b}+\boldsymbol{a}\times\boldsymbol{c}\ 。\qquad \square$$

[选读 15-1 完]

[选读 15-2]

本选读旨在证明式(15-13)，即 $\varepsilon_{kij}\varepsilon_{klm}=\delta_{il}\delta_{jm}-\delta_{im}\delta_{jl}$。首先要注意，决定等号两边数值的不是 i,j,l,m 的具体值，而是它们彼此之间的相等关系。例如，若 $i=j$，则不论它们各自取何值，均有 $\varepsilon_{kij}=0$；若 $i\neq l$，则不论它们各自取何值，均有 $\delta_{il}=0$。因此，可依据 i,j,l,m 之间的相等关系进行分类讨论。为此，将 i,j,l,m 形象地看作四个全同小球，将 1,2,3 这三种可能的取值看作三个全同盒子，令 i,j,l,m 取值即是将小球放入盒子中，两个小球放在同一盒子表示两者相等，放在不同盒子表示两者不等。所有可能的分类如图 15-4 所示。现在按图逐一讨论。

图 15-4 式(15-13)证明用图

分类(a) 此时有 $i=j=l=m$，显然等号两边均为零，等式成立。

分类(b) 此分类有四种子分类，即第二个盒子的小球分别代表 i,j,l,m，可进行穷举。以第二盒代表 i 为例，则有 $i\neq j=l=m$。对于等号左边，

$$l=m \Rightarrow \varepsilon_{klm}=0 \Rightarrow \varepsilon_{kij}\varepsilon_{klm}=0\ ;$$

对于等号右边，

$$i\neq l, i\neq m \Rightarrow \delta_{il}=0, \delta_{im}=0 \Rightarrow \delta_{il}\delta_{jm}-\delta_{im}\delta_{jl}=0\ 。$$

可见等式成立。其他三种子分类同理可证。

分类(d) 此时等号左边一定为零，因为 $\varepsilon_{kij}\varepsilon_{klm}\neq 0$ 的必要条件是

$$k\neq i,\quad k\neq j,\quad k\neq l,\quad k\neq m,$$

但由图可见每盒都有小球，即 i,j,l,m 已经将所有三种可能的取值都“占”了，无论 k 取何值(无论放进哪个盒子)，都会与其中的一个或两个“撞车”，所以上述条件无法满足。等号右边也一定为零，因为 $\delta_{il}\delta_{jm}-\delta_{im}\delta_{jl}\neq 0$ 的必要条件是至少其中一项不为零，而每一项都有两个 δ，要想不为零就需要 i,j,l,m 中有两对相等，但由图可见只有一对相等，所以上述条件无法满足。综合以上两点可知等式成立。

分类(c) 从 i,j,l,m 中无序地挑出两个组成一对，放入第一盒，挑法共有 $C_4^2=6$ 种。但在挑了第一种并放入第一盒之后，其余两球就要放入第二盒，由于两盒对称，分类(c)其实只有 $C_4^2/2=3$ 种情况，分别讨论如下。

情况(1) $i=j\neq l=m$。显然等号左右两边均为零，等式成立。

情况(2) $i=l\neq j=m$。对于等号左边，

$$\begin{aligned}\varepsilon_{kij}\varepsilon_{klm}&=\varepsilon_{1ij}\varepsilon_{1lm}+\varepsilon_{2ij}\varepsilon_{2lm}+\varepsilon_{3ij}\varepsilon_{3lm}\\&=\varepsilon_{1ij}\varepsilon_{1ij}+\varepsilon_{2ij}\varepsilon_{2ij}+\varepsilon_{3ij}\varepsilon_{3ij}(\text{不对 } i,j \text{ 取和})\\&=(\varepsilon_{1ij})^2+(\varepsilon_{2ij})^2+(\varepsilon_{3ij})^2。\end{aligned}$$

由 $i\neq j$ 可知，i,j 须在 1,2,3 三种可能的取值中“占据”两个“席位”，所以上式三项中必有两项为

零，而另一项则为$(\pm 1)^2=1$。例如，取$i=1,j=3$，则

$$\varepsilon_{kij}\varepsilon_{klm}=(\varepsilon_{113})^2+(\varepsilon_{213})^2+(\varepsilon_{313})^2=0+(-1)^2+0=1\ 。$$

不难验证等号右边也为1，故等式成立。

情况(3) $i=m\neq j=l$。对于等号左边，

$$\begin{aligned}\varepsilon_{kij}\varepsilon_{klm}&=\varepsilon_{1ij}\varepsilon_{1lm}+\varepsilon_{2ij}\varepsilon_{2lm}+\varepsilon_{3ij}\varepsilon_{3lm}\\&=\varepsilon_{1ij}\varepsilon_{1ji}+\varepsilon_{2ij}\varepsilon_{2ji}+\varepsilon_{3ij}\varepsilon_{3ji}(\text{不对 } i, j \text{ 取和})\\&=-(\varepsilon_{1ij})^2-(\varepsilon_{2ij})^2-(\varepsilon_{3ij})^2=-1,\end{aligned}$$

其中最后一步的理由同情况(2)。不难验证等号右边也为-1，等式成立。

综上所述，在所有情况下等式均成立。证毕。

[选读 15-2 完]

§15.2 标量场的梯度

矢量分析又称矢量场论，它研究空间①中的标量场、矢量场和张量场。

先从标量场入手。在空间的每点指定一个标量值，就得到一个标量场，记作f。电势和温度是常见的标量场的例子。借用直角坐标系又可把f表为3元函数$f(x, y, z)$。为了描述f随空间位置的变化，应该关心偏导函数$\frac{\partial f}{\partial x}$，$\frac{\partial f}{\partial y}$和$\frac{\partial f}{\partial z}$。但是，如果借用另一直角坐标系$\{x', y', z'\}$[由原系$(x, y, z)$经旋转而得]，又会得到另外三个偏导函数$\frac{\partial f}{\partial x'}$，$\frac{\partial f}{\partial y'}$和$\frac{\partial f}{\partial z'}$，就是说，$f$对坐标的偏导数与坐标系的选取有关。然而，根据相对性原理，物理规律并不依赖于惯性坐标系的选择，所以应该找出一种不借用坐标系的、描述f随位置变化的方法。利用等f面就是一种好方法。首先，等f面与坐标无关，给定标量场f后，过每点总有唯一的等f面；其次，选定一张等f面后，其法向也就确定，只要掌握住f沿法向的变化率，便可求得f沿任意方向的变化率（方向导数）。具体地说，设P是任一场点，S是过P的等f面，n是沿等f面法线的长度（从P点量起，见图15-5)，则f可看作自变量n的函数$f(n)$（因为任给一个n值就在法线上定出一点，就有一个f值）。这个函数的导数（在$n=0$的值）$\left.\frac{\mathrm{d}f(n)}{\mathrm{d}n}\right|_{n=0}$就是$f$沿法向的方向导数。通常把$\left.\frac{\mathrm{d}f(n)}{\mathrm{d}n}\right|_{n=0}$改记作$\left.\frac{\partial f(n)}{\partial n}\right|_P$。再以$\boldsymbol{e}_\mathrm{n}$代表$P$点沿法向的单位矢，则$\left.\frac{\partial f(n)}{\partial n}\right|_P\boldsymbol{e}_\mathrm{n}$就是$P$点的矢量。又由于$P$可代表任一场点，空间中就有一个矢量场$\left.\frac{\partial f(n)}{\partial n}\right|_P\boldsymbol{e}_\mathrm{n}$（空间中的“矢量场”就是对每点指定一个矢量），称为f的**梯度**(gradient)，记作 grad$f$，即

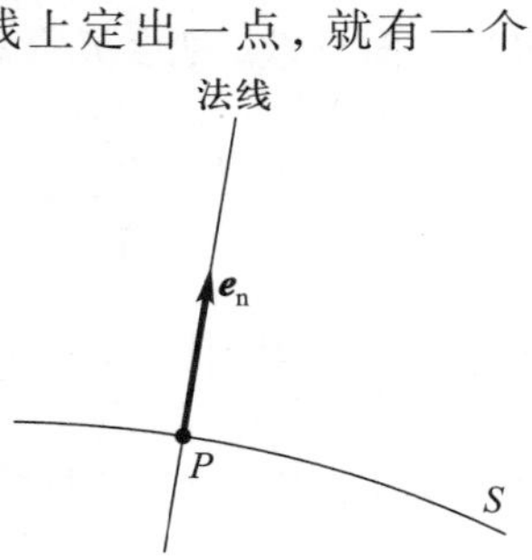

图 15-5 等f面S及其法线

① 本专题的“空间”一律是指3维欧式空间。

$$\mathrm{grad}\,f \equiv \frac{\partial f}{\partial n}\boldsymbol{e}_{\mathrm{n}} \text{。} \tag{15-17}$$

请注意:①梯度是对标量场而言的;②任一标量场的梯度都是矢量场。

本书基础篇 P. 35 曾给出静电场强 $\boldsymbol{E}$ 与电势 V 的如下关系[式(1-46)]

$$\boldsymbol{E} = -\frac{\partial V}{\partial n}\boldsymbol{e}_{\mathrm{n}} \text{,}$$

可见静电场强等于电势的负梯度，即

$$\boldsymbol{E} = -\mathrm{grad}\,V \text{。} \tag{15-18}$$

定理 15-7 梯度矢量场 grad f 可借任一直角坐标系$\{x, y, z\}$写成分量展开式

$$\mathrm{grad}\,f = \frac{\partial f}{\partial x}\boldsymbol{e}_x + \frac{\partial f}{\partial y}\boldsymbol{e}_y + \frac{\partial f}{\partial z}\boldsymbol{e}_z \text{。} \tag{15-17'}$$

其中 $\boldsymbol{e}_x$, $\boldsymbol{e}_y$, $\boldsymbol{e}_z$ 代表沿 x, y, z 轴正向的单位矢量场(过去常记作 $\boldsymbol{i}$, $\boldsymbol{j}$, $\boldsymbol{k}$)。

证明 以 $\boldsymbol{e}_x$ 点乘式(15-17)两边得

$$\boldsymbol{e}_x \cdot \mathrm{grad}\,f = \boldsymbol{e}_x \cdot \boldsymbol{e}_{\mathrm{n}} \frac{\partial f}{\partial n} = \frac{\partial f}{\partial n}\cos(\boldsymbol{e}_x, \boldsymbol{e}_{\mathrm{n}}) \text{,} \tag{15-19}$$

其中$(\boldsymbol{e}_x, \boldsymbol{e}_{\mathrm{n}})$代表 $\boldsymbol{e}_x$ 与 $\boldsymbol{e}_{\mathrm{n}}$ 的夹角。上式表明矢量 grad$f$ 在 x 轴的分量为$\frac{\partial f}{\partial n}\cos(\boldsymbol{e}_x, \boldsymbol{e}_{\mathrm{n}})$，类似地还可求得其在 y 及 z 轴的分量，因而

$$\mathrm{grad}\,f = \boldsymbol{e}_x \frac{\partial f}{\partial n}\cos(\boldsymbol{e}_x, \boldsymbol{e}_{\mathrm{n}}) + e_y \frac{\partial f}{\partial n}\cos(\boldsymbol{e}_y, \boldsymbol{e}_{\mathrm{n}}) + \boldsymbol{e}_z \frac{\partial f}{\partial n}\cos(\boldsymbol{e}_z, \boldsymbol{e}_{\mathrm{n}}) \text{。} \tag{15-20}$$

因此，为证明式(15-17′)只需证明

$$\frac{\partial f}{\partial x} = \frac{\partial f}{\partial n}\cos(\boldsymbol{e}_x, \boldsymbol{e}_{\mathrm{n}}) \text{,} \qquad \frac{\partial f}{\partial y} = \frac{\partial f}{\partial n}\cos(\boldsymbol{e}_y, \boldsymbol{e}_{\mathrm{n}}) \text{,} \qquad \frac{\partial f}{\partial z} = \frac{\partial f}{\partial n}\cos(\boldsymbol{e}_z, \boldsymbol{e}_{\mathrm{n}}) \text{。} \tag{15-21}$$

取新的直角坐标系$\{\tilde{x}, \tilde{y}, \tilde{z}\}$使之满足 $\tilde{\boldsymbol{e}}_x = \boldsymbol{e}_{\mathrm{n}}$(因而 $\tilde{\boldsymbol{e}}_y$ 和 $\tilde{\boldsymbol{e}}_z$ 都切于等 f 面)。注意到$\frac{\partial f}{\partial x}$是 f 沿 x 向的方向导数，把多元微积分学中关于方向导数的定理用于$\frac{\partial f}{\partial x}$便得

$$\frac{\partial f}{\partial x} = \frac{\partial f}{\partial \tilde{x}}\cos(\boldsymbol{e}_x, \tilde{\boldsymbol{e}}_x) + \frac{\partial f}{\partial \tilde{y}}\cos(\boldsymbol{e}_x, \tilde{\boldsymbol{e}}_y) + \frac{\partial f}{\partial \tilde{z}}\cos(\boldsymbol{e}_x, \tilde{\boldsymbol{e}}_z) = \frac{\partial f}{\partial n}\cos(\boldsymbol{e}_x, \boldsymbol{e}_{\mathrm{n}}) \text{,} \tag{15-22}$$

其中第二步用到 $\tilde{\boldsymbol{e}}_x = \boldsymbol{e}_{\mathrm{n}}$ 以及$\frac{\partial f}{\partial \tilde{y}} = 0 = \frac{\partial f}{\partial \tilde{z}}$(由 $\tilde{\boldsymbol{e}}_y$ 和 $\tilde{\boldsymbol{e}}_z$ 切于等 f 面可知)。上式正是待证的式(15-21)的第一式。同理可证式(15-21)的后两式。 □

式(15-21)的第一式表明$\frac{\partial f}{\partial x} \leqslant \frac{\partial f}{\partial n}$。由于 x 轴的方向可以任取，所以等 f 面的法向是 f 变化率最大的方向。可见，grad f 是这样一个矢量，其方向是 f 变化得最快的方向，其大小等于 f 沿该方向的变化率。

[选读 15-3]

甲 大学物理系新生学习力学时，矢量被定义为“既有大小又有方向的量”(直观说就是一

个箭头)，于是矢量 $\boldsymbol{a}$ 与 $\boldsymbol{b}$ 的夹角就有意义，由此就不难理解矢量的点乘积和叉乘积(定义 15-1 和 15-2，都涉及两矢量的大小和夹角)。一个学期后，老师讲静电场时又说空间每点都有一个静电场强 $\boldsymbol{E}$，我们对于“每点都有一个箭头 $\boldsymbol{E}$”感到不理解，老师回答说：“一个矢量无非就是 3 个数，每点都有代表场强 $\boldsymbol{E}$ 的 3 个数(即 E_x、E_y、E_z)就是了。”这似乎又用到矢量的另一个定义了。到底矢量都有哪几个定义？它们互相等价吗？

乙 这是个好问题，在通常的文献中很难查到答案(水平高的作者不屑一讲，水平低的作者讲不出来)，我们索性在此不吝笔墨把它讲个明白。除了你提到的两个定义外，高等代数还给矢量下了一个虽然抽象却很重要的定义——矢量空间的每个元素叫作一个矢量。

甲 那么首先就要给矢量空间下定义。

乙 是的。粗略地说，如果一个集合 V 定义了加法、数乘和零元，而且服从若干规则(例如结合律和分配律，共 8 条)，这个集合就称为一个**矢量空间**(准确定义见本选读之末的附录)。

甲 这个定义比较抽象，而且丝毫不提矢量的方向和大小，在物理上能有多少用处!?

乙 不要小看它的重要性。从某种意义上说，它具有统领各种矢量定义的作用：要想把任何对象称为矢量，该对象必须是某个矢量空间的元素。

甲 能举例说明吗？

乙 为此最好先讲“切矢”概念。设 $C(t)$ 是带参数的曲线(t 代表参数，暂无物理意义)，$P\equiv C(t_1)$ 和 $Q\equiv C(t_2)$ 是参数值为 t_1 和 t_2 的两邻点($\Delta t\equiv t_2-t_1>0$)。把割线 PQ 看作箭头 $\overrightarrow{PQ}$，当 Q 趋于 P 时 $\overrightarrow{PQ}$ 的长度以及参数差 Δt 都趋于零，比值 $\overrightarrow{PQ}/\Delta t$ 也是个矢量，我们就把矢量

$$\lim_{Q\to P}\frac{\overrightarrow{PQ}}{\Delta t}$$

定义为曲线在 P 点的**切矢**，记作 $\boldsymbol{T}$。

甲 当您说“$\overrightarrow{PQ}/\Delta t$ 是个矢量”时，您心目中的“矢量”已经是指“既有大小又有方向的量”(即箭头)了，对吗？

乙 对。现在要强调一个较为难懂但特别重要的结论：虽然曲线在 P 点的切矢 $\boldsymbol{T}$ 是借助于曲线定义的，但由于取过极限，$\boldsymbol{T}$ 已经与曲线无关而只反映 P 点的某一内在属性。

甲 这就不好接受了：曲线好比是“P 点的切矢 $\boldsymbol{T}$”的父母，对 $\boldsymbol{T}$ 怎能连一点“遗传基因”都没有留下呢？

乙 这正是难点之所在。为了好懂，我借一个物理例子来讲。设 P 是某种力场中的一点，位于 P 处的质点有初速 $\boldsymbol{v}_0$，则它的运动轨迹是一条过 P 点的曲线 $C(t)$(以时间 t 为参数)。质点在 $t=0$ 的一刹那(“无限小”的时间段)的运动方向和快慢由 $\boldsymbol{v}_0$ 决定，此后就取决于外力场。不同的外力场决定着不同的运动曲线，它们在 P 点的切矢都是 $\boldsymbol{v}_0$。可见你关于“曲线是父母”的比喻不合适——一个孩子不可能有无数对父母！

甲 这一点我接受了。但您还说“$\boldsymbol{T}$ 只反映 P 点的某一属性”，对此如何理解？P 点的两个不同切矢 $\boldsymbol{T}_1$ 和 $\boldsymbol{T}_2$ 各反映 P 点的什么属性？

乙 如果把 P 点比喻为一间小屋，则 $\boldsymbol{T}$ 的方向(和大小)决定着质点出门时走的方向(和快慢)。我所说的“$\boldsymbol{T}$ 反映 P 点的某一属性”中的“属性”就是指出门方向和快慢，这完全是 P 点的内在属性，与外面的曲线无关。还要指出，人们谈及 P 点的切矢时总爱顺手从 P 点出发画一个

箭头，既然“箭尾”在 P 点，“箭尖”就不在 P 点（箭头从 P 点伸到了外面），给人一种“切矢与 P 点及其外部都有关系”的感觉，但其实这只是为了直观表现而不得已的做法。（你还能想出不用箭头却能直观表现矢量的办法吗?）连最大的数学家都这样表示矢量，只要心里明白就不会误解。

甲 我总算听懂了。由此我还联想到专题1，当时您说电偶极子也是点模型，因为它的唯一特征量是电偶极矩 $\boldsymbol{p}$，而 $\boldsymbol{p}$ 是该模型所在点的矢量。当时还不太明白，现在清楚了。

乙 很好。我接着往下讲。既然过 P 点有无限多条曲线，P 点就会有无数切矢，以 V_P 代表 P 点所有切矢的集合，我们要证明 V_P 是一个矢量空间。你能说出证明的思路吗?

甲 我觉得应该给 V_P 定义加法、数乘和零元，并验证服从那8条规则。

乙 很对，具体说就是做如下三步。(1)用平行四边形法则定义两个切矢（箭头）的加法①；(2)设 α 为任一实数，它与 V_P 的任一元素 $\boldsymbol{T}$ 的数乘积 $\alpha\boldsymbol{T}$ 定义为保持箭头方向（若 $\alpha<0$ 则取反方向）而把长度改为 $|\alpha|$ 倍所得的箭头②；(3) 把 V_P 的零元定义为长度为零的箭头③。不难验证这样定义的加法、数乘和零元服从矢量空间的8条规则。于是 V_P 成为矢量空间，叫作 P 点的**切空间**。

甲 我明白了，您刚才说“矢量空间的每个元素叫作一个矢量”的提法“具有统领各种矢量定义的作用”，现在既然已证明 V_P 是矢量空间，而每个切矢都是 V_P 的元素，把切矢看作矢量就名正言顺了。但是怎么能把“既有大小又有方向的量”也看作某个矢量空间的元素?

乙 “既有大小又有方向的量”的直观表述无非就是个箭头（可从任何地点出发画这个箭头），你完全可以在 V_P 中找到一个与这个箭头同方向、等大小的元素，把这个箭头与这个元素认同（认为相同，也可以说是把这个箭头平移到 P 点）。于是任一个“既有大小又有方向的量”都可被看作任一点的一个切矢，也就是矢量。

现在就可以把刚才讲过的几个矢量定义做一个归纳。

定义 15-3 矢量空间的元素称为**矢量**。

定义 15-4 空间任一点 P 的任一个切矢称为**矢量**。

定义 15-5 既有大小又有方向的量（即箭头）称为**矢量**。

甲 那么什么是矢量场? 我们往往搞不清矢量场与矢量空间的区别。

乙 以 Ω 代表欧氏空间，则 Ω 的每点 P 都有一个矢量空间 V_P（切空间），它只涉及 P 点，如前所述。如果对每点 P 指定其切空间 V_P 的一个元素，就说在 Ω 上定义了一个**矢量场**。类似地，如果对每点 P 指定了一个标量（例如温度或电势），Ω 上就定义了一个**标量场**。一谈到“某某场”，这个“场”字就要求有一个场地（对现在的情况，这个场地就是欧氏空间），这跟矢量空间只涉及一点 P 非常不同。

---

① 总可找到过 P 的曲线（事实上很多，互相切于 P 点），其在 P 点的切矢等于用平行四边形法则求得的箭头，故切矢之和还是切矢。

② 总可找到过 P 的曲线，其在 P 点的切矢等于代表 $\alpha\boldsymbol{T}$ 的箭头，故切矢被数乘后还是切矢。把与 $\boldsymbol{T}$ 相应的曲线重新参数化（把原参数变为 α^{-1} 倍），所得的新曲线在 P 点的切矢就是 $\alpha\boldsymbol{T}$。

③ 什么样的曲线 $C(t)$ 在 $P\equiv C(t_1)$ 点的切矢竟然为零? 答案是：设 $Q\equiv C(t_2)$，如果对闭区间 $[t_1, t_2]$ 内的任一 $\hat{t}$ 都有 $C(\hat{t})=C(t_1)$，则由切矢的定义可知 P 点的切矢为零。

甲　我懂了。静电场就是矢量场的一个简单例子，因为空间 Ω 的每点 P 都有一个场强矢量 E，它是 P 点的切空间 V_P 的一个特定元素。我还明确认识到矢量场跟矢量空间是两个非常不同的概念。

乙　很好。最后还要介绍矢量的第四个定义，就是你开头引用你老师说的“一个矢量无非就是 3 个数”的那个定义。为好懂起见，先讲 2 维矢量的定义。为便于推广，把直角坐标 x,y 改记作 x^1,x^2。以 P 点为原点建立 2 维直角坐标系 $\{x^1,x^2\}$ 及 $\{x'^1,x'^2\}$，其中 x'^1 轴是 x^1 轴逆时针转 α 角所到的轴（请读者自行画图），则空间任一点的坐标 (x^1,x^2) 和 (x'^1,x'^2) 有如下关系：

$$x'^1=x^1\cos\alpha+x^2\sin\alpha,$$
$$x'^2=-x^1\sin\alpha+x^2\cos\alpha. \tag{15-23}$$

另一方面，设 P 点的任一切矢（即 V_P 的任一元素）T 在两系的分量分别为 (T^1,T^2) 和 (T'^1,T'^2)，则不难证明

$$\begin{aligned}T'^1&=T^1\cos\alpha+T^2\sin\alpha,\\ T'^2&=-T^1\sin\alpha+T^2\cos\alpha.\end{aligned} \tag{15-24}$$

可见切矢在两系的分量之间的变换关系与坐标变换关系相同。这一结论对 3 维（以及更高维）欧氏空间也成立。以 3 维为例，设有直角坐标系 $\{x^1,x^2,x^3\}$ 及 $\{x'^1,x'^2,x'^3\}$，后者是前者经转动而得，则两系的坐标变换为

$$\begin{aligned}x'^1&=x^1\cos(\boldsymbol{e}'_1,\boldsymbol{e}_1)+x^2\cos(\boldsymbol{e}'_1,\boldsymbol{e}_2)+x^3\cos(\boldsymbol{e}'_1,\boldsymbol{e}_3),\\ x'^2&=x^1\cos(\boldsymbol{e}'_2,\boldsymbol{e}_1)+x^2\cos(\boldsymbol{e}'_2,\boldsymbol{e}_2)+x^3\cos(\boldsymbol{e}'_2,\boldsymbol{e}_3),\\ x'^3&=x^1\cos(\boldsymbol{e}'_3,\boldsymbol{e}_1)+x^2\cos(\boldsymbol{e}'_3,\boldsymbol{e}_2)+x^3\cos(\boldsymbol{e}'_3,\boldsymbol{e}_3),\end{aligned} \tag{15-25}$$

其中 $\boldsymbol{e}_1,\boldsymbol{e}_2,\boldsymbol{e}_3$（和 $\boldsymbol{e}'_1,\boldsymbol{e}'_2,\boldsymbol{e}'_3$）分别是坐标系 $\{x^1,x^2,x^3\}$（和 $\{x'^1,x'^2,x'^3\}$）沿第 1、2、3 坐标轴正向的单位矢，$(\boldsymbol{e}'_1,\boldsymbol{e}_2)$ 代表 $\boldsymbol{e}'_1$ 与 $\boldsymbol{e}_2$ 的夹角。不难验证矢量的 3 个分量也按这一规律变换。深入的思考还会发现这其实是矢量的一个有实质性意义的性质（而且张量也有类似性质）。于是数学家又给矢量下了如下的定义（我们只用 3 维欧氏空间表述）

定义 15-6　以 (a^1,a^2,a^3) 代表 3 个实数的组合，以

$$\{x^1,x^2,x^3\}\to\{x'^1,x'^2,x'^3\}$$

代表直角坐标系的旋转变换。如果 (a^1,a^2,a^3) 在此坐标变换下也发生变换，而且变换关系

$$(a^1,a^2,a^3)\to(a'^1,a'^2,a'^3)$$

与坐标变换关系相同，就说 (a^1,a^2,a^3) 构成一个矢量（记作 $\boldsymbol{a}$），并称 a^1,a^2,a^3 为 $\boldsymbol{a}$ 在坐标系 $\{x^1,x^2,x^3\}$ 的分量。

原则上可以证明这 4 个定义（在实质上）互相等价，详略。

甲　我知道了，只要在 3 维欧氏空间 Ω 选定直角坐标系，并对 Ω 的每一点指定 3 个实数 (a^1,a^2,a^3)，就相当于在 Ω 上定义了一个矢量场。

附录　矢量空间的定义

定义 15-7　如果在集合 V 中有一个加法运算，在 V 的元素与实数之间有一个数乘运算，而且这两个运算服从若干规则（见稍后），则称 V 为**矢量空间**（也称**向量空间**或**线性空间**）。具体定义如下。

加法 给定 V 的两个元素 v_1、v_2，就有 V 的唯一元素与之对应，称为它们的**和**，记作 v_1+v_2；

数乘 给定 V 的一个元素 v 和一个实数 α，就有 V 的唯一元素与之对应，称为它们的**数乘积**，记作 αv；

要求加法和数乘服从如下规则（其中 v,v_1,v_2,v_3 是 V 的元素；α,α_1,α_2 是实数）：

(1) $v_1+v_2=v_2+v_1$ ；

(2) $(v_1+v_2)+v_3=v_1+(v_2+v_3)$ ；

(3) V 有一个称为**零元**的元素，记作 $\underline{0}$（以区别于实数 0），对 V 的任一元素 v 有

$$v+\underline{0}=v\ ;$$

(4) 对 V 的任一元素 v，都有 V 的元素 u（称为 v 的**负元**），使得

$$v+u=\underline{0}\ ;$$

(5) $1v=v$ ；

(6) $\alpha_1(\alpha_2 v)=(\alpha_1\alpha_2)v$ ；

(7) $(\alpha_1+\alpha_2)v=\alpha_1 v+\alpha_2 v$ ；

(8) $\alpha(v_1+v_2)=\alpha v_1+\alpha v_2$。

［选读 15-3 完］

§15.3 矢量场的散度

15.3.1 散度的定义

矢量场 $\boldsymbol{a}$ 的散度（divergence）记作 div$\boldsymbol{a}$，与 $\boldsymbol{a}$ 的通量密切相关。设 S 是闭合面，ΔV 是 S 包围的体积，我们关心 $\boldsymbol{a}$ 对 S 的通量 $\oint\!\!\oint_S \boldsymbol{a}\cdot \mathrm{d}\boldsymbol{S}$。设想 S 不断收缩为一点 P，则 $\oint\!\!\oint_S \boldsymbol{a}\cdot \mathrm{d}\boldsymbol{S}$ 和 ΔV 都趋于零，两者之比的极限称为 $\boldsymbol{a}$ 在 P 点的散度，记作 $\mathrm{div}\boldsymbol{a}|_P$。由于每点都有一个散度，所以 div$\boldsymbol{a}$ 是一个标量场，定义为①

$$\mathrm{div}\boldsymbol{a}\,|_P \equiv \lim_{S\to P}\frac{\oint\!\!\oint_S \boldsymbol{a}\cdot \mathrm{d}\boldsymbol{S}}{\Delta V}，\text{对任一 } P。\tag{15-26}$$

用上式下定义时没有涉及坐标系，可见 div$\boldsymbol{a}$ 从定义起就与坐标系无关。不过，为了便于计算，当然希望找出 div$\boldsymbol{a}$ 用坐标系的表达式。本节只寻求在直角坐标系的表达式，其他坐标系的表达式将在小节 15.8.3 讨论。

取 S 为长方体的表面，并选直角坐标系 $\{x,y,z\}$ 使 3 个坐标轴分别平行于长方体的 3 边（图 15-6）。设长方体的边长依次为 $\Delta x,\Delta y,\Delta z$，以 a_x,a_y,a_z 代表 $\boldsymbol{a}$ 的 3 个分量，则

左、右壁的 $\boldsymbol{a}$ 通量 $=[-a_x(\text{左})+a_x(\text{右})]\Delta y\Delta z$。

由泰勒展开可知

① 在用式（15-26）下定义前应先证明两点：①比值 $\oint\!\!\oint_S \boldsymbol{a}\cdot \mathrm{d}\boldsymbol{S}/\Delta V$ 一定有极限；②此极限与 S 的形状以及缩为一点的方式无关。证明见柯青（1958）P.150-151。

$a_x(右)-a_x(左)\approx\frac{\partial a_x}{\partial x}\Delta x$，（≈号代表略去高阶小项）

故

$$左、右壁的通量\approx\frac{\partial a_x}{\partial x}\Delta x\Delta y\Delta z。$$

同理有

$$顶、底壁的通量\approx\frac{\partial a_y}{\partial y}\Delta x\Delta y\Delta z，$$

$$前、后壁的通量\approx\frac{\partial a_z}{\partial z}\Delta x\Delta y\Delta z。$$

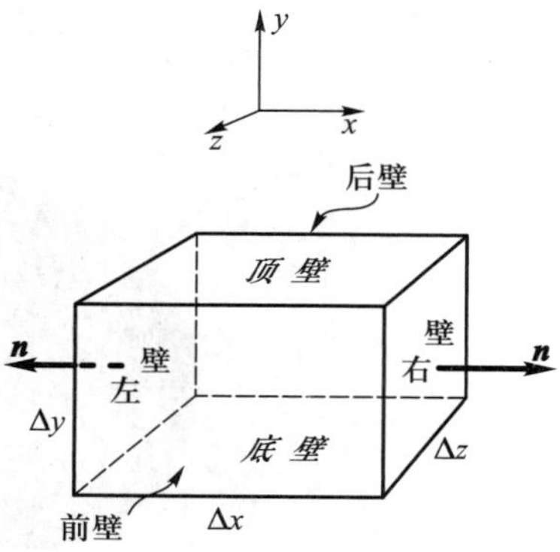

图 15-6 取 S 为长方体的表面，即 6 个壁的并集

于是

$$\oint\!\!\!\oint_S \boldsymbol{a}\cdot \mathrm{d}\boldsymbol{S}\approx\left(\frac{\partial a_x}{\partial x}+\frac{\partial a_y}{\partial y}+\frac{\partial a_z}{\partial z}\right)\Delta x\Delta y\Delta z。$$

而长方体的体积 $\Delta V=\Delta x\Delta y\Delta z$，故

$$\oint\!\!\!\oint_S \boldsymbol{a}\cdot \mathrm{d}\boldsymbol{S}\approx\left(\frac{\partial a_x}{\partial x}+\frac{\partial a_y}{\partial y}+\frac{\partial a_z}{\partial z}\right)\Delta V。\tag{15-27}$$

除以 ΔV，再取 $S\to P$（因而 $\Delta V\to 0$）的极限得

$$\lim_{S\to P}\frac{\oint\!\!\!\oint_S \boldsymbol{a}\cdot \mathrm{d}\boldsymbol{S}}{\Delta V}=\frac{\partial a_x}{\partial x}+\frac{\partial a_y}{\partial y}+\frac{\partial a_z}{\partial z}。\tag{15-28}$$

与定义式(15-26)对比便得 div$\boldsymbol{a}$ 在直角坐标系的表达式

$$\mathrm{div}\boldsymbol{a}=\frac{\partial a_x}{\partial x}+\frac{\partial a_y}{\partial y}+\frac{\partial a_z}{\partial z}。\tag{15-29}$$

15.3.2 高斯公式

高斯公式是与散度有关的、极其有用的公式(定理)。

定理 15-8(高斯公式) 设 $\boldsymbol{a}$ 是矢量场，V 是闭合面 S 包围的区域(图 15-7)，则

$$\iiint_V(\mathrm{div}\boldsymbol{a})\mathrm{d}V=\oint\!\!\!\oint_S \boldsymbol{a}\cdot \mathrm{d}\boldsymbol{S}。\tag{15-30}$$

证明 用平面把 V 分为 V_1 和 V_2(分界面记作 S_{12})，S 则被分成两个非闭合曲面 S_1 和 S_2(图 15-8)。除闭合面 S 外，现在又多了两个闭合面，一个是 S_1 与 S_{12}的并集，记作 S_A；另一个是 S_2 与 S_{12}的并集，记作 S_B。S_{12}面作为 S_A 一部分时的外法矢 $\boldsymbol{n}_A$ 与作为 S_B 一部分时的外法矢 $\boldsymbol{n}_B$ 反向，$\boldsymbol{a}$ 在 S_{12}上的两个面积分正好抵消，所以

$$\oint\!\!\!\oint_S \boldsymbol{a}\cdot \mathrm{d}\boldsymbol{S}=\oint\!\!\!\oint_{S_A} \boldsymbol{a}\cdot \mathrm{d}\boldsymbol{S}+\oint\!\!\!\oint_{S_B} \boldsymbol{a}\cdot \mathrm{d}\boldsymbol{S}。$$

上式还可推广到 V 被分割为许多小块的情况(第 i 块的表面记作 S_i)，即

$$\oint\!\!\!\oint_S \boldsymbol{a}\cdot \mathrm{d}\boldsymbol{S}=\sum_i\oint\!\!\!\oint_{S_i} \boldsymbol{a}\cdot \mathrm{d}\boldsymbol{S}。\tag{15-31}$$

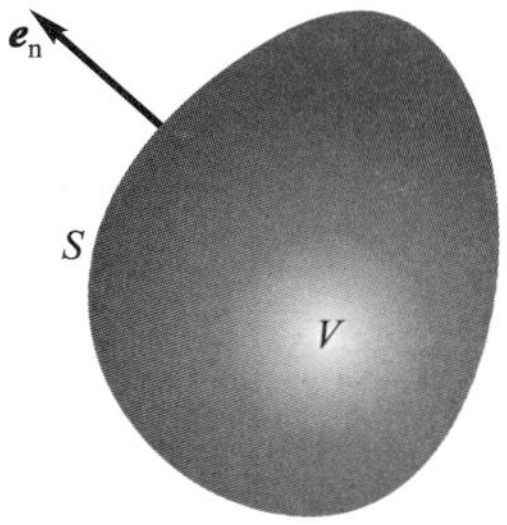

图 15-7 高斯公式用图

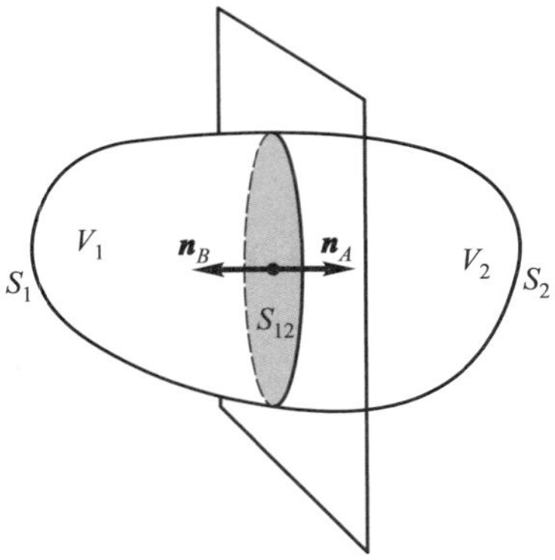

图 15-8 “土豆”表面是 S，内部是 V，用平面把 V 分为两半 V_1 和 V_2

由于最终要对 V 做无限分割并取极限，每一小块可看作一个小长方体，体积记作 ΔV_i。将式(15-27)用于其上，再与式(15-29)结合便有

$$\oiint_{S_i} \boldsymbol{a} \cdot \mathrm{d}\boldsymbol{S} \approx (\mathrm{div}\boldsymbol{a})\Delta V_i \text{ 。}$$

再代入式(15-31)又得

$$\oiint_{S} \boldsymbol{a} \cdot \mathrm{d}\boldsymbol{S} = \sum_i (\mathrm{div}\boldsymbol{a})\Delta V_i \text{ ，}$$

取极限，右边变为体积分，故

$$\oiint_{S} \boldsymbol{a} \cdot \mathrm{d}\boldsymbol{S} = \iiint_V (\mathrm{div}\boldsymbol{a})\mathrm{d}V \text{ 。}$$

此即待证的式(15-30)。 □

§15.4 矢量场的旋度

15.4.1 旋度的定义

矢量场 $\boldsymbol{a}$ 的旋度(curl)记作 $\mathrm{curl}\,\boldsymbol{a}$，与 $\boldsymbol{a}$ 的环流密切相关。设 L 是平面闭曲线，ΔS 是以 L 为边线的平面面积，我们关心 $\boldsymbol{a}$ 沿 L 的环流 $\oint_L \boldsymbol{a} \cdot \mathrm{d}\boldsymbol{l}$ 。约定 ΔS 的单位法矢 $\boldsymbol{e}_n$ 与 L 的绕行方向有右手关系。由于旋度是矢量，通常是先对其 $\boldsymbol{e}_n$ 分量下定义。设想 L 不断收缩为一点 P，则 $\oint_L \boldsymbol{a} \cdot \mathrm{d}\boldsymbol{l}$ 及 ΔS 都趋于零，两者之比的极限称为 $\boldsymbol{a}$ 在 P 点的旋度的 $\boldsymbol{e}_n$ 分量(在 P 点的值)，记作 $(\mathrm{curl}\,\boldsymbol{a})_n|_P$。由于每点都有一个旋度，所以 $\mathrm{curl}\,\boldsymbol{a}$ 是个矢量场，其 $\boldsymbol{e}_n$ 分量定义为①

① 与散度类似，在用式(15-32)下定义前应先证明两点：①比值 $\left(\oint_L \boldsymbol{a} \cdot \mathrm{d}\boldsymbol{l}\right) / \Delta S$ 一定有极限；②此极限与 L 的形状及其缩为一点的方式无关。

$$(\mathrm{curl}\,\boldsymbol{a})_{\mathrm{n}} \equiv \lim_{L\to P}\frac{\oint_L \boldsymbol{a}\cdot\mathrm{d}\boldsymbol{l}}{\Delta S}。\tag{15-32}$$

上式右边的意义是"单位面积的边界线的环流"，不妨简称为**环流密度**，下面要多次用到这一称谓。

由上述定义可知 curl $\boldsymbol{a}$ 与坐标系无关，但应寻求 curl $\boldsymbol{a}$ 在直角坐标系的表达式。取 L 为小矩形的周边，并选右手直角坐标系 $\{x,y,z\}$ 使该矩形躺在 $x\sim y$ 面上，如图 15-9。设矩形边长为 Δx 和 Δy，则

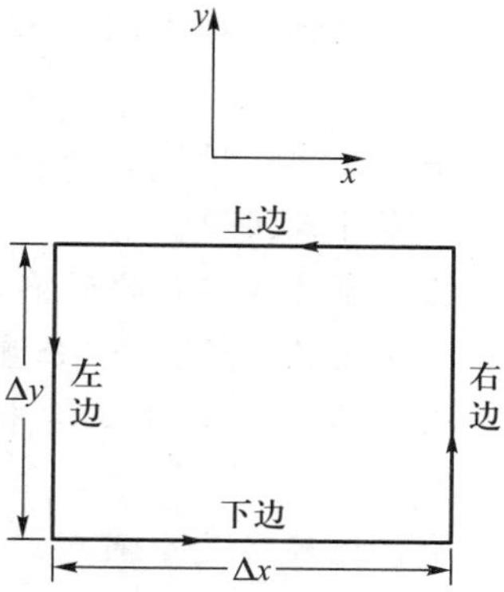

图 15-9 取 L 为小矩形的周边，即 4 个边的并集

$$\begin{aligned}\oint_L \boldsymbol{a}\cdot\mathrm{d}\boldsymbol{l} &= a_x(下)\Delta x + a_y(右)\Delta y - a_x(上)\Delta x - a_y(左)\Delta y\\ &= [a_y(右)-a_y(左)]\Delta y - [a_x(上)-a_x(下)]\Delta x 。\end{aligned}\tag{15-33}$$

由泰勒展开可知

$$a_y(右)-a_y(左)\approx\frac{\partial a_y}{\partial x}\Delta x ,$$

$$a_x(上)-a_x(下)\approx\frac{\partial a_x}{\partial y}\Delta y ,$$

代入式(15-33)得

$$\oint_L \boldsymbol{a}\cdot\mathrm{d}\boldsymbol{l}\approx\left(\frac{\partial a_y}{\partial x}-\frac{\partial a_x}{\partial y}\right)\Delta x\Delta y=\left(\frac{\partial a_y}{\partial x}-\frac{\partial a_x}{\partial y}\right)\Delta S ,\tag{15-34}$$

其中 $\Delta S=\Delta x\Delta y$ 是矩形面积。除以 ΔS，再取 $L\to P$ 的极限得

$$\lim_{L\to P}\frac{\oint_L \boldsymbol{a}\cdot\mathrm{d}\boldsymbol{l}}{\Delta S}=\frac{\partial a_y}{\partial x}-\frac{\partial a_x}{\partial y}。\tag{15-35}$$

与定义式(15-32)对比，注意到矩形平面的 $\boldsymbol{e}_{\mathrm{n}}$ 向即坐标的 z 向，便得 $\boldsymbol{a}$ 的旋度的 z 分量

$$(\mathrm{curl}\,\boldsymbol{a})_z=\frac{\partial a_y}{\partial x}-\frac{\partial a_x}{\partial y}。\tag{15-36a}$$

同理还有

$$(\mathrm{curl}\,\boldsymbol{a})_x=\frac{\partial a_z}{\partial y}-\frac{\partial a_y}{\partial z},\qquad(\mathrm{curl}\,\boldsymbol{a})_y=\frac{\partial a_x}{\partial z}-\frac{\partial a_z}{\partial x}。\tag{15-36b,c}$$

故

$$\mathrm{curl}\,\boldsymbol{a}=\boldsymbol{e}_x\left(\frac{\partial a_z}{\partial y}-\frac{\partial a_y}{\partial z}\right)+\boldsymbol{e}_y\left(\frac{\partial a_x}{\partial z}-\frac{\partial a_z}{\partial x}\right)+\boldsymbol{e}_z\left(\frac{\partial a_y}{\partial x}-\frac{\partial a_x}{\partial y}\right)。\tag{15-37}$$

这就是 curl$\boldsymbol{a}$（作为矢量场）在右手直角坐标系的表达式。

[选读 15-4]

乙　其实刚才用式(15-32)所下的旋度定义存在一个严重问题。

甲　真的吗？我看许多书也都是这样(大同小异地)定义的啊。能有问题吗？

乙　只要用这种方式下定义，都有问题。这种方式是：先定义 P 点的旋度矢量 curl $\boldsymbol{a}$ 沿指定

法向 $\boldsymbol{e}_{\mathrm{n}}$ 的分量，即式(15-32)，再依次取 $\boldsymbol{e}_x$，$\boldsymbol{e}_y$，$\boldsymbol{e}_z$ 为 $\boldsymbol{e}_{\mathrm{n}}$，从而求得 curl $\boldsymbol{a}$ 在直角系$\{x,y,z\}$的分量。

甲　是啊。用这 3 个分量配以 3 个基矢 $\boldsymbol{e}_x$，$\boldsymbol{e}_y$，$\boldsymbol{e}_z$ 不就得到矢量 curl $\boldsymbol{a}$[即式(15-37)]了吗？能有什么问题？

乙　事情远非如此简单。式(15-32)定义的是旋度的 $\boldsymbol{e}_{\mathrm{n}}$ 分量，而由于 $\boldsymbol{e}_{\mathrm{n}}$ 方向可以任取，就相当于定义了无限多个"分量"。然而一个矢量只有 3 个独立分量，这无限多个"分量"能统一为一个矢量吗？你不担心其中某些"分量"会"不听话"(即不等于某矢量在该方向的应有分量)吗？

甲　这确实是个问题。式(15-32)把旋度的 $\boldsymbol{e}_{\mathrm{n}}$"分量"定义为以 $\boldsymbol{e}_{\mathrm{n}}$ 为法向的环流密度，但谁能保证这样的无限多个实数确实是某个矢量在各该方向的分量？

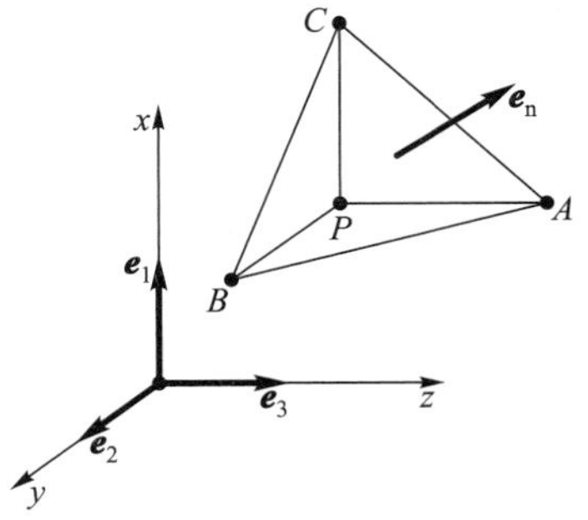

图 15-10　$\boldsymbol{e}_{\mathrm{n}}$ 是四面体 T 的斜面 ABC 的单位法矢

乙　这是一个必须证明而又能够证明的结论，现在分两步给出我们的证明(未找到任何参考文献①)。

(A) **第一步**是证明这无限多个"分量"中只有沿 3 个独立方向(称为**主方向**)的分量是独立的，即沿其他方向的"分量"均可用沿这 3 个方向的分量表出。

任取 3 个互相正交的方向作为主方向，以它们为 x,y,z 轴的正向建立右手直角系。设 $\boldsymbol{e}_{\mathrm{n}}$ 为沿任一其他方向的单位矢，以 $\theta_{ni}(i=1,2,3)$ 代表 $\boldsymbol{e}_{\mathrm{n}}$ 与 $\boldsymbol{e}_i$ 的夹角。我们只讨论 θ_{ni} 均为锐角的情形，读者不难自行推广至其他情形。

以场点 P 为顶点做一个四面体(如图 15-10)，记作 T，其中 3 个面分别平行于 3 个坐标面，第 4 个面以 $\boldsymbol{e}_{\mathrm{n}}$ 为单位法矢。将这 4 个面依次记作 M_1、M_2、M_3 和 M_n，其中

$$M_1 \equiv QAB,\quad M_2 \equiv QAC,\quad M_3 \equiv QBC,\quad M_n \equiv ABC。$$

以 $\boldsymbol{e}_1$、$\boldsymbol{e}_2$、$\boldsymbol{e}_3$ 依次代表沿 x、y、z 轴正向的单位矢，以 $S_i(i=1,2,3)$ 代表 M_i 的面积，S_n 代表 M_n 的面积，则易证

$$S_i = S_n \cos\theta_{ni},\quad i=1,2,3。\tag{15-38}$$

作为闭合面，四面体 T 的外向法矢依次为 $-\boldsymbol{e}_1$、$-\boldsymbol{e}_2$、$-\boldsymbol{e}_3$ 和 $\boldsymbol{e}_{\mathrm{n}}$。以 $L_i(i=1,2,3)$ 和 L_n 分别代表 M_i 和 M_n 的边线，为了与外法矢有右手关系，$L_i(i=1,2,3)$ 和 L_n 的绕行方向应分别为

$$L_1: PABP,\quad L_2: PCAP,\quad L_3: PBCP,\quad L_n: CBAC。$$

对这 4 条闭曲线分别引入记号：

$$\alpha_i \equiv \frac{\oint_{L_i} \boldsymbol{a}\cdot \mathrm{d}\boldsymbol{l}}{S_i},\quad i=1,2,3;\qquad \alpha_n \equiv \frac{\oint_{L_n} \boldsymbol{a}\cdot \mathrm{d}\boldsymbol{l}}{S_n},\tag{15-39}$$

则

$$\oint_{L_i} \boldsymbol{a}\cdot \mathrm{d}\boldsymbol{l} = \alpha_i S_i = \alpha_i S_n \cos\theta_{ni};\ (i=1,2,3,\text{重复指标 } i \text{ 不代表对 } i \text{ 取和})\tag{15-40a}$$

① 后来发现列文(1959)§2.10 有与我们相近的讲法。

$$\oint_{L_n} \boldsymbol{a}\cdot \mathrm{d}\boldsymbol{l}=\alpha_n S_n。\tag{15-40b}$$

将式(15-40)的4个等式相加，得

$$\sum_{i=1}^{3}\oint_{L_i}\boldsymbol{a}\cdot \mathrm{d}\boldsymbol{l}+\oint_{L_n}\boldsymbol{a}\cdot \mathrm{d}\boldsymbol{l}=S_n\left(\sum_{i=1}^{3}\alpha_i\cos\theta_{ni}+\alpha_n\right)。\tag{15-41}$$

根据上述的 L_i、L_n 绕行方向，上式左边的四个积分依次为

$$\oint_{L_1}\boldsymbol{a}\cdot \mathrm{d}\boldsymbol{l}=\left(\int_P^A+\int_A^B+\int_B^P\right)\boldsymbol{a}\cdot \mathrm{d}\boldsymbol{l},$$

$$\oint_{L_2}\boldsymbol{a}\cdot \mathrm{d}\boldsymbol{l}=\left(\int_P^C+\int_C^A+\int_A^P\right)\boldsymbol{a}\cdot \mathrm{d}\boldsymbol{l},$$

$$\oint_{L_3}\boldsymbol{a}\cdot \mathrm{d}\boldsymbol{l}=\left(\int_P^B+\int_B^C+\int_C^P\right)\boldsymbol{a}\cdot \mathrm{d}\boldsymbol{l},$$

$$\oint_{L_n}\boldsymbol{a}\cdot \mathrm{d}\boldsymbol{l}=\left(\int_C^B+\int_B^A+\int_A^C\right)\boldsymbol{a}\cdot \mathrm{d}\boldsymbol{l}。$$

以 H 代表上列四式左边之和。细观上式发现右边各项两两相消，故

$$H=0,\tag{15-42}$$

与式(15-41)结合乃得

$$0=\sum_{i=1}^{3}\alpha_i\cos\theta_{ni}+\alpha_n,\tag{15-43}$$

因而

$$\alpha_n=-\sum_{i=1}^{3}\alpha_i\cos\theta_{ni}。\tag{15-44}$$

另一方面，以 $\lim\limits_{T\to P}$ 代表四面体 T 缩为点 P 时的极限，便有

$$(\mathrm{curl}\,\boldsymbol{a})_i=-(\mathrm{curl}\,\boldsymbol{a})_{-i}=-\lim_{L_i\to P}\alpha_i=-\lim_{T\to P}\alpha_i,\tag{15-45}$$

其中第一步是因为法矢反向时面积不变而线积分为保持右手关系也须反向，第二步用到式(15-39)和式(15-32)，第三步由图自明。类似地，

$$(\mathrm{curl}\,\boldsymbol{a})_n=\lim_{L_n\to P}\alpha_n=\lim_{T\to P}\alpha_n。\tag{15-46}$$

对式(15-44)取 $T\to P$ 的极限，再将式(15-45)和式(15-46)代入，得

$$(\mathrm{curl}\,\boldsymbol{a})_n=\sum_{i=1}^{3}(\mathrm{curl}\,\boldsymbol{a})_i\cos\theta_{ni}。\tag{15-47}$$

采用爱因斯坦惯例(重复指标暗示对该指标取和)，还可将上式简化为

$$(\mathrm{curl}\,\boldsymbol{a})_n=(\mathrm{curl}\,\boldsymbol{a})_i\cos\theta_{ni}。\tag{15-47′}$$

由此可知，旋度沿任一方向的分量均可用沿3个主方向的分量表出。上述结论证毕。

甲 我明白了，不过这又引出另一问题。根据选读15-3的定义15-6，要想让3个实数构成一个矢量，其在坐标系的旋转变换下的变换关系须与坐标变换关系相同；而上文只证明了由式(15-32)定义的无数个实数可以归为3个实数(沿3个主方向的分量)，但这3个实数是否真能构成一个矢量，还得看它们的变换关系是否与坐标变换关系相同。我相信答案是肯定的，不过怎么证明呢？

乙 这其实就是刚才所说的“分两步”的第二步。

(B) **第二步**是证明上述3个实数在坐标变换下的变换方式的确与坐标变换关系相同。证明很简单。将上文的坐标系改记为$\{x^1,x^2,x^3\}$并令其转动而得新系$\{x'^1,x'^2,x'^3\}$，则坐标变换关系由式(15-25)描述，可以改写为非常简单的浓缩形式：

$$x'^j=x^i\cos\theta_{j'i},\quad j=1,2,3,\quad (\text{重复指标 } i \text{ 代表对 } i \text{ 取和}) \tag{15-48}$$

其中$\theta_{j'i}$就是(e'_j,e_i)，即j'轴与i轴正向的夹角。将上文中的$\boldsymbol{e}_\text{n}$取为e'_j，则式(15-47′)变成

$$(\text{curl}\,\boldsymbol{a})'_j=(\text{curl}\,\boldsymbol{a})_i\cos\theta_{j'i},\quad j=1,2,3, \tag{15-49}$$

的确与式(15-48)具有相同形式。证毕。

甲 想不到第二步的证明竟如此简单！现在我想小结一下。旋度的定义式(15-32)其实只定义了无限多个"分量"，要想定义出一个真正的矢量，还需要如下两步：第一步，证明旋度沿任一方向的"分量"均可由沿3个主方向的分量表出，从而可将这无限多个实数归结为3个；第二步，证明这3个实数在坐标变换时的变换关系与坐标变换关系相同，因而满足矢量的定义15-6，从而真的是矢量(的分量)。

乙 很对。尽管如此，我们终究不喜欢这种"拖泥带水"式的定义，因为它是先定义分量，再证明这些分量真的能组成一个矢量。矢量的分量依赖于所选的坐标系(基底)，先从分量入手的做法容易使你"不识矢量真面目，只缘心在分量中"。为此，我们杜撰了一种更为优雅的旋度定义，其优雅性就在于无须借助任何人为选择的因素，一开始就把旋度定义为一个"硬邦邦"的矢量(场)。

甲 我很想知道这种定义。

乙 好的，让我在下个选读中从头讲起。

[选读15-4完]

[选读15-5]

把矢量场$\boldsymbol{a}$在某点P的、关于某方向$\boldsymbol{e}_\text{n}$的**环流密度**记作$(\text{den}_{\boldsymbol{e}_\text{n}}\boldsymbol{a})|_P$，即

$$(\text{den}_{\boldsymbol{e}_\text{n}}\boldsymbol{a})|_P\equiv\lim_{L\to P}\frac{\oint_L\boldsymbol{a}\cdot\text{d}\boldsymbol{l}}{\Delta S}, \tag{15-50}$$

其中L是含P点、与$\boldsymbol{e}_\text{n}$垂直的平面上的任一闭曲线，ΔS是L所围的面积。

不难发现，矢量场在一点的环流密度在绝大多数情况下都与方向$\boldsymbol{e}_\text{n}$的选取有关。例如，若将$\boldsymbol{e}_\text{n}$反向，则L的绕行方向反向，因而环路积分$\oint_L\boldsymbol{a}\cdot\text{d}\boldsymbol{l}$变号，但$\Delta S$是几何量，恒为正，故环流密度变号。既然环流密度的值随方向$\boldsymbol{e}_\text{n}$的改变而改变，那么它就很有可能关于某一方向取得最大值。于是，我们不加证明地相信如下结论：当$\boldsymbol{a}$足够好(例如可微)时，$(\text{den}_{\boldsymbol{e}_\text{n}}\boldsymbol{a})|_P$关于某一方向$\boldsymbol{e}_{\text{n}_0}$取得最大值，相应的$L$和$\Delta S$记作$L_0$和$\Delta S_0$。

定义15-8 矢量场$\boldsymbol{a}$在某点P的**旋度矢量**定义为

$$(\text{curl}\,\boldsymbol{a})|_P\equiv\boldsymbol{e}_{\text{n}_0}(\text{den}_{\boldsymbol{e}_{\text{n}_0}}\boldsymbol{a})|_P=\boldsymbol{e}_{\text{n}_0}\lim_{L_0\to P}\frac{\oint_{L_0}\boldsymbol{a}\cdot\text{d}\boldsymbol{l}}{\Delta S_0}, \tag{15-51}$$

简言之就是：旋度矢量的大小等于环流密度的最大值，并且指向环流密度取最大值的方向。

甲 这的确很优雅——一开始就把旋度作为矢量场定义出来了。我相信式(15-37)肯定是

正确的，但怎样才能从您的定义推证出该公式？

乙　你问到关键点了。式(15-37)无非是式(15-32)的推论，所以关键在于如何从定义15-8证明式(15-32)，就是说，所余任务就是证明如下命题。

命题 15-1　旋度沿任一方向的分量等于该方向的环流密度，即

$$(\mathrm{curl}\boldsymbol{a})_{\mathrm{n}}=\mathrm{den}_{\boldsymbol{e}_{\mathrm{n}}}\boldsymbol{a}\text{。（对任一点 }P\text{ 以及 }P\text{ 点的任一方向 }\boldsymbol{e}_{\mathrm{n}}\text{ 成立）}\tag{15-52}$$

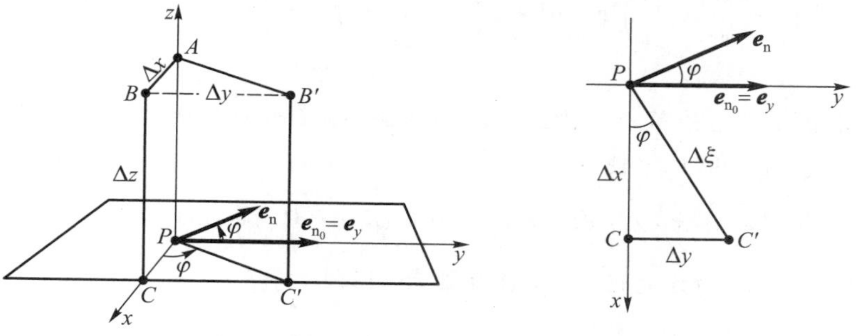

(a) 立体图　　(b) 俯视图（x-y平面）

图 15-11　命题 15-1 证明用图

证明　给定 P 点及其任一方向 $\boldsymbol{e}_{\mathrm{n}}$ 后，便有该点的环流密度最大方向 $\boldsymbol{e}_{\mathrm{n}_0}$。按下列要求选右手直角系$\{x,y,z\}$(图 15-11)：①以 P 为原点；②以 $\boldsymbol{e}_{\mathrm{n}_0}$为 y 轴正向，即 $\boldsymbol{e}_{\mathrm{n}_0}=\boldsymbol{e}_y$；③$\boldsymbol{e}_{\mathrm{n}}$ 要躺在 x-y 面上。设 $\boldsymbol{e}_{\mathrm{n}}$ 是由 $\boldsymbol{e}_y$ 在 x-y 面上逆时针转 φ 角而得，则由式(15-51)得

$$(\mathrm{curl}\boldsymbol{a})_{\mathrm{n}}=\boldsymbol{e}_{\mathrm{n}}\cdot\boldsymbol{e}_y\lim_{L_0\to P}\frac{\oint_{L_0}\boldsymbol{a}\cdot\mathrm{d}\boldsymbol{l}}{\Delta S_0}=(\cos\varphi)\lim_{L_0\to P}\frac{\oint_{L_0}\boldsymbol{a}\cdot\mathrm{d}\boldsymbol{l}}{\Delta S_0},\tag{15-53}$$

其中 L_0 代表闭曲线 $PABCP$，$\Delta S_0=\Delta x\Delta z$ 是 L_0 所围平面的面积。再以 L 代表闭曲线 $PAB'C'P$，ΔS 代表它所围平面的面积，则由图可知此平面以 $\boldsymbol{e}_{\mathrm{n}}$ 为法矢，故又有

$$\mathrm{den}_{\boldsymbol{e}_{\mathrm{n}}}\boldsymbol{a}=\lim_{L\to P}\frac{\oint_{L}\boldsymbol{a}\cdot\mathrm{d}\boldsymbol{l}}{\Delta S}\text{。}\tag{15-54}$$

不难证明

$$\Delta S=\frac{\Delta S_0}{\cos\varphi}=\frac{\Delta x\Delta z}{\cos\varphi}\text{。}\tag{15-55}$$

令

$$\Delta\equiv(\mathrm{curl}\boldsymbol{a})_{\mathrm{n}}-\mathrm{den}_{\boldsymbol{e}_{\mathrm{n}}}\boldsymbol{a},$$

则为证明本命题只需证明 $\Delta=0$。由式(15-53)、(15-54)及(15-55)得

$$\Delta=(\cos\varphi)\lim_{L_0\to P}\frac{\oint_{L_0}\boldsymbol{a}\cdot\mathrm{d}\boldsymbol{l}}{\Delta S_0}-\lim_{L\to P}\frac{\oint_{L}\boldsymbol{a}\cdot\mathrm{d}\boldsymbol{l}}{\Delta S}=(\cos\varphi)\lim_{\substack{\Delta x\to 0\\ \Delta z\to 0}}\frac{\left(\oint_{L_0}-\oint_{L}\right)\boldsymbol{a}\cdot\mathrm{d}\boldsymbol{l}}{\Delta x\Delta z}\text{。}\tag{15-56}$$

注意到

$$\oint_{L_0}\boldsymbol{a}\cdot\mathrm{d}\boldsymbol{l}=\left(\int_P^A+\int_A^B+\int_B^C+\int_C^P\right)\boldsymbol{a}\cdot\mathrm{d}\boldsymbol{l},\qquad \oint_{L}\boldsymbol{a}\cdot\mathrm{d}\boldsymbol{l}=\left(\int_P^A+\int_A^{B'}+\int_{B'}^{C'}+\int_{C'}^P\right)\boldsymbol{a}\cdot\mathrm{d}\boldsymbol{l},$$

便知

$$\left(\oint_{L_0}-\oint_L\right)\boldsymbol{a}\cdot\mathrm{d}\boldsymbol{l}=\left(\int_A^B+\int_B^C+\int_C^P-\int_A^{B'}-\int_{B'}^{C'}-\int_{C'}^P\right)\boldsymbol{a}\cdot\mathrm{d}\boldsymbol{l}$$
$$=\left(\int_A^B+\int_B^C+\int_C^P+\int_{B'}^A+\int_{C'}^{B'}+\int_P^{C'}\right)\boldsymbol{a}\cdot\mathrm{d}\boldsymbol{l}+\left(\int_B^{B'}+\int_{B'}^B+\int_C^{C'}+\int_{C'}^C\right)\boldsymbol{a}\cdot\mathrm{d}\boldsymbol{l}$$
$$=\left(\int_A^B+\int_B^{B'}+\int_{B'}^A\right)\boldsymbol{a}\cdot\mathrm{d}\boldsymbol{l}+\left(\int_{B'}^B+\int_B^C+\int_C^{C'}+\int_{C'}^{B'}\right)\boldsymbol{a}\cdot\mathrm{d}\boldsymbol{l}+\left(\int_C^P+\int_P^{C'}+\int_{C'}^C\right)\boldsymbol{a}\cdot\mathrm{d}\boldsymbol{l}\text{。}\tag{15-57}$$

由图 15-11(a)看出上式右边等于图中三棱柱的顶面、前面和底面的边界线的环流之和，把这些边界线依次记作 $L_{顶}$、$L_{前}$ 和 $L_{底}$，便有

$$\left(\oint_{L_0}-\oint_L\right)\boldsymbol{a}\cdot\mathrm{d}\boldsymbol{l}=\oint_{L_{顶}}\boldsymbol{a}\cdot\mathrm{d}\boldsymbol{l}+\oint_{L_{前}}\boldsymbol{a}\cdot\mathrm{d}\boldsymbol{l}+\oint_{L_{底}}\boldsymbol{a}\cdot\mathrm{d}\boldsymbol{l}\text{。}\tag{15-58}$$

先求右边第三项。将 PC' 的方向记为 ξ，则由图 15-11(b)得

$$\oint_{L_{底}}\boldsymbol{a}\cdot\mathrm{d}\boldsymbol{l}=-a_x(底)\Delta x+a_\xi(底)\Delta\xi-a_y(底)\Delta y\text{。}$$

由图 15-11(b)又知

$$\Delta y=\Delta x\tan\varphi,\quad \Delta\xi=\frac{\Delta x}{\cos\varphi},\quad a_\xi=a_x\cos\varphi+a_y\sin\varphi,$$

故

$$\oint_{L_{底}}\boldsymbol{a}\cdot\mathrm{d}\boldsymbol{l}=-a_x(底)\Delta x+[a_x(底)\cos\varphi+a_y(底)\sin\varphi]\frac{\Delta x}{\cos\varphi}-a_y(底)\Delta x\tan\varphi=0\text{。}$$

同理可证 $\oint_{L_{顶}}\boldsymbol{a}\cdot\mathrm{d}\boldsymbol{l}=0$。于是所余任务就是证明 $\oint_{L_{前}}\boldsymbol{a}\cdot\mathrm{d}\boldsymbol{l}=0$。

$$\oint_{L_{前}}\boldsymbol{a}\cdot\mathrm{d}\boldsymbol{l}=-a_y(上)\Delta y-a_z(左)\Delta z+a_y(下)\Delta y+a_z(右)\Delta z$$
$$=[a_y(下)-a_y(上)]\Delta y+[a_z(右)-a_z(左)]\Delta z$$
$$=-\frac{\partial a_y}{\partial z}\Delta y\Delta z+\frac{\partial a_z}{\partial y}\Delta y\Delta z=\left(\frac{\partial a_z}{\partial y}-\frac{\partial a_y}{\partial z}\right)\Delta x\Delta z\tan\varphi,$$

代入式(15-58)后再代入式(15-56)便得

$$\Delta=(\cos\varphi)\lim_{\substack{\Delta x\to 0\\ \Delta z\to 0}}\frac{\left(\frac{\partial a_z}{\partial y}-\frac{\partial a_y}{\partial z}\right)\Delta x\Delta z\tan\varphi}{\Delta x\Delta z}=\left(\frac{\partial a_z}{\partial y}-\frac{\partial a_y}{\partial z}\right)\bigg|_P\sin\varphi\text{。}\tag{15-59}$$

因此，为证 $\Delta=0$ 只需证明

$$\left(\frac{\partial a_z}{\partial y}-\frac{\partial a_y}{\partial z}\right)\bigg|_P=0\text{。}\tag{15-60}$$

现在要动用“环流密度在 $\boldsymbol{e}_y$ 方向取最大值”这一尚未用过的条件。既然已选坐标系使 $\boldsymbol{e}_\mathrm{n}$ 躺在 x-y 面上，而且 $\boldsymbol{e}_\mathrm{n}$ 与 $\boldsymbol{e}_y$ 的夹角为 φ，所以 P 点的 $\mathrm{den}_{\boldsymbol{e}_\mathrm{n}}\boldsymbol{a}$ 是 φ 的函数[可记作 $(\mathrm{den}\boldsymbol{a})(\varphi)\equiv\mathrm{den}_{\boldsymbol{e}_\mathrm{n}}\boldsymbol{a}$]，而且此函数在 $\varphi=0$ 处取最大值，因而

$$0=\left(\frac{\mathrm{d}}{\mathrm{d}\varphi}\mathrm{den}\boldsymbol{a}\right)\bigg|_{\varphi=0}=\lim_{\varphi\to 0}\frac{(\mathrm{den}\boldsymbol{a})(\varphi)-(\mathrm{den}\boldsymbol{a})(0)}{\varphi}$$

$$= \lim_{\varphi\to 0}\frac{\mathrm{den}_{e_n}\boldsymbol{a} - \mathrm{den}_{e_{n_0}}\boldsymbol{a}}{\varphi} = \lim_{\varphi\to 0}\frac{1}{\varphi}\left(\lim_{L\to P}\frac{\oint_L \boldsymbol{a}\cdot \mathrm{d}\boldsymbol{l}}{\Delta S} - \lim_{L_0\to P}\frac{\oint_{L_0}\boldsymbol{a}\cdot \mathrm{d}\boldsymbol{l}}{\Delta S_0}\right)。$$

受式(15-56)第一个等号右边形式的启发，便想到对上式再作如下变形：

$$0 = \lim_{\varphi\to 0}\frac{1}{\varphi}\left[\lim_{L\to P}\frac{\oint_L \boldsymbol{a}\cdot \mathrm{d}\boldsymbol{l}}{\Delta S} - (\cos\varphi)\lim_{L_0\to P}\frac{\oint_{L_0}\boldsymbol{a}\cdot \mathrm{d}\boldsymbol{l}}{\Delta S_0} + (\cos\varphi)\lim_{L_0\to P}\frac{\oint_{L_0}\boldsymbol{a}\cdot \mathrm{d}\boldsymbol{l}}{\Delta S_0} - \lim_{L_0\to P}\frac{\oint_{L_0}\boldsymbol{a}\cdot \mathrm{d}\boldsymbol{l}}{\Delta S_0}\right]$$

$$= \lim_{\varphi\to 0}\left(-\frac{\Delta}{\varphi} + \frac{\cos\varphi - 1}{\varphi}\lim_{L_0\to P}\frac{\oint_{L_0}\boldsymbol{a}\cdot \mathrm{d}\boldsymbol{l}}{\Delta S_0}\right),$$

其中第二步用到式(15-56)。接下来，似乎可以继续将上式直接写成两项的极限之和，但其实有个隐患：只当两项都有极限时这样做才合法。因此，应先证明两项都有极限。

(A) 对第一项，将式(15-59)代入，得

$$\lim_{\varphi\to 0}\left(-\frac{\Delta}{\varphi}\right) = -\lim_{\varphi\to 0}\frac{\sin\varphi}{\varphi}\left(\frac{\partial a_z}{\partial y} - \frac{\partial a_y}{\partial z}\right)\bigg|_P = -\left(\frac{\partial a_z}{\partial y} - \frac{\partial a_y}{\partial z}\right)\bigg|_P$$

（其中最后一步是因为$\lim\limits_{\varphi\to 0}\frac{\sin\varphi}{\varphi}=1$），故当 $\boldsymbol{a}$ 足够好时确实有极限；

(B) 对第二项，注意到其中的极限与 φ 无关及$\lim\limits_{\varphi\to 0}\frac{\cos\varphi-1}{\varphi}=0$（可用洛必达法则或 $\cos\varphi$ 的泰勒展开证明），便知不但有极限，而且为零。

综合以上两点，就有

$$0 = \lim_{\varphi\to 0}\left(-\frac{\Delta}{\varphi}\right) + \lim_{\varphi\to 0}\left(\frac{\cos\varphi - 1}{\varphi}\lim_{L_0\to P}\frac{\oint_{L_0}\boldsymbol{a}\cdot \mathrm{d}\boldsymbol{l}}{\Delta S_0}\right) = -\left(\frac{\partial a_z}{\partial y} - \frac{\partial a_y}{\partial z}\right)\bigg|_P,$$

于是式(15-60)（因而整个命题）得到证明。 □

[选读 15-5 完]

15.4.2 斯托克斯公式

斯托克斯公式是与旋度有关的、极其有用的定理。

定理 15-9（斯托克斯公式） 设 $\boldsymbol{a}$ 是矢量场，S 是以闭合曲线 L 为边线的曲面（图 15-12），则

$$\iint_S(\mathrm{curl}\,\boldsymbol{a})\cdot \mathrm{d}\boldsymbol{S} = \oint_L \boldsymbol{a}\cdot \mathrm{d}\boldsymbol{l}, \qquad (15-61)$$

其中 L 的积分方向要与 S 面的法矢成右手螺旋关系，见图 15-12。

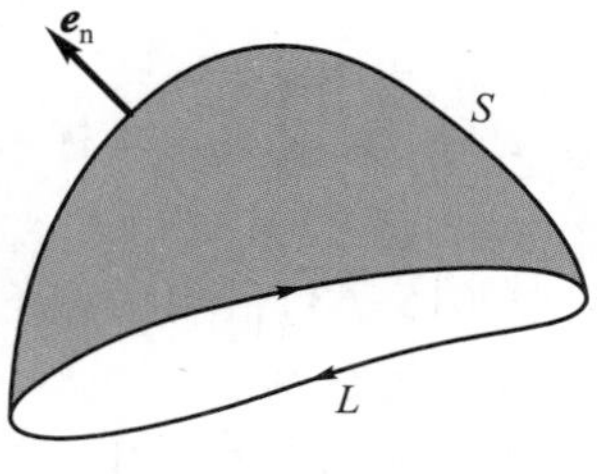

图 15-12 斯托克斯公式用图

注 3 高斯公式和斯托克斯公式有一个共性：都把某个区域的积分归结为其边界的积分。

证明 用横竖两组曲线把 S 面分成许多网格（图 15-13），每个网格的周边 L_i 也是闭曲线，故也可谈及 $\boldsymbol{a}$ 沿 L_i 的环流 $\oint_{L_i}\boldsymbol{a}\cdot \mathrm{d}\boldsymbol{l}$。

由于相邻二网格的交界线的积分彼此抵消，不难相信 $\oint_L \boldsymbol{a}\cdot \mathrm{d}\boldsymbol{l}$ 等于所有 $\oint_{L_i} \boldsymbol{a}\cdot \mathrm{d}\boldsymbol{l}$ 之和，即

$$\oint_L \boldsymbol{a}\cdot \mathrm{d}\boldsymbol{l} = \sum_i \oint_{L_i} \boldsymbol{a}\cdot \mathrm{d}\boldsymbol{l}\text{。} \tag{15-62}$$

由于最终要令各网格无限变小并取极限，故可把每个网格近似看作小矩形，把网格所围的曲面看作平面。把定义式(15-32)(去掉极限号)用于此矩形得

$$\oint_{L_i} \boldsymbol{a}\cdot \mathrm{d}\boldsymbol{l} \approx (\mathrm{curl}\,\boldsymbol{a})_n \Delta S_i = (\mathrm{curl}\,\boldsymbol{a})\cdot \Delta \boldsymbol{S}_i,$$

代入式(15-62)得

$$\oint_L \boldsymbol{a}\cdot \mathrm{d}\boldsymbol{l} \approx \sum_i (\mathrm{curl}\,\boldsymbol{a})\cdot \Delta \boldsymbol{S}_i,$$

取极限，右边变为面积分，故

$$\oint_L \boldsymbol{a}\cdot \mathrm{d}\boldsymbol{l} = \iint_S (\mathrm{curl}\,\boldsymbol{a})\cdot \mathrm{d}\boldsymbol{S}\text{。}$$

此即待证的式(15-61)。 □

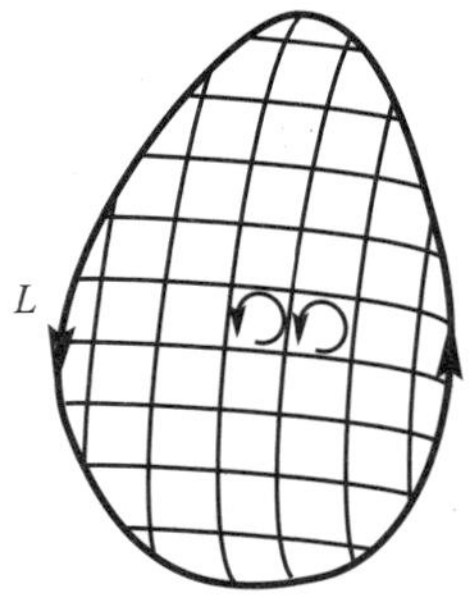

图 15-13　相邻网格共用边上积分抵消

§15.5　导数算符∇

15.5.1　导数算符的定义

读者从中学起就接触过算符，它本身只是符号而不是量，但一旦作用于某个量就给出一个量。例如，算符 sin 作用于标量(角度 α)就给出标量 $\sin\alpha$。此外，cos，tan，$\log_a$，exp，…都是大家熟悉的算符，被作用的量通常要写在算符的紧右边。形象地说，“算符正在张着嘴等你喂食”，只在“吃进”一个量后才成为某个量。

本节要介绍矢量分析(矢量场论)的一个特别有用的算符，称为**导数算符**，记作∇。

设 f 是标量场，$\{x,y,z\}$ 是直角坐标系，则 $\frac{\partial f}{\partial x}$ 是另一标量场，可看作用算符 $\frac{\partial}{\partial x}$ 作用于 f 的产物 $\left(\frac{\partial}{\partial x}\text{“吃进”}f\text{ 后成为}\frac{\partial f}{\partial x}\right)$。不妨称 $\frac{\partial}{\partial x}$ 为“偏导算符”。现在要介绍的是导数算符∇，其作用对象也是标量场 f，其作用结果定义为

$$\nabla f \equiv \boldsymbol{e}_x \frac{\partial f}{\partial x} + \boldsymbol{e}_y \frac{\partial f}{\partial y} + \boldsymbol{e}_z \frac{\partial f}{\partial z}, \quad (\text{对任意标量场 } f) \tag{15-63}$$

其中 $\boldsymbol{e}_x, \boldsymbol{e}_y, \boldsymbol{e}_z$ 是直角坐标系 $\{x,y,z\}$ 的三个单位基矢。将上式与式(15-17′)对比得

$$\nabla f = \mathrm{grad}\, f\text{。} \tag{15-64}$$

虽然式(15-63)借用了直角坐标系 $\{x,y,z\}$，但因 $\mathrm{grad}\, f$ 与坐标系无关，所以 ∇f 是一个不依赖于坐标系的矢量场。

既然式(15-63)对任意标量场 f 成立，就可甩掉作用对象 f 而写成算符等式：

$$\nabla \equiv \boldsymbol{e}_x \frac{\partial}{\partial x} + \boldsymbol{e}_y \frac{\partial}{\partial y} + \boldsymbol{e}_z \frac{\partial}{\partial z}\text{。} \quad (\text{两边都“张着嘴”等着“喂进”一个 } f) \tag{15-65}$$

上式与矢量展开式 $\boldsymbol{a}=\boldsymbol{e}_x a_x+\boldsymbol{e}_y a_y+\boldsymbol{e}_z a_z$ 形式上类似，不妨就说$\frac{\partial}{\partial x},\frac{\partial}{\partial y},\frac{\partial}{\partial z}$是“矢量∇”的三个分量，并记作

$$\nabla_x=\frac{\partial}{\partial x},\qquad \nabla_y=\frac{\partial}{\partial y},\qquad \nabla_z=\frac{\partial}{\partial z}。\tag{15-66}$$

请注意：①“矢量∇”的引号很有必要，因为∇是算符而不是量，只是有些像矢量；②由定义易证∇（对标量场）的作用满足莱布尼茨律，这也是它有资格称为“导数算符”的必要条件之一（有兴趣的读者可参阅选读 15-6）。

[选读 15-6]

正文对∇的讨论虽然直观易懂，但在严格性上尚有欠缺，曾经（而且还将）使一部分人产生不信任感，甚至有人明确建议要对有关符号和运算规则“动大手术”，其结果至少是全世界的电动力学教材都要相应改写。然而，我们要指出，本书上文和下文（以及通常的电动力学教材）关于∇的推演都是正确的，因为它在微分几何中有坚实的理论基础。我们不预期本书读者懂得微分几何，但为了示明通常电动力学教材关于∇的推演有理论基础，我们还是写了如下一段文字（完全不懂微分几何的读者免读）。

流形上的导数算符∇_a是把(k,l)型张量场变换为$(k,l+1)$型张量场的、满足 5 个条件的映射，其中前两个条件是：(a) 具有线性特性；(b) 满足莱布尼茨律。一个流形上可以有无数导数算符，但如果流形上给定了度规，就存在唯一的、与该度规相适配的导数算符。欧氏度规是最简单的度规，配有欧氏度规的流形称为**欧氏空间**，电动力学用到的（也就是本书讲解的）矢量场论是 3 维欧氏空间的矢量场论，其中的∇正是与欧氏度规相适配的导数算符∇_a，所以它原则上可以作用于任何类型的张量场（虽然通常只作用于标量场和矢量场），而且这一作用具有线性特性并且满足莱布尼茨律。

[选读 15-6 完]

[选读 15-7]

矢量场 $\boldsymbol{a}$ 与标量场 f 的乘积既可写成 $f\boldsymbol{a}$ 又可写成 $\boldsymbol{a}f$，即 $f\boldsymbol{a}=\boldsymbol{a}f$。然而，∇与矢量既像又不像，其不像之处的一个表现就是$\nabla f\neq f\nabla$。具体说，∇f是矢量场，把 f 写在∇的右边表明 f 是∇的作用对象。然而 $f\nabla$ 代表用 f 乘算符∇所得的新算符，其定义为

$$(f\nabla)g\equiv f(\nabla g)。\quad（对任意标量场\ g）$$

上式左边代表算符 $f\nabla$ 作用于标量场 g 的产物，右边代表用 f 乘矢量场∇g，结果仍是矢量场，所以上式是个矢量场等式。

[选读 15-7 完]

15.5.2 用导数算符表述散度和旋度

设 $\boldsymbol{a},\boldsymbol{b}$ 是矢量场，在直角坐标系的分量展开式为

$$\boldsymbol{a}=\boldsymbol{e}_x a_x+\boldsymbol{e}_y a_y+\boldsymbol{e}_z a_z,\qquad \boldsymbol{b}=\boldsymbol{e}_x b_x+\boldsymbol{e}_y b_y+\boldsymbol{e}_z b_z,$$

则由式（15-2）和（15-4）得

$$\boldsymbol{b}\cdot\boldsymbol{a}=b_x a_x+b_y a_y+b_z a_z,\tag{15-67}$$

$$\boldsymbol{b}\times\boldsymbol{a}=\begin{vmatrix}\boldsymbol{e}_x & \boldsymbol{e}_y & \boldsymbol{e}_z\\ b_x & b_y & b_z\\ a_x & a_y & a_z\end{vmatrix}=\boldsymbol{e}_x(b_y a_z-b_z a_y)+\boldsymbol{e}_y(b_z a_x-b_x a_z)+\boldsymbol{e}_z(b_x a_y-b_y a_x)。\tag{15-68}$$

把∇形式地看作 $\boldsymbol{b}$，并写出其“分量展开式”

$$\nabla=\boldsymbol{e}_x\nabla_x+\boldsymbol{e}_y\nabla_y+\boldsymbol{e}_z\nabla_z=\boldsymbol{e}_x\frac{\partial}{\partial x}+\boldsymbol{e}_y\frac{\partial}{\partial y}+\boldsymbol{e}_z\frac{\partial}{\partial z}, \tag{15-69}$$

仿照式(15-67)和(15-68)便可写出

$$\nabla\cdot\boldsymbol{a}=\nabla_x a_x+\nabla_y a_y+\nabla_z a_z=\frac{\partial a_x}{\partial x}+\frac{\partial a_y}{\partial y}+\frac{\partial a_z}{\partial z}, \tag{15-70}$$

$$\nabla\times\boldsymbol{a}=\begin{vmatrix}\boldsymbol{e}_x & \boldsymbol{e}_y & \boldsymbol{e}_z\\ \frac{\partial}{\partial x} & \frac{\partial}{\partial y} & \frac{\partial}{\partial z}\\ a_x & a_y & a_z\end{vmatrix}=\boldsymbol{e}_x\left(\frac{\partial a_z}{\partial y}-\frac{\partial a_y}{\partial z}\right)+\boldsymbol{e}_y\left(\frac{\partial a_x}{\partial z}-\frac{\partial a_z}{\partial x}\right)+\boldsymbol{e}_z\left(\frac{\partial a_y}{\partial x}-\frac{\partial a_x}{\partial y}\right)。\tag{15-71}$$

与式(15-29)及(15-37)对比可知

$$\nabla\cdot\boldsymbol{a}=\mathrm{div}\,\boldsymbol{a}, \qquad \nabla\times\boldsymbol{a}=\mathrm{curl}\,\boldsymbol{a}。\tag{15-72}$$

所以 div $\boldsymbol{a}$ 可以简写为$\nabla\cdot\boldsymbol{a}$，curl $\boldsymbol{a}$ 可以简写为$\nabla\times\boldsymbol{a}$。

∇不是矢量，它与 $\boldsymbol{a}$ 的点乘积本无意义。但利用∇“有些像矢量”的特点可以形式地写出式(15-70)，发现该式右边是个定义良好的标量场，而且正好等于 $\boldsymbol{a}$ 的散度 div$\boldsymbol{a}$，于是符号$\nabla\cdot\boldsymbol{a}$从此获得明确意义。类似地，式(15-71)右边也是个定义良好的矢量场，而且正好等于 $\boldsymbol{a}$ 的旋度 curl$\boldsymbol{a}$，于是符号$\nabla\times\boldsymbol{a}$ 从此获得明确意义。今后经常把 div$\boldsymbol{a}$ 和 curl$\boldsymbol{a}$ 简写为$\nabla\cdot\boldsymbol{a}$ 和$\nabla\times\boldsymbol{a}$。

请注意：梯度是对标量场而言的，标量场 f 的梯度∇f 是矢量场；散度和旋度都是对矢量场而言的，矢量场 $\boldsymbol{a}$ 的散度和旋度分别是标量场和矢量场。可以这样理解：矢量场 $\boldsymbol{a}$ 有 3 个分量，每个都可以对 3 个坐标求偏导数，共有 9 个偏导数，其中 3 个(即$\frac{\partial a_x}{\partial x},\frac{\partial a_y}{\partial y},\frac{\partial a_z}{\partial z}$)之和就是散度$\nabla\cdot\boldsymbol{a}$，而旋度$\nabla\times\boldsymbol{a}$ 则是用其余 6 个偏导数精心构造[按式(15-71)]而得的矢量场。

借助于 Levi-Civita 记号 ε_{ijk}可以简洁地表出旋度$\nabla\times\boldsymbol{a}$ 的分量，从而可使计算大为简化。为此，把(右手)直角坐标 x,y,z 改记作 x^1,x^2,x^3，再把$\frac{\partial}{\partial x^i}$简写为$\partial_i$(本书后面将经常使用这一记号)，则$\nabla\times\boldsymbol{a}$ 的第 i 分量便可简写为

$$(\nabla\times\boldsymbol{a})_i=\varepsilon_{ijk}\partial_j a_k。\text{(重复指标 } j \text{ 和 } k \text{ 暗示要对 } j \text{ 和 } k \text{ 分别求和)} \tag{15-73a}$$

利用符号∂_i 还可把梯度∇f 的分量以及散度$\nabla\cdot\boldsymbol{a}$ 表为

$$(\nabla f)_i=\partial_i f, \tag{15-73b}$$

$$\nabla\cdot\boldsymbol{a}=\partial_i a_i。\text{(重复 } i \text{ 暗示对 } i \text{ 求和)} \tag{15-73c}$$

15.5.3 二阶导数和拉普拉斯算符∇^2

标量场 f 或矢量场 $\boldsymbol{a}$ 被∇作用后，如果再用∇作用一次，就出现二阶导数，可归纳为如下 5 种。

第 1 种　f 的梯度的散度，即$\nabla\cdot(\nabla f)$；

第 2 种　f 的梯度的旋度，即$\nabla\times(\nabla f)$；

第 3 种　$\boldsymbol{a}$ 的散度的梯度，即$\nabla(\nabla\cdot\boldsymbol{a})$；

第 4 种　$\boldsymbol{a}$ 的旋度的散度，即$\nabla\cdot(\nabla\times\boldsymbol{a})$；

第 5 种　$\boldsymbol{a}$ 的旋度的旋度，即$\nabla\times(\nabla\times\boldsymbol{a})$。

首先证明第 2、4 种的结果为零，见下列两个定理。

定理 15-10　梯度的旋度为零，即

$$\nabla\times(\nabla f)=0。(对任意标量场 f) \tag{15-74}$$

证明　$\nabla\times(\nabla f)$在直角系的第 i 分量

$$\begin{aligned}[\nabla\times(\nabla f)]_i &=\varepsilon_{ijk}\partial_j(\nabla f)_k=\varepsilon_{ijk}\partial_j\partial_k f\\ &=-\varepsilon_{ikj}\partial_j\partial_k f=-\varepsilon_{ikj}\partial_k\partial_j f=-[\nabla\times(\nabla f)]_i,\end{aligned} \tag{15-75}$$

其中第一步和末步都用到式(15-73a)，第二步用到式(15-73b)，第三步用到式(15-7)，第四步是因为

$$\partial_j\partial_k f\equiv\frac{\partial}{\partial x^j}\frac{\partial}{\partial x^k}f=\frac{\partial}{\partial x^k}\frac{\partial}{\partial x^j}f=\partial_k\partial_j f\ 。 \tag{15-76}$$

对比式(15-75)首、末项便知

$$[\nabla\times(\nabla f)]_i=0,\quad i=1,2,3,$$

故$\nabla\times(\nabla f)=0$。 □

定理 15-11　旋度的散度为零，即

$$\nabla\cdot(\nabla\times\boldsymbol{a})=0。(对任意矢量场 \boldsymbol{a}) \tag{15-77}$$

证明

$$\begin{aligned}\nabla\cdot(\nabla\times\boldsymbol{a})&=\partial_i(\nabla\times\boldsymbol{a})_i=\partial_i(\varepsilon_{ijk}\partial_j a_k)=\varepsilon_{ijk}\partial_i\partial_j a_k\\ &=-\varepsilon_{jik}\partial_i\partial_j a_k=-\varepsilon_{jik}\partial_j\partial_i a_k=-\nabla\cdot(\nabla\times\boldsymbol{a}),\end{aligned}$$

所以$\nabla\cdot(\nabla\times\boldsymbol{a})=0$。在以上推导中，第一步用到式(15-73c)，第二步用到式(15-73a)，第四步用到式(15-7)，第五步用到式(15-76)。 □

因此，只需再讨论非零的 3 种二阶导数。先看第 1 种，即$\nabla\cdot(\nabla f)$，容易证明它在直角系的表达式为

$$\nabla\cdot(\nabla f)=\frac{\partial^2 f}{\partial x^2}+\frac{\partial^2 f}{\partial y^2}+\frac{\partial^2 f}{\partial z^2}, \tag{15-78}$$

证明如下：

$$\begin{aligned}\nabla\cdot(\nabla f)&=\partial_i(\nabla f)_i=\partial_x\partial_x f+\partial_y\partial_y f+\partial_z\partial_z f\\ &=\frac{\partial}{\partial x}\left(\frac{\partial f}{\partial x}\right)+\frac{\partial}{\partial y}\left(\frac{\partial f}{\partial y}\right)+\frac{\partial}{\partial z}\left(\frac{\partial f}{\partial z}\right)=\frac{\partial^2 f}{\partial x^2}+\frac{\partial^2 f}{\partial y^2}+\frac{\partial^2 f}{\partial z^2},\end{aligned}$$

其中第一步用到式(15-73c)，第二步用到式(15-73b)。

$\nabla\cdot(\nabla f)$无非是用导数算符∇对 f 作用两次的结果(第二次是用$\nabla\cdot$作用)，注意到①“∇有些像矢量”，②任一矢量 $\boldsymbol{a}$ 的大小 a 满足 $a^2=\boldsymbol{a}\cdot\boldsymbol{a}$，不妨仿照 a^2 形式地引入算符∇^2(称为**拉普拉斯算符**)，定义为

$$\nabla^2\equiv\nabla\cdot\nabla。$$

上式是算符等式，左右两边都是算符，对标量场 f 的作用结果就是

$$\nabla^2 f \equiv \nabla \cdot (\nabla f)。\tag{15-79}$$

由式(15-78)可知 $\nabla^2 f$ 在直角系的表达式为

$$\nabla^2 f=\frac{\partial^2 f}{\partial x^2}+\frac{\partial^2 f}{\partial y^2}+\frac{\partial^2 f}{\partial z^2}。\tag{15-80}$$

$\nabla^2 f$ 在柱坐标系和球坐标系的表达式将在小节 15.8.4 推导。

上面只介绍了拉普拉斯算符 ∇^2 对标量场的作用，其实 ∇^2 也可以作用于矢量场 $\boldsymbol{a}$ 而得矢量场 $\nabla^2\boldsymbol{a}$，其定义可借助于直角系用下式表出：

$$\nabla^2 \boldsymbol{a}=\frac{\partial^2 \boldsymbol{a}}{\partial x^2}+\frac{\partial^2 \boldsymbol{a}}{\partial y^2}+\frac{\partial^2 \boldsymbol{a}}{\partial z^2}。\tag{15-81}$$

$\nabla^2\boldsymbol{a}$ 在柱坐标系和球坐标系的表达式将在小节 15.8.4(选读 15-13)推导。

最后再讨论剩余的两种非零二阶导数，即 $\nabla(\nabla\cdot\boldsymbol{a})$(第 3 种)和 $\nabla\times(\nabla\times\boldsymbol{a})$(第 5 种)。这两种二阶导数在实用中也经常遇到，而且两者之间有密切联系，见如下定理。

定理 15-12　对任意矢量场 $\boldsymbol{a}$ 有

$$\nabla\times(\nabla\times\boldsymbol{a})=\nabla(\nabla\cdot\boldsymbol{a})-\nabla^2\boldsymbol{a}\ 。\tag{15-82}$$

证明　以 $[\nabla\times(\nabla\times\boldsymbol{a})]_i$ 代表 $\nabla\times(\nabla\times\boldsymbol{a})$ 在直角系的第 i 分量，则

$$\begin{aligned}[\nabla\times(\nabla\times\boldsymbol{a})]_i&=\varepsilon_{ijk}\partial_j(\nabla\times\boldsymbol{a})_k=\varepsilon_{ijk}\partial_j(\varepsilon_{klm}\partial_l a_m)=(\delta_{il}\delta_{jm}-\delta_{im}\delta_{jl})\partial_j\partial_l a_m\\&=\partial_j\partial_i a_j-\partial_j\partial_j a_i=\partial_i\partial_j a_j-\nabla^2 a_i=\partial_i(\nabla\cdot\boldsymbol{a})-(\nabla^2\boldsymbol{a})_i=[\nabla(\nabla\cdot\boldsymbol{a})]_i-(\nabla^2\boldsymbol{a})_i\ 。\end{aligned}$$

上式表明式(15-82)成立。在上式的推导中，第一、二步都用到式(15-73a)，第三步用到式(15-7)及式(15-13)，第四步的技巧在定理 15-3b 的证明中已详细讲过，第五步的第一项用到 $\frac{\partial}{\partial x^j}\frac{\partial f}{\partial x^i}=\frac{\partial}{\partial x^i}\frac{\partial f}{\partial x^j}$，第二项用到式(15-80)，第七步用到式(15-73b)。　□

[选读 15-8]

正文用式(15-81)对 $\nabla^2\boldsymbol{a}$ 所下的定义至少有两个缺点：①在推导 $\nabla^2\boldsymbol{a}$ 的非直角系表达式时某些问题不易讲清楚，因为非直角系的 $\nabla^2\boldsymbol{a}$ 尚无定义；②不易证明 $\nabla^2\boldsymbol{a}$ 是矢量。[请注意式(15-81)右边的每一项都不是矢量，三项之和才是矢量，但不易证明。]本选读要对 $\nabla^2\boldsymbol{a}$ 给出一个与坐标系无关的、“天生就是矢量”的优雅定义，介绍如下。

由 $\nabla^2 f\equiv\nabla\cdot(\nabla f)$ 以及散度的定义[式(15-26)]可知对任一 P 点有

$$\nabla^2 f\big|_P=\lim_{S\to P}\frac{\oiint_S(\nabla f)\cdot \mathrm{d}\boldsymbol{S}}{\Delta V}=\lim_{S\to P}\frac{\oiint_S\frac{\partial f}{\partial n}\mathrm{d}S}{\Delta V}\ 。\tag{15-83}$$

上式可看作 $\nabla^2 f$ 的等价定义。由此受到启发——如果把 f 改为矢量 $\boldsymbol{a}$，就应得到 $\nabla^2\boldsymbol{a}$ 的、不借助于坐标系的、“天生就是矢量”的优雅定义：

定义 15-9　拉普拉斯算符 ∇^2 对矢量场 $\boldsymbol{a}$ 的作用定义为

$$\nabla^2\boldsymbol{a}\big|_P\equiv\lim_{S\to P}\frac{\oiint_S\frac{\partial\boldsymbol{a}}{\partial n}\mathrm{d}S}{\Delta V}\ 。\tag{15-84}$$

当然，首先应该证明从这个定义可以推出正文的定义。为此，先将矢量 $\frac{\partial\boldsymbol{a}}{\partial n}$ 在直角系展开为

$$\frac{\partial \boldsymbol{a}}{\partial n}=\boldsymbol{e}_x\frac{\partial a_x}{\partial n}+\boldsymbol{e}_y\frac{\partial a_y}{\partial n}+\boldsymbol{e}_z\frac{\partial a_z}{\partial n},$$

再代入式(15-84)得

$$\nabla^2\boldsymbol{a}\mid_P=\lim_{S\to P}\frac{1}{\Delta V}\left(\boldsymbol{e}_x\oiint_S\frac{\partial a_x}{\partial n}\mathrm{d}S+\boldsymbol{e}_y\oiint_S\frac{\partial a_y}{\partial n}\mathrm{d}S+\boldsymbol{e}_z\oiint_S\frac{\partial a_z}{\partial n}\mathrm{d}S\right)。\tag{15-85}$$

a_x,a_y,a_z 在直角系固定的前提下可看作标量场，把式(15-83)中的 f 依次取作 a_x,a_y,a_z，代入式(15-85)，去掉下标 P，得矢量场等式

$$\nabla^2\boldsymbol{a}=\boldsymbol{e}_x\nabla^2 a_x+\boldsymbol{e}_y\nabla^2 a_y+\boldsymbol{e}_z\nabla^2 a_z。\tag{15-86}$$

再把式(15-80)中的 f 依次取作 a_x,a_y,a_z，代入上式又得

$$\nabla^2\boldsymbol{a}=\left[\frac{\partial^2(\boldsymbol{e}_x a_x)}{\partial x^2}+\frac{\partial^2(\boldsymbol{e}_x a_x)}{\partial y^2}+\frac{\partial^2(\boldsymbol{e}_x a_x)}{\partial z^2}\right]+\left[\frac{\partial^2(\boldsymbol{e}_y a_y)}{\partial x^2}+\frac{\partial^2(\boldsymbol{e}_y a_y)}{\partial y^2}+\frac{\partial^2(\boldsymbol{e}_y a_y)}{\partial z^2}\right]$$
$$+\left[\frac{\partial^2(\boldsymbol{e}_z a_z)}{\partial x^2}+\frac{\partial^2(\boldsymbol{e}_z a_z)}{\partial y^2}+\frac{\partial^2(\boldsymbol{e}_z a_z)}{\partial z^2}\right],$$

并项得

$$\nabla^2\boldsymbol{a}=\frac{\partial^2\boldsymbol{a}}{\partial x^2}+\frac{\partial^2\boldsymbol{a}}{\partial y^2}+\frac{\partial^2\boldsymbol{a}}{\partial z^2},\text{[此即式(15-81)]}$$

可见从定义 15-9 可以推出正文的定义。

甲　虽然式(15-83)与$\nabla^2 f\equiv\nabla\cdot(\nabla f)$等价，但我更喜欢后者，因为它给$\nabla^2 f$一个鲜明的几何意义：$\nabla^2 f$就是 f 的梯度的散度。我的问题是：$\nabla^2\boldsymbol{a}$ 也有类似的表达式吗？

乙　有的。与$\nabla^2 f=\nabla\cdot(\nabla f)$类似，$\nabla^2\boldsymbol{a}$ 也可表为

$$\nabla^2\boldsymbol{a}\equiv\nabla\cdot(\nabla\boldsymbol{a})。\tag{15-87}$$

甲　上式的$\nabla\boldsymbol{a}$好奇怪，既不是 $\boldsymbol{a}$ 的散度$\nabla\cdot\boldsymbol{a}$，又不是 $\boldsymbol{a}$ 的旋度$\nabla\times\boldsymbol{a}$，$\nabla$与 $\boldsymbol{a}$ 之间竟然没有运算符号，到底是个什么鬼东西？

乙　$\nabla\boldsymbol{a}$ 是一个特别的 2 阶张量场，其准确定义只有用微分几何语言方能讲清楚[见梁灿彬，周彬(2006)P.123 的(3)中之(e)]。

甲　我们没学过微分几何的广大读者怎么办？

乙　在电动力学阶段可以根本不知道式(15-87)，只要知道$\nabla^2\boldsymbol{a}$ 在常用坐标系的具体表达式便已够用(在本专题中都可查到)。

[选读 15-8 完]

[选读 15-9]

甲　我还有个问题：式(15-81)是把式(15-80)中的 f 愣改为 $\boldsymbol{a}$ 而得到的，它的右边每项都有 $\boldsymbol{a}$ 对坐标的偏导数，而且还是 2 阶偏导数，有明确定义吗？

乙　问得好。函数(标量场)对坐标的偏导数是早有定义的，但矢量场对坐标的偏导数是什么意思？应该先下定义。以 λ 代表任一坐标系的任一坐标，我们对$\dfrac{\partial\boldsymbol{a}}{\partial\lambda}$给出如下定义。

定义 15-10　设 $\boldsymbol{a}$ 在直角系的展开式为

$$\boldsymbol{a}=\boldsymbol{e}_x a_x+\boldsymbol{e}_y a_y+\boldsymbol{e}_z a_z,$$

则$\dfrac{\partial \boldsymbol{a}}{\partial \lambda}$定义为

$$\frac{\partial \boldsymbol{a}}{\partial \lambda} \equiv \boldsymbol{e}_x \frac{\partial a_x}{\partial \lambda} + \boldsymbol{e}_y \frac{\partial a_y}{\partial \lambda} + \boldsymbol{e}_z \frac{\partial a_z}{\partial \lambda}。\tag{15-88}$$

不难证明这一定义与选哪一个直角系无关。由上述定义还可看出矢量场对坐标的求导满足莱布尼茨律。

甲　直角系的 3 个基矢 $\boldsymbol{e}_x$, $\boldsymbol{e}_y$, $\boldsymbol{e}_z$ 是常矢量场，由此可知式(15-88)恒成立，为什么它竟然成为定义？

乙　那我先请你回答:什么叫作常矢量场？

甲　对任何坐标求导数都得零的矢量场叫作常矢量场。

乙　那你还得先说明(定义)什么叫作矢量场对坐标的导数，这岂不又绕回来了吗？

甲　我明白了。我现在体会到您刚才对$\dfrac{\partial \boldsymbol{a}}{\partial \lambda}$下定义时将基矢放在偏导符号外面的良苦用心了。若非如此，要想得到式(15-88)，则不但要先约定(而不是后来证明)这种求导满足莱布尼茨律，而且，更重要的是，终究还会涉及基矢对坐标求导这种欠定义的概念。

乙　很好。以式(15-88)作为定义之后，只要再补充

定义 15-11　对任何坐标的导数都得零的矢量场叫**常矢量场**，就很易证明 $\boldsymbol{e}_x$, $\boldsymbol{e}_y$, $\boldsymbol{e}_z$ 是常矢量场了，因为，例如，

$$\frac{\partial \boldsymbol{e}_x}{\partial \lambda} = \frac{\partial(\boldsymbol{e}_x 1)}{\partial \lambda} = e_x \frac{\partial(1)}{\partial \lambda} = 0 \ 。$$

甲　对定义 15-10 我能理解，能接受，但是为什么不像函数的偏导数那样借用极限手法下定义呢？

乙　这也是可行的，但有个问题要讲清楚。设 $C(\lambda)$ 是 λ 的坐标曲线(即其他坐标都为常数的曲线)，P 和 Q 是线上两个邻点，且 $\lambda|_Q - \lambda|_P = \Delta\lambda$，你能写出用极限给$\left.\dfrac{\partial \boldsymbol{a}}{\partial \lambda}\right|_P$所下的定义吗？

甲　这不难啊，无非就是

$$\left.\frac{\partial \boldsymbol{a}}{\partial \lambda}\right|_P \equiv \lim_{\Delta\lambda \to 0} \frac{\boldsymbol{a}|_Q - \boldsymbol{a}|_P}{\Delta\lambda}。\tag{15-89}$$

乙　你这是把函数(标量场)f 的偏导数定义中的 f 直接改为 $\boldsymbol{a}$ 的结果，却没注意到矢量场与标量场的不同。$\boldsymbol{a}|_Q$ 是 Q 点的矢量[Q 点的矢量空间(记作 V_Q)的元素(见前面的选读15-3)]，$\boldsymbol{a}|_P$ 则是 P 点的矢量(P 点的矢量空间 V_P 的元素)，两者不能相加减，$\boldsymbol{a}|_Q - \boldsymbol{a}|_P$ 无意义。

甲　这也难不住我啊，把 $\boldsymbol{a}|_Q$ 平移到 P 点不就可以与 $\boldsymbol{a}|_P$ 相减了吗？

乙　这是对的，但平移后就不应再记作 $\boldsymbol{a}|_Q$ 了，最好把平移的结果记作 $\tilde{\boldsymbol{a}}|_P$(下标 P 明示它是 P 点的一个矢量)，于是准确的定义可写为

定义 15-12

$$\left.\frac{\partial \boldsymbol{a}}{\partial \lambda}\right|_P \equiv \lim_{\Delta\lambda \to 0} \frac{\tilde{\boldsymbol{a}}|_P - \boldsymbol{a}|_P}{\Delta\lambda}。\tag{15-90}$$

甲 这个定义与定义 15-10 等价吗？

乙 两者等价。先证明由定义 15-12 可以推出定义 15-10。平移保持矢量的方向和大小不变，故平移前后两矢量在同一直角系的分量对应相等，所以

$$\tilde{\boldsymbol{a}}\,|_P=\boldsymbol{e}_x\,|_P\,a_x\,|_Q+\boldsymbol{e}_y\,|_P\,a_y\,|_Q+\boldsymbol{e}_z\,|_P\,a_z\,|_Q, \tag{15-91}$$

因而式(15-90)右边的分子为

$$\begin{aligned}\tilde{\boldsymbol{a}}\,|_P-\boldsymbol{a}\,|_P&=(\boldsymbol{e}_x\,|_P\,a_x\,|_Q-\boldsymbol{e}_x\,|_P\,a_x\,|_P)+(\boldsymbol{e}_y\,|_P\,a_y\,|_Q-\boldsymbol{e}_y\,|_P\,a_y\,|_P)+(\boldsymbol{e}_z\,|_P\,a_z\,|_Q-\boldsymbol{e}_z\,|_P\,a_z\,|_P)\\&=\boldsymbol{e}_x\,|_P(a_x\,|_Q-a_x\,|_P)+\boldsymbol{e}_y\,|_P(a_y\,|_Q-a_y\,|_P)+\boldsymbol{e}_z\,|_P(a_z\,|_Q-a_z\,|_P),\end{aligned}$$

于是有

$$\begin{aligned}\left.\frac{\partial\boldsymbol{a}}{\partial\lambda}\right|_P&\equiv\lim_{\Delta\lambda\to0}\frac{\tilde{\boldsymbol{a}}\,|_P-\boldsymbol{a}\,|_P}{\Delta\lambda}=\boldsymbol{e}_x\,|_P\lim_{\Delta\lambda\to0}\frac{a_x\,|_Q-a_x\,|_P}{\Delta\lambda}+\boldsymbol{e}_y\,|_P\lim_{\Delta\lambda\to0}\frac{a_y\,|_Q-a_y\,|_P}{\Delta\lambda}+\boldsymbol{e}_z\,|_P\lim_{\Delta\lambda\to0}\frac{a_z\,|_Q-a_z\,|_P}{\Delta\lambda}\\&=\left.\left(\boldsymbol{e}_x\frac{\partial a_x}{\partial\lambda}+\boldsymbol{e}_y\frac{\partial a_y}{\partial\lambda}+\boldsymbol{e}_z\frac{\partial a_z}{\partial\lambda}\right)\right|_P。\end{aligned}\tag{15-92}$$

此即式(15-88)。可见由定义 15-12 可推出定义 15-10。读者不难证明由定义 15-10 也可推出定义 15-12，所以两者等价。

甲 我还有一个小问题不明白。为什么上面的推导中总把基矢写成 $\boldsymbol{e}_x\,|_P$？我们都习惯写成 $\boldsymbol{e}_x$。

乙 那我先问你，$\boldsymbol{e}_x$ 是坐标原点的一个矢量还是空间中的一个矢量场？

甲 我们都习惯于认为 $\boldsymbol{e}_x$ 是坐标原点的矢量。

乙 这种理解不够用。是的，最原始的 $\boldsymbol{e}_x$ 的确只是原点的一个矢量，但把它平移到空间每一点就得到空间中的一个矢量场。

甲 这是个常矢量场吗？

乙 是的：把 $\boldsymbol{e}_x$ 作为 $\boldsymbol{a}$ 代入式(15-90)，立即得知 $\dfrac{\partial\boldsymbol{e}_x}{\partial\lambda}=0$，由定义 15-11 便知 $\boldsymbol{e}_x$ 是常矢量场。像这种由平移造就的矢量场称为**平移矢量场**。平移矢量场必定是常矢量场，反之亦然。

[**选读 15-9 完**]

§15.6 矢量分析的若干定理

除了高斯公式和斯托克斯公式之外，矢量分析还有若干重要定理，陈述并证明如下。

定理 15-13 设 V 是闭合面 S 所包围的区域（仍见图 15-7），ϕ 和 ψ 是标量场，则

$$\iiint_V[\phi\,\nabla^2\psi+(\nabla\phi)\cdot(\nabla\psi)]\,\mathrm{d}V=\oint\!\!\!\oint_S\phi\,\frac{\partial\psi}{\partial n}\mathrm{d}S, \tag{15-93a}$$

$$\iiint_V[\phi\,\nabla^2\psi-\psi\,\nabla^2\phi]\,\mathrm{d}V=\oint\!\!\!\oint_S\left(\phi\,\frac{\partial\psi}{\partial n}-\psi\,\frac{\partial\phi}{\partial n}\right)\mathrm{d}S, \tag{15-93b}$$

其中 $\dfrac{\partial\psi}{\partial n}$ 是 ψ 沿 S 面的外法向的方向导数。上两式依次称为**格林第一公式**和**格林第二公式**。

证明 令 $\boldsymbol{a}\equiv\phi\,\nabla\psi$，则

$$\nabla\cdot\boldsymbol{a}=\nabla\cdot(\phi\,\nabla\psi)=\phi\,\nabla\cdot(\nabla\psi)+(\nabla\phi)\cdot(\nabla\psi)=\phi\,\nabla^2\psi+(\nabla\phi)\cdot(\nabla\psi),\tag{15-94}$$

其中第二步提前用到式(15-106b)，第三步提前用到式(15-106g)。[此两式的证明很容易，而且并未用到本定理的结论(所以不构成循环论证)。] 于是由高斯公式得

$$\iiint_V(\nabla\cdot\boldsymbol{a})\mathrm{d}V=\oiint_S a_{\mathrm{n}}\mathrm{d}S=\oiint_S\boldsymbol{e}_{\mathrm{n}}\cdot\boldsymbol{a}\mathrm{d}S=\oiint_S\phi\,\boldsymbol{e}_{\mathrm{n}}\cdot(\nabla\psi)\mathrm{d}S,\tag{15-95}$$

其中第二步引入的 $\boldsymbol{e}_{\mathrm{n}}$ 代表面元 dS 的外向单位法矢。选直角坐标系使 $\boldsymbol{e}_x=\boldsymbol{e}_{\mathrm{n}}$，则

$$\boldsymbol{e}_{\mathrm{n}}\cdot(\nabla\psi)=\boldsymbol{e}_x\cdot(\nabla\psi)=\boldsymbol{e}_x\cdot\left(\boldsymbol{e}_x\frac{\partial\psi}{\partial x}+\boldsymbol{e}_y\frac{\partial\psi}{\partial y}+\boldsymbol{e}_z\frac{\partial\psi}{\partial z}\right)=\frac{\partial\psi}{\partial x}=\frac{\partial\psi}{\partial n},$$

代入式(15-95)得

$$\iiint_V(\nabla\cdot\boldsymbol{a})\mathrm{d}V=\oiint_S\phi\frac{\partial\psi}{\partial n}\mathrm{d}S,\tag{15-96}$$

与式(15-94)结合便得待证的式(15-93a)。把式(15-93a)中的 ϕ 和 ψ 互换得

$$\iiint_V[\psi\,\nabla^2\phi+(\nabla\psi)\cdot(\nabla\phi)]\mathrm{d}V=\oiint_S\psi\frac{\partial\phi}{\partial n}\mathrm{d}S,$$

式(15-93a)与上式相减便证明了式(15-93b)。 □

定理 15-14　(定理 15-10 之逆)　若矢量场 $\boldsymbol{a}$ 的旋度为零，则存在标量场 f 满足 $\boldsymbol{a}=\nabla f$。也可用数学语言表述为

$$\nabla\times\boldsymbol{a}=0\quad\Rightarrow\quad\text{存在}\,f\,\text{使}\,\boldsymbol{a}=\nabla f。\tag{15-97}$$

证明　任一闭曲线 L 上的两点 A,B 把 L 分为从 A 到 B 的两段曲线 L_1 和 L_2(图 15-14)，有

$$\oint_L\boldsymbol{a}\cdot\mathrm{d}\boldsymbol{l}=\int_{A(\text{沿}L_1)}^{B}\boldsymbol{a}\cdot\mathrm{d}\boldsymbol{l}-\int_{A(\text{沿}L_2)}^{B}\boldsymbol{a}\cdot\mathrm{d}\boldsymbol{l}。\tag{15-98}$$

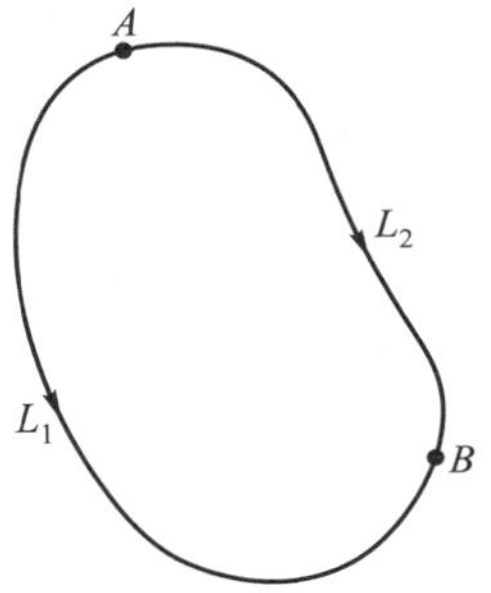

图 15-14　A,B 把闭曲线 L 分为 L_1 和 L_2

另一方面，由斯托克斯公式又知

$$\oint_L\boldsymbol{a}\cdot\mathrm{d}\boldsymbol{l}=\iint_S(\nabla\times\boldsymbol{a})\cdot\mathrm{d}\boldsymbol{S},$$

其中 S 是以 L 为边线的任一曲面。所以，只要矢量场 $\boldsymbol{a}$ 的旋度为零，即 $\nabla\times\boldsymbol{a}=0$，对任一闭曲线 L 就有 $\oint_L\boldsymbol{a}\cdot\mathrm{d}\boldsymbol{l}=0$，于是式(15-98)给出

$$\int_{A(\text{沿}L_1)}^{B}\boldsymbol{a}\cdot\mathrm{d}\boldsymbol{l}=\int_{A(\text{沿}L_2)}^{B}\boldsymbol{a}\cdot\mathrm{d}\boldsymbol{l}。$$

上式表明 $\boldsymbol{a}$ 从 A 到 B 的线积分与路径无关，亦即 $\boldsymbol{a}$ 是势场(见基础篇第三版 31 页第三行起的四行小字)，因而可以仿照静电势 V 的定义用下式给 $\boldsymbol{a}$ 场定义势 f:

$$f(P)\equiv\int_{P_0}^{P}\boldsymbol{a}\cdot\mathrm{d}\boldsymbol{l},\ (\text{对任一场点}\,P)$$

其中 P_0 是事先任意选定的参考点。既然静电场 $\boldsymbol{E}$ 等于静电势 V 的负梯度，即

$$\boldsymbol{E}=-\mathrm{grad}V=-\nabla V,\qquad[\text{见式}(15\text{-}18)]$$

自然也有 $\boldsymbol{a}=\nabla f$。 □

定理 15-15 (定理 15-11 之逆)　若矢量场 $\boldsymbol{a}$ 的散度为零，则存在矢量场 $\boldsymbol{b}$ 满足 $\boldsymbol{a}=\nabla\times\boldsymbol{b}$。

也可用数学语言表述为

$$\nabla\cdot\boldsymbol{a}=0 \quad\Rightarrow\quad \text{存在 }\boldsymbol{b}\text{ 使 }\boldsymbol{a}=\nabla\times\boldsymbol{b}。\tag{15-99}$$

证明[选读]

我们希望待求矢量场 $\boldsymbol{b}$ 尽量简单，不妨猜测它满足这样的条件：存在某个(右手)直角坐标系$\{x,y,z\}$使 $b_z(x,y,z)=0$。只要能找到这样一个 $\boldsymbol{b}$ 满足 $\boldsymbol{a}=\nabla\times\boldsymbol{b}$，也就大功告成。为了满足 $\boldsymbol{a}=\nabla\times\boldsymbol{b}$，函数 $b_x(x,y,z)$ 和 $b_y(x,y,z)$ 应满足

$$(\mathrm{a})\,a_x=-\frac{\partial b_y}{\partial z},\quad (\mathrm{b})\,a_y=\frac{\partial b_x}{\partial z},\quad (\mathrm{c})\,a_z=\frac{\partial b_y}{\partial x}-\frac{\partial b_x}{\partial y}。\tag{15-100}$$

偏微分方程(15-100a)和(15-100b)的通解为

$$b_y(x,y,z)=-\int_{z_0}^{z}a_x(x,y,z)\,\mathrm{d}z+f(x,y),\tag{15-101}$$

$$b_x(x,y,z)=\int_{z_0}^{z}a_y(x,y,z)\,\mathrm{d}z+g(x,y),\tag{15-102}$$

其中 z_0 是任一指定常数，$f(x,y)$ 和 $g(x,y)$ 是两个任意二元函数。再把式(15-101)、(15-102)代入式(15-100c)得

$$\begin{aligned}a_z(x,y,z)&=-\int_{z_0}^{z}\frac{\partial a_x}{\partial x}\mathrm{d}z+\frac{\partial f}{\partial x}-\int_{z_0}^{z}\frac{\partial a_y}{\partial y}\mathrm{d}z-\frac{\partial g}{\partial y}=\int_{z_0}^{z}\frac{\partial a_z}{\partial z}\mathrm{d}z+\frac{\partial f}{\partial x}-\frac{\partial g}{\partial y}\\&=a_z(x,y,z)-a_z(x,y,z_0)+\frac{\partial f}{\partial x}-\frac{\partial g}{\partial y},\end{aligned}\tag{15-103}$$

其中第二步用到

$$0=\nabla\cdot\boldsymbol{a}=\frac{\partial a_x}{\partial x}+\frac{\partial a_y}{\partial y}+\frac{\partial a_z}{\partial z}。$$

由式(15-103)得

$$\frac{\partial f}{\partial x}-\frac{\partial g}{\partial y}=a_z(x,y,z_0)。$$

因 $f(x,y)$ 和 $g(x,y)$ 是任意二元函数，故可取

$$f(x,y)=\int_{x_0}^{x}a_z(x,y,z_0)\,\mathrm{d}x,\ (x_0\text{ 为任意常数})\qquad g(x,y)=0,$$

再代入式(15-102)和(15-101)便给出

$$b_x(x,y,z)=\int_{z_0}^{z}a_y(x,y,z)\,\mathrm{d}z,\tag{15-104}$$

$$b_y(x,y,z)=-\int_{z_0}^{z}a_x(x,y,z)\,\mathrm{d}z+\int_{x_0}^{x}a_z(x,y,z_0)\,\mathrm{d}x。\tag{15-105}$$

不难直接验证以上两式满足式(15-100)。可见已经找到矢量场

$$\boldsymbol{b}=\boldsymbol{e}_x b_x+\boldsymbol{e}_y b_y\,[\text{其中 }b_x\text{ 及 }b_y\text{ 由式(15-104)及(15-105)给出}]$$

使 $\boldsymbol{a}=\nabla\times\boldsymbol{b}$。 □

定理 15-16　下列 7 式成立：

(a)
$$\nabla(fg)=f\nabla g+g\nabla f;\tag{15-106a}$$

(b)
$$\nabla\cdot(f\boldsymbol{a})=(\nabla f)\cdot\boldsymbol{a}+f(\nabla\cdot\boldsymbol{a});\tag{15-106b}$$

(c) $$\nabla\times(f\boldsymbol{a})=(\nabla f)\times\boldsymbol{a}+f(\nabla\times\boldsymbol{a})；\tag{15-106c}$$

(d) $$\nabla\cdot(\boldsymbol{a}\times\boldsymbol{b})=\boldsymbol{b}\cdot(\nabla\times\boldsymbol{a})-\boldsymbol{a}\cdot(\nabla\times\boldsymbol{b})；\tag{15-106d}$$

(e) $$\nabla\times(\boldsymbol{a}\times\boldsymbol{b})=(\boldsymbol{b}\cdot\nabla)\boldsymbol{a}+(\nabla\cdot\boldsymbol{b})\boldsymbol{a}-(\boldsymbol{a}\cdot\nabla)\boldsymbol{b}-(\nabla\cdot\boldsymbol{a})\boldsymbol{b}；\tag{15-106e}$$

其中

$$\boldsymbol{b}\cdot\nabla\equiv b_x\nabla_x+b_y\nabla_y+b_z\nabla_z=b_x\frac{\partial}{\partial x}+b_y\frac{\partial}{\partial y}+b_z\frac{\partial}{\partial z}=b_x\partial_x+b_y\partial_y+b_z\partial_z \tag{15-107}$$

是一个算符，也可更简单地表为

$$\boldsymbol{b}\cdot\nabla=b_i\partial_i；\quad（重复 i 表示对 i 取和）\tag{15-107′}$$

(f) $$\nabla(\boldsymbol{a}\cdot\boldsymbol{b})=\boldsymbol{a}\times(\nabla\times\boldsymbol{b})+(\boldsymbol{a}\cdot\nabla)\boldsymbol{b}+\boldsymbol{b}\times(\nabla\times\boldsymbol{a})+(\boldsymbol{b}\cdot\nabla)\boldsymbol{a}；\tag{15-106f}$$

(g) $$\nabla\times(\nabla\times\boldsymbol{a})=\nabla(\nabla\cdot\boldsymbol{a})-\nabla^2\boldsymbol{a}。（此即定理 15-12）\tag{15-106g}$$

说明 许多读者只想使用公式而不急于知道证明方法，所以本定理的证明放在选读 15-11 中。不过，按照该选读一步步地推证一遍会大有好处，其一就是可以较快地熟练掌握与之有关的推算手法，特别是公式 $\varepsilon_{kij}\varepsilon_{klm}=\delta_{il}\delta_{jm}-\delta_{im}\delta_{jl}$[式(15-13)]的使用技巧。

注 4 此处对上列常用公式的记忆方法做些提示。算符∇身兼二职：首先，它是个求导算符；其次，它在某些方面像矢量。作为求导算符，它满足莱布尼茨律——作用于两者乘积时得两项，每项中有一者看作常数。这就使许多公式容易记忆。例如，式(15-106a)就是莱布尼茨律的结果。式(15-106b)应含两项，第一项的"原料"是∇f和$\boldsymbol{a}$，第二项的"原料"是f和$\nabla\boldsymbol{a}$。再看对"原料"的加工方法。因为每项都应该是标量场，所以第一项只能加工为$(\nabla f)\cdot\boldsymbol{a}$，第二项只能加工为$f(\nabla\cdot\boldsymbol{a})$。式(15-106c)的记法与此类似。至于式(15-106d)，它也应含两项，第一项的"原料"是$\boldsymbol{b}$和$\nabla\boldsymbol{a}$，第二项的"原料"是$\boldsymbol{a}$和$\nabla\boldsymbol{b}$。为使每项都是标量场，加工产物只能是$\boldsymbol{b}\cdot(\nabla\times\boldsymbol{a})$和$\boldsymbol{a}\cdot(\nabla\times\boldsymbol{b})$。写错的唯一可能性是第二项前忘了加负号。注意到$\nabla$又像矢量，不妨认为$\nabla\cdot(\boldsymbol{a}\times\boldsymbol{b})$类似于三个矢量的混合积[见式(15-9′)]，而式(15-106d)右边第二项类似于把∇与$\boldsymbol{a}$的顺序做了交换，故由式(15-9′)可知会出负号。此外，式(15-106g)在本书后半部分经常用到，更应设法记住。为便于陈述，把该式的$\boldsymbol{a}$改为$\boldsymbol{b}$，即

$$\nabla\times(\nabla\times\boldsymbol{b})=\nabla(\nabla\cdot\boldsymbol{b})-\nabla^2\boldsymbol{b}。\tag{15-106g′}$$

把左边的两个∇看作矢量，仿照$\boldsymbol{c}\times(\boldsymbol{a}\times\boldsymbol{b})$的公式[式(15-11)]不妨猜想$\nabla\times(\nabla\times\boldsymbol{b})$可表为两项之差，即

$$(\nabla\cdot\boldsymbol{b})\nabla-(\nabla\cdot\nabla)\boldsymbol{b}。\tag{15-108}$$

但$(\nabla\cdot\boldsymbol{b})\nabla$是算符而非矢量场，上式不可能对。注意到式(15-11)右边第一项既可写成$(\boldsymbol{c}\cdot\boldsymbol{b})\boldsymbol{a}$又可写成$\boldsymbol{a}(\boldsymbol{c}\cdot\boldsymbol{b})$，不妨考虑把式(15-108)第一项改为$\nabla(\nabla\cdot\boldsymbol{b})$，于是

$$\nabla\times(\nabla\times\boldsymbol{b})=\nabla(\nabla\cdot\boldsymbol{b})-(\nabla\cdot\nabla)\boldsymbol{b}=\nabla(\nabla\cdot\boldsymbol{b})-\nabla^2\boldsymbol{b}。$$

这样就记住了式(15-106g′)。

[选读 15-10]

Feynman(1965)卷Ⅱ第 27-3 节提出了一种方便的技巧，使我们不必翻书就能把某些含∇的等式快速准确地写出，其基本思想是设法让矢量代数的公式在含∇的情况下也能给出正确结果。我们以式(15-106d)、(15-106e)和(15-106f)为例做一介绍。

先谈式(15-106d)，其左边为$\nabla\cdot(\boldsymbol{a}\times\boldsymbol{b})$。如果$\nabla$真是矢量，则由矢量代数的点叉混合积公式(15-9)("转圈"操作)有

$$\nabla\cdot(\boldsymbol{a}\times\boldsymbol{b})=\boldsymbol{b}\cdot(\nabla\times\boldsymbol{a})。(然而这是错的!)$$

出错的原因在于∇不是矢量而是算符，而算符作用于两量之积时服从莱布尼茨律。Feynman 建议先用一种明确的方式体现出莱布尼茨律，再把∇当作矢量处理。具体说就是先用莱布尼茨律写出下式：

$$\nabla\cdot(\boldsymbol{a}\times\boldsymbol{b})=\nabla_a\cdot(\boldsymbol{a}\times\boldsymbol{b})+\nabla_b\cdot(\boldsymbol{a}\times\boldsymbol{b}),\tag{15-109}$$

其中∇_a代表只作用于$\boldsymbol{a}$的导数算符，∇_b含义类似。接下来只用矢量代数公式就得正确结果：

$$\begin{aligned}\nabla\cdot(\boldsymbol{a}\times\boldsymbol{b})&=\nabla_a\cdot(\boldsymbol{a}\times\boldsymbol{b})+\nabla_b\cdot(\boldsymbol{a}\times\boldsymbol{b})=\nabla_a\cdot(\boldsymbol{a}\times\boldsymbol{b})-\nabla_b\cdot(\boldsymbol{b}\times\boldsymbol{a})\\&=\boldsymbol{b}\cdot\nabla_a\times\boldsymbol{a}-\boldsymbol{a}\cdot\nabla_b\times\boldsymbol{b}=\boldsymbol{b}\cdot(\nabla\times\boldsymbol{a})-\boldsymbol{a}\cdot(\nabla\times\boldsymbol{b}),\ [此即式(15-106d)]\end{aligned}$$

其中第三步用到矢量代数的混合积公式(15-9′)，即“转圈”操作。

再谈式(15-106e)。先用莱布尼茨律写出

$$\nabla\times(\boldsymbol{a}\times\boldsymbol{b})=\nabla_a\times(\boldsymbol{a}\times\boldsymbol{b})+\nabla_b\times(\boldsymbol{a}\times\boldsymbol{b})。\tag{15-110}$$

暂时把∇_a和∇_b依次看作矢量$\boldsymbol{c}$，利用矢量代数的口诀“$\boldsymbol{c}$点远乘近减$\boldsymbol{c}$点近乘远”把右边改写成

$$\nabla_a\times(\boldsymbol{a}\times\boldsymbol{b})+\nabla_b\times(\boldsymbol{a}\times\boldsymbol{b})=[(\nabla_a\cdot\boldsymbol{b})\boldsymbol{a}-(\nabla_a\cdot\boldsymbol{a})\boldsymbol{b}]+[(\nabla_b\cdot\boldsymbol{b})\boldsymbol{a}-(\nabla_b\cdot\boldsymbol{a})\boldsymbol{b}]。\tag{15-111}$$

上式右边第一方括号内的第二项可改写为$-(\nabla\cdot\boldsymbol{a})\boldsymbol{b}$(因为括号已排除$\nabla$作用于$\boldsymbol{b}$的可能)，但第一项$(\nabla_a\cdot\boldsymbol{b})\boldsymbol{a}$意义不够明显，可利用矢量代数的点乘交换律改写为意义非常明确的$(\boldsymbol{b}\cdot\nabla_a)\boldsymbol{a}$，而这又可改写为$(\boldsymbol{b}\cdot\nabla)\boldsymbol{a}$。再对式(15-111)右边后两项做类似改写，代回式(15-110)便得

$$\nabla\times(\boldsymbol{a}\times\boldsymbol{b})=(\boldsymbol{b}\cdot\nabla)\boldsymbol{a}-(\nabla\cdot\boldsymbol{a})\boldsymbol{b}+(\nabla\cdot\boldsymbol{b})\boldsymbol{a}-(\boldsymbol{a}\cdot\nabla)\boldsymbol{b}。$$

而这正是式(15-106e)。

Feynman 在介绍上述符号和技巧时两度流露出“只此一家，别无他处”的意思，以下是两句译文。第一句说：“不可思议的是这种得心应手的符号在数学和物理书上竟然从未教过”；另一句说：“你很可能不会在任何他处看到这一数学技巧”。然而笔者发现北京大学曹昌祺先生早在 1961 年 7 月出版的《电动力学》第 318 至 319 页中就明确用过这一符号和技巧[而 Feynman (1965)卷Ⅱ是根据他本人在 1962 至 1963 学年的讲课录音编成的]。当然，由于语言障碍以及可以理解的其他原因，我们相信 Feynman 不曾见过曹书。曹书所举的例子是式(15-106f)的证明，介绍如下。

曹书首先写出

$$\nabla(\boldsymbol{a}\cdot\boldsymbol{b})=\nabla_b(\boldsymbol{a}\cdot\boldsymbol{b})+\nabla_a(\boldsymbol{a}\cdot\boldsymbol{b})=(\boldsymbol{a}\cdot\boldsymbol{b})\nabla_b+(\boldsymbol{a}\cdot\boldsymbol{b})\nabla_a。\tag{15-112}$$

上式右边颇为特别。前已指出$(\boldsymbol{a}\cdot\boldsymbol{b})\nabla$不是矢量场而是算符，但$(\boldsymbol{a}\cdot\boldsymbol{b})\nabla_b$却是矢量场，理由如下。$\nabla_b$只作用于$\boldsymbol{b}$，不妨进一步约定它既作用于右边的$\boldsymbol{b}$也作用于左边的$\boldsymbol{b}$[Feynman (1965)卷Ⅱ也明确说过这一约定]，所以$(\boldsymbol{a}\cdot\boldsymbol{b})\nabla_b$与$\nabla_b(\boldsymbol{a}\cdot\boldsymbol{b})$同义。$(\boldsymbol{a}\cdot\boldsymbol{b})\nabla_b$还使我们想到$\boldsymbol{c}\times(\boldsymbol{a}\times\boldsymbol{b})$的表达式

$$\boldsymbol{c}\times(\boldsymbol{a}\times\boldsymbol{b})=(\boldsymbol{c}\cdot\boldsymbol{b})\boldsymbol{a}-(\boldsymbol{c}\cdot\boldsymbol{a})\boldsymbol{b},$$

仿此可写出

$$\boldsymbol{a}\times(\nabla_b\times\boldsymbol{b})=(\boldsymbol{a}\cdot\boldsymbol{b})\nabla_b-(\boldsymbol{a}\cdot\nabla_b)\boldsymbol{b},$$

也可改回原记号：

$$\boldsymbol{a}\times(\nabla\times\boldsymbol{b})=(\boldsymbol{a}\cdot\boldsymbol{b})\nabla_b-(\boldsymbol{a}\cdot\nabla)\boldsymbol{b}。$$

故

$$(\boldsymbol{a}\cdot\boldsymbol{b})\nabla_b=\boldsymbol{a}\times(\nabla\times\boldsymbol{b})+(\boldsymbol{a}\cdot\nabla)\boldsymbol{b}。\tag{15-113}$$

同理有

$$(\boldsymbol{a}\cdot\boldsymbol{b})\nabla_a=\boldsymbol{b}\times(\nabla\times\boldsymbol{a})+(\boldsymbol{b}\cdot\nabla)\boldsymbol{a}。\tag{15-114}$$

式(15-113)、(15-114)代入式(15-112)便得待证式(15-106f)。

请注意，我们只说这种技巧便于记忆以上几式(不翻书就可写出)，并未说证明了这些公式。严格的证明仍要见选读 15-11。

[选读 15-10 完]

[选读 15-11]

本选读给出定理 15-16 的证明。

定理 15-16 的证明

该定理包含 7 个公式，对其中的 5 个矢量场等式只需证明相应的分量等式成立。(第 i 分量式，$i=1,2,3$。)

(a) 矢量场等式(15-106a)左边的第 i 分量为

$$[\nabla(fg)]_i=\partial_i(fg)=f\partial_i g+g\partial_i f=f(\nabla g)_i+g(\nabla f)_i,$$

[其中第一、三步用到式(15-73b)，第二步是因为偏导数算符 ∂_i 满足莱布尼茨律。] 上式右边正是式(15-106a)右边的第 i 分量，所以式(15-106a)成立。

(b) $$\nabla\cdot(f\boldsymbol{a})=\partial_i(f\boldsymbol{a})_i=\partial_i(fa_i)=(\partial_i f)a_i+f\partial_i a_i=(\nabla f)\cdot\boldsymbol{a}+f\nabla\cdot\boldsymbol{a},$$

[其中第一、四步用到式(15-73c)，第三步用到莱布尼茨律。] 可见式(15-106b)成立。

(c)

$$\begin{aligned}[\nabla\times(f\boldsymbol{a})]_i&=\varepsilon_{ijk}\partial_j(fa_k)=\varepsilon_{ijk}(\partial_j f)a_k+\varepsilon_{ijk}f\partial_j a_k\\&=\varepsilon_{ijk}(\nabla f)_j a_k+f\varepsilon_{ijk}\partial_j a_k=[(\nabla f)\times\boldsymbol{a}]_i+f(\nabla\times\boldsymbol{a})_i,\end{aligned}$$

[其中第一步用到式(15-73a)，第二步用到莱布尼茨律，第三步用到式(15-73b)，第四步用到式(15-8′)及(15-73a)。] 可见式(15-106c)成立。

(d)

$$\begin{aligned}\nabla\cdot(\boldsymbol{a}\times\boldsymbol{b})&=\partial_i(\boldsymbol{a}\times\boldsymbol{b})_i=\partial_i(\varepsilon_{ijk}a_j b_k)=\varepsilon_{ijk}(\partial_i a_j)b_k+\varepsilon_{ijk}a_j\partial_i b_k\\&=(\varepsilon_{kij}\partial_i a_j)b_k-a_j\varepsilon_{jik}\partial_i b_k=(\nabla\times\boldsymbol{a})_k b_k-a_j(\nabla\times\boldsymbol{b})_j=(\nabla\times\boldsymbol{a})\cdot\boldsymbol{b}-\boldsymbol{a}\cdot(\nabla\times\boldsymbol{b}),\end{aligned}$$

[其中第一步用到式(15-73c)，第二步用到式(15-8′)，第三步用到莱布尼茨律，第四步用到式(15-7)。] 可见式(15-106d)成立。

(e)

$$\begin{aligned}[\nabla\times(\boldsymbol{a}\times\boldsymbol{b})]_i&=\varepsilon_{ijk}\partial_j(\boldsymbol{a}\times\boldsymbol{b})_k=\varepsilon_{ijk}\partial_j(\varepsilon_{klm}a_l b_m)=\varepsilon_{kij}\varepsilon_{klm}\partial_j(a_l b_m)\\&=(\delta_{il}\delta_{jm}-\delta_{im}\delta_{jl})(b_m\partial_j a_l+a_l\partial_j b_m)=(b_j\partial_j a_i-b_i\partial_j a_j)+(a_i\partial_j b_j-a_j\partial_j b_i)\\&=(\boldsymbol{b}\cdot\nabla)a_i-b_i\nabla\cdot\boldsymbol{a}+a_i\nabla\cdot\boldsymbol{b}-(\boldsymbol{a}\cdot\nabla)b_i\\&=[(\boldsymbol{b}\cdot\nabla)\boldsymbol{a}-(\nabla\cdot\boldsymbol{a})\boldsymbol{b}+(\nabla\cdot\boldsymbol{b})\boldsymbol{a}-(\boldsymbol{a}\cdot\nabla)\boldsymbol{b}]_i,\end{aligned}$$

[其中第一步用到式(15-73a)，第二步用到式(15-8′)，第三步用到式(15-7)，第四步用到式(15-13)及莱布尼茨律，第五步涉及的技巧在定理 15-3b 的证明中已详细介绍，第六步用到式(15-107′)及(15-73c)。] 可见式(15-106e)成立。

(f)

$$\text{式(15-106f)右边第一项的 } i \text{ 分量} = [\boldsymbol{a}\times(\nabla\times\boldsymbol{b})]_i = \varepsilon_{ijk}a_j(\nabla\times\boldsymbol{b})_k = \varepsilon_{ijk}a_j\varepsilon_{klm}\partial_l b_m$$
$$= (\delta_{il}\delta_{jm}-\delta_{im}\delta_{jl})a_j\partial_l b_m = a_j\partial_i b_j - a_j\partial_j b_i,$$

其中第二步用到式(15-8′)，第三步用到式(15-73a)，第四步用到式(15-7)和式(15-13)，第五步的技巧已在上一公式的证明中用过。

$$\text{式(15-106f)右边第二项的 } i \text{ 分量} = a_j\partial_j b_i,$$

故

$$\text{式(15-106f)右边前两项和的 } i \text{ 分量} = a_j\partial_i b_j。$$

同理还有

$$\text{式(15-106f)右边后两项和的 } i \text{ 分量} = b_j\partial_i a_j。$$

于是

$$\text{式(15-106f)右边的 } i \text{ 分量} = a_j\partial_i b_j + b_j\partial_i a_j = \partial_i(a_j b_j) = \partial_i(\boldsymbol{a}\cdot\boldsymbol{b}) = [\nabla(\boldsymbol{a}\cdot\boldsymbol{b})]_i$$
$$= \text{式(15-106f)左边的 } i \text{ 分量}。$$

可见式(15-106f)得证。在上式的推导中，第二步用到莱布尼兹律，第四步用到式(15-73b)。

(g) 证明已提前写在小节 15.5.3 中(本公式就是定理 15-12)。

于是定理 15-16 证毕。 □

注 5 式(15-106g)的证明也可不借用 $\varepsilon_{kij}\varepsilon_{klm}=\delta_{il}\delta_{jm}-\delta_{im}\delta_{jl}$[式(15-13)]。为此，只需证明式(15-106g)两边的 x,y,z 分量分别相等。下面是 x 分量的证明，其他两个分量类似。

$$[\nabla\times(\nabla\times\boldsymbol{a})]_x = \frac{\partial}{\partial y}(\nabla\times\boldsymbol{a})_z - \frac{\partial}{\partial z}(\nabla\times\boldsymbol{a})_y = \frac{\partial}{\partial y}\left(\frac{\partial a_y}{\partial x}-\frac{\partial a_x}{\partial y}\right) - \frac{\partial}{\partial z}\left(\frac{\partial a_x}{\partial z}-\frac{\partial a_z}{\partial x}\right)$$
$$= \left(\frac{\partial^2 a_y}{\partial x\partial y}+\frac{\partial^2 a_z}{\partial x\partial z}\right) - \left(\frac{\partial^2 a_x}{\partial y^2}+\frac{\partial^2 a_x}{\partial z^2}\right)$$
$$= \left(\frac{\partial^2 a_x}{\partial x^2}+\frac{\partial^2 a_y}{\partial x\partial y}+\frac{\partial^2 a_z}{\partial x\partial z}\right) - \left(\frac{\partial^2 a_x}{\partial x^2}+\frac{\partial^2 a_x}{\partial y^2}+\frac{\partial^2 a_x}{\partial z^2}\right)$$
$$= \frac{\partial}{\partial x}\left(\frac{\partial a_x}{\partial x}+\frac{\partial a_y}{\partial y}+\frac{\partial a_z}{\partial z}\right) - \left(\frac{\partial^2}{\partial x^2}+\frac{\partial^2}{\partial y^2}+\frac{\partial^2}{\partial z^2}\right)a_x$$
$$= \frac{\partial}{\partial x}(\nabla\cdot\boldsymbol{a}) - \nabla^2 a_x = [\nabla(\nabla\cdot\boldsymbol{a})]_x - (\nabla^2\boldsymbol{a})_x,$$

其中第一、第二步用到式(15-71)。

[**选读 15-11 完**]

§15.7 麦氏方程的微分形式

基础篇第 9 章对(真空中的)麦氏方程组(的积分形式)已经做过基本介绍。现在，在学过矢量场的散度、旋度以及导数算符∇之后，就可以推导麦氏方程组的微分形式，它比积分形式更便于使用。

麦氏方程组的积分形式包含如下四个方程[见基础篇式(9-1)及(9-2)]：

$$\oiint_S \boldsymbol{E}\cdot \mathrm{d}\boldsymbol{S}=\frac{q}{\varepsilon_0},\text{（对任意闭曲面 }S\text{）} \tag{15-115a}$$

$$\oint_L \boldsymbol{E}\cdot \mathrm{d}\boldsymbol{l}=-\iint_S \frac{\partial \boldsymbol{B}}{\partial t}\cdot \mathrm{d}\boldsymbol{S},\text{（对任意闭曲线 }L\text{ 及以 }L\text{ 为边线的曲面 }S\text{）} \tag{15-115b}$$

$$\oiint_S \boldsymbol{B}\cdot \mathrm{d}\boldsymbol{S}=0,\text{（对任意闭曲面 }S\text{）} \tag{15-115c}$$

$$\oint_L \boldsymbol{B}\cdot \mathrm{d}\boldsymbol{l}=\iint_S\left(\mu_0\boldsymbol{J}+\frac{1}{c^2}\frac{\partial \boldsymbol{E}}{\partial t}\right)\cdot \mathrm{d}\boldsymbol{S}\text{。（对任意闭曲线 }L\text{ 及以 }L\text{ 为边线的曲面 }S\text{）} \tag{15-115d}$$

以 V 代表闭曲面 S 所包围的空间区域，ρ 代表电荷体密度，则式(15-115a)可改写为

$$\oiint_S \boldsymbol{E}\cdot \mathrm{d}\boldsymbol{S}=\frac{1}{\varepsilon_0}\iiint_V \rho\,\mathrm{d}V, \tag{15-116}$$

利用高斯公式（定理 15-8）又可把上式改写为

$$\iiint_V (\nabla\cdot \boldsymbol{E})\,\mathrm{d}V=\frac{1}{\varepsilon_0}\iiint_V \rho\,\mathrm{d}V\text{。} \tag{15-117}$$

闭曲面 S 的任意性保证 V 可以在任意点附近取得任意小，故上式给出标量场等式

$$\nabla\cdot \boldsymbol{E}=\frac{\rho}{\varepsilon_0}\text{。} \tag{15-118}$$

上式就是式(15-115a)的微分形式，表明电场 $\boldsymbol{E}$ 在任一点的散度都等于该点的电荷密度 ρ（除以 ε_0）。用类似手法不难得到式(15-115c)的如下微分形式：

$$\nabla\cdot \boldsymbol{B}=0\text{。} \tag{15-119}$$

顺便指出，利用类似手法还可把反映电荷守恒律的连续性方程

$$\oiint_S \boldsymbol{J}\cdot \mathrm{d}\boldsymbol{S}=-\frac{\mathrm{d}q}{\mathrm{d}t}\quad\text{［基础篇式(4 - 5)］}$$

改写为如下的微分形式：

$$\nabla\cdot \boldsymbol{J}=-\frac{\partial \rho}{\partial t}\text{。} \tag{15-120}$$

此外，利用斯托克斯公式（定理 15-9）又可把式(15-115b)改写为

$$\iint_S (\nabla\times \boldsymbol{E})\cdot \mathrm{d}\boldsymbol{S}=-\iint_S \frac{\partial \boldsymbol{B}}{\partial t}\cdot \mathrm{d}\boldsymbol{S}\text{。} \tag{15-121}$$

S 的边线 L 的任意性保证 S 可以在任意点附近取得任意小，故上式给出矢量场等式

$$\nabla\times \boldsymbol{E}=-\frac{\partial \boldsymbol{B}}{\partial t}\text{。} \tag{15-122}$$

上式就是式(15-115b)的微分形式，表明 $\boldsymbol{E}$ 在任一点的旋度都等于该点的 $-\dfrac{\partial \boldsymbol{B}}{\partial t}$。用类似手法不难得到式(15-115d)的如下微分形式：

$$\nabla\times \boldsymbol{B}=\mu_0\boldsymbol{J}+\frac{1}{c^2}\frac{\partial \boldsymbol{E}}{\partial t}\text{。} \tag{15-123}$$

综上所述可知麦氏方程组的微分形式为

$$\nabla\cdot\boldsymbol{E}=\frac{\rho}{\varepsilon_0}\text{。} \tag{15-124a}$$

$$\nabla\times\boldsymbol{E}=-\frac{\partial\boldsymbol{B}}{\partial t}\text{。} \tag{15-124b}$$

$$\nabla\cdot\boldsymbol{B}=0\text{。} \tag{15-124c}$$

$$\nabla\times\boldsymbol{B}=\mu_0\boldsymbol{J}+\frac{1}{c^2}\frac{\partial\boldsymbol{E}}{\partial t}\text{。} \tag{15-124d}$$

本书后面的若干专题都要用到上列 4 个方程。

§15.8 曲线坐标系

本节主要参考文献:柯青(1958)。

梯度、散度和旋度在直角坐标系的表达式已在本专题(前面几节)推出,在柱坐标系和球坐标系的表达式也能在不少电动力学教材的附录中查到,但多数教材没有给出证明。为了拾遗补缺,本书要详细讲述这些公式的证明。证明方法不止一种,其中"投入较少、产出较多"的证法是首先介绍曲线坐标系,再借此证明上述各公式。

15.8.1 曲线坐标系概述

描述空间点 P 的位置可用它的径矢 $\boldsymbol{r}$[由选定的固定点 O(原点)到 P 的矢量]。这种描述与任何坐标系无关,但是引入坐标系往往能简化计算。最简单、常用的当然是以 O 为原点的直角坐标系$\{x,y,z\}$。设 P 点的坐标为 x,y,z, 则

$$\boldsymbol{r}=\boldsymbol{e}_x x+\boldsymbol{e}_y y+\boldsymbol{e}_z z\ , \tag{15-125}$$

其中 $\boldsymbol{e}_x,\boldsymbol{e}_y,\boldsymbol{e}_z$ 是沿 3 个坐标轴的单位矢。然而在不少情况下使用其他坐标(如柱坐标和球坐标)更为方便。在欧氏空间中,凡不是直角坐标系的坐标系都称为**曲线坐标系**。在曲线坐标系$\{q_1,q_2,q_3\}$中,P 点的位置由 3 个曲线坐标 q_1,q_2,q_3 描述,与 P 点的直角坐标 x,y,z 有如下的**坐标变换**关系

$$x=x(q_1,q_2,q_3)\ ,\qquad y=y(q_1,q_2,q_3)\ ,\qquad z=z(q_1,q_2,q_3) \tag{15-126}$$

及反变换关系

$$q_1=q_1(x,y,z)\ ,\qquad q_2=q_2(x,y,z)\ ,\qquad q_3=q_3(x,y,z)\text{。} \tag{15-127}$$

$q_1=$常数 的面称为**等 q_1 面**,类似地还有**等 q_2 面**及**等 q_3 面**,三者也统称为**坐标面**。设 Σ_1 和 Σ_2 分别为等 q_1 面和等 q_2 面,则两者的交线既含于 Σ_1 又含于 Σ_2,所以交线上的 q_1 和 q_2 都是常数,只有 q_3 沿线改变。q_1、q_2 为常数、q_3 在改变的曲线称为 **q_3 坐标线**,简称 **q_3 线**。

下面以柱坐标系和球坐标系为例帮助理解坐标面和坐标线。

例 1 对柱坐标系$\{\rho,\varphi,z\}$有 $q_1=\rho,q_2=\varphi,q_3=z$, 式(15-126)体现为

$$x=\rho\cos\varphi,\qquad y=\rho\sin\varphi,\qquad z=z\text{。} \tag{15-128}$$

图 15-15 示出等 ρ 面 Σ_ρ(圆柱面)、等 φ 面 Σ_φ(子午面,即过 z 轴的竖直面)和等 z 面 Σ_z(水平面)以及 ρ 坐标线(径向直线)、φ 坐标线(水平圆周)和 z 坐标线(竖直线)。

对球坐标系$\{r,\theta,\varphi\}$有 $q_1=r,q_2=\theta,q_3=\varphi$, 式(15-126)体现为

$$x=r\sin\theta\cos\varphi,\qquad y=r\sin\theta\sin\varphi,\qquad z=r\cos\theta。\qquad(15-129)$$

图 15-16 示出等 r 面 Σ_r（球面）、等 θ 面 Σ_θ（圆锥面）和等 φ 面 Σ_φ（子午面）以及 r 坐标线（径向直线）、θ 坐标线（经线）和 φ 坐标线（纬线）。

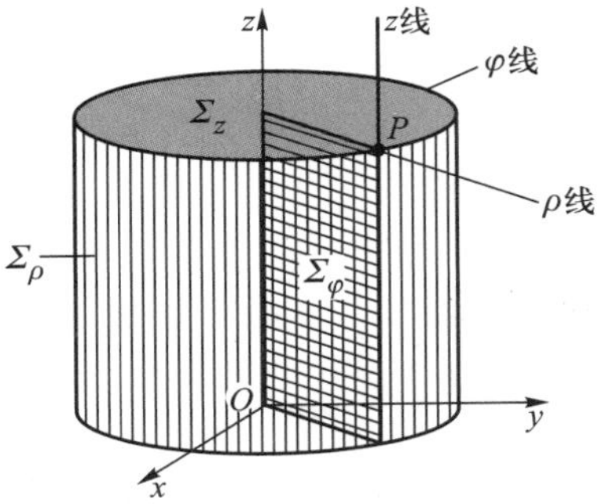

图 15-15　柱坐标系的坐标面和坐标线

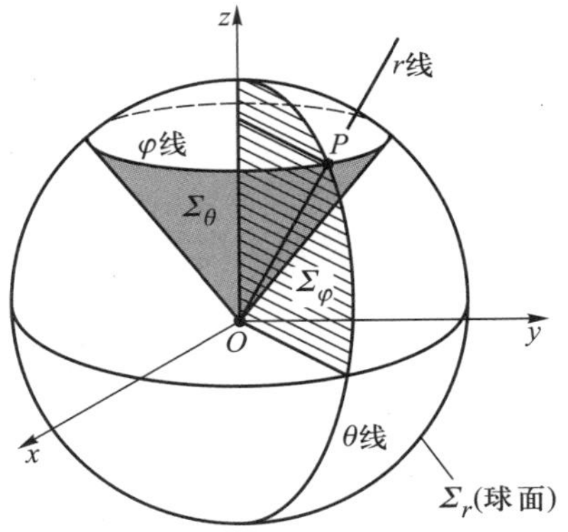

图 15-16　球坐标系的坐标面和坐标线

现在回到曲线坐标系的一般讨论。场点 P 的径矢 $\boldsymbol{r}$ 决定于 P 的位置，故也决定于 P 的坐标 q_1,q_2,q_3，这种依赖关系记作 $\boldsymbol{r}=\boldsymbol{r}(q_1,q_2,q_3)$。保持 q_2,q_3 不变，只改变 q_1，则 $\boldsymbol{r}$ 随之而变。设 q_1 增大 Δq_1 时 $\boldsymbol{r}$ 改变了 $\Delta\boldsymbol{r}$，则 $\boldsymbol{r}$ 的变化率 $\dfrac{\partial\boldsymbol{r}}{\partial q_1}$ 自然定义为

$$\frac{\partial\boldsymbol{r}}{\partial q_1}\equiv\lim_{\Delta q_1\to0}\frac{\Delta\boldsymbol{r}}{\Delta q_1}=\lim_{\Delta q_1\to0}\frac{\boldsymbol{r}(q_1+\Delta q_1,q_2,q_3)-\boldsymbol{r}(q_1,q_2,q_3)}{\Delta q_1}。\qquad(15-130)$$

由图 15-17 可知，Δq_1 越小则 $\Delta\boldsymbol{r}$ 越趋近 q_1 线的切向，故 $\dfrac{\partial\boldsymbol{r}}{\partial q_1}$ 正好切于 q_1 线（并指向 q_1 增大的方向）。我们称 $\dfrac{\partial\boldsymbol{r}}{\partial q_1}$ 为 **q_1 坐标基矢**，把 q_1 推广至 $q_i(i=1,2,3)$，便有 **q_i 坐标基矢** $\dfrac{\partial\boldsymbol{r}}{\partial q_i}$。直角坐标系的 3 个坐标基矢就是大家熟悉的、相互正交的单位矢 $\boldsymbol{e}_x,\boldsymbol{e}_y,\boldsymbol{e}_z$。但应特别注意，曲线坐标系的坐标基矢未必都有单位长度（稍后举例），因此，若以 $\boldsymbol{e}_i(i=1,2,3)$ 代表 q_i 线的单位切矢（且指向 q_i 增大的方向），则可以肯定的只是 $\dfrac{\partial\boldsymbol{r}}{\partial q_i}$ 与 $\boldsymbol{e}_i$ 同向，却不敢说 $\dfrac{\partial\boldsymbol{r}}{\partial q_i}=\boldsymbol{e}_i$，于是有

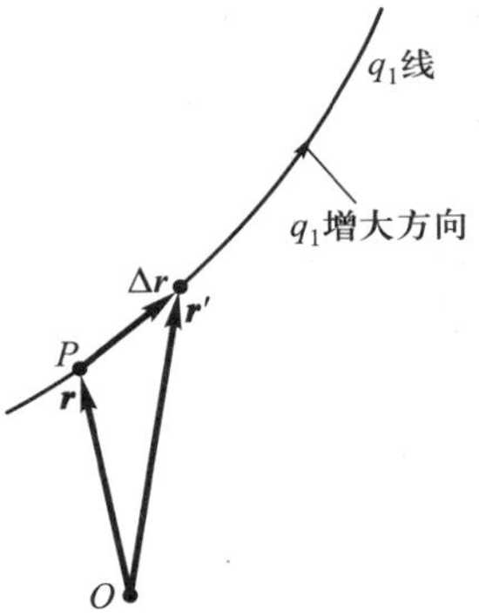

图 15-17　Δq_1 越小，$\Delta\boldsymbol{r}$ 越趋近 q_1 线的切向

$$\frac{\partial\boldsymbol{r}}{\partial q_i}=H_i\boldsymbol{e}_i,\quad i=1,2,3,（此处重复 i 不代表对 i 求和）\qquad(15-131)$$

其中 $H_i>0$ 是 q_i 线上的某个函数（线上每点有一个 H_i 值），称为**拉梅系数**。注意到 $\boldsymbol{e}_i\cdot\boldsymbol{e}_i=1$（不对 i 求和），便知上式给出

$$\frac{\partial\boldsymbol{r}}{\partial q_i}\cdot\frac{\partial\boldsymbol{r}}{\partial q_i}=H_i^2,（不对 i 求和）\qquad(15-132)$$

而由式（15-125）又有

$$\frac{\partial \boldsymbol{r}}{\partial q_i}=\boldsymbol{e}_x\frac{\partial x}{\partial q_i}+\boldsymbol{e}_y\frac{\partial y}{\partial q_i}+\boldsymbol{e}_z\frac{\partial z}{\partial q_i}, \tag{15-133}$$

代入式(15-132)得

$$H_i^2=\left(\frac{\partial x}{\partial q_i}\right)^2+\left(\frac{\partial y}{\partial q_i}\right)^2+\left(\frac{\partial z}{\partial q_i}\right)^2,\quad i=1,2,3。 \tag{15-134}$$

例 2 求柱坐标系的拉梅系数。

解 对柱坐标系$\{\rho,\varphi,z\}$有 $q_1=\rho, q_2=\varphi, q_3=z$, 由式(15-128)得

$$\frac{\partial x}{\partial \rho}=\cos\varphi,\qquad \frac{\partial y}{\partial \rho}=\sin\varphi,\qquad \frac{\partial z}{\partial \rho}=0; \tag{15-135a}$$

$$\frac{\partial x}{\partial \varphi}=-\rho\sin\varphi,\qquad \frac{\partial y}{\partial \varphi}=\rho\cos\varphi,\qquad \frac{\partial z}{\partial \varphi}=0; \tag{15-135b}$$

$$\frac{\partial x}{\partial z}=0,\qquad \frac{\partial y}{\partial z}=0,\qquad \frac{\partial z}{\partial z}=1。 \tag{15-135c}$$

把拉梅系数改记作 H_ρ, H_φ, H_z, 由式(15-134)得

$$H_\rho^2=\left(\frac{\partial x}{\partial \rho}\right)^2+\left(\frac{\partial y}{\partial \rho}\right)^2+\left(\frac{\partial z}{\partial \rho}\right)^2=\cos^2\varphi+\sin^2\varphi=1,$$

$$H_\varphi^2=\left(\frac{\partial x}{\partial \varphi}\right)^2+\left(\frac{\partial y}{\partial \varphi}\right)^2+\left(\frac{\partial z}{\partial \varphi}\right)^2=\rho^2\sin^2\varphi+\rho^2\cos^2\varphi=\rho^2,$$

$$H_z^2=\left(\frac{\partial x}{\partial z}\right)^2+\left(\frac{\partial y}{\partial z}\right)^2+\left(\frac{\partial z}{\partial z}\right)^2=1,$$

又因 $H_i>0$, 故

$$H_\rho=1,\qquad H_\varphi=\rho,\qquad H_z=1。 \tag{15-136}$$

■

例 3 求球坐标系的拉梅系数。

解 对球坐标系$\{r,\theta,\varphi\}$有 $q_1=r, q_2=\theta, q_3=\varphi$, 把拉梅系数改记作 H_r, H_θ, H_φ, 则读者不难自证

$$H_r=1,\qquad H_\theta=r,\qquad H_\varphi=r\sin\theta。 \tag{15-137}$$

■

下面再讨论 q_i(作为标量场)的梯度∇q_i。以 $\boldsymbol{e}_i^*$ 代表等 q_i 面 Σ_i 的、指向 q_i 增大方向的单位法矢, 则∇q_i 与 $\boldsymbol{e}_i^*$ 同向, 故对 Σ_i 的任一点有实数 $h_i>0$ 使

$$\nabla q_i=h_i\boldsymbol{e}_i^*,\quad i=1,2,3。\quad (\text{重复 } i \text{ 不代表对 } i \text{ 求和}) \tag{15-138}$$

命题 15-2

$$\nabla q_i\cdot\frac{\partial \boldsymbol{r}}{\partial q_j}=\delta_{ij}。① \tag{15-139}$$

---

① 为便于读过梁灿彬, 周彬(2006)上册的读者对照, 特指出本书的$\frac{\partial \boldsymbol{r}}{\partial q_j}$相当于该书的第 ν 坐标基矢$\frac{\partial}{\partial x^\nu}$; 本书的$\nabla q_i$ 相当于该书的 $\mathrm{d}x^\mu$, 故本书的式(15-139)相当于该书 P.34 的无编号公式 $\mathrm{d}x^\mu\left(\frac{\partial}{\partial x^\nu}\right)=\delta^\mu_\nu$。

证明 由$\nabla q_i=\boldsymbol{e}_x\dfrac{\partial q_i}{\partial x}+\boldsymbol{e}_y\dfrac{\partial q_i}{\partial y}+\boldsymbol{e}_z\dfrac{\partial q_i}{\partial z}$及$\mathrm{d}\boldsymbol{r}=\boldsymbol{e}_x\mathrm{d}x+\boldsymbol{e}_y\mathrm{d}y+\boldsymbol{e}_z\mathrm{d}z$得

$$\nabla q_i\cdot\mathrm{d}\boldsymbol{r}=\frac{\partial q_i}{\partial x}\mathrm{d}x+\frac{\partial q_i}{\partial y}\mathrm{d}y+\frac{\partial q_i}{\partial z}\mathrm{d}z=\mathrm{d}q_i。\tag{15-140}$$

因$\boldsymbol{r}$依赖于q_1,q_2,q_3[即$\boldsymbol{r}=\boldsymbol{r}(q_1,q_2,q_3)$]，故$\mathrm{d}\boldsymbol{r}$又可表为

$$\mathrm{d}\boldsymbol{r}=\frac{\partial\boldsymbol{r}}{\partial q_1}\mathrm{d}q_1+\frac{\partial\boldsymbol{r}}{\partial q_2}\mathrm{d}q_2+\frac{\partial\boldsymbol{r}}{\partial q_3}\mathrm{d}q_3,$$

代入式(15-140)给出

$$\mathrm{d}q_i=\left(\nabla q_i\cdot\frac{\partial\boldsymbol{r}}{\partial q_1}\right)\mathrm{d}q_1+\left(\nabla q_i\cdot\frac{\partial\boldsymbol{r}}{\partial q_2}\right)\mathrm{d}q_2+\left(\nabla q_i\cdot\frac{\partial\boldsymbol{r}}{\partial q_3}\right)\mathrm{d}q_3,\quad i=1,2,3。\tag{15-141}$$

先看$i=1$的情况，此时有

$$\mathrm{d}q_1=\left(\nabla q_1\cdot\frac{\partial\boldsymbol{r}}{\partial q_1}\right)\mathrm{d}q_1+\left(\nabla q_1\cdot\frac{\partial\boldsymbol{r}}{\partial q_2}\right)\mathrm{d}q_2+\left(\nabla q_1\cdot\frac{\partial\boldsymbol{r}}{\partial q_3}\right)\mathrm{d}q_3。\tag{15-142}$$

$\mathrm{d}q_1,\mathrm{d}q_2,\mathrm{d}q_3$是任取的(无非是让$P$点朝任意方向做微小挪动)，无论$\mathrm{d}q_1,\mathrm{d}q_2,\mathrm{d}q_3$取何值(只要是无限小)，式(15-142)都成立。先取$\mathrm{d}q_1\neq0,\mathrm{d}q_2=\mathrm{d}q_3=0$，代入式(15-142)得

$$\mathrm{d}q_1=\left(\nabla q_1\cdot\frac{\partial\boldsymbol{r}}{\partial q_1}\right)\mathrm{d}q_1,$$

故$\nabla q_1\cdot\dfrac{\partial\boldsymbol{r}}{\partial q_1}=1$，同理可证

$$\nabla q_i\cdot\frac{\partial\boldsymbol{r}}{\partial q_i}=1,\quad i=1,2,3。\quad(\text{重复 } i \text{ 不代表对 } i \text{ 求和})\tag{15-143a}$$

再取$\mathrm{d}q_2\neq0,\mathrm{d}q_1=\mathrm{d}q_3=0$，代入式(15-142)得

$$0=\left(\nabla q_1\cdot\frac{\partial\boldsymbol{r}}{\partial q_2}\right)\mathrm{d}q_2,$$

故$\nabla q_1\cdot\dfrac{\partial\boldsymbol{r}}{\partial q_2}=0$，同理可证

$$\nabla q_i\cdot\frac{\partial\boldsymbol{r}}{\partial q_j}=0,\quad i\neq j。\tag{15-143b}$$

合并式(15-143a)和(15-143b)便得待证等式(15-139)。 □

注 6 请注意曲线坐标与直角坐标的一个重要区别：直角系的坐标基矢$\boldsymbol{e}_x,\boldsymbol{e}_y,\boldsymbol{e}_z$是常矢量场，而且有单位长；曲线坐标系的坐标基矢$\dfrac{\partial\boldsymbol{r}}{\partial q_i}$(方向和长度)原则上可随场点的位置而变，而且未必有单位长。例如，对柱坐标系取$i=2$，则由式(15-131)得

$$\frac{\partial\boldsymbol{r}}{\partial\varphi}=H_\varphi\boldsymbol{e}_\varphi=\rho\boldsymbol{e}_\varphi,\tag{15-144}$$

而$\boldsymbol{e}_\varphi$为单位矢，故$\dfrac{\partial\boldsymbol{r}}{\partial\varphi}$的长度为$\rho\neq1$，而且随场点(随其$\rho$值)而变。使用柱(球)坐标系时，物理工作者常用的是坐标线的单位切矢$\boldsymbol{e}_1,\boldsymbol{e}_2,\boldsymbol{e}_3$(亦称**单位基矢**，对柱坐标系和球坐标系分别记作

e_ρ, e_φ, e_z 和 e_r, e_θ, e_φ)，其方便之处就在于它有单位长，但它们一般不等于坐标基矢$\dfrac{\partial \boldsymbol{r}}{\partial q_i}$，对坐标基矢成立的某些方便性质对单位切矢 e_1, e_2, e_3 未必成立。还要特别注意的是，与 e_x, e_y, e_z 不同，e_1, e_2, e_3 可以随点而变，所以求导时不能看作常矢量场。

[选读 15-12]

甲　我也知道对球坐标系的 e_r, e_θ, e_φ 求导时不能看作常矢量场，但就是不会计算，例如，$\dfrac{\partial e_r}{\partial \theta}$等于什么？

乙　如果你知道 e_r 对坐标 r, θ, φ 的依赖关系，求$\dfrac{\partial e_r}{\partial \theta}$就没有困难了。

甲　那又怎么求得 e_r, e_θ, e_φ 对 r, θ, φ 的依赖关系？

乙　为此只需找到球坐标系的单位基矢 e_r, e_θ, e_φ 与直角系的单位基矢 e_x, e_y, e_z 的关系。以 $\boldsymbol{r} \equiv \overrightarrow{OP}$代表从坐标原点 O 到场点 P 的矢量，以 x, y, z 和 r, θ, φ 分别代表 P 点的（右手）直角坐标和球坐标，则

$$\begin{aligned}\boldsymbol{r} = e_x x + e_y y + e_z z &= e_x r\sin\theta\cos\varphi + e_y r\sin\theta\sin\varphi + e_z r\cos\theta \\ &= r(e_x \sin\theta\cos\varphi + e_y \sin\theta\sin\varphi + e_z \cos\theta)。\end{aligned} \tag{15-145}$$

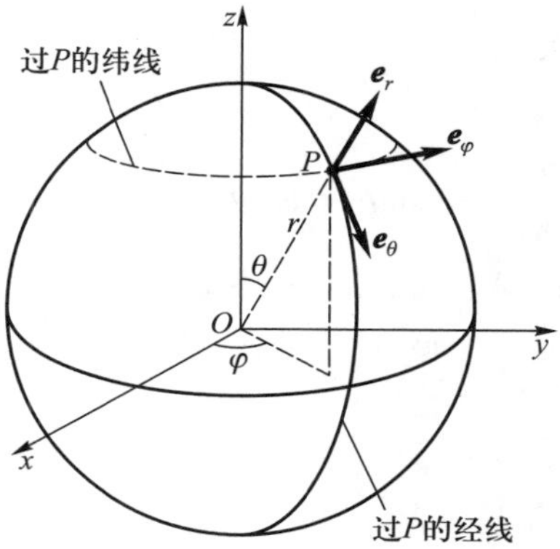

图 15-18　球坐标系的单位基矢 e_r, e_θ, e_φ

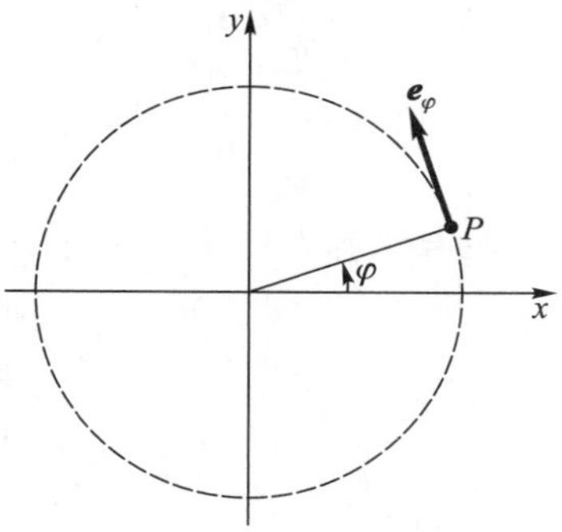

图 15-19　图 15-18 中过 P 点的纬线

由图 15-18 可知 $\boldsymbol{r}$ 与 e_r 同向，而 $\boldsymbol{r}$ 的长度为 r，故 $\boldsymbol{r} = r e_r$，与式(15-145)对比便得

$$e_r = e_x \sin\theta\cos\varphi + e_y \sin\theta\sin\varphi + e_z \cos\theta。 \tag{15-146}$$

由图 15-18 及图 15-19 又可看出

$$e_\varphi = -e_x \sin\varphi + e_y \cos\varphi。 \tag{15-147}$$

再由图 15-18 又知 $e_\theta = e_\varphi \times e_r$，故由式(15-146)、(15-147)得

$$\begin{aligned} e_\theta &= (-e_x \sin\varphi + e_y \cos\varphi) \times (e_x \sin\theta\cos\varphi + e_y \sin\theta\sin\varphi + e_z \cos\theta) \\ &= e_x \cos\theta\cos\varphi + e_y \cos\theta\sin\varphi - e_z \sin\theta。\end{aligned} \tag{15-148}$$

总起来有

$$\begin{cases}\boldsymbol{e}_r=\boldsymbol{e}_x\sin\theta\cos\varphi+\boldsymbol{e}_y\sin\theta\sin\varphi+\boldsymbol{e}_z\cos\theta,\\ \boldsymbol{e}_\theta=\boldsymbol{e}_x\cos\theta\cos\varphi+\boldsymbol{e}_y\cos\theta\sin\varphi-\boldsymbol{e}_z\sin\theta,\\ \boldsymbol{e}_\varphi=-\boldsymbol{e}_x\sin\varphi+\boldsymbol{e}_y\cos\varphi。\end{cases} \tag{15-149}$$

由于 $\boldsymbol{e}_x,\boldsymbol{e}_y,\boldsymbol{e}_z$ 是常矢量场，上式实质上给出了 $\boldsymbol{e}_r,\boldsymbol{e}_\theta,\boldsymbol{e}_\varphi$ 对 r, θ, φ 的依赖关系。仍以$\dfrac{\partial\boldsymbol{e}_r}{\partial\theta}$的计算为例，利用上式的第一式求偏导数便可。

甲 这样求得的$\dfrac{\partial\boldsymbol{e}_r}{\partial\theta}$是用 $\boldsymbol{e}_x,\boldsymbol{e}_y,\boldsymbol{e}_z$ 表出的，但我想用 $\boldsymbol{e}_r,\boldsymbol{e}_\theta,\boldsymbol{e}_\varphi$ 表出$\dfrac{\partial\boldsymbol{e}_r}{\partial\theta}$。

乙 为此只需掌握式(15-149)的逆变换。不难验证这一逆变换为

$$\begin{cases}\boldsymbol{e}_x=\boldsymbol{e}_r\sin\theta\cos\varphi+\boldsymbol{e}_\theta\cos\theta\cos\varphi-\boldsymbol{e}_\varphi\sin\varphi,\\ \boldsymbol{e}_y=\boldsymbol{e}_r\sin\theta\sin\varphi+\boldsymbol{e}_\theta\cos\theta\sin\varphi+\boldsymbol{e}_\varphi\cos\varphi,\\ \boldsymbol{e}_z=\boldsymbol{e}_r\cos\theta-\boldsymbol{e}_\theta\sin\theta。\end{cases} \tag{15-150}$$

甲 我知道思路了。

乙 为便于查找，我们把用此法求得的 $\boldsymbol{e}_r,\boldsymbol{e}_\theta,\boldsymbol{e}_\varphi$ 对 r, θ, φ 的 9 个偏导数列出如下：

$$\begin{aligned}&\frac{\partial\boldsymbol{e}_r}{\partial r}=0,\quad \frac{\partial\boldsymbol{e}_r}{\partial\theta}=\boldsymbol{e}_\theta,\quad \frac{\partial\boldsymbol{e}_r}{\partial\varphi}=\boldsymbol{e}_\varphi\sin\theta;\\ &\frac{\partial\boldsymbol{e}_\theta}{\partial r}=0,\quad \frac{\partial\boldsymbol{e}_\theta}{\partial\theta}=-\boldsymbol{e}_r,\quad \frac{\partial\boldsymbol{e}_\theta}{\partial\varphi}=\boldsymbol{e}_\varphi\cos\theta;\\ &\frac{\partial\boldsymbol{e}_\varphi}{\partial r}=0,\quad \frac{\partial\boldsymbol{e}_\varphi}{\partial\theta}=0,\quad \frac{\partial\boldsymbol{e}_\varphi}{\partial\varphi}=-\boldsymbol{e}_r\sin\theta-\boldsymbol{e}_\theta\cos\theta。\end{aligned} \tag{15-151}$$

此外，我们也把柱坐标系的单位基矢 $\boldsymbol{e}_\rho,\boldsymbol{e}_\varphi,\boldsymbol{e}_z$ 对 ρ, φ, z 的 9 个偏导数列出如下：

$$\begin{aligned}&\frac{\partial\boldsymbol{e}_\rho}{\partial\rho}=0,\quad \frac{\partial\boldsymbol{e}_\rho}{\partial\varphi}=\boldsymbol{e}_\varphi,\quad \frac{\partial\boldsymbol{e}_\rho}{\partial z}=0;\\ &\frac{\partial\boldsymbol{e}_\varphi}{\partial\rho}=0,\quad \frac{\partial\boldsymbol{e}_\varphi}{\partial\varphi}=-\boldsymbol{e}_\rho,\quad \frac{\partial\boldsymbol{e}_\varphi}{\partial z}=0;\\ &\frac{\partial\boldsymbol{e}_z}{\partial\rho}=0,\quad \frac{\partial\boldsymbol{e}_z}{\partial\varphi}=0,\quad \frac{\partial\boldsymbol{e}_z}{\partial z}=0。\end{aligned} \tag{15-152}$$

[选读 15-12 完]

15.8.2 正交曲线坐标系

如果曲线坐标系$\{q_1,q_2,q_3\}$经过任一点的 3 条坐标线都两两正交，就称它为**正交曲线坐标系**。柱坐标系和球坐标系是最常用的正交曲线坐标系。

命题 15-3 以下 3 式之任一都是正交曲线坐标系的充要条件：

(a) $$\boldsymbol{e}_i\cdot\boldsymbol{e}_j=0,\quad i\neq j, \tag{15-153a}$$

(b) $$\boldsymbol{e}_i^*=\boldsymbol{e}_i,\quad i=1,2,3, \tag{15-153b}$$

(c) $$\boldsymbol{e}_i^*\cdot\boldsymbol{e}_j^*=0,\quad i\neq j, \tag{15-153c}$$

证明

（a）$\boldsymbol{e}_i$ 是 q_i 线的切矢，故

$\boldsymbol{e}_i \cdot \boldsymbol{e}_j = 0\ (i \neq j) \Leftrightarrow q_i$ 线与 q_j 线正交 $(i \neq j) \Leftrightarrow \{q_1, q_2, q_3\}$ 系是正交系。

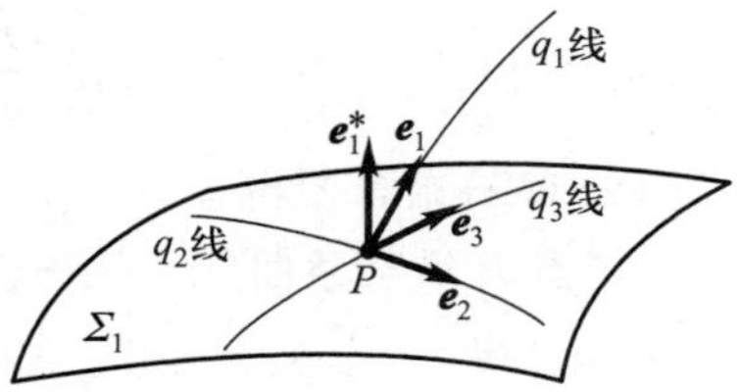

图 15-20　过 P 点的 q_2 线和 q_3 线躺在 Σ_1 面上

（b）

（b1）先证明

$\{q_1, q_2, q_3\}$ 系是正交系 $\Rightarrow \boldsymbol{e}_i^* = \boldsymbol{e}_i (i=1,2,3)$。

设 P 是等 q_1 面 Σ_1 的一点，则过 P 的 q_2 线必躺在 Σ_1 上（因为 q_2 线是 q_1 和 q_3 为常数的线）。同理，过 P 的 q_3 线也躺在 Σ_1 上。此结论适用于任一曲线坐标系，问题在于过 P 的 q_1 线未必正交于 Σ_1（见图 15-20）。只要$\{q_1, q_2, q_3\}$系是正交系，按定义，过 P 的坐标线就两两正交，等价于 P 点的 $\boldsymbol{e}_1, \boldsymbol{e}_2, \boldsymbol{e}_3$ 两两正交，故 $\boldsymbol{e}_1 \perp \Sigma_1$，因而 $\boldsymbol{e}_1$ 平行于 $\boldsymbol{e}_1^*$。又因 $\boldsymbol{e}_1$（作为 q_1 线的坐标基矢）指向 q_1 增大的方向，而 $\boldsymbol{e}_1^*$ 按定义也指向 q_1 增大的方向，而且 $\boldsymbol{e}_1$ 和 $\boldsymbol{e}_1^*$ 都有单位长，所以 $\boldsymbol{e}_1 = \boldsymbol{e}_1^*$。同理可证 $\boldsymbol{e}_2 = \boldsymbol{e}_2^*$，$\boldsymbol{e}_3 = \boldsymbol{e}_3^*$。

（b2）再证明

$$\boldsymbol{e}_i^* = \boldsymbol{e}_i (i=1,2,3) \Rightarrow \{q_1, q_2, q_3\} \text{ 系是正交系。}$$

既然 $\boldsymbol{e}_2|_P$ 和 $\boldsymbol{e}_3|_P$ 都切于 Σ_1 面而 $\boldsymbol{e}_1^*$ 正交于 Σ_1 面，$\boldsymbol{e}_1 = \boldsymbol{e}_1^*$ 就意味着

$$\boldsymbol{e}_1|_P \perp \boldsymbol{e}_2|_P, \quad \boldsymbol{e}_1|_P \perp \boldsymbol{e}_3|_P,$$

类似地，由 $\boldsymbol{e}_2 = \boldsymbol{e}_2^*$ 又知 $\boldsymbol{e}_2|_P \perp \boldsymbol{e}_3|_P$。可见过 P 的 3 条坐标线两两正交，即$\{q_1, q_2, q_3\}$系是正交系。

（c）

（c1）先证明

$$\{q_1, q_2, q_3\} \text{ 系是正交系} \Rightarrow \boldsymbol{e}_i^* \cdot \boldsymbol{e}_j^* = 0 (i \neq j)\text{。}$$

既然$\{q_1, q_2, q_3\}$系是正交系，由条件（a）可知 $\boldsymbol{e}_i \cdot \boldsymbol{e}_j = 0 (i \neq j)$，与条件（b）结合便有

$$\boldsymbol{e}_i^* \cdot \boldsymbol{e}_j^* = 0 (i \neq j)\text{。}$$

（c2）再证明

$$\boldsymbol{e}_i^* \cdot \boldsymbol{e}_j^* = 0 (i \neq j) \Rightarrow \{q_1, q_2, q_3\} \text{ 系是正交系。}$$

以 $\Sigma_1, \Sigma_2, \Sigma_3$ 代表过某点 P 的等 q_1, q_2, q_3 面。$\boldsymbol{e}_i^* \cdot \boldsymbol{e}_j^* = 0 (i \neq j)$ 意味着这 3 个面在 P 点的单位法矢 $\boldsymbol{e}_1^*, \boldsymbol{e}_2^*, \boldsymbol{e}_3^*$ 两两正交。以 $\boldsymbol{t}_{12}$ 代表 Σ_1, Σ_2 的交线在 P 点的切矢，则 $\boldsymbol{t}_{12} \perp \boldsymbol{e}_1^*, \boldsymbol{t}_{12} \perp \boldsymbol{e}_2^*$，跟已知条件"$\boldsymbol{e}_1^*, \boldsymbol{e}_2^*, \boldsymbol{e}_3^*$ 两两正交"相结合便得 $\boldsymbol{t}_{12} \parallel \boldsymbol{e}_3^*$。同理有 $\boldsymbol{t}_{23} \parallel \boldsymbol{e}_1^*$ 和 $\boldsymbol{t}_{31} \parallel \boldsymbol{e}_2^*$，于是"$\boldsymbol{e}_1^*, \boldsymbol{e}_2^*, \boldsymbol{e}_3^*$ 两两正交"导致 $\boldsymbol{t}_{12}, \boldsymbol{t}_{23}, \boldsymbol{t}_{31}$ 两两正交，因而 $\Sigma_1, \Sigma_2, \Sigma_3$ 过某点 P 的三条交线两两正交；而交线正是坐标线，所以$\{q_1, q_2, q_3\}$系是正交系。 □

注 7　注意到式（15-131）及式（15-138），正交系充要条件的式（15-153a,c）又可改写为

$$\frac{\partial \boldsymbol{r}}{\partial q_i} \cdot \frac{\partial \boldsymbol{r}}{\partial q_j} = 0, \quad i \neq j, \tag{15-154}$$

$$\nabla q_i \cdot \nabla q_j = 0, \quad i \neq j\text{。} \tag{15-155}$$

命题 15-4　对正交系有

$$h_i H_i = 1, \quad i = 1,2,3\text{。}\quad \text{（重复 } i \text{ 不代表对 } i \text{ 求和）} \tag{15-156}$$

证明　由式(15-138)及正交系的 $\boldsymbol{e}_i^*=\boldsymbol{e}_i(i=1,2,3)$ 得 $\nabla q_i=h_i\boldsymbol{e}_i^*=h_i\boldsymbol{e}_i$，由式(15-131)又得 $\dfrac{\partial \boldsymbol{r}}{\partial q_i}=H_i\boldsymbol{e}_i$，于是 $\nabla q_i\cdot\dfrac{\partial \boldsymbol{r}}{\partial q_i}=H_ih_i$，与式(15-139)结合便得 $1=H_ih_i$。 □

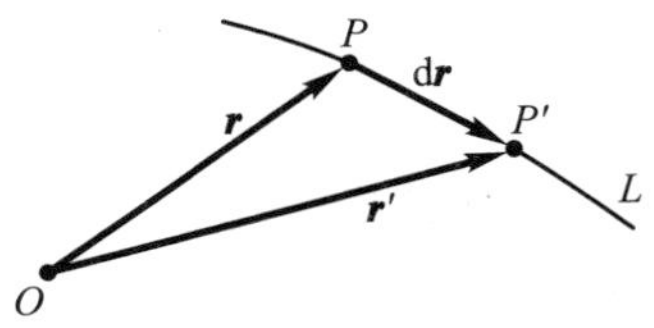

图 15-21　$\mathrm{d}\boldsymbol{r}\cdot\mathrm{d}\boldsymbol{r}$ 是曲线元段长度的平方

设场点 P 沿某条曲线 L 有一小位移 $\mathrm{d}\boldsymbol{r}$(图 15-21)。由 $\boldsymbol{r}=\boldsymbol{r}(q_1,q_2,q_3)$ 得

$$\mathrm{d}\boldsymbol{r}=\frac{\partial \boldsymbol{r}}{\partial q_1}\mathrm{d}q_1+\frac{\partial \boldsymbol{r}}{\partial q_2}\mathrm{d}q_2+\frac{\partial \boldsymbol{r}}{\partial q_3}\mathrm{d}q_3=H_1\mathrm{d}q_1\boldsymbol{e}_1+H_2\mathrm{d}q_2\boldsymbol{e}_2+H_3\mathrm{d}q_3\boldsymbol{e}_3,$$

[其中第二步用到式(15-131)。] 故

$$\mathrm{d}\boldsymbol{r}\cdot\mathrm{d}\boldsymbol{r}=H_1^2\mathrm{d}q_1^2+H_2^2\mathrm{d}q_2^2+H_3^2\mathrm{d}q_3^2。$$

由图 15-21 可知 $\mathrm{d}\boldsymbol{r}\cdot\mathrm{d}\boldsymbol{r}$ 就是曲线 L 的元段 PP' 的长度 $\mathrm{d}l$ 的平方，记作 $\mathrm{d}l^2$[通常简称为**线元**(line element)]①，故

$$\mathrm{d}l^2=H_1^2\mathrm{d}q_1^2+H_2^2\mathrm{d}q_2^2+H_3^2\mathrm{d}q_3^2。\tag{15-157}$$

□

15.8.3　梯度、散度、旋度在正交曲线坐标系的表达式

1. 梯度

命题 15-5　设 f 为标量场，$\mathrm{d}\boldsymbol{r}=\boldsymbol{e}_x\mathrm{d}x+\boldsymbol{e}_y\mathrm{d}y+\boldsymbol{e}_z\mathrm{d}z$ 是场点径矢的微小增量，则

(1) $\mathrm{d}\boldsymbol{r}\cdot\nabla f=\mathrm{d}f$;　　(15-158)

(2) 反之，若矢量场 $\boldsymbol{a}$ 满足

$$\mathrm{d}\boldsymbol{r}\cdot\boldsymbol{a}=\mathrm{d}f,\tag{15-159}$$

则 $\boldsymbol{a}=\nabla f$。

证明

(1) 因为点乘积与坐标系无关，$\mathrm{d}\boldsymbol{r}\cdot\nabla f$ 可借直角坐标系求之如下。

$$\begin{aligned}\mathrm{d}\boldsymbol{r}\cdot\nabla f&=(\boldsymbol{e}_x\mathrm{d}x+\boldsymbol{e}_y\mathrm{d}y+\boldsymbol{e}_z\mathrm{d}z)\cdot\left(\boldsymbol{e}_x\frac{\partial f}{\partial x}+\boldsymbol{e}_y\frac{\partial f}{\partial y}+\boldsymbol{e}_z\frac{\partial f}{\partial z}\right)\\&=\frac{\partial f}{\partial x}\mathrm{d}x+\frac{\partial f}{\partial y}\mathrm{d}y+\frac{\partial f}{\partial z}\mathrm{d}z=\mathrm{d}f。\end{aligned}$$

(2) 式(15-159)减式(15-158)给出

$$\mathrm{d}\boldsymbol{r}\cdot(\boldsymbol{a}-\nabla f)=0。$$

因 $\mathrm{d}\boldsymbol{r}$ 完全任意(只要是无限小)，满足上式的矢量场 $\boldsymbol{a}-\nabla f$ 就只能是零矢量场，即 $\boldsymbol{a}-\nabla f=0$，故 $\boldsymbol{a}=\nabla f$。 □

利用命题 15-5 就不难求得 ∇f 在曲线坐标系 $\{q_1,q_2,q_3\}$ 的表达式，见如下命题。

命题 15-6　标量场 f 的梯度 ∇f 在曲线坐标系 $\{q_1,q_2,q_3\}$ 的表达式为

$$\nabla f=h_1\boldsymbol{e}_1^*\frac{\partial f}{\partial q_1}+h_2\boldsymbol{e}_2^*\frac{\partial f}{\partial q_2}+h_3\boldsymbol{e}_3^*\frac{\partial f}{\partial q_3}。\tag{15-160}$$

---

① 读过梁灿彬，周彬(2006)上册的读者应能看出式(15-157)就是 3 维欧氏度规在正交系 $\{q_1,q_2,q_3\}$ 的线元表达式，可见拉梅系数 H_i 就是欧氏度规在该系的分量的开方。

证明 令

$$\boldsymbol{a} \equiv \frac{\partial f}{\partial q_1} \nabla q_1 + \frac{\partial f}{\partial q_2} \nabla q_2 + \frac{\partial f}{\partial q_3} \nabla q_3,$$

则

$$\mathrm{d}\boldsymbol{r} \cdot \boldsymbol{a} = \frac{\partial f}{\partial q_1} \mathrm{d}\boldsymbol{r} \cdot \nabla q_1 + \frac{\partial f}{\partial q_2} \mathrm{d}\boldsymbol{r} \cdot \nabla q_2 + \frac{\partial f}{\partial q_3} \mathrm{d}\boldsymbol{r} \cdot \nabla q_3 = \frac{\partial f}{\partial q_1} \mathrm{d}q_1 + \frac{\partial f}{\partial q_2} \mathrm{d}q_2 + \frac{\partial f}{\partial q_3} \mathrm{d}q_3 = \mathrm{d}f,$$

其中第二步用到式(15-158)。上式表明矢量场 $\boldsymbol{a}$ 满足式(15-159)，根据命题 15-5，就有 $\boldsymbol{a} = \nabla f$，即

$$\nabla f = \frac{\partial f}{\partial q_1} \nabla q_1 + \frac{\partial f}{\partial q_2} \nabla q_2 + \frac{\partial f}{\partial q_3} \nabla q_3。\tag{15-161}$$

再利用式(15-138)便得待证等式(15-160)。 □

命题 15-7 标量场 f 的梯度 ∇f 在正交曲线坐标系 $\{q_1, q_2, q_3\}$ 的表达式为

$$\nabla f = \frac{\boldsymbol{e}_1}{H_1} \frac{\partial f}{\partial q_1} + \frac{\boldsymbol{e}_2}{H_2} \frac{\partial f}{\partial q_2} + \frac{\boldsymbol{e}_3}{H_3} \frac{\partial f}{\partial q_3}。\tag{15-162}$$

证明 把式(15-160)用于正交系，利用正交系的 $\boldsymbol{e}_i^* = \boldsymbol{e}_i$(命题 15-3)及 $h_i H_i = 1$(命题15-4)便得式(15-162)。 □

例 4 求 ∇f 在柱坐标系和球坐标系的表达式。

解 对柱坐标系有 $q_1 = \rho, q_2 = \varphi, q_3 = z; \boldsymbol{e}_1 = \boldsymbol{e}_\rho, \boldsymbol{e}_2 = \boldsymbol{e}_\varphi, \boldsymbol{e}_3 = \boldsymbol{e}_z$ 以及

$$H_\rho = 1, H_\varphi = \rho, H_z = 1 \text{ [见式(15-136)]},$$

代入式(15-162)便得

$$\nabla f = \boldsymbol{e}_\rho \frac{\partial f}{\partial \rho} + \boldsymbol{e}_\varphi \frac{1}{\rho} \frac{\partial f}{\partial \varphi} + \boldsymbol{e}_z \frac{\partial f}{\partial z}。\text{(柱坐标系)} \tag{15-163}$$

对球坐标系有

$$q_1 = r, q_2 = \theta, q_3 = \varphi; \boldsymbol{e}_1 = \boldsymbol{e}_r, \boldsymbol{e}_2 = \boldsymbol{e}_\theta, \boldsymbol{e}_3 = \boldsymbol{e}_\varphi$$

以及

$$H_\rho = 1, H_\varphi = r, H_z = r\sin\theta, \text{ [见式(15-137)]}$$

代入式(15-162)便得

$$\nabla f = \boldsymbol{e}_r \frac{\partial f}{\partial r} + \boldsymbol{e}_\theta \frac{1}{r} \frac{\partial f}{\partial \theta} + \boldsymbol{e}_\varphi \frac{1}{r\sin\theta} \frac{\partial f}{\partial \varphi}。\text{(球坐标系)} \tag{15-164}$$

■

2. 散度

与梯度不同，对散度和旋度我们只推导在正交系的表达式，读者应能看出推导中何处用到坐标系的正交性。

从散度定义

$$\mathrm{div}\boldsymbol{a} \equiv \lim_{\Delta V \to 0} \frac{\oiint_S \boldsymbol{a} \cdot \mathrm{d}\boldsymbol{S}}{\Delta V} \qquad \text{重编为(15-165)}$$

出发。设 P 是场点，Q 是 P 的邻点，$\mathrm{d}\boldsymbol{r} = \overrightarrow{PQ}$，过 P 和 Q 各画 3 个坐标面元，这 6 个面元构成一个

无限小的曲面平行六面体(图 15-22)，表面面积记作 S，边长为[参见式(15-157)]

$$\mathrm{d}l_1=H_1\mathrm{d}q_1,\quad \mathrm{d}l_2=H_2\mathrm{d}q_2,\quad \mathrm{d}l_3=H_3\mathrm{d}q_3。\tag{15-166}$$

由图可见“后”面元 $PP_2Q_1P_3$ 的面积为 $\mathrm{d}\sigma_1=H_2H_3\mathrm{d}q_2\mathrm{d}q_3$，以 a_1, a_2, a_3 代表 $\boldsymbol{a}$ 在 $\{q_1,q_2,q_3\}$ 系的分量，设 PP_1 为 q_1 增大的方向，则

$$\text{后面元的 }\boldsymbol{a}\text{ 通量}=-(a_1H_2H_3)\Big|_P\mathrm{d}q_2\mathrm{d}q_3,$$

$$\text{前面元的 }\boldsymbol{a}\text{ 通量}=(a_1H_2H_3)\Big|_{P_1}\mathrm{d}q_2\mathrm{d}q_3,$$

故

前后面元的 $\boldsymbol{a}$ 通量和 $=\left[(a_1H_2H_3)\Big|_{P_1}-(a_1H_2H_3)\Big|_P\right]\mathrm{d}q_2\mathrm{d}q_3$，由泰勒展开得

$$(a_1H_2H_3)\Big|_{P_1}-(a_1H_2H_3)\Big|_P=\frac{\partial(a_1H_2H_3)}{\partial q_1}\mathrm{d}q_1,$$

故

$$\text{前后面元的 }\boldsymbol{a}\text{ 通量和}=\frac{\partial(a_1H_2H_3)}{\partial q_1}\mathrm{d}q_1\mathrm{d}q_2\mathrm{d}q_3。\tag{15-167a}$$

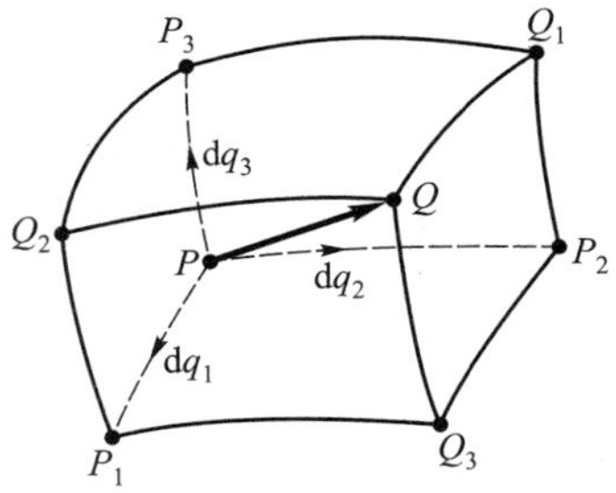

图 15-22　坐标面构成的曲面平行六面体

同理有

$$\text{左右面元的 }\boldsymbol{a}\text{ 通量和}=\frac{\partial(a_2H_3H_1)}{\partial q_2}\mathrm{d}q_1\mathrm{d}q_2\mathrm{d}q_3,\tag{15-167b}$$

$$\text{上下面元的 }\boldsymbol{a}\text{ 通量和}=\frac{\partial(a_3H_1H_2)}{\partial q_3}\mathrm{d}q_1\mathrm{d}q_2\mathrm{d}q_3。\tag{15-167c}$$

平行六面体外表面 S 的通量等于以上 3 对面元的通量总和，即

$$\oiint_S \boldsymbol{a}\cdot\mathrm{d}\boldsymbol{S}=\left[\frac{\partial(a_1H_2H_3)}{\partial q_1}+\frac{\partial(a_2H_3H_1)}{\partial q_2}+\frac{\partial(a_3H_1H_2)}{\partial q_3}\right]\mathrm{d}q_1\mathrm{d}q_2\mathrm{d}q_3,$$

体积则为

$$\Delta V=H_1H_2H_3\mathrm{d}q_1\mathrm{d}q_2\mathrm{d}q_3,$$

代入散度定义式(15-165)便得

$$\nabla\cdot\boldsymbol{a}=\frac{1}{H_1H_2H_3}\left[\frac{\partial(a_1H_2H_3)}{\partial q_1}+\frac{\partial(a_2H_3H_1)}{\partial q_2}+\frac{\partial(a_3H_1H_2)}{\partial q_3}\right]。\tag{15-168}$$

例 5　求 $\nabla\cdot\boldsymbol{a}$ 在柱坐标系和球坐标系的表达式。

解　对柱坐标系，由式(15-168)得

$$\nabla\cdot\boldsymbol{a}=\frac{1}{\rho}\left[\frac{\partial(a_\rho\rho)}{\partial\rho}+\frac{\partial a_\varphi}{\partial\varphi}+\frac{\partial(a_z\rho)}{\partial z}\right],$$

注意到坐标 ρ 与 z 相互独立，有 $\frac{\partial\rho}{\partial z}=0$，故

$$\nabla\cdot\boldsymbol{a}=\frac{1}{\rho}\frac{\partial(a_\rho\rho)}{\partial\rho}+\frac{1}{\rho}\frac{\partial a_\varphi}{\partial\varphi}+\frac{\partial a_z}{\partial z}。\text{(柱坐标系)}\tag{15-169}$$

对球坐标系，由式(15-168)得

$$\nabla\cdot\boldsymbol{a}=\frac{1}{r^2\sin\theta}\left[\frac{\partial(a_r r^2\sin\theta)}{\partial r}+\frac{\partial(a_\theta r\sin\theta)}{\partial\theta}+\frac{\partial(a_\varphi r)}{\partial\varphi}\right],$$

注意到$\frac{\partial\theta}{\partial r}=0,\frac{\partial r}{\partial\theta}=0,\frac{\partial r}{\partial\varphi}=0$，得

$$\nabla\cdot\boldsymbol{a}=\frac{1}{r^2}\frac{\partial(a_r r^2)}{\partial r}+\frac{1}{r\sin\theta}\frac{\partial(a_\theta\sin\theta)}{\partial\theta}+\frac{1}{r\sin\theta}\frac{\partial a_\varphi}{\partial\varphi}\text{。（球坐标系）}\qquad(15\text{-}170)$$

■

3. 旋度

从旋度定义[式(15-32)]

$$(\mathrm{curl}\boldsymbol{a})_{\mathrm{n}}\equiv\lim_{L\to P}\frac{\oint_L\boldsymbol{a}\cdot\mathrm{d}\boldsymbol{l}}{\Delta S}\qquad\text{重编为}(15\text{-}171)$$

出发，仍借用图 15-22，约定$\overrightarrow{PP_1},\overrightarrow{PP_2},\overrightarrow{PP_3}$依次为 q_1,q_2,q_3 的增大方向。先把后面元的边线 $PP_2Q_1P_3P$ 取作 L，则

$$\Delta S=H_2H_3\mathrm{d}q_2\mathrm{d}q_3,\qquad(15\text{-}172)$$

$$\oint_L\boldsymbol{a}\cdot\mathrm{d}\boldsymbol{l}=\oint_{PP_2}\boldsymbol{a}\cdot\mathrm{d}\boldsymbol{l}+\oint_{P_2Q_1}\boldsymbol{a}\cdot\mathrm{d}\boldsymbol{l}+\oint_{Q_1P_3}\boldsymbol{a}\cdot\mathrm{d}\boldsymbol{l}+\oint_{P_3P}\boldsymbol{a}\cdot\mathrm{d}\boldsymbol{l}\text{。}$$

以 $\mathrm{d}l_2$ 代表下边线 PP_2 的边长(也等于上边线的边长)，则

$$\int_{PP_2}\boldsymbol{a}\cdot\mathrm{d}\boldsymbol{l}=a_2\big|_{\text{下}}\mathrm{d}l_2=(a_2H_2)\big|_{\text{下}}\mathrm{d}q_2,\qquad\int_{Q_1P_3}\boldsymbol{a}\cdot\mathrm{d}\boldsymbol{l}=-(a_2H_2)\big|_{\text{上}}\mathrm{d}q_2,$$

故

$$\int_{PP_2}\boldsymbol{a}\cdot\mathrm{d}\boldsymbol{l}+\int_{Q_1P_3}\boldsymbol{a}\cdot\mathrm{d}\boldsymbol{l}=[(a_2H_2)\big|_{\text{下}}-(a_2H_2)\big|_{\text{上}}]\mathrm{d}q_2=-\frac{\partial(a_2H_2)}{\partial q_3}\mathrm{d}q_3\mathrm{d}q_2\text{。}$$

同理有

$$\int_{P_2Q_1}\boldsymbol{a}\cdot\mathrm{d}\boldsymbol{l}+\int_{P_3P}\boldsymbol{a}\cdot\mathrm{d}\boldsymbol{l}=[(a_3H_3)\big|_{\text{右}}-(a_3H_3)\big|_{\text{左}}]\mathrm{d}q_3=\frac{\partial(a_3H_3)}{\partial q_2}\mathrm{d}q_2\mathrm{d}q_3\text{。}$$

于是

$$\oint_L\boldsymbol{a}\cdot\mathrm{d}\boldsymbol{l}=\left[\frac{\partial(a_3H_3)}{\partial q_2}-\frac{\partial(a_2H_2)}{\partial q_3}\right]\mathrm{d}q_2\mathrm{d}q_3,\qquad(15\text{-}173)$$

注意到 L 的积分方向为逆时针，其法向 $\boldsymbol{e}_{\mathrm{n}}$ 正是 q_1 的增大方向，把式(15-173)和(15-172)代入式(15-171)便得

$$(\nabla\times\boldsymbol{a})_1=\frac{1}{H_2H_3}\left[\frac{\partial(a_3H_3)}{\partial q_2}-\frac{\partial(a_2H_2)}{\partial q_3}\right]\text{。}\qquad(15\text{-}174\text{a})$$

同理有

$$(\nabla\times\boldsymbol{a})_2=\frac{1}{H_3H_1}\left[\frac{\partial(a_1H_1)}{\partial q_3}-\frac{\partial(a_3H_3)}{\partial q_1}\right],\qquad(15\text{-}174\text{b})$$

$$(\nabla\times\boldsymbol{a})_3=\frac{1}{H_1H_2}\left[\frac{\partial(a_2H_2)}{\partial q_1}-\frac{\partial(a_1H_1)}{\partial q_2}\right]\text{。}\qquad(15\text{-}174\text{c})$$

■

例 6 求$\nabla\times\boldsymbol{a}$在柱坐标系和球坐标系的表达式。

解 对柱坐标系，由式(15-174)不难求得

$$(\nabla\times\boldsymbol{a})_\rho=\frac{1}{\rho}\frac{\partial a_z}{\partial\varphi}-\frac{\partial a_\varphi}{\partial z},\quad(\nabla\times\boldsymbol{a})_\varphi=\frac{\partial a_\rho}{\partial z}-\frac{\partial a_z}{\partial\rho},\quad(\nabla\times\boldsymbol{a})_\rho=\frac{1}{\rho}\left[\frac{\partial(a_\varphi\rho)}{\partial\rho}-\frac{\partial a_\rho}{\partial\varphi}\right],$$

亦即

$$\nabla\times\boldsymbol{a}=\boldsymbol{e}_\rho\left(\frac{1}{\rho}\frac{\partial a_z}{\partial\varphi}-\frac{\partial a_\varphi}{\partial z}\right)+\boldsymbol{e}_\varphi\left(\frac{\partial a_\rho}{\partial z}-\frac{\partial a_z}{\partial\rho}\right)+\boldsymbol{e}_z\frac{1}{\rho}\left[\frac{\partial(a_\varphi\rho)}{\partial\rho}-\frac{\partial a_\rho}{\partial\varphi}\right]\text{。（柱坐标系）}\quad(15\text{-}175)$$

对球坐标系，由式(15-174)不难求得

$$(\nabla\times\boldsymbol{a})_r=\frac{1}{r\sin\theta}\left[\frac{\partial(a_\varphi\sin\theta)}{\partial\theta}-\frac{\partial a_\theta}{\partial\varphi}\right],$$

$$(\nabla\times\boldsymbol{a})_\theta=\frac{1}{r}\left[\frac{1}{\sin\theta}\frac{\partial a_r}{\partial\varphi}-\frac{\partial(a_\varphi r)}{\partial r}\right],\quad(\nabla\times\boldsymbol{a})_\varphi=\frac{1}{r}\left[\frac{\partial(a_\theta r)}{\partial r}-\frac{\partial a_r}{\partial\theta}\right],$$

亦即

$$\nabla\times\boldsymbol{a}=\boldsymbol{e}_r\frac{1}{r\sin\theta}\left[\frac{\partial(a_\varphi\sin\theta)}{\partial\theta}-\frac{\partial a_\theta}{\partial\varphi}\right]+\boldsymbol{e}_\theta\frac{1}{r}\left[\frac{1}{\sin\theta}\frac{\partial a_r}{\partial\varphi}-\frac{\partial(a_\varphi r)}{\partial r}\right]+\boldsymbol{e}_\varphi\frac{1}{r}\left[\frac{\partial(a_\theta r)}{\partial r}-\frac{\partial a_r}{\partial\theta}\right]\text{。（球坐标系）}$$

(15-176)

■

为便于查找，特将梯度∇f、散度$\nabla\cdot\boldsymbol{a}$、旋度$\nabla\times\boldsymbol{a}$（以及拉普拉斯算符对$f$和$\boldsymbol{a}$的作用结果）在柱坐标系和球坐标系的表达式集中列出如下。

1. 柱坐标系

$$\nabla f=\boldsymbol{e}_\rho\frac{\partial f}{\partial\rho}+\boldsymbol{e}_\varphi\frac{1}{\rho}\frac{\partial f}{\partial\varphi}+\boldsymbol{e}_z\frac{\partial f}{\partial z},\quad(15\text{-}177)$$

$$\nabla\cdot\boldsymbol{a}=\frac{1}{\rho}\frac{\partial(\rho a_\rho)}{\partial\rho}+\frac{1}{\rho}\frac{\partial a_\varphi}{\partial\varphi}+\frac{\partial a_z}{\partial z},\quad(15\text{-}178)$$

$$\nabla\times\boldsymbol{a}=\boldsymbol{e}_\rho\left(\frac{1}{\rho}\frac{\partial a_z}{\partial\varphi}-\frac{\partial a_\varphi}{\partial z}\right)+\boldsymbol{e}_\varphi\left(\frac{\partial a_\rho}{\partial z}-\frac{\partial a_z}{\partial\rho}\right)+\boldsymbol{e}_z\frac{1}{\rho}\left[\frac{\partial(a_\varphi\rho)}{\partial\rho}-\frac{\partial a_\rho}{\partial\varphi}\right]\text{。}\quad(15\text{-}179)$$

2. 球坐标系

$$\nabla f=\boldsymbol{e}_r\frac{\partial f}{\partial r}+\boldsymbol{e}_\theta\frac{1}{r}\frac{\partial f}{\partial\theta}+\boldsymbol{e}_\varphi\frac{1}{r\sin\theta}\frac{\partial f}{\partial\varphi},\quad(15\text{-}180)$$

$$\nabla\cdot\boldsymbol{a}=\frac{1}{r^2}\frac{\partial(r^2a_r)}{\partial r}+\frac{1}{r\sin\theta}\frac{\partial(a_\theta\sin\theta)}{\partial\theta}+\frac{1}{r\sin\theta}\frac{\partial a_\varphi}{\partial\varphi},\quad(15\text{-}181)$$

$$\nabla\times\boldsymbol{a}=\boldsymbol{e}_r\frac{1}{r\sin\theta}\left[\frac{\partial(a_\varphi\sin\theta)}{\partial\theta}-\frac{\partial a_\theta}{\partial\varphi}\right]+\boldsymbol{e}_\theta\frac{1}{r}\left[\frac{1}{\sin\theta}\frac{\partial a_r}{\partial\varphi}-\frac{\partial(a_\varphi r)}{\partial r}\right]+\boldsymbol{e}_\varphi\frac{1}{r}\left[\frac{\partial(a_\theta r)}{\partial r}-\frac{\partial a_r}{\partial\theta}\right]\text{。}$$

(15-182)

15.8.4 拉普拉斯算符∇^2在柱坐标系和球坐标系的表达式

由于∇^2f可以表示为$\nabla\cdot\nabla f$，而梯度和散度在两系都有公式可用，故容易求得∇^2f在两系的

表达式。具体说，由式(15-177)和(15-178)不难推出$\nabla^2 f$在柱坐标系的表达式：

$$\nabla^2 f=\frac{1}{\rho}\frac{\partial}{\partial\rho}\left(\rho\frac{\partial f}{\partial\rho}\right)+\frac{1}{\rho^2}\frac{\partial^2 f}{\partial\varphi^2}+\frac{\partial^2 f}{\partial z^2}\text{；（柱坐标系）}\tag{15-183}$$

而由式(15-180)和(15-181)则不难推出$\nabla^2 f$在球坐标系的表达式：

$$\nabla^2 f=\frac{1}{r^2}\frac{\partial}{\partial r}\left(r^2\frac{\partial f}{\partial r}\right)+\frac{1}{r^2\sin\theta}\frac{\partial}{\partial\theta}\left(\sin\theta\frac{\partial f}{\partial\theta}\right)+\frac{1}{r^2\sin^2\theta}\frac{\partial^2 f}{\partial\varphi^2}\text{。（球坐标系）}\tag{15-184}$$

至于$\nabla^2\boldsymbol{a}$在上述两系的表达式，结论很简单：把以上两式的f换为$\boldsymbol{a}$便妥，即

$$\nabla^2\boldsymbol{a}=\frac{1}{\rho}\frac{\partial}{\partial\rho}\left(\rho\frac{\partial\boldsymbol{a}}{\partial\rho}\right)+\frac{1}{\rho^2}\frac{\partial^2\boldsymbol{a}}{\partial\varphi^2}+\frac{\partial^2\boldsymbol{a}}{\partial z^2}\text{；（柱坐标系）}\tag{15-185}$$

$$\nabla^2\boldsymbol{a}=\frac{1}{r^2}\frac{\partial}{\partial r}\left(r^2\frac{\partial\boldsymbol{a}}{\partial r}\right)+\frac{1}{r^2\sin\theta}\frac{\partial}{\partial\theta}\left(\sin\theta\frac{\partial\boldsymbol{a}}{\partial\theta}\right)+\frac{1}{r^2\sin^2\theta}\frac{\partial^2\boldsymbol{a}}{\partial\varphi^2}\text{。（球坐标系）}\tag{15-186}$$

证明见下面的选读。

[选读 15-13]

本选读旨在证明式(15-186)，读者可仿此证明式(15-185)（而且更简单）。

由球坐标系与直角坐标系之间的坐标变换关系不难推得

$$\frac{\partial f}{\partial x}=\frac{\partial f}{\partial r}\sin\theta\cos\varphi+\frac{\partial f}{\partial\theta}\frac{1}{r}\cos\theta\cos\varphi-\frac{\partial f}{\partial\varphi}\frac{1}{r\sin\theta}\sin\varphi,$$

$$\frac{\partial f}{\partial y}=\frac{\partial f}{\partial r}\sin\theta\sin\varphi+\frac{\partial f}{\partial\theta}\frac{1}{r}\cos\theta\sin\varphi+\frac{\partial f}{\partial\varphi}\frac{1}{r\sin\theta}\cos\varphi,$$

$$\frac{\partial f}{\partial z}=\frac{\partial f}{\partial r}\cos\theta-\frac{\partial f}{\partial\theta}\frac{1}{r}\sin\theta\text{。}$$

写成矩阵式则为

$$\begin{bmatrix}\dfrac{\partial f}{\partial x}\\[2ex]\dfrac{\partial f}{\partial y}\\[2ex]\dfrac{\partial f}{\partial z}\end{bmatrix}=\begin{bmatrix}\sin\theta\cos\varphi & \dfrac{1}{r}\cos\theta\cos\varphi & -\dfrac{1}{r\sin\theta}\sin\varphi\\[2ex]\sin\theta\sin\varphi & \dfrac{1}{r}\cos\theta\sin\varphi & \dfrac{1}{r\sin\theta}\cos\varphi\\[2ex]\cos\theta & -\dfrac{1}{r}\sin\theta & 0\end{bmatrix}\begin{bmatrix}\dfrac{\partial f}{\partial r}\\[2ex]\dfrac{\partial f}{\partial\theta}\\[2ex]\dfrac{\partial f}{\partial\varphi}\end{bmatrix}\text{。}\tag{15-187}$$

利用$\boldsymbol{a}$对坐标求偏导数的定义[式(15-88)]，不难看出把上式的f改为$\boldsymbol{a}$也成立，因而可得算符等式

$$\begin{bmatrix}\dfrac{\partial}{\partial x}\\[2ex]\dfrac{\partial}{\partial y}\\[2ex]\dfrac{\partial}{\partial z}\end{bmatrix}=\begin{bmatrix}\sin\theta\cos\varphi & \dfrac{1}{r}\cos\theta\cos\varphi & -\dfrac{1}{r\sin\theta}\sin\varphi\\[2ex]\sin\theta\sin\varphi & \dfrac{1}{r}\cos\theta\sin\varphi & \dfrac{1}{r\sin\theta}\cos\varphi\\[2ex]\cos\theta & -\dfrac{1}{r}\sin\theta & 0\end{bmatrix}\begin{bmatrix}\dfrac{\partial}{\partial r}\\[2ex]\dfrac{\partial}{\partial\theta}\\[2ex]\dfrac{\partial}{\partial\varphi}\end{bmatrix}\text{。}\tag{15-188}$$

把上式的3×3方阵简记为$[M_{ij}]$，上式左右边的列阵分别简记为$[\partial_i]$和$[\partial'_j]$，则上式简化为

$$\partial_i=M_{ij}\partial'_j\text{。}\tag{15-189}$$

由式(15-80)和(15-81)得知拉普拉斯算符可简写为

$$\nabla^2=\partial_i\partial_i \text{。(重复指标暗示求和)} \tag{15-190}$$

将式(15-189)代入上式得

$$\nabla^2=M_{ij}\partial'_j(M_{ik}\partial'_k)=M_{ij}M_{ik}\partial'_j\partial'_k+M_{ij}(\partial'_jM_{ik})\partial'_k, \tag{15-191}$$

其中第二步用到莱布尼茨律(因为∂_i作用到f和$\boldsymbol{a}$都满足莱布尼茨律)。以M^{T}代表矩阵M的转置矩阵,则式(15-191)右边第一项的$M_{ij}M_{ik}$可表为

$$M_{ij}M_{ik}=(M^{\mathrm{T}})_{ji}M_{ik}=(M^{\mathrm{T}}M)_{jk}\text{。} \tag{15-192}$$

先计算矩阵$M^{\mathrm{T}}M$。

$$M^{\mathrm{T}}M=\begin{bmatrix}\sin\theta\cos\varphi & \sin\theta\sin\varphi & \cos\theta\\ \frac{1}{r}\cos\theta\cos\varphi & \frac{1}{r}\cos\theta\sin\varphi & -\frac{1}{r}\sin\theta\\ -\frac{1}{r\sin\theta}\sin\varphi & \frac{1}{r\sin\theta}\cos\varphi & 0\end{bmatrix}\begin{bmatrix}\sin\theta\cos\varphi & \frac{1}{r}\cos\theta\cos\varphi & -\frac{1}{r\sin\theta}\sin\varphi\\ \sin\theta\sin\varphi & \frac{1}{r}\cos\theta\sin\varphi & \frac{1}{r\sin\theta}\cos\varphi\\ \cos\theta & -\frac{1}{r}\sin\theta & 0\end{bmatrix}$$

$$=\begin{bmatrix}1 & 0 & 0\\ 0 & \frac{1}{r^2} & 0\\ 0 & 0 & \frac{1}{r^2\sin^2\theta}\end{bmatrix}, \tag{15-193}$$

故

$$\text{式(15-191)右边第一项}=\frac{\partial^2}{\partial r^2}+\frac{1}{r^2}\frac{\partial^2}{\partial\theta^2}+\frac{1}{r^2\sin^2\theta}\frac{\partial^2}{\partial\varphi^2}\text{。} \tag{15-194}$$

对式(15-191)右边第二项,当k取任一定值时($k=1,2,3$),∂'_jM_{ik}均可看作一个矩阵,记作N_k,故

$$M_{ij}\partial'_jM_{ik}\equiv M_{ij}(N_k)_{ji},$$

翻译成矩阵语言就是两矩阵相乘后取迹(trace),即$\mathrm{Tr}(MN_k)$。下面分别计算。

$k=1$时

$$N_1=\begin{bmatrix}\frac{\partial M_{11}}{\partial r} & \frac{\partial M_{21}}{\partial r} & \frac{\partial M_{31}}{\partial r}\\ \frac{\partial M_{11}}{\partial\theta} & \frac{\partial M_{21}}{\partial\theta} & \frac{\partial M_{31}}{\partial\theta}\\ \frac{\partial M_{11}}{\partial\varphi} & \frac{\partial M_{21}}{\partial\varphi} & \frac{\partial M_{31}}{\partial\varphi}\end{bmatrix}=\begin{bmatrix}0 & 0 & 0\\ \cos\theta\cos\varphi & \cos\theta\sin\varphi & -\sin\theta\\ -\sin\theta\sin\varphi & \sin\theta\cos\varphi & 0\end{bmatrix},$$

故

$$\mathrm{Tr}(MN_1)=\frac{1}{r}\cos^2\theta\cos^2\varphi+\frac{1}{r}\sin^2\varphi+\frac{1}{r}\cos^2\theta\sin^2\varphi+\frac{1}{r}\cos^2\varphi+\frac{1}{r}\sin^2\theta=\frac{2}{r}\text{。}$$

$k=2$时

$$N_2=\begin{bmatrix}\dfrac{\partial M_{12}}{\partial r} & \dfrac{\partial M_{22}}{\partial r} & \dfrac{\partial M_{32}}{\partial r}\\ \dfrac{\partial M_{12}}{\partial \theta} & \dfrac{\partial M_{22}}{\partial \theta} & \dfrac{\partial M_{32}}{\partial \theta}\\ \dfrac{\partial M_{12}}{\partial \varphi} & \dfrac{\partial M_{22}}{\partial \varphi} & \dfrac{\partial M_{32}}{\partial \varphi}\end{bmatrix}=\begin{bmatrix}-\dfrac{1}{r^2}\cos\theta\cos\varphi & -\dfrac{1}{r^2}\cos\theta\sin\varphi & \dfrac{1}{r^2}\sin\theta\\ -\dfrac{1}{r}\sin\theta\cos\varphi & -\dfrac{1}{r}\sin\theta\sin\varphi & -\dfrac{1}{r}\cos\theta\\ -\dfrac{1}{r}\cos\theta\sin\varphi & \dfrac{1}{r}\cos\varphi\cos\varphi & 0\end{bmatrix},$$

故

$$\begin{aligned}\mathrm{Tr}(MN_2)=&\left(-\frac{1}{r^2}\sin\theta\cos\theta\cos^2\varphi-\frac{1}{r^2}\sin\theta\cos\theta\cos^2\varphi+\frac{1}{r^2}\cot\theta\sin^2\varphi\right)\\&+\left(-\frac{1}{r^2}\sin\theta\cos\theta\sin^2\varphi-\frac{1}{r^2}\sin\theta\cos\theta\sin^2\varphi+\frac{1}{r^2}\cot\theta\cos^2\varphi\right)\\&+\left(\frac{1}{r^2}\sin\theta\cos\theta+\frac{1}{r^2}\sin\theta\cos\theta\right)=\frac{1}{r^2}\cot\theta。\end{aligned}$$

$k=3$ 时

$$N_3=\begin{bmatrix}\dfrac{\partial M_{13}}{\partial r} & \dfrac{\partial M_{23}}{\partial r} & \dfrac{\partial M_{33}}{\partial r}\\ \dfrac{\partial M_{13}}{\partial \theta} & \dfrac{\partial M_{23}}{\partial \theta} & \dfrac{\partial M_{33}}{\partial \theta}\\ \dfrac{\partial M_{13}}{\partial \varphi} & \dfrac{\partial M_{23}}{\partial \varphi} & \dfrac{\partial M_{33}}{\partial \varphi}\end{bmatrix}=\begin{bmatrix}\dfrac{1}{r^2\sin\theta}\sin\varphi & -\dfrac{1}{r^2\sin\theta}\cos\varphi & 0\\ \dfrac{1}{r\sin^2\theta}\cos\theta\sin\varphi & -\dfrac{1}{r\sin^2\theta}\cos\theta\cos\varphi & 0\\ -\dfrac{1}{r\sin\theta}\cos\varphi & -\dfrac{1}{r\sin\theta}\sin\varphi & 0\end{bmatrix},$$

故

$$\begin{aligned}\mathrm{Tr}(MN_3)=&\left(\frac{1}{r^2}\sin\varphi\cos\varphi+\frac{1}{r^2}\cot^2\theta\sin\varphi\cos\varphi+\frac{1}{r^2\sin^2\theta}\sin\varphi\cos\varphi\right)\\&-\left(\frac{1}{r^2}\sin\varphi\cos\varphi+\frac{1}{r^2}\cot^2\theta\sin\varphi\cos\varphi+\frac{1}{r^2\sin^2\theta}\sin\varphi\cos\varphi\right)=0。\end{aligned}$$

综上可得

$$\begin{aligned}\text{式(15-191)右边第二项}&=\mathrm{Tr}(MN_1)\frac{\partial}{\partial r}+\mathrm{Tr}(MN_2)\frac{\partial}{\partial\theta}+\mathrm{Tr}(MN_3)\frac{\partial}{\partial\varphi}\\&=\frac{2}{r}\frac{\partial}{\partial r}+\frac{1}{r^2}\cot^2\theta\frac{\partial}{\partial\theta}。\end{aligned}\tag{15-195}$$

把式(15-194)及(15-195)代入式(15-191)得

$$\nabla^2=\frac{\partial^2}{\partial r^2}+\frac{2}{r}\frac{\partial}{\partial r}+\frac{1}{r^2}\frac{\partial^2}{\partial\theta^2}+\frac{1}{r^2}\cot\theta\frac{\partial}{\partial\theta}+\frac{1}{r^2\sin^2\theta}\frac{\partial^2}{\partial\varphi^2}=\frac{1}{r^2}\frac{\partial}{\partial r}\left(r^2\frac{\partial}{\partial r}\right)+\frac{1}{r^2\sin\theta}\frac{\partial}{\partial\theta}\left(\sin\theta\frac{\partial}{\partial\theta}\right)+\frac{1}{r^2\sin^2\theta}\frac{\partial^2}{\partial\varphi^2}。\tag{15-196}$$

上式是球坐标系的算符等式，分别作用于 f 和 $\boldsymbol{a}$ 便得到式(15-184)和(15-186)。 □

[选读 15-13 完]

专题16　导体电荷面密度与曲率的关系

本专题导读

(1) 给出了空间曲面的平均曲率 H 和高斯曲率 K 的定义，介绍了它们与微分几何的外曲率和内禀曲率的联系。

(2) 对文献中的双曲柱体的密度-曲率反常关系 $\sigma\propto H^{-1/3}$ 做了剖析。

(3) 论证了一个定理：不存在对任意导体成立的函数关系 $\sigma(H)$ [或 $\sigma(K)$]。

(4) 详述了尖端密度大的两种解释方法(图解法和解析计算法)。

(5) 通过理论探讨及软件作图详细讨论了"深谷中的尖端"问题。

(6) 提出了"极值共点猜想"，求得了椭球表面平均曲率 H(而非高斯曲率 K)的表达式，用计算验证了它是上述猜想的非平凡正例。

§16.1　一般性讨论

甲　据我了解，美国科学家富兰克林(Franklin)早在1747年就知道尖端放电现象，并据此制成了避雷针。从那时起，无数物理学家都曾希望找到导体电荷面密度 σ 与表面曲率的关系。后来找到了吗?

乙　这是静电学的一个棘手问题，说来话长。由于问题涉及电荷面密度 σ 和曲率，先做少许铺垫工作。约定导体之外为真空，则导体表面一点 P 的面密度为

$$\sigma=\varepsilon_0 E_{\mathrm{n}}\ ,\tag{16-1}$$

其中 E_{n} 是导体外与 P 极近的一点的场强的外法向分量，它又等于静电势 V 沿外法向的变化率，即

$$E_{\mathrm{n}}=-\frac{\partial V}{\partial n}\ 。\tag{16-2}$$

上式无非是 $\boldsymbol{E}=-\nabla V$ 的分量形式，由此得

$$\nabla^2 V=\nabla\cdot\nabla V=-\nabla\cdot\boldsymbol{E}=-\rho/\varepsilon_0,$$ [末步用到麦氏方程(15-124a)]

故真空中($\rho=0$)的静电势 V 满足拉普拉斯方程

$$\nabla^2 V=0\ 。\tag{16-3}$$

原则上说，只要给定边界条件(包括各导体的电势或电荷以及无限远边界条件)，就可求出上式的特解，再由式(16-2)及(16-1)便可求得 σ。

甲　但我更想知道导体表面曲率的定义和求法。

乙　导体表面是空间曲面，讲空间曲面的曲率前应先讲平面曲线(躺在平面上的曲线)的曲率。本专题特别关心曲率的正负，所以要把曲率定义为代数量。曲线有两个指向，任选其一作为

曲线的正向，后面将看到它决定着曲率的正负。线上任一点的切矢的指向要与曲线正向一致。

定义 16-1　设 P，Q 是平面曲线上的两邻点，Q 点在 P 点后面[以曲线正向为标准定义“后面”，见图 16-1(a)]，$\boldsymbol{T}_P$ 和 $\boldsymbol{T}_Q$ 分别是曲线在 P 和 Q 点的切矢，Δl 是两点之间的弧长(恒为正)，$\Delta\alpha$ 是从 $\boldsymbol{T}_P$ 到 $\boldsymbol{T}_Q$ 所转过的角度(约定逆时针转时 $\Delta\alpha>0$，顺时针转时 $\Delta\alpha<0$)，则

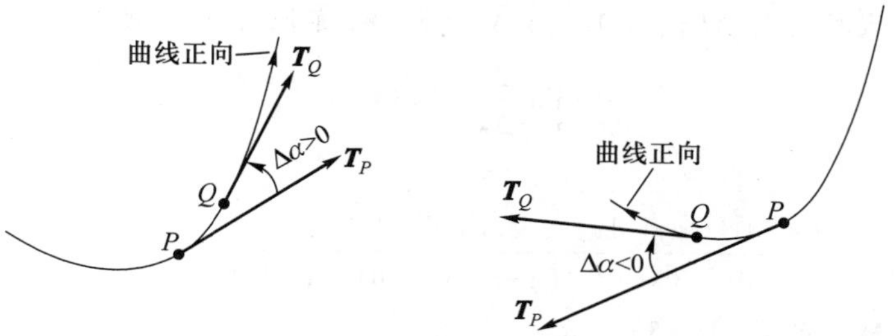

(a) $\Delta\alpha>0$导致$k>0$　　(b) 曲线正向改变后$\Delta\alpha<0$，导致$k<0$

图 16-1　k 的正负取决于曲线的正向(规定 Q 点在 P 点之后)

$$k\equiv\lim_{Q\to P}\frac{\Delta\alpha}{\Delta l}\tag{16-4}$$

称为曲线在 P 点的**曲率**，$R\equiv|1/k|$ 称为 P 点的**曲率半径**。

甲　为什么 k 的正负会由曲线的正向决定？

乙　因为定义要求 Q 点在 P 点后面，而“后面”要以曲线正向为准。曲线正向的改变导致 Q 点改在 P 点的另一侧，由图 16-1(b)可知 $\Delta\alpha<0$，故 k 由正变负。

设曲线在直角坐标系的参数方程为 $x=x(t)$，$y=y(t)$，两者结合得曲线方程 $y=y(x)$，选择曲线的正向使 x 值沿曲线正向增大，则由式(16-4)可以证明(见选读 16-1)

$$k=\frac{y''}{(1+y'^2)^{3/2}},\tag{16-5}$$

其中 y'和 y''分别代表 y 对 x 的一阶和二阶导数①。

[选读 16-1]

本选读给出式(16-5)的证明。k 的定义式(16-4)只涉及 $\Delta\alpha$，但现在需要每点 P 有一个 α 值，我们把它定义为曲线过 P 点的切向与 x 轴的夹角(从 x 轴正向起逆时针测量)，则 $\Delta\alpha=\alpha_Q-\alpha_P$，故式(16-4)可改写为求导形式：

$$k=\frac{\mathrm{d}\alpha}{\mathrm{d}l}。\tag{16-6}$$

由 α 的定义可知

$$\tan\alpha=\frac{\mathrm{d}y}{\mathrm{d}x}=y',\tag{16-7}$$

故

$$k=\frac{\mathrm{d}\alpha}{\mathrm{d}l}=\frac{\mathrm{d}}{\mathrm{d}y'}(\arctan y')\frac{\mathrm{d}y'}{\mathrm{d}l}=\frac{1}{1+y'^2}\frac{\mathrm{d}y'}{\mathrm{d}l}。\tag{16-8}$$

① 我们默认所涉及的曲线函数 $y=y(x)$ 都有连续的 2 阶导函数 $y''(x)$，否则可能出现一些数学上的微妙情况。

由勾股定理又有

$$\Delta l^2 \approx \Delta x^2+\Delta y^2 \approx \Delta x^2+(y'\Delta x)^2=(1+y'^2)\Delta x^2,$$

（“≈”意为等式精确到高阶小量，取极限后就是精确等式。）故

$$\Delta l \approx (1+y'^2)^{1/2}\Delta x\ , \tag{16-9}$$

（开方不必加负号，因按定义 Δl 恒为正，而 $\Delta x \equiv x_Q - x_P$ 亦恒为正）。因此，

$$\frac{\mathrm{d}l}{\mathrm{d}x}=\lim_{\Delta x\to 0}\frac{\Delta l}{\Delta x}=(1+y'^2)^{1/2},$$

故

$$\frac{\mathrm{d}y'}{\mathrm{d}l}=\frac{\mathrm{d}y'}{\mathrm{d}x}\frac{\mathrm{d}x}{\mathrm{d}l}=\frac{1}{(1+y'^2)^{1/2}}\frac{\mathrm{d}y'}{\mathrm{d}x}=\frac{y''}{(1+y'^2)^{1/2}}, \tag{16-10}$$

代入式(16-8)遂得待证的式(16-5)。 □

［选读 16-1 完］

为便于定义空间曲面的曲率，最好对平面曲线再引入法向的定义。平面曲线一点的法线是正交于切线的直线，它有两个指向，我们约定，**法线的正向**（简称法向）是切线正向沿逆时针旋转 90°所到的方向。

既然曲率的正负由曲线的正向决定，而曲线的法向与曲线的正向一一对应，所以也可说曲率的正负由法向决定。以图 16-1(a) 为例，P 点的法向指向曲线的凹向，注意到 P 点有 $k>0$，不难相信如下的一般规律：

曲率正负与法向的关系 曲线凹向朝法向时 $k\geqslant 0$①；曲线凸向朝法向时 $k\leqslant 0$。

甲 如果曲线在某点处既不凹又不凸（例如三次函数 $y=x^3$ 的原点处），怎么判断其曲率的正负？

乙 函数 $y=x^3$ 有 $y''=6x$，故 $x=0$ 的点是鞍点，由式(16-5)易见该点的曲率 $k=0$，所以没有正负问题。

甲 是否有这种情况，曲线在某点处既不凹也不凸，但该点又不是鞍点（因而 $k\neq 0$）？如果有，又如何判断正负？

乙 由于默认所涉及的曲线函数 $y=y(x)$ 都有连续的 2 阶导函数（见脚注①），在此前提下，利用微积分知识可以证明不存在这种情况，你大可不必担心。

现在就可以介绍空间曲面的曲率定义，即下面的定义 16-3，为此先介绍定义 16-2。

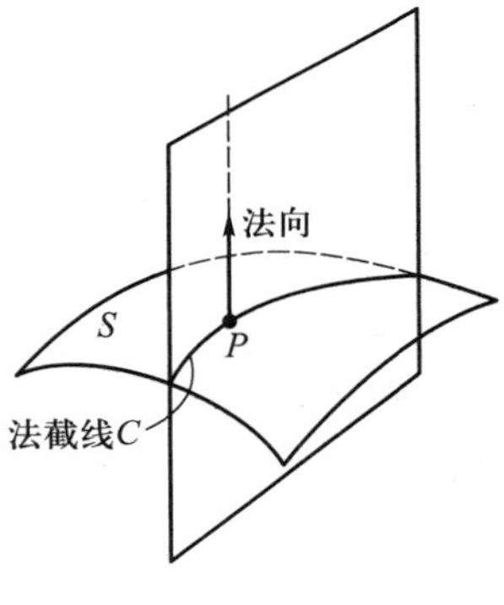

图 16-2 法截线凸向朝法向，故 $k<0$

定义 16-2 设 S 是空间曲面（图 16-2）。过 S 的任一点 P 的法线可作无限个平面，每个平面与 S 的交线称为一条**法截线**，每条法截线（作为平面曲线，记作 C）按定义 16-1 有一个曲率 $|k|$（暂时只谈绝对值）。再任意选定该法线的正向（法向），约定当 C 凹向朝法向时 $k\geqslant 0$；当 C 凸向朝法向时 $k\leqslant 0$。这样定义的 k 称为 P 点的**法截线** C**（在** P **点的）的曲率**。

甲 这个定义不难理解。以球面为例，我相信球面上任一点的任一法截线都有相同的曲率，

① $k\geqslant 0$ 中的等于号的必要性可从如下简例看出：曲线 $y=x^4$ 在 $x=0$ 处满足①凹面朝法向；②$k=0$。

而且，为使曲率为正，必须（且只需）把每点的法向选得指向球内。

乙 很对。现在就可介绍曲面曲率的定义。Spivak（1979）Ⅱ证明了一个重要定理（**欧拉定理**），其部分内容是：若 P 点各法截线的曲率 k 不全相等，则存在两条互相正交的法截线，它们的曲率分别取最小值和最大值。于是可引入定义 16-3。

定义 16-3 以 k_1 和 k_2 分别代表 P 点法截线曲率的最小值和最大值（都叫作**主曲率**），则

$$H \equiv \frac{1}{2}(k_1+k_2) \qquad (16\text{-}11)$$

称为 P 点的**平均曲率**，

$$K \equiv k_1 k_2 \qquad (16\text{-}12)$$

称为 P 点的**高斯曲率**。

甲 导体表面自然是空间曲面了，在谈到 σ 与曲率的函数关系时，要用平均曲率 H 还是高斯曲率 K？

乙 要回答这个问题，还得多介绍一点数学知识。根据微分几何，3 维空间的 2 维曲面有两个非常不同的曲率概念，第一个叫作**外曲率**（exterior curvature），是一个 2 阶对称张量，记作 $Y_{\mu\nu}$①，描写曲面在空间中的弯曲情况，与人们关于"弯曲"的直观感觉一致。例如球面和圆柱面的外曲率都非零，与直观感觉吻合。第二个叫作**内禀曲率**（intrinsic curvature），是更为复杂的张量，你只需知道两点：①内禀曲率张量就是你可能早有耳闻的黎曼张量；②它反映曲面内在的某种特别的几何性质，不像外曲率那样反映曲面在 3 维空间中如何弯曲。例如，直观感觉告诉我们圆柱面是弯曲的，但它的内禀曲率张量却等于零。反之，圆柱面的外曲率却是非零张量。

甲 这两个抽象难懂的曲率张量与平均曲率及高斯曲率有什么关系？

乙 关系密切。对曲面的一点 P，总可找到正交归一基底将 P 点的外曲率 $Y_{\mu\nu}$ 写成一个 2×2 对角矩阵：

$$Y_{\mu\nu} = \begin{bmatrix} k_1 & 0 \\ 0 & k_2 \end{bmatrix}, \qquad (16\text{-}13)$$

其中 k_1 和 k_2 正是前面所讲的主曲率。平均曲率 H 和高斯曲率 K 都由 k_1，k_2 构成，所以 H 和 K 都部分地反映外曲率，都能从不同角度以不同程度描写曲面的外在弯曲性。在微分几何中经常关心外曲率的迹（是个标量，记作 Y），而迹等于矩阵对角元之和，所以

$$Y = k_1 + k_2 = 2H\ 。 \qquad (16\text{-}14)$$

甲 看来平均曲率及高斯曲率都只跟外曲率有关而与内禀曲率完全无关了？

乙 也不尽然。内禀曲率有 4 个指标，经过"两次求迹"手续也能得到一个标量，国际上记作 R，称为**内禀曲率标量**，它正好等于高斯曲率 K 的两倍，即

$$R = 2K\ 。 \qquad (16\text{-}15)$$

可见高斯曲率也在一定程度上反映内禀曲率。

甲 实在是够复杂的。

乙 是的。我们的物理问题是寻找电荷密度 σ 与弯曲情况的关系，又无法用外曲率和内禀

---

① 根据国际习惯，外曲率本应记作 $K_{\mu\nu}$，但因本文用 K 代表高斯曲率，只好改用 $Y_{\mu\nu}$ 代表外曲率。

曲率这么复杂的张量来描写弯曲情况，就只能用 H 和 K 这两个标量了。由于寻找函数关系心切，研究时自然遵循“黑猫白猫路线”——不管平均曲率还是高斯曲率，能找到哪个曲率与 σ 有函数关系就用哪个曲率。例如，张金钟(1985)在求得带电椭球体的高斯曲率

$$K=\frac{1}{a^2b^2c^2}\left(\frac{x^2}{a^4}+\frac{y^2}{b^4}+\frac{z^2}{c^4}\right)^{-2} \tag{16-16}$$

(其中 x, y, z 是原点在椭球中心的直角坐标，a, b, c 是长半轴)之后，利用斯迈斯(1981)关于带电椭球体的面电荷密度公式

$$\sigma=\frac{Q}{4\pi abc}\left(\frac{x^2}{a^4}+\frac{y^2}{b^4}+\frac{z^2}{c^4}\right)^{-1/2}\text{(其中 }Q\text{ 为椭球电荷)} \tag{16-17}$$

立即求得 σ 与 K 的函数关系

$$\sigma=\left[\frac{Q}{4\pi(abc)^{1/2}}\right]K^{1/4}\text{①}, \tag{16-18}$$

即

$$\sigma\propto K^{1/4}。 \tag{16-19}$$

甲　看来这是个皆大欢喜的函数关系。

乙　是的。后来又有人证明了旋转双曲面、旋转抛物面、旋转椭球抛物面等带电二次曲面的 σ 与 K 都有 $\sigma\propto K^{1/4}$ 的函数关系，只是比例系数不同(取决于二次曲面的形状参数)，见王海兴，王俊(1991)，陈秉乾等(2001)及其所引文献。然而，当人们把目光转向柱形导体(横截面为二次曲线)时，立即发现高斯曲率 K 不好用了，因为两个主曲率中有一个为零，导致 $K=0$，于是就转而考虑平均曲率 H②。计算表明(仍见上引文献)，椭圆柱体及抛物柱体有 $\sigma\propto H^{1/3}$ 的函数关系。

甲　这也是个皆大欢喜的函数关系。

乙　是的。可惜对双曲柱体表面却有

$$\sigma\propto H^{-1/3}。 \tag{16-20}$$

甲　岂不是曲率越大处 σ 越小吗？这太不可接受了：图 16-3 的 A 点曲率 H 最大，其 σ 反倒最小：沿着图中箭头移动时曲率 H 越来越小并趋于零(因为渐近线是直线)，但 σ 却趋于无限大。不可思议！

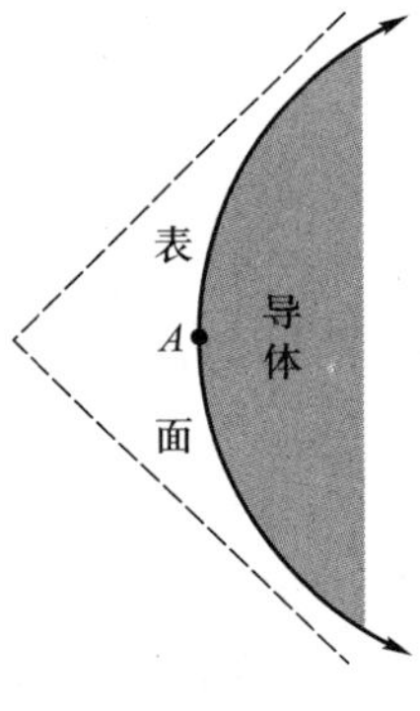

图 16-3　A 点的 σ 竟然最小，沿箭头移动时 σ 竟然趋于无限

乙　的确不可思议，但文献[例如王海兴，王俊(1991)]的结果并无错误，因为，①它给出的 H 表达式是正确的；②它的 σ 是由拉普拉斯方程 $\nabla^2V=0$ 的解 V 通过 $E_n=-\dfrac{\partial V}{\partial n}$ 求得的。

甲　那它为什么如此不可思议？

乙　方程 $\nabla^2V=0$ 有无数解，挑选物理解的法则是满足所给的物理边界条件。根据静电唯一性定理(见专题 5)，方程 $\nabla^2V=0$ 在真空区域 Ω 的、满足 Ω 的边界条件的解是唯一的。不难验证上引文献求得

---

① 戴显熹等(1984)也求得相同的结果。

② 直观看来，柱体表面明明是弯曲的，但高斯曲率却为零，可见高斯曲率远不能反映导体表面弯曲情况的全貌。

的 V 的确以双曲柱体表面为等势面，但柱体表面只是 Ω 区的边界的一部分，还应考虑无限远边界。

甲 这又惹上"无限远"这个令物理学家头疼的问题了。

乙 的确如此。无限远边界的条件可以统称为无限远条件，只要问题涉及无限远，就要事先给定无限远条件，否则从无限多个解中无从挑选唯一解。偏偏上引文献没有给出(根本没有考虑)无限远条件就径直给出一个解来(它虽然满足柱体表面的边界条件，但满足此条件的解仍有无限多个)，然后由它求出 σ，便出现 $\sigma\propto H^{-1/3}$ 这一怪事。"怪事"是指它与物理直觉相去甚远，我们有理由相信这不是一个物理解。说穿了也很简单：边界面为双曲柱面的导体是这样一块金属，它不但沿轴向为无限长，而且从截面图看来它还充满图 16-3 中那条双曲线以右的全空间(阴影部分)，这当然只在高度模型化的语言中才会存在。回到客体语言，恐怕只能考虑例如图 16-4 那样的金属块，除了要考虑它的左边界(双曲柱面)之外，还要考虑其右边界以及上、下边界。只要给定这些边界的条件(给定整块金属的电荷或电势)，再给定无限远条件(通常喜欢给定其电势 $V_\infty=0$)，原则上就存在唯一解 V。

图 16-4 左边界为双曲柱面的金属块

甲 不过由此求得的 σ 就与文献所得的 σ 面目全非了吧？

乙 恐怕是的，所以我们偏向于认为文献的解 $\sigma\propto H^{-1/3}$ 不是物理解。不过我们想借此机会对该解的"来龙去脉"谈谈我们的看法。我们之所以如此确信文献求得的 V 是 $\nabla^2V=0$ 的解，而且以双曲柱面为等势面，是因为我们懂得平面静电场的求解技巧。如果存在一个直角坐标系 $\{x,y,z\}$ 使静电场的场强 $\boldsymbol{E}$ 不是 z 的函数，该静电场就称为**平面静电场**(亦称 **2 维静电场**)。利用复变函数可以巧妙地求出某些平面静电场的精确解[详见俞大光下册(1961)，也可参阅数理方法教材]。现在介绍一个马上就用得上的例子。考虑复变函数 $\omega=\zeta^2$(其中 $\zeta=x+\mathrm{j}y$ 为复自变数，$\omega=V+\mathrm{j}U$ 为复变函数)，把 ω 用实、虚部表为

$$\omega=V+\mathrm{j}U=(x+\mathrm{j}y)^2=(x^2-y^2)+\mathrm{j}2xy\ , \tag{16-21}$$

便有

$$V=x^2-y^2\ , \tag{16-22}$$

$$U=2xy\ , \tag{16-23}$$

默认 $\omega(\zeta)$ 是(复)解析函数，则其实、虚部都是调和函数(满足拉普拉斯方程)，而且两者的等值线彼此正交。因此，如果把等 V 线看作等势线，那么等 U 线就可充当电场线。式(16-22)表明等 V 线都是(以 45°线为渐近线的)双曲线。取不同 V 值(例如 $V=0$，1，2，3，…)便得到图 16-5 所示的双曲线族，其中 $V=0$ 的"双曲线"是渐近线。只要把某条双曲线(例如 $V=1$ 那条)选做导体表面，把此线以右的部分看作金属，再沿着与纸面垂直的方向无限拉长，便得到双曲柱状导体。由此还可方便地验证 $\sigma\propto H^{-1/3}$ 如下。

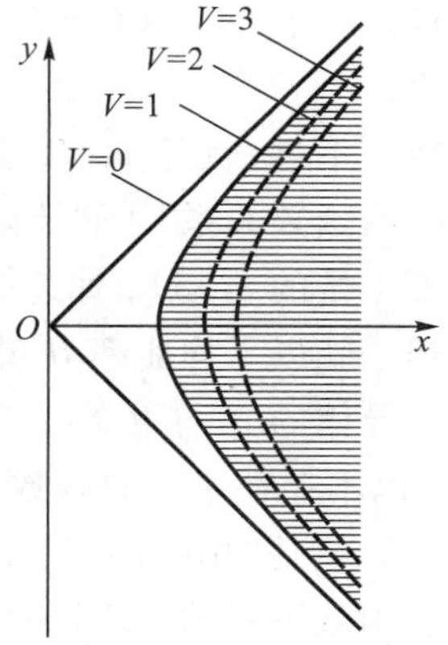

图 16-5 等势线是双曲线的平面静电场(阴影部分为金属，此外为真空)

先求 σ。曲线 $V=1$(导体表面)上的场强 E 的两个分量为

$$E_x=-\frac{\partial V}{\partial x}=-2x,\quad E_y=-\frac{\partial V}{\partial y}=2y,$$

[两式中的第二步都用到式(16-22)。] 又因已取导体表面的 $V=1$，再次利用式(16-22)又得 $y=\pm(x^2-1)^{1/2}$，故

$$E_x=-2x,\quad E_y=\pm2(x^2-1)^{1/2},$$

因而场强 $\boldsymbol{E}$ 的大小为

$$E=(E_x{}^2+E_y{}^2)^{1/2}=2(2x^2-1)^{1/2}。\tag{16-24}$$

因 $\boldsymbol{E}$ 正交于等势线，故上式的 E 等于 $\boldsymbol{E}$ 的法向分量 E_n 的绝对值，因而

$$|\sigma|=\varepsilon_0|E_n|=2\varepsilon_0(2x^2-1)^{1/2}。\tag{16-25}$$

再求 H。柱面的主曲率 k_1，k_2 中必有一个为零，不妨取 $k_1=0$，则平均曲率

$$H=\frac{1}{2}(k_1+k_2)=\frac{1}{2}k_2。$$

这个 k_2 当然就是 $V=1$ 那条双曲线(作为平面曲线)的曲率，注意到曲线方程为 $y=\pm(x^2-1)^{1/2}$，由式(16-5)可求得

$$k_2=\mp\frac{1}{(2x^2-1)^{3/2}},$$

因而

$$|H|=\frac{1}{2(2x^2-1)^{3/2}}。\tag{16-26}$$

对比式(16-25)和(16-26)便知 $\sigma\propto H^{-1/3}$。这一验证表明，文献给出的 $\sigma\propto H^{-1/3}$ 果然正确，特别是该 σ 正是用方程 $\nabla^2V=0$ 的解 V 求得的，只不过这个解满足的、导体以外的边界条件是两条渐近直线上的 $V=0$(而不是 V 在趋于无限远时趋于零)，从而导致 $\sigma\propto H^{-1/3}$ 这一没有物理意义的结论。

甲　不过，无论如何，上述各个具体例子说明“孤立导体表面的电荷密度与表面曲率间不存在单一的函数关系”①的结论是正确的。

乙　是的。不过，你怎么理解“不存在单一的函数关系”这一提法?

甲　就以平均曲率 H 说吧。上述例子表明，有些孤立导体的 σ 与 H 的 1/4 次方成正比，有些孤立导体的 σ 与 H 的 1/3 次方成正比，甚至还有与 $H^{-1/3}$ 成正比的，这些都是不同的函数关系，所以不存在单一的函数关系。

乙　但是“单一的”这个定语容易使人觉得整句话提供一种暗示：每个孤立导体的 σ 与曲率总是有函数关系的，只不过不同导体有不同的函数关系而已。然而，事实上存在大量的孤立导体，它们的表面电荷密度 σ 与曲率根本不存在函数关系。

① 见赵凯华，陈熙谋，电磁学，第二版。

甲 对于非孤立导体，我也能举出“不存在函数关系”的例子：把一个点电荷置于球形带电导体附近，导体表面的 σ 就不再是常数，但球面的曲率 K 和 H 都是常数（各点曲率相等），可见不存在函数关系 $\sigma(K)$ 及 $\sigma(H)$［“自变数”K（及 H）不变而“因变数”σ 却会变］。但对于孤立导体也存在类似的反例吗？

乙 不但存在，而且很多。仅举两例。

例 1 用短导线联结两个带电金属球使成一个孤立导体（“哑铃状”），则容易证明至少有一个球面的 σ 不是常数（用反证法，若两球面的 σ 都是常数，则每个球内的场强就不会为零）。然而球面的曲率 H 是常数，所以也不存在函数关系 $\sigma(H)$。

例 2 只要把上面求得的图 16-5 的两条斜直线看作“角铁形”孤立带电导体的内壁，则根据式（16-23）画出的各条等 n 线就是电场线（见图 16-6），由图可知这些电场线在角铁内壁并不均匀分布，可见电荷面密度 σ 不是常数，但曲率 H 却是常数（为零），怎能有函数关系 $\sigma(H)$？

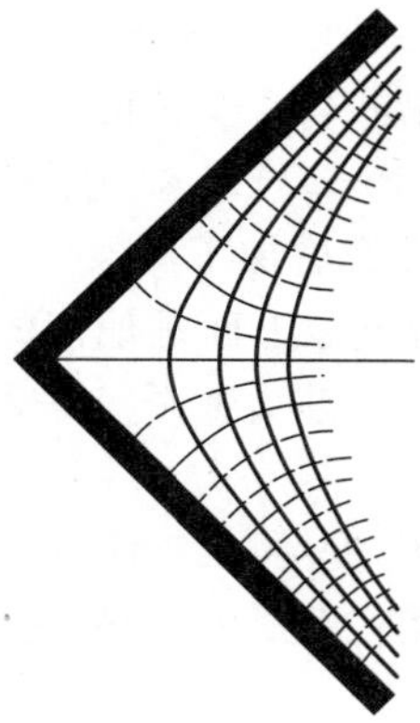

图 16-6 “角铁形”孤立导体横截面（实、虚线分别为等势线和电场线，相邻等势线之间电势差为常数）

此外，戴显熹等（1984）和王海兴等（1991）还给出了其他一些好例子。

§16.2 不可能性定理

甲 您刚才举的两个例子很有说服力。但我听说有文献已就一般情况找出了函数关系 $\sigma(H)$，您对此如何评价？

乙 据我所知，过去数十年中的确有过不止一个作者宣称对任意形状导体找到了函数关系 $\sigma(H)$，但推理过程都有错误，结论也是错的。下面介绍其中两个事例。

事例 1 苏联学者克鲁格教授在《电工原理》（中译本 1952）P. 16-18 的小字中，从导体外电势满足的拉普拉斯方程 $\nabla^2 V=0$ 出发推出如下公式：

$$\frac{\mathrm{d}E}{\mathrm{d}n}=-2HE\ , \tag{16-27}$$

其中 E 是导体表面一点 O 附近场强的外法向分量，$\frac{\mathrm{d}E}{\mathrm{d}n}$是 E 沿等势面法矢的导数，H 是 O 点的平均曲率。上式的推导及结果正确无误，Jackson（1975）第 1 章的习题 11 就让推证上式，其他一些作者也推出过。其实该式不但对导体表面，而且对导体外任一点都成立。（只需把 H 和$\frac{\mathrm{d}E}{\mathrm{d}n}$分别理解为等势面在该点的平均曲率和 E 沿等势面法向的导数。选读 16-2 将给出我们对该式的推导，比克鲁格简单得多。）问题在于从该式得不出关于导体表面的 E（相应地，σ）与 H 的关系的任何结论，因为$\frac{\mathrm{d}E}{\mathrm{d}n}$就是$\frac{\mathrm{d}^2V}{\mathrm{d}n^2}$，它不具有太多的物理意义。不幸的是，克鲁格竟然硬从该式得出大意如下的结论："曲率越大处电势沿法向的变化率越大，故 E(相应地，σ)也越大。"①其目的显然是要借式(16-27)得出"较凸部分电荷密度较大"的诱人结论。但我们反复推敲多次，始终觉得从式(16-27)以及该书的该段文字实在不能得出上述结论。该书的译者似乎也有同感，于是又在译文之后加了一段"译者注"，经过两步简单推导，竟然推出"σ 与平均曲率 H 成正比"这个美妙的结论。下面是他们的推导。

第一步，对式(16-27)积分得

$$E = E_0 e^{-2Hn}, \tag{16-28}$$

其中 E_0 是导体表面(靠外一点点)的场强。

第二步，由电势定义得导体表面的电势

$$V = \int_0^\infty \boldsymbol{E} \cdot d\boldsymbol{n} = \int_0^\infty E_0 e^{-2Hn} dn = -\frac{E_0}{2H} e^{-2Hn} \Big|_0^\infty = \frac{E_0}{2H}。 \tag{16-29}$$

又因 V 在导体表面为常数，上式便给出 $E_0 \propto H$(因而 $\sigma \propto H$)的美妙结论。可惜这是个有严重错误的结果，就连孤立导体球的表面也不满足式(16-29)②。

甲 但推导过程似乎没有什么不妥啊。

乙 推导过程有一个错误。第一步的积分当然应理解为沿电场线的积分(因积分变数是 n)，被积函数中的 H(等势面的平均曲率)应看作 n 的函数(对任意导体而言，函数关系不得而知)，但"译者注"在积分时却把 H 看作常数，从而铸成大错。

甲 "译者注"第二步的积分也犯了把 H 当作常数的同样错误，对吧？

乙 是的，正是两步中的这同一错误导致如此"美妙"的结果。总之，我们的看法是：式(16-27)是正确的，但由它却得不出关于"较凸处电荷密度较大"一类的结论，更不可能推出任何定量关系。

事例 2 中国学者罗恩泽在多篇文章中[见罗恩泽(1984)……]提到他对"任何带电导体"找到了电荷面密度 σ 与平均曲率 H(他的原文用 k)的函数关系，并且给出了解析表达式以及相应的函数曲线。他的工作可以归纳为如下三步。

第一步，从头推出式(16-27)。这与克鲁格书实质一样。他还指出 G. Green 早在 1828 年就推出过这一公式。

第二步，由式(16-27)通过积分得到式(16-28)，与克鲁格书的"译者注"实质一样。罗文连积分都不提，在式(16-27)与式(16-28)之间只有一句话"由此立即求得导体表面附近一点的场强为"。

第三步，他也像克鲁格书的"译者注"那样对式(16-28)做积分，不同之处在于，"译者注"是从 0 至∞求积分，求得的是导体的电势(现在改记作 V_0)；而罗文比"译者注"好得多，它只对电场线中长度为 Δn 的一小段(起点在导体表面)做积分，结果就是该段场线两端的电势差 $\Delta V \equiv$

---

① 该书原话如下："表面曲率愈大时，沿法线上单位长度内，电场强度变化(减小) $-dE/dn$ 的相对值，也就是 $\frac{-dE/E}{dn}$ 也愈大，因此在导体的凸出部分(尖端，刃缘)，电场强度随与导体表面远离的程度而急剧减小，但因导体表面所有各点具有同一电位，因此在导体的较凸部分，每单位长度的电位降落，或电场强度，必然比较平部分处的大些。"

② 设孤立导体球的半径为 R，则 $\frac{E_0}{V} = \frac{1/R^2}{1/R} = \frac{1}{R} = H$，与式(16-29)相较，缺少系数 2。

$V-V_0$，而且用了近似号①，即

$$\Delta V=\int_{\Delta n}^{0}E\mathrm{d}n\approx\int_{\Delta n}^{0}E_0\mathrm{e}^{-2Hn}\mathrm{d}n=\frac{E_0}{2H}(\mathrm{e}^{-2H\Delta n}-1)\text{。}\tag{16-30}$$

甲　由于有近似号，上式似乎是成立的，对吧？

乙　对的。于是罗文就由式(16-30)求得

$$\sigma=\varepsilon_0E_0\approx\frac{2\varepsilon_0H\Delta V}{\mathrm{e}^{-2H\Delta n}-1}\text{。}\tag{16-31}$$

上式就是罗文的式(7)，它除了涉及"主角"σ 和 H 之外还涉及 Δn 及 ΔV，而 ΔV 代表从导体表面一点出发沿电场线外行一段距离 Δn 后所到之点与导体的电势差值，它依赖于导体面上点的位置，因而也跟 H 有关。所以式(16-31)很难派上用场。然而罗恩泽依靠某种(错误的)"技巧"，从上式画出了 σ 作为 H 的函数的函数曲线。他的"技巧"是(以下是原文照引)："**令 Δn 保持为某一较小的恒值，则对于各种不同的 ΔV 值，可以给出导体上电荷面密度 σ 按表面曲率 H 分布的 $\sigma-H$ 分布曲线，如图三所示。**"图 16-7 就是罗文图三的复制件。这种画图"技巧"的关键错误在于：式(16-30)表明式(16-31)中的 ΔV 是与 Δn 相对应的电势差值，但是，如果从导体表面每点出发沿电场线走相同距离 Δn，所到之点的轨迹通常不会是一个等势面(除非该导体是孤立导体球)，可见与 Δn 对应的 ΔV 通常不会是常数(不会对导体各点相同)。然而罗文的图三(本书的图 16-7)的每条曲线都对应于同一个 ΔV(罗文就是以不同的常数值 ΔV 为参数区分各条曲线的)，所以这样的曲线根本没有意义。然而罗文却把每条曲线看作是导体表面的函数 $\sigma(H)$ 的函数曲线，实质上就是默认从导体表面每点发出的场线走相同距离 Δn 后到达电势相同的终点，而这正是关键错误之所在。于是可得结论②：

(a) 罗文的图三(本书的图 16-7)的曲线是错误的，所以，罗文由此出发得到的所有结论也都是错误的。

(b) 罗文的式(7)［本书的式(16-31)］虽然成立，但很难派上用场。

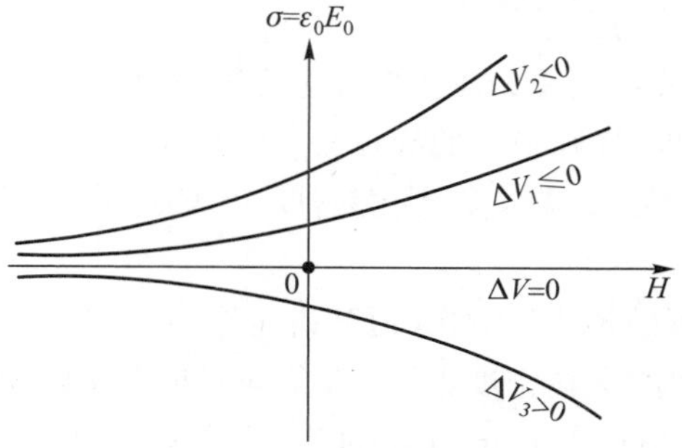

图 16-7　罗恩泽文章图三的复制件(只做了非实质性改动)

我们对罗文还有一个很重要的述评。只要有"对于任意孤立带电导体"这个前提(罗文甚至

① 罗文把式(16-30)的第一个等号写成近似号，这不对，第二个等号才应写成近似号。这正是我们的式(16-30)。

② 本书出版前已有多篇文献［例如樊德森(1987)，王海兴，王俊(1991)，周邦寅(1988)，陈秉乾等(2001)］对罗文提出过不同意见，但并没有指出罗文图三中把 ΔV 误作常数的这一关键错误。

说“对于任意带电导体”，连孤立都未提)，就绝对不存在 σ 作为 H 的函数的函数关系。关键原因在于，指定孤立导体表面一点 P 后，其曲率 $H|_P$ 就固定了(就是常数)，但是其电荷面密度 $\sigma|_P$ 却还跟导体他处的形状有关，他处形状的改变很可能会使 $\sigma|_P$ 改变，但 $H|_P$ 不变，还能有函数关系 $\sigma(H)$(H 是自变数)可言吗!? 下面是一个简单例子。设 P 点是孤立导体球的北极，则

$$\sigma|_P=\frac{Q}{4\pi R^2}=\frac{Q}{4\pi}H^2|_P\text{。}(R\text{ 及 }Q\text{ 分别是球的半径及电荷})\tag{16-32}$$

现在令球表面的他处长出一个突起(尖端)，则 σ 在新导体表面上不再均匀分布，故 $\sigma|_P$ 变了，但 $H|_P$ 未变，何谈函数关系 $\sigma(H)$?

甲 很有说服力。我悟出了一个道理：H 是表面的局域性质，而 σ 是表面的整体性质，他处形状的改变不能改变 $H|_P$ 却能改变 $\sigma|_P$，这就从根本上否决了对任意孤立导体寻找函数关系 $\sigma(H)$ 的可能性。

乙 很好！为了对那些仍在苦心寻找函数关系 $\sigma(H)$ 或 $\sigma(K)$ 的志士仁人提出忠告，不妨明确写出如下定理(你刚才的说法就是定理的证明)。

不可能性定理 “任意导体表面的电荷密度 σ 与曲率存在某种函数关系 $\sigma(K)$ 或 $\sigma(H)$”的命题必定不可能成立。

不过，如果针对一个给定具体形状的导体而不是“任意导体”，原则上是可以试验性地去寻求函数关系 $\sigma(K)$ 或 $\sigma(H)$ 的。

小结 关于寻找函数关系 $\sigma(K)$ 或 $\sigma(H)$ 有以下两点基本结论。

1. 对任意导体成立的函数关系 $\sigma(K)$ 或 $\sigma(H)$ 一定不存在。

2. 对某个给定形状的孤立导体有两种可能：

(a) 可以找到某种函数关系 $\sigma(K)$ 或 $\sigma(H)$，例如椭球面、旋转双曲面、旋转抛物面、旋转椭球抛物面等有 $\sigma(K)\propto K^{1/4}$，椭圆柱面和抛物柱面有 $\sigma\propto H^{1/3}$，双曲柱面有 $\sigma\propto H^{-1/3}$。

(b) 不可能找到函数关系 $\sigma(K)$ 或 $\sigma(H)$，例如前面关于用短导线联结的两个导体球以及“角铁形”导体。还可举出此外的大量例子。

甲 您前面的全部说法我都接受，但总的感觉是悲观的——人们满腔热忱地企图寻找 σ 与 H 的关系，但除了极少数简单、规则形状的导体外，似乎什么正面结果也没有(某些结果，例如 $\sigma\propto H^{-1/3}$，又如此缺乏物理意义)，甚至连“尖端密度大”的经验结果似乎也无法从理论上做出明确解释。是这样吗?

乙 我还没讲完呢！“不破不立”，本专题开讲至今主要是在“破”，以下两节就该“立”了。这个“立”主要包含两点：①对“尖端密度大”的现象其实早有文献做过理论解释，下面在 §16.3 将详加讲授；② §16.4 将介绍我们对“σ 与 H 的关系”这个问题的一个猜想。

[选读 16-2]

本选读给出我们对式(16-27)的、简短得多的证明。首先要指出克鲁格的一个小缺陷：式(16-27)在他的书中被写成

$$\frac{-\mathrm{d}E/\mathrm{d}n}{E}=2H\ ,\tag{16-27$'$}$$

把 E 写在分母就限制了它的适用范围，例如，空心金属壳内壁一点附近有 $E=0$，$\mathrm{d}E/\mathrm{d}n=0$，使式(16-27′)左边为不定值，还得借助于数学手法再讨论一番。本书把此式改写为式(16-27)，就

没有这个问题。请注意下面的推证中都避而不用 E 为分母。

整个推导针对导体外(真空中)进行。以 $\boldsymbol{E}$ 代表场强，$\boldsymbol{n}$ 代表等势面 S 的外向单位法矢，E 代表 $\boldsymbol{E}$ 沿 $\boldsymbol{n}$ 向的分量，则 $\boldsymbol{E}=E\boldsymbol{n}$。注意到 $\boldsymbol{E}=-\boldsymbol{\nabla}V$，便有

$$E=\boldsymbol{n}\cdot\boldsymbol{E}=-\boldsymbol{n}\cdot\boldsymbol{\nabla}V=-\boldsymbol{\nabla}\cdot(\boldsymbol{n}V)+V\boldsymbol{\nabla}\cdot\boldsymbol{n}\text{。}\tag{16-33}$$

以 E 乘上式两边得

$$E^2=-E\boldsymbol{\nabla}\cdot(\boldsymbol{n}V)+EV\boldsymbol{\nabla}\cdot\boldsymbol{n}\text{。}\tag{16-34}$$

式(16-34)右边第一项

$$=-\boldsymbol{\nabla}\cdot(E\boldsymbol{n}V)+V\boldsymbol{n}\cdot\boldsymbol{\nabla}E=-\boldsymbol{\nabla}\cdot(\boldsymbol{E}V)+V\boldsymbol{n}\cdot\boldsymbol{\nabla}E=-(V\boldsymbol{\nabla}\cdot\boldsymbol{E}+\boldsymbol{E}\cdot\boldsymbol{\nabla}V)+V\boldsymbol{n}\cdot\boldsymbol{\nabla}E\text{，}$$

注意到 $-\boldsymbol{\nabla}V=\boldsymbol{E}$ 以及 $\boldsymbol{\nabla}\cdot\boldsymbol{E}=0$(真空中电荷密度为零)，上式成为

$$\text{式(16-34)右边第一项}=E^2+V\boldsymbol{n}\cdot\boldsymbol{\nabla}E\text{，}$$

代入式(16-34)给出

$$\boldsymbol{n}\cdot\boldsymbol{\nabla}E=-E\boldsymbol{\nabla}\cdot\boldsymbol{n}\text{。}\tag{16-35}$$

取直角坐标系 $\{x, y, z\}$，其 3 个单位基矢 $\boldsymbol{i}, \boldsymbol{j}, \boldsymbol{k}$ 满足 $\boldsymbol{k}=\boldsymbol{n}$(因而 $z=n$)，则

$$\boldsymbol{n}\cdot\boldsymbol{\nabla}E=\boldsymbol{k}\cdot\left(\boldsymbol{i}\frac{\partial E}{\partial x}+\boldsymbol{j}\frac{\partial E}{\partial y}+\boldsymbol{k}\frac{\partial E}{\partial z}\right)=\frac{\partial E}{\partial n}\text{。}\tag{16-36}$$

另一方面，熟悉微分几何的人都知道曲面 S 上的 $\boldsymbol{\nabla}\cdot\boldsymbol{n}$ 就是 S 面的外曲率 $Y_{\mu\nu}$ 的迹 Y[由梁灿彬，周彬，中册(2009)的式(14-4-10)容易证明]，而 $Y=2H$[见式(16-14)]，故式(16-35)就是待证的式(16-27)。不用外曲率当然也可证明 $\boldsymbol{\nabla}\cdot\boldsymbol{n}=2H$，但麻烦得多，可参见克鲁格或罗恩泽(1984)，两者实质一样。

[选读 16-2 完]

[选读 16-3]

戴显熹等(1984)也推出了式(16-27)并对它进行积分。与上述两个事例不同，戴文明确指出"H 是空间地点的函数"(这很好)，并借助于正交曲线坐标系通过积分求得如下公式：

$$\sigma=\frac{Q}{4\pi}\frac{\mathrm{d}\Omega}{\mathrm{d}S},\tag{16-37}$$

其中(按戴文的解释)"**$\mathrm{d}S$ 为所考察的面元，$\mathrm{d}\Omega$ 为 $\mathrm{d}S$ 上发出的力线在无穷远处所张立体角元。**"令人不解的是，上式的推导极其容易，何须大动干戈地用正交曲线坐标系从式(16-27)出发去推出？

甲 为什么说推导极其容易？如何推导？

乙 从面元 $\mathrm{d}S$ 的各边界点出发的电场线围出一个"场线管"(过去叫"电力管")，以导体任一点为心作半径为 R 的大球面("无穷远")，在管内极近 $\mathrm{d}S$ 处取一点 P_1，其场强大小记作 E_1，则

$$E_1\mathrm{d}S=\text{场线管的通量}=E_\infty S_\infty\text{，}\tag{16-38}$$

其中 S_∞ 代表场线管在大球面上截出的面积，E_∞ 是该面上的场强。再以 $\mathrm{d}\Omega$ 代表 S_∞ 对导体(看作一点)所张的立体角(原文称"$\mathrm{d}\Omega$ 为 $\mathrm{d}S$ 上发出的力线在无穷远处所张的立体角元")，则 $S_\infty=R^2\mathrm{d}\Omega$，故 $E_1\mathrm{d}S=E_\infty R^2\mathrm{d}\Omega$，因而 $\mathrm{d}S$ 上的电荷面密度

$$\sigma=\varepsilon_0 E_1=\varepsilon_0 E_\infty R^2\frac{\mathrm{d}\Omega}{\mathrm{d}S}=\varepsilon_0\frac{Q}{4\pi\varepsilon_0 R^2}R^2\frac{\mathrm{d}\Omega}{\mathrm{d}S}=\frac{Q}{4\pi}\frac{\mathrm{d}\Omega}{\mathrm{d}S}。$$

此即式(16-37)。所以根本没必要动用式(16-27)以及曲线坐标系。

甲 戴文想用式(16-37)说明什么?

乙 戴文§1提出了3个命题(其实只是猜想),§6则试图用式(16-37)验证这些猜想,但在验证中使用了不少物理直觉,缺少定量描述,在此不拟评述。

[选读 16-3 完]

§16.3 对"尖端密度大"的理论解释

乙 虽然对罗恩泽(1984)的赞誉"攻克两个多世纪的一个科学堡垒"[见龙辉(1987)]是不实之词,但罗文涉及的问题的确是两个多世纪以来的一个小小的科学难题。将近三个世纪以来,无数物理学者(包括我们)都曾努力探索过这一问题。虽然正面成果不够丰硕,但至少在对"尖端密度大"现象的理论解释上是颇有建树的。我在近60年来接触到的中外文献中就见过若干种解释,虽然其中不乏牵强附会或想当然的说法,但至少有两种解释是在理论上站得住脚的。第一种解释(图解法)可用福里斯等(1953)为代表,第二种解释(定量计算)则详述于 Jackson (1975)中。

甲 我急于知道第一种解释。

乙 福里斯等(1953)在49页图46(重画成本书的图16-8)周围有一小段文字解释,摘要如下:

"在导体表面有凸出部分的情况下,导体附近的那些等位面在凸出部分就很接近。在这些部分,场强比较大,因为在这些部分,单位长上的电位变化比较大。……因而在导体的凸出部分,电荷的面密度也比较大。"

甲 我觉得这种解释似乎是在凑答案,逻辑性很差。关键是,为什么等势面在凸出部分一定很接近?

乙 我开始时也有你的疑问和不满,当时(大约1959年)就尽力找参考文献(例如其他教科书和《物理通报》),曾找到这样的解释:等势面在远离导体处是球面,靠近导体时,形状渐变,最后变为导体表面,如图16-9。图中的 AB 段和 CD 段要容下相同个数的等势面,但 $AB<CD$,故 B 点等势面较密。

甲 $AB<CD$ 是事实,但谁能保证等势面在 B 点附近一定比 C 点附近更密?除非你默认等势面在 AB 段和 CD 段都均匀分布,但谁又能保证如此?

乙 是的,这种解释给人一种"信不信由你"的感觉。但后来从《电工基础》一类教材学到了平面静电场的图解法才知道如何把图16-8改画得更准确,从而给"尖端密度大"一个可接受的解释。

甲 难道福里斯的讲法是针对平面静电场的吗?

乙 似乎不是(至少书中没有明确说明),但为了替它讲清楚,就只好限制在平面静电场范畴,把图16-8的黑色箭头状看成无限长导体的横截面。电工技术应用中较常遇到平面静电场,除少数特例外无法求得解析解,但可以采用虽然近似却仍有效的图解法。待求解电场可从等

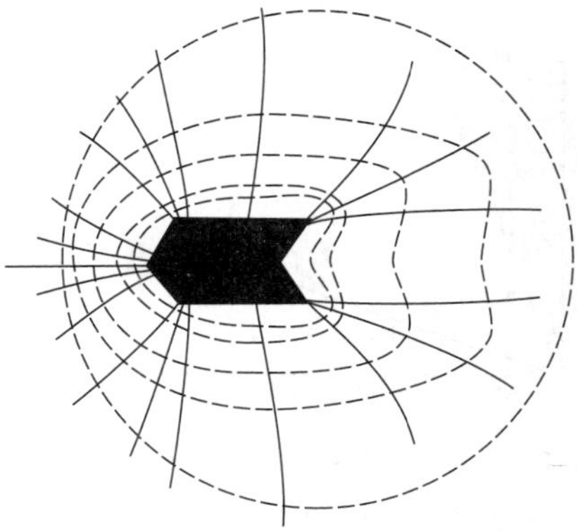

图 16-8 福里斯等(1953)
解释“尖端密度大”用图

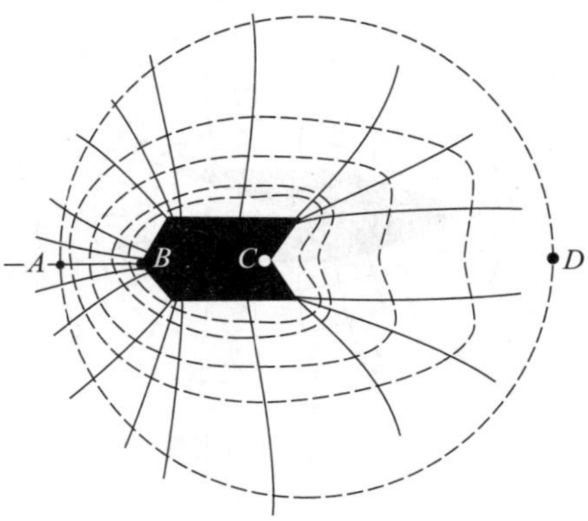

图 16-9 文献对“尖端密度大”的另一解释用图

势线和电场线的图像看出。绘制等势线和电场线的基本原则是：①导体表面是等势线；②电场线与等势线正交；③相邻等势线间的电势差 ΔV 相等；④相邻电场线间的电通量 $\Delta\Phi$ 相等。只要再令 $\Delta\Phi=\Delta V$，这样画出的电场线和等势线构成的各个“网格”必定近似于正方形(“曲线正方形”)。绘图时，先凭物理直觉和上述原则用铅笔试画，然后逐渐修改而成。

甲 但图 16-8 的不少网格都不是曲线正方形啊。

乙 福里斯的原图画得不够标准，我们将它改画成图 16-10。此图大致符合绘图法的基本原则，由图可见尖端附近的场线较密，所以尖端电荷密度较大。

甲 虽然无法定量，不过图 16-10 确实有一定的说服力。

乙 是的。不过要注意，这种方法只说明图 16-10 的导体的尖端密度较大，却不说明该导体电荷面密度 σ 与曲率 H 有函数关系。事实上，该导体左上方(直线)各点曲率相等，但由图可见 σ 并非点点相等。

下面转而介绍对“尖端密度大”现象的定量解释。Jackson(1975)对平面静电场和非平面静电场的尖端问题都有详细讨论，前者在该书的 2.11 节，后者在 3.4 节。虽然我们最关心的是尖端现象，但该书讨论的是更一般的情况，既可证明尖端密度大，又可证明凹进处密度小(几乎为零)。具体说，它讨论图 16-11 所示的某种“斜角铁状”导体，夹角 β 为任意(几种特殊角的情况示于图 16-12)。给定导体的电势 V_0 后，我们关心导体表面尖角附近的电荷面密度 σ。由于是平面静电场，可借助于如图所示的极坐标系$\{\rho,\varphi\}$求出拉普拉斯方程 $\nabla^2V=0$ 在 $\rho=0$(尖角处)附近的近似解 $V(\rho,\varphi)$，再用 $\sigma=-\varepsilon_0\dfrac{\partial V}{\partial n}$求得 σ。略去计算过程，计算结果为

$$V(\rho,\varphi)\approx V_0+a_1\rho^{\pi/\beta}\sin(\pi\varphi/\beta)\,, \tag{16-39}$$

其中 a_1 是常数，取决于离 $\rho=0$ 很远处的边界电势值。以 $\boldsymbol{e}_\rho$ 和 $\boldsymbol{e}_\varphi$ 分别代表沿 ρ 和 φ 增大方向的单位矢，由

$$\boldsymbol{E}=-\nabla V=-\left(\boldsymbol{e}_\rho\frac{\partial V}{\partial\rho}+\boldsymbol{e}_\varphi\frac{1}{\rho}\frac{\partial V}{\partial\varphi}\right)$$

便得任一点(ρ,φ)的场强分量

$$E_\rho(\rho,\varphi)=-\frac{\partial V}{\partial\rho}\approx-\frac{\pi a_1}{\beta}\rho^{(\pi/\beta)-1}\sin(\pi\varphi/\beta)\,, \tag{16-40}$$

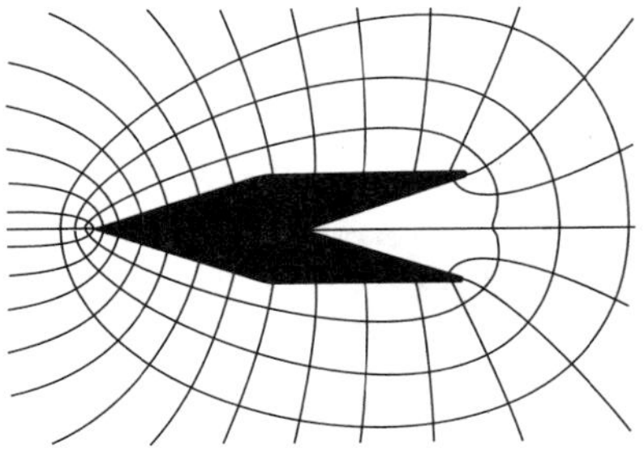

图 16-10 本书对福里斯书图 46 的改画

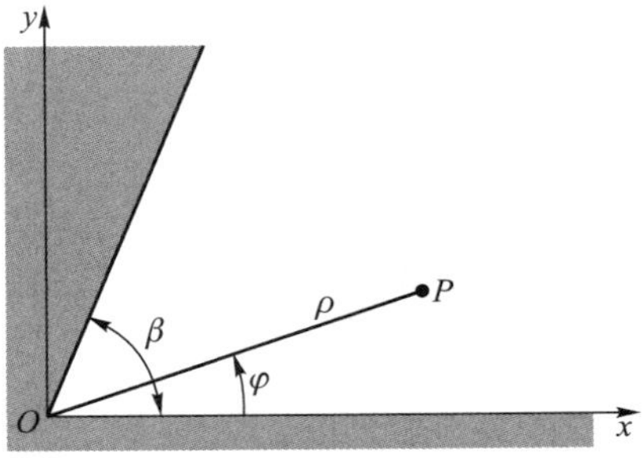

图 16-11 平面静电场一例[灰色部分为金属。改画自 Jackson(1975) Fig. 2. 12]

$$E_{\varphi}(\rho,\varphi)=-\frac{1}{\rho}\frac{\partial V}{\partial\varphi}\approx-\frac{\pi a_1}{\beta}\rho^{(\pi/\beta)-1}\cos(\pi\varphi/\beta)\text{。}\tag{16-41}$$

导体表面由 $\varphi=0$ 和 $\varphi=\beta$ 描述，其法向分别是 $\boldsymbol{e}_{\varphi}$ 向和 $-\boldsymbol{e}_{\varphi}$ 向，故由式(16-41)可知

$$\sigma(\rho)=\varepsilon_0E_{\varphi}(\rho,0)=-\varepsilon_0E_{\varphi}(\rho,\beta)\approx-\varepsilon_0\frac{\pi a_1}{\beta}\rho^{(\pi/\beta)-1}\text{。}\tag{16-42}$$

可见 $\sigma(\rho)\propto\rho^{(\pi/\beta)-1}$。图 16-12 示出 β 取几个特殊角时的 $\sigma(\rho)$。当 β 很小(凹进很尖锐)时，ρ 的指数很大(例如当 $\beta=\pi/4$ 时 $\sigma\propto\rho^3$)，当 $\rho\to0$ 时 $\sigma\to0$，所以在尖角处几乎没有电荷。对 $\beta=\pi$(导体表面为整个平面)，σ 与 ρ 无关，与直观预期吻合。对 $\beta>\pi$，尖角从凹进变为凸起(通常说的“尖端”)，ρ 的指数为负，当 $\rho\to0$ 时 $\sigma\to\infty$，意味着趋近尖端时密度无限增大。当 $\beta=2\pi$ 时，$\rho=0$ 的点成为一张无限大金属片的边缘，当 $\rho\to0$ 时 σ 按 $\rho^{-1/2}$ 的规律发散。

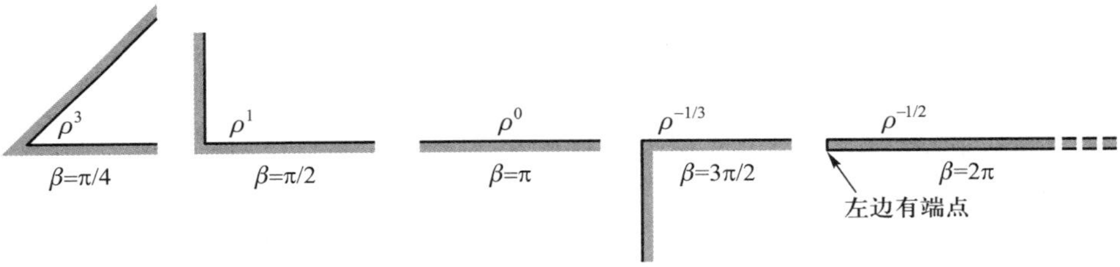

图 16-12 β 取几个特殊角时 σ 与 ρ 的关系[改画自 Jackson(1975) Fig. 2. 13]

甲 请您再介绍 Jackson 书上对非平面静电场的尖端问题的讨论。

乙 好的。对非平面静电场的尖端问题，Jackson 书采用圆锥形模型，如图 16-13，β 决定了导体形状，$\beta<\pi/2$ 代表凹进(深谷)，$\beta>\pi/2$ 代表尖端。以锥顶 O 为原点、对称轴为极轴建立球坐标系$\{r,\theta,\varphi\}$，则拉普拉斯方程 $\nabla^2V=0$ 在该系的表达式为[见式(15-184)]

$$\frac{1}{r^2}\frac{\partial}{\partial r}\left(r^2\frac{\partial V}{\partial r}\right)+\frac{1}{r^2\sin\theta}\frac{\partial}{\partial\theta}\left(\sin\theta\frac{\partial V}{\partial\theta}\right)+\frac{1}{r^2\sin^2\theta}\frac{\partial^2V}{\partial\varphi^2}=0\text{。}\tag{16-43}$$

由问题的旋转对称性可知 V 只依赖于 r 和 θ 而与 φ 无关，故上式简化为

$$\frac{1}{r^2}\frac{\partial}{\partial r}\left(r^2\frac{\partial V}{\partial r}\right)+\frac{1}{r^2\sin\theta}\frac{\partial}{\partial\theta}\left(\sin\theta\frac{\partial V}{\partial\theta}\right)=0\text{。}\tag{16-44}$$

用分离变数法，令

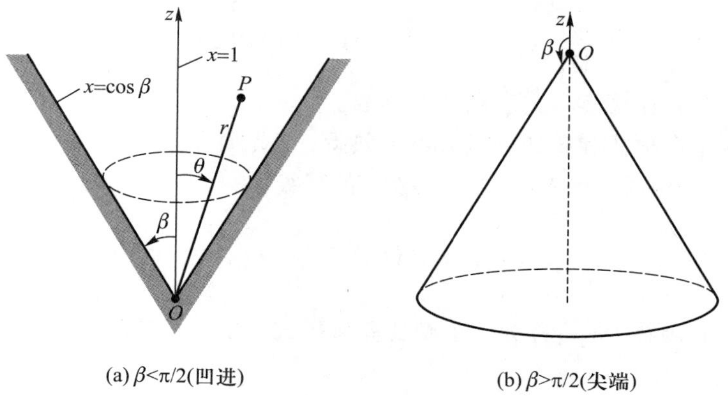

图 16-13 圆锥形导体的凹进和尖端

$$V(r,\ \theta)=R(r)P(\theta)\ ,\tag{16-45}$$

得

$$\frac{P}{r^2}\frac{\mathrm{d}}{\mathrm{d}r}\left(r^2\frac{\mathrm{d}R}{\mathrm{d}r}\right)+\frac{R}{r^2\sin\theta}\frac{\mathrm{d}}{\mathrm{d}\theta}\left(\sin\theta\frac{\mathrm{d}P}{\mathrm{d}\theta}\right)=0\ ,\tag{16-46}$$

故

$$\frac{1}{R}\frac{\mathrm{d}}{\mathrm{d}r}\left(r^2\frac{\mathrm{d}R}{\mathrm{d}r}\right)=-\frac{1}{P\sin\theta}\frac{\mathrm{d}}{\mathrm{d}\theta}\left(\sin\theta\frac{\mathrm{d}P}{\mathrm{d}\theta}\right)=\text{常实数}。\tag{16-47}$$

不妨把上式右边的常实数改写为 $\nu(\nu+1)$，其中 ν 是某个待定的常实数。于是有

$$\frac{1}{R}\frac{\mathrm{d}}{\mathrm{d}r}\left(r^2\frac{\mathrm{d}R}{\mathrm{d}r}\right)=\nu(\nu+1)\ ,\tag{16-48}$$

$$\frac{1}{P\sin\theta}\frac{\mathrm{d}}{\mathrm{d}\theta}\left(\sin\theta\frac{\mathrm{d}P}{\mathrm{d}\theta}\right)=-\nu(\nu+1)\ 。\tag{16-49}$$

方程(16-48)有如下简单形式的解

$$R(r)=Ar^{\nu}+Br^{-(\nu+1)},\quad \text{其中 } A,B \text{ 为常实数}。\tag{16-50}$$

令 $x\equiv\cos\theta$，我们要在 $\cos\beta\leqslant x\leqslant 1$ 的范围内寻求方程(16-49)的解 $P(\theta)$。为使此解有物理意义，它必须为单值且有限(非奇异)，并且满足导体的边界条件。不失一般性，不妨取导体的电势为零，故 $P(\theta)$ 应满足的导体边界条件为

$$P(\beta)=0\ 。\tag{16-51}$$

为便于求解，宜在 $x=1$(即 $\theta=0$，在极轴上)附近做级数展开。为此，再令

$$\xi\equiv\frac{1}{2}(1-x),\qquad(\text{于是 } x=1\Leftrightarrow\xi=0)\tag{16-52}$$

则函数 P 的自变数从 θ 改为 x 再改为 ξ，我们想求函数关系 $P(\xi)$ 的表达式。请注意 $P(\theta)$、$P(x)$ 及 $P(\xi)$ 是三个不同的函数关系，数学家会用不同的记号，例如改为 $\overline{P}(\theta)$、$\overline{\overline{P}}(x)$ 及 $\overline{\overline{\overline{P}}}(\xi)$ [满足 $\overline{P}(\theta)=\overline{\overline{P}}(x)=\overline{\overline{\overline{P}}}(\xi)$]，而保留 P 代表函数值。作为物理书，本书把 4 者都记作 P，后面会根据需要有时把 P 理解为 $P(\theta)$，有时理解为 $P(x)$ 或 $P(\xi)$。读者应注意自行分清。

不难验证方程(16-49)等价于

$$\frac{\mathrm{d}}{\mathrm{d}\xi}\left[\xi(1-\xi)\frac{\mathrm{d}P(\xi)}{\mathrm{d}\xi}\right]+\nu(\nu+1)P(\xi)=0\ 。\tag{16-53}$$

这个方程的求解涉及勒让德多项式和勒让德函数。

甲 我对勒让德多项式和勒让德函数不太熟悉，能先简介一下吗？

乙 好的。把二元函数$(1-2xt+t^2)^{-1/2}$展为 t 的幂级数：

$$(1-2xt+t^2)^{-1/2}=\sum_{l=0}^{\infty}P_l(x)t^l\ ,\tag{16-54}$$

等式右边的每个一元函数 $P_l(x)$ 称为一个**勒让德多项式**，可由下式表示（后面并不真用此式，读者不必过分留意）：

$$P_l(x)=\sum_{i=0}^{[l/2]}(-1)^i\frac{(2l-2i)}{2^l i!\ (l-i)!\ (l-2i)!}x^{l-2i}\ ,\tag{16-55}$$

其中$[l/2]$代表不大于 $l/2$ 的最大整数。下面是 l 从 0 到 5 的几个例子：

$$P_0(x)=1,\qquad P_1(x)=x,\qquad P_2(x)=\frac{1}{2}(3x^2-1),\qquad P_3(x)=\frac{1}{2}(5x^3-3x),$$
$$P_4(x)=\frac{1}{8}(35x^4-30x^2+3),\qquad P_5(x)=\frac{1}{8}(63x^5-70x^3+15x)。\tag{16-56}$$

上式表明，$P_1(x)$，$P_2(x)$，$P_3(x)$的零点依次满足

$$x=0,\qquad 3x^2-1=0,\qquad 5x^3-3x=0,$$

故 $P_1(x)$有 1 个零点（在 $x=0$ 处），$P_2(x)$有 2 个零点（在 $x=\pm\dfrac{1}{\sqrt{3}}$处），$P_3(x)$有 3 个零点（在 $x=0$ 及 $x=\pm\sqrt{\dfrac{3}{5}}$处）。事实上，勒让德多项式 $P_l(x)$的特点之一是有 l 个零点，而且都位于 x 轴的区间$(-1,+1)$内。至于勒让德函数，将在稍后用到时简介。

现在回到方程(16-53)的求解问题。该方程表明待求函数 $P(\xi)$与 ν 值有关，最好明确地记作 $P_\nu(\xi)$。把它在 $\xi=0$ 处写成级数展开式：

$$P_\nu(\xi)=\xi^\alpha\sum_{j=0}^{\infty}a_j\xi^j,\quad \text{其中 }\alpha\text{ 是待定常实数。}\tag{16-57}$$

甲 为何不简单地设为 $P_\nu(\xi)=\sum\limits_{j=0}^{\infty}a_j\xi^j$？

乙 根据数学中的 Frobenius 理论（略），方程(16-53)的级数解必须采用式(16-57)的形式，其中 ξ^α 必不可少。把式(16-57)代入方程(16-53)后得

$$\sum_{j=0}^{\infty}b_j\xi^{\alpha-1+j}=0\ ,\tag{16-58}$$

其中 $b_0=a_0\alpha^2$，$b_1=a_1+\nu(\nu+1)a_0$，$b_j(j>1)$的表达式从略。注意到①上式应对任一场点成立；②ξ 取决于场点的 θ 坐标，可知为使方程(16-58)左边为零，其各项的系数必须为零。第零项$(j=0)$

的系数 $b_0=a_0\alpha^2$，$b_0=0$ 意味着 $a_0=0$ 或 $\alpha=0$。取 $\alpha=0$①，则方程(16-57)及(16-58)分别成为

$$P_\nu(\xi)=\sum_{j=0}^{\infty}a_j\xi^j \tag{16-57'}$$

及

$$\sum_{j=1}^{\infty}b_j\xi^{j-1}=0\ , \tag{16-58'}$$

由各项系数的表达式以及各项系数为零的要求便可求得式(16-57)的相邻两项系数的如下递推公式：

$$\frac{a_{j+1}}{a_j}=\frac{(j-\nu)(j+\nu+1)}{(j+1)^2}\text{。} \tag{16-59}$$

由式(16-57′)得 $P_\nu(0)=a_0$[$P_\nu(0)$ 代表 $P_\nu(\xi)$ 在 $\xi=0$ 的函数值]，而 $\xi=0$(即 $\cos\theta=1$)代表对称轴，轴上的电势当然与导体的总电荷 Q 有关，总可选 Q 使 $P_\nu(0)=1$(归一化)，亦即选 $a_0=1$，于是由递推公式(16-59)便可确定所有系数 a_1，a_2，…，因而式(16-57′)便具体化为

$$\begin{aligned}P_\nu(\xi)&=a_0+a_1\xi+a_2\xi^2+\cdots\\&=1+\frac{(-\nu)(\nu+1)}{1!\ \times1!}\xi+\frac{(-\nu)(-\nu+1)(\nu+1)(\nu+2)}{2!\ \times2!}\xi^2+\cdots\end{aligned} \tag{16-60}$$

当 ν 为零或正整数时，由上式可以验证 $P_\nu(\xi)$ 只含有限项，而且就是勒让德多项式(16-55)。当实数 ν 不是整数时，式(16-60)可以看作勒让德多项式的推广，称为(第一类)**勒让德函数**。可以证明，勒让德函数 $P_\nu(x)$ 在自变数 x 的区间(-1，1]内是正规的(非奇异的)，但在 $x=-1$ 处奇异(除非 ν 为整数)。

由 $V(r,\theta)=R(r)P(\theta)$[式(16-45)]和 $R(r)=Ar^\nu+Br^{-(\nu+1)}$[式(16-50)]可知

$$Ar^\nu P_\nu(\cos\theta) \tag{16-61}$$

是方程(16-44)的一个解，方程的通解就是全部允许的 ν 所对应的 $P_\nu(\cos\theta)$ 的线性组合。

甲 “允许的 ν”是什么意思？

乙 首先，ν 必须为正，即 $\nu>0$，否则电势 V 在原点 $r=0$ 处发散[由式(16-61)的 r^ν 可见]，而物理上当然希望 V 在 $r=0$ 处有限。其次，导体表面($\theta=\beta$ 处)电势为零的边界条件体现为

$$P_\nu(\cos\beta)=0\ \text{。} \tag{16-62}$$

上式就是“允许的 ν”所必须满足的、除 $\nu>0$ 外的条件。我们把满足式(16-62)的每个 ν 称为该式的一个解。为便于理解，设 $\beta=\pi/3$，则 $\cos\beta=1/2$，我们想找出所有的 ν 值，它们对应的$P_\nu(x)$满足 $P_\nu(1/2)=0$，就是说，使 $x=1/2$ 是所有这些 $P_\nu(x)$ 的零点。谈到零点，请注意前面的一个结

---

① 若取 $a_0=0$，则 $P_\nu(\xi)=\xi^\alpha\sum\limits_{j=1}^{\infty}a_j\xi^j=\xi^{\alpha+1}\sum\limits_{j=0}^{\infty}a_{j+1}\xi^j$。令 $\alpha'\equiv\alpha+1$，$a_j'\equiv a_{j+1}$，得 $P_\nu(\xi)=\xi^{\alpha'}\sum\limits_{j=0}^{\infty}a_j'\xi^j$。再代入方程(16-53)，得 $a'_0\alpha^2=0$，再取 $a'_0=0$，……如此下去，将导致 $P_\nu(\xi)=0$，这当然不是物理上所要的解。

论：勒让德多项式 $P_l(x)$ 在区间(-1, 1)内有 l 个零点(故 l 越大零点越多)。对 $\nu\neq$ 整数的勒让德函数而言，可以证明，ν 越大则 $P_\nu(x)$ 的零点越多，而且，第一个零点会随着 ν 的增大而向 $x=1$ 靠近。可见式(16-62)有无限多个解，按 ν 从小到大的顺序把这些 ν 值依次记作 $\nu=\nu_k(k=1, 2, \cdots)$，这些 ν_1，ν_2，⋯ 对应的 $P_\nu(\cos\theta)$ 的线性组合就是方程(16-53)的通解。注意到式(16-61)，又得方程(16-44)的通解：

$$V(r,\theta)=\sum_{k=1}^{\infty}A_k r^{\nu_k}P_{\nu_k}(\cos\theta)\text{。}\tag{16-63}$$

甲 据我的理解，通解是尚未考虑边界条件的解，但您已经用过边界条件[式(16-62)]，岂不就是特解了吗？

乙 式(16-62)只是导体表面的边界条件，而待求解方程 $\nabla^2V=0$ 是在导体以外的整个真空区域(不妨记作 Ω 区)，其边界除了我们所关心的导体表面外还可以有其他导体表面，或者是无限远边界。所以还应考虑那些边界的条件。不过，由于我们的目的是要证明尖端电荷密度大，所以关心的只是电势 V 在尖端($r=0$)附近而不是大 r 处的表现。由 $r\ll 1$ 可知，含 r^{ν_1} 的项在所有各项中起主导作用(除非 $A_1=0$)，故可以略去其他各项并把 ν_1 及 A_1 分别简记为 ν 及 A。因此，我们关心的近似解为

$$V(r,\theta)\approx Ar^{\nu}P_\nu(\cos\theta)\text{。}\tag{16-64}$$

以 $\boldsymbol{e}_r$，$\boldsymbol{e}_\theta$，$\boldsymbol{e}_\varphi$ 依次代表球坐标系$\{r, \theta, \varphi\}$沿 r，θ，φ 单独增长方向的单位矢，则 $r=0$ 附近的电场 $\boldsymbol{E}$ 的 r 向和 θ 向分量为

$$E_r\equiv\boldsymbol{E}\cdot\boldsymbol{e}_r=-\frac{\partial V}{\partial r}\approx-\nu Ar^{\nu-1}P_\nu(\cos\theta),\tag{16-65a}$$

$$E_\theta\equiv\boldsymbol{E}\cdot\boldsymbol{e}_\theta=-\frac{1}{r}\frac{\partial V}{\partial\theta}\approx Ar^{\nu-1}\sin\theta P'_\nu(\cos\theta),\tag{16-65b}$$

其中

$$P'_\nu(\cos\theta)\equiv\left.\frac{\mathrm{d}P_\nu(x)}{\mathrm{d}x}\right|_{x=\cos\theta}\text{。}$$

导体表面尖端附近任一点的电荷面密度

$$\sigma=\varepsilon_0\boldsymbol{E}\cdot\boldsymbol{e}_\mathrm{n},\tag{16-66}$$

其中 $\boldsymbol{e}_\mathrm{n}$ 是导体表面外法向单位矢。由图16-13可知导体表面任一点的 $\boldsymbol{e}_r$ 和 $\boldsymbol{e}_\varphi$ 都沿表面切向，只有 $\boldsymbol{e}_\theta$ 沿法向并指向导体内部，故 $\boldsymbol{e}_\theta=-\boldsymbol{e}_\mathrm{n}$，代入式(16-66)，注意到式(16-65b)，得

$$\sigma=-\varepsilon_0Ar^{\nu-1}\sin\beta P'_\nu(\cos\beta)\text{。}\tag{16-67}$$

可见电荷面密度 σ 在 $r\to 0$ 时按 $r^{\nu-1}$ 的方式变化。现在把上式用于导体的凹进和尖端。通过讨论(从略)可以找到式中的 ν 与 β 的函数关系，其函数曲线示于 Jackson(1975)的 Fig. 3. 6。[若要获得更清楚的理解，必须阅读 Jackson(1975)的 P. 96-97，特别是 Fig. 3. 6。]曲线表明，当 $\beta\ll 1$ 时 $\nu\gg 1$，因而 $\nu-1\gg 0$，可见 β 很小(凹进非常尖锐)时 σ 随 r 的减小而急剧衰减，当 β 接近0时 σ 实际上为零。当 $\beta=\pi/2$ 时，由曲线可知 $\nu=1$，故 σ 不随 r 而变。β 从 $<\pi/2$ 变到 $>\pi/2$ 时，导体从凹进变为凸起，由 Jackson(1975)的 Fig. 3. 6 可知 ν 从 >1 变到 <1，使 $r^{\nu-1}$(因而 σ)在 $r=0$ 处变得

奇异(无限大),当 $\beta\to\pi$ 时 ν 缓慢地趋于零。计算表明当 $\pi-\beta$ 很小时①

$$\nu\approx\left[2\ln\left(\frac{2}{\pi-\beta}\right)\right]^{-1},\tag{16-68}$$

由此可知当 $\pi-\beta\approx10°$时 $\nu\approx0.2$;当 $\pi-\beta\approx1°$时 $\nu\approx0.1$。总之,尖端附近的 σ 随着 $r\to0$ 而按 $r^{-1+\varepsilon}$的规律增大,其中 $\varepsilon\ll1$。这就相当定量地解释了尖端密度大的现象。正如 Jackson(1975)指出的,与上述讨论密切相关(而且有更多拓展内容)的研究成果早在 1949 年就已发表[Hall(1949)],可惜似乎很多人没有注意到。

§16.4 问题讨论

讨论题 1 对尖端导体的形状要求

甲 Jackson(1975)关于尖端的结论是否要求尖端所在导体为孤立导体?具体说,对图 16-11 而言,除了“斜角铁状”导体外是否允许存在其他物体?对图 16-13 而言,除了圆锥状导体外是否允许存在其他物体?

乙 问得好。Jackson 在书中是允许还有其他物体的,这可从书中的几句话看出,下面是译文:

“*我们假定该尖角是无限尖锐的,以便保证与尖角足够靠近处的电场由这样一种函数关系决定,该函数关系只取决于尖角的性质而与他处的电荷位形*(指其他导体和带电体的电荷分布)*无关*。”

这段文字是 Jackson 在图 16-11 之前针对平面静电场讲的,但在讲图 16-13(圆锥状尖端)时又重复了一遍。

甲 我还是不太明白。我觉得,即使尖角并非无限尖锐,与尖角足够靠近处的电场也一定与他处的电荷无关。

乙 你犯了个常见的错误,是基础篇第 2 章没有学好的表现。图 16-14 的 P 是任意导体表面的一点,P_1 是导体外与 P 非常靠近的一点,你当然知道 P_1 点的场强(大小)为 $E(P_1)=\sigma(P)/\varepsilon_0$。以 ΔS 代表导体表面过 P 点的一个面元,它对 P_1 点可被视为均匀带电无限平面,故它的电荷对 $E(P_1)$的贡献只有 $\sigma(P)/\varepsilon_0$ 的一半,即 $\sigma(P)/2\varepsilon_0$,另一半是由该导体在 ΔS 面以外以及其他物体的电荷贡献的。P_1 与 P 已经足够靠近了吧?但 P_1 的场强仍与他处的电荷有关。

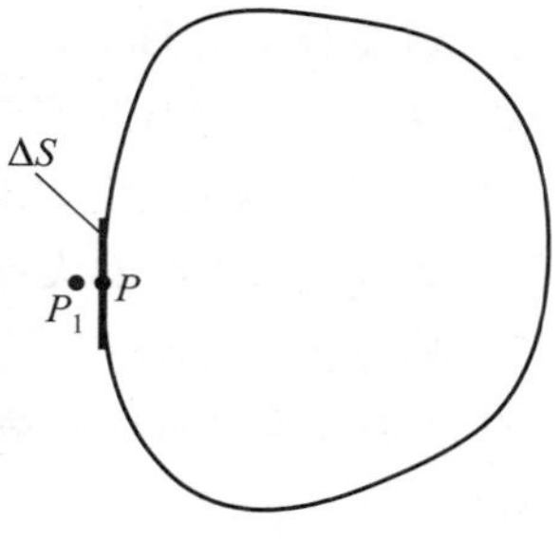

图 16-14 导体表面极近处的场强与他处的电荷密切相关

甲 我是错了,认识这个错误后就生出如下问题:为什么尖角无限尖锐时尖角极近处的场强就与他处的电荷位形无关?

乙 你这才问到了关键之处。Jackson 对此并无说明,但也许有人会替他解释说:“无限尖锐时尖角处的电荷密度 σ 为无限大,它对极近点的场强的贡献也就是无限大,所以他处电荷的有限贡献就都不起作用了。”

① 朗道等(1963)对此问题也有简单推导,并得出与式(16-68)完全相同的近似结果。

甲　那他又怎么知道“无限尖锐时尖角处的 σ 为无限大”？

乙　以圆锥状尖端(图16-13)为例，替Jackson解释的人会这样回答：“从式(16-67)及(16-68)明明可以看出啊。”

甲　但如果事先不知道“他处电荷的贡献可以不计”，这两个公式还成立吗？

乙　你又问到更为关键之处了，现在以圆锥状尖端[图16-13(b)]为例谈谈我们的看法。纯逻辑地说，Jackson从一开始就用到旋转对称性[以便把式(16-43)简化为式(16-44)]，但如果“他处”的电荷分布没有旋转对称性，式(16-67)就根本无从得出。退一步说，即使“他处”也有旋转对称性[因而式(16-44)成立]，但只要图16-13(b)的圆锥的某些母线并不从锥顶 O 向下一直伸向无限远，例如走远了之后成为图16-15的形状，对导体表面的 P 点，其 θ 坐标就不等于圆锥的参数 β，所以边界条件 $P_\nu(\cos\beta)=0$[即式(16-62)]根本不成立，也就无从得出式(16-67)。

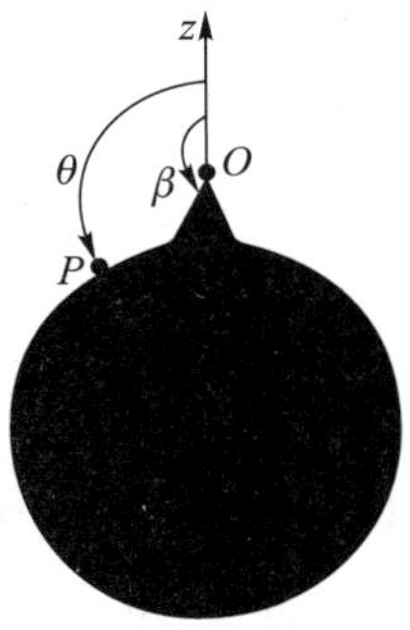

图16-15　球形导体上的圆锥状尖端

甲　如此说来，就连图16-15那样的“无限尖”的尖端，我们也不敢说它的 σ 是无限大了？

乙　刚才我强调了“纯逻辑地说”这个前提。但是讨论物理问题时往往还要依靠物理直觉。现在的问题其实是“客体与模型”(见专题1)的关系问题的一个例子。图16-13(b)是个非常理想的模型。(试问哪有一个孤立导体，其表面为圆锥状，而且各条母线都向下伸向无限远?)根据物理直觉，我们相信它的结论在我们关心的方面(锥尖附近的场强)与图16-15的客体近似一样(但这个“相信”是无法靠纯逻辑推理证明的)。事实上，任何学物理的人都会相信这一点，也就是相信图16-15的锥尖处的 σ 非常之大。否则Jackson对模型[指图16-13(b)]的研究就毫无用处了。

甲　看来只能接受这一观点。

乙　就是说，在Jackson书的基础上配以物理直觉，我们接受(默认)如下结论：

默认结论　无论导体是否孤立，无论导体形状如何，只要导体有无限尖的尖端，沿导体表面趋近尖端时 σ 就要趋于无限大。

讨论题2　深谷中的尖端

乙　戴显熹等(1984)在文章的第1页就给出了一个结论：

“设想在深谷中出现凸的尖端，深谷的屏蔽效应可以掩盖尖端效应而使尖端不呈现电荷积聚的现象。”

甲　我觉得很有道理。以图16-16为例，由于谷口不大，整个导体的近似屏蔽效应足以使得尖端不呈现电荷积聚现象。

乙　可是，只要你承认刚刚讲过的结论，就要承认“沿导体表面趋近尖端时 σ 趋于无限大”。

甲　这样说来，我就宁愿怀疑刚才的结论了，因为很难相信图16-16的尖端的 σ 竟然能是无限大(我觉得有那么一点点电荷就不错了)。

乙　“尖端的 σ 无限大”与“尖端附近(甚至导体“内壁”的大部分)只有一点点电荷”并不矛盾，因为尖端只是一个点，即使沿导体表面趋近尖端时 σ 趋于无限大，尖端附近一个面元的电荷也可以很少。

甲 那您为什么相信深谷的屏蔽效应不会改变“尖端的 σ 是无限大”的结论？毕竟，正如您不久前所讲，这个结论不是靠纯逻辑推理得到的，必须配上物理直觉。对深谷中的尖端您还敢相信这种物理直觉吗？

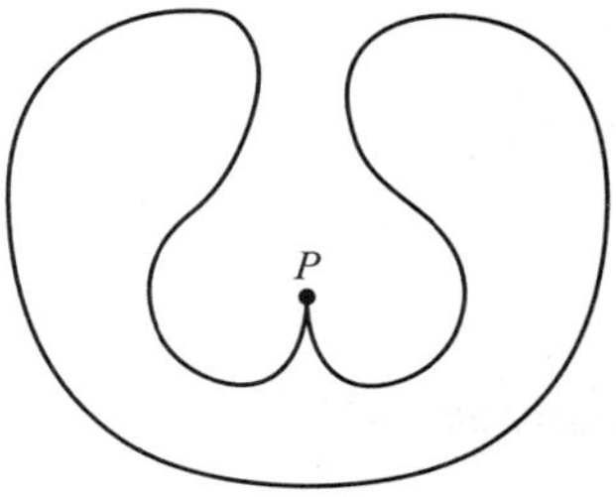

图 16-16 深谷中的尖端

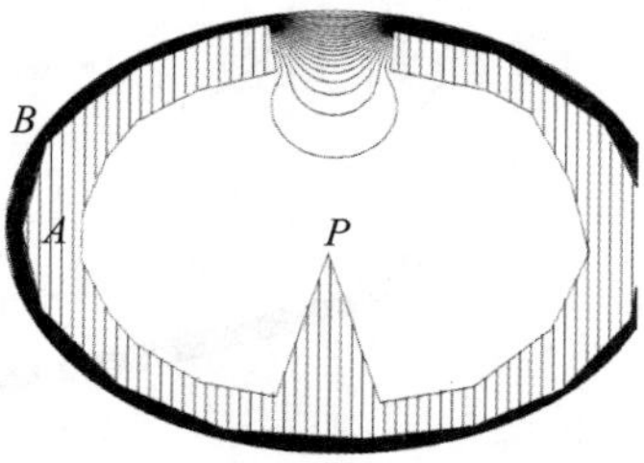

图 16-17 内含尖端的深谷中的等势线

乙 问得好！我们开始时也不敢完全相信，于是想到利用电脑求拉普拉斯方程 $\nabla^2 V=0$ 的数值解。有一个软件（matlab）可以完成这个任务（但只限于 2 维问题），只要你手动绘出导体的形状并给定边界条件，它就能画出许多等势线（相邻两线的电势差等于给定的常数），由等势线的疏密就可判断各处电场的强弱。图 16-17 就是该软件画出的等势线图，其中 A（竖直线铺成的阴影区）是内含尖端的“深谷导体”，给定电势为零；B（最外的椭圆）是我们设定的边界面，给定电势为 10V；各条曲线就是软件画出的等势线。此图确实反映了深谷的屏蔽效应：等势线随着从入口处向下走而变疏，以至于尖端周围很大部分空间都没有等势线。反之，边界 B 与导体 A 的外壁之间的场强非常强，所以等势线是如此之密，竟然把 B 与 A 的外壁之间铺成黑色。

甲 是啊！这分明说明尖端附近电场很弱，与您的结论不是大相径庭吗？

乙 别忙，这只是因为所给定的相邻等势线的电势差还太大。后来我们把电势差大大缩小（缩至原来的 2/35 倍），并且只画出尖端附近的局部图形[图 16-18（a）]，结果就很说明问题。你可以看到最靠近尖端的等势线与尖端的距离非常小，说明极近尖端处场强非常大。图 16-18(b)则是电势差再减小的结果，图中最靠近尖端的等势线已经几乎碰到尖端了，这更说明越是靠近尖端，场强就越大（与“要多大有多大”的无限大概念吻合）。

甲 后两个图很说明问题，我接受了。我的另一问题是：尖端密度无限大是否意味着从尖端要发出无限多条电场线？

乙 这个问题是你对电场线性质 1 有误解所致。专题 3 对电场线性质 1 的准确表述是：“点电荷 q 发出（或终止）的场线条数为 $K|q|/\varepsilon_0$”，即场线的条数正比于电荷 q 而不是电荷面密度 σ。尖端的 σ 虽然是无限大，但过尖端的一个小面元所含有的电荷 q 却非常有限（想想狄拉克的 δ 函数就明白了）。图 16-19 示出从尖端发出的两条场线（请注意它们分别正交于尖端的两边），两者围出一个场线管。由于管内各截面（截线）通量相等，故截面（截线）的长度与场强成反比——刚离开尖端处场强很大，故截面很小；稍微向上，场强变小，故截面变大；走到离谷口大约一半距离后场强又逐渐增大，故截面又越来越小。这种讨论方式与用“电场线与等势线正交”的方式显然有相同结论。

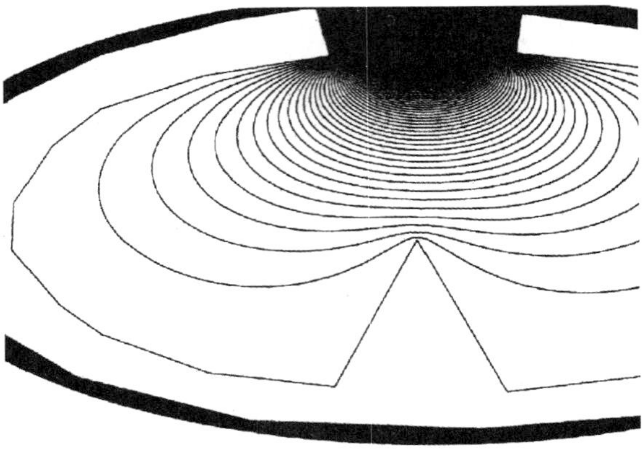

(a) 等势线间的电势差是图16-17的数十分之一

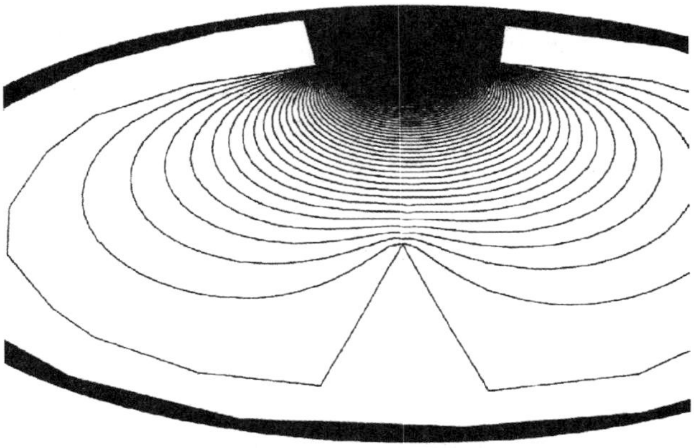

(b) 等势线间的电势差比图(a)还要小

图 16-18　内含尖端的深谷中的等势线(密度增大)

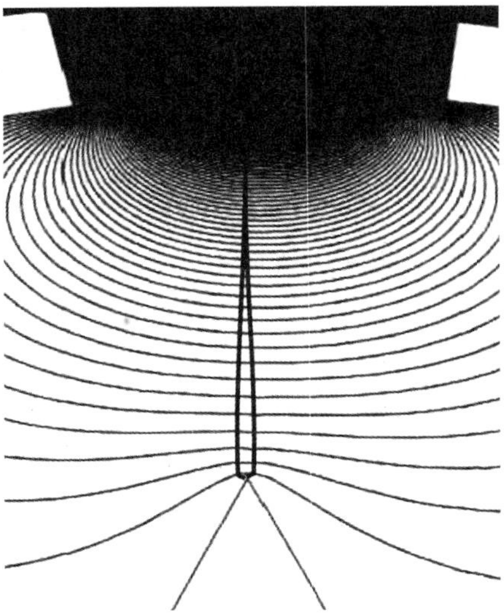

图 16-19　尖端发出的两条场线

甲 但谷口处等势线太密而一团漆黑，谷口两侧所发的场线是什么样子？

乙 谷口以及导体外部的电场线和等势线约略如图16-20所示。

甲 我明白了，谷口两侧“把关”的两条场线的走向有点类似于两个等值同号点电荷的场线走向。

乙 正是。

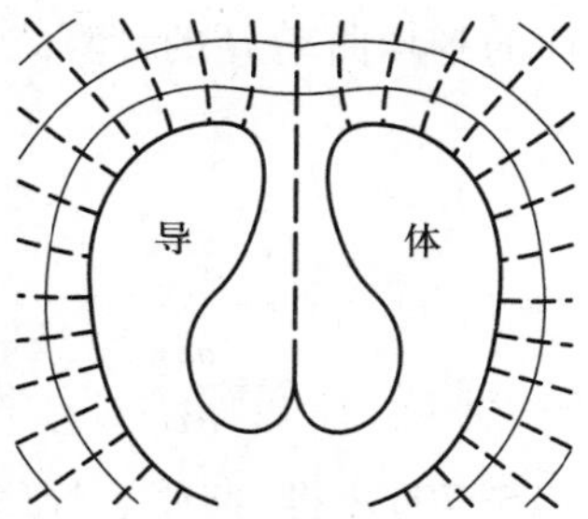

图 16-20 深谷导体外部的等势线（实线）和电场线（虚线）

讨论题 3 “极值共点”的可能性

甲 §11.2 的不可能性定理使我们被迫放弃寻找任意导体的函数关系 $\sigma(H)$ 和 $\sigma(K)$ 的念头，但是从物理直觉出发，σ 与 H（及 K）恐怕总应该有关系吧？

乙 我们也这样想。不可能性定理迫使我们从另一角度寻求 σ 与 H（及 K）的关系。（为陈述方便，下面谈到曲率时只谈 H，但主要内容对 K 也适用。）对任意导体，虽然 σ 不可能是 H 的函数，但 σ 和 H 各自都是导体表面 S 上的标量点函数（用微分几何的语言说就是“定义在 S 上的标量场”）。S 是 2 维曲面，面上每点可用两个独立坐标 ξ, η 刻画①。于是 σ 和 H 可被看作两个二元函数 $\sigma(\xi, \eta)$ 和 $H(\xi, \eta)$。

甲 我明白了，虽然函数关系 $\sigma(H)$ 不存在，但函数关系 $\sigma(\xi, \eta)$ 和 $H(\xi, \eta)$ 却是意义明确的。

乙 对了。因此，所谓寻找 σ 与 H 的关系，不妨理解为寻找 $\sigma(\xi, \eta)$ 与 $H(\xi, \eta)$ 这两个函数关系之间的某种可能存在的关系。

甲 这个想法很诱人，不过很难找到吧？

乙 的确很难。但是，尖端密度大的事实启发了我们。H 在尖端处有极大值，而“密度大”则意味着 σ 也为极大，所以不妨做如下的大胆猜想：对任何孤立导体表面，H 的极值点都是 σ 的极值点，反之亦然。我们把这个猜想称为**极值共点猜想**。

甲 请先说明您的“极值点”的准确定义。

乙 我们的定义是：二元函数 $f(x, y)$ 的**极值点**是（定义域中的）满足 $\frac{\partial f}{\partial x}=0=\frac{\partial f}{\partial y}$ 的任一点，因此，我们的“极值点”包括极大值点、极小值点以及鞍点。为了考验这个猜想，不妨先举一些正例，再挖空心思地看看是否可能存在反例。首先，正如 §11.1 所云，椭圆柱体及抛物柱体有 $\sigma \propto H^{1/3}$ 的函数关系，所以 H 的极值点也是 σ 的极值点，反之亦然。就连双曲柱体表面的 $\sigma \propto H^{-1/3}$ 也如此（请读者证明）。这些都是这个猜想的正例，但比较平凡。一个重要的非平凡正例是椭球导体的表面。若问 σ 与高斯曲率 K 是否极值共点，答案自然是肯定的，因为 $\sigma \propto K^{1/4}$。然而 σ 与平均曲率 H 的关系却远没有这么简单。第一步是要寻求椭球表面的 H 的表达式。由椭球面方程

$$\frac{x^2}{a^2}+\frac{y^2}{b^2}+\frac{z^2}{c^2}=1 \tag{16-69}$$

可知面上一点的 z 是 x 和 y 的函数，函数关系为

① 严格说来，曲面 S 上的 2 维坐标系 $\{\xi, \eta\}$ 往往只能是**局域坐标系**，就是说，其定义域（称为**坐标域**）未必能延伸至整张曲面 S。但总可以用不止一个互有重叠的坐标域来覆盖整张 S 面。

$$z=z(x,\ y)=\pm\left(1-\frac{x^2}{a^2}-\frac{y^2}{b^2}\right)^{1/2}。\tag{16-70}$$

椭球面的平均曲率 H 的计算式可由数学手册查得：

$$H=-\frac{(1+q^2)r-2pqs+(1+p^2)t}{2(1+p^2+q^2)^{3/2}},\tag{16-71}$$

其中

$$p\equiv\frac{\partial z}{\partial x},\qquad q\equiv\frac{\partial z}{\partial y},\qquad r\equiv\frac{\partial^2 z}{\partial x^2},\qquad t\equiv\frac{\partial^2 z}{\partial y^2},\qquad s\equiv\frac{\partial^2 z}{\partial x\partial y}。\tag{16-72}$$

由式(16-70)求得[与张金钟(1985)一致]

$$p=-\frac{c^2x}{a^2z},\qquad q=-\frac{c^2y}{b^2z},\qquad r=-\frac{c^2}{a^2z}\left(1+\frac{c^2x^2}{a^2z^2}\right),\qquad t=-\frac{c^2}{b^2z}\left(1+\frac{c^2y^2}{b^2z^2}\right),\qquad s=-\frac{c^4xy}{a^2b^2z^3}。\tag{16-73}$$

代入式(16-71)便得

$$H=\frac{1}{2a^2b^2c^2}\frac{(b^2+c^2)\dfrac{x^2}{a^2}+(c^2+a^2)\dfrac{y^2}{b^2}+(a^2+b^2)\dfrac{z^2}{c^2}}{\left(\dfrac{x^2}{a^4}+\dfrac{y^2}{b^4}+\dfrac{z^2}{c^4}\right)^{-2}}。\tag{16-74}$$

甲 上式是 H 的表达式，式(16-17)是 σ 的表达式，比较两式就可找到 σ 与 H 的关系了吧？

乙 别着急。我刚才说过，所谓寻找 σ 与 H 的关系，应该理解为寻找 $\sigma(\xi,\ \eta)$ 与 $H(\xi,\ \eta)$ 这两个函数关系之间的某种可能存在的关系。请特别注意这里的 $\sigma(\xi,\ \eta)$ 和 $H(\xi,\ \eta)$ 都是坐标 ξ 和 η 的二元函数，而式(16-17)[及式(16-74)]表达的 σ(及 H)却是坐标 x, y, z 的三元函数。

甲 那么如何选择坐标 ξ 和 η？

乙 选法不止一种，对现在的问题，选 x 和 y 较为方便。椭球表面(记作 S)任一点都有 3 个直角坐标 x, y, z，但由椭球面方程可把 z 表为 x 和 y 的函数[见式(16-70)]，故可认为 S 上任一点由坐标 x 和 y 决定，因而 x 和 y 可充当刚才提到的 ξ 和 η。式(16-17)和式(16-74)可分别改写为

$$\sigma(x,\ y)=\frac{Q}{4\pi abc}\left(\frac{c^2-a^2}{a^4c^2}x^2+\frac{c^2-b^2}{b^4c^2}y^2+\frac{1}{c^2}\right)^{-1/2},\tag{16-75}$$

及

$$H(x,\ y)=\frac{1}{2a^2b^2c^2}\left[\frac{c^2-a^2}{a^2}x^2+\frac{c^2-b^2}{b^2}y^2+(a^2+b^2)\right]\left(\frac{c^2-a^2}{a^4c^2}x^2+\frac{c^2-b^2}{b^4c^2}y^2+\frac{1}{c^2}\right)^{-3/2}。\tag{16-76}$$

引入记号

$$\Lambda(x,\ y)\equiv\frac{c^2-a^2}{a^4c^2}x^2+\frac{c^2-b^2}{b^4c^2}y^2+\frac{1}{c^2},\tag{16-77}$$

及

$$\Psi(x,\ y)\equiv\frac{c^2-a^2}{a^2}x^2+\frac{c^2-b^2}{b^2}y^2+(a^2+b^2),\tag{16-78}$$

则式(16-75)和(16-76)可简化表达为

$$\sigma(x,y)=\frac{Q}{4\pi abc}\Lambda(x,y)^{-1/2}, \tag{16-75'}$$

及

$$H(x,y)=\frac{1}{2a^2b^2c^2}\Psi(x,y)\Lambda(x,y)^{-3/2}。 \tag{16-76'}$$

以上两式的系数对许多问题(包括求极值)并不重要，把去掉系数后的 σ 和 H 分别记作 $\bar{\sigma}$ 和 $\bar{H}$，便有

$$\bar{\sigma}(x,y)\equiv\Lambda(x,y)^{-1/2} \tag{16-79}$$

及

$$\bar{H}(x,y)=\Psi(x,y)\Lambda(x,y)^{-3/2}。 \tag{16-80}$$

由以上两式可以看到，由于 $\Psi(x,y)$ 的存在，恐怕很难找到 σ 与 H 的函数关系。

甲　是很难找到还是根本没有函数关系？

乙　问得好，开始时我们也有这个问题，后来证明了“椭球面的 σ 与 H 根本没有函数关系”的结论。

甲　有意思。怎么证明的？我想不出证明思路。

乙　其实很简单：用反证法，详见选读 16-4。现在回到主题——验证椭球面的 σ 与 H 的确是“极值共点猜想”的正例。

甲　既然关心的是二元函数 $\bar{\sigma}(x,y)$ 和 $\bar{H}(x,y)$，请您先说明它们的定义域。

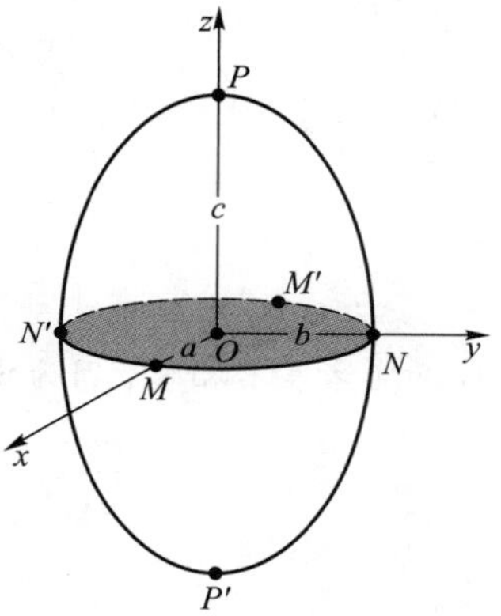

图 16-21　阴影面是二元函数 $\bar{\sigma}(x,y)$ 和 $\bar{H}(x,y)$ 的定义域

乙　σ 和 H 是椭球面 S 上的点函数(标量场)，定义域自然是 S，要验证的是，若 H 在 S 上某点取极值，则 σ 在该点也取极值，反之亦然。我们将在选读 16-5 证明如下结论：σ 和 H 在椭球表面 S 上有且仅有 3 对极值点，即图 16-21 的点 P, M, N 以及它们的对应点 P', M', N'。既然已经选了椭球表面 S 的局部坐标 ξ, η 为 x, y 并生出二元函数 $\bar{H}(x,y)$ 和 $\bar{\sigma}(x,y)$，这两个二元函数的定义域就应该是 $x\sim y$ 坐标面的某个区域(记作 D)，不难看出 D 由满足 $-a\leqslant x\leqslant a$ 和 $-b\leqslant y\leqslant b$ 的点组成，也就是图 16-21 的(在 $x\sim y$ 面上的)闭椭圆面(阴影面)。

甲　既然极值点包含极大值点、极小值点及鞍点，上述 3 对点属于极值点的哪一类型？在这个方面 σ 和 H 也完全一致吗？

乙　完全一致。证明详见选读 16-6。可见椭球导体的确是“极值共点猜想”的一个非常优异的、非平凡的正例。

甲　但是，是否也存在这个猜想的反例？只要有一个站得住脚的反例就可推翻这一猜想。

乙　当然。所以我们也曾挖空心思地试图构造反例，但一直没有找到。反之，作为正例，椭球导体的表现使我们倾向于相信“极值共点猜想”可能是对的，非常粗略地说，设 P 是凸形导体表面上 H 取极大值的点，围绕 P 点取表面上的一小块曲面，设其方程为 $f(\xi,\eta)=0$，将二元函数 $f(\xi,\eta)$ 在 P 点作泰勒展开，略去高阶项后可近似看作椭球面，利用椭

球导体满足“极值共点猜想”的结论，我们倾向于相信其 σ 也取极值。这种想法极其粗略，也可能不对，但也许能增加对“极值共点猜想”的一点点信心。总之，我们提出这一猜想，目的仅在于抛砖引玉。

[选读 16-4]

本选读给出“椭球面的 σ 与 H 根本没有函数关系”的证明。

用反证法。假定存在函数关系 $\sigma(H)$［因而有函数关系 $\bar{\sigma}(\bar{H})$］，我们来推出一个矛盾。首先，给定 D 内的 (x, y) 便有椭球面 S 的一点①，由 $\bar{\sigma}(x, y)$ 及 $\bar{H}(x, y)$ 就得该点的 $\bar{H}$ 和 $\bar{\sigma}$ 值。但也可这样看：给定 (x, y) 后就有该点的 $\bar{H}$ 值，再由函数关系 $\bar{\sigma}(\bar{H})$ 便得该点的 $\bar{\sigma}$ 值，所以也可把 $\bar{\sigma}(x, y)$ 表为复合函数关系

$$\bar{\sigma}(x, y)=\bar{\sigma}(\bar{H}(x, y))。\tag{16-81}$$

上式对 x 和 y 分别求偏导数得

$$\frac{\partial\bar{\sigma}}{\partial x}=\frac{\mathrm{d}\bar{\sigma}(\bar{H})}{\mathrm{d}\bar{H}}\frac{\partial\bar{H}}{\partial x},\qquad \frac{\partial\bar{\sigma}}{\partial y}=\frac{\mathrm{d}\bar{\sigma}(\bar{H})}{\mathrm{d}\bar{H}}\frac{\partial\bar{H}}{\partial y}。\tag{16-82}$$

由此可得

$$\frac{\partial\bar{\sigma}/\partial x}{\partial\bar{H}/\partial x}=\frac{\partial\bar{\sigma}/\partial y}{\partial\bar{H}/\partial y}。\tag{16-83}$$

但上式与正确结果不相容，因为由式(16-79)、(16-77)、(16-80)、(16-78)易得

$$\frac{\partial\bar{\sigma}}{\partial x}=-\Lambda^{-3/2}\frac{c^2-a^2}{a^4c^2}x,\qquad \frac{\partial\bar{\sigma}}{\partial y}=-\Lambda^{-3/2}\frac{c^2-b^2}{b^4c^2}y\ ,\tag{16-84}$$

及

$$\frac{\partial\bar{H}}{\partial x}=\Lambda^{-5/2}\frac{c^2-a^2}{a^2}x\left(2\Lambda-\frac{3\Psi}{a^2c^2}\right),\qquad \frac{\partial\bar{H}}{\partial y}=\Lambda^{-5/2}\frac{c^2-b^2}{b^2}y\left(2\Lambda-\frac{3\Psi}{b^2c^2}\right)。\tag{16-85}$$

而由此又得

$$\frac{\partial\bar{\sigma}/\partial x}{\partial\bar{H}/\partial x}=-\frac{\Lambda}{2a^2c^2\Lambda-3\Psi},\tag{16-86}$$

及

$$\frac{\partial\bar{\sigma}/\partial y}{\partial\bar{H}/\partial y}=-\frac{\Lambda}{2b^2c^2\Lambda-3\Psi},\tag{16-87}$$

以上两式表明，只要 $a\neq b$，$\dfrac{\partial\bar{\sigma}/\partial x}{\partial\bar{H}/\partial x}$ 就不等于 $\dfrac{\partial\bar{\sigma}/\partial y}{\partial\bar{H}/\partial y}$，就与式(16-83)矛盾。可见，只要是 $a\neq b$ 的椭球面，其 σ 就不可能是 H 的函数。 □

[选读 16-4 完]

[选读 16-5]

本选读要证明正文所给的结论，即：σ 和 H 在椭球表面 S 上有且仅有 3 对极值点，即图 16-21 的点 P, M, N 及其对应点 P', M', N'。这 3 对极值点投影到图 16-21 的闭椭圆面 D(阴影

---

① 其实是上下两点，考虑到对称性，取其中的任一点均可。

面)就是点 $O=(0,0)$，$M=(a,0)$ 及 $N=(0,b)$。

由式(16-79)可知 $\bar{\sigma}(x,y)$ 的极值点就是 $\Lambda(x,y)$ 的极值点，而后者应满足 $\frac{\partial\Lambda(x,y)}{\partial x}=0$。由式(16-77)易得

$$\frac{\partial\Lambda(x,y)}{\partial x}=2\,\frac{c^2-a^2}{a^4c^2}x\ ,\tag{16-88}$$

所以

$$\frac{\partial\Lambda(x,y)}{\partial x}=0\Leftrightarrow\begin{cases}x=0\\ \text{或}\ c=a\end{cases}\text{。}\tag{16-89a}$$

同理还有

$$\frac{\partial\Lambda(x,y)}{\partial y}=0\Leftrightarrow\begin{cases}y=0\\ \text{或}\ c=b\end{cases}\text{。}\tag{16-89b}$$

因为

$$\Lambda\ \text{取极值}\Leftrightarrow\frac{\partial\Lambda}{\partial x}=0=\frac{\partial\Lambda}{\partial y}\Leftrightarrow\begin{cases}x=0=y\\ \text{或}\ c=a=b\text{，}\end{cases}$$

所以，只要不是球面(只要不满足 $a=b=c$)，定义域 D 内的点 $O=(0,0)$ 就是 $\Lambda(x,y)$[因而 $\bar{\sigma}(x,y)$]的极值点。 □

甲 照此说来，$\bar{\sigma}(x,y)$ 在 D 内就只有一个极值点 $O=(0,0)$，因而在椭球表面 S 上只有 1 对极值点(P 和 P')，连 M, M' 及 N, N' 都不是极值点了。不应该啊！

乙 当然不应该，不过也不会。关键在于刚才遇到一个微妙的数学问题：二元函数 $\Lambda(x,y)$ 的定义域 D 是个闭集，M 和 N 点偏偏又都在这个闭集的边界(椭圆)上。偏导数的定义涉及左右极限，而边界点 M 和 N 只有"左"极限没有"右"极限[$\Lambda(x,y)$ 在边界"右"边没有定义]。所以用上面的方法求偏导数会丢掉边界上可能存在的极值点。

甲 怎么把它们找回？

乙 办法至少有两个。第一个是用椭球表面上的某种 2 维坐标①(代替直角坐标 x, y)作为坐标 ξ, η；第二个办法更巧，就是引入新的直角坐标 x', y', z'，定义为 $x'\equiv y$, $y'\equiv z$, $z'\equiv x$(轮回)，重复上面的计算便知椭球表面 S 上的 M, M' 和 N, N' 也是极值点。

甲 此法真的很巧。下一步就该证明这一结论对 $\bar{H}(x,y)$ 也成立吧？

乙 是的。前已求得[见式(16-85)]

$$\frac{\partial\bar{H}}{\partial x}=\Lambda^{-5/2}\frac{c^2-a^2}{a^2}x\left(2\Lambda-\frac{3}{a^2c^2}\Psi\right)\text{。}\tag{16-90a}$$

同理还有

$$\frac{\partial\bar{H}}{\partial y}=\Lambda^{-5/2}\frac{c^2-b^2}{b^2}y\left(2\Lambda-\frac{3}{b^2c^2}\Psi\right)\text{。}\tag{16-90b}$$

可见，只要 $c\neq a$, $c\neq b$，便有

① 例如用椭球面上的"球"坐标 θ, φ，它们与 x, y 的关系为 $x=a\sin\theta\cos\varphi$, $y=b\sin\theta\sin\varphi$, $z=c\cos\theta$。

$$\frac{\partial\overline{H}}{\partial x}=0 \quad \Leftrightarrow \quad \begin{cases} x=0, \\ \text{或 } 2\Lambda=\dfrac{3}{a^2c^2}\Psi, \end{cases} \tag{16-91a}$$

以及

$$\frac{\partial\overline{H}}{\partial y}=0 \Leftrightarrow \begin{cases} y=0, \\ \text{或 } 2\Lambda=\dfrac{3}{b^2c^2}\Psi。 \end{cases} \tag{16-91b}$$

然而式(16-91a)的 $2\Lambda=\dfrac{3}{a^2c^2}\Psi$ 不能成立，因为，假若它成立，则求导可得

$$2\frac{\partial\Lambda}{\partial x}=\frac{3}{a^2c^2}\frac{\partial\Psi}{\partial x},$$

与式(16-88)及由式(16-78)求得的

$$\frac{\partial\Psi}{\partial x}=2\frac{c^2-a^2}{a^2}x$$

相结合便给出

$$4\frac{c^2-a^2}{a^4c^2}x=\frac{3}{a^2c^2}2\frac{c^2-a^2}{a^2}x\ (\text{因而 } 2=3)$$

的荒谬结果。可见 $2\Lambda=\dfrac{3}{a^2c^2}\Psi$ 不成立，同法可证 $2\Lambda=\dfrac{3}{b^2c^2}\Psi$ 也不成立。于是由式(16-91a)、(16-91b)可知

$$\frac{\partial\overline{H}}{\partial x}=0=\frac{\partial\overline{H}}{\partial y} \quad \Leftrightarrow \quad x=0=y, \tag{16-92}$$

可见 $O=(0,0)$ 是 $\overline{H}(x,y)$ 的极值点。再仿照前面引入新直角坐标 x', y', z' 的巧法(轮回法)，便知 σ 和 H(作为椭球表面 S 上的标量场)有且仅有 P, P'; M, M' 和 N, N' 等 3 对极值点。因而 $\overline{\sigma}(x,y)$ 和 $\overline{H}(x,y)$ 的确是极值共点。

[选读 16-5 完]

[选读 16-6]

本选读证明 $\overline{\sigma}(x,y)$ 和 $\overline{H}(x,y)$ 在共同极值点上的极值类型完全一致。为判断极值类型应求 2 阶偏导数。由式(16-79)、(16-80)，借助于 Λ 及 Ψ 的表达式(16-77)、(16-78)不难求得 4 个 2 阶偏导数在 $x=0=y$ 点的值为

$$\left.\frac{\partial^2\overline{\sigma}}{\partial x^2}\right|_{(0,0)}=\frac{c}{a^4}(a^2-c^2), \qquad \left.\frac{\partial^2\overline{\sigma}}{\partial y^2}\right|_{(0,0)}=\frac{c}{b^4}(b^2-c^2), \tag{16-93}$$

$$\begin{aligned} \left.\frac{\partial^2\overline{H}}{\partial x^2}\right|_{(0,0)}&=c^2(a^2+3b^2)\frac{c}{a^4}(a^2-c^2)=c^2(a^2+3b^2)\left.\frac{\partial^2\overline{\sigma}}{\partial x^2}\right|_{(0,0)}, \\ \left.\frac{\partial^2\overline{H}}{\partial y^2}\right|_{(0,0)}&=c^2(b^2+3a^2)\frac{c}{b^4}(b^2-c^2)=c^2(b^2+3a^2)\left.\frac{\partial^2\overline{\sigma}}{\partial y^2}\right|_{(0,0)}。 \end{aligned} \tag{16-94}$$

由以上 2 式可知

$$\left.\frac{\partial^2\overline{H}}{\partial x^2}\right|_{(0,0)}>0 \Leftrightarrow \left.\frac{\partial^2\overline{\sigma}}{\partial x^2}\right|_{(0,0)}>0;\qquad \left.\frac{\partial^2\overline{H}}{\partial x^2}\right|_{(0,0)}<0 \Leftrightarrow \left.\frac{\partial^2\overline{\sigma}}{\partial x^2}\right|_{(0,0)}<0;$$

$$\left.\frac{\partial^2\overline{H}}{\partial y^2}\right|_{(0,0)}>0 \Leftrightarrow \left.\frac{\partial^2\overline{\sigma}}{\partial y^2}\right|_{(0,0)}>0;\qquad \left.\frac{\partial^2\overline{H}}{\partial y^2}\right|_{(0,0)}<0 \Leftrightarrow \left.\frac{\partial^2\overline{\sigma}}{\partial y^2}\right|_{(0,0)}<0。$$

由此可得结论：σ 和 H 不但有相同的极值点，而且极值类型一致。举例说，设 $a<b<c$，则由式(16-93)知$\left.\frac{\partial^2\sigma}{\partial x^2}\right|_{(0,0)}<0$，$\left.\frac{\partial^2\sigma}{\partial y^2}\right|_{(0,0)}<0$，故 P 和 P' 是 σ 的极大值点；而由式(16-94)又知 P 和 P' 也是 H 的极大值点。但如果 $a<c<b$，则$\left.\frac{\partial^2\sigma}{\partial x^2}\right|_{(0,0)}<0$ 而$\left.\frac{\partial^2\sigma}{\partial y^2}\right|_{(0,0)}>0$，故 P 和 P' 变成 σ(及 H)的鞍点。 □

甲 其他两对极值点 M, M'和 N, N'呢？

乙 也可采用前面引入的坐标轮回法。仍以 $a<b<c$ 为例，结论是：H 及 σ 在 P, P'点为极大，在 M, M'点为极小，而 N, N'点则是 H 及 σ 的共同鞍点。

[**选读 16-6 完**]

专题 17　麦氏方程再讨论

本专题导读

(1) 形象地介绍了"电磁场的统一性"的实质。

(2) 证明了电荷守恒律可由麦氏方程组推出，因而不是独立于麦氏方程组和洛伦兹力公式之外的第三个基本规律。

(3) 阐明了我们对电动力学的逻辑体系的理解。

(4) 指出了"4 个麦氏方程中的两个其实不是演化方程而是约束方程"这一并不为多数人知晓、但却影响深远的事实。

(5) 介绍了在电动力学教材中难以找到的"电动力学的初值表述"，给出了三个定理并证明了前两个。

上述(3)、(4)、(5)三点已大大超越了电磁学，应当属于"电动力学拓展篇"的内容。

§17.1　麦氏方程组与洛伦兹力公式

为了对麦氏方程组做深入一步的讨论，先把其微分形式再次列出：

$$\nabla\cdot \boldsymbol{E}=\frac{\rho}{\varepsilon_0}, \tag{17-1a}$$

$$\nabla\times\boldsymbol{E}=-\frac{\partial \boldsymbol{B}}{\partial t}, \tag{17-1b}$$

$$\nabla\cdot \boldsymbol{B}=0, \tag{17-1c}$$

$$\nabla\times\boldsymbol{B}=\mu_0\boldsymbol{J}+\frac{1}{c^2}\frac{\partial \boldsymbol{E}}{\partial t}。 \tag{17-1d}$$

电动力学的全称应该是电磁动力学。顾名思义，它当然要研究电磁场的动力学演化，即电磁场随时间的演化规律。但是，电磁场的场源是带电粒子(也常称为带电粒子流)，而且电磁场与带电粒子之间存在着相互作用，因而互相交换能量、动量和角动量(电磁场的能量和动量在专题 20 中将有详细讨论)，所以也可以说电动力学既研究电磁场的动力学也研究带电粒子的动力学。下面用对话方式简介电磁场和带电粒子流。

1. 电磁场

乙　大家早已熟悉电场 $\boldsymbol{E}$ 和磁场 $\boldsymbol{B}$，请你回答：什么是电磁场？

甲　电场和磁场合起来不就是电磁场吗？

乙　这样的理解是远远不够的。为了加深理解，先举个简单的例子。设室内有一个静止点电荷，你是室内的静止观察者，你会认为只有静电场而没有磁场。但如果我在室内匀速运动，我会觉得这个点电荷在(反向地)运动，而运动电荷就是电流，所以我应该看到既有电场又有磁场。简单地说就是你认为无磁场而我认为有磁场。

甲　那么到底有没有磁场？

乙　这是一个不合法的问题。你相对于点电荷静止，你就认为没有磁场，很对；我相对于它运动，我就认为有磁场，也很对。立场不同导致结论不同，很正常。这本来就是个相对的问题，对这样的问题不能问“到底如何如何”。

甲　那么，难道磁场不是客观存在的吗？

乙　如果你喜欢谈“客观存在”，那我倒是要告诉你，真正客观存在着的是一个**电磁场**，这是一个绝对的统一体，但如何把它分解为电场和磁场，却是相对的，取决于观察者(参考系或坐标系)。先打一个比方。设 $\boldsymbol{a}$ 是平面上的矢量，在坐标系$\{x, y\}$下有两个分量 a_1 和 a_2；在另一坐标系$\{x', y'\}$下有另外两个分量 a_1' 和 a_2'(见图 17-1)，虽然 $a_1'\neq a_1$，$a_2'\neq a_2$，但是(a_1, a_2)和(a_1', a_2')是同一矢量 $\boldsymbol{a}$ 的分量(“一父同胞”)，两者只是同一矢量的不同表现(见图 17-2)，所以可以写成等式$(a_1, a_2)=(a_1', a_2')$。我们常说“矢量 $\boldsymbol{a}$ 是绝对的，分量(a_1, a_2)是相对的”。与此类似，电磁场是绝对的，而电场 $\boldsymbol{E}$ 和磁场 $\boldsymbol{B}$ 是相对的(依赖于人为选择因素的)：你代表一个观察者，你把电磁场分解为$(\boldsymbol{E}, \boldsymbol{B})$，其中 $\boldsymbol{E}$=静电场，$\boldsymbol{B}=0$；我代表另一个观察者，我把同一个电磁场分解为$(\boldsymbol{E}', \boldsymbol{B}')$，其中 $\boldsymbol{E}'\neq$静电场，$\boldsymbol{B}'\neq 0$(见图 17-3)。两种分法都对，也可以写成等式$(\boldsymbol{E}, \boldsymbol{B})=(\boldsymbol{E}', \boldsymbol{B}')$。请注意图 17-2 只是为便于理解而做的类比，与图 17-3 在数学难度上有所不同。在图 17-2 中，绝对的东西是矢量，相对的东西是分量(两个数)；而图 17-3 在数学难度方面升了一级：相对的东西是两个矢量，即 $\boldsymbol{E}$ 和 $\boldsymbol{B}$，绝对的东西呢？用数学语言来说，它(电磁场)是个张量，而且是 4 维的 2 阶张量，通常记作 $F_{\mu\nu}$。(不懂张量的读者不必顾虑，你只要从物理上理解它就可以。)由于本书不用张量语言，我们用$(\boldsymbol{E}, \boldsymbol{B})$(而不是 $F_{\mu\nu}$)代表电磁场。以上内容可以称为“电磁场的统一性”，是物理学家最早认识到的“统一场论”。从此，电磁力就被看成是自然界 4 种基本相互作用力的一种(有兴趣的读者不妨参考优酷网上梁灿彬《动生电动势》教学录像的第一部分，即“电磁场的统一性”)。

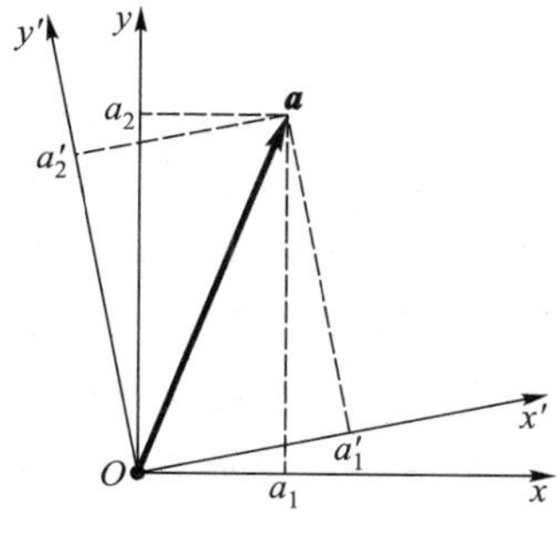

图 17-1　矢量 $\boldsymbol{a}$ 在不同坐标系的分解

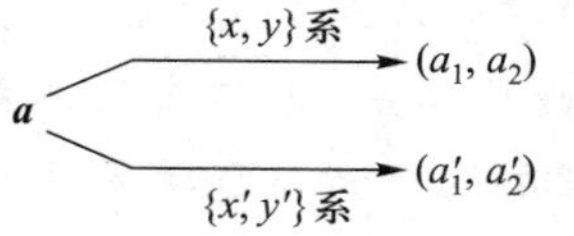

图 17-2　矢量 $\boldsymbol{a}$ 的两种分解

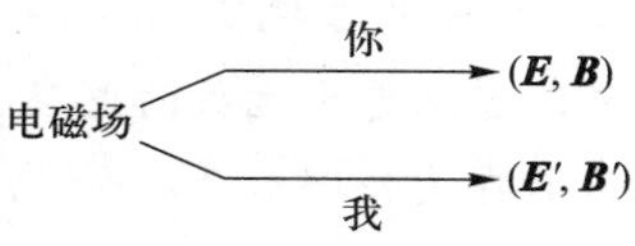

图 17-3　电磁场的两种分解

2. 带电粒子流

电磁场的场源是带电粒子，最常见的当属电子和质子，此外还有其他带电粒子，例如带正或负电荷的 π 介子。通常默认带电粒子连续分布，故可用电荷密度 ρ(标量场)和电流密度 $\boldsymbol{J}$(矢量场)刻画，简记作$(\rho, \boldsymbol{J})$。对于离散分布的带电粒子，其 ρ 和 $\boldsymbol{J}$ 体现为某种 δ 函数。

电磁场与带电粒子流之间存在着相互作用，因而互相交换能量、动量和角动量。麦氏方程组体现了带电粒子流对电磁场的作用，是电磁场的演化方程①②。反过来自然要问：电磁场对带电粒子的反作用又如何体现？答案是：这个反作用体现为前者对后者施加洛伦兹力

$$\boldsymbol{F}=q(\boldsymbol{E}+\boldsymbol{v}\times\boldsymbol{B}), \tag{17-2}$$

其中 q 和 $\boldsymbol{v}$ 分别是所关心的那个粒子的电荷和速度，是受洛伦兹力作用的内因。

应该说明，带电粒子除了受到洛伦兹力之外还可能受到其他力，这些“其他力”与洛伦兹力一起决定着带电粒子的运动方程。具体地说，设粒子的质量为 m，则由牛顿第二定律可知该粒子的速度 $\boldsymbol{v}(t)$ 服从常微分方程③

$$m\frac{\mathrm{d}\boldsymbol{v}(t)}{\mathrm{d}t}=\boldsymbol{F}(t)=q[\boldsymbol{E}(t)+\boldsymbol{v}(t)\times\boldsymbol{B}(t)]+\boldsymbol{F}_{其他}(t), \tag{17-3}$$

其中 $\boldsymbol{F}_{其他}(t)$ 代表粒子所受的其他力。在已知 $[\boldsymbol{E}(t,x,y,z),\boldsymbol{B}(t,x,y,z)]$ 以及 $\boldsymbol{F}_{其他}(t)$ 的前提下，由带电粒子的初始位置和初始速度可以求得方程(17-3)的唯一解，从而知道粒子的全部运动情况。

以上讨论揭示了麦氏方程组和洛伦兹力公式的重要性，两者缺一不可。在这个意义上，它们是电动力学中当仁不让的两个基本规律。另一方面，电荷守恒定律，亦即电荷的连续性方程

$$\frac{\partial\rho}{\partial t}+\nabla\cdot\boldsymbol{J}=0, \tag{17-4}$$

无疑也是电动力学的重要定律，但从逻辑关系来说，由于它可由麦氏方程组推出(或者说它已被隐含于麦氏方程组中④)，所以不宜把它与麦氏方程组以及洛伦兹力公式并列地称为“第三个基本规律”。从麦氏方程组推出电荷守恒律[即连续性方程式(17-4)]的过程如下：

$$\frac{\partial\rho}{\partial t}=\frac{\partial}{\partial t}(\varepsilon_0\nabla\cdot\boldsymbol{E})=\varepsilon_0\nabla\cdot\frac{\partial\boldsymbol{E}}{\partial t}=\varepsilon_0\nabla\cdot[c^2(\nabla\times\boldsymbol{B}-\mu_0\boldsymbol{J})]=-\nabla\cdot\boldsymbol{J}, \tag{17-5}$$

其中第一步用到麦氏方程(17-1a)，第二步是因为对时间和空间坐标的求导可以交换顺序，第三步用到麦氏方程(17-1d)，第四步用到 $\nabla\cdot(\nabla\times\boldsymbol{B})=0$(旋度的散度为零)及 $c^2=1/\varepsilon_0\mu_0$。

选读 17-1 将进一步阐明我们对电动力学的逻辑体系的理解。

[选读 17-1]

物理学是实验科学，其每个分支的理论都是在大量实验基础上的公理化逻辑体系，实验定律就是作为出发点的公理。电动力学的原始逻辑体系是：把麦氏方程组和洛伦兹力公式作为两个公理，亦称基本规律，而电荷守恒律则只是麦氏方程组的一个推论⑤。但是物理学家后来认识到还可以建立更为优雅的电动力学逻辑体系。在这个新体系中，洛伦兹力公式是从公理出发的推论而不再是公理本身。不过，要理解这个新体系就要具备更多的物理和数学知识，包括用整

① 又称运动方程。狭义的运动仅指机械运动，广义的运动与演化同义。

② 若带电粒子流不存在(若是真空电磁场)，则麦氏方程组体现了电磁场的自我演化。

③ 对高速运动粒子则要用狭义相对论的质点运动方程代替牛顿第二定律。

④ 事实上，麦氏方程(17-1d)中“位移电流”项 $\varepsilon_0\partial\boldsymbol{E}/\partial t$ 的引入过程就已默认了电荷的连续性方程，即电荷守恒律，详见基础篇 §9.1。

⑤ 虽然麦氏在构思他的方程组时也加进了某些假设，而且还利用了电荷守恒定律，但人们还是把麦氏方程组看成公理，而一旦承认了麦氏方程组，电荷守恒定律就自然成为该方程组的推论。

体微分几何的4维语言的各种描述。下面的讲述要用到梁灿彬，周彬的《微分几何入门与广义相对论》上册(2006)前6章的知识、习惯符号和单位制，只适合熟悉该书的读者阅读。

这个新体系有以下两个公理：

① 麦氏方程组；

② 电磁场的能动张量 $\overset{(\mathrm{EM})}{T}_{ab}$ 取如下形式：

$$\overset{(\mathrm{EM})}{T}_{ab}=\frac{1}{4\pi}\left(F_{ac}F^{c}{}_{b}-\frac{1}{4}\eta_{ab}F_{cd}F^{cd}\right)\ , \tag{17-6}$$

其中 F_{ab} 是电磁场张量，η_{ab} 是闵氏度规场。

此外还要默认对整个物理学成立的一个公理，即孤立系统的总能动张量的4维散度为零：

$$\partial_a \overset{(\text{总})}{T^{ab}}=0\ , \tag{17-7}$$

用于电动力学就是

$$\partial_a(\overset{(\mathrm{EM})}{T^{ab}}+T^{ab})=0\ , \tag{17-8}$$

其中 T^{ab} 代表带电粒子的能动张量。

最值得强调(和高兴)的是，洛伦兹力公式竟然可从以上公理推证出来，因而成为公理的逻辑结果(而不再是公理)，推证如下。

在很多情况下带电粒子可被看作尘埃(压强为零的理想流体)，其能动张量可表为

$$T^{ab}=\mu U^a U^b\ , \tag{17-9}$$

其中 μ 是共动观者测得的质量密度，U^a 是粒子的4速场。由式(17-6)可证[见梁灿彬，周彬，上册(2006)第6章习题18(a)]

$$\partial_a \overset{(\mathrm{EM})}{T^{ab}}=-F^{bc}J_c\ , \tag{17-10}$$

其中 J^a 是带电粒子的4电流密度，与4速 U^a 有如下简单关系：

$$J^a=\rho U^a\text{。}(\rho\ \text{是共动观者测得的电荷密度}) \tag{17-11}$$

式(17-10)、(17-11)结合得

$$\partial_a \overset{(\mathrm{EM})}{T^{ab}}=-\rho F^{bc}U_c\ , \tag{17-12}$$

代入式(17-8)得

$$\partial_a T^{ab}=\rho F^{bc}U_c\ , \tag{17-13}$$

与式(17-9)联立给出

$$\rho F^{bc}U_c=\partial_a(\mu U^a U^b)\text{。} \tag{17-14}$$

上式与 U_b 缩并又得

$$\rho F^{bc}U_cU_b=U_b\partial_a(\mu U^aU^b)=U_bU^b\partial_a(\mu U^a)+\mu U^aU_b\partial_aU^b\text{。} \tag{17-15}$$

注意到 $U_bU^b=-1$，$U_b\partial_aU^b=\dfrac{1}{2}\partial_a(U_bU^b)=0$ 以及 $F^{bc}U_cU_b=F^{[bc]}U_{(c}U_{b)}=0$，使得

$$\partial_a(\mu U^a)=0\text{。} \tag{17-16}$$

另一方面，利用式(17-9)可将式(17-13)左边化为

$$\partial_a T^{ab}=\partial_a(\mu U^a U^b)=\mu U^a\partial_a U^b+U^b\partial_a(\mu U^a)=\mu U^a\partial_a U^b\ , \tag{17-17}$$

[其中末步用到式(17-16)。] 故式(17-13)成为

$$\mu U^a\partial_a U^b=\rho F^{bc}U_c\ 。\tag{17-18}$$

考虑这样一个窄流管，其母线都是 U^a 的积分曲线(见图 17-4)，以 V 代表共动观者测得的流管横截面的体积，则管内质量 m 和电荷 q 为

$$m=\mu V,\qquad q=\rho V\ , \tag{17-19}$$

于是式(17-18)又可化为

$$mU^a\partial_a U^b=qF^{bc}U_c,$$

即

$$qF^{bc}U_c=mU^a\partial_a U^b=U^a\partial_a(mU^b),$$

其中第二步是因为 m 沿流管为常数。把流管看作带电质点，则 mU^b 就是它的 4 动量 P^a，故

$$qF^{bc}U_c=U^a\partial_a P^b=F^b(\equiv\text{粒子所受的 4 力，即 4 维洛伦兹力})$$

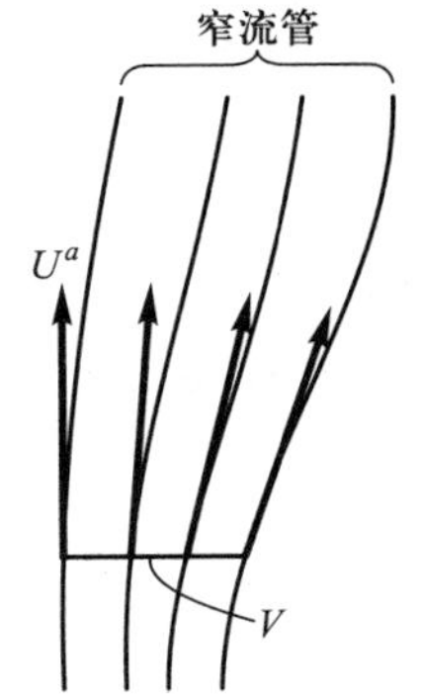

图 17-4 窄流管可看作一个带电粒子

这就推出了洛伦兹力的 4 维形式，即

$$F^a=qF^{ab}U_b\ 。\tag{17-20}$$

因此，在这个新的逻辑体系中，洛伦兹力公式是由公理推出的逻辑结论(而不再被看作公理)。

甲 您在式(17-9)的前一行说“在很多情况下带电粒子可被看作尘埃”，并由此推得式(17-18)，最终推出洛伦兹力公式(17-20)。我的问题是：在带电粒子不能被看作尘埃的情况下，是否还能推出洛伦兹力公式？

乙 答案是肯定的。熟悉能动张量的读者知道 $\partial_a T^{ab}$ 就是带电粒子流所受的力密度，所以

$$\text{力密度}=\partial_a T^{ab}=-\partial_a \overset{(\mathrm{EM})}{T^{ab}}=F^{bc}J_c=\rho F^{bc}U_c\ , \tag{17-21}$$

其中第二步用到式(17-8)，第三步用到式(17-10)，第四步用到式(17-11)。再借用图 17-4 便得洛伦兹力公式(17-20)。这一推导不但简洁，而且无须把带电粒子看作尘埃，所以适用于最一般的情况。

[选读 17-1 完]

§17.2 区分演化方程和约束方程

一般而言，演化方程是关于动力学变数的微分方程，必定含有动力学变数的时间导数。以此作为标准来衡量，方程(17-1b)和(17-1d)分别含有 $\boldsymbol{E}$ 和 $\boldsymbol{B}$ 的时间导数，是货真价实的演化方程。然而方程(17-1a)和(17-1c)却不含 $\boldsymbol{E}$ 和 $\boldsymbol{B}$ 的时间导数，所以严格说来不是演化方程。这两个方程可以更明确地表为

$$\nabla\cdot\boldsymbol{E}(t,x,y,z)=\frac{1}{\varepsilon_0}\rho(t,x,y,z) \tag{17-22}$$

和

$$\nabla\cdot\boldsymbol{B}(t,x,y,z)=0\ 。\tag{17-23}$$

方程(17-23)要求 $\boldsymbol{B}$ 在任一时刻的散度处处为零，方程(17-22)要求 $\boldsymbol{E}$ 在任一时刻的散度处处等于该时该处的电荷密度(除以 ε_0)。就是说，它们都只对每一时刻的 $\boldsymbol{E}$ 和 $\boldsymbol{B}$ 提要求，丝毫不涉及一个时刻的 $\boldsymbol{E}$, $\boldsymbol{B}$ 与下一时刻的 $\boldsymbol{E}$, $\boldsymbol{B}$ 的关系，因而丝毫不涉及演化。这种由理论自身对场量的瞬时值所加的限制称为**约束**(constraint)①，式(17-22)和(17-23)称为**约束方程**，又称为**瞬时定律**(instantaneous law)。在讨论电磁场的初值问题以及电磁场的哈密顿形式(Hamiltonian formulation)时②，演化方程与约束方程的区分具有格外重要的意义。限于本书的既定范围，此处仅就初值问题做一些讨论。首先，初值($\boldsymbol{E}_0$, $\boldsymbol{B}_0$)的指定并不能完全任意，它必须满足 t_0 时刻的约束方程，即

$$\nabla\cdot\boldsymbol{E}_0(x,y,z)=\frac{1}{\varepsilon_0}\rho(t_0,x,y,z),\qquad \nabla\cdot\boldsymbol{B}_0(x,y,z)=0\ ,\tag{17-24}$$

否则方程组必定无解。其次，在指定了满足约束方程(17-24)的初值($\boldsymbol{E}_0$, $\boldsymbol{B}_0$)之后，它自然会按照演化方程(17-1b)和(17-1d)去演化，于是应该追问：是否可能在演化到某个时刻 t_1 时的 $\boldsymbol{E}(t_1,x,y,z)$ 和 $\boldsymbol{B}(t_1,x,y,z)$ 不满足该时刻的约束方程？假如竟然如此，麦氏方程组只能无解。幸好，这样的可能性并不存在，证明如下。

对方程(17-1b)两边取散度，注意到旋度的散度为零，得

$$0=\nabla\cdot(\nabla\times\boldsymbol{E})=-\nabla\cdot\frac{\partial\boldsymbol{B}}{\partial t}=-\frac{\partial}{\partial t}\nabla\cdot\boldsymbol{B}\ 。\tag{17-25}$$

上式说明标量场 $\nabla\cdot\boldsymbol{B}$ 不是 t 的函数。既然初始时有 $\nabla\cdot\boldsymbol{B}=0$，任一时刻都应有 $\nabla\cdot\boldsymbol{B}=0$，即约束方程 $\nabla\cdot\boldsymbol{B}=0$ 在演化过程中总可得到满足。再对方程(17-1d)两边取散度又得

$$0=\nabla\cdot(\nabla\times\boldsymbol{B})=\nabla\cdot\left(\mu_0\boldsymbol{J}+\frac{1}{c^2}\frac{\partial\boldsymbol{E}}{\partial t}\right)=\mu_0\nabla\cdot\boldsymbol{J}+\frac{1}{c^2}\frac{\partial}{\partial t}\nabla\cdot\boldsymbol{E}\ 。\tag{17-26}$$

把电荷守恒律作为实验事实，即承认连续性方程 $\nabla\cdot\boldsymbol{J}=-\dfrac{\partial\rho}{\partial t}$ 并将其代入上式，注意到 $c^2=1/\varepsilon_0\mu_0$，便得

$$\frac{\partial}{\partial t}\left(\nabla\cdot\boldsymbol{E}-\frac{\rho}{\varepsilon_0}\right)=0\ 。\tag{17-27}$$

上式说明标量场 $\nabla\cdot\boldsymbol{E}-\rho/\varepsilon_0$ 不是 t 的函数，于是初始时的 $\nabla\cdot\boldsymbol{E}=\rho/\varepsilon_0$ 保证任一时刻都有 $\nabla\cdot\boldsymbol{E}=\rho/\varepsilon_0$。

以上讨论结果可以简称为“演化保约束”，它反映了麦氏方程组的内部自洽性。

§17.3 电动力学的初值表述(解的唯一性问题)

牛顿力学的初值表述是人所共知的。以单质点系统为例。在质点受力 $\boldsymbol{F}$ 已知的前提下，质点在任意时刻的状态由它的初始状态(位置和速度)唯一决定(“初值决定论”)。由于质点的动

① 读者在学习理论力学时已接触过约束，例如被限制在曲面上的质点所受的约束以及把质点结合为刚体的约束，这些都属于**完整约束**；但此处(电磁场)的约束属于**非完整约束**，由 Dirac 等人在 20 世纪 40 年代为研究引力量子化而最先提出，比完整约束复杂得多。

② 有兴趣的读者可参阅梁灿彬，周彬著《微分几何入门与广义相对论》下册(2009)小节 15.4.3。

力学方程(即运动方程)是 $\boldsymbol{F}=m\boldsymbol{a}$,质点的初值问题也就是下列常微分方程的初值问题:

$$\boldsymbol{F}=m\frac{\mathrm{d}^2\boldsymbol{r}(t)}{\mathrm{d}t^2}。\quad [\text{其中位矢 } \boldsymbol{r}(t) \text{ 是我们关心的动力学变数}] \tag{17-28}$$

电磁动力学的初值表述比牛顿力学复杂得多,它有两组动力学变数(而且既是时间又是空间坐标的函数),即$\{\boldsymbol{E}(t, x, y, z), \boldsymbol{B}(t, x, y, z)\}$和$\{\rho(t, x, y, z), \boldsymbol{J}(t, x, y, z)\}$,两者之间存在相互作用,因而都会影响对方的演化(以下默认带电粒子不受"其他力")。鉴于问题的复杂性,我们打算先做一个简化讨论,再给出最一般的结论。

(A) 简化讨论

首先,假定电磁场$\{\boldsymbol{E}(t, x, y, z), \boldsymbol{B}(t, x, y, z)\}$为已知(这意味着任一时刻任一点的 $\boldsymbol{E}$ 和 $\boldsymbol{B}$ 都已知),则带电粒子运动的初值问题服从如下定理。

定理 17-1 以 $\boldsymbol{r}(t)$ 代表某个带电粒子的位矢,如果

1. 电磁场$\{\boldsymbol{E}(t, x, y, z), \boldsymbol{B}(t, x, y, z)\}$为已知,

2. 粒子的荷质比 q/m、初始位置 $\boldsymbol{r}(0)$ 及初始速度$\left.\dfrac{\mathrm{d}\boldsymbol{r}(t)}{\mathrm{d}t}\right|_{t=0}$都已知,

则该粒子在任一时刻的位矢 $\boldsymbol{r}(t)$ 被唯一决定。

证明 因为默认除洛伦兹力外没有其他力,由牛顿第二定律[并参见式(17-3)]可得

$$\frac{\mathrm{d}^2\boldsymbol{r}(t)}{\mathrm{d}t^2}=\frac{q}{m}\left[\boldsymbol{E}(t)+\frac{\mathrm{d}\boldsymbol{r}(t)}{\mathrm{d}t}\times\boldsymbol{B}(t)\right], \tag{17-29}$$

上式中的 $\boldsymbol{E}(t)$ 及 $\boldsymbol{B}(t)$ 是 $\boldsymbol{E}(t, x, y, z)$ 及 $\boldsymbol{B}(t, x, y, z)$ 的简写。实际情况是,粒子在时刻 t 受到的洛伦兹力决定于它在该时刻的位置坐标 x, y, z,也可说决定于它的位矢 $\boldsymbol{r}(t)$,因而式(17-29)中的 $\boldsymbol{E}(t)$ 及 $\boldsymbol{B}(t)$ 最好明确地写成 $\boldsymbol{E}(t, \boldsymbol{r}(t))$ 及 $\boldsymbol{B}(t, \boldsymbol{r}(t))$,即

$$\frac{\mathrm{d}^2\boldsymbol{r}(t)}{\mathrm{d}t^2}=\frac{q}{m}\left[\boldsymbol{E}(t, r(t))+\frac{\mathrm{d}\boldsymbol{r}(t)}{\mathrm{d}t}\times\boldsymbol{B}(t, \boldsymbol{r}(t))\right], \tag{17-29$'$}$$

上式是关于待求函数 $\boldsymbol{r}(t)$ 的 2 阶常微分方程,在初始条件 $\boldsymbol{r}(0)$ 及$\left.\dfrac{\mathrm{d}\boldsymbol{r}(t)}{\mathrm{d}t}\right|_{t=0}$给定后有唯一解。①

□

其次,假定电磁场源$\{\rho(t, x, y, z), \boldsymbol{J}(t, x, y, z)\}$为已知,则电磁场演化的初值问题服从如下定理。

定理 17-2 如果

1. 电磁场源$\{\rho(t, x, y, z), \boldsymbol{J}(t, x, y, z)\}$为已知,

2. 电场和磁场的初值 $\boldsymbol{E}(0, x, y, z)$ 和 $\boldsymbol{B}(0, x, y, z)$ 都已知,而且满足初始时刻的约束方程,即

$$\nabla\cdot\boldsymbol{E}(0, x, y, z)=\frac{1}{\varepsilon_0}\rho(0, x, y, z), \qquad \nabla\cdot\boldsymbol{B}(0, x, y, z)=0,$$

---

① 读者熟知的是线性常微分方程的解的存在唯一性定理,但现在是非线性常微分方程,其解还有存在唯一性吗?答案是肯定的,理由如下:先把二阶常微分方程[式(17-29′)]转化为一阶常微分方程,再利用张芷芬等(1997)证明的结论——一阶常微分方程(组)的解具有存在唯一性(请注意该结论不要求该微分方程有线性特性)。

则任一时刻的电磁场$\{\boldsymbol{E}(t,x,y,z),\boldsymbol{B}(t,x,y,z)\}$被唯一决定。

证明　在笔者的视野内没有哪一本电动力学教材给出和证明过这个定理。笔者在参阅 Wald(1984)后自行杜撰的证明放在选读 17-2。 □

以上简化讨论体现为两个定理，这种简化的实质是：设一组动力学变数已知，就能根据另一组动力学变数的初值求得其解。

(B) 最一般的讨论

但是，$\{\boldsymbol{E}(t,x,y,z),\boldsymbol{B}(t,x,y,z)\}$与$\{\rho(t,x,y,z),\boldsymbol{J}(t,x,y,z)\}$由于存在相互作用而耦合成为一个整体，所以最一般的问题应该是：若这两组动力学变数的初值都已知，“撒手”让它们按规律演化，是否能唯一确定它们在任何时刻的表现？答案是肯定的，请看如下定理。

定理 17-3　以 $\boldsymbol{r}(t)$ 代表各个带电粒子的位矢，如果

1. 每个粒子的荷质比 q/m 及其 $\boldsymbol{r}(0)$ 和$\left.\dfrac{\mathrm{d}\boldsymbol{r}(t)}{\mathrm{d}t}\right|_{t=0}$都已知，

2. $\boldsymbol{E}(0,x,y,z)$ 和 $\boldsymbol{B}(0,x,y,z)$ 都已知，而且满足初始时刻的约束方程，即

$$\nabla\cdot\boldsymbol{E}(0,x,y,z)=\frac{1}{\varepsilon_0}\rho(0,x,y,z),\qquad \nabla\cdot\boldsymbol{B}(0,x,y,z)=0,$$

则 $\boldsymbol{r}(t)$ 以及 $\boldsymbol{E}(t,x,y,z)$ 和 $\boldsymbol{B}(t,x,y,z)$ 被麦氏方程和洛伦兹力公式唯一决定。

这个定理的证明有相当高的数学难度，而且在笔者的视野内没有任何电动力学教科书给出过这一定理(更不要说证明)，此处从略①。

注 1　对电磁场给定初值($\boldsymbol{E}_0$，$\boldsymbol{B}_0$)相当于对质点给定初始位置，而为了决定质点在各时刻的状态则还要给定初始速度，为什么对电磁场不必给定初始“速度”？这是由麦氏方程组与带电粒子运动方程的一个重要区别造成的：带电粒子运动方程(17-3)是关于动力学变数 $\boldsymbol{r}(t)$ 的 2 阶常微分方程，只有给定初始位置和速度才能确定唯一解；反之，麦氏方程是关于动力学变数 $\boldsymbol{E}(t)$ 和 $\boldsymbol{B}(t)$ 的 1 阶偏微分方程，根据数学定理，由于只涉及对时间的 1 阶导数，为确定唯一解只需给定初始“位置”，即 $\boldsymbol{E}_0$ 和 $\boldsymbol{B}_0$。对麦氏方程而言也可用如下的物理思辨帮助理解这一数学结论：既然把($\boldsymbol{E}_0$，$\boldsymbol{B}_0$)比作初始“位置”，则初始“速度”理应是指$\partial\boldsymbol{E}/\partial t|_{t=0}$和$\partial\boldsymbol{B}/\partial t|_{t=0}$，而由$\nabla\times\boldsymbol{E}=-\partial\boldsymbol{B}/\partial t$ 可知$\partial\boldsymbol{B}/\partial t|_{t=0}=\nabla\times\boldsymbol{E}_0$，在给定 $\boldsymbol{E}_0$ 后便自然知道其旋度$\nabla\times\boldsymbol{E}_0$，因而无须(也不能)再独立地指定$\partial\boldsymbol{B}/\partial t|_{t=0}$。同理可知$\partial\boldsymbol{E}/\partial t|_{t=0}$也无须(不能)独立指定。

[选读 17-2]

本选读旨在给出定理 17-2 的证明。为此要先做铺垫。

1. 为简化公式，不用国际单位制而用“几何高斯制”②，麦氏方程在此制中简化为

$$\nabla\cdot\boldsymbol{E}=4\pi\rho,\quad \nabla\times\boldsymbol{E}=-\frac{\partial\boldsymbol{B}}{\partial t},\quad \nabla\cdot\boldsymbol{B}=0,\quad \nabla\times\boldsymbol{B}=4\pi\boldsymbol{J}+\frac{\partial\boldsymbol{E}}{\partial t}。\tag{17-30}$$

相应地，洛伦茨规范表达式$\nabla\cdot\boldsymbol{A}+\dfrac{1}{c^2}\dfrac{\partial\phi}{\partial t}=0$[式(18-19)]简化为

① 定理 17-2 的证明虽然也费笔墨，但因为只涉及线性方程，问题尚属简单。定理 17-3 由于涉及洛伦兹力公式而涉及非线性问题，所以还要复杂很多。有兴趣的读者可以参阅 Wald(1984)的 10.2 的前一小部分以及 THEOREM10.1.3，但这些内容也还并未给出该定理。

② 关于“几何高斯制”可参阅梁灿彬，周彬(2006)上册附录 A。

$$\frac{\partial \phi}{\partial t}+\nabla \cdot \boldsymbol{A}=0 \text{ 。} \tag{17-31}$$

洛伦茨规范的势(ϕ, $\boldsymbol{A}$)满足的达朗伯方程[式(18-27)和(18-26′)]简化为

$$\frac{\partial^2 \phi}{\partial t^2}-\nabla^2 \phi=4\pi\rho \text{ ,} \tag{17-32a}$$

$$\frac{\partial^2 A_i}{\partial t^2}-\nabla^2 A_i=4\pi J_i, \quad i=1,2,3 \text{ 。} \tag{17-32b}$$

2. 把原来的标势 ϕ 和矢势 $\boldsymbol{A}$ 合成一个4维电磁势 A_μ(简称**电磁4势**),其中希腊指标 μ 可取0, 1, 2, 3, 故 A_μ 实为(A_0, A_1, A_2, A_3)之简写,其中 A_0 代表标势 ϕ 加负号,即 $A_0 \equiv -\phi$,后3个代表矢势 $\boldsymbol{A}$ 的3个分量,可统一记作 A_i(i=1, 2, 3)。故

$$A_\mu=(A_0, A_1, A_2, A_3)=(-\phi, A_i)=(-\phi, \boldsymbol{A}) \text{ 。} \tag{17-33}$$

3. 把直角坐标 x, y, z 记作 x^1, x^2, x^3,引进简写记号 ∂_μ(μ=0, 1, 2, 3),其中

$$\partial_0 \equiv \frac{\partial}{\partial t}, \quad \partial_1 \equiv \frac{\partial}{\partial x^1}, \quad \partial_2 \equiv \frac{\partial}{\partial x^2}, \quad \partial_3 \equiv \frac{\partial}{\partial x^3},$$

再引进(多数读者不熟悉的)上指标 ∂^μ(μ=0, 1, 2, 3),定义为

$$\partial^0 \equiv -\partial_0, \qquad \partial^i \equiv \partial_i, \qquad (i=1,2,3) \tag{17-34}$$

则

① $$\nabla \cdot \boldsymbol{A}=\frac{\partial A_1}{\partial x^1}+\frac{\partial A_2}{\partial x^2}+\frac{\partial A_3}{\partial x^3}=\sum_{i=1}^{3}\frac{\partial A_i}{\partial x^i}=\sum_{i=1}^{3}\partial_i A_i \equiv \partial_i A_i \text{ ,} \tag{17-35}$$

其中末步用到爱因斯坦惯例,即,略去求和号∑,重复指标暗示对该指标求和。

② 洛伦茨规范条件[式(17-31)]又可改写为

$$\partial_0 \phi+\partial_i A_i=0 \text{ 。} \tag{17-31′}$$

③ 由 $\nabla^2 \equiv \nabla \cdot \nabla$ 得

$$\nabla^2 \equiv \nabla \cdot \nabla=\left(\boldsymbol{e}_x \frac{\partial}{\partial x}+\boldsymbol{e}_y \frac{\partial}{\partial y}+\boldsymbol{e}_z \frac{\partial}{\partial z}\right) \cdot \left(\boldsymbol{e}_x \frac{\partial}{\partial x}+\boldsymbol{e}_y \frac{\partial}{\partial y}+\boldsymbol{e}_z \frac{\partial}{\partial z}\right)=\frac{\partial^2}{\partial x^2}+\frac{\partial^2}{\partial y^2}+\frac{\partial^2}{\partial z^2},$$

上式可改写为

$$\nabla^2 \equiv \nabla \cdot \nabla=\sum_{i=1}^{3}(\boldsymbol{e}_i \partial_i) \cdot \sum_{j=1}^{3}(\boldsymbol{e}_j \partial_j)=(\boldsymbol{e}_1 \partial_1) \cdot (\boldsymbol{e}_1 \partial_1)+(\boldsymbol{e}_2 \partial_2) \cdot (\boldsymbol{e}_2 \partial_2)+(\boldsymbol{e}_3 \partial_3) \cdot (\boldsymbol{e}_3 \partial_3)$$

$$=\partial_1 \partial_1+\partial_2 \partial_2+\partial_3 \partial_3=\sum_{i=1}^{3}(\partial_i \partial_i),$$

利用爱因斯坦惯例便有

$$\nabla^2=\partial_i \partial_i \text{ 。} \tag{17-36}$$

④ ϕ 满足的达朗伯方程[式(17-32a)]又可利用上指标的 ∂^μ(及爱因斯坦惯例)简写为

$$\partial^\mu \partial_\mu \phi=-4\pi\rho \text{ ,} \tag{17-32′a}$$

这是因为

$$\partial^\mu \partial_\mu \phi=\partial^0 \partial_0 \phi+\partial^i \partial_i \phi=-\partial_0 \partial_0 \phi+\partial_i \partial_i \phi=-\frac{\partial^2 \phi}{\partial t^2}+\nabla^2 \phi \text{。}$$

类似地,A_i 满足的达朗伯方程[式(17-32b)]可简写为

$$\partial^{\mu}\partial_{\mu}A_i=-4\pi J_i,\quad i=1,2,3。\tag{17-32'b}$$

仿照4势 $A_\mu=(-\phi,\boldsymbol{A})$，把 ρ 和 $\boldsymbol{J}$ 也合并成一个4维量

$$J_\mu=(-\rho,\boldsymbol{J}),\tag{17-37}$$

就可把式(17-32′a)和(17-32′b)合并为一个关于 A_ν 的达朗伯方程

$$\partial^{\mu}\partial_{\mu}A_\nu=-4\pi J_\nu,\quad \nu=0,1,2,3。\tag{17-32'}$$

[选读17-2完]

铺垫至此结束，下面就来证明定理17-2。

定理17-2的证明 本定理既可从 $\boldsymbol{E}$, $\boldsymbol{B}$ 满足的麦氏方程组(17-1)出发直接证明，也可借助于电磁4势 $A_\mu=(-\phi,\boldsymbol{A})$ 间接证明。为了帮助读者学习用电磁4势讨论问题，我们只讲这种间接证明。主要参考文献：Wald(1984) P.252-254。

设 $A_\nu=(-\phi,\boldsymbol{A})$ 是洛伦茨规范4势，则它满足达朗伯方程(17-32′)。数学上早已知道，只要 $J_\nu(t,x,y,z)$ 已知，而且给定初值 $\left.\left(A_\nu,\dfrac{\partial A_\nu}{\partial t}\right)\right|_{t=0}$，方程(17-32′)就有唯一解。麻烦之处在于，定理给定的初值是 $\boldsymbol{E}(0,x,y,z)$ 和 $\boldsymbol{B}(0,x,y,z)$（简记为 $\boldsymbol{E}_0$ 和 $\boldsymbol{B}_0$），它们并不对应着洛伦茨规范4势的一组确定的初值（因为即使洛伦茨规范下的势仍有自由性）。我们固然可以在能生出 $\boldsymbol{E}_0$ 和 $\boldsymbol{B}_0$ 的许多组4势初值中任择一组，用它求得达朗伯方程的唯一解 $A_\nu=(-\phi,\boldsymbol{A})$，但还要证明用上述任一组初值求得的 $A_\nu=(-\phi,\boldsymbol{A})$ 所生出的 $(\boldsymbol{E},\boldsymbol{B})$ 都相同，所以证明要分成两步。

第一步 任选一组能生出 $(\boldsymbol{E}_0,\boldsymbol{B}_0)$ 的4势初值 $\left.\left(A_\nu,\dfrac{\partial A_\nu}{\partial t}\right)\right|_{t=0}$，选法如下。

① 选 $\boldsymbol{A}|_{t=0}$ 使

$$\nabla\times(\boldsymbol{A}|_{t=0})=\boldsymbol{B}_0。\tag{17-38}$$

满足上式的 $\boldsymbol{A}|_{t=0}$ 很多，可以任择其一；

② 任意指定 $\left.\dfrac{\partial \boldsymbol{A}}{\partial t}\right|_{t=0}$；

③ 选 $\phi|_{t=0}$ 使

$$\nabla(\phi|_{t=0})=-\boldsymbol{E}_0-\left.\frac{\partial \boldsymbol{A}}{\partial t}\right|_{t=0};\tag{17-39}$$

④ 选 $\left.\dfrac{\partial \phi}{\partial t}\right|_{t=0}$ 使之满足初始时刻 $t=0$ 的洛伦茨规范条件

$$\left.\frac{\partial \phi}{\partial t}\right|_{t=0}=-\nabla\cdot(\boldsymbol{A}|_{t=0})。\tag{17-40}$$

不难看出这样选的一组4势初值能生出场量 $(\boldsymbol{E}_0,\boldsymbol{B}_0)$。达朗伯方程(17-32′)由这组初值决定的唯一解记作

$$A_\mu(t,x,y,z)=\{-\phi(t,x,y,z),\boldsymbol{A}(t,x,y,z)\}。\tag{17-41}$$

第二步 设 $\left.\left(A_\nu,\dfrac{\partial A_\nu}{\partial t}\right)\right|_{t=0}$ 和 $\left.\left(A'_\nu,\dfrac{\partial A'_\nu}{\partial t}\right)\right|_{t=0}$ 是按照第一步程序选定的两组初值，它们当然只有规范差别，但达朗伯方程由它们决定的唯一解 $A_\mu(t,x,y,z)$ 和 $A'_\mu(t,x,y,z)$ 是否也只有规范

差别？如果竟然不是，它们生出的$(\boldsymbol{E},\boldsymbol{B})$就不等，待证定理就不成立，所以还必须证明$A_\mu(t,x,y,z)$和$A'_\mu(t,x,y,z)$只有规范差别。证明如下。

令

$$\tilde{A}_\mu(t,x,y,z)\equiv A'_\mu(t,x,y,z)-A_\mu(t,x,y,z),$$

则

$$A_\mu\text{ 与 }A'_\mu\text{ 只有规范差别}\Leftrightarrow\begin{cases}\boldsymbol{B}=\nabla\times\boldsymbol{A}=\nabla\times\boldsymbol{A}'\Leftrightarrow\nabla\times\tilde{\boldsymbol{A}}=0,\\ -\boldsymbol{E}=\nabla\phi+\dfrac{\partial\boldsymbol{A}}{\partial t}=\nabla\phi'+\dfrac{\partial\boldsymbol{A}'}{\partial t}\Leftrightarrow\nabla\tilde{A}_0-\dfrac{\partial\tilde{\boldsymbol{A}}}{\partial t}=0.\end{cases}$$

$$\Leftrightarrow\begin{cases}\partial_i\tilde{A}_j-\partial_j\tilde{A}_i=0,\quad i,j=1,2,3;\ i\neq j,\\ \partial_i\tilde{A}_0-\partial_0\tilde{A}_i=0,\quad i=1,2,3,\end{cases}\tag{17-42}$$

其中第二个等价号用到旋度表达式$(\nabla\times\boldsymbol{a})_i=\varepsilon_{ijk}\partial_j a_k$[式(15-73a)]。可见，要证明$A_\mu$与$A'_\mu$只有规范差别，只需证明

$$\partial_i\tilde{A}_j-\partial_j\tilde{A}_i=0,\quad i,j=1,2,3;\ i\neq j\ ,\tag{17-43a}$$

和

$$\partial_i\tilde{A}_0-\partial_0\tilde{A}_i=0,\quad i=1,2,3\ 。\tag{17-43b}$$

引入简记符号

$$\psi_{\mu\nu}\equiv\partial_\mu\tilde{A}_\nu-\partial_\nu\tilde{A}_\mu,\quad \mu,\nu=0,1,2,3\ ,\tag{17-44}$$

则$\psi_{\mu\nu}=-\psi_{\nu\mu}$(反对称)，于是$\psi_{00}$，$\psi_{11}$，$\psi_{22}$，$\psi_{33}$自动为零，所以式(17-43)等价于

$$\psi_{\mu\nu}=0,\quad \mu,\nu=0,1,2,3\ 。\tag{17-45}$$

因而只需证明式(17-45)。用$\partial^\sigma\partial_\sigma\equiv\sum\limits_{\sigma=0}^{3}\partial^\sigma\partial_\sigma$作用于$\psi_{\mu\nu}$得

$$\partial^\sigma\partial_\sigma\psi_{\mu\nu}=\partial^\sigma\partial_\sigma(\partial_\mu\tilde{A}_\nu-\partial_\nu\tilde{A}_\mu)=\partial_\mu\partial^\sigma\partial_\sigma\tilde{A}_\nu-\partial_\nu\partial^\sigma\partial_\sigma\tilde{A}_\mu\ 。\tag{17-46}$$

A_ν和A'_ν都是洛伦茨规范的4势，都满足达朗伯方程(17-32′)，故(请注意J_ν早已给定)

$$\partial^\sigma\partial_\sigma\tilde{A}_\nu=\partial^\sigma\partial_\sigma A'_\nu-\partial^\sigma\partial_\sigma A_\nu=4\pi J_\nu-4\pi J_\nu,$$

可见$\tilde{A}_\nu$满足波动方程

$$\partial^\sigma\partial_\sigma\tilde{A}_\nu=0,\quad \nu=0,1,2,3\ 。\tag{17-47}$$

代回式(17-46)便知$\psi_{\mu\nu}$也满足波动方程，即

$$\partial^\sigma\partial_\sigma\psi_{\mu\nu}=0,\quad \mu,\nu=0,1,2,3\ 。\tag{17-48}$$

波动方程(17-48)由零初值决定的唯一解是$\psi_{\mu\nu}=0$，所以，为证明$\psi_{\mu\nu}=0$只需验证$\psi_{\mu\nu}\big|_{t=0}=0$及$\left.\dfrac{\partial\psi_{\mu\nu}}{\partial t}\right|_{t=0}=0$，注意到$\psi_{\mu\nu}=-\psi_{\nu\mu}$，为证明本定理只需验证两个待证结论：

结论 1 $\psi_{ij}\big|_{t=0}=0(i\neq j)$及$\psi_{0i}\big|_{t=0}=0(i=1,2,3)$；

结论 2 $\left.\frac{\partial\psi_{ij}}{\partial t}\right|_{t=0}=0(i\neq j)$ 及 $\left.\frac{\partial\psi_{0i}}{\partial t}\right|_{t=0}=0(i=1,2,3)$。

结论 1，即 $\psi_{\mu\nu}|_{t=0}=0$，其实等价于“$A_\mu|_{t=0}$ 与 $A'_\mu|_{t=0}$ 只有规范差别”，证明如下。

$$\psi_{\mu\nu}|_{t=0}=0 \quad\Leftrightarrow\quad \begin{cases}\psi_{ij}|_{t=0}=0, & (1a)\\ \psi_{0i}|_{t=0}=0。 & (1b)\end{cases}$$

而“$A_\mu|_{t=0}$ 与 $A'_\mu|_{t=0}$ 只有规范差别”

$$\Leftrightarrow\begin{cases}\boldsymbol{B}_0=\nabla\times(\boldsymbol{A}|_{t=0})=\nabla\times(\boldsymbol{A}'|_{t=0}) \quad\Leftrightarrow\quad \nabla\times(\tilde{\boldsymbol{A}}|_{t=0})=0, & (2a)\\ -\boldsymbol{E}_0=\nabla(\phi|_{t=0})+\left.\frac{\partial\boldsymbol{A}}{\partial t}\right|_{t=0}=\nabla(\phi'|_{t=0})+\left.\frac{\partial\boldsymbol{A}'}{\partial t}\right|_{t=0} \quad\Leftrightarrow\quad \nabla(\tilde{A}_0|_{t=0})=\left.\frac{\partial\tilde{\boldsymbol{A}}}{\partial t}\right|_{t=0}。 & (2b)\end{cases}$$

因此，欲证

$$\psi_{\mu\nu}|_{t=0}=0 \quad\Leftrightarrow\quad \text{“}A_\mu|_{t=0}\text{与}A'_\mu|_{t=0}\text{只有规范差别”}, \tag{17-49}$$

只需证明

$$(1a)\Leftrightarrow(2a) \quad\text{及}\quad (1b)\Leftrightarrow(2b)。$$

注意到任一矢量场 $\boldsymbol{a}$ 的旋度表达式 $(\nabla\times\boldsymbol{a})_i=\varepsilon_{ijk}\partial_j a_k$ 以及

$$\psi_{ij}|_{t=0}=(\partial_i\tilde{A}_j-\partial_j\tilde{A}_i)|_{t=0},$$

便知

$$(2a)\Leftrightarrow\partial_i(\tilde{A}_j|_{t=0})-\partial_j(\tilde{A}_i|_{t=0})=0,\ i,j=1,2,3;\ i\neq j\Leftrightarrow\psi_{ij}|_{t=0}=0\Leftrightarrow(1a)。$$

此外还有

$$(1b)\Leftrightarrow 0=(\partial_0\tilde{A}_i-\partial_i\tilde{A}_0)|_{t=0}\Leftrightarrow\partial_i(\tilde{A}_0|_{t=0})=(\partial_0\tilde{A}_i)|_{t=0},\ i=1,2,3\Leftrightarrow(2b)。$$

于是式(17-49)得证。而“$A_\mu|_{t=0}$ 与 $A'_\mu|_{t=0}$ 只有规范差别”本来就是已知事实，所以结论 1 得证。

再来证明结论 2。

$$\left.\frac{\partial\psi_{ij}}{\partial t}\right|_{t=0}=[\partial_0(\partial_i\tilde{A}_j-\partial_j\tilde{A}_i)]_{t=0}=\partial_i[(\partial_0\tilde{A}_j)|_{t=0}]-\partial_j[(\partial_0\tilde{A}_i)|_{t=0}]。 \tag{17-50}$$

已经证明 $0=\psi_{0j}|_{t=0}=(\partial_0\tilde{A}_j-\partial_j\tilde{A}_0)|_{t=0}$，故 $(\partial_0\tilde{A}_j)|_{t=0}=(\partial_j\tilde{A}_0)|_{t=0}$，代入上式得

$$\begin{aligned}\left.\frac{\partial\psi_{ij}}{\partial t}\right|_{t=0}&=\partial_i[(\partial_j\tilde{A}_0)|_{t=0}]-\partial_j[(\partial_i\tilde{A}_0)|_{t=0}]\\&=(\partial_i\partial_j\tilde{A}_0)|_{t=0}-(\partial_j\partial_i\tilde{A}_0)|_{t=0}]=0。\end{aligned}$$

又

$$\left.\frac{\partial\psi_{0i}}{\partial t}\right|_{t=0}=[\partial_0(\partial_0\tilde{A}_i-\partial_i\tilde{A}_0)]_{t=0}=(\partial_0\partial_0\tilde{A}_i-\partial_0\partial_i\tilde{A}_0)|_{t=0}。 \tag{17-51}$$

而由式(17-47)得 $\partial^0\partial_0\tilde{A}_i+\partial^j\partial_j\tilde{A}_i=0$，因而 $\partial_0\partial_0\tilde{A}_i=\partial_j\partial_j\tilde{A}_i$，代入式(17-51)给出

$$\left.\frac{\partial\psi_{0i}}{\partial t}\right|_{t=0}=(\partial_j\partial_j\tilde{A}_i-\partial_i\partial_0\tilde{A}_0)|_{t=0}。 \tag{17-52}$$

注意到

$$\partial_0\tilde{A}_0=\partial_0(A'_0-A_0)=\partial_0(\phi-\phi')=\partial_j(A'_j-A_j)=\partial_j\tilde{A}_j,$$

其中第三步用到洛伦茨规范条件[式(17-31′)]，代入式(17-52)得

$$\left.\frac{\partial\psi_{0i}}{\partial t}\right|_{t=0}=(\partial_j\partial_j\tilde{A}_i)\Big|_{t=0}-\partial_i(\partial_j\tilde{A}_j)\mid_{t=0}$$

$$=(\partial_j\partial_j\tilde{A}_i)\mid_{t=0}-(\partial_j\partial_i\tilde{A}_j)\mid_{t=0}=(\partial_j\partial_j\tilde{A}_i-\partial_j\partial_j\tilde{A}_i)\mid_{t=0}=0,$$

其中第三步用到 $0=\psi_{ij}\mid_{t=0}=(\partial_i\tilde{A}_j-\partial_j\tilde{A}_i)\mid_{t=0}$。 □

[选读 17-2 完]

专题 18　再论库仑电场和感生电场

本专题导读

(1) 满足无限远条件的矢量场可唯一分解为纵场和横场。库仑电场和感生电场是总电场的纵场部分和横场部分。剖析了库仑电场的瞬时传播特性。

(2) 复习了矢势和标势及其规范自由性，指出库仑电场是库仑规范下标势的负梯度，因而必定瞬时传播。

(3) 说明了静电场、恒定电场和库仑电场的区别和联系，指出对时变电场的“静电屏蔽”其实是对库仑电场的屏蔽。

(4) 给出和证明了关于纵场和横场的几个重要定理，特别是矢量场由其散、旋度及边界条件决定的定理。

(5) 简介了本专题用到的、电磁学的另一种面模型——偶电层。

§18.1　从纵、横场看库仑电场和感生电场

根据静电学，静止电荷要按库仑定律激发静电场。后来又发现时变磁场也要激发电场。于是，从物理直觉出发，我们猜想在一般情况下的电场 $\boldsymbol{E}(t)$ 有两个起因。第一个起因是电荷，虽然在一般情况下电荷分布随时间而变（即电荷密度是时间 t 的函数），但不妨猜想它们仍像不随时间而变的电荷分布那样（即仍按库仑定律）激发电场，所以称之为库仑电场，记作$\boldsymbol{E}_{库}(t)$。第二个起因是时变磁场（$\partial \boldsymbol{B}/\partial t$ 至少在某些地方非零），由它激发的电场称为感生电场，记作 $\boldsymbol{E}_{感}(t)$。于是空间中的总电场就可表为

$$\boldsymbol{E}(t)=\boldsymbol{E}_{库}(t)+\boldsymbol{E}_{感}(t)。$$

虽然物理上能够测量的只是总电场 $\boldsymbol{E}(t)$ 而不是 $\boldsymbol{E}_{库}(t)$ 和 $\boldsymbol{E}_{感}(t)$，但把总电场做这样的分解在不少情况下是很有帮助的。然而，上述思考和结论只是从物理直觉出发的猜测，还有待进一步的理论论证。我们关心以下常见问题：$\boldsymbol{E}_{库}(t)$ 和 $\boldsymbol{E}_{感}(t)$ 的准确含义是什么？随时间变化的电荷密度 $\rho(t)$ 是否真按库仑定律激发电场？场点在时刻 t 的 $\boldsymbol{E}_{库}$ 取决于源点在时刻 t 的 ρ 值还是稍前时刻的 ρ 值？就是说，谈及 $\boldsymbol{E}_{库}(t)$ 时是否要考虑推迟效应？这些都是有待回答的理论问题。本专题将着重讨论这些问题。为此，有必要先介绍纵场和横场的数学概念。

旋度为零的矢量场称为**纵场**（longitudinal field），散度为零的矢量场称为**横场**（transverse field）。这一定义也可借用导数算符∇表述为：满足 $\nabla\times\boldsymbol{a}=0$ 的矢量场 $\boldsymbol{a}$ 叫纵场，满足 $\nabla\cdot\boldsymbol{a}=0$ 的矢量场 $\boldsymbol{a}$ 叫横场。

任一矢量场 $\boldsymbol{a}$ 都可被表示为一个纵场（记作 $\boldsymbol{a}_{\rm L}$）与一个横场之和（记作 $\boldsymbol{a}_{\rm T}$），即

$$\boldsymbol{a}=\boldsymbol{a}_{\rm L}+\boldsymbol{a}_{\rm T},$$

(见定理 18-1),然而这种分解远非唯一。可以证明(见定理 18-2),如果 $\boldsymbol{a}$ 在场点趋于无限远时足够快地趋于零①(以下称此为**无限远条件**),而且其纵场部分 $\boldsymbol{a}_{\mathrm{L}}$ 和横场部分 $\boldsymbol{a}_{\mathrm{T}}$ 也满足无限远条件,那么 $\boldsymbol{a}_{\mathrm{L}}$ 和 $\boldsymbol{a}_{\mathrm{T}}$ 就由 $\boldsymbol{a}$ 唯一决定。

现在从纵、横场的角度讨论时变电磁场中的电场 $\boldsymbol{E}(t)$。只要 $\boldsymbol{E}(t)$ 满足无限远条件,就可被唯一地分解为纵、横场部分,即

$$\boldsymbol{E}(t)=\boldsymbol{E}_{\mathrm{L}}(t)+\boldsymbol{E}_{\mathrm{T}}(t)。\tag{18-1}$$

我们要从麦氏方程组的前两个方程

$$\nabla\cdot\boldsymbol{E}=\frac{\rho}{\varepsilon_0}\tag{18-2}$$

和

$$\nabla\times\boldsymbol{E}=-\frac{\partial\boldsymbol{B}}{\partial t}\tag{18-3}$$

出发找出 $\boldsymbol{E}_{\mathrm{L}}$ 和 $\boldsymbol{E}_{\mathrm{T}}$ 所服从的微分方程。由式(18-2)得

$$\frac{\rho}{\varepsilon_0}=\nabla\cdot(\boldsymbol{E}_{\mathrm{L}}+\boldsymbol{E}_{\mathrm{T}})=\nabla\cdot\boldsymbol{E}_{\mathrm{L}}。$$

(其中第二步用到横场定义,即 $\nabla\cdot\boldsymbol{E}_{\mathrm{T}}=0$。)类似地,由式(18-3)得

$$-\frac{\partial\boldsymbol{B}}{\partial t}=\nabla\times\boldsymbol{E}_{\mathrm{T}}。$$

于是 $\boldsymbol{E}_{\mathrm{L}}(t)$ 和 $\boldsymbol{E}_{\mathrm{T}}(t)$ 分别服从如下方程:

$$(\mathrm{a})\ \nabla\cdot\boldsymbol{E}_{\mathrm{L}}(t)=\frac{\rho(t)}{\varepsilon_0},\qquad(\mathrm{b})\ \nabla\times\boldsymbol{E}_{\mathrm{L}}(t)=0,\tag{18-4}$$

$$(\mathrm{a})\ \nabla\cdot\boldsymbol{E}_{\mathrm{T}}(t)=0,\qquad(\mathrm{b})\ \nabla\times\boldsymbol{E}_{\mathrm{T}}(t)=-\frac{\partial\boldsymbol{B}(t)}{\partial t}。\tag{18-5}$$

明眼人一看便知 $\boldsymbol{E}_{\mathrm{L}}(t)$ 的方程组(18-4)与静电场 $\boldsymbol{E}_{静}$ 的方程组形式一样。说得细致一些,由麦氏方程组的前两个方程[式(18-2)和式(18-3)]出发,注意到静电情况下有 $\partial\boldsymbol{B}/\partial t=0$,便得静电场 $\boldsymbol{E}_{静}$ 的如下方程组:

$$(\mathrm{a})\ \nabla\cdot\boldsymbol{E}_{静}=\frac{\rho_{静}}{\varepsilon_0}\quad 和\quad(\mathrm{b})\ \nabla\times\boldsymbol{E}_{静}=0。\tag{18-6}$$

上式与式(18-4)形式一样,说明 $\boldsymbol{E}_{\mathrm{L}}(t)$ 在每一时刻 t 与 $\boldsymbol{E}_{静}$ 服从相同的方程。为了求解方程(18-4),可先讨论方程(18-6)的求解问题。方程(18-6b)表明 $\boldsymbol{E}_{静}$ 的旋度为零,根据专题 15 的定理 15-14,必然存在满足下式的标量场 $\phi_{静}$:

$$\boldsymbol{E}_{静}=-\nabla\phi_{静}。\tag{18-7}$$

其实 $\phi_{静}$ 就是基础篇 § 1.6 的静电势 V,上式就是基础篇式(1-39)的微分形式。把式(18-7)代入式(18-6a),注意到 $\nabla\cdot(\nabla\phi_{静})=\nabla^2\phi_{静}$[见式(15-79)],得

① 以 r 代表场点与坐标原点的距离,则当 $r\to\infty$ 时自然有 $r^{-1}\to 0$。所谓"$\boldsymbol{a}$ 足够快地趋于零",是指 $|\boldsymbol{a}|$ 比 r^{-1} 更快地趋于零,其准确含义是:存在正数 λ 使得 $\lim\limits_{r\to\infty}|\boldsymbol{a}|r^{1+\lambda}$ 为有限值。

$$\nabla^2\phi_{静}=-\frac{\rho_{静}}{\varepsilon_0}。\tag{18-8}$$

这就是电动力学中熟知的**泊松方程**。在静电势参考点选在无限远的前提下，数学上早已证明[见引理 18-1]，只要趋于无限远时 $\rho_{静}$ 足够快地趋于零①，方程(18-8)就有(满足无限远条件的)唯一解

$$\phi_{静}(x,y,z)=\frac{1}{4\pi\varepsilon_0}\iiint_{\infty}\frac{\rho_{静}(x',y',z')}{R}\mathrm{d}V',\tag{18-9}$$

其中 x, y, z 代表场点的坐标，x', y', z' 代表源点(积分流动点)的坐标，$\mathrm{d}V'$ 代表积分体元，R 代表场点与源点的距离，即

$$\mathrm{d}V'\equiv\mathrm{d}x'\mathrm{d}y'\mathrm{d}z',\qquad R\equiv\sqrt{(x-x')^2+(y-y')^2+(z-z')^2}。$$

其实式(18-9)就是基础篇的式(1-42)，这在物理上不难理解：$\rho_{静}\,\mathrm{d}V'$ 是体元 $\mathrm{d}V'$ 的电荷，它在场点贡献的电势为 $\rho_{静}\,\mathrm{d}V'/4\pi\varepsilon_0 R$，所以全空间的电荷分布对场点贡献的电势自然是式(18-9)右边的积分。

对式(18-9)求梯度(请读者自行计算)并加负号便得

$$\boldsymbol{E}_{静}(x,y,z)=\frac{1}{4\pi\varepsilon_0}\iiint_{\infty}\frac{\rho_{静}(x',y',z')\mathrm{d}V'}{R^2}\boldsymbol{e}_R,\tag{18-10}$$

其中 $\boldsymbol{e}_R$ 是从源点到场点的单位矢。上式就是静电场方程组(18-6)在电荷分布 $\rho_{静}(x,y,z)$ 给定后的一个解，而且还是满足无限远条件的 $\boldsymbol{E}_{静}$ 的唯一解。其实这正是基础篇中按库仑定律求得的 $\boldsymbol{E}_{静}$，即基础篇的式(1-10)。因为在每一时刻 t 的 $\boldsymbol{E}_{\mathrm{L}}(t)$ 的方程组(18-4)与 $\boldsymbol{E}_{静}$ 的方程组(18-6)形式相同，所以方程组(18-4)满足无限远条件的唯一解自然是

$$\boldsymbol{E}_{\mathrm{L}}(t,x,y,z)=\frac{1}{4\pi\varepsilon_0}\iiint_{\infty}\frac{\rho(t,x',y',z')\mathrm{d}V'}{R^2}\boldsymbol{e}_R。\tag{18-11}$$

既然式(18-10)是由电荷分布 $\rho_{静}(x,y,z)$ 按库仑定律求得的 $\boldsymbol{E}_{静}$，而式(18-11)又与式(18-10)形式相同，就可以说 $\boldsymbol{E}_{\mathrm{L}}$ 也是由电荷分布[指 $\rho(t,x',y',z')$]按库仑定律求得的结果。$\boldsymbol{E}_{\mathrm{L}}$ 与 $\boldsymbol{E}_{静}$ 的唯一不同只是 $\boldsymbol{E}_{\mathrm{L}}$ 还依赖于时间 t。值得强调的是：式(18-11)说明场点(x,y,z)在时刻 t 的 $\boldsymbol{E}_{\mathrm{L}}$ 由各个源点(x',y',z')在同一时刻 t 的 ρ 值决定。就是说，源点的电荷密度 ρ 在决定场点的 $\boldsymbol{E}_{\mathrm{L}}$ 时没有推迟效应。我们称此为“瞬时决定”。于是可以说时变电场 $\boldsymbol{E}(t)$ 的纵场部分 $\boldsymbol{E}_{\mathrm{L}}(t)$ 是由电荷分布按库仑定律瞬时决定的。这同前面对库仑电场的直观想法完全吻合。可见，在时变电场 $\boldsymbol{E}(t)$ 满足无限远条件的前提下，库仑电场 $\boldsymbol{E}_{库}(t)$ 其实正是 $\boldsymbol{E}(t)$ 的(满足无限远条件的)纵场部分 $\boldsymbol{E}_{\mathrm{L}}(t)$。可以说，至此我们才有了一个关于库仑电场的准确定义，即 $\boldsymbol{E}_{库}$ 就定义为(满足无限远条件的)$\boldsymbol{E}_{\mathrm{L}}$。

“瞬时决定”的提法常引起争论和误解。谁都知道电磁波以有限速率(光速)传播，而这意味着存在推迟效应，与“瞬时决定”的提法直接抵触。假若一个物理场竟然可以由场源瞬时决定，它的传播速率就是无限大，就可以利用它来构造破坏因果关系的各种例子，这是同狭义相对论(以及人们的朴素想法)水火不容的。然而能被瞬时决定的 $\boldsymbol{E}_{\mathrm{L}}(t)$ 并不是真实的物理场[只是物

① 此处的“$\rho_{静}$ 足够快地趋于零”是指存在正数 λ 使得 $\lim\limits_{r\to\infty}\rho_{静}\,r^{2+\lambda}$ 为有限值。

理场 $\boldsymbol{E}(t)$ 的一个部分]，有直接观测效应的是总电场 $\boldsymbol{E}(t)$ 而不是 $\boldsymbol{E}_{\mathrm{L}}(t)$。我们当然不否认 $\boldsymbol{E}(t)$ 有推迟效应，但 $\boldsymbol{E}_{\mathrm{L}}(t)$，作为 $\boldsymbol{E}(t)$ 的数学分解的一个部分，由电荷分布瞬时决定并不矛盾于 $\boldsymbol{E}(t)$ 的推迟效应，关键在于 $\boldsymbol{E}(t)$ 还存在着另一部分，即横场部分 $\boldsymbol{E}_{\mathrm{T}}(t)$。实际情况是：$\boldsymbol{E}_{\mathrm{T}}(t)$ 又可再分解为两部分，第一部分等于 $-\boldsymbol{E}_{\mathrm{L}}(t)$（于是也是瞬时决定的），第二部分等于 $\boldsymbol{E}(t)$，它有推迟效应。写成公式就是

$$\boldsymbol{E}(t)=\boldsymbol{E}_{\mathrm{L}}(t)+\boldsymbol{E}_{\mathrm{T}}(t)=\boldsymbol{E}_{\mathrm{L}}(t)+[-\boldsymbol{E}_{\mathrm{L}}(t)+\boldsymbol{E}(t)]。$$

既然有 $\boldsymbol{E}=\boldsymbol{E}_{库}+\boldsymbol{E}_{感}$ 和 $\boldsymbol{E}=\boldsymbol{E}_{\mathrm{L}}+\boldsymbol{E}_{\mathrm{T}}$，而且又知道 $\boldsymbol{E}_{库}=\boldsymbol{E}_{\mathrm{L}}$，自然就有 $\boldsymbol{E}_{感}=\boldsymbol{E}_{\mathrm{T}}$。事实上，$\boldsymbol{E}_{\mathrm{T}}(t)$ 所服从的方程组(18-5)正是 $\boldsymbol{E}_{感}$ 所服从的两个方程

$$\oiint_S \boldsymbol{E}_{感}\cdot \mathrm{d}\boldsymbol{S}=0 \qquad [基础篇式(6-16)]$$

及

$$\oint_L \boldsymbol{E}_{感}\cdot \mathrm{d}\boldsymbol{l}=-\iint_S \frac{\partial \boldsymbol{B}}{\partial t}\cdot \mathrm{d}\boldsymbol{S} \qquad [基础篇式(6-15)]$$

的微分形式。可以说，至此我们才有了感生电场 $\boldsymbol{E}_{感}$ 的准确定义：$\boldsymbol{E}_{感}$ 就定义为(满足无限远条件的)$\boldsymbol{E}_{\mathrm{T}}$。从现在起就可以把方程组(18-4)、(18-5)中的 $\boldsymbol{E}_{\mathrm{L}}$ 和 $\boldsymbol{E}_{\mathrm{T}}$ 分别理解为 $\boldsymbol{E}_{库}$ 和 $\boldsymbol{E}_{感}$。请注意这两组方程右边(含源项)的区别：前者的源是 ρ，后者的“源”是 $\partial\boldsymbol{B}/\partial t$。这验证了本节开头的直观想法——库仑电场的起因是电荷分布 ρ 而感生电场的起因是时变磁场 $\partial\boldsymbol{B}/\partial t$。

在结束本节之前还想说明一点。我们常说“时变磁场 $\partial\boldsymbol{B}/\partial t$ 也激发电场 $\boldsymbol{E}$”以及“时变电场 $\partial\boldsymbol{E}/\partial t$ 也激发磁场 $\boldsymbol{B}$”，使人感到 $\partial\boldsymbol{B}/\partial t$ 和 $\partial\boldsymbol{E}/\partial t$ 就像电荷密度 ρ 及电流密度 $\boldsymbol{J}$ 那样也是电磁场的场源，但是 $\partial\boldsymbol{B}/\partial t$ 中的 $\boldsymbol{B}$（以及 $\partial\boldsymbol{E}/\partial t$ 中的 $\boldsymbol{E}$）归根结底也是由 ρ 及 $\boldsymbol{J}$ 产生的，ρ，$\boldsymbol{J}$ 才是电磁场 $\boldsymbol{E}$，$\boldsymbol{B}$ 的真正的(第一手的)场源。从数学角度看，在给定 $\rho(t,x,y,z)$ 和 $\boldsymbol{J}(t,x,y,z)$ 的前提下，只要指定 $\boldsymbol{E}$ 和 $\boldsymbol{B}$ 的初值 $\boldsymbol{E}(t_0,x,y,z)$ 和 $\boldsymbol{B}(t_0,x,y,z)$ 就可以从麦氏方程组唯一地解出 $\boldsymbol{E}(t,x,y,z)$ 和 $\boldsymbol{B}(t,x,y,z)$（详见专题 17 的定理 17-1），再对时间 t 求偏导数便得 $\partial\boldsymbol{E}/\partial t$ 和 $\partial\boldsymbol{B}/\partial t$。可见 $\partial\boldsymbol{E}/\partial t$ 和 $\partial\boldsymbol{B}/\partial t$ 并不像源量 ρ，$\boldsymbol{J}$ 那样要事先指定。事实上，一旦指定了源量 $\rho(t,x,y,z)$ 和 $\boldsymbol{J}(t,x,y,z)$ 以及场量的初值 $\boldsymbol{E}(t_0,x,y,z)$ 和 $\boldsymbol{B}(t_0,x,y,z)$，你也就无权再指定 $\partial\boldsymbol{E}/\partial t$ 和 $\partial\boldsymbol{B}/\partial t$，因为 $\boldsymbol{E}(t,x,y,z)$ 和 $\boldsymbol{B}(t,x,y,z)$ 已被麦氏方程组唯一确定，所以若把 $\partial\boldsymbol{E}/\partial t$ 和 $\partial\boldsymbol{B}/\partial t$ 称为源量，也只能是第二手的源。以上是从数学角度看问题。然而，在若干具体的物理情况下 $\partial\boldsymbol{B}/\partial t$（或 $\partial\boldsymbol{E}/\partial t$）本来就是已知量（例如电子感应加速器中交变电流激励下的交变磁场 $\partial\boldsymbol{B}/\partial t$），利用“$\partial\boldsymbol{B}/\partial t$ 激发电场”和“$\partial\boldsymbol{E}/\partial t$ 激发磁场”的提法[把 $\partial\boldsymbol{B}/\partial t$ 和 $\partial\boldsymbol{E}/\partial t$ 看作场源]可以大大简化讨论，并使物理意义(物理图像)更为明晰。这里的 $\partial\boldsymbol{E}/\partial t$ 对 $\partial\boldsymbol{B}/\partial t$ 的影响已经被人为力量(交变励磁电流)所抵消，所以也可以把 $\partial\boldsymbol{B}/\partial t$ 看作第一手的场源。此外，即使在用麦氏方程组讨论某些较为一般(并不已知 $\partial\boldsymbol{B}/\partial t$ 或 $\partial\boldsymbol{E}/\partial t$)的问题时，借用“$\partial\boldsymbol{B}/\partial t$ 激发电场”和“$\partial\boldsymbol{E}/\partial t$ 激发磁场”的提法有时也能使结论更易于从物理上理解。不过，麦氏方程组毕竟是颇为复杂的偏微分方程组，要了解一个复杂问题的全部细节还是非靠数学(例如解方程)不可。因此，在充分享受上面所讲的“物理论述”的好处的同时，也不宜把某些物理图像想象得过于简单，否则可能出错。

§18.2　从库仑规范看库仑电场和感生电场

本节的要旨是从库仑规范的角度进一步看清库仑电场和感生电场的实质，特别是进一步论

证“库仑电场由电荷分布按库仑定律瞬时决定”这一常有争论的结论。学过电动力学的读者对于用电磁势描述电磁场以及电磁势的规范自由性都已熟悉，但是低年级本科生尚未学过电动力学，所以我们还是先对有关内容做一复习，见小节 18.2.1。熟悉电动力学的读者可以跳过这一小节，但小节 18.2.2 是必须阅读的。

18.2.1　电磁标势和矢势，规范不变性(电动力学复习)

时变磁场激发的电场 $\boldsymbol{E}(t)$ 由于旋度非零（$\nabla\times\boldsymbol{E}=-\partial\boldsymbol{B}/\partial t$）而不是势场，不能像静电场那样简单地定义电势。幸好，只要把 4 个麦氏方程统一考虑，就会发现对时变电磁场也可引入势的概念。

麦氏方程组的微分形式为[见式(15-124)]

$$\nabla\cdot\boldsymbol{E}=\frac{\rho}{\varepsilon_0},\tag{18-12a}$$

$$\nabla\times\boldsymbol{E}=-\frac{\partial\boldsymbol{B}}{\partial t},\tag{18-12b}$$

$$\nabla\cdot\boldsymbol{B}=0,\tag{18-12c}$$

$$\nabla\times\boldsymbol{B}=\mu_0\boldsymbol{J}+\frac{1}{c^2}\frac{\partial\boldsymbol{E}}{\partial t}。\tag{18-12d}$$

首先观察方程(18-12c)，即 $\nabla\cdot\boldsymbol{B}=0$。它诱发我们猜想 $\boldsymbol{B}$ 是某个矢量场(记作 $\boldsymbol{A}$)的旋度，即 $\boldsymbol{B}=\nabla\times\boldsymbol{A}$，因为

$$\boldsymbol{B}=\nabla\times\boldsymbol{A}\quad\Rightarrow\quad\nabla\cdot\boldsymbol{B}=0。\quad(\text{旋度的散度为零})$$

为了证实这一猜想，我们需要上式的逆命题，即

$$\nabla\cdot\boldsymbol{B}=0\quad\Rightarrow\quad\text{必有矢量场}\ \boldsymbol{A}\ \text{使得}\ \boldsymbol{B}=\nabla\times\boldsymbol{A}。$$

事实上，本书已经证明过这一逆命题(此即定理 15-15)，所以的确可把 $\boldsymbol{B}$ 表为

$$\boldsymbol{B}=\nabla\times\boldsymbol{A}。\tag{18-13}$$

这个 $\boldsymbol{A}$ 称为电磁场($\boldsymbol{E}$, $\boldsymbol{B}$)的**矢势**(vector potential)。把上式代入方程(18-12b)又得

$$\nabla\times\boldsymbol{E}=-\frac{\partial}{\partial t}(\nabla\times\boldsymbol{A})=-\nabla\times\frac{\partial\boldsymbol{A}}{\partial t},$$

故

$$\nabla\times\left(\boldsymbol{E}+\frac{\partial\boldsymbol{A}}{\partial t}\right)=0。\tag{18-14}$$

上式表明矢量场 $\boldsymbol{E}+\dfrac{\partial\boldsymbol{A}}{\partial t}$ 的旋度为零，我们猜想它是某个标量场的梯度(因为梯度的旋度为零)。定理 15-14 保证这一猜想正确，就是说，的确存在标量场 ϕ，满足

$$\boldsymbol{E}+\frac{\partial\boldsymbol{A}}{\partial t}=-\nabla\phi。\tag{18-15}$$

这个 ϕ 称为电磁场($\boldsymbol{E}$, $\boldsymbol{B}$)的**标势**(scalar potential)。在电磁场($\boldsymbol{E}$, $\boldsymbol{B}$)不随时间变化的特殊情况下，式(18-15)归结为 $\boldsymbol{E}=-\nabla\phi$，可见这时的标势 ϕ 就是静电场的电势 V。

由式(18-15)易得电场 $\boldsymbol{E}$ 用标势 ϕ 和矢势 $\boldsymbol{A}$ 的表达式

$$\boldsymbol{E}=-\nabla\phi-\frac{\partial\boldsymbol{A}}{\partial t}。\tag{18-16}$$

一旦求得矢势 $\boldsymbol{A}$ 和标势 ϕ，便可用式(18-13)和(18-16)计算磁场 $\boldsymbol{B}$ 和电场 $\boldsymbol{E}$。这种先求势再求场的做法的一大好处是：对同一个场$(\boldsymbol{E},\boldsymbol{B})$，势的选择有相当大的任意性。设$(\phi,\boldsymbol{A})$是$(\boldsymbol{E},\boldsymbol{B})$的一组势[即满足式(18-13)和(18-16)]，f 是任意(2 阶可微的)标量场，令

$$\boldsymbol{A}'=\boldsymbol{A}+\nabla f,\qquad \phi'=\phi-\frac{\partial f}{\partial t},\tag{18-17}$$

则容易验证

$$\boldsymbol{B}=\nabla\times\boldsymbol{A}',\qquad \boldsymbol{E}=-\nabla\phi'-\frac{\partial\boldsymbol{A}'}{\partial t},\tag{18-18}$$

可见$(\phi',\boldsymbol{A}')$与$(\phi,\boldsymbol{A})$对应于同一个电磁场$(\boldsymbol{E},\boldsymbol{B})$。这种变势不变场的变换[指式(18-17)]称为**规范变换**(gauge transformation)，场量$(\boldsymbol{E},\boldsymbol{B})$在规范变换下的不变性称为**规范不变性**，每一组势$(\phi,\boldsymbol{A})$称为一个**规范**(gauge)。在场量不变的前提下势的选择的这种自由性称为**规范自由性**(gauge freedom)，这种自由性的根本原因在于 $\boldsymbol{A}$ 的定义式 $\boldsymbol{B}=\nabla\times\boldsymbol{A}$ 只规定了 $\boldsymbol{A}$ 的旋度而丝毫不涉及其散度$\nabla\cdot\boldsymbol{A}$。于是$\nabla\cdot\boldsymbol{A}$ 的自由性就决定了 $\boldsymbol{A}$ 的选择的自由性。利用规范自由性可以在不同场合下选择最能简化讨论和计算的势。最常用的规范有以下两大类：

(1) **洛伦茨规范** 这种规范的条件是

$$\nabla\cdot\boldsymbol{A}+\frac{1}{c^2}\frac{\partial\phi}{\partial t}=0。\tag{18-19}$$

(2) **库仑规范** 这种规范的条件是

$$\nabla\cdot\boldsymbol{A}=0。\tag{18-20}$$

注 刚才讲过$\nabla\cdot\boldsymbol{A}$ 可以任选，所以库仑规范条件$\nabla\cdot\boldsymbol{A}=0$ 总可成立。然而对洛伦茨规范条件就要问：给定电磁场$(\boldsymbol{E},\boldsymbol{B})$后，是否一定存在满足洛伦茨条件的势$(\phi,\boldsymbol{A})$？答案是肯定的，证明如下。

任取$(\boldsymbol{E},\boldsymbol{B})$的一组势$(\phi,\boldsymbol{A})$，它当然未必满足洛伦茨条件，即$\nabla\cdot\boldsymbol{A}+\frac{1}{c^2}\frac{\partial\phi}{\partial t}$未必为零。我们来证明总有适当的规范变换$(\phi,\boldsymbol{A})\to(\phi',\boldsymbol{A}')$使新势$(\phi',\boldsymbol{A}')$满足洛伦茨条件，即

$$\nabla\cdot\boldsymbol{A}'+\frac{1}{c^2}\frac{\partial\phi'}{\partial t}=0。\tag{18-21}$$

利用规范变换式(18-17)可得

$$\nabla\cdot\boldsymbol{A}'+\frac{1}{c^2}\frac{\partial\phi'}{\partial t}=\nabla\cdot(\boldsymbol{A}+\nabla f)+\frac{1}{c^2}\frac{\partial}{\partial t}\left(\phi-\frac{\partial f}{\partial t}\right)=\left(\nabla\cdot\boldsymbol{A}+\frac{1}{c^2}\frac{\partial\phi}{\partial t}\right)+\left(\nabla^2 f-\frac{1}{c^2}\frac{\partial^2 f}{\partial t^2}\right)。$$

令 $F\equiv\nabla\cdot\boldsymbol{A}+\frac{1}{c^2}\frac{\partial\phi}{\partial t}$，则为使$(\phi',\boldsymbol{A}')$满足洛伦茨条件(18-21)只需 f 满足

$$\nabla^2 f-\frac{1}{c^2}\frac{\partial^2 f}{\partial t^2}=-F。\tag{18-22}$$

而

$$\nabla^2 f=\frac{\partial^2 f}{\partial x^2}+\frac{\partial^2 f}{\partial y^2}+\frac{\partial^2 f}{\partial z^2},$$

所以只需 f 满足

$$\frac{\partial^2 f}{\partial x^2}+\frac{\partial^2 f}{\partial y^2}+\frac{\partial^2 f}{\partial z^2}-\frac{1}{c^2}\frac{\partial^2 f}{\partial t^2}=-F。(F\text{ 看作已知函数}) \tag{18-22′}$$

上式是物理工作者熟悉的达朗伯方程，其解(指满足此方程的函数f)不但存在，而且很多(无限多)。任择其一，代入式(18-17)后所得的$(\phi', \boldsymbol{A}')$便满足洛伦茨条件(18-21)。证毕。

下面就可介绍如何以势代场求解麦氏方程组。一旦采用了势$(\phi, \boldsymbol{A})$，式(18-13)和(18-16)就已保证麦氏方程(18-12c)和(18-12b)自动满足，而其余两个方程(18-12a)和(18-12d)则可改写为含势不含场的方程。首先，由方程(18-12a)出发，利用式(18-16)易得

$$\frac{\rho}{\varepsilon_0}=\nabla\cdot\boldsymbol{E}=\nabla\cdot\left(-\nabla\phi-\frac{\partial\boldsymbol{A}}{\partial t}\right)=-\nabla^2\phi-\frac{\partial}{\partial t}\nabla\cdot\boldsymbol{A}。 \tag{18-23}$$

其次，利用$\boldsymbol{B}=\nabla\times\boldsymbol{A}$及式(18-16)消去方程(18-12d)的$\boldsymbol{B}$和$\boldsymbol{E}$又得

$$\nabla\times(\nabla\times\boldsymbol{A})=\mu_0\boldsymbol{J}+\frac{1}{c^2}\frac{\partial}{\partial t}\left(-\nabla\phi-\frac{\partial\boldsymbol{A}}{\partial t}\right)=\mu_0\boldsymbol{J}-\frac{1}{c^2}\nabla\frac{\partial\phi}{\partial t}-\frac{1}{c^2}\frac{\partial^2\boldsymbol{A}}{\partial t^2}。 \tag{18-24}$$

上式左边又可用式(15-106g)改写为

$$\nabla\times(\nabla\times\boldsymbol{A})=\nabla(\nabla\cdot\boldsymbol{A})-\nabla^2\boldsymbol{A},$$

于是式(18-24)就可化为

$$\nabla^2\boldsymbol{A}-\frac{1}{c^2}\frac{\partial^2\boldsymbol{A}}{\partial t^2}=-\mu_0\boldsymbol{J}+\nabla\left(\nabla\cdot\boldsymbol{A}+\frac{1}{c^2}\frac{\partial\phi}{\partial t}\right)。 \tag{18-25}$$

式(18-23)和(18-25)就是麦氏方程(18-12a)和(18-12d)用势的表达式，在$\rho(t, x, y, z)$和$\boldsymbol{J}(t, x, y, z)$已知(而且$\boldsymbol{A}$和$\phi$的初值以及边界条件给定)时原则上可以解出$\boldsymbol{A}(t, x, y, z)$和$\phi(t, x, y, z)$，再代入式(18-13)和(18-16)便可求得场量$\boldsymbol{E}(t, x, y, z)$和$\boldsymbol{B}(t, x, y, z)$。然而，待解方程(18-23)和(18-25)比较复杂，特别是待求量$\boldsymbol{A}$和ϕ都出现在每个方程中，它们“耦合”在一起，必须联立求解，相当麻烦。这时就应该利用势的规范自由性来简化方程。下面是两种常用的简化方案。

方案 A 采用洛伦茨规范[式(18-19)]把式(18-25)和(18-23)简化为

$$\nabla^2\boldsymbol{A}-\frac{1}{c^2}\frac{\partial^2\boldsymbol{A}}{\partial t^2}=-\mu_0\boldsymbol{J}, \tag{18-26}$$

$$\nabla^2\phi-\frac{1}{c^2}\frac{\partial^2\phi}{\partial t^2}=-\frac{\rho}{\varepsilon_0}。 \tag{18-27}$$

矢量方程(18-26)又可拆分为三个标量方程：

$$\nabla^2 A_i-\frac{1}{c^2}\frac{\partial^2 A_i}{\partial t^2}=-\mu_0 J_i,\quad i=1, 2, 3。 \tag{18-26′}$$

新方程组{(18-26), (18-27)}虽与原方程组{(18-23), (18-25)}等价，但具有两大优势：(1) $\boldsymbol{A}$和ϕ分别出现在两个方程中，每个方程只含一个待求量，$\boldsymbol{A}$和ϕ不再耦合在一起(已被“解耦”)，因而两个方程可以分别求解；(2) 方程(18-26)的三个分量方程以及方程(18-27)都是熟知的达朗伯方程，便于求解。熟悉此方程的人都知道其解$(\phi, \boldsymbol{A})$是推迟势，表明势(因而场)的传播需要时间[而且从$\partial^2\boldsymbol{A}/\partial t^2$和$\partial^2\phi/\partial t^2$的系数$1/c^2$不难看出电磁势(因而电磁场)以光速传播]。

方案 B 采用库仑规范，选$\nabla\cdot\boldsymbol{A}=0$。在此条件下方程(18-23)简化为

$$\nabla^2\phi=-\frac{\rho}{\varepsilon_0}\text{。}\tag{18-28}$$

这与静电势所满足的泊松方程(18-8)外形相同，区别只是现在的 ρ 和 ϕ 都还依赖于时间 t。虽然如此，但方程(18-28)不含任何量对时间 t 的导数，因而求解简单得多。正如式(18-9)是方程(18-8)的解那样，只要 $\rho(t)$ 在趋于无限远时足够快地趋于零，方程(18-28)的解也取式(18-9)的形式，只是 ρ 和 ϕ 都还依赖于时间 t：

$$\phi(t,x,y,z)=\frac{1}{4\pi\varepsilon_0}\iiint_\infty\frac{\rho(t,x',y',z')}{R}\mathrm{d}V'\text{。}\tag{18-29}$$

上式表明场点 (x,y,z) 在时刻 t 的 ϕ 值取决于源点 (x',y',z') 在同一时刻的 ρ 值，可见库仑规范的 ϕ 是瞬时势而非推迟势。

再将库仑规范条件 $\nabla\cdot\boldsymbol{A}=0$ 代入方程(18-25)得

$$\nabla^2\boldsymbol{A}-\frac{1}{c^2}\frac{\partial^2\boldsymbol{A}}{\partial t^2}=-\mu_0\boldsymbol{J}+\frac{1}{c^2}\nabla\frac{\partial\phi}{\partial t}\text{。}\tag{18-30}$$

虽然上式既含 $\boldsymbol{A}$ 又含 ϕ(并未解耦)，但因 ϕ 可先从方程(18-28)解出，故上式只含一个待求量 $\boldsymbol{A}$。不过，还有一种更为巧妙的办法简化方程(18-30)，见下一小节。

18.2.2　从库仑规范看库仑电场和感生电场

把 $\boldsymbol{J}$ 唯一地分解为纵、横场部分①：

$$\boldsymbol{J}=\boldsymbol{J}_{\mathrm{L}}+\boldsymbol{J}_{\mathrm{T}},$$

有趣的是，可以证明(见 § 18.4 注 4)，式(18-30)右边第二项恰恰等于 $\mu_0\boldsymbol{J}_{\mathrm{L}}$，即

$$\frac{1}{c^2}\nabla\frac{\partial\phi}{\partial t}=\mu_0\boldsymbol{J}_{\mathrm{L}},\tag{18-31}$$

故式(18-30)简化为

$$\nabla^2\boldsymbol{A}-\frac{1}{c^2}\frac{\partial^2\boldsymbol{A}}{\partial t^2}=-\mu_0\boldsymbol{J}_{\mathrm{T}}\text{。}\tag{18-32}$$

这是关于待求矢量场 $\boldsymbol{A}$ 的达朗伯方程(其中已不再含有 ϕ，即已经巧妙地解耦)，其相应的场源是 $\boldsymbol{J}_{\mathrm{T}}$②。既然是达朗伯方程，其解 $\boldsymbol{A}(t,x,y,z)$ 当然有推迟效应。可见，库仑规范的标势 ϕ 不推迟而矢势 $\boldsymbol{A}$ 推迟。

甲　在推迟效应上我还是有点乱——刚才的结论是洛伦茨规范的标势和矢势都是推迟势；但库仑规范的标势 ϕ 不推迟而矢势 $\boldsymbol{A}$ 推迟。我的问题是：场量 $\boldsymbol{E}$ 和 $\boldsymbol{B}$ 推迟不推迟？难道结论还跟规范有关？

乙　只要记住场量具有规范不变性，则场量的推迟与否肯定与规范无关，结论是 $\boldsymbol{E}$ 和 $\boldsymbol{B}$ 都以光速传播，因而都有推迟效应。电动力学教材举出了许多关于 $\boldsymbol{E}$ 及 $\boldsymbol{B}$ 以光速传播的例子，其中少数简单例子是直接求解场方程而得结果的(如真空中的平面电磁波)，多数例子是借助于洛

---

① 约定只讨论 $\boldsymbol{J}$ 满足无限远条件的情况，故可唯一地分解。

② Jackson(1975)不但介绍了这种巧妙办法，而且提示了式(18-31)的证明思路。不过这一提示过于简洁，不少读者对此证明仍然不得其门而入。本专题在 § 18.4 中将详细介绍这一证明。

伦茨规范的$(\phi, \boldsymbol{A})$的推迟表达式求得场量$(\boldsymbol{E}, \boldsymbol{B})$的推迟表达式的。

式(18-11)后面的一段已经说明，在满足无限远条件时，库仑电场和感生电场分别就是总电场$\boldsymbol{E}(t)$的纵场部分和横场部分，即

$$\boldsymbol{E}_{库}(t)=\boldsymbol{E}_{\mathrm{L}}(t), \qquad \boldsymbol{E}_{感}(t)=\boldsymbol{E}_{\mathrm{T}}(t),$$

本节的要旨是从库仑规范角度看库仑电场和感生电场，也就是要找出库仑规范势$(\phi_{库}, \boldsymbol{A}_{库})$同$(\boldsymbol{E}_{\mathrm{L}}, \boldsymbol{E}_{\mathrm{T}})$的关系。首先，不论选择何种规范，电场$\boldsymbol{E}$总可用矢势$\boldsymbol{A}$和标势$\phi$表为[见式(17-16)]

$$\boldsymbol{E}=-\nabla\phi-\frac{\partial \boldsymbol{A}}{\partial t}。$$

$-\nabla\phi$自然是纵场，但不能据此就说它是$\boldsymbol{E}$的纵场部分$\boldsymbol{E}_{\mathrm{L}}$，因为不敢肯定$\partial\boldsymbol{A}/\partial t$是横场。事实上，对洛伦茨规范而言，$\partial\boldsymbol{A}_{洛}/\partial t$一般不是横场，因而$-\nabla\phi_{洛}\neq\boldsymbol{E}_{\mathrm{L}}$①。但是，库仑规范的定义本身恰恰要求$\nabla\cdot\boldsymbol{A}_{库}=0$，由此得$\nabla\cdot(\partial\boldsymbol{A}_{库}/\partial t)=0$，所以$\partial\boldsymbol{A}_{库}/\partial t$一定是横场。于是对库仑规范有

$$\boldsymbol{E}_{\mathrm{L}}=-\nabla\phi_{库}, \qquad \boldsymbol{E}_{\mathrm{T}}=-\frac{\partial \boldsymbol{A}_{库}}{\partial t}。\tag{18-33}$$

至此可以认为真相大白：库仑电场其实就是库仑标势$\phi_{库}$的负梯度，而感生电场则是库仑矢势$\boldsymbol{A}_{库}$的负时间微商！库仑电场$\boldsymbol{E}_{库}$与静电场$\boldsymbol{E}_{静}$的类似性由此又得到进一步的印证：两者都可表为一个标势ϕ的负梯度，而且：①ϕ都只取决于电荷密度ρ；②ϕ与ρ的关系取相同形式，即

$$\phi_{静}(x, y, z)=\frac{1}{4\pi\varepsilon_0}\iiint_{\infty}\frac{\rho_{静}(x', y', z')}{R}\mathrm{d}V', \quad [\text{此即式(18-9)}] \tag{18-34}$$

$$\phi_{库}(t, x, y, z)=\frac{1}{4\pi\varepsilon_0}\iiint_{\infty}\frac{\rho(t, x', y', z')}{R}\mathrm{d}V', \quad [\text{此即式(18-29)}] \tag{18-35}$$

唯一区别是$\phi_{静}$不随t变而$\phi_{库}$是t的函数，但请特别注意等式左右两边括号内是同一时刻t，所以每一时刻的$\phi_{库}$只取决于该时刻的ρ，因而没有推迟效应。

甲 我想提个问题。设$f(t)$是拉普拉斯方程$\nabla^2 f(t)=0$的解，从$(\phi_{库}, \boldsymbol{A}_{库})$出发按式(18-17)做规范变换

$$\phi'=\phi_{库}-\frac{\partial f}{\partial t}, \qquad \boldsymbol{A}'=\boldsymbol{A}_{库}+\nabla f,$$

则由

$$\nabla\cdot\boldsymbol{A}'=\nabla\cdot\boldsymbol{A}_{库}+\nabla^2 f=0$$

可知$(\phi', \boldsymbol{A}')$也是库仑规范势，不妨明确记为$(\phi'_{库}, \boldsymbol{A}'_{库})$。于是仿照式(18-33)也可写出

$$\boldsymbol{E}'_{\mathrm{L}}=-\nabla\phi'_{库}=-\nabla\phi_{库}+\nabla\frac{\partial f}{\partial t}=\boldsymbol{E}_{\mathrm{L}}+\nabla\frac{\partial f}{\partial t}, \tag{18-36a}$$

$$\boldsymbol{E}'_{\mathrm{T}}=-\frac{\partial \boldsymbol{A}'_{库}}{\partial t}=-\frac{\partial \boldsymbol{A}_{库}}{\partial t}-\nabla\frac{\partial f}{\partial t}=\boldsymbol{E}_{\mathrm{T}}-\nabla\frac{\partial f}{\partial t}。\tag{18-36b}$$

注意到拉普拉斯方程本身不含时间，而且有无限多解，我相信总可找到这样的解$f(t)$使

① 极特殊情况除外。

$\nabla\frac{\partial f}{\partial t}\neq 0$，从而导致 $\boldsymbol{E}'_{\mathrm{L}}\neq\boldsymbol{E}_{\mathrm{L}}$，$\boldsymbol{E}'_{\mathrm{T}}\neq\boldsymbol{E}_{\mathrm{T}}$，这岂非跟“矢量场可唯一地分解为纵、横场”这一结论矛盾？

乙 导致矛盾的根本原因是你忽略了一个前提——纵、横场的分解有唯一性的前提是场量 $\boldsymbol{E}$ 满足无限远条件。由式(18-16)可知，为此必须要求势($\phi_{库}$，$\boldsymbol{A}_{库}$)也满足无限远条件，进而 f 也必须满足无限远条件，即在场点趋于无限远时足够快地趋于零。根据 § 18.4 将要证明的引理 18-1，拉普拉斯方程(作为泊松方程的特例)满足无限远条件的解是唯一的，而且就是 $f\equiv 0$，代入式(18-36)便得 $\boldsymbol{E}'_{\mathrm{L}}=\boldsymbol{E}_{\mathrm{L}}$，$\boldsymbol{E}'_{\mathrm{T}}=\boldsymbol{E}_{\mathrm{T}}$。可见满足无限远条件的库仑规范势是唯一的，这恰好与“满足无限远条件时纵、横场的分解有唯一性”相吻合，并无矛盾。

§ 18.3 静电场、恒定电场和库仑电场

按照基础篇第一章的定义，**静电场**是由静止电荷(带电体)激发的电场，它满足高斯定理和环路定理(其微分形式依次为 $\nabla\cdot\boldsymbol{E}=\rho/\varepsilon_0$ 和 $\nabla\times\boldsymbol{E}=0$)。到了第四章，我们把与恒定电流相伴的电场称为**恒定电场**。由于激发恒定电场的电荷并非都静止(电流就是运动着的电荷)，所以严格说来它不满足静电场的定义。然而，激发恒定电场的电荷分布(电荷体密度 ρ 和电荷面密度 σ)不随时间而变，恒定电场具有与静电场完全相同的性质(也满足 $\nabla\cdot\boldsymbol{E}=\rho/\varepsilon_0$ 和 $\nabla\times\boldsymbol{E}=0$)，所以许多作者也称之为静电场。这其实是把静电场的定义稍加放宽，把注意力从电荷是否运动转移到电荷分布是否随时间而变，并把不随时间而变的电荷分布所激发的电场一律称为静电场。现在要问：随时间而变的电荷分布 $\rho(t)$ 所激发的电场 $\boldsymbol{E}(t)$ 也能称为静电场吗？一方面，答案似乎显然是“不能”，因为这种电场不“静”；但另一方面，在不少场合下不少作者所谈及的“静电场”其实都随时间而变，它们都与随时间而变的电荷密度 $\rho(t)$ 密切相关。例如，尽管回旋加速器(见基础篇小节 5.5.3)所涉及的是时变电场 $\boldsymbol{E}(t)$(两个 D 形铜盒分别连接交变电源的两端)，但人们爱说“由于 D 形铜盒的静电屏蔽作用，两盒内部的电场为零，电场主要存在于两盒之间的缝隙中”。此外，人们不可避免地要谈及两个铜盒的电势差，而这一概念也是借静电场的有势性定义的。对于这种把由不“静”的电荷分布所激发的电场也称为静电场的称谓，笔者持如下看法。回旋加速器中的电场(主要存在于两盒的缝隙中)$\boldsymbol{E}(t)=\boldsymbol{E}_{库}(t)+\boldsymbol{E}_{感}(t)$满足 $|\boldsymbol{E}_{感}(t)|\ll|\boldsymbol{E}_{库}(t)|$，所以 $\boldsymbol{E}(t)\approx\boldsymbol{E}_{库}(t)$，而 $\boldsymbol{E}_{库}(t)$ 是由电荷分布按库仑定律瞬时激发的，除了随 t 而变之外与静电场性质无异，所以可以把静电场的讨论方法和结论(包括屏蔽效应)移植过来①。可见，所谓 D 形盒的“静电屏蔽作用”，其实是“对库仑电场的屏蔽作用”。至于两个铜盒的“电势差”，则可以理解为库仑标势之差。再举一例：示波器内的每对(水平或竖直)偏转板可看作一个电容器，两板所加的时变电压使两板(内壁)的电荷数量随时间而变，它们在板间激发时变库仑电场 $\boldsymbol{E}_{库}(t)$，正是它使射线中的电子偏转。既然 $\boldsymbol{E}_{库}(t)$ 服从与静电场相同的规律，设计偏转板时就可借用静电场的公式。许多作者也把偏转板之间的时变电场称为静电场。

把库仑电场称为静电场(并借用静电场的有关结论)的更为大量的例子存在于无线电电子

① 静电屏蔽效应的证明还有赖于导体内部静电场为零的性质。理想导体内部的交变电场 $\boldsymbol{E}(t)$ 也为零，对回旋加速器来说又有 $\boldsymbol{E}(t)\approx\boldsymbol{E}_{库}(t)$，所以也有屏蔽效应。

学领域中，专题 6 的 §6.3 曾做过某些讨论。考虑到多数读者对此领域未必熟悉，也未必感兴趣，笔者只好割爱并就此收笔。

§18.4　纵场横场纵横谈——纵场和横场的若干定理

本节要经常定量地用到前面一再提及的无限远条件，而 §18.1 将此条件放在脚注中，所以现在把这一条件再明确地复述如下(表述有变而实质相同)：

无限远条件①　标量场 f 和矢量场 $\boldsymbol{a}$ 满足无限远条件是指：任取一点 O 为原点，以 r 代表动点与 O 的距离，K 代表某一正的常数，则当 r 足够大时存在常数 $\lambda>0$ 使得

$$\text{(a)}\quad |f|\,r^{\lambda}<K,\qquad \text{(b)}\quad |\boldsymbol{a}|\,r^{1+\lambda}<K。\tag{18-37}$$

麦氏方程组包含 4 个方程，分别是 $\boldsymbol{E}$ 和 $\boldsymbol{B}$ 的散度和旋度的表达式。为什么对 $\boldsymbol{E}$ 和 $\boldsymbol{B}$ 的散、旋度如此关心？因为有这样的数学定理(见下面的定理 18-5)：矢量场 $\boldsymbol{a}$ 在区域 V 内的值由其在 V 内的散、旋度及其在 V 的边界面 S 上的法向分量 a_{n} 唯一决定。或者，在关心整个无限大空间(没有边界)的情况下，只要 $\boldsymbol{a}$ 满足无限远条件，则全空间的 $\boldsymbol{a}$ 由其散度和旋度唯一决定②(见下面的定理 18-4)。这两个定理说明散度和旋度对一个矢量场的重要性。据此，在研究矢量场时，往往分别研究它的散度和旋度，换句话说，往往分别研究它的纵场部分和横场部分。

本节要证明五个主旨定理，为此还要先给出如下的重要引理。

引理 18-1　设 $F(\boldsymbol{r})$ 是已知函数，则泊松方程

$$\nabla^2 f=F\tag{18-38}$$

满足无限远条件的解是唯一的，而且可以表为③

$$f(\boldsymbol{r})=-\frac{1}{4\pi}\iiint_{\infty}\frac{F(\boldsymbol{r}')}{R}\mathrm{d}V',\tag{18-39}$$

其中 $\boldsymbol{r}$ 和 $\boldsymbol{r}'$ 分别代表场点 P 和积分流动点 Q 的径矢(见图 18-1)，即

$$\boldsymbol{r}=(x,y,z),\qquad \boldsymbol{r}'=(x',y',z'),$$

[所以式中的 $f(\boldsymbol{r})$ 也就是 $f|_P$；$F(\boldsymbol{r}')$ 也就是 $F|_Q$。]

$\mathrm{d}V'$ 代表积分体元，即

$$\mathrm{d}V'\equiv \mathrm{d}x'\mathrm{d}y'\mathrm{d}z',$$

R 代表场点与积分流动点的距离，即

$$R\equiv\sqrt{(x-x')^2+(y-y')^2+(z-z')^2},\tag{18-40}$$

∇ 和 ∇' 分别代表对 x,y,z 和 x',y',z' 求导的算符。

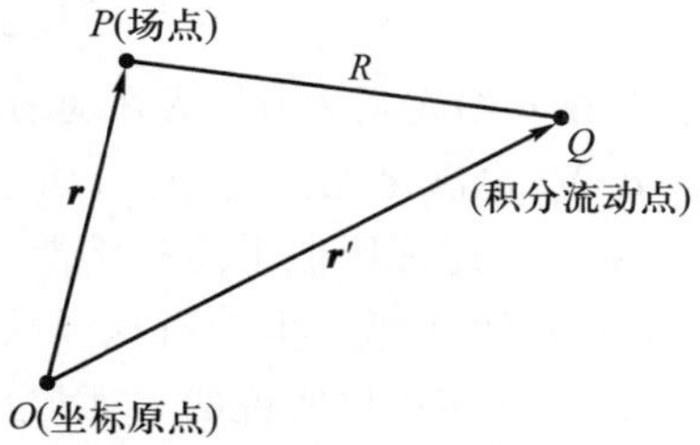

图 18-1　式(18-39)中各量的含义

---

①　“无限远条件”原则上可以有宽严不等的不同条件，本书的“无限远条件”则专指式(18-37)。顺便一提，有些老教材[例如张宗燧(1957)]只说某矢量场“在趋于无穷远时趋于零”(甚至“在无穷远处可以认为零”)，却没有提及趋于零的快慢，这是非常不够的。

②　“$\boldsymbol{a}$ 满足无限远条件”显然是必不可少的条件。例如，设 $\boldsymbol{c}$ 是非零的常矢量场，则 $\boldsymbol{a}\neq\boldsymbol{a}+\boldsymbol{c}$，但 $\boldsymbol{a}$ 和 $\boldsymbol{a}+\boldsymbol{c}$ 有相同的散度和旋度。可见散度和旋度不能唯一决定矢量场。究其原因，就在于 $\boldsymbol{a}+\boldsymbol{c}$ 在趋于无限远时不趋于零。进一步说，只有 $\boldsymbol{a}\to 0$ 还不够，还要足够快地趋于零(即满足无限远条件)，证明见柯青(1958)。

③　本引理有两个默认前提：① f 及其 1 阶导数连续；② 存在 $\lambda>0$ 使得 $F\sim r^{-(2+\lambda)}$。请注意，若 f 满足无限远条件，即 $f\sim r^{-\lambda}$，则 $\nabla^2 f\sim r^{-(2+\lambda)}$，与 F 的默认前提正好融洽。

证明 相当复杂，放在选读 18-1。

在上述引理的基础上就可以证明本节的 5 个主旨定理。

定理 18-1 任一矢量场 $\boldsymbol{a}$ 都可表为一个纵场与一个横场之和。

证明 设 f 是标量场，则 ∇f 自然是纵场。注意到

$$\boldsymbol{a}=\nabla f+(\boldsymbol{a}-\nabla f), \tag{18-41}$$

便知只需证明 $\boldsymbol{a}-\nabla f$ 是横场，即只需证明

$$0=\nabla\cdot(\boldsymbol{a}-\nabla f)=\nabla\cdot\boldsymbol{a}-\nabla^2 f。$$

令 $F\equiv\nabla\cdot\boldsymbol{a}$，则只需让 f 满足 $\nabla^2 f=F$。这是泊松方程，其解甚多，任取其一为 f，则 $\boldsymbol{a}-\nabla f$ 就是横场。因此，式(18-41)可以改写为

$$\boldsymbol{a}=\nabla f+(\boldsymbol{a}-\nabla f)=\text{纵场}+\text{横场}。\tag{18-42}$$

□

上式中的 ∇f 和 $\boldsymbol{a}-\nabla f$ 分别称为 $\boldsymbol{a}$ 的纵场部分和横场部分。分别把两者改记为 $\boldsymbol{a}_{\mathrm{L}}$ 和 $\boldsymbol{a}_{\mathrm{T}}$，便有

$$\boldsymbol{a}=\boldsymbol{a}_{\mathrm{L}}+\boldsymbol{a}_{\mathrm{T}}。\tag{18-43}$$

虽然任一矢量场 $\boldsymbol{a}$ 都可表为纵场部分 $\boldsymbol{a}_{\mathrm{L}}$ 与横场部分 $\boldsymbol{a}_{\mathrm{T}}$ 之和，但 $\boldsymbol{a}_{\mathrm{L}}$ 和 $\boldsymbol{a}_{\mathrm{T}}$ 并不唯一。例如，设 $\boldsymbol{c}$ 为任一非零的常矢量场，则 $\boldsymbol{a}_{\mathrm{L}}+\boldsymbol{c}$ 显然是纵场，$\boldsymbol{a}_{\mathrm{T}}-\boldsymbol{c}$ 显然是横场，令 $\boldsymbol{a}'_{\mathrm{L}}\equiv\boldsymbol{a}_{\mathrm{L}}+\boldsymbol{c}$，$\boldsymbol{a}'_{\mathrm{T}}\equiv\boldsymbol{a}_{\mathrm{T}}-\boldsymbol{c}$，则也有 $\boldsymbol{a}=\boldsymbol{a}'_{\mathrm{L}}+\boldsymbol{a}'_{\mathrm{T}}$，所以 $\boldsymbol{a}'_{\mathrm{L}}$，$\boldsymbol{a}'_{\mathrm{T}}$ 也是 $\boldsymbol{a}$ 的纵、横场部分。下个定理讨论分解的唯一性。

定理 18-2 设 $\boldsymbol{a}$ 满足无限远条件，则其满足无限远条件的纵、横场部分 $\boldsymbol{a}_{\mathrm{L}}$ 和 $\boldsymbol{a}_{\mathrm{T}}$ 由 $\boldsymbol{a}$ 唯一确定。

证明 定理 18-1 的证明已说明 $\boldsymbol{a}$ 可表为纵场 $\boldsymbol{a}_{\mathrm{L}}\equiv\nabla f$ 与横场 $\boldsymbol{a}_{\mathrm{T}}\equiv\boldsymbol{a}-\nabla f$ 之和，可见这一分解的唯一性只取决于标量场 f 的唯一性。f 是泊松方程 $\nabla^2 f=\nabla\cdot\boldsymbol{a}$ 的解，既然题设 $\boldsymbol{a}_{\mathrm{L}}$ 满足无限远条件[当然是指式(18-37b)]，而由 $\boldsymbol{a}_{\mathrm{L}}\equiv\nabla f$ 又知 f 也满足无限远条件[指式(18-37a)]，故引理 18-1 保证泊松方程 $\nabla^2 f=\nabla\cdot\boldsymbol{a}$ 有唯一解，即

$$f(\boldsymbol{r})=-\frac{1}{4\pi}\iiint_{\infty}\frac{F(\boldsymbol{r}')}{R}\mathrm{d}V', \quad \text{其中 } F=\nabla\cdot\boldsymbol{a}。\tag{18-44}$$

因此，在 $\boldsymbol{a}$ 给定后，满足无限远条件的 $\boldsymbol{a}_{\mathrm{L}}$ 就被唯一确定。由题设又知 $\boldsymbol{a}$ 满足无限远条件，故 $\boldsymbol{a}_{\mathrm{T}}\equiv\boldsymbol{a}-\nabla f$ 也满足无限远条件，而且 ∇f 的唯一性也保证了 $\boldsymbol{a}_{\mathrm{T}}$ 的唯一性。 □

甲 上述证明似乎还有不严密之处，因为它默认了一个前提——$\boldsymbol{a}$ 的纵场部分 $\boldsymbol{a}_{\mathrm{L}}$ 可以表为某标量场 f 的梯度。但若有这样的 $\boldsymbol{a}$，其纵场部分不能表为梯度，您的证明就管不了，不是吗？

乙 不存在你所说的 $\boldsymbol{a}$，因为专题 15 的定理 15-14 证明了一个结论——旋度为零的矢量场必能表为某标量场的梯度，这就保证了上述证明的严密性。

下一个定理给出 $\boldsymbol{a}$ 的唯一分解中 $\boldsymbol{a}_{\mathrm{L}}$ 和 $\boldsymbol{a}_{\mathrm{T}}$ 的具体表达式。

定理 18-3 设矢量场 $\boldsymbol{a}$ 满足无限远条件，则其满足无限远条件的纵、横场部分 $\boldsymbol{a}_{\mathrm{L}}$ 和 $\boldsymbol{a}_{\mathrm{T}}$ 可以表为

$$\boldsymbol{a}_{\mathrm{L}}(\boldsymbol{r})=-\frac{1}{4\pi}\nabla\iiint_{\infty}\frac{\nabla'\cdot\boldsymbol{a}(\boldsymbol{r}')}{R}\mathrm{d}V', \tag{18-45}$$

$$\boldsymbol{a}_{\mathrm{T}}(\boldsymbol{r})=\frac{1}{4\pi}\nabla\times\iiint_{\infty}\frac{\nabla'\times\boldsymbol{a}(\boldsymbol{r}')}{R}\mathrm{d}V', \tag{18-46}$$

注 2 证明定理之前要回答一个问题：式(18-45)和(18-46)的两个积分是否收敛？（如果

不收敛，则定理毫无意义。）这两个积分非常类似，只需讨论第一个积分。$\nabla' \cdot \boldsymbol{a}(\boldsymbol{r}')$无非是$x'$, y', z'的函数，简记作$F(x', y', z')$，于是问题归结为$\iiint_\infty \frac{F}{R}\mathrm{d}V'$是否收敛。对收敛性的威胁首先来自被积函数$\frac{F}{R}$以$R$为分母，而当积分流动点$Q$与场点$P$重合时$R=0$，使$\frac{F}{R}$无意义，但这一威胁其实并不存在，因为还要考虑体元$\mathrm{d}V' \equiv \mathrm{d}x'\mathrm{d}y'\mathrm{d}z'$。将坐标原点选在场点$P$，并以$r'$, θ', φ'代表与x', y', z'相应的球坐标，则$r'=R$，而且

$$\mathrm{d}V' \equiv R^2 \sin\theta' \mathrm{d}R \mathrm{d}\theta' \mathrm{d}\varphi'。$$

故

$$\frac{F}{R}\mathrm{d}V' = \frac{F}{R}R^2 \sin\theta' \mathrm{d}R\mathrm{d}\theta'\mathrm{d}\varphi' = FR\sin\theta'\mathrm{d}R\mathrm{d}\theta'\mathrm{d}\varphi',$$

因而

$$\iiint_\infty \frac{F}{R}\mathrm{d}V' = \int_0^{2\pi}\mathrm{d}\varphi' \int_0^{\pi}\sin\theta'\mathrm{d}\theta' \int_0^{\infty} FR\mathrm{d}R,$$

于是被积函数不再以R为分母。再讨论对积分$\iiint_\infty \frac{F}{R}\mathrm{d}V'$的收敛性的第二个威胁，它来自积分域为无限大空间：假如在$R\to\infty$时F不能足够快地趋于零，则$\int_0^\infty FR\mathrm{d}R$发散。注意到$F \equiv \nabla' \cdot \boldsymbol{a}(\boldsymbol{r}')$，便可理解本定理的前提"$\boldsymbol{a}$满足无限远条件"的重要性。这一条件[见式(18-37b)]保证$\lim\limits_{R\to\infty} |\boldsymbol{a}| R^{1+\lambda}$为有限值，也可简记作$|\boldsymbol{a}| \sim R^{-(1+\lambda)}$，而这又导致$\nabla' \cdot \boldsymbol{a} \sim R^{-(2+\lambda)}$，于是$FR = R\,\nabla' \cdot \boldsymbol{a} \sim R^{-(1+\lambda)}$，而且$\lambda>0$，恰能保证$\int_0^\infty FR\mathrm{d}R$收敛。这个"恰"字表明条件$\lambda>0$恰到好处：假若$\lambda=0$，则

$$\int_\infty^0 FR\mathrm{d}R \sim \int_0^\infty R^{-1}\mathrm{d}R = \ln R\,\Big|_0^\infty$$

就是发散的。

定理 18-3 的证明　式(18-45)的积分是个标量场，以∇作用后就是梯度，而梯度的旋度为零，可见$\boldsymbol{a}_\mathrm{L}$的确是纵场。类似地，式(18-46)的积分是个矢量场，以$\nabla\times$作用后就是旋度，而旋度的散度为零，可见$\boldsymbol{a}_\mathrm{T}$的确是横场。设$f$是泊松方程$\nabla^2 f = \nabla \cdot \boldsymbol{a}$的解，则由定理 18-1 的证明可知$\nabla f$和$\boldsymbol{a}-\nabla f$分别是$\boldsymbol{a}$的纵场和横场部分。泊松方程的解很多，所以这样（随便取一个解f）求得的纵、横场部分并未确定。然而，本定理的题设是$\boldsymbol{a}$及$\boldsymbol{a}_\mathrm{L}$、$\boldsymbol{a}_\mathrm{T}$都满足无限远条件，而引理 18-1 保证泊松方程满足无限远条件的解是唯一的，而且可以表为式(18-39)，用于现在就是

$$f(\boldsymbol{r}) = -\frac{1}{4\pi}\iiint_\infty \frac{\nabla' \cdot \boldsymbol{a}(\boldsymbol{r}')}{R}\mathrm{d}V'。\tag{18-47}$$

所以$\boldsymbol{a}$满足无限远条件的纵场部分就只能是

$$\boldsymbol{a}_\mathrm{L}(\boldsymbol{r}) = \nabla f(\boldsymbol{r}) = -\frac{1}{4\pi}\nabla\iiint_\infty \frac{\nabla' \cdot \boldsymbol{a}(\boldsymbol{r}')}{R}\mathrm{d}V',$$

这就证明了式(18-45)。

既然$\boldsymbol{a}$和$\boldsymbol{a}_\mathrm{L}$都满足无限远条件，$\boldsymbol{a}-\boldsymbol{a}_\mathrm{L}$必定满足无限远条件。因此，如能证明式(18-46)的

$\boldsymbol{a}_{\mathrm{T}}$ 等于现在的 $\boldsymbol{a}-\boldsymbol{a}_{\mathrm{L}}$，定理便告证毕。下面就来证明式(18-45)的 $\boldsymbol{a}_{\mathrm{L}}$ 与式(18-46)的 $\boldsymbol{a}_{\mathrm{T}}$ 之和果然等于 $\boldsymbol{a}$。

式(18-45)的积分变数是 x', y', z', 而∇只对 x, y, z 求导（"井水不犯河水"），所以∇与积分号可以互换，因而式(18-45)可改写为

$$\boldsymbol{a}_{\mathrm{L}}(\boldsymbol{r})=-\frac{1}{4\pi}\iiint_{\infty}\nabla\left[\frac{\nabla'\cdot\boldsymbol{a}(\boldsymbol{r}')}{R}\right]\mathrm{d}V'。\tag{18-48}$$

上式右边方括号内的分子只是 x', y', z'而不是 x, y, z 的函数，在∇作用下可视为常数，故

$$\boldsymbol{a}_{\mathrm{L}}(\boldsymbol{r})=-\frac{1}{4\pi}\iiint_{\infty}\left[\left(\nabla\frac{1}{R}\right)\nabla'\cdot\boldsymbol{a}(\boldsymbol{r}')\right]\mathrm{d}V'。\tag{18-49}$$

由 $R\equiv\sqrt{(x-x')^2+(y-y')^2+(z-z')^2}$ 不难证明

$$\nabla\frac{1}{R}=-\nabla'\frac{1}{R},\tag{18-50}$$

代入式(18-49)得

$$\boldsymbol{a}_{\mathrm{L}}(\boldsymbol{r})=\frac{1}{4\pi}\iiint_{\infty}\left[\left(\nabla'\frac{1}{R}\right)\nabla'\cdot\boldsymbol{a}(\boldsymbol{r}')\right]\mathrm{d}V'=\frac{1}{4\pi}\iiint_{\infty}\left\{\nabla'\left[\frac{\nabla'\cdot\boldsymbol{a}(\boldsymbol{r}')}{R}\right]-\frac{\nabla'[\nabla'\cdot\boldsymbol{a}(\boldsymbol{r}')]}{R}\right\}\mathrm{d}V',\tag{18-51}$$

其中第二步用到式(15-106a)。类似地，由式(18-46)得

$$\begin{aligned}\boldsymbol{a}_{\mathrm{T}}(\boldsymbol{r})&=\frac{1}{4\pi}\iiint_{\infty}\left[\nabla\times\frac{\nabla'\times\boldsymbol{a}(\boldsymbol{r}')}{R}\right]\mathrm{d}V'\\&=\frac{1}{4\pi}\iiint_{\infty}\left\{\left(\nabla\frac{1}{R}\right)\times[\nabla'\times\boldsymbol{a}(\boldsymbol{r}')]\right\}\mathrm{d}V'\\&=-\frac{1}{4\pi}\iiint_{\infty}\left\{\left(\nabla'\frac{1}{R}\right)\times[\nabla'\times\boldsymbol{a}(\boldsymbol{r}')]\right\}\mathrm{d}V'\\&=-\frac{1}{4\pi}\iiint_{\infty}\left\{\nabla'\times\frac{\nabla'\times\boldsymbol{a}(\boldsymbol{r}')}{R}-\frac{1}{R}\nabla'\times[\nabla'\times\boldsymbol{a}(\boldsymbol{r}')]\right\}\mathrm{d}V',\end{aligned}\tag{18-52}$$

其中第二步用到式(15-106c)以及$\nabla'\times\boldsymbol{a}(\boldsymbol{r}')$不是 x, y, z 的函数的事实，第三步用到式(18-50)，第四步再次用到式(15-106a)。

式(18-51)和(18-52)右边第一项的积分都为零（理由见本证明后的注 3），于是两式又简化为

$$\boldsymbol{a}_{\mathrm{L}}(\boldsymbol{r})=-\frac{1}{4\pi}\iiint_{\infty}\frac{\nabla'[\nabla'\cdot\boldsymbol{a}(\boldsymbol{r}')]}{R}\mathrm{d}V',\tag{18-53}$$

$$\boldsymbol{a}_{\mathrm{T}}(\boldsymbol{r})=\frac{1}{4\pi}\iiint_{\infty}\left\{\frac{\nabla'\times[\nabla'\times\boldsymbol{a}(\boldsymbol{r}')]}{R}\right\}\mathrm{d}V'。\tag{18-54}$$

两式相加又得

$$\boldsymbol{a}_{\mathrm{L}}(\boldsymbol{r})+\boldsymbol{a}_{\mathrm{T}}(\boldsymbol{r})=\frac{1}{4\pi}\iiint_{\infty}\frac{\nabla'\times[\nabla'\times\boldsymbol{a}(\boldsymbol{r}')]-\nabla'[\nabla'\cdot\boldsymbol{a}(\boldsymbol{r}')]}{R}\mathrm{d}V'=-\frac{1}{4\pi}\iiint_{\infty}\frac{\nabla'^2\boldsymbol{a}(\boldsymbol{r}')}{R}\mathrm{d}V',\tag{18-55}$$

其中末步用到式(15-106g)。再令

$$\boldsymbol{b}(\boldsymbol{r})\equiv-\frac{1}{4\pi}\nabla^2\boldsymbol{a}(\boldsymbol{r})。\tag{18-56}$$

上式的三个分量方程与泊松方程形式一样，$\boldsymbol{a}$ 又满足无限远条件，由引理 18-1 便知方程的解必为

$$\boldsymbol{a}(\boldsymbol{r})=\iiint_\infty\frac{\boldsymbol{b}(\boldsymbol{r}')}{R}\mathrm{d}V'。\tag{18-57}$$

将式(18-56)代入上式得

$$\boldsymbol{a}(\boldsymbol{r})=-\frac{1}{4\pi}\iiint_\infty\frac{\nabla'^2\boldsymbol{a}(\boldsymbol{r}')}{R}\mathrm{d}V',\tag{18-58}$$

再与式(18-55)对比便知

$$\boldsymbol{a}(\boldsymbol{r})=\boldsymbol{a}_\mathrm{L}(\boldsymbol{r})+\boldsymbol{a}_\mathrm{T}(\boldsymbol{r}),$$

于是定理证毕。 □

定理 18-4 设矢量场 $\boldsymbol{a}$ 满足无限远条件，则全空间的 $\boldsymbol{a}$ 由其散度 $\nabla\cdot\boldsymbol{a}$ 和旋度 $\nabla\times\boldsymbol{a}$ 唯一确定。

证明 这其实是定理 18-3 的简单推论：式(18-45)和(18-46)右边的被积函数的分子依次是 $\boldsymbol{a}$ 的散度和旋度；既然 $\boldsymbol{a}$ 满足无限远条件，这两个积分就收敛；用这两式求出 $\boldsymbol{a}_\mathrm{L}(\boldsymbol{r})$ 及 $\boldsymbol{a}_\mathrm{T}(\boldsymbol{r})$ 后取和，就确定出唯一的矢量场 $\boldsymbol{a}=\boldsymbol{a}_\mathrm{L}+\boldsymbol{a}_\mathrm{T}$。 □

定理 18-5 设 Ω 是闭合面 S 所包围的区域，则任一矢量场 $\boldsymbol{a}$ 在 Ω 内的值由 $\boldsymbol{a}$ 在 Ω 内的散度、旋度以及 $\boldsymbol{a}$ 在边界面 S 上的法向分量 a_n 唯一确定。

证明 设 $\boldsymbol{a}_1$ 和 $\boldsymbol{a}_2$ 是满足以下条件的矢量场：

$$\begin{aligned}&(\mathrm{a})\ \nabla\cdot\boldsymbol{a}_1=\nabla\cdot\boldsymbol{a}_2=\nabla\cdot\boldsymbol{a},\quad(在\ \Omega\ 内)\\&(\mathrm{b})\ \nabla\times\boldsymbol{a}_1=\nabla\times\boldsymbol{a}_2=\nabla\times\boldsymbol{a},\quad(在\ \Omega\ 内)\\&(\mathrm{c})\ a_{1\mathrm{n}}=a_{2\mathrm{n}}=a_\mathrm{n},\quad(在\ S\ 上)\end{aligned}\tag{18-59}$$

欲证本定理只需证明 $\boldsymbol{a}_1=\boldsymbol{a}_2$。令 $\boldsymbol{b}\equiv\boldsymbol{a}_1-\boldsymbol{a}_2$，则由式(18-59)得

$$\begin{aligned}&(\mathrm{a})\ \nabla\cdot\boldsymbol{b}=0,\quad(在\ \Omega\ 内)\\&(\mathrm{b})\ \nabla\times\boldsymbol{b}=0,\quad(在\ \Omega\ 内)\\&(\mathrm{c})\ \boldsymbol{b}\ 在\ S\ 上的法向分量\ b_\mathrm{n}=0。\end{aligned}\tag{18-60}$$

式(18-60b)表明 Ω 内存在标量场 ϕ 使

$$\boldsymbol{b}=\nabla\phi,\tag{18-61}$$

代入式(18-60a)，注意到 $\nabla\cdot\nabla\phi=\nabla^2\phi$，得

$$\nabla^2\phi=0。\tag{18-62}$$

以 $\boldsymbol{e}_\mathrm{n}$ 代表 S 面的单位法矢，则 $b_\mathrm{n}=\boldsymbol{e}_\mathrm{n}\cdot\boldsymbol{b}=\boldsymbol{e}_\mathrm{n}\cdot\nabla\phi$，故(18-60c)给出

$$0=\boldsymbol{e}_\mathrm{n}\cdot\nabla\phi=\frac{\partial\phi}{\partial n}。\tag{18-63}$$

以上两式表明 $\phi\equiv0$ 是方程 $\nabla^2\phi=0$ 的一个解，而数理方法保证拉普拉斯方程满足边界条件的解是唯一的，所以 $\phi=0$ 是正确解，于是 $\boldsymbol{b}=\nabla\phi=0$，从而 $\boldsymbol{a}_1=\boldsymbol{a}_2$。 □

注 3 定理 18-3 的证明中曾不加证明地用到一个结论：式(18-51)和(18-52)右边第一项的积分为零，即

$$\iiint_{\infty} \nabla'\left[\frac{\nabla' \cdot \boldsymbol{a}(\boldsymbol{r}')}{R}\right] \mathrm{d}V' = 0 \tag{18-64}$$

和

$$\iiint_{\infty} \left[\nabla' \times \frac{\nabla' \times \boldsymbol{a}(\boldsymbol{r}')}{R}\right] \mathrm{d}V' = 0。 \tag{18-65}$$

现在补证此二式。式(18-64)的方括号内是个标量场(记作 F),它既依赖于 x', y', z'又依赖于 x, y, z。但由于积分流动点的坐标是 x', y', z',而且∇'只对 x', y', z'求导,所以 x, y, z 在求导及积分时都可看作常数。因此,为了证明式(18-64),实质上只需证明

$$\iiint_{\infty} [\nabla F(x, y, z)] \mathrm{d}x\mathrm{d}y\mathrm{d}z = 0。 \tag{18-66}$$

证明如下。

$$\begin{aligned}\iiint_{\infty} [\nabla F(x, y, z)] \mathrm{d}x\mathrm{d}y\mathrm{d}z &= \iiint_{\infty} \left(\boldsymbol{e}_x \frac{\partial F}{\partial x} + \boldsymbol{e}_y \frac{\partial F}{\partial y} + \boldsymbol{e}_z \frac{\partial F}{\partial z}\right) \mathrm{d}x\mathrm{d}y\mathrm{d}z \\ &= \boldsymbol{e}_x \iiint_{\infty} \frac{\partial F}{\partial x}\mathrm{d}x\mathrm{d}y\mathrm{d}z + \boldsymbol{e}_y \iiint_{\infty} \frac{\partial F}{\partial y}\mathrm{d}y\mathrm{d}z\mathrm{d}x + \boldsymbol{e}_z \iiint_{\infty} \frac{\partial F}{\partial z}\mathrm{d}z\mathrm{d}x\mathrm{d}y。\end{aligned} \tag{18-67}$$

现在证明上式右边的三个积分都为零。第一个积分

$$\iiint_{\infty} \frac{\partial F}{\partial x}\mathrm{d}x\mathrm{d}y\mathrm{d}z = \int_{-\infty}^{\infty} \mathrm{d}z \int_{-\infty}^{\infty} \mathrm{d}y \int_{-\infty}^{\infty} \frac{\partial F}{\partial x}\mathrm{d}x = \int_{-\infty}^{\infty} \mathrm{d}z \int_{-\infty}^{\infty} \mathrm{d}y \cdot F \Big|_{-\infty}^{\infty} = 0。$$

最末一步的理由是:F 代表$\dfrac{\nabla \cdot \boldsymbol{a}}{R}$,而 $\boldsymbol{a}$ 满足无限远条件,故 $\lim\limits_{x \to \pm\infty} F = 0$。同理可证式(18-67)右边第二、第三个积分为零。于是式(18-64)证毕。用类似手法也可证明式(18-65),不再详述。

注 4 在 §18.2 之末曾不加证明地利用公式[编号为(18-31)]

$$\frac{1}{c^2}\nabla\frac{\partial \phi}{\partial t} = \mu_0 \boldsymbol{J}_{\mathrm{L}}$$

来简化方程(18-30)。现在补证上式。

把式(18-45)的 $\boldsymbol{a}$ 用于 $\boldsymbol{J}$ 得

$$\begin{aligned}\boldsymbol{J}_{\mathrm{L}}(\boldsymbol{r}) &= \frac{1}{4\pi} \nabla \iiint_{\infty} \frac{-\nabla' \cdot \boldsymbol{J}(\boldsymbol{r}')}{R}\mathrm{d}V' = \frac{1}{4\pi} \nabla \iiint_{\infty} \frac{1}{R} \frac{\partial \rho(\boldsymbol{r}')}{\partial t}\mathrm{d}V' \\ &= \frac{1}{4\pi} \nabla \left[\frac{\partial}{\partial t} \iiint_{\infty} \frac{\rho(\boldsymbol{r}')}{R}\mathrm{d}V'\right] = \nabla\left[\frac{\partial}{\partial t}\varepsilon_0 \phi(\boldsymbol{r})\right] = \varepsilon_0 \nabla \frac{\partial \phi}{\partial t},\end{aligned}$$

[其中第二步用到连续性方程$\nabla \cdot \boldsymbol{J} = -\partial\rho/\partial t$,第四步用到式(18-34)。]于是

$$\mu_0 \boldsymbol{J}_{\mathrm{L}} = \mu_0 \varepsilon_0 \nabla \frac{\partial \phi}{\partial t} = \frac{1}{c^2} \nabla \frac{\partial \phi}{\partial t},$$

此即待证的式(18-31)。

[选读 18-1]

引理 18-1 的证明 本证明主要参考文献:柯青(1958)。

本证明颇长,分为 5 步讲解。

第一步 证明函数$\dfrac{1}{R}$满足拉普拉斯方程。由 $R \equiv \sqrt{(x-x')^2+(y-y')^2+(z-z')^2}$ 可知 R 既是 x,

y, z 又是 x', y', z' 的函数。(当看作 x, y, z 的函数时视 x', y', z' 为常数，反之亦然。) 所谓“$\frac{1}{R}$满足拉普拉斯方程”，可理解为 $\nabla^2 \frac{1}{R}=0$ 也可理解为 $\nabla'^2 \frac{1}{R}=0$。下面要用的是 $\nabla'^2 \frac{1}{R}=0$，特来证明。以 P 为原点建立球坐标系$\{\hat{r}, \hat{\theta}, \hat{\varphi}\}$，请注意此 $\hat{r}$ 代表从 P 量起的距离。由于 R 代表 Q 与 P 的距离，所以 $R=\hat{r}(Q)$。利用专题 15 关于 $\nabla^2 f$ 在球坐标系的表达式(15-184)，考虑到现在的球坐标系是$\{\hat{r}, \hat{\theta}, \hat{\varphi}\}$；被 ∇'^2 作用的函数是$\frac{1}{\hat{r}}$，该式成为

$$\nabla'^2 \frac{1}{\hat{r}}=\frac{1}{\hat{r}^2}\frac{\partial}{\partial \hat{r}}\left(\hat{r}^2 \frac{\partial \hat{r}^{-1}}{\partial \hat{r}}\right)+\frac{1}{\hat{r}^2 \sin\hat{\theta}}\frac{\partial}{\partial\hat{\theta}}\left(\sin\hat{\theta}\,\frac{\partial \hat{r}^{-1}}{\partial\hat{\theta}}\right)+\frac{1}{\hat{r}^2\sin^2\hat{\theta}}\frac{\partial^2 \hat{r}^{-1}}{\partial\hat{\varphi}^2}。\tag{18-68}$$

注意到

$$\frac{\partial \hat{r}^{-1}}{\partial \hat{r}}=-\hat{r}^{-2}, \qquad \frac{\partial \hat{r}^{-1}}{\partial\hat{\theta}}=\frac{\partial \hat{r}^{-1}}{\partial\hat{\varphi}}=0,$$

代入式(18-68)便得 $\nabla'^2 \frac{1}{\hat{r}}=0$。又因为 $R=\hat{r}(Q)$ 以及 Q 是积分流动点，便有 $\nabla'^2 \frac{1}{R}=0$。

第二步　任取空间区域 V 并把格林第二公式[见专题 15 式(15-93b)]用于其上，得

$$\iiint_V [\phi\,\nabla'^2\psi-\psi\,\nabla'^2\phi]\,\mathrm{d}V'=\oint\!\!\!\oint_S\left(\phi\frac{\partial\psi}{\partial n}-\psi\frac{\partial\phi}{\partial n}\right)\mathrm{d}S。\tag{18-69}$$

取 ϕ 为现在的 f；ψ 为现在的$\frac{1}{R}$(其中 x', y', z' 看作变数，$\mathrm{d}V'\equiv \mathrm{d}x'\mathrm{d}y'\mathrm{d}z'$，等号右侧的面积分也是对 x', y', z' 的面积分)；借助于 $\nabla'^2 \frac{1}{R}=0$ 便可把上式简化为

$$-\iiint_V \frac{\nabla'^2 f(\boldsymbol{r}')}{R}\mathrm{d}V'=\oint\!\!\!\oint_S\left[f(\boldsymbol{r}')\frac{\partial R^{-1}}{\partial n}-\frac{1}{R}\frac{\partial f(\boldsymbol{r}')}{\partial n}\right]\mathrm{d}S。\tag{18-70}$$

上式的积分流动点 $Q(x', y', z')$ 当然要跑遍全体积 V，当 Q 与 P 重合时 $R=0$，导致上式(由于各项含有$\frac{1}{R}$而)无意义。因此，为了避免 $R=0$ 在积分中出现，不妨先从 V 中挖去一个以 P 为球心、以小量 ε 为半径的小球体(球面记作 Σ)，挖后的体积记作 V_-(图 18-2)。再将格林第二公式用于 V_-，但要注意现在除了有外包面 S 外还有内包面 Σ，所以式(18-70)应被下式替换：

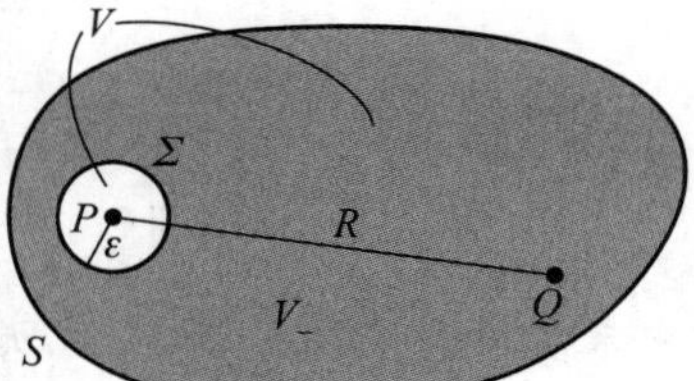

图 18-2　挖去以 P 为心的球体

$$-\iiint_{V_-} \frac{\nabla'^2 f(\boldsymbol{r}')}{R}\mathrm{d}V'=\oint\!\!\!\oint_S\left[f(\boldsymbol{r}')\frac{\partial R^{-1}}{\partial n}-\frac{1}{R}\frac{\partial f(\boldsymbol{r}')}{\partial n}\right]\mathrm{d}S+\oint\!\!\!\oint_\Sigma\left[f(\boldsymbol{r}')\frac{\partial R^{-1}}{\partial n}-\frac{1}{R}\frac{\partial f(\boldsymbol{r}')}{\partial n}\right]\mathrm{d}\Sigma。\tag{18-71}$$

第三步　令 ε 趋于零并求极限。

1. 求 $\lim\limits_{\varepsilon\to 0}\oiint_{\Sigma}\dfrac{1}{R}\dfrac{\partial f}{\partial n}\mathrm{d}\Sigma$。注意到：①这个面积分的流动点 Q 跑遍全 Σ，而 Σ 上每点与 P 的距离都是 ε；②球面 Σ 的面积为 $4\pi\varepsilon^2$；③ $\left|\dfrac{\partial f}{\partial n}\right|$ 在 Σ 上的各点可以不同，取其最大值，记作 $\max\limits_{\Sigma}\left|\dfrac{\partial f}{\partial n}\right|$，便有

$$\left|\oiint_{\Sigma}\frac{1}{R}\frac{\partial f}{\partial n}\mathrm{d}\Sigma\right|\leqslant\frac{1}{\varepsilon}4\pi\varepsilon^2\max_{\Sigma}\left|\frac{\partial f}{\partial n}\right|=4\pi\varepsilon\max_{\Sigma}\left|\frac{\partial f}{\partial n}\right|,$$

因而

$$\lim_{\varepsilon\to 0}\oiint_{\Sigma}\frac{1}{R}\frac{\partial f}{\partial n}\mathrm{d}\Sigma=0。\tag{18-72}$$

2. 求 $\lim\limits_{\varepsilon\to 0}\oiint_{\Sigma}f\dfrac{\partial R^{-1}}{\partial n}\mathrm{d}\Sigma$。无论流动点 Q 跑到 Σ 面的哪一点，Σ 面(作为 V_- 区的内边界面)的外法向都指向球心 P，故

$$\left.\frac{\partial R^{-1}}{\partial n}\right|_{\Sigma}=-\left.\frac{\partial R^{-1}}{\partial \hat{r}}\right|_{\Sigma}=-\left.\frac{\partial \hat{r}^{-1}}{\partial \hat{r}}\right|_{\Sigma}=\left.\frac{1}{\hat{r}^2}\right|_{\Sigma}=\frac{1}{\varepsilon^2},$$

因而

$$\oiint_{\Sigma}f\frac{\partial R^{-1}}{\partial n}\mathrm{d}\Sigma=\frac{1}{\varepsilon^2}\oiint_{\Sigma}f\mathrm{d}\Sigma。$$

根据中值定理(平均值定理)，球面 Σ 总有一点 Q_1 满足 $\oiint_{\Sigma}f\mathrm{d}\Sigma=f|_{Q_1}4\pi\varepsilon^2$，代入上式得

$$\oiint_{\Sigma}f\frac{\partial R^{-1}}{\partial n}\mathrm{d}\Sigma=4\pi f|_{Q_1}。\tag{18-73}$$

当 $\varepsilon\to 0$ 时 $Q_1\to P$，故

$$\lim_{\varepsilon\to 0}\oiint_{\Sigma}f\frac{\partial R^{-1}}{\partial n}\mathrm{d}\Sigma=4\pi f|_P\equiv 4\pi f(\boldsymbol{r})。\tag{18-74}$$

3. 最后，容易求得式(18-71)左边体积分的极限为

$$\lim_{\varepsilon\to 0}\iiint_{V_-}\frac{\nabla'^2 f(\boldsymbol{r}')}{R}\mathrm{d}V'=\iiint_{V}\frac{\nabla'^2 f(\boldsymbol{r}')}{R}\mathrm{d}V'=\iiint_{V}\frac{F(\boldsymbol{r}')}{R}\mathrm{d}V',\tag{18-75}$$

其中末步用到式(18-38)。说明：虽然被积函数的分母 R 在 $\varepsilon\to 0$ 时趋于零，但仿照注 2 的讨论可知 $\lim\limits_{\varepsilon\to 0}\iiint_{V_-}\dfrac{\nabla'^2 f(\boldsymbol{r}')}{R}\mathrm{d}V'$ 存在，而且就是 $\iiint_{V}\dfrac{F(\boldsymbol{r}')}{R}\mathrm{d}V'$。注 2 中用到 $\nabla'\cdot\boldsymbol{a}\sim R^{-(2+\lambda)}$ 的条件，而现在的 f 由于满足无限远条件(即 $f\sim R^{-\lambda}$)而导致 $\nabla^2 f\sim R^{-(2+\lambda)}$，正好够用。

第四步 对式(18-71)全式求 $\varepsilon\to 0$ 时的极限，利用式(18-72)、式(18-74)及式(18-75)便可求得 f 在场点 P 的值，即

$$f(\boldsymbol{r})=-\frac{1}{4\pi}\iiint_{V}\frac{F(\boldsymbol{r}')}{R}\mathrm{d}V'+\frac{1}{4\pi}\oiint_{S}\frac{1}{R}\frac{\partial f(\boldsymbol{r}')}{\partial n}\mathrm{d}S-\frac{1}{4\pi}\oiint_{S}f(\boldsymbol{r}')\frac{\partial R^{-1}}{\partial n}\mathrm{d}S。\tag{18-76}$$

甲 我对这一结果不太理解。为什么上式右边还有第二、第三项？假定 f 代表静电场的电

势 ϕ，由式(18-9)可知 F 代表 $-\rho_{静}/\varepsilon_0$，故上式右边第一项代表电荷体密度对 P 点电势的贡献；但后两项（尤其是第三项）的物理意义是什么？

乙 这两项都是边界面 S 上的积分。式(18-76)右边第一项只反映 V 区内的电荷体密度 ρ 的贡献，但 V 区外完全可以存在电荷，它们对 $\phi|_P$[即 $f(\boldsymbol{r})$]的贡献就通过边界项来体现。先看一个熟悉的例子。设封闭金属壳内有电荷体分布，则壳的内壁 $S_内$ 有电荷面分布。如果这样选择 V 区，使它的边界面 S 几乎就是 $S_内$，但每点都比 $S_内$ 向内靠一点点，就有

$$\left.\frac{\partial f}{\partial n}\right|_S = E_n|_S = \frac{1}{\varepsilon_0}\sigma|_{S_内},$$

于是

$$式(18\text{-}76)右边第二项 = \frac{1}{4\pi\varepsilon_0}\oiint_S \frac{\sigma}{R}\mathrm{d}S,$$

这正是金属壳内壁的面电荷对 $\phi|_P$ 的贡献。但请注意这只是一个简单特例。

甲 这点清楚了，但我尤其不能理解式(18-76)右边第三项的含义。

乙 仍以封闭金属壳为简单特例，但这次的金属壳要接地。由于现在要涉及“偶电层”的知识，我们将在下个选读（选读 18-2）中补讲偶电层，此处先对要用到的结论做一提要：① 偶电层是个面模型，其特征量叫“层强”（定义在偶电层所在面 $S_偶$ 上的、正交于 $S_偶$ 的矢量场），记作 $\boldsymbol{\Lambda}$，它对场点 P 贡献的电势为

$$\phi|_P = -\frac{1}{4\pi\varepsilon_0}\iint_{S_偶}\boldsymbol{\Lambda}\cdot(\nabla' R^{-1})\mathrm{d}S, \tag{18-77}$$

其中 R 是 P 与面元 $\mathrm{d}S$ 的距离；② 电势在 $S_偶$ 上有突变，突变量为 Λ/ε_0。现在设金属壳内壁 $S_内$ 上存在偶电层（即 $S_内$ 就是 $S_偶$，见图 18-3），仿照讨论第二项时的做法选择边界面 S（“比 $S_内$ 向内一点点”），注意到 $\phi|_{金属内部}=0$（因为接地），便知

$$电势在 S_内 上的突变量 = \phi|_S - \phi|_{金属内部} = \phi|_S,$$

与“突变量等于 Λ/ε_0”相结合便有 $\phi|_S = \Lambda/\varepsilon_0$。又因为 $\phi|_S$ 就是第三项的 $f(\boldsymbol{r}')$，便得

$$式(18\text{-}76)右边第三项 = -\frac{1}{4\pi}\oiint_S \phi|_S\frac{\partial R^{-1}}{\partial n}\mathrm{d}S = -\frac{1}{4\pi\varepsilon_0}\oiint_S\boldsymbol{\Lambda}\cdot(\nabla' R^{-1})\mathrm{d}S = \phi|_P(由\ \boldsymbol{\Lambda}\ 贡献的)。$$

当然，这也只是一个简单特例。上述两个简单特例有一个共同点，就是边界面 S 的稍外面有一个金属壳。即使壳外有电荷分布，根据专题 6 的命题 6-1 之(a)，加之金属壳接地，这些电荷对 S 面以内（V 区）的电势的贡献为零，所以式(18-76)右边第二、第三项只能包含 $S_内$ 的面电荷密度以及偶电层的层强的贡献。然而，对一般情况而言，就应该笼统地说这第二、第三项代表着 S 面以外所有电荷的贡献。

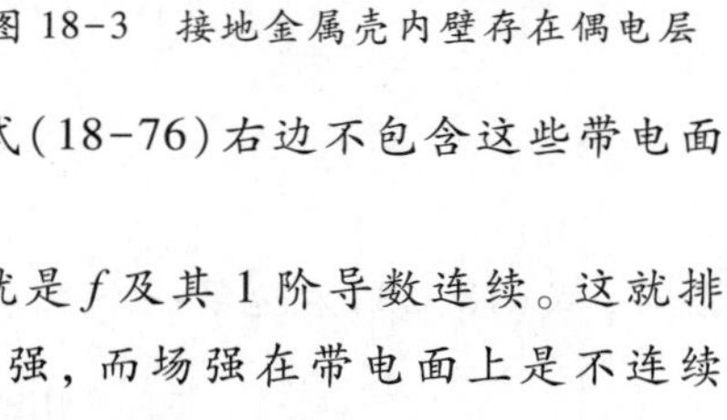

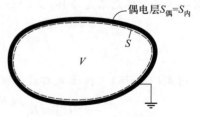

图 18-3 接地金属壳内壁存在偶电层

甲 我还有个问题：V 区内部是可以有带电面的，为什么式(18-76)右边不包含这些带电面的贡献？

乙 本引理有一个默认前提[见式(18-39)前的脚注]，就是 f 及其 1 阶导数连续。这就排除了 V 区内部有带电面的可能性。（因为电势的 1 阶导数是场强，而场强在带电面上是不连续的。）如果放宽这一条件，即允许电势的 1 阶导数在 V 区内某些曲面上不连续（以一个曲面为

例，记作 S_1），讨论时除挖去小球外还要挖去含有 S_1 的一个小区域，再施行极限手法，结果将是式(18-76)右边多出一个代表带电面的贡献的面积分项，即

$$-\frac{1}{4\pi}\oint\!\!\!\oint_{S_1}\frac{\sigma(\boldsymbol{r}')}{R}\mathrm{d}S,$$

详见塔姆(1958)。

下面继续证明本引理。

第五步(最后一步)　现在把图 18-2 及式(18-76)的 S 面取为球面，球心在坐标原点 O，半径为 $\overline{R}$(图 18-4)。我们的意图是令 $\overline{R}\to\infty$ 并求式(18-76)的极限。由于场点 P(因而 r 值)固定，P 与积分流动点 Q 的距离 R 将随 $\overline{R}$ 的增大而增大，而且显然有

$$\lim_{\overline{R}\to\infty}\frac{R}{\overline{R}}=1。\tag{18-78}$$

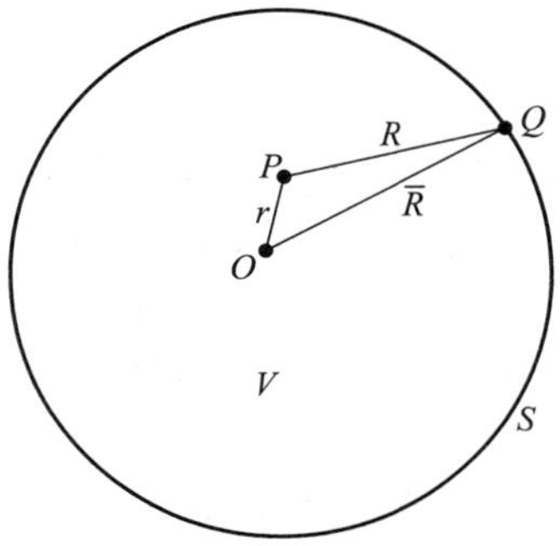

图 18-4　第五步中各量的含义

将无限远条件[式(18-37a)]用于现在就是 $|f|<\frac{K}{\overline{R}^{\lambda}}$，当 $\overline{R}$ 足够大时在球面 S 上有

$$\frac{\partial R^{-1}}{\partial n}\approx\frac{\partial R^{-1}}{\partial R}=-R^{-2},$$

故

$$\left|\oint\!\!\!\oint_S f\frac{\partial R^{-1}}{\partial n}\mathrm{d}S\right|<K\frac{4\pi\overline{R}^2}{R^2\overline{R}^{\lambda}},$$

再用式(18-78)便知上式右边的极限

$$\lim_{\overline{R}\to\infty}K\frac{4\pi\overline{R}^2}{R^2\overline{R}^{\lambda}}=4\pi K\lim_{\overline{R}\to\infty}\overline{R}^{-\lambda}=0,\tag{18-79}$$

因而

$$\lim_{\overline{R}\to\infty}\oint\!\!\!\oint_S f\frac{\partial R^{-1}}{\partial n}\mathrm{d}S=0。\tag{18-80}$$

另一方面，将无限远条件[式(18-37b)]用于现在就是 $|\boldsymbol{\nabla}f|<\frac{K}{\overline{R}^{1+\lambda}}$，故

$$\left|\oint\!\!\!\oint_S\frac{1}{R}\frac{\partial f(\boldsymbol{r}')}{\partial n}\mathrm{d}S\right|<K\frac{4\pi\overline{R}^2}{R\overline{R}^{1+\lambda}},$$

利用式(18-78)可知上式右边的极限

$$\lim_{\overline{R}\to\infty}K\frac{4\pi\overline{R}^2}{R\overline{R}^{1+\lambda}}=\lim_{\overline{R}\to\infty}4\pi K\frac{\overline{R}}{\overline{R}^{1+\lambda}}=4\pi K\lim_{\overline{R}\to\infty}\overline{R}^{-\lambda}=0,$$

因而

$$\lim_{\overline{R}\to\infty}\oint\!\!\!\oint_S\frac{1}{R}\frac{\partial f(\boldsymbol{r}')}{\partial n}\mathrm{d}S=0。\tag{18-81}$$

最后，式(18-53)右边第一个积分的极限显然为

$$\lim_{\overline{R}\to\infty}\iiint_V\frac{F(\boldsymbol{r}')}{R}\mathrm{d}V'=\iiint_\infty\frac{F(\boldsymbol{r}')}{R}\mathrm{d}V',\tag{18-82}$$

[F 的默认前提保证 $F\sim\bar{R}^{-(2+\lambda)}$，进而有 $F\sim R^{-(2+\lambda)}$，正好保证极限存在。] 于是式(18-76)的极限便给出待证等式(18-39)。

□

[选读 18-1 完]

[选读 18-2]

本选读介绍偶电层的初步知识。偶电层和偶极子都是模型，偶极子的客体基础是两个互相靠近、等值异号的点电荷，偶电层的客体基础则是两张互相靠近的带电面，其中一张是另一张平移了常值矢量 $\boldsymbol{l}$ 的结果，$\boldsymbol{l}$ 的始末两点有等值异号的电荷面密度(图 18-5)。当两面之间的距离 $l\equiv|\boldsymbol{l}|$ 远小于场点与面的距离时，从这一客体就可以提炼出偶电层模型。与偶极子不同，偶电层是面模型而非点模型。下面讨论这个面模型的特征量。以 S_+ 和 S_- 代表这两张带电面，$\sigma>0$ 和 $-\sigma$ 代表两面的面密度，则偶电层在场点 P 激发的电势为

$$\phi_P=\frac{1}{4\pi\varepsilon_0}\left(\iint_{S_+}\frac{\sigma\,\mathrm{d}S}{R_+}+\iint_{S_-}\frac{-\sigma\,\mathrm{d}S}{R_-}\right), \tag{18-83}$$

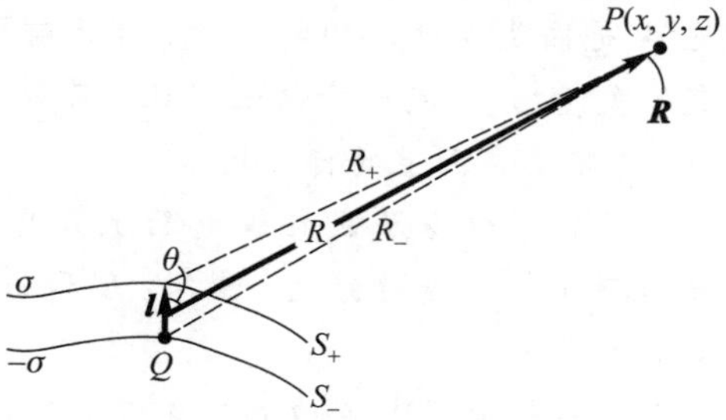

图 18-5 偶电层(的客体基础)

其中 R_+ 和 R_- 分别代表 P 与第一、第二面元的距离。现在从图 18-5 出发提炼偶电层模型。只要 $l\ll R_+$，$l\ll R_-$，就可认为 S_+ 和 S_- 合为一张曲面 S，式(18-83)就简化为

$$\phi_P\approx\frac{1}{4\pi\varepsilon_0}\iint_S\sigma\left(\frac{1}{R_+}-\frac{1}{R_-}\right)\mathrm{d}S, \tag{18-84}$$

而且场点 P 与两面的距离也可简记为 $R\approx R_+\approx R_-$，但 $\left(\frac{1}{R_+}-\frac{1}{R_-}\right)$ 中的 R_+ 和 R_- 当然不能认为相等(理由自明)。以 (x, y, z) 和 (x', y', z') 分别代表场点 P 和源点(积分流动点) Q 的坐标，便有

$$R\equiv\sqrt{(x-x')^2+(y-y')^2+(z-z')^2}。 \tag{18-85}$$

其次，式(18-84)中的 $\left(\frac{1}{R_+}-\frac{1}{R_-}\right)$ 可借用基础篇 P. 90 的未编号公式

$$\frac{R}{R_+}-\frac{R}{R_-}\approx\frac{l}{R}\cos\theta \tag{18-86}$$

来改写，为此可先对标量场 $\frac{1}{R}$ 求梯度。以 ∇ 和 ∇' 分别代表对 x, y, z 和 x', y', z' 求导的算符，则不难求得

$$\nabla\frac{1}{R}=-\frac{\boldsymbol{R}}{R^3}=-\nabla'\frac{1}{R}, \tag{18-87}$$

其中 $\boldsymbol{R}$ 代表从源点 Q 到场点 P 的矢量。以矢量 $\boldsymbol{l}$ 点乘上式右边得

$$-\boldsymbol{l}\cdot\nabla'\frac{1}{R}=-\frac{1}{R^3}\boldsymbol{l}\cdot\boldsymbol{R}=-\frac{1}{R^2}l\cos\theta=\frac{1}{R_+}-\frac{1}{R_-}, \tag{18-88}$$

其中第一步用到式(18-87)，第三步用到式(18-86)。上式代入式(18-84)便得

$$\phi_P \approx -\frac{1}{4\pi\varepsilon_0}\iint_S \sigma \boldsymbol{l}\cdot(\nabla' R^{-1})\,\mathrm{d}S。\tag{18-89}$$

引入

$$\boldsymbol{\Lambda} \equiv \sigma \boldsymbol{l},\tag{18-90}$$

便有

$$\phi_P \approx -\frac{1}{4\pi\varepsilon_0}\iint_S \boldsymbol{\Lambda}\cdot(\nabla' R^{-1})\,\mathrm{d}S。\tag{18-91}$$

可见 $\boldsymbol{\Lambda}$ 是描述偶电层的特征量，称为**层强**，是定义在 S 面上的、与 S 正交的矢量场。(试与带电面对比，带电面模型的特征量是电荷面密度 σ，是定义在面上的标量场。)

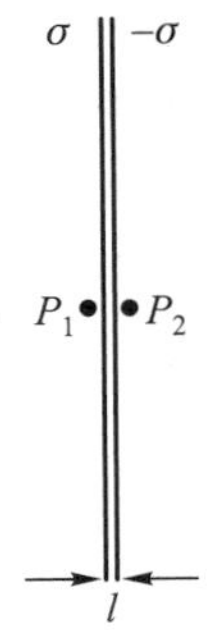

图 18-6 最简单的偶电层

甲 我记得场强 $\boldsymbol{E}$ 在带电面上是突变的，突变量是 σ/ε_0；但电势 ϕ 在带电面上是连续的。请问：$\boldsymbol{E}$ 和 ϕ 在偶电层 S 上是连续的还是突变的？

乙 在偶电层上不但 $\boldsymbol{E}$ 有突变，而且电势 ϕ 也有突变(这是在不涉及偶电层时不曾遇到过的)。下面看一个简单例子。设均匀地带有等值异号电荷的两个平行平面的线度远大于两者的距离 l，P_1 和 P_2 是如图 18-6 所示的两个场点，两点的电势差 $\phi_1-\phi_2$ 就等于 El(其中 E 是两面间场强的大小)，即

$$\phi_1-\phi_2=El=\frac{\sigma}{\varepsilon_0}l=\frac{\Lambda}{\varepsilon_0}。\tag{18-92}$$

过渡到偶电层模型之后，两面合为一面 S，而 P_1 和 P_2 分居在 S 面的两侧，无论两点多么靠近 S 面，电势差都是 Λ/ε_0，可见电势在偶电层 S 上有突变，突变量为 Λ/ε_0。可以证明[见塔姆(1958)，Jackson(1975)]，由这一简例导出的这一结论适用于任意偶电层。

甲 最后我还想问：偶电层有什么用？

乙 首先，选读 18-1 在讨论式(18-76)右边第三项的物理意义时就用到偶电层概念以及电势在层上的突变量。这可被视为纯理论问题。此外，在某些非常实际的电学应用中也会遇到偶电层。仅举两例。

例 1 电真空器件的热电子发射

电子管和示波器的电子束都是由热阴极发射出来的。为了提高发射能力，可在阴极金属中添加杂质。例如，在钨中加钍后电子发射可以比纯钨大许多倍。工作时，从钨丝内部会扩散出钍原子，在将一部分价电子给了钨原子后，自己就成为正离子并被吸附在阴极表面上。于是表面两侧各带正负电荷，形成偶电层(图 18-7)。

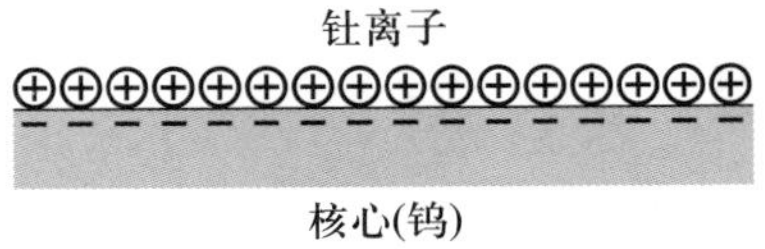

图 18-7 钍的正离子与价电子组成偶电层

例 2 化学电池极板表面的偶电层

电池由电解液和插在液中的两个电极构成，工作时电极会发生极化(与电介质的极化是两个概念，完全无关)，导致在两极电压不变时电流渐减，效率下降，大致原因如下。电解液中的

载流子(设为负离子)在到达正极时会在电极表面分布成一层，与该表面的正电荷层并列而成偶电层，电势在该层上的突变导致电解液两端的电压损失(小于极间电压)。当电势突变达到(大小等于)极间电压时电流甚至停止。防止极化是化学电池的一个重要问题。

［选读 **18-2** 完］

专题 19　交流电路的电压概念

本专题导读

(1) 交流电路涉及的时变电场不是势场，没有电势概念，其电压如何定义？

(2) 介绍了 3 种电压定义，我们认为第三种定义（我们的定义）优点最多，你认为呢？

交流电路理论离不开电压概念，在实验和工程中更是经常使用电压表测量电压。电压概念最初是对静电场引入的——静电场的有势性保证对它可以定义电势和电压（电势差）。恒定电流涉及的电场（恒定电场）与静电场性质相同，自然也可以使用这两个概念。然而，交流电路（以及直流电路的暂态过程）涉及时变电磁场，其中

$$\boldsymbol{E}(t)=\boldsymbol{E}_{库}(t)+\boldsymbol{E}_{感}(t)$$

不是势场，$\int_a^b \boldsymbol{E}\cdot \mathrm{d}\boldsymbol{l}$ 与路径有关，不能像静电场那样定义电势和电压。于是自然要问：交流电路（以及直流电路的暂态过程，下同）理论中如此频繁地使用着的电压到底是什么？电路工程师用交流电压表测出的“电压”究竟是如何定义的？这其实是讨论交流电路时必须提出的一个基本问题，可惜明确讨论这个问题的参考书籍并不很多。本专题打算专门探讨这一问题。

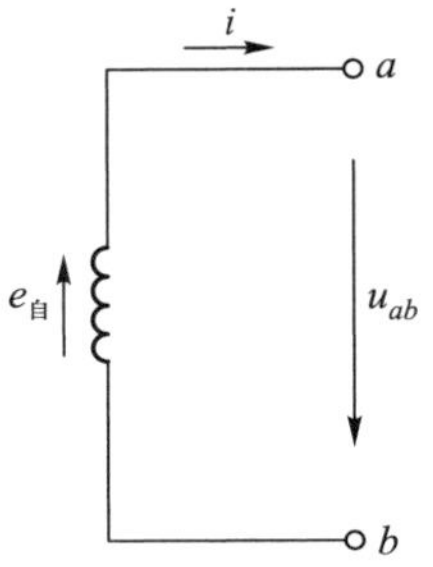

图 19-1　自感线圈两端的电压 u_{ab}

首先，交流电路的电压定义应该满足以下两个非常合理的基本要求：

(a) 用于静电场及恒定电流电路时与原来的电压定义一致；

(b) 与交流电路理论所述的以及实验所测得的电压一致。特别地，以 a, b 代表电感线圈的两端，$i(t)$ 和 $e_{自}(t)$ 分别代表线圈的时变电流和自感电动势（的瞬时值），$R_{圈}$ 代表线圈的电阻（图 19-1），则交流电路理论要求 a, b 之间的电压（瞬时值）$u_{ab}(t)$ 满足下式：

$$e_{自}(t)=u_{ab}(t)+i(t)R_{圈}。\qquad (19-1)$$

不论如何定义电压，对上述电路而言它总应相当于上式中的 u_{ab}。

在笔者所能查到的、讲授交流电路的书籍中，多数都不提及交流电路的电压定义问题。在涉及这一问题的少数书籍中，所下定义大致可以分为三种。为便于陈述，我们把 a, b 之间的、按这三种定义得到的电压依次记作 ${}^{(1)}u_{ab}$，${}^{(2)}u_{ab}$ 和 ${}^{(3)}u_{ab}$。

(1) **第一种定义**［以塔姆书为代表的定义，见塔姆（1958）中译本下册 394—399 页①。］

这种定义把任意两点 a, b 之间的电压 ${}^{(1)}u_{ab}$ 定义为 $\int_a^b \boldsymbol{E}\cdot \mathrm{d}\boldsymbol{l}$。当 $\boldsymbol{E}$ 为静电场时，这一定义自然与原来的电压定义一致，因而满足基本要求（a）。然而，正如该书所指出的，“***在没有势的可***

---

① 采用这一定义的另一本书是聂曼等（1956），见该书第二册第一章 § 4。

变电场的情形下，积分 $\int_a^b \boldsymbol{E}\cdot d\boldsymbol{l}$ 的值完全有赖于积分路径的选择，因而只可以说存在于两给定点间沿给定途径的电压 $^{(1)}u_{ab}$。”该书还强调指出：“**对可变电场和稳定电场这一极端重要的区别注意得不够可以使我们大错特错**”。

是的，由于时变电场 $\boldsymbol{E}(t)$ 不是势场，其线积分 $\int_a^b \boldsymbol{E}\cdot d\boldsymbol{l}$ 的确与路径有关。只要把电压定义为 $\int_a^b \boldsymbol{E}\cdot d\boldsymbol{l}$，就必须强调电压对路径的依赖性。问题在于，对集中参数电路①而言，“电压依赖于路径”的提法是难以接受的。电路工作者在谈论和测量电压时，从来都只需谈及“a, b 之间的电压”而不会说“a, b 之间的、沿哪一条路径的电压”。退一步说，即使他们在理论上接受“必须指定路径”的提法，在实测时也是无法执行的——难道还要把电压表的连接导线按规定的路径摆好后才能测量电压吗!? 更有甚者，下面进一步说明上述定义（对所指定的某些路径而言）不能满足上面提出的基本要求（b），就是说，它与（集中参数）交流电路理论和实验中的电压并不一致。

首先复习直流电路的知识。含源直流电路的欧姆定律是由欧姆定律的微分形式

$$\boldsymbol{J}=\gamma(\boldsymbol{E}+\boldsymbol{E}_{非}) \tag{19-2}$$

推出的（见基础篇小节 4.4.2），式中的 $\boldsymbol{E}_{非}$ 代表非静电力的“场强”。以 $d\boldsymbol{l}$ 点乘上式后沿电源内部积分得

$$\int_{b(内)}^{a}\frac{1}{\gamma}\boldsymbol{J}\cdot d\boldsymbol{l}=\int_{b}^{a}\boldsymbol{E}\cdot d\boldsymbol{l}+\int_{b(内)}^{a}\boldsymbol{E}_{非}\cdot d\boldsymbol{l},$$

其中 a, b 代表电源的正负极。对于恒定电流，电场 $\boldsymbol{E}$ 为势场，其线积分与路径无关，故上式右边第一个积分不必标明路径，积分结果就是电压 U_{ba}。另一方面，$\boldsymbol{E}_{非}$ 从负极 b 经电源内部到正极 a 的积分正是电动势 $\mathscr{E}$，而上式左边的积分则为 $IR_{内}$，其中 I 和 $R_{内}$ 分别代表电源的电流和内阻（理由见基础篇小节 4.4.2），由此得

$$\mathscr{E}=U_{ab}+IR_{内}。 \tag{19-3}$$

现在用类似方法讨论集中参数电路中的电感元件（螺线管，简称线圈）。改用小写的 $\boldsymbol{j}(t)$ 代表时变电流密度（的瞬时值），把欧姆定律微分形式（19-2）用于电感线圈内部，得

$$\boldsymbol{j}(t)=\gamma\boldsymbol{E}(t),$$

其中 $\boldsymbol{E}(t)$ 是总电场［包括了 $\boldsymbol{E}_{库}(t)$ 和 $\boldsymbol{E}_{感}(t)$］。以 $d\boldsymbol{l}$ 点乘上式并沿线圈的导线内部积分得

$$\int_{b(沿圈)}^{a}\frac{1}{\gamma}\boldsymbol{j}(t)\cdot d\boldsymbol{l}=\int_{b(沿圈)}^{a}\boldsymbol{E}(t)\cdot d\boldsymbol{l},$$

右边的积分就是按第一种定义的电压（a, b 之间的、沿线圈内部的电压）$^{(1)}u_{ab}(t)$，故

$$^{(1)}u_{ab}(t)+i(t)R_{圈}=0, \tag{19-4}$$

其中 $i(t)$ 代表线圈电流（的瞬时值）。上式显然与（按交流电路理论的）标准答案［即式（19-1）］不符，它缺少了自感电动势 $e_{自}(t)$。这是当然的，因为 $e_{自}(t)$ 是 $\boldsymbol{E}_{感}(t)$ 的线积分，而 $\boldsymbol{E}_{感}(t)$ 作为 $\boldsymbol{E}(t)$ 的一部分，其贡献已被包含在电压 $^{(1)}u_{ab}(t)$ 之内。所以，虽然式（19-4）并无错误，但是它表明，对集中参数交流电路而言，这个“电压”并不等于电路理论和实验中的那个电压。

---

① “集中参数电路”与“分布参数电路”的定义见基础篇小节 6.5.2。

甲　但您只证明了 a, b 之间的、沿线圈内部的电压不满足基本要求(b)，如果选 a, b 之间的其他路径，也许会满足呢？

乙　是的，但无论如何这已经够不好的了。至于其他路径，大致上就涉及第二种定义了。请继续阅读。

(2) **第二种定义**[以 Feynman 书为代表的定义，见 Feynman (1965)第 II 卷 § 22-1①。]

电压的第一种定义之所以会出现问题，关键在于 $\int_a^b \boldsymbol{E}(t)\cdot \mathrm{d}\boldsymbol{l}$ 的积分路径不受限制，过于自由，致使连 $\boldsymbol{E}(t)$ 沿线圈内部的积分(明明含有自感电动势)也被一股脑儿当作电压处理。利用时变磁场 $\boldsymbol{B}(t)$ 只存在于(集中参数电路的)线圈内部这一特点，Feynman (1965) 巧妙地对第一种定义进行修正，从而成功地解决了问题。为此，想象地把线圈装在一个"盒子"("box")里(图 19-2)，并约定这个盒子是积分路径的禁区。更具体地说就是：线圈两端 a, b 之间的电压 ${}^{(2)}u_{ab}$ 定义为如下的线积分：

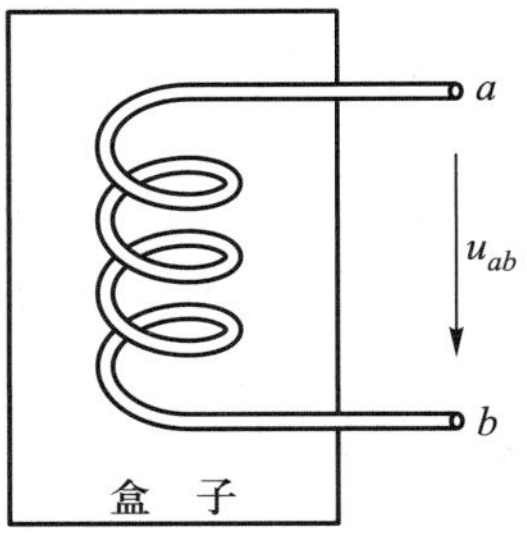

图 19-2　把线圈装在假想的"盒子"里

$$ {}^{(2)}u_{ab}(t) \equiv \int_{a(\text{盒外})}^{b} \boldsymbol{E}(t)\cdot \mathrm{d}\boldsymbol{l}, \qquad (19\text{-}5)$$

其中积分号下面的"盒外"表示积分路径必须躺在盒外空间(不得进入或穿越"盒内"这个禁区)。Feynman(1965)(§ 22-1)认为：

"既然我们已经假定盒子外面的空间中没有磁场，$\int_{a(\text{盒外})}^{b} \boldsymbol{E}\cdot \mathrm{d}\boldsymbol{l}$ 就与所选取的路径无关，所以就可对该两端点 a, b 的电势下定义，而这两个电势的差值就是所谓的电势差，即电压。"

然而，笔者窃以为这一段话尚有修改的必要(改后才得到可行的定义)，关键在于 $\int_{a(\text{盒外})}^{b} \boldsymbol{E}\cdot \mathrm{d}\boldsymbol{l}$ 并非真的与路径无关。请看图 19-3 的反例。图中 L_1 和 L_2 都是躺在盒外的曲线，并未进入或穿越"盒子"这个禁区，完全符合 Feynman 的要求。把 L_1 和 $-L_2$ 合起来看成一条闭合曲线，记作 L，则由法拉第定律可知 L 的感生电动势 $\mathscr{E}_{\text{感}} \neq 0$，所以

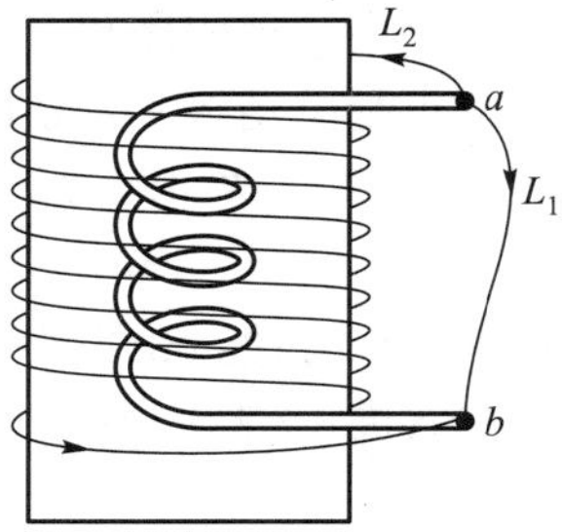

图 19-3　反例：L_1 和 L_2 都是盒外曲线，但 $\boldsymbol{E}$ 沿 L_1 和 L_2 的积分不等

$$0 \neq \mathscr{E}_{\text{感}} = \oint_{(\text{沿}L)} \boldsymbol{E}_{\text{感}}\cdot \mathrm{d}\boldsymbol{l} = \int_{a(\text{沿}L_1)}^{b} \boldsymbol{E}\cdot \mathrm{d}\boldsymbol{l} + \int_{b(\text{沿}-L_2)}^{a} \boldsymbol{E}\cdot \mathrm{d}\boldsymbol{l},$$

因而

$$\int_{a(\text{沿}L_1)}^{b} \boldsymbol{E}\cdot \mathrm{d}\boldsymbol{l} \neq \int_{a(\text{沿}L_2)}^{b} \boldsymbol{E}\cdot \mathrm{d}\boldsymbol{l}, \qquad (19\text{-}6)$$

可见 $\int_{a(\text{盒外})}^{b} \boldsymbol{E}\cdot \mathrm{d}\boldsymbol{l}$ 与所选的盒外路径有关，而且 L_2 环绕盒子的次数越多，沿 L_1 和沿 L_2 的积分的差别就越大。

为了消除上述漏洞，只需对盒外曲线再加一个限制，即规定它不得"环绕"盒子。以下默认所选的盒外曲线都满足这一附加限制。这样，图 19-3 的曲线 L_2 就不再是允许的积分路径，从 a

① 采用这一定义的还有赵凯华等(1978, 1985)，见该书下册第八章小节 4.1。

到 b 的任何两条盒外曲线组成的闭合曲线就都有 $\mathscr{E}_{感}=0$，所以

$$\int_{a(沿L_1)}^{b}\boldsymbol{E}\cdot \mathrm{d}\boldsymbol{l}=\int_{a(沿L_2)}^{b}\boldsymbol{E}\cdot \mathrm{d}\boldsymbol{l}\ ,$$

从而保证式(19-5)给出 ${}^{(2)}u_{ab}$ 的可行定义。下一步就是要验证这一定义的确满足本专题开始时提出的两个基本要求。${}^{(2)}u_{ab}$ 用于静电场(及恒定电场)就是电压 U_{ab}，自然满足基本要求(a)。为了验证 ${}^{(2)}u_{ab}$ 也满足基本要求(b)，还需证明式(19-1)在图 19-1 的情况下成立，即证明

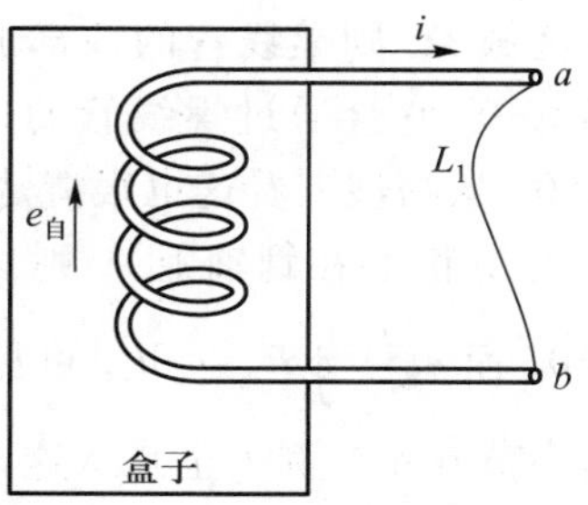

图 19-4　L_1 是不环绕盒子的盒外曲线

$$e_{自}(t)={}^{(2)}u_{ab}(t)+i(t)R_{圈}\ 。\tag{19-7}$$

把图 19-1 改画成图 19-4，其中 L_1 是联结 a，b 而且不"环绕"盒子的任一盒外曲线。以 $\oint\boldsymbol{E}\cdot \mathrm{d}\boldsymbol{l}$ 代表 $\boldsymbol{E}$ 沿着由线圈和 L_1 组成的闭合曲线的积分，则

$$\begin{aligned}\oint\boldsymbol{E}\cdot \mathrm{d}\boldsymbol{l}&=\int_{b(沿圈)}^{a}\boldsymbol{E}\cdot \mathrm{d}\boldsymbol{l}+\int_{a(沿L_1)}^{b}\boldsymbol{E}\cdot \mathrm{d}\boldsymbol{l}\\&=\int_{b(沿圈)}^{a}\frac{1}{\gamma}\boldsymbol{j}\cdot \mathrm{d}\boldsymbol{l}+{}^{(2)}u_{ab}=iR_{圈}+{}^{(2)}u_{ab}\ 。\end{aligned}\tag{19-8}$$

另一方面，由 $\boldsymbol{E}=\boldsymbol{E}_{库}+\boldsymbol{E}_{感}$ 以及 $\oint\boldsymbol{E}_{库}\cdot \mathrm{d}\boldsymbol{l}=0$ 又得

$$\oint\boldsymbol{E}\cdot \mathrm{d}\boldsymbol{l}=\oint\boldsymbol{E}_{感}\cdot \mathrm{d}\boldsymbol{l}=\int_{b(沿圈)}^{a}\boldsymbol{E}_{感}\cdot \mathrm{d}\boldsymbol{l}+\int_{a(沿L_1)}^{b}\boldsymbol{E}_{感}\cdot \mathrm{d}\boldsymbol{l}\ 。\tag{19-9}$$

上式右边第一项按定义正是线圈的自感电动势 $e_{自}$，故以上两式联立给出

$$e_{自}+\int_{b(沿L_1)}^{a}\boldsymbol{E}_{感}\cdot \mathrm{d}\boldsymbol{l}=iR_{圈}+{}^{(2)}u_{ab}\ 。\tag{19-10}$$

如果左边第二项为零，上式就是待证的式(19-7)，验证便告完毕。于是问题归结为上式左边的积分是否为零。把该积分简记作 Δ，即

$$\Delta\equiv\int_{b(沿L_1)}^{a}\boldsymbol{E}_{感}\cdot \mathrm{d}\boldsymbol{l}\ ,\tag{19-11}$$

得

$$e_{自}+\Delta=iR_{圈}+{}^{(2)}u_{ab}\ 。\tag{19-12}$$

乍看起来，由于线圈外部的磁场 $\boldsymbol{B}_{外}=0$(因而 $\partial\boldsymbol{B}_{外}/\partial t=0$)，而 $\boldsymbol{E}_{感}$ 只由 $\partial\boldsymbol{B}_{外}/\partial t$ 激发，所以线圈外部的 $\boldsymbol{E}_{感}=0$，因而 $\Delta=0$。然而，应该指出，虽然最终可以说明 $\Delta=0$，但是"由于线圈外部的 $\boldsymbol{E}_{感}=0$"这个理由是不对的，关键在于 $\partial\boldsymbol{B}_{外}/\partial t=0$ 不能保证线圈外部空间的 $\boldsymbol{E}_{感}=0$。

甲　我对此有点不理解：既然螺线管(线圈)外部空间有

$$\nabla\times\boldsymbol{E}_{感}=-\frac{\partial\boldsymbol{B}_{外}}{\partial t}=0\quad 及\quad \nabla\cdot\boldsymbol{E}_{感}=0\ ,$$

亦即 $\boldsymbol{E}_{感}$ 在外部空间的旋度和散度都为零，外部空间的 $\boldsymbol{E}_{感}$ 还能不为零？

乙　事实上就是不为零，这正好构成活学活用专题 18 关于边界条件的讲法(定理 18-5)的一个实例：空间区域 Ω 内的矢量场 $\boldsymbol{a}$ 不但取决于其在 Ω 内的旋度和散度，还取决于边界条件。边界条件体现了区域 Ω 之外的场源对 Ω 内的场 $\boldsymbol{a}$ 的影响。用于现在的情况，把螺线管外部空间

看作区域 Ω，则螺线管的内部成为区域 Ω 的外部。由于管内有 $\partial \boldsymbol{B}/\partial t\neq 0$，它会通过螺线管的边界影响管外，使得管外空间的 $\boldsymbol{E}_{感}\neq 0$。从物理上看这也很清楚：设想在螺线管外面套上一条圆形曲线 L（圆心在管轴上），则法拉第定律要求 L 的感生电动势 $e_{感}\neq 0$，而 $e_{感}=\oint_L \boldsymbol{E}_{感}\cdot \mathrm{d}\boldsymbol{l}$，可见 L 上各点的 $\boldsymbol{E}_{感}\neq 0$。事实上，基础篇小节 6.4.4 例 1 正是从这条思路出发求得了螺线管内外的 $E_{感}$（其中 $E_{感}\equiv|\boldsymbol{E}_{感}|$），结果为

$$管内的\ E_{感}(t)=\frac{r}{2}\left|\frac{\mathrm{d}\boldsymbol{B}_{内}(t)}{\mathrm{d}t}\right|,\qquad(19-13a)$$

$$管外的\ E_{感}(t)=\frac{\tilde{R}^2}{2r}\left|\frac{\mathrm{d}\boldsymbol{B}_{内}(t)}{\mathrm{d}t}\right|,\qquad(19-13b)$$

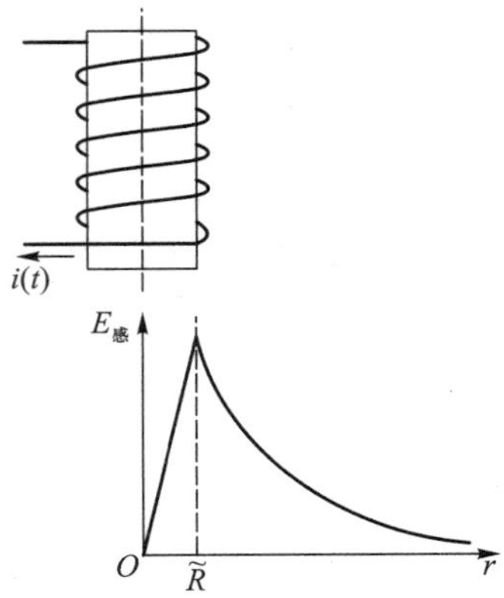

图 19-5　螺线管内外 $\boldsymbol{E}_{感}$ 随 r 的变化曲线

其中 $\boldsymbol{B}_{内}(t)$ 是管内的磁场，$\tilde{R}$ 是管的半径，r 是场点与管轴的距离。$E_{感}$ 随 r 的变化曲线如图19-5所示。由图可知，对管外靠近管壁的点，其 $E_{感}$ 与管内的 $E_{感}$ 完全可以相比拟，一点也不小！

甲　啊，我明白了！而且我忽然想起基础篇的习题 1.4.9——求均匀带电无限长圆柱体内外的静电场（柱体半径为 $\tilde{R}$，电荷密度为 ρ），答案与式（19-13）非常类似：

$$管内的\ E=\frac{r}{2\varepsilon_0}\rho,\qquad(19-14a)$$

$$管外的\ E=\frac{\tilde{R}^2}{2\varepsilon_0 r}\rho,\qquad(19-14b)$$

曲线形状也跟图 19-5 一样。而且，管外空间也有

$$\nabla\times\boldsymbol{E}=0\quad 及\quad \nabla\cdot\boldsymbol{E}=0,$$

只是由于边界面上的 $\boldsymbol{E}$ 非零才导致管外的 $\boldsymbol{E}$ 非零。

乙　很好，你的这个例子对理解大有助益。因此，不应简单地说"$\Delta=0$ 的原因是线圈外部 $\boldsymbol{E}_{感}=0$。"幸好我们能够说明，虽然外部的 $\boldsymbol{E}_{感}$ 并非为零，但是 Δ 仍然为零。关键在于螺线管外部空间的 $\boldsymbol{E}_{感}$ 是无旋矢量场（$\nabla\times\boldsymbol{E}_{感}=0$），也就是有势场，$\boldsymbol{E}_{感}$ 从一点到另一点的线积分与路径无关，为了计算式（19-11）的从 a 到 b 的积分 Δ，可以取一条最便于计算的曲线，即图 19-6 的直线 L_0，于是

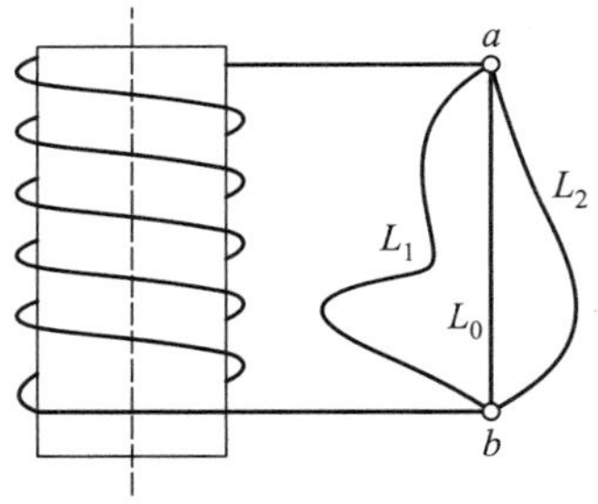

图 19-6　借直线 L_0 说明 $\Delta\approx 0$

$$\Delta\equiv\int_{b(沿L_0)}^{a}\boldsymbol{E}_{感}\cdot\mathrm{d}\boldsymbol{l},\qquad(19-11')$$

螺线管外的 $\boldsymbol{E}_{感}$ 线是同心圆周（圆心在管轴上，见基础篇图 6-16），所以 L_0 上各点的 $\boldsymbol{E}_{感}$ 都与 L_0 垂直，于是由式（19-11′）可知 $\Delta=0$，从而使式（19-12）归结为

$$e_{自}=iR_{圈}+{}^{(2)}u_{ab}。$$

可见 ${}^{(2)}u_{ab}$ 满足基本要求（b），因而可充当电压的正确定义。

甲　我有个问题。图 19-2 的 a、b 两点的位置非常特殊：两点连线与螺线管的轴线平行。您是在这个前提下证明 $\Delta=0$ 的。然而在工程实用中 a、b 两点的位置非常任意（只要在“盒子”以外都行），还能证明 $\Delta=0$ 吗？

乙　图 19-2 完全来自 Feynman 书，我们只针对该书该图做了补充性证明（是“补台”而不是“拆台”）。对于实用中的一般情况，特别是 a、b 连线与螺线管轴线不共面的情况，问题会更为复杂（这时沿连线会出现 $\boldsymbol{E}_{感}$ 的分量），就很难说 $\Delta=0$ 一定成立。当然，从电气工程师的实用角度看，只要螺线管的匝数足够多，Δ 与 $e_{自}$（或 ${}^{(2)}u_{ab}$）相较往往可以忽略。不过，无论如何，这种“拖泥带水”式的讨论至少是很欠优雅的，与下面要讲的第三种电压定义（我们的定义）相比，至少在这一点上就已经大为逊色。

（3）**第三种定义**（本书笔者的定义）

首先介绍提出本定义的动机。集中参数交流电路中的自感线圈与恒定电流电路中的电源（电池）非常类似。首先，它们内部各点都满足如下的欧姆定律微分形式：

对直流电路的电源，　$\boldsymbol{J}=\gamma(\boldsymbol{E}_{恒}+\boldsymbol{E}_{非})$，（$\boldsymbol{E}_{恒}$ 代表恒定电场）　（19-15a）

对交流电路的线圈，　$\boldsymbol{j}=\gamma(\boldsymbol{E}_{库}+\boldsymbol{E}_{感})$。　（19-15b）

其次，上两式右边括号内的两项有如下对应：$\boldsymbol{E}_{恒}$ 对应于 $\boldsymbol{E}_{库}$，都是势场；$\boldsymbol{E}_{非}$ 对应于 $\boldsymbol{E}_{感}$，都不是势场，而且其积分 $\int_{a(沿源)}^{b}\boldsymbol{E}_{非}\cdot \mathrm{d}\boldsymbol{l}$ 和 $\int_{a(沿圈)}^{b}\boldsymbol{E}_{感}\cdot \mathrm{d}\boldsymbol{l}$ 都是电动势。既然恒定电流电路的 $\int_{a}^{b}\boldsymbol{E}_{恒}\cdot \mathrm{d}\boldsymbol{l}$ 是电压，自然想到交流电路的电压应定义为 $\int_{a}^{b}\boldsymbol{E}_{库}\cdot \mathrm{d}\boldsymbol{l}$，这就导致电压的第三种定义

$$ {}^{(3)}u_{ab}\equiv\int_{a}^{b}\boldsymbol{E}_{库}\cdot \mathrm{d}\boldsymbol{l}\text{。} \tag{19-16}$$

首先验证这一定义的确满足本专题开始时提出的两个基本要求。

（a）静电场（及恒定电场）可看作时变电场的特例，这时 $\boldsymbol{E}_{库}$ 也就是静电场 $\boldsymbol{E}$，因而这一定义满足基本要求（a）。

（b）这一定义也满足基本要求（b），即与交流电路理论和实验中的电压一致，理由很简单：以 $\mathrm{d}\boldsymbol{l}$ 点乘式（19-15b）后沿线圈内部积分得

$$\int_{b(沿圈)}^{a}\frac{1}{\gamma}\boldsymbol{j}\cdot \mathrm{d}\boldsymbol{l}=\int_{b}^{a}\boldsymbol{E}_{库}\cdot \mathrm{d}\boldsymbol{l}+\int_{b(沿圈)}^{a}\boldsymbol{E}_{感}\cdot \mathrm{d}\boldsymbol{l}\text{。}$$

由于 $\boldsymbol{E}_{库}$ 为势场，上式右边第一项不必标明积分路径，而且按定义就是电压 ${}^{(3)}u_{ba}$。第二项则是线圈的自感电动势 $e_{自}$，于是上式给出

$$e_{自}={}^{(3)}u_{ab}+iR_{圈}\text{。} \tag{19-17}$$

这正是所应满足的标准答案[式（19-1）]。

我们的这一定义至少有以下 4 个优点。

优点 1　因为 $\boldsymbol{E}_{库}$ 是势场，所以在谈及 a，b 之间的电压时不必指定路径，这对电路理论工作者和工程师们是“功德无量”的优点。

优点 2　我们定义的 ${}^{(3)}u_{ab}$ 准确地满足基本要求（b）[即式（19-1）]，因为式（19-17）是准确等式，而且与式（19-1）完全一样；而第二种定义的 ${}^{(2)}u_{ab}$ 通常只能近似地满足基本要求（b），因为式（19-12）的 Δ 通常只能近似为零（参见前面有关“拖泥带水”的讨论）。

甲 由此看来，${}^{(3)}u_{ab}$与${}^{(2)}u_{ab}$并不完全等价了，是吗？

乙 是的。你不难从前面的讨论推出一个结论：

$$ {}^{(2)}u_{ab} \equiv \int_{a(\text{盒外})}^{b} \boldsymbol{E}(t)\cdot \mathrm{d}\boldsymbol{l} = \int_a^b \boldsymbol{E}_{\text{库}}\cdot \mathrm{d}\boldsymbol{l} + \int_{a(\text{沿外})}^{b} \boldsymbol{E}_{\text{感}}\cdot \mathrm{d}\boldsymbol{l} = {}^{(3)}u_{ab} - \Delta , \qquad (19-18) $$

只要$\Delta \neq 0$，就有${}^{(2)}u_{ab} \neq {}^{(3)}u_{ab}$。

优点 3 这一定义突出了一个物理事实：电压就是库仑规范下的标势 ϕ 之差，即

$$ {}^{(3)}u_{ab} = \phi_a - \phi_b , $$

（库仑规范标势 ϕ 满足 $\boldsymbol{E}_{\text{库}} = -\nabla\phi$，故 a 点的 ϕ 为 $\phi_a = \int_a^\infty \boldsymbol{E}_{\text{库}}\cdot \mathrm{d}\boldsymbol{l}$。）与静电场（及恒定电场）中“电压就是电势之差”的提法如出一辙。注意到库仑标势由电荷分布瞬时激发（详见专题 18）的事实，便知第三种定义强调了“电压完全是电荷分布造成的”这一重要物理结论。在思考某些问题时，心中有此结论是很有助益的。

优点 4 这一定义也同样适用于分布参数电路。下面做一简介。

场和路是电磁学的两大分支。虽然路的所有问题原则上都可纳入场的理论范畴，但是，由于电路的一系列独特之处（导线的存在和表现就是电路的一大特色，例如，无论导线如何变形，电荷分布总能迅速调整以保证线内的场强沿导线取向），使得用场的手法解决路的问题既不必要也不可能。人们最初只关心今天所称的集中参数电路，并且形成了一套独立于场的电路理论（虽然其中许多公式也可用场的理论推出），然而后来发现若干介于路和场之间的问题，例如高频电路或者虽然低频但导线（传输线）很长的情况。对此类问题本该用场的手法处理，但一旦引入潜布（杂散）电容和电感的概念就仍可借用路的手法。于是又发展出一套虽然近似却很好用的分布参数电路理论。本专题至此只涉及集中参数电路。自然要问：对分布参数电路，电压又应如何定义？我们的看法如下。第一种定义虽然也适用于分布参数电路，但其对路径的强烈依赖性仍然使之缺乏实用意义。第二种定义对含有杂散电容和电感的大多数电路似乎难以适用，因为无法划定禁区；但在传输线这一特定情况下仍可引入“横向电压”的概念[可参阅赵凯华等(2011)第八章小节 4.3]。至于第三种定义，由于分布参数电路中的时变电场 $\boldsymbol{E}(t)$ 总可表为

$$ \boldsymbol{E}(t) = \boldsymbol{E}_{\text{库}}(t) + \boldsymbol{E}_{\text{感}}(t) , $$

所以仍可定义${}^{(3)}u_{ab}$为$\int_a^b \boldsymbol{E}_{\text{库}}\cdot \mathrm{d}\boldsymbol{l}$。就是说，第三种定义对分布参数电路照样适用！更重要的是，可以证明（略），对传输线而言，${}^{(3)}u_{ab}$正好等于由第二种定义发展而得的“横向电压”。

当然，在电磁理论中也存在不能归结为路（连分布参数电路也不是）的大量情况（例如波导管、谐振腔以及辐射问题），对此只能用时变电磁场的理论处理。我们不妨也问：在这些情况下，电压又应如何定义？这也许是个“见仁见智”的问题，此处只想介绍一点我们的看法。首先，我们认为电压在这些情况下已经不起多大作用，可以说是个可有可无的概念，有用的物理量不是电压、电流等“积分量”而是电场 $\boldsymbol{E}$ 和磁场 $\boldsymbol{B}$ 等“微分量”。其次，如果一定要定义电压，第二种定义由于无法画出禁区而失去意义，只能采用第一或第三种定义。第一种定义仍要强调与路径有关，既麻烦又无用，第三种定义则仍然非常清晰明确，而且还可定义每点的电势（其实就是库仑标势），只是我们认为无论电势还是电压都用处不大。不过，有时也会遇到某些“经院式”的习题或考题（譬如奥林匹克物理竞赛题），其中就涉及时变电磁场的电势或电压。仅举两例。

例 1 通有时变电流的无限长螺线管内置一与轴垂直的圆形均匀导线圈，圆心在轴上。求

导线任意两点 a, b 之间的电压 u_{ab}(图 19-7)。

注 1　此题存在一个不清楚之处,就是待求量电压的定义不明。"救活"此题的一种办法是把 u_{ab} 定义为 $\boldsymbol{E}_{库}$ 的线积分。下面就在此基础上求解。

解　螺线管的时变电流使管内存在时变均匀磁场 $\boldsymbol{B}$。由对称性分析(详见基础篇小节 6.4.4 例 1)可知 $\mathrm{d}\boldsymbol{B}/\mathrm{d}t$ 激发的 $\boldsymbol{E}_{感}$ 线为同心圆周,圆心在轴上。从 $\boldsymbol{j}=\gamma(\boldsymbol{E}_{库}+\boldsymbol{E}_{感})$ 出发做积分易得含源电路的欧姆定律

$$iR_{ab}=u_{ab}+e_{ab},$$

其中 R_{ab} 和 e_{ab} 分别是导线的 ab 段的电阻和感生电动势。再利用导线的均匀性就不难求出 $u_{ab}=0$(与基础篇小节 4.4.2 例 2 完全类似)。当然,也可以从对称性分析(导线圈的任一点都不比其他点更特殊)直接得出 $u_{ab}=0$ 的结论。■

例 2　把上例的导线圈中除 ab 段外的导线去掉(图 19-8),并约定 $\mathrm{d}B/\mathrm{d}t$(其中 $B\equiv|\boldsymbol{B}|$)是个正的常数。问:a 和 b 中哪一点的电势较高?

解　由于 $\mathrm{d}B/\mathrm{d}t$ 为正,感生电场将推动导线中的自由电子向 b 端运动,导致 a, b 两点分别积聚正、负电荷(直至由电荷在导线内激发的 $\boldsymbol{E}_{库}$ 与 $\boldsymbol{E}_{感}$ 抵消),因而库仑标势 $\phi_a>\phi_b$。■

注 2　我们并不提倡采用这样的考题,只想借此说明,①遇到这类题目时,首先应向出题人提问:"题目中的电势(或电压)如何定义?"②如果明确是指库仑标势,则题目合理,但未必有多少用处。

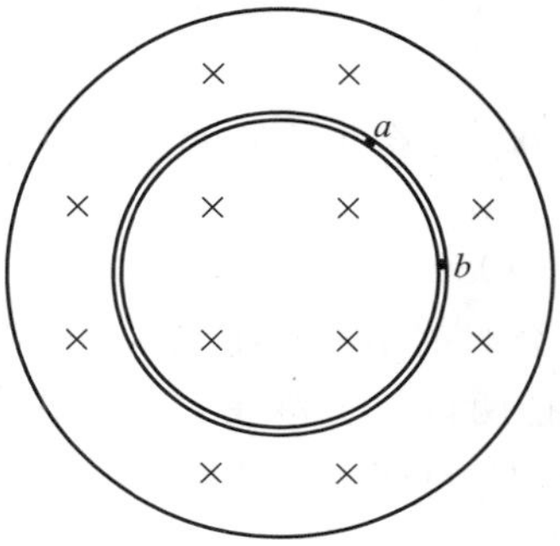

图 19-7　例 1 用图

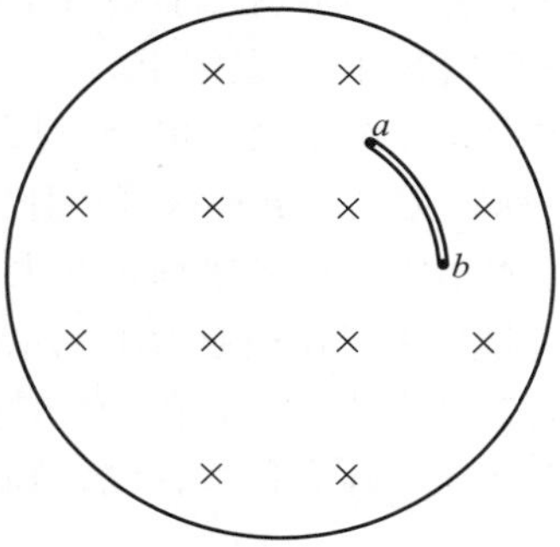

图 19-8　例 2 用图

例 3　用均匀导线做成的正方形线框边长为 0.2 m,正方形的一半放在垂直于纸面向里的匀强磁场中,如图 19-9 所示。当磁场以 10 T/s 的变化率增强时,线框中 a、b 两点间的电势差是　(　　)

(A) $U_{ab}=0.1$ V,

(B) $U_{ab}=-0.1$ V,

(C) $U_{ab}=0.2$ V,

(D) $U_{ab}=-0.2$ V。

注 3　对左半边电路(acb 段)使用"含源支路欧姆定律"(即基础篇 134 页的"一段含源电路的欧姆定律"),有

$$\mathscr{E}_{acb}=U_{ba}+\frac{1}{2}IR, \tag{19-19}$$

其中 $\mathscr{E}_{acb}$ 代表 acb 段的感生电动势(绝对值),I 和 R 分别代表线框的电流(绝对值)和电阻。由已知条件得线框面积 $S=0.04$,故全线框的感生电动势(绝对值)

$$\mathscr{E}=\left|\frac{\mathrm{d}\Phi}{\mathrm{d}t}\right|=S\left|\frac{\mathrm{d}B}{\mathrm{d}t}\right|=0.04\times10=0.4, \tag{19-20}$$

与全电路欧姆定律 $\mathscr{E}=IR$ 结合,则式(19-19)变为

$$U_{ab}=-\mathscr{E}_{acb}+\frac{1}{2}\mathscr{E}。 \tag{19-21}$$

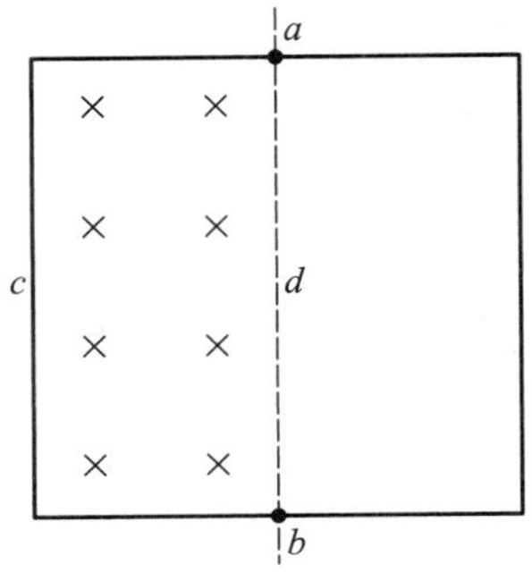

图 19-9 例 3 用图

注意到 $\mathscr{E}_{acb}$ 是 $\mathscr{E}$ 的一部分,暂令 $\mathscr{E}_{acb}=\beta\mathscr{E}$(其中 $\beta\leqslant1$),代入上式得

$$U_{ab}=\left(\frac{1}{2}-\beta\right)\mathscr{E}=\left(\frac{1}{2}-\beta\right)\times0.4。 \tag{19-22}$$

本题只能做到这一步,关键是出题人并未给出 β 值,而且从图 19-9 也无从知道感生电场在线框内如何分布,从而无法得知 β 值。因此,本题至少是一道已知条件不足(而且无法补足)的习题。如果默认整个线框的感生电动势全部集中存在于左半部分(但这不可能对),则 $\beta=1$,代入上式得 $U_{ab}=-0.2(\mathrm{V})$,就勉强凑出了答案(D),但不会是正确答案。

更有甚者,该题所附题解竟然给出了更为离谱的答案,即 $U_{ab}=-0.1(\mathrm{V})$,关键是:① 他把法拉第定律用于闭曲线 $acbda$,而此闭曲线所围面积只有线框所围面积的一半,即 0.2;② 他误以为此闭曲线的感生电动势就是非闭合金属线 acb 的电动势①,再与“含源支路欧姆定律”相结合便求得 $U_{ab}=-0.1(\mathrm{V})$ 的错误结果。

结束语 本专题介绍了交流电路电压概念的三种定义。不怕不识货,就怕货比货。各位读者,你读完这三种定义之后更喜欢哪一种?

补充说明 本书第一作者梁灿彬在大学毕业前后(1959 年)曾对交流电路的电压定义提出疑问,经过冥思苦想,终于在毕业后不久想出了本专题介绍的第三种定义,心中十分激动。梁灿彬当时正担任电学实验的指导老师,便在实验课之余把两位学生留在实验室并介绍这一想法。这两位学生后来都在北师大任教,姓名是胡镜寰和单锦安,目前也早已退休。

① 欲借法拉第定律求非闭曲线的感生电动势,原则上可以补上一段适当曲线以形成一条闭曲线,但法拉第定律给出的是整条闭曲线的电动势,只有减去所补曲线的电动势才是欲求的非闭曲线的电动势,详见基础篇(第三版)小节 6.4.5。

专题 20 电磁场的能量和动量

本专题导读

（1）找出了电磁场的能量密度和能流密度的表达式，得到含电磁场的定域能量守恒律。

（2）你认为牛顿第三律在电磁场存在时还成立吗？对此研讨后，认识到动量守恒的重要性，定义了电磁场的动量密度和动量流密度（麦克斯韦应力张量），从而得到含电磁场的定域动量守恒律。

（3）不相接触物体之间的“作用力”与“反作用力”是否等值反向？请看 §20.5。

§20.1 电磁场的能量和能流密度

能量、动量和角动量的概念及其守恒定律对物理学的重要性是众所周知的。物理学家对它们的认识经历过（甚至还在经历着）一个漫长的、由浅入深的过程。莱布尼茨（Leibnitz）最早引进的动能可看作能量概念的雏形，然而在绝大多数情况下动能并不守恒，于是人们又对重力场引进势能概念并得到有用得多的机械能守恒定律（后来又把势能概念推广至其他势场）。可以说，物理学发展的一个重要特征就是借助于引进新的能量品种来维护、推广能量守恒定律。

在电磁学的研究初期，人们发现实物系统的能量（人们原来认识并熟悉的能量）在时变电磁场存在时不再守恒，例如广播电台的发射天线会因发射电磁波而不断消耗能量。鉴于守恒律对物理学非常重要，自然想到应该引入新的能量品种（电磁场的能量）以维护能量守恒。就是说，只有认为电磁场具有能量，能量守恒定律才可以在有电磁场存在时仍然成立（基础篇 §3.7 讲过，静电势能其实是静电场的能量）。为了更好地理解能量守恒定律，最好先重温电荷守恒定律。以 ρ 和 $\boldsymbol{J}$ 分别代表电荷密度和电流密度，则电荷守恒定律表现为如下形式（积分形式）：

$$-\frac{\mathrm{d}}{\mathrm{d}t}\iiint_V \rho \mathrm{d}V = \oiint_S \boldsymbol{J} \cdot \mathrm{d}\boldsymbol{S}, \tag{20-1}$$

其中 V 是任一空间区域，S 是其边界面。上式左边代表区域 V 内电荷随时间的减小率，右边代表单位时间内从边界面 S 流出的电荷。左右两边相等正是电荷守恒的反映。这种守恒律称为**定域守恒律**，“定域”在这里的含义是可以找到两个有密度意义的场量，即标量场 ρ（电荷密度）和矢量场 $\boldsymbol{J}$（电流密度），它们对任何空间区域（包括任意小的区域）V 都满足式（20-1）。电荷的定域守恒性不但告诉我们全空间的电荷总量不随时间而变，而且告诉我们，如果区域 V 内的电荷在单位时间内有所减小，那必定是它经过边界面 S 流了出去，流出的数量就等于电流密度矢量场 $\boldsymbol{J}$ 在 S 面上的积分。就是说，电荷的定域守恒律不但告诉我们电荷是守恒的，而且告诉我们电荷是怎样守恒的——如果某份电荷从甲地消失而在乙地出现，那必定是因为两地之间有适当的电流流过。我们当然希望涉及电磁场的能量守恒律也是定域守恒律，就是说，希望找到两个有密度意义的场量，即标量场 w_{EM}（电磁场的能量密度）和矢量场 $\boldsymbol{Y}$（电磁场的能流密度），它们对任何空间区域 V 也有类似于式（20-1）的关系，即

$$-\frac{\mathrm{d}}{\mathrm{d}t}\iiint_V w_{\mathrm{EM}}\mathrm{d}V=\oint_S \boldsymbol{Y}\cdot\mathrm{d}\boldsymbol{S}。\tag{20-2}$$

然而，区域 V 内原则上既有电磁场又有实物（例如发射天线或某电路中的一个电阻元件），V 内场能的减少除了因为场能可以从边界面 S 流出之外，还因为场力对实物做了功。因此，式（20-2）应由下式取代：

$$-\frac{\mathrm{d}}{\mathrm{d}t}\iiint_V w_{\mathrm{EM}}\mathrm{d}V-(V\text{ 内实物能量因受场力的时变率})=\oint_S \boldsymbol{Y}\cdot\mathrm{d}\boldsymbol{S},\tag{20-3}$$

上式左边第二项（括号内）也可表为“电磁场作用于带电粒子的洛伦兹力所做的功率”，记作 $P_{洛}$，所以上式可改写为

$$-\frac{\mathrm{d}}{\mathrm{d}t}\iiint_V w_{\mathrm{EM}}\mathrm{d}V=P_{洛}+\oint_S \boldsymbol{Y}\cdot\mathrm{d}\boldsymbol{S}。\tag{20-3$'$}$$

洛伦兹力包括电场力和磁场力。注意到磁场力垂直于受力粒子的速度，其功为零，便知道洛伦兹力的功也就是电场力的功。以 ρ 代表实物的电荷密度，则体元 $\mathrm{d}V$ 的电荷为 $\rho\mathrm{d}V$。设体元以速度 $\boldsymbol{v}$ 运动，则其所受电场力 $(\rho\mathrm{d}V)\boldsymbol{E}$ 的功率就是 $(\rho\mathrm{d}V)\boldsymbol{E}\cdot\boldsymbol{v}=\boldsymbol{J}\cdot\boldsymbol{E}\mathrm{d}V$（因为电流密度 $\boldsymbol{J}$ 满足 $\boldsymbol{J}=\rho\boldsymbol{v}$），对体积 V 积分便得

$$P_{洛}=\iiint_V \boldsymbol{E}\cdot\boldsymbol{J}\mathrm{d}V,\tag{20-4}$$

于是式（20-3′）就可表为

$$\iiint_V \boldsymbol{E}\cdot\boldsymbol{J}\mathrm{d}V=-\frac{\mathrm{d}}{\mathrm{d}t}\iiint_V w_{\mathrm{EM}}\mathrm{d}V-\oint_S \boldsymbol{Y}\cdot\mathrm{d}\boldsymbol{S}。\tag{20-5}$$

我们希望找出满足上式的 w_{EM} 和 $\boldsymbol{Y}$ 的合理表达式（用 $\boldsymbol{E}$ 和 $\boldsymbol{B}$ 表出），为此必须借助于麦氏方程。由麦氏方程［式（15-124d）］

$$\nabla\times\boldsymbol{B}=\mu_0\boldsymbol{J}+\frac{1}{c^2}\frac{\partial\boldsymbol{E}}{\partial t}$$

得

$$\boldsymbol{E}\cdot\boldsymbol{J}=\frac{1}{\mu_0}\left[\boldsymbol{E}\cdot(\nabla\times\boldsymbol{B})-\frac{1}{c^2}\boldsymbol{E}\cdot\frac{\partial\boldsymbol{E}}{\partial t}\right]。\tag{20-6}$$

利用式（15-106d）又得

$$\nabla\cdot(\boldsymbol{E}\times\boldsymbol{B})=\boldsymbol{B}\cdot(\nabla\times\boldsymbol{E})-\boldsymbol{E}\cdot(\nabla\times\boldsymbol{B}),$$

与麦氏方程［式（15-124b）］

$$\nabla\times\boldsymbol{E}=-\frac{\partial\boldsymbol{B}}{\partial t}$$

相结合又得

$$\nabla\cdot(\boldsymbol{E}\times\boldsymbol{B})=\boldsymbol{B}\cdot\left(-\frac{\partial\boldsymbol{B}}{\partial t}\right)-\boldsymbol{E}\cdot(\nabla\times\boldsymbol{B}),$$

代入式（20-6）给出

$$\boldsymbol{E}\cdot\boldsymbol{J}=\frac{1}{\mu_0}\left[-\boldsymbol{B}\cdot\frac{\partial\boldsymbol{B}}{\partial t}-\nabla\cdot(\boldsymbol{E}\times\boldsymbol{B})-\frac{1}{c^2}\boldsymbol{E}\cdot\frac{\partial\boldsymbol{E}}{\partial t}\right]=-\frac{\partial}{\partial t}\left[\frac{1}{2}(\varepsilon_0E^2+\mu_0^{-1}B^2)\right]-\nabla\cdot(\mu_0^{-1}\boldsymbol{E}\times\boldsymbol{B}),$$

其中第二步用到 $c^2=\dfrac{1}{\varepsilon_0\mu_0}$。积分上式得

$$\iiint_V\boldsymbol{E}\cdot\boldsymbol{J}\mathrm{d}V=-\frac{\mathrm{d}}{\mathrm{d}t}\iiint_V\frac{1}{2}(\varepsilon_0E^2+\mu_0^{-1}B^2)\mathrm{d}V-\iiint_V\nabla\cdot(\mu_0^{-1}\boldsymbol{E}\times\boldsymbol{B})\mathrm{d}V\text{。}\tag{20-7}$$

上式右边第二项又可利用矢量分析的高斯公式(定理 15-8)化为

$$\iiint_V\nabla\cdot(\mu_0^{-1}\boldsymbol{E}\times\boldsymbol{B})\mathrm{d}V=\oiint_S(\mu_0^{-1}\boldsymbol{E}\times\boldsymbol{B})\cdot\mathrm{d}\boldsymbol{S},$$

代回式(20-7)便得

$$\iiint_V\boldsymbol{E}\cdot\boldsymbol{J}\mathrm{d}V=-\frac{\mathrm{d}}{\mathrm{d}t}\iiint_V\frac{1}{2}(\varepsilon_0E^2+\mu_0^{-1}B^2)\mathrm{d}V-\oiint_S(\mu_0^{-1}\boldsymbol{E}\times\boldsymbol{B})\cdot\mathrm{d}\boldsymbol{S}\text{。}\tag{20-8}$$

把上式同式(20-5)对比使我们受到启发：如果认为

$$w_{\mathrm{EM}}=\frac{1}{2}(\varepsilon_0E^2+\mu_0^{-1}B^2)\tag{20-9}$$

以及

$$\boldsymbol{Y}=\mu_0^{-1}\boldsymbol{E}\times\boldsymbol{B},\tag{20-10}$$

那么式(20-8)就给出式(20-5)，即给出能量的定域守恒律。再者，式(20-9)在静电场和静磁场的特例下又能回到原来的静电场能密度 $\frac{1}{2}\varepsilon_0E^2$ [见基础篇式(3-51)]和静磁场能密度 $\frac{1}{2}\mu_0^{-1}B^2$ [见基础篇式(6-79)]，于是人们普遍接受式(20-9)和式(20-10)作为电磁场能量密度 w_{EM} 和能流密度 $\boldsymbol{Y}$ 的表达式。为了纪念创始人玻印廷，能流密度 $\boldsymbol{Y}=\mu_0^{-1}\boldsymbol{E}\times\boldsymbol{B}$ 又称**玻印廷矢量**，其物理意义就是单位时间内流过(与 $\boldsymbol{Y}$ 垂直的)单位面积的电磁场能量(与电流密度 $\boldsymbol{J}$ 对比便不难理解)。

应该指出，虽然由式(20-9)和式(20-10)表达的 w_{EM} 和 $\boldsymbol{Y}$ 满足式(20-5)，但满足式(20-5)的 w_{EM} 和 $\boldsymbol{Y}$ 却不是非取式(20-9)和式(20-10)的形式不可，所以我们并未证明电磁场的能量和能流密度一定就由式(20-9)和式(20-10)表示。事实上，单凭一个标量方程(20-5)不足以确定 w_{EM} 和 $\boldsymbol{Y}$ 的表达式，但人们普遍接受式(20-9)和式(20-10)，其中的理由以及有关的讨论可参见基础篇 §9.3 的小字部分。此外，基础篇 §9.3 还给出了关于能流密度 $\boldsymbol{Y}$ 的三个有趣例子。

本专题的以下各节主要讨论电磁场的动量问题，而这个问题与另一有趣问题密切相关，这个问题就是：牛顿第三定律在电磁场存在时还成立吗？详见下节。

§20.2 牛顿第三定律在电磁场存在时还成立吗?

人们学习力学时熟悉以下结论：① 力是物体之间的相互作用；② 作用力与反作用力等值反向。开始学习电磁学时，自然而然地会用这些观念想问题。例如，在学习静电学之初，从观念①出发，人们关心每个点带电体所受到的来自另一个点带电体的作用力；从观念②出发，人们关心这两个力是否等值反向。库仑定律给出的答案是两力等值反向，于是就觉得满意和舒服。后来学习恒定电流的磁场时，自然也要问：电流元 $I_1\mathrm{d}\boldsymbol{l}_1$ 对 $I_2\mathrm{d}\boldsymbol{l}_2$ 的作用力 $\boldsymbol{F}_{12}$ 与 $I_2\mathrm{d}\boldsymbol{l}_2$ 对 $I_1\mathrm{d}\boldsymbol{l}_1$ 的反

作用力 $\boldsymbol{F}_{21}$ 是否也等值反向？由毕-萨定律以及安培力公式不难求得

$$\boldsymbol{F}_{12}=\frac{\mu_0}{4\pi}\frac{I_1I_2\mathrm{d}\boldsymbol{l}_2\times(\mathrm{d}\boldsymbol{l}_1\times\boldsymbol{e}_{12})}{r^2},\tag{20-11}$$

其中 r 是两个电流元之间的距离，$\boldsymbol{e}_{12}$ 是从 $I_1\mathrm{d}\boldsymbol{l}_1$ 到 $I_2\mathrm{d}\boldsymbol{l}_2$ 的单位矢。同理还有

$$\boldsymbol{F}_{21}=\frac{\mu_0}{4\pi}\frac{I_2I_1\mathrm{d}\boldsymbol{l}_1\times(\mathrm{d}\boldsymbol{l}_2\times\boldsymbol{e}_{21})}{r^2},\quad \boldsymbol{e}_{21}=-\boldsymbol{e}_{12}。\tag{20-12}$$

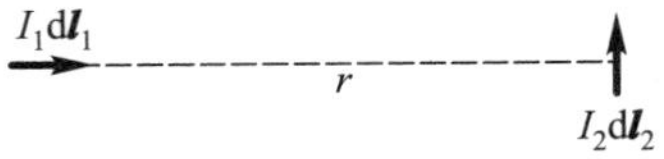

图 20-1　两电流元之间的作用力不等值反向

对比以上两式不难发现 $\boldsymbol{F}_{21}$ 与 $\boldsymbol{F}_{12}$ 未必等值反向。图 20-1 是一个比较极端的例子，由 $\mathrm{d}\boldsymbol{l}_1\times\boldsymbol{e}_{12}=0$ 导致 $\boldsymbol{F}_{12}=0$，然而不难看出 $\boldsymbol{F}_{21}\neq0$。于是就会提出如下问题：牛顿第三定律在电磁场存在时是否就不成立了？下面谈谈我们对这个问题的评述。

牛顿第三定律是在研究两个相互接触的物体的相互作用时总结出来的实验定律，两个电流元不能看作相互接触的物体，它们之间的相互作用不服从牛顿第三定律本来不足为怪。然而，抓住这个问题做深入一步的探讨，却有助于深化我们对物理学的认识。近代物理认为两个不相接触的物体是通过它们之间的场相互作用的。换句话说，近代物理认为物质之间的相互作用都可归结为接触作用，两个不相接触物体之间的“超距作用”其实是它们与中间的场之间的接触作用的结果。例如，静止点电荷 q 与 Q 之间之所以存在库仑力，其实是因为中间存在着静电场。q、Q 以及静电场这三者之间存在着两个接触作用：①q 与静电场之间的作用和反作用；②Q 与静电场之间的作用和反作用。这时自然出现两个问题：(a) 什么叫作电荷对电场的作用(或称为反作用)？(b) 电荷与电场之间的作用与反作用是否满足牛顿第三定律？(请注意我们不再问 q 与 Q 之间的作用与反作用是否满足牛顿第三定律，问题提法的这种改变是一种实质性的改变。) 这是在把超距作用也看成接触作用之后必然要提出的问题，正是对这两个问题的探讨促使我们的认识获得一个深化，详见下节。

§20.3　动量交换和动量守恒

相互作用最初是用“力”描述的。然而，力的概念不便于被推广来描述物体与场之间的相互作用，关键是“场所受到的力”这个概念不便于下定义。为了描述物体与场之间的相互作用，最好先看看两个相互接触的物体之间的相互作用是否还能用别的手段描述。物体受到的力 $\boldsymbol{F}$ 满足牛顿第二定律①：

$$\boldsymbol{F}=m\boldsymbol{a}=m\frac{\mathrm{d}\boldsymbol{v}}{\mathrm{d}t}=\frac{\mathrm{d}(m\boldsymbol{v})}{\mathrm{d}t},$$

而 $m\boldsymbol{v}$ 就是物体的动量 $\boldsymbol{\Gamma}$，所以

$$\boldsymbol{F}=\frac{\mathrm{d}\boldsymbol{\Gamma}}{\mathrm{d}t}。\tag{20-13}$$

上式表明，物体所受的力等于它的动量的时间变化率。设两个小球相互碰撞，则球 2 受到的来

① 此处是用牛顿力学讨论。当物体高速运动时，必须改用狭义相对论。在狭义相对论中，质点的动量定义为 $\boldsymbol{\Gamma}=m_0\boldsymbol{v}/\sqrt{1-(v/c)^2}$ (m_0 是静质量)，力则定义为动量的时变率，即 $\boldsymbol{F}\equiv\mathrm{d}\boldsymbol{\Gamma}/\mathrm{d}t$，与式(20-13)一致。

自球 1 的力 $\boldsymbol{F}_{12}$等于球 2 的动量变化率，即

$$\boldsymbol{F}_{12}=\frac{\mathrm{d}\boldsymbol{\Gamma}_2}{\mathrm{d}t},$$

同理还有

$$\boldsymbol{F}_{21}=\frac{\mathrm{d}\boldsymbol{\Gamma}_1}{\mathrm{d}t},$$

与牛顿第三定律 $\boldsymbol{F}_{12}=-\boldsymbol{F}_{21}$结合便得

$$0=\frac{\mathrm{d}(\boldsymbol{\Gamma}_1+\boldsymbol{\Gamma}_2)}{\mathrm{d}t}。\tag{20-14}$$

上式表明两球组成的系统的总动量 $\boldsymbol{\Gamma}_1+\boldsymbol{\Gamma}_2$ 不随时间而变，可见在碰撞过程中动量是守恒的。反之，从式(20-14)出发也能推出 $\boldsymbol{F}_{12}=-\boldsymbol{F}_{21}$，可见牛顿第三定律与动量守恒律互相等价。既然两球的总动量不变，碰撞的过程也可理解为两球互相交换动量的过程。由此可得结论：物体之间的相互作用其实就是相互交换动量①。于是，相互接触的两个物体之间的相互作用的规律既可表述为“作用力与反作用力等值反向”，也可表述为“两物体组成的系统的总动量守恒”。两种表述方式对于相互接触的物体的相互作用是等价的，但后者比前者更易于推广至有场存在的情况。为了能用“相互交换动量”以及“动量守恒”的提法来描述物体与电磁场之间的相互作用，首先就要给“电磁场的动量”下一个恰当的定义。所谓恰当，就是要保证物体和电磁场的总动量守恒。

我们先看一个具体例子。设有一列平面电磁波垂直入射一块金属平板(或其他物体)。在电磁波携带的电磁场的作用下，金属板表面附近的自由电子发生运动，形成沿金属表面的电流。这个电流(因而金属板)当然要受到该电磁场的安培力，其方向与板的表面垂直，称为**辐射压力**，又称**光压**，所以金属板的动量就有一个沿受力方向的时间变化率，记作$\frac{\mathrm{d}\boldsymbol{\Gamma}}{\mathrm{d}t}$(见示意图 20-2)。麦克斯韦在1873 年就从光的电磁本性出发推出了光压的公式，并认定彗星尾巴背着太阳就是太阳的光压的结果(开普勒早在 1619 年就从光的微粒说出发提出过这一看法)。在通常条件下光压很小，难以察觉。莫斯科大学的列别捷夫教授利用极其精巧灵敏(以当时的标准而言)的装置首次用实验证实了光压的存在并测定了光压的数值(发表于 1901 年)。

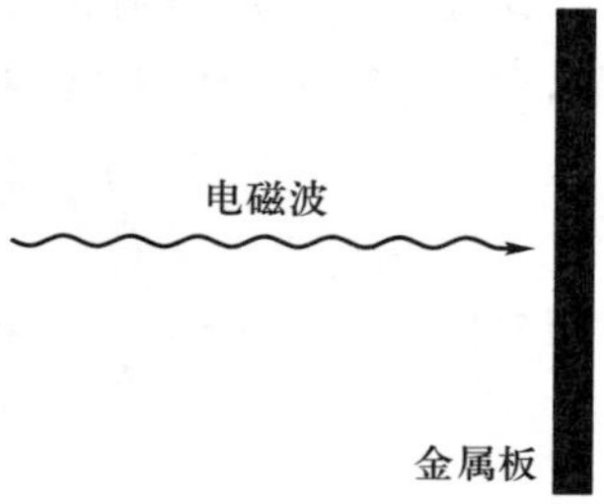

图 20-2 金属板受到电磁波的辐射压力(示意图)

设想入射的不是一列电磁波而是一个小球，那么在金属板因受撞击而出现动量时变率$\frac{\mathrm{d}\boldsymbol{\Gamma}}{\mathrm{d}t}$的同时，小球的动量将有一个沿相反方向的时变率$-\frac{\mathrm{d}\boldsymbol{\Gamma}}{\mathrm{d}t}$，因为小球与金属板组成的系统的总动量

① 以上对两个小球(质点)的结论可以推广到包含任意个质点的质点组。质点组中每个质点所受的力可分为内力(来自组内其他质点)和外力(来自组外)。组内任意两个质点的相互作用力(内力)由于等值反向(牛顿第三定律)而抵消，所以质点组的总动量 $\boldsymbol{\Gamma}$(组内各质点的动量和)的时变率 $\mathrm{d}\boldsymbol{\Gamma}/\mathrm{d}t$ 等于合外力 $\boldsymbol{F}$。当且仅当合外力为零时，质点组的总动量是守恒量。“相互作用就是相互交换动量”的提法对两个质点组也成立。

守恒。于是，在电磁波入射的情况下，为了使动量守恒律仍然成立，我们就应该这样地给电磁场定义一个动量，使它与金属板的动量之和不随时间而变。下节将就一般情况进行讨论。

§20.4 电磁场的动量和动量密度

仿照能量守恒律，我们当然希望涉及电磁场的动量守恒律也是定域守恒律，就是说，希望找到两个有密度意义的场量，即电磁场的动量密度和动量流密度，满足与式(20-3)类似的关系式。不过这里有一个重要区别：由于能量是标量而动量是矢量，所以能量密度 w_{EM} 是标量场而动量密度是矢量场(与标量场 w_{EM} 相较在数学难度方面升了一级)，记作 γ_{EM}；相应地，动量流密度在数学难度方面也要上升一级，即从矢量场(即 $\boldsymbol{Y}$)升格至张量场，暂时记作 $\overleftrightarrow{\boldsymbol{T}}$(后面将做适当解释)。所谓 γ_{EM} 和 $\overleftrightarrow{\boldsymbol{T}}$"满足与式(20-3)类似的关系式"，是指下面的式子：

$$-\frac{\mathrm{d}}{\mathrm{d}t}\iiint_V \gamma_{\mathrm{EM}}\mathrm{d}V-(V\text{ 内实物动量因受场力的时变率})=\oint_S \overleftrightarrow{\boldsymbol{T}}\cdot \mathrm{d}\boldsymbol{S}。\tag{20-15}$$

上式中的"场力"就是电磁场对带电粒子的洛伦兹力 $\boldsymbol{F}_{洛}$，注意到"力等于动量时变率"，便知上式可改写为

$$-\frac{\mathrm{d}}{\mathrm{d}t}\iiint_V \gamma_{\mathrm{EM}}\mathrm{d}V=\boldsymbol{F}_{洛}+\oint_S \overleftrightarrow{\boldsymbol{T}}\cdot \mathrm{d}\boldsymbol{S}。\tag{20-15$'$}$$

仍以 ρ 代表实物的电荷密度，则体元 $\mathrm{d}V$ 的电荷为 $\rho\mathrm{d}V$。设体元以速度 $\boldsymbol{v}$ 运动，则其受到的元洛伦兹力为 $\mathrm{d}\boldsymbol{F}_{洛}=\rho\mathrm{d}V(\boldsymbol{E}+\boldsymbol{v}\times\boldsymbol{B})$，所以

$$\boldsymbol{F}_{洛}=\iiint_V \rho\mathrm{d}V(\boldsymbol{E}+\boldsymbol{v}\times\boldsymbol{B})=\iiint_V(\rho\boldsymbol{E}-\boldsymbol{B}\times\boldsymbol{J})\mathrm{d}V。\tag{20-16}$$

利用麦氏方程 $\nabla\cdot\boldsymbol{E}=\dfrac{\rho}{\varepsilon_0}$ 及 $\nabla\times\boldsymbol{B}=\mu_0\boldsymbol{J}+\dfrac{1}{c^2}\dfrac{\partial\boldsymbol{E}}{\partial t}$ 可将上式右边的被积对象表为

$$\rho\boldsymbol{E}-\boldsymbol{B}\times\boldsymbol{J}=\varepsilon_0\boldsymbol{E}(\nabla\cdot\boldsymbol{E})-\mu_0^{-1}\boldsymbol{B}\times(\nabla\times\boldsymbol{B})+\varepsilon_0\boldsymbol{B}\times\frac{\partial\boldsymbol{E}}{\partial t},\tag{20-17}$$

再用公式

$$\frac{\partial}{\partial t}(\boldsymbol{E}\times\boldsymbol{B})=\boldsymbol{E}\times\frac{\partial\boldsymbol{B}}{\partial t}-\boldsymbol{B}\times\frac{\partial\boldsymbol{E}}{\partial t}$$

以及麦氏方程 $\nabla\times\boldsymbol{E}=-\dfrac{\partial\boldsymbol{B}}{\partial t}$ 和 $\nabla\cdot\boldsymbol{B}=0$ 又可把式(20-17)改写为

$$\rho\boldsymbol{E}-\boldsymbol{B}\times\boldsymbol{J}=[\varepsilon_0\boldsymbol{E}(\nabla\cdot\boldsymbol{E})-\varepsilon_0\boldsymbol{E}\times(\nabla\times\boldsymbol{E})+\mu_0^{-1}\boldsymbol{B}(\nabla\cdot\boldsymbol{B})-\mu_0^{-1}\boldsymbol{B}\times(\nabla\times\boldsymbol{B})]-\frac{\partial}{\partial t}(\varepsilon_0\boldsymbol{E}\times\boldsymbol{B})。\tag{20-18}$$

引入矢量场

$$\boldsymbol{\Lambda}\equiv-\{\varepsilon_0[\boldsymbol{E}(\nabla\cdot\boldsymbol{E})-\boldsymbol{E}\times(\nabla\times\boldsymbol{E})]+\mu_0^{-1}[\boldsymbol{B}(\nabla\cdot\boldsymbol{B})-\boldsymbol{B}\times(\nabla\times\boldsymbol{B})]\}\tag{20-19}$$

可将式(20-18)简写为

$$\rho\boldsymbol{E}-\boldsymbol{B}\times\boldsymbol{J}=-\boldsymbol{\Lambda}-\frac{\partial}{\partial t}(\varepsilon_0\boldsymbol{E}\times\boldsymbol{B}),\tag{20-20}$$

代入式(20-16)得

$$-\frac{\mathrm{d}}{\mathrm{d}t}\iiint_V(\varepsilon_0\boldsymbol{E}\times\boldsymbol{B})\mathrm{d}V=\boldsymbol{F}_{洛}+\iiint_V\boldsymbol{\Lambda}\mathrm{d}V。\tag{20-21}$$

上式左边与式(20-15′)左边对比使我们受到启发：不妨把 $\varepsilon_0\boldsymbol{E}\times\boldsymbol{B}$ 解释为电磁场的动量密度 γ_{EM}，即

$$\gamma_{\mathrm{EM}}=\varepsilon_0\boldsymbol{E}\times\boldsymbol{B}。\tag{20-22}$$

采用这一解释后，式(20-21)就可表为

$$\boldsymbol{F}_{洛}=-\frac{\mathrm{d}}{\mathrm{d}t}\iiint_V\gamma_{\mathrm{EM}}\mathrm{d}V-\iiint_V\boldsymbol{\Lambda}\mathrm{d}V。\tag{20-23}$$

剩下的任务是把上式右边的体积分 $\iiint_V\boldsymbol{\Lambda}\mathrm{d}V$ 转化为式(20-15′)右边的面积分 $\oiint_S\overset{\rightrightarrows}{\boldsymbol{T}}\cdot\mathrm{d}\boldsymbol{S}$，从而找到动量流密度 $\overset{\rightrightarrows}{\boldsymbol{T}}$ 的表达式。注意到 $\boldsymbol{\Lambda}$ 是一个由 $\boldsymbol{E}$ 和 $\boldsymbol{B}$ 通过式(20-19)组合而成的矢量场，而且在用 $\boldsymbol{E}$ 和 $\boldsymbol{B}$ 构造 $\boldsymbol{\Lambda}$ 时的数学运算相同[对 $\boldsymbol{E}$ 的运算是 $\boldsymbol{E}(\nabla\cdot\boldsymbol{E})-\boldsymbol{E}\times(\nabla\times\boldsymbol{E})$，对 $\boldsymbol{B}$ 的运算是 $\boldsymbol{B}(\nabla\cdot\boldsymbol{B})-\boldsymbol{B}\times(\nabla\times\boldsymbol{B})$]，首先应证明如下命题。

命题 20-1 设 $\boldsymbol{M}$ 是任意矢量场，以 $M_i(i=1,2,3)$ 代表 $\boldsymbol{M}$ 在右手直角坐标系 $\{x^1,x^2,x^3\}$ 的 3 个分量，∂_i 作为 $\frac{\partial}{\partial x^i}$ 的简写，则矢量场 $\boldsymbol{M}(\nabla\cdot\boldsymbol{M})-\boldsymbol{M}\times(\nabla\times\boldsymbol{M})$ 的第 i 分量为

$$[\boldsymbol{M}(\nabla\cdot\boldsymbol{M})-\boldsymbol{M}\times(\nabla\times\boldsymbol{M})]_i=\partial_j\left(M_iM_j-\frac{1}{2}\boldsymbol{M}\cdot\boldsymbol{M}\delta_{ij}\right),\quad \delta_{ij}\equiv\begin{cases}1, 若\ i=j\\0, 若\ i\neq j\end{cases},\tag{20-24}$$

上式采用爱因斯坦惯例，就是略去求和号，重复指标代表对该指标求和，例如右边第一项 $\partial_j(M_iM_j)$ 就是 $\sum_{j=1}^{3}\partial_j(M_iM_j)$ 的简写。

证明 将矢量分析公式

$$\nabla(\boldsymbol{a}\cdot\boldsymbol{b})=a\times(\nabla\times b)+(a\cdot\nabla)b+b\times(\nabla\times a)+(b\cdot\nabla)a$$

[此即专题 15 的式(15-106f)]中的 $\boldsymbol{a}$ 和 $\boldsymbol{b}$ 都取为现在的 $\boldsymbol{M}$，得

$$\nabla(\boldsymbol{M}\cdot\boldsymbol{M})=2[\boldsymbol{M}\times(\nabla\times\boldsymbol{M})+(\boldsymbol{M}\cdot\nabla)\boldsymbol{M}],$$

因而

$$\boldsymbol{M}\times(\nabla\times\boldsymbol{M})=\frac{1}{2}\nabla(\boldsymbol{M}\cdot\boldsymbol{M})-(\boldsymbol{M}\cdot\nabla)\boldsymbol{M},$$

于是

$$\begin{aligned}式(20-24)左边&\equiv[\boldsymbol{M}(\nabla\cdot\boldsymbol{M})-\boldsymbol{M}\times(\nabla\times\boldsymbol{M})]_i\\&=M_i(\nabla\cdot\boldsymbol{M})+(\boldsymbol{M}\cdot\nabla)M_i-\frac{1}{2}[\nabla(\boldsymbol{M}\cdot\boldsymbol{M})]_i\\&=M_i\partial_jM_j+M_j\partial_jM_i-\frac{1}{2}\partial_i(\boldsymbol{M}\cdot\boldsymbol{M}),\end{aligned}\tag{20-25}$$

其中第三步依次用到式(15-73c)、式(15-107′)和式(15-73b)。另一方面，

$$式(20-24)右边=\partial_j(M_iM_j)-\frac{1}{2}\delta_{ij}\partial_j(\boldsymbol{M}\cdot\boldsymbol{M})$$

$$=M_i\partial_jM_j+M_j\partial_jM_i-\frac{1}{2}\partial_i(\boldsymbol{M}\cdot\boldsymbol{M}),\tag{20-26}$$

其中第二步用到 $\delta_{ij}\partial_j=\partial_i$(专题 15 曾详细论述 $\delta_{ij}a_j=a_i$，熟悉该法后不难推证该式对导数算符 ∂_i 也成立)。对比式(20-25)和式(20-26)可知待证等式成立，于是命题证毕。 □

式(20-24)也可改写为

$$[\boldsymbol{M}(\nabla\cdot\boldsymbol{M})-\boldsymbol{M}\times(\nabla\times\boldsymbol{M})]_i=\partial_j\left(M_iM_j-\frac{1}{2}M^2\delta_{ij}\right),\tag{20-27}$$

把上式的 $\boldsymbol{M}$ 分别取作 $\boldsymbol{E}$ 和 $\boldsymbol{B}$，由式(20-19)便得矢量场 $\boldsymbol{\Lambda}$ 的第 i 分量

$$\begin{aligned}\Lambda_i&\equiv\varepsilon_0[\boldsymbol{E}\times(\nabla\times\boldsymbol{E})-\boldsymbol{E}(\nabla\cdot\boldsymbol{E})]_i+\mu_0^{-1}[\boldsymbol{B}\times(\nabla\times\boldsymbol{B})-\boldsymbol{B}(\nabla\cdot\boldsymbol{B})]_i\\&=\varepsilon_0\left[\partial_j\left(\frac{1}{2}E^2\delta_{ij}-E_iE_j\right)\right]+\mu_0^{-1}\left[\partial_j\left(\frac{1}{2}B^2\delta_{ij}-B_iB_j\right)\right]\\&=\partial_j\left[\frac{1}{2}(\varepsilon_0E^2+\mu_0^{-1}B^2)\delta_{ij}-(\varepsilon_0E_iE_j+\mu_0^{-1}B_iB_j)\right]。\end{aligned}\tag{20-28}$$

引入符号

$$T_{ij}\equiv\frac{1}{2}(\varepsilon_0E^2+\mu_0^{-1}B^2)\delta_{ij}-(\varepsilon_0E_iE_j+\mu_0^{-1}B_iB_j),\tag{20-29}$$

则式(20-28)可简写为

$$\Lambda_i=\partial_jT_{ij}。\tag{20-30}$$

再代入式(20-23)，便得该式的分量表达式

$$F_{洛i}=-\frac{\mathrm{d}}{\mathrm{d}t}\iiint_V\gamma_{\mathrm{EM}i}\mathrm{d}V-\iiint_V(\partial_jT_{ij})\mathrm{d}V,\tag{20-31}$$

以 $\varGamma_{\mathrm{EM}}$ 代表区域 V 内的电磁场动量，则其第 i 分量为

$$\varGamma_{\mathrm{EM}i}=\iiint_V\gamma_{\mathrm{EM}i}\mathrm{d}V,$$

故式(20-31)又可表为

$$-\frac{\mathrm{d}\varGamma_{\mathrm{EM}i}}{\mathrm{d}t}=F_{洛i}+\iiint_V(\partial_jT_{ij})\mathrm{d}V。\tag{20-32}$$

现在的问题是如何把上式右边转化为式(20-15′)右边的面积分 $\oiint_S\vec{\boldsymbol{T}}\cdot\mathrm{d}\boldsymbol{S}$。首先可从矢量场的高斯公式(见专题 15 定理 15-8)

$$\iiint_V(\nabla\cdot\boldsymbol{a})\mathrm{d}V=\oiint_S\boldsymbol{a}\cdot\mathrm{d}\boldsymbol{S}$$

获得启发。上式可改写为

$$\iiint_V(\partial_ja_j)\mathrm{d}V=\oiint_Sa_jn_j\mathrm{d}S,\tag{20-33}$$

其中 n_j 是闭合面 S 的单位外法矢的第 j 分量。与此类似(只是数学难度提升了一级)，数学上也有如下公式(证明从略)：

$$\iiint_V(\partial_jT_{ij})\mathrm{d}V=\oiint_ST_{ij}n_j\mathrm{d}S。\tag{20-34}$$

于是式(20-32)便可化为

$$-\frac{\mathrm{d}\Gamma_{\mathrm{EM}i}}{\mathrm{d}t}=F_{洛 i}+\oint\!\!\!\oint_S T_{ij}n_j\mathrm{d}S。\tag{20-35}$$

上式就是式(20-15′)经改写后的分量形式。虽然本书不打算认真地讲授张量，但读者现在至少知道含张量 $\vec{\vec{T}}$ 的积分 $\oint\!\!\!\oint_S \vec{\vec{T}}\cdot\mathrm{d}\boldsymbol{S}$ 的分量形式就是 $\oint\!\!\!\oint_S T_{ij}n_j\mathrm{d}S$。为帮助读者理解式(20-15′)的物理意义，我们再次不厌其烦地对几个守恒律做如下类比。

1. 读者最熟悉的电荷守恒律可以表为

$$-\frac{\mathrm{d}}{\mathrm{d}t}\iiint_V \rho\mathrm{d}V=\oint\!\!\!\oint_S \boldsymbol{J}\cdot\mathrm{d}\boldsymbol{S},\qquad 此即式(20-1)$$

上式左边是区域 V 内电荷随时间的减小率，故右边应解释为单位时间从 S 面流出的电荷，因而 $\boldsymbol{J}$ 就是电流密度(矢量)。类似地又有

2. 能量守恒律(也可称为“功能关系”)可以表为

$$-\frac{\mathrm{d}}{\mathrm{d}t}\iiint_V w_{\mathrm{EM}}\mathrm{d}V=P_{洛}+\oint\!\!\!\oint_S \boldsymbol{Y}\cdot\mathrm{d}\boldsymbol{S},\qquad 此即式(20-3')$$

上式左边是区域 V 内电磁场能量随时间的减小率，这一减小有两个原因，其一是电磁场对实物做了功，体现为右边的第一项($P_{洛}$ 代表单位时间所做的功)；其二是电磁场的能量经过区域 V 的边界面 S 流到了外面，体现为右边的第二项，所以矢量场 $\boldsymbol{Y}$ 的物理意义就是电磁场的能流密度，即单位时间经单位垂直面积流过的电磁场能。再类似地还有

3. 动量守恒律(也可称为“动量定理”)可以表为

$$-\frac{\mathrm{d}}{\mathrm{d}t}\iiint_V \gamma_{\mathrm{EM}}\mathrm{d}V=\boldsymbol{F}_{洛}+\oint\!\!\!\oint_S \vec{\vec{T}}\cdot\mathrm{d}\boldsymbol{S}。\qquad 此即式(20-15')$$

上式左边是区域 V 内电磁场动量随时间的减小率，这一减小有两个原因，其一是电磁场对实物施加了作用力 $\boldsymbol{F}_{洛}$，其反作用导致自身动量减小；其二是电磁场的动量经过区域 V 的边界面 S 流到了外面，体现为右边的第二项，所以自然应把式(20-15′)右边第二项 $\oint\!\!\!\oint_S \vec{\vec{T}}\cdot\mathrm{d}\boldsymbol{S}$ 解释为单位时间从 S 面流出的动量(矢量)。虽然读者未必熟悉张量及其运算(因而未必明白 $\vec{\vec{T}}\cdot\mathrm{d}\boldsymbol{S}$ 的准确含义)，但将式(20-15′)与式(20-1)、(20-3′)类比，至少可以大致相信 $\vec{\vec{T}}$ 应解释为**动量流密度**(张量)。但是式(20-15′)与式(20-1)、(20-3′)有个重要区别：式(20-1)、(20-3)是标量等式而式(20-15′)是矢量等式。为具体起见，还可写出它的分量形式，即式(20-35)，该式左边代表区域 V 内总动量的 i 分量随时间的减小率，故右边 $\oint\!\!\!\oint_S T_{ij}n_j\mathrm{d}S$ 就是单位时间内从边界面 S 流出的动量的 i 分量，其中的 T_{ij} 是张量 $\vec{\vec{T}}$ 的第 ij 分量。只要记得力与动量密切相关，就不难相信张量 $\vec{\vec{T}}$ 与力有关。事实上，$\vec{\vec{T}}$ 充当着电磁场的**应力张量**的角色，称为**麦克斯韦应力张量**①。考虑到读者未必熟悉“应力”和张量的概念，我们将专辟一个专题(专题21)进行介绍。

小结 电磁场存在时，人们发现两个物体之间的“作用力”和“反作用力”并不总是等值反

---

① 准确说来我们的 $\vec{\vec{T}}$ 加负号才是麦克斯韦应力张量。

向，于是提出了“牛顿第三定律在电磁场存在时还成立吗”这个问题。经过上述一番讨论，我们对这个问题的回答是：只要把牛顿第三定律理解为动量守恒律，并且给电磁场也定义一份适当的动量（其动量密度定义为 $\gamma_{\mathrm{EM}}=\varepsilon_0\boldsymbol{E}\times\boldsymbol{B}$），则牛顿第三定律在电磁场存在时也成立。

§20.5 不接触物体间的“作用力”和“反作用力”

由以上讨论可知，在考察“牛顿第三定律在电磁场存在时是否还成立”这个问题时，重要的是要关心电磁场与实物之间的相互作用（动量交换），而不是去比较不相接触物体之间的“作用力”和“反作用力”。但是，在弄清楚了场与实物之间的相互作用满足动量守恒律之后，回过头来把不相接触的物体之间的“作用力”和“反作用力”加以比较，也是颇有教益的。

比较两个不相接触物体的“作用力”和“反作用力”的一个方便办法就是考察这两个物体的动量之和（实物系统的总动量）是否随时间而变。由牛顿第二定律不难相信，如果这个动量之和不随时间而变，“作用力”与“反作用力”就一定等值反向，否则一定不等值反向。由于实物之间还存在电磁场，从动量守恒定律出发可以肯定的只是实物系统的动量与电磁场的动量之和不变，至于实物系统的动量随时间改变与否，则还须具体分析。下面讨论两个例子。

例 1 两个静止点电荷 q_1 和 q_2 之间的相互作用

解 由库仑定律当然知道两个静止点电荷之间的“作用力 $\boldsymbol{F}_{12}$”和“反作用力 $\boldsymbol{F}_{21}$”等值反向，问题是如何从动量的角度来得出这一结论。以 $\varGamma_1$、$\varGamma_2$ 和 $\varGamma_{\mathrm{EM}}$ 依次代表 q_1、q_2 以及两者之间的静电场的动量，则由动量守恒定律可知

$$\frac{\mathrm{d}\varGamma_1}{\mathrm{d}t}+\frac{\mathrm{d}\varGamma_2}{\mathrm{d}t}+\frac{\mathrm{d}\varGamma_{\mathrm{EM}}}{\mathrm{d}t}=0; \tag{20-36}$$

而静电场动量的时变率 $\dfrac{\mathrm{d}\varGamma_{\mathrm{EM}}}{\mathrm{d}t}$ 显然为零，故上式给出

$$\frac{\mathrm{d}\varGamma_1}{\mathrm{d}t}+\frac{\mathrm{d}\varGamma_2}{\mathrm{d}t}=0, \tag{20-37}$$

因而 $\boldsymbol{F}_{12}$ 与 $\boldsymbol{F}_{21}$ 必然等值反向。 ■

不过有一个问题要交代清楚。如果只考虑 q_1、q_2 以及两者之间的静电场所组成的系统，我们还不能立即肯定这个系统的总动量的时变率为零[不能立即肯定式(20-36)成立]，理由如下。动量守恒律只对合外力为零的系统成立，然而在我们的情况下，q_1、q_2 分别受力 $\boldsymbol{F}_{21}$ 和 $\boldsymbol{F}_{12}$，要使它们保持静止，必须施加外力（例如来自绝缘支架的力）。设外界（用以保持 q_1、q_2 静止的系统，如支架）的动量为 $\varGamma_{外}$，则动量守恒律要求

$$\frac{\mathrm{d}\varGamma_1}{\mathrm{d}t}+\frac{\mathrm{d}\varGamma_2}{\mathrm{d}t}+\frac{\mathrm{d}\varGamma_{\mathrm{EM}}}{\mathrm{d}t}+\frac{\mathrm{d}\varGamma_{外}}{\mathrm{d}t}=0。$$

不过，外界的情况自始至终没有改变（支架不动），故 $\dfrac{\mathrm{d}\varGamma_{外}}{\mathrm{d}t}=0$，因而式(20-37)仍然成立。

例 2 两个电流元之间的相互作用

解 正如 §20.2 开头所云，两个电流元之间的“作用力”和“反作用力”一般并不等值反向。这一表面看来违背牛顿第三定律的现象从动量角度来看是完全可以理解的。以 $\varGamma_1$、$\varGamma_2$ 和 $\varGamma_{\mathrm{EM}}$ 依

次代表两个电流元以及两者之间的电磁场的动量，则由动量守恒定律可知

$$\frac{\mathrm{d}\boldsymbol{\varGamma}_1}{\mathrm{d}t}+\frac{\mathrm{d}\boldsymbol{\varGamma}_2}{\mathrm{d}t}+\frac{\mathrm{d}\boldsymbol{\varGamma}_{\mathrm{EM}}}{\mathrm{d}t}=0。\tag{20-38}$$

孤立电流元激发的电磁场不是恒定磁场，其动量时变率$\frac{\mathrm{d}\boldsymbol{\varGamma}_{\mathrm{EM}}}{\mathrm{d}t}$一般非零，故上式给出

$$\frac{\mathrm{d}\boldsymbol{\varGamma}_1}{\mathrm{d}t}+\frac{\mathrm{d}\boldsymbol{\varGamma}_2}{\mathrm{d}t}\neq 0,\text{（特殊情况除外）}\tag{20-39}$$

而$\frac{\mathrm{d}\boldsymbol{\varGamma}_1}{\mathrm{d}t}$和$\frac{\mathrm{d}\boldsymbol{\varGamma}_2}{\mathrm{d}t}$分别是电流元 1 和 2 所受的力，故两个电流元之间的“作用力”和“反作用力”一般并不等值反向。

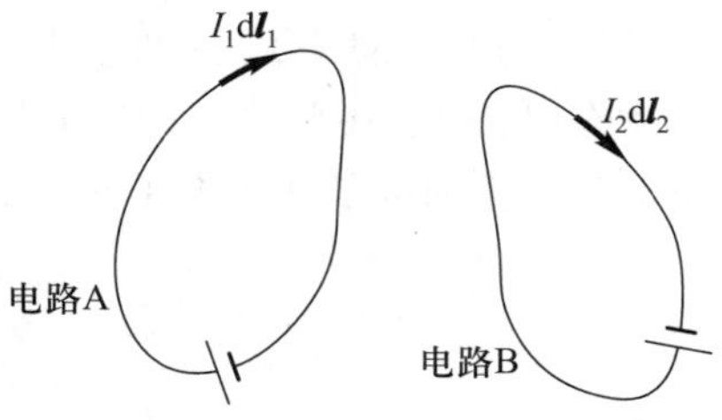

图 20-3 两个独立的直流电路

不过也可以从另一角度讨论这个问题。设空间有两个独立的直流闭合电路（图 20-3 的电路 A 和 B），则空间中存在着一个恒定磁场。以 $\boldsymbol{\varGamma}_{\mathrm{A}}$、$\boldsymbol{\varGamma}_{\mathrm{B}}$ 和 $\boldsymbol{\varGamma}_{\mathrm{EM}}$ 依次代表电路 A、B 以及空间的恒定磁场的动量，则由动量守恒定律可知

$$\frac{\mathrm{d}\boldsymbol{\varGamma}_{\mathrm{A}}}{\mathrm{d}t}+\frac{\mathrm{d}\boldsymbol{\varGamma}_{\mathrm{B}}}{\mathrm{d}t}+\frac{\mathrm{d}\boldsymbol{\varGamma}_{\mathrm{EM}}}{\mathrm{d}t}=0。\tag{20-40}$$

恒定磁场的动量不随时间而变，故$\frac{\mathrm{d}\boldsymbol{\varGamma}_{\mathrm{EM}}}{\mathrm{d}t}=0$，于是上式给出

$$\frac{\mathrm{d}\boldsymbol{\varGamma}_{\mathrm{A}}}{\mathrm{d}t}+\frac{\mathrm{d}\boldsymbol{\varGamma}_{\mathrm{B}}}{\mathrm{d}t}=0,\tag{20-41}$$

这意味着电路 A 和 B 所受的力（安培力）应该等值反向。请注意，如果在两个电路中各取一个电流元（例如图 20-3 中的 $I_1\mathrm{d}\boldsymbol{l}_1$ 和 $I_2\mathrm{d}\boldsymbol{l}_2$），两者所受的力一般并不等值反向，正如式（20-11）和（20-12）后面那段的结论那样。但是，如果你从这两个式子出发用积分求出每个电路（指整个电路）所受的合力，就会发现电路 A 和 B 所受的力的确是等值反向的。 ■

上面通过两个例子考察了物体之间（通过电磁场这一媒介）的“相互作用力”。不过，基于局域相互作用的物理原理，两个不相接触的物体原则上不能谈及相互作用力，只有当中间媒介的物质可以被约化掉时它们之间的相互作用力才变得有意义，比如上面两个例子在写出$\frac{\mathrm{d}\boldsymbol{\varGamma}_{\mathrm{EM}}}{\mathrm{d}t}=0$时就做了相应的约化①。应该指出，在许多实际情况下这样的约化变得困难而不实用，例如在上面关于“光压”的例子中，讨论金属板对入射的电磁波（电磁场）的反作用（这其实就是金属板传递给电磁场的向左的动量时变率）是方便的，但却很难讨论金属板对另外的什么物体的“反作用”。你可能会问：电磁波总是由波源（运动电荷）激发的，为什么不可以讨论金属板对入射波的波源的反作用？回答是：波可以脱离波源而独立存在，此时电磁波很难被约化掉，这是电磁波不同于恒定电磁场的一个重要特征。设空间有两个带等值异号电荷的金属球（例如感应起电机

① 例 2 在谈到孤立电流元时，由于作为媒介的电磁场没有被约化掉（即 $\mathrm{d}\boldsymbol{\varGamma}_{\mathrm{EM}}/\mathrm{d}t\neq 0$），所以文中的“作用力”和“反作用力”都加了引号。

的两个金属球)，令两球靠近以便触发火花放电，放电后两球电荷消失，而放电所激起的电磁波却不断向外传播。这就是脱离波源而存在的波的一例，它带有能量和动量，当它传到矿石收音机时，收音机发出“咔嗒”一响，这个声能就是电磁波的能量的一部分转化来的；当这个波入射一块金属板时，板就会受到“光压”而改变动量，这一动量增量也是电磁波的动量的一部分。你如果在发现金属板受到作用力的同时致力于寻找相应的“反作用力”的受力对象，你会发现非常困难。(两个金属小球的电荷早已不存在了！电磁波还会跟许许多多的物体发生相互作用。)有趣的是，这个属于经典物理学范畴的例子有一个对应的“量子场论翻版”：一个电子和一个正电子相遇并湮灭而转化为两个光子。空间中原先存在的两个带电质点不见了，代之而存在的是一个电磁场(与光子对应)。这两个光子又可以同其他物体发生作用，如果不去讨论场与物体之间的相互作用，难道还要去讨论这个物体对那一对已经消失了的电子和正电子(以及由于量子涨落而不断产生的电子和正电子对)的“反作用力”吗?!

专题 21　流体及电磁场的应力张量

本专题导读

（1）为理解电磁场的应力张量，先讲流体的应力张量。

（2）流体一点的应力张量可表为一个 3×3 对称矩阵，其对角元代表法向应力，非对角元代表切向应力。

（3）注意到力是动量的时变率，将电磁场看作特殊流体，把专题 20 关于电磁场动量时变率公式与流体动量时变率公式对比可得电磁场的应力张量公式。

（4）专题之末给了一个用电磁场应力张量求解静电学问题的例子。

§21.1　流体的应力张量

专题 20 的 §20.3 谈到质点组的总动量在合外力为零时有守恒性，其重要原因是内力由于满足牛顿第三定律而相互抵消。本专题要对质点组的内力做进一步的讨论。刚体是最简单的质点组，它可以做整体的平移和转动，但内部没有任何形变。这当然只在模型语言中存在，现实中的质点组（指固体）或多或少都有内部形变，相应地就有弹性复原力（内力）。这种非刚性的固体又称为**弹性体**。此外，流体（液体和气体）也是常见的质点组。对流体很难谈及形变，但仍然存在内力，它来自流体分子之间的相互作用，只当分子之间的距离足够小时才会非零，所以属于短程力。先讨论气体。考虑气体中两个紧邻的体元（图 21-1 中的 1 和 2），它们分居于交界面 S 的两侧，每一侧气体分子都可能（带着自己的动量）穿越界面 S 到达另一侧，形成两侧动量的相互交换。根据“相互作用力就是相互交换动量”的观点（见 §20.3），就可以说界面 S 的每一侧都受到另一侧的作用力（短程性的内力）。液体的情况比气体要更复杂一些，我们不拟详细讨论，但结论仍然是：液体中的任一面元 S 的两侧之间存在着相互作用力（短程性的内力）。研究发现，为了描述流体和弹性固体的内力情况，必须引入一个称为“应力张量”的张量。电磁场虽然不是原始意义上的流体，但与流体（特别是相对论性流体）有很多类似之处，所以电磁场也有应力张量的概念（称为麦克斯韦应力张量，详见下节）。专题 20 的 §20.4 之末已经给出了这一应力张量的定义，本专题打算对流体（及弹性固体）的应力张量及其有关概念做一个比较细致的介绍，然后说明为什么 §20.4 之末找到的张量 $\vec{\vec{T}}$ 可被解释为电磁场的应力张量。

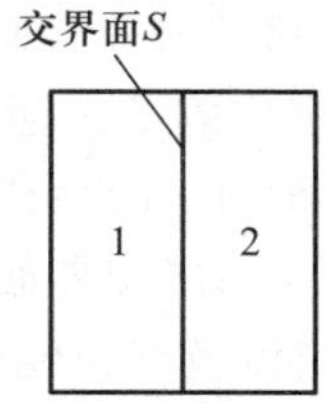

图 21-1　两个紧邻体元 1 和 2 及其交界面 S

虽然流体由离散的分子组成，但流体力学只研究流体的宏观状态及运动，所以把流体看作

连续介质（这正是能把电磁场看作某种特殊“流体”的主要原因）。连续介质是对分子的微观结构做统计处理所得的模型。通常把微观足够大、宏观足够小的一块流体称为一个**流体质点**。整个流体就由这些连续分布的质点构成。每一宏观点的密度 ρ 是指含有该点的一个足够小的单位体积中的质量。

为了介绍流体的应力张量，先从大家熟悉的压强概念讲起。以桌面上静止放置的水杯为例。水中的任一点 Q 都可用一个压强 p 描述，准确定义如下（暂时只讲结论，其中道理在读完本节后便可清楚）。过 Q 点任取一个小面元 S，则 S 一侧的水分子对另一侧的水分子的作用力 $\boldsymbol{F}$ 必定与面元正交（图 21-2a），其大小 F 与面元的面积（也记作 S）成正比，即 $F\propto S$。通常用 p 代表比例常数，写成 $F=pS$。如果改用另一取向的面元 S'，则力变为 $\boldsymbol{F}'$（图 21-2b），但其大小 F' 与面积 S' 的比值仍等于 $F/S=p$，所以比例常数 p 与所选面元的取向无关，只取决于 Q 点的位置，称为 Q 点的**压强**（pressure），可见压强的定义是

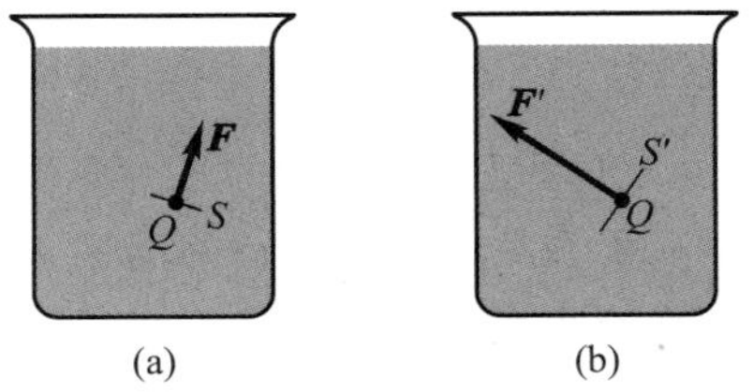

图 21-2　静止流体中的压强定义为 $p\equiv F/S$

$$p\equiv\frac{F}{S}。\tag{21-1}$$

因为静止流体中每点都有一个压强，所以压强 p 是流体上的标量场。静止流体的简单性使得仅用一个标量场 p 就可描述内部受力情况。研究表明，这一结论也适用于一切（哪怕是运动着的）理想流体①，因为理想流体具有各向同性性。然而实际流体却或多或少地偏离理想流体。例如，假定你煮了一锅粥，当你试图把粥倒进碗里时（图 21-3），粥的最表面的一层会受到其紧邻的下一层的阻力（黏性力），这是一种沿着两层交界面的切向的阻力，是在理想流体中不会出现的（理想流体及静止流体内部层与层之间只有法向力）。这时，为了描述流体内部各点的力的情况，用一个标量场 p 就远远不够，这是流体的非各向同性性的结果。研究表明，对于非静止的非理想流体，为了描述各点的受力情况，必须引入一个张量，这就是本专题的重点讲解对象——应力张量。下面详加介绍。

图 21-3　表面层的粥受到其紧邻下层的切向阻力

先借用图 21-2 的面元 S 说起。面元一侧的流体对他侧流体的力称为**表面力**，来自流体分子之间的相互作用，只当分子之间的距离足够小时才会非零，所以属于短程力。层与层之间的表面力取决于交界面的面积。对于静止流体和理想流体，正如上文所云，这个表面力与交界面 S 正交，但对一般流体则未必如此简单。设 Q 是任意流体（甚至固体）中的一点，S 是过 Q 点的任一面元，$\boldsymbol{n}$ 是面元的单位法矢，从面元的一侧（记作 1 侧）指向另一侧（记作 2 侧，见图 21-4），$\boldsymbol{F}_{12}$ 是 1 侧的流体分子对 2 侧的表面力，则

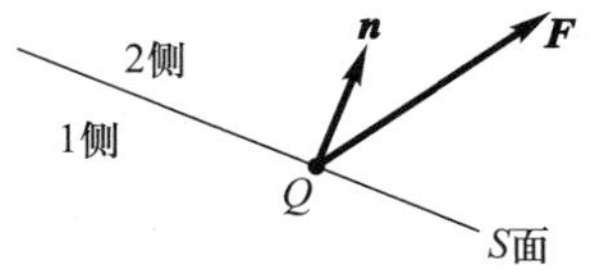

图 21-4　流体中面元的一侧对另一侧的表面力

① **理想流体**是指不可压缩的无黏性流体。

$$\boldsymbol{p}_n \equiv \frac{\boldsymbol{F}_{12}}{S} \tag{21-2}$$

称为 Q 点的、关于方向 $\boldsymbol{n}$ 的**应力**(stress)①。请注意 $\boldsymbol{F}_{12}$(因而应力 $\boldsymbol{p}_n$)的方向可以不平行于 $\boldsymbol{n}$，就是说，关于 $\boldsymbol{n}$ 向的应力不一定沿 $\boldsymbol{n}$ 的方向(于是除了法向分量外还可以有切向分量)。现在出现一个问题：Q 点的任一方向都可取为 $\boldsymbol{n}$ 的方向，为了掌握 Q 点的应力状态，难道要知道它关于每一方向的应力吗？下面就来证明，知道关于 3 个独立方向(最简单的是 3 个正交的方向)的应力便已足够。

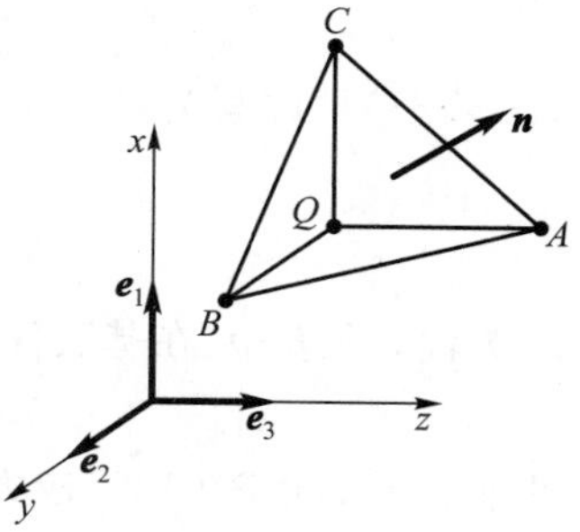

图 21-5　$\boldsymbol{n}$ 是四面体的斜面 ABC 的单位法矢

以 Q 为顶点做一个四面体(如图 21-5)，其中 3 个面分别平行于 3 个坐标面，第 4 个面以 $\boldsymbol{n}$ 为单位法矢。将这 4 个面依次记作 M_1、M_2、M_3 和 M_n，其中

$$M_1 \equiv QAB,\qquad M_2 \equiv QAC,\qquad M_3 \equiv QBC,\qquad M_n \equiv ABC。$$

以 $\boldsymbol{e}_1$、$\boldsymbol{e}_2$、$\boldsymbol{e}_3$ 依次代表沿 x、y、z 轴正向的单位矢，以 $S_i(i=1,2,3)$ 代表 M_i 的面积，S_n 代表 M_n 的面积，则易证

$$S_i = S_n\cos\theta_i,\qquad i=1,2,3,\qquad \theta_i \text{ 代表 } \boldsymbol{e}_i \text{ 与 } \boldsymbol{n} \text{ 的夹角。} \tag{21-3}$$

注意到 $\boldsymbol{n}$ 是 M_n 的外向法矢而 $\boldsymbol{e}_1$、$\boldsymbol{e}_2$、$\boldsymbol{e}_3$ 是 M_1、M_2、M_3 的内向法矢，由式(21-2)便知四面体内的流体所受到的、来自外侧流体的表面力为

$$\boldsymbol{F}_{\text{面}} = -\boldsymbol{p}_n S_n + \sum_{i=1}^{3}\boldsymbol{p}_i S_i = -S_n\left(\boldsymbol{p}_n - \sum_{i=1}^{3}\boldsymbol{p}_i\cos\theta_i\right), \tag{21-4}$$

其中第二步用到式(21-3)。掌握了四面体所受的力就掌握住它的动量时变率，不过上式的 $\boldsymbol{F}_{\text{面}}$ 不一定是四面体所受的全部力，因为四面体很可能还受到与自身的体积(或说质量)有关的力，例如重力。以 V 代表四面体的体积，ρ 代表它的质量密度，$\boldsymbol{g}$ 代表重力场强(重力加速度)，则四面体所受的重力等于 $\boldsymbol{F}_{\text{重}}=V\rho\boldsymbol{g}$。此外，四面体还可能受到其他与质量有关的力，例如，处于电磁场中的带电流体的任一空间区域(包括四面体)还会受到电磁力(洛伦兹力)，它也跟质量(或体积)成正比。与质量成正比的力统称为**质量力**，记作 $\boldsymbol{F}_{\text{质}}$。以 $\boldsymbol{f}_{\text{质}}$ 代表质量力的密度(单位质量所受的力，对重力而言有 $\boldsymbol{f}_{\text{质}}=g$)，便有 $\boldsymbol{F}_{\text{质}}=V\rho\boldsymbol{f}_{\text{质}}$。四面体所受的总力等于 $\boldsymbol{F}_{\text{质}}+\boldsymbol{F}_{\text{面}}$，它应该等于四面体的动量时变率。因此，若以 $\boldsymbol{\varGamma}$ 代表四面体的动量，便有

$$\frac{\mathrm{d}\boldsymbol{\varGamma}}{\mathrm{d}t} = \boldsymbol{F}_{\text{质}} + \boldsymbol{F}_{\text{面}} = V\rho\boldsymbol{f}_{\text{质}} - S_n\left(\boldsymbol{p}_n - \sum_{i=1}^{3}\boldsymbol{p}_i\cos\theta_i\right)。 \tag{21-5}$$

令四面体的边长趋于零(看作 1 阶小量)，则面积 S_n 和体积 V 依次为 2 阶和 3 阶小量。以 γ 代表四面体的动量密度，在边长很小时有 $\boldsymbol{\varGamma}=\gamma V$。用小量 S_n 去除式(21-5)，在边长趋于零的极限下便得

$$\boldsymbol{p}_n - \sum_{i=1}^{3}\boldsymbol{p}_i\cos\theta_i = 0,\ (\text{对任一 } Q \text{ 点成立}) \tag{21-6}$$

亦即

$$\boldsymbol{p}_n = \boldsymbol{p}_1\cos\theta_1 + \boldsymbol{p}_2\cos\theta_2 + \boldsymbol{p}_3\cos\theta_3\ 。 \tag{21-7}$$

① “应力”是 stress 的汉译，此译名非常不好，见本节的末段。

可见，Q 点关于任一方向 $\boldsymbol{n}$ 的应力 $\boldsymbol{p}_n$ 都可由 Q 点关于三个方向 $\boldsymbol{e}_1$，$\boldsymbol{e}_2$，$\boldsymbol{e}_3$（称为**主方向**）的应力 $\boldsymbol{p}_1$，$\boldsymbol{p}_2$，$\boldsymbol{p}_3$ 决定。要掌握一点的应力状态，只需掌握住该点关于3个主方向的应力。

以 n_i 代表单位法矢 $\boldsymbol{n}$ 在主方向 $\boldsymbol{e}_i$ 的投影，即

$$n_i \equiv \boldsymbol{n} \cdot \boldsymbol{e}_i = \cos\theta_i, \quad i=1,2,3,$$

则式(21-7)可改写为

$$\boldsymbol{p}_n = \boldsymbol{p}_1 n_1 + \boldsymbol{p}_2 n_2 + \boldsymbol{p}_3 n_3 = \sum_{i=1}^{3} \boldsymbol{p}_i n_i \ , \tag{21-8}$$

再以 p_{ij}代表矢量 $\boldsymbol{p}_i$ 在基底$\{\boldsymbol{e}_1,\boldsymbol{e}_2,\boldsymbol{e}_3\}$的第 j 条基矢 $\boldsymbol{e}_j$ 的分量，即

$$p_{ij} \equiv \boldsymbol{p}_i \cdot \boldsymbol{e}_j, \quad i,j=1,2,3 \ , \tag{21-9}$$

便可排成3×3矩阵（称为**应力矩阵**）

$$[p_{ij}] = \begin{bmatrix} p_{11} & p_{12} & p_{13} \\ p_{21} & p_{22} & p_{23} \\ p_{31} & p_{32} & p_{33} \end{bmatrix} 。\tag{21-10}$$

请注意，只给定 Q 点并不能决定这9个数，因为 p_{ij}还依赖于主方向 $\boldsymbol{e}_1$，$\boldsymbol{e}_2$，$\boldsymbol{e}_3$ 的选择。如果你把原坐标轴绕原点旋转而得到新坐标系$\{x',y',z'\}$，则主方向变为 $\boldsymbol{e}'_1$，$\boldsymbol{e}'_2$，$\boldsymbol{e}'_3$，9个数 p_{ij}也相应地变为

$$p'_{ij} \equiv \boldsymbol{p}'_i \cdot \boldsymbol{e}'_j, \quad i,j=1,2,3 \ 。\tag{21-11}$$

重要的是，p_{ij}随坐标转动而改变（从 p_{ij}变为 p'_{ij}）的方式符合张量分量的变换规律（这一变换规律可参阅基础篇§3.3末的小字），所以说$[p_{ij}]$构成一个2阶张量，称为 Q 点的**应力张量**，p_{ij}则称为这个应力张量的**分量**。虽然分量随坐标系而变，但张量本身不变（张量是绝对的，而分量是相对的），正如矢量的分量在坐标系变换时要变而矢量不变那样。说到这里，自然触及一个重要而微妙的话题。我们刚刚说过“矢量本身在坐标变换下不变”，但是前面屡屡称之为矢量的 $\boldsymbol{p}_i$ 却偏偏不符合这句话。以 $\boldsymbol{p}_1$ 为例，它是平面 M_1（即 QAB）的任一点的、关于其法向 $\boldsymbol{e}_1$ 的应力。$\boldsymbol{p}_1$ 依赖于 M_1，而 M_1 由于总是以 e_1 为法矢而依赖于坐标系$\{x,y,z\}$。如果经过转动变为新系$\{x',y',z'\}$，$\boldsymbol{p}_1$ 自然要变为 $\boldsymbol{p}'_1$。这表明 $\boldsymbol{p}_1$ 不是一般意义的矢量。我们把这种矢量称为“坐标系依赖的矢量”①。下面的问题是考验你是否真正理解的试金石：仿照式(21-9)，即 $p_{ij} \equiv \boldsymbol{p}_i \cdot \boldsymbol{e}_j$，请写出 p'_{ij}的定义式。如果没有读过本段，你恐怕会写 $p'_{ij} \equiv \boldsymbol{p}_i \cdot \boldsymbol{e}'_j$，然而这不对，正确的定义是 $p'_{ij} \equiv \boldsymbol{p}'_i \cdot \boldsymbol{e}'_j$，即式(21-11)。其实，正因为 $\boldsymbol{p}_i$ 是坐标系依赖的矢量，它们在坐标系的9个分量 p_{ij}才构成一个张量（才满足张量分量变换律）。假若 $\boldsymbol{p}_i$ 是一般意义的（指不依赖于坐标系的）矢量，它们的9个分量是不满足张量分量变换律的！

虽然应力张量有9个分量，但只有6个分量独立，因为可以证明它是个对称张量，满足 $p_{ij}=p_{ji}$［证明可参阅，例如，周光炯（1992）］，其中3个对角元素 p_{11}、p_{22}、p_{33}称为**法向应力**，其他6个分量（只有3个独立）称为**切向应力**（或**剪切力**）。

前面多次提到“Q 点的应力状态”，更准确的提法应是“Q 点在 t 时刻的应力状态”，因为应力既依赖于空间点又依赖于时间，就是说，p_{ij}是空间坐标 x,y,z 和时间 t 的函数，即$p_{ij}(x,y,z,t)$。

① 这种依赖于坐标系的矢量可以称为**赝矢量**，而赝矢量则是赝张量（pseudo-tensor）的特例。

但是，对于静止流体，所有物理量(包括 p_{ij})都不依赖于 t。还应指出，静止流体不能承受切向力(因为切向力会使流体运动不止)，所以其$[p_{ij}]$是对角矩阵。下面再证明静止流体的应力矩阵的3个对角元相等。把式(21-8)改写为分量形式

$$p_{nj}=\sum_{i=1}^{3}p_{ij}n_i,\quad j=1,2,3\ ,\tag{21-12}$$

取上式的$j=1$，注意到静止流体切向力 p_{21} 和 p_{31} 为零，得

$$p_{n1}=p_{11}n_1+p_{21}n_2+p_{31}n_3=p_{11}n_1\ ,\tag{21-13}$$

另一方面，把应力 $\boldsymbol{p}_n$ 在图21-5的 M_n 面上分为法向和切向分量，再次用到切向力为零，又得

$$\boldsymbol{p}_n=p_{nn}\boldsymbol{n}+p_{n\tau}\boldsymbol{\tau}=p_{nn}\boldsymbol{n}。\quad(\boldsymbol{\tau}\text{代表切向单位矢})\tag{21-14}$$

对上式再求 $\boldsymbol{e}_1$ 向的分量得

$$p_{n1}=\boldsymbol{p}_n\cdot\boldsymbol{e}_1=p_{nn}\boldsymbol{n}\cdot\boldsymbol{e}_1=p_{nn}n_1\ 。\tag{21-15}$$

对比式(21-13)和式(21-15)给出 $p_{11}=p_{nn}$，同理得 $p_{22}=p_{nn}$，$p_{33}=p_{nn}$。令 $p\equiv p_{nn}$，便有

$$p_{11}=p_{22}=p_{33}=p\ ,\tag{21-16}$$

于是静止流体的应力张量可表为对角元相等的对角矩阵：

$$[p_{ij}]=\begin{bmatrix}p&0&0\\0&p&0\\0&0&p\end{bmatrix}。\tag{21-17}$$

上式表明，①静止流体中任一点 Q 关于三个主方向的应力都只有沿主方向的分量，且其大小都是 p；②因为主方向(相应于坐标轴)可以任选，所以 Q 点关于任意方向的应力都沿该方向，大小都是 p，可见静止流体具有各向同性性；③描述静止流体每点的应力情况只需一个标量 p，谈及应力时不必再指明沿哪个方向 $\boldsymbol{n}$。这个标量正是本专题开头所讲的压强。这一结论同样适用于流动着的理想流体，详略。然而，对于非静止的非理想流体，描述一点的应力情况就要用一个应力张量[要用9个数值(分量)代替一个数值]。可见应力张量是压强概念的推广，压强可看作最简单的应力张量。

“压强”和“应力张量”分别是英语词汇“pressure”和“stress tensor”的汉译(见1996年《物理学名词》一书)。pressure 是单位面积上的压力，与力有不同量纲，其国际制单位是帕斯卡(而不是牛顿)。把 pressure 译为压强的做法反映了 pressure 与 force (力)量纲不同的事实，不但非常恰当，也符合我国物理学界的传统。然而把 stress tensor 译为应力张量却非常不妥，因为：(1) 容易使人误以为“应力”是某种力(但其实它不是力，其量纲与压强相同，与力不同)；(2) 正如刚才所云，pressure 是 stress tensor 的特例，既然把 pressure 译作压强，最好的选择是把 stress 译为“×强”①。事实上，我国较早时期的物理学的确是把 stress 译作“胁强”的，笔者非常欣赏这一译法。笔者认为，不带“力”字的任何译法都比“应力”好。1986年科学出版社的《汉英综合科学技术词汇》第834页就有“胁强”对应于 stress 的词条，同页还有“胁变”对应于 strain 的词条(而《物理学名词》一书则译作“应变”)。本书笔者已经向《物理学名词》建议在再版时把“应力”改为“胁强”，同时也把“应变”改为“胁变”。

---

① 据说“压强”和“应力”两词是物理界与工程界争论后的折中产物。

[选读 21-1]

甲　我发现一个问题。上文在式(21-15)后面给出了 $p_{11}=p_{nn}$，若取 $\boldsymbol{n}$ 为 $\boldsymbol{e}_1$ 方向，则等式右边变成 p_{11}，等式看似成立，然而此时等号两边 p_{11} 的意义不同：左边是 $\boldsymbol{p}_1$ 的 1 分量，因而是流体外侧对内侧的应力；而右边的 p_{11} 源于 p_{nn}，是 $\boldsymbol{p}_n$ 的 $\boldsymbol{n}$ 分量，是内侧对外侧的应力。二者方向相反，怎么能相等？

乙　你的错误之处在于二者看似方向相反，实则恰好相同。借用图 21-5，将 $\boldsymbol{n}$ 取为 $\boldsymbol{e}_1$ 方向就是将四面体“压扁”，即令线段 CQ 缩为零，此时等号左边的 p_{11} 所谓的“外侧对内侧”就是由下向上，而等号右边的 p_{11} 所谓的“内侧对外侧”恰好也是由下向上(注意到此时 ABC 面已“压平”)，所以二者方向相同，等式是自洽的。

[选读 21-1 完]

§21.2　电磁场的应力张量(麦氏张量)

上节关于四面体的讨论可以推广到流体中由任一闭合面 S 包围的区域 V，如图 21-6。设 Q 是 S 面的一点，$\mathrm{d}S$ 是 S 面过 Q 点的面元，$\boldsymbol{n}$ 是面元 $\mathrm{d}S$ 的外向法矢，$\boldsymbol{p}_n$ 是 Q 点的、关于方向 $\boldsymbol{n}$ 的应力，则 $\mathrm{d}S$ 外侧对内侧的作用力为 $-\boldsymbol{p}_n\mathrm{d}S$，故区域 V 受到域外流体的合力(表面力)为

$$\boldsymbol{F}_{\text{面}}=-\oiint_S \boldsymbol{p}_n\mathrm{d}S\ 。\tag{21-18}$$

[当 V 为四面体时，上式退化为式(21-4)。] 上式在直角系 $\{x,y,z\}$ 的 i 分量($i=1,2,3$)为

$$F_{\text{面}i}=-\oiint_S p_{ni}\mathrm{d}S\ 。\tag{21-19}$$

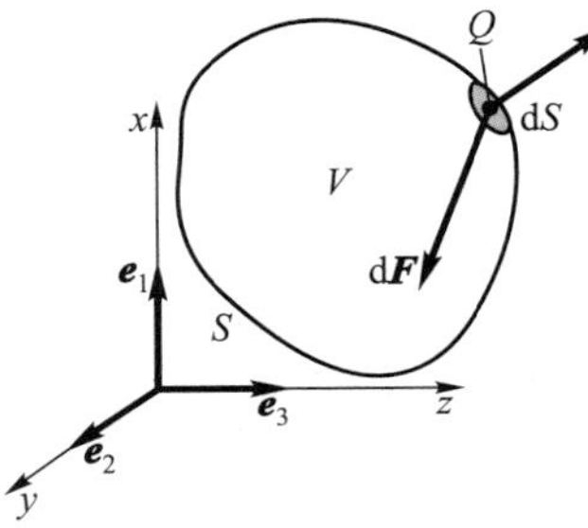

图 21-6　将图 21-5 的四面体推广至任意形状

仿照式(21-12)，注意到 p_{ij} 是对称张量(即 $p_{ij}=p_{ji}$)，得

$$p_{ni}=\sum_{j=1}^{3}p_{ji}n_j=\sum_{j=1}^{3}p_{ij}n_j\ ,\tag{21-20}$$

略去求和号(采用爱因斯坦惯例)，代入式(21-19)得

$$F_{\text{面}i}=-\oiint_S p_{ij}n_j\mathrm{d}S\ 。\tag{21-21}$$

以 $\varGamma$ 代表 V 内流体的动量，根据“质点组动量时变率等于所受合外力”的结论，有

$$\frac{\mathrm{d}\boldsymbol{\varGamma}}{\mathrm{d}t}=\boldsymbol{F}_{\text{质}}+\boldsymbol{F}_{\text{面}}\ ,\tag{21-22}$$

其 i 分量为

$$\frac{\mathrm{d}\varGamma_i}{\mathrm{d}t}=F_{\text{质}i}+F_{\text{面}i}=F_{\text{质}i}-\oiint_S p_{ij}n_j\mathrm{d}S\ 。\tag{21-23}$$

以上是关于流体的讨论。将电磁场看成某种特殊“流体”，把电磁场的式(20-35)与流体的式(21-23)对比可得重要启发。

甲　我似乎悟到了。式(20-35)可改写为

$$\frac{\mathrm{d}\Gamma_{\mathrm{EM}i}}{\mathrm{d}t}=-\frac{\mathrm{d}\Gamma_{实i}}{\mathrm{d}t}-\oiint_S T_{ij}n_j\mathrm{d}S\ 。\tag{21-24}$$

与式(21-23)对比，便可发现有如下对应关系：

首先，两式右边的第二项互相对应，即

$$-\oiint_S T_{ij}n_j\mathrm{d}S\quad\leftrightarrow\quad-\oiint_S p_{ij}n_j\mathrm{d}S\ ,\tag{21-25}$$

由此可看出电磁场的张量 T_{ij} 与流体的张量 p_{ij} 对应。既然 p_{ij} 是流体的应力张量，自然就应将 T_{ij} 称为电磁场的应力张量。

乙 是的，这就是所谓的**麦克斯韦应力张量**。应该说明，本书的 T_{ij} 与麦克斯韦应力张量[见Jackson(1975) sect. 6.8 和格里菲斯(汉译本 2013) 8.2.2]差一个负号，但并无实质性区别，详见选读 21-1。下面请你继续讲两式的其他对应关系。

甲 其次，式(21-24)左边代表区域 V 内的电磁场动量的时变率，所以两式左边互相对应，即

$$\frac{\mathrm{d}\Gamma_{\mathrm{EM}i}}{\mathrm{d}t}(\text{场动量时变率})\quad\leftrightarrow\quad\frac{\mathrm{d}\Gamma_i}{\mathrm{d}t}(\text{流体动量时变率})。\tag{21-26}$$

如果您同意这个对应，那么第三个对应就只能是两式右边第一项互相对应，即

$$-\frac{\mathrm{d}\Gamma_{实i}}{\mathrm{d}t}\leftrightarrow F_{质i}\ 。\tag{21-27}$$

在这里我遇到一个疑难。乍看起来上式的对应关系很自然，因为正如式(21-4)后面一段所讲，区域 V 内的带电粒子会受到电磁场的洛伦兹力，这也是个质量力，相当于式(21-27)的 $\boldsymbol{F}_{质}$，在此力作用下，V 内实物系统(带电粒子)的动量 $\boldsymbol{\Gamma}_{实}$ 的时变率$\frac{\mathrm{d}\boldsymbol{\Gamma}_{实}}{\mathrm{d}t}$理应等于 $\boldsymbol{F}_{质}$。然而式(21-27)却给出了$-\frac{\mathrm{d}\Gamma_{实i}}{\mathrm{d}t}\leftrightarrow F_{质i}$的对应关系，多出一个负号，这是怎么回事？

乙 这是个很好的问题。我们的看法是：你从第二个对应关系[即式(21-26)]开始就有错，这个错误是你把式(20-35)改写成式(21-24)所导致的。

甲 但式(21-24)与式(20-35)本质上完全一样啊！

乙 是的，但你把式(20-35)左边的$\frac{\mathrm{d}\Gamma_{实i}}{\mathrm{d}t}$移项至右边[写成式(21-24)]就已经种下了误导的种子。关键在于，区域 V 中既有电磁场又有带电粒子(实物)，两者之间有相互作用，洛伦兹力 $\boldsymbol{F}=\rho\mathrm{d}V(\boldsymbol{E}+\boldsymbol{v}\times\boldsymbol{B})$ 正是电磁场对实物施加作用的体现，既然把区域 V 选作一个系统，这个洛伦兹力就属于内力(系统内的电磁场对实物的作用力)，它对系统的总动量 $\boldsymbol{\Gamma}=\boldsymbol{\Gamma}_{实}+\boldsymbol{\Gamma}_{\mathrm{EM}}$ 的时变率没有贡献，见式(20-14)下面一段的脚注①关于内力和外力的讨论。

甲 但是您在上节(§21.1)讲过，四面体所受的力包括表面力 $\boldsymbol{F}_{面}$ 和质量力 $\boldsymbol{F}_{质}$，而且说过洛伦兹力也属于 $\boldsymbol{F}_{质}$，所以理应放在等号右边啊。

乙 请注意两种情况的微妙差别。§21.1 的讨论对象是流体，式(21-5)右边的 $\boldsymbol{F}_{质}$ 是四面体内流体受到的与质量有关的外力，当四面体内的流体带电时，洛伦兹力也是 $\boldsymbol{F}_{质}$ 的一种，属于外力，所以对四面体内的动量时变率$\frac{\mathrm{d}\boldsymbol{\Gamma}}{\mathrm{d}t}$有贡献(因而写在等号右边)。反之，式(20-35)是针对

电磁场写出的，正如刚才所讲，区域 V 内带电粒子所受的洛伦兹力属于内力，对 V 内总动量时变率$\frac{\mathrm{d}\Gamma}{\mathrm{d}t}$无贡献。

甲　但我仍有一事不明。在带电流体处于电磁场中的情况下，流体受到的洛伦兹力是区域 V 内的电磁场作用的，这不也是内力吗？为什么这时又看作外力？

乙　关键在于你如何划分系统。在这种情况下我们把 V 内的流体（而不是把区域 V）选作一个系统，所以流体所受的洛伦兹力属于外力。明确分清内力和外力之后，在对比两种情况时，最好先把式（21-5）改写为

$$\frac{\mathrm{d}\Gamma_i}{\mathrm{d}t}=F_{质i}+F_{面i}=F_{质i}-\oint\!\!\!\oint_S p_{ij}n_j\mathrm{d}S\ ,\tag{21-28}$$

再把式（20-35）改写为

$$\frac{\mathrm{d}(\Gamma_{\mathrm{EM}i}+\Gamma_{实i})}{\mathrm{d}t}=0-\oint\!\!\!\oint_S T_{ij}n_j\mathrm{d}S\ ,\tag{21-29}$$

［而不要改写为式（21-24）。］这样就可以清楚地看出如下的对应关系：

①　　$-\oint\!\!\!\oint_S T_{ij}n_j\mathrm{d}S \quad\leftrightarrow\quad -\oint\!\!\!\oint_S p_{ij}n_j\mathrm{d}S$，　　［跟你的式（21-25）相同］

②　$\frac{\mathrm{d}(\Gamma_{\mathrm{EM}i}+\Gamma_{实i})}{\mathrm{d}t}$（$V$ 内电磁场及实物总动量时变率）$\leftrightarrow$ $\frac{\mathrm{d}\Gamma_i}{\mathrm{d}t}$（$V$ 内流体动量时变率），

③　　$0\leftrightarrow \boldsymbol{F}_{质}$（说明 V 内电磁场及实物不受质量力）。

这样就不再有你误以为的对应关系$-\frac{\mathrm{d}\Gamma_{实i}}{\mathrm{d}t}\leftrightarrow F_{质i}$，你的问题也就不存在了。

甲　但这样就相当于把电磁场和实物合起来跟流体对应了（见上面的②），可是您刚才明明说过“把电磁场看作一种特殊的流体”啊，这不是对不上号吗？

乙　先考虑电磁场中没有实物的简单情况，这时电磁场的确跟流体对应。

甲　可是，只要电磁场中还有实物，问题仍然得不到解决啊。

乙　这时不妨考虑流体中也含有与电磁场中的实物一样的实物，并把式（21-29）改为

$$\frac{\mathrm{d}(\Gamma_{\mathrm{EM}i}+\Gamma_{实i})}{\mathrm{d}t}=F'_{质i}-\oint\!\!\!\oint_S T_{ij}n_j\mathrm{d}S\ ,\tag{21-29′}$$

其中 $F'_{质i}$代表实物受到的质量力，再把上面的②相应改为

$$\frac{\mathrm{d}(\Gamma_{\mathrm{EM}i}+\Gamma_{实i})}{\mathrm{d}t}\quad\leftrightarrow\quad\frac{\mathrm{d}(\Gamma_{流i}+\Gamma_{实i})}{\mathrm{d}t},$$

就可看出电磁场的对应物的确就是流体。

最后举例说明式（21-29）的一个应用。正如流体那样，电磁场中一点的应力张量 T_{ij}描述的是该点的应力情况。设静止电荷分布在图 21-7 的灰色区域，则任一闭合面 S 内部的电荷（深灰色部分）会受到面外电荷（浅灰色部分）的静电力。这本是个静电学问题，当然可从库仑定律出发计算。但是，读懂本专题后也可用应力张量求解。下面是一个例子。

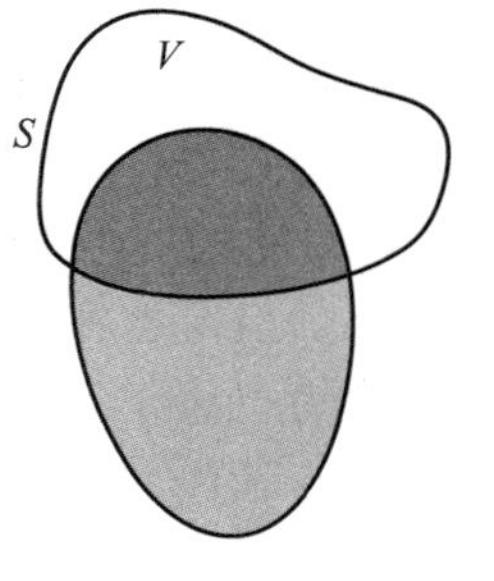

图 21-7　求浅灰区电荷对深灰区电荷的静电力

例 1　求半径为 R、电荷为 q 的均匀带电球体的下半球对上半球的

静电斥力 $\boldsymbol{F}$[参见格里菲斯中译本(2013)]。

解 把上半球体取作图 21-7 的区域 V，则其边界面 S 由上半球面(记作 $\widehat{S}$)及两半球交界面(即赤道面，记作 $\overline{S}$)组成，见图 21-8。取直角系$\{x,y,z\}$如图所示。V 内既有静电场又有实物(均匀分布的电荷)，故式(21-29)适用。因静电场的动量 Γ_{EM} 不随时间而变，该式简化为

$$\frac{\mathrm{d}\Gamma_{实i}}{\mathrm{d}t}=-\oiint_S T_{ij}n_j\mathrm{d}S,\quad i=1,2,3 \text{。} \tag{21-30}$$

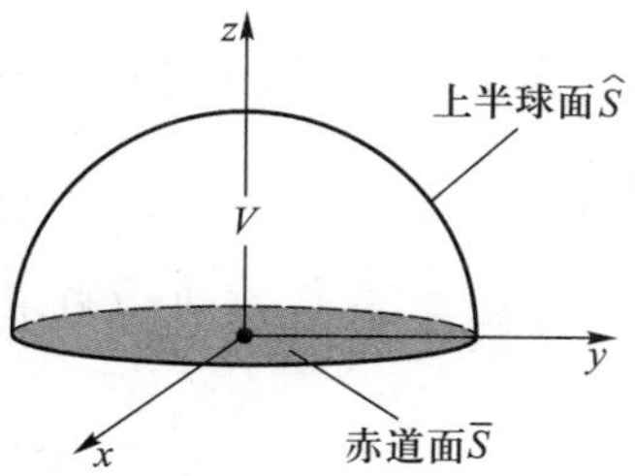

图 21-8 均匀带电球体的上半球和赤道面

上式左边正是待求的上半球电荷(实物)所受的力 $\boldsymbol{F}$ 的 i 分量，即

$$F_i=-\oiint_S T_{ij}n_j\mathrm{d}S=-\iint_{\widehat{S}} T_{ij}n_j\mathrm{d}S-\iint_{\overline{S}} T_{ij}n_j\mathrm{d}S,\quad i=1,2,3\text{，} \tag{21-31}$$

式中的 T_{ij} 是电磁场的应力张量 $\vec{\vec{T}}$ 的 ij 分量，由式(20-29)定义。由于现在有 $\boldsymbol{B}=0$，故

$$T_{ij}=\frac{1}{2}\varepsilon_0E^2\delta_{ij}-\varepsilon_0E_iE_j \text{。} \tag{21-32}$$

以 $\boldsymbol{i},\boldsymbol{j},\boldsymbol{k}$ 代表沿 x,y,z 向的单位矢，由对称性分析可知 $\boldsymbol{F}$ 只有 $\boldsymbol{k}$ 向分量 F_3，即

$$\boldsymbol{F}=F_3\boldsymbol{k} \text{。} \tag{21-33}$$

取式(21-31)的 $i=3$，得

$$F_3=-\iint_{\widehat{S}}(T_{31}n_1+T_{32}n_2+T_{33}n_3)\mathrm{d}S-\iint_{\overline{S}}(T_{31}n_1+T_{32}n_2+T_{33}n_3)\mathrm{d}S \text{。} \tag{21-34}$$

以 z 轴为极轴建立球坐标系$\{r,\theta,\varphi\}$，则其径向单位矢 $\boldsymbol{e}_r$ 可表为[见式(15-146)]

$$\boldsymbol{e}_r=\boldsymbol{i}\sin\theta\cos\varphi+\boldsymbol{j}\sin\theta\sin\varphi+\boldsymbol{k}\cos\theta \text{。} \tag{21-35}$$

现在分别计算式(21-34)右边的两个积分。

(A) 计算式(21-34)的第一个积分

对上半球面 $\widehat{S}$ 的任一点有

单位外法矢 $\boldsymbol{n}=\boldsymbol{e}_r=\boldsymbol{i}\sin\theta\cos\varphi+\boldsymbol{j}\sin\theta\sin\varphi+\boldsymbol{k}\cos\theta$，

面元 $\mathrm{d}S=R^2\sin\theta\mathrm{d}\theta\mathrm{d}\varphi$，

电场强度 $\boldsymbol{E}=\dfrac{q}{4\pi\varepsilon_0R^2}\boldsymbol{e}_r$，

故

$$E_1=\frac{q}{4\pi\varepsilon_0R^2}\sin\theta\cos\varphi,\qquad E_2=\frac{q}{4\pi\varepsilon_0R^2}\sin\theta\sin\varphi,\qquad E_3=\frac{q}{4\pi\varepsilon_0R^2}\cos\theta\text{。}$$

代入式(21-32)得

$$T_{31}=-\varepsilon_0E_3E_1=-\frac{q^2}{(4\pi)^2\varepsilon_0R^4}\sin\theta\cos\theta\cos\varphi,$$

$$T_{32}=-\varepsilon_0E_3E_2=-\frac{q^2}{(4\pi)^2\varepsilon_0R^4}\sin\theta\cos\theta\sin\varphi,$$

$$T_{33}=\frac{1}{2}\varepsilon_0E^2-\varepsilon_0E_3^2=\frac{\varepsilon_0}{2}(E_1^2+E_2^2-E_3^2)=\frac{q^2}{2(4\pi)^2\varepsilon_0R^4}(\sin^2\theta-\cos^2\theta)。$$

因而

$$-\iint_{\widehat{S}}(T_{31}n_1+T_{32}n_2+T_{33}n_3)\mathrm{d}S=\frac{q^2}{(4\pi)^2\varepsilon_0R^2}\iint_{\widehat{S}}[\sin^2\theta\cos\theta$$

$$-\frac{1}{2}(\sin^2\theta-\cos^2\theta)\cos\theta]\sin\theta\ \mathrm{d}\theta\ \mathrm{d}\varphi$$

$$=\frac{q^2}{(4\pi)^2\varepsilon_0R^2}\iint_{\widehat{S}}\frac{1}{2}\sin\theta\ \cos\theta\ \mathrm{d}\theta\ \mathrm{d}\varphi$$

$$=\frac{q^2}{(4\pi)^2\varepsilon_0R^2}\frac{1}{2}\int_0^{2\pi}\mathrm{d}\varphi\int_0^{\pi/2}\sin\theta\ \cos\theta\ \mathrm{d}\theta=\frac{q^2}{32\pi\varepsilon_0R^2}。$$

(B)计算式(21-34)的第二个积分

对赤道面 $\bar{S}$ 的任一点有

单位外法矢 $\boldsymbol{n}=-\boldsymbol{k}$，故 $n_1=n_2=0,n_3=-1$，

面元 $\mathrm{d}S=r\mathrm{d}r\mathrm{d}\varphi$，

电场强度

$$\boldsymbol{E}=\frac{q}{4\pi\varepsilon_0R^3}\boldsymbol{r}=\frac{q}{4\pi\varepsilon_0R^3}r(\boldsymbol{i}\cos\varphi+\boldsymbol{j}\sin\varphi),$$

[请注意 $\bar{S}$ 上的点都在均匀带电球体内，故要用基础篇(第 3 版)的式(1-32)]

所以

$$E_1=\frac{q}{4\pi\varepsilon_0R^3}r\cos\varphi,\qquad E_2=\frac{q}{4\pi\varepsilon_0R^2}r\sin\varphi,\qquad E_3=0。$$

代入式(21-32)得

$$T_{31}=T_{32}=0,$$

$$T_{33}=\frac{1}{2}\varepsilon_0E^2=\frac{\varepsilon_0}{2}\left(\frac{q}{4\pi\varepsilon_0R^3}\right)^2r^2,$$

故

$$-\iint_{\bar{S}}(T_{31}n_1+T_{32}n_2+T_{33}n_3)\mathrm{d}S=\frac{q^2}{2(4\pi)^2\varepsilon_0R^6}\iint_{\bar{S}}r^3\mathrm{d}r\mathrm{d}\varphi=\frac{q^2}{64\pi\varepsilon_0R^2}。$$

代入式(21-34)及式(21-33)便得

$$\boldsymbol{F}=\frac{3q^2}{64\pi\varepsilon_0R^2}\boldsymbol{k}\ 。$$

■

[选读 21-2]

前已指出，本书的电磁场应力张量 T_{ij} 与麦克斯韦应力张量差一个负号。如果追寻这个符号差别的来源，就要追到式(21-2)。作为 $\boldsymbol{p}_n$ 的定义，式(21-2)本身可以灵活到一个负号，就是说，你也可以把式(21-2)改为

$$\boldsymbol{p}_n\equiv\frac{\boldsymbol{F}_{21}}{S};$$

或者(等价地),你也可不改公式而把法矢 **n** 改定义为从 2 侧指向 1 侧(把图 21-4 的 1 与 2 互换),这一修改将导致式(21-18)[因而式(21-21)及式(21-23)]右边的负号消失。于是式(21-25)改为

$$-\oint\!\!\!\oint_S T_{ij}n_j \mathrm{d}S \quad \leftrightarrow \quad +\oint\!\!\!\oint_S p_{ij}n_j \mathrm{d}S\ ,$$

从而看出电磁场的 T_{ij}[由式(20-29)定义]与流体的 $-p_{ij}$ 对应。既然 p_{ij} 是流体的应力张量,自然应把 $-T_{ij}$ 称为电磁场的应力张量,这正是麦克斯韦的应力张量。

这里本来不存在谁对谁错的问题,不过有必要指出一点。在相对论中经常使用 4 维语言,物质场(包括流体和电磁场)的各种密度量[能量密度、动量密度、能流密度以及动量流密度(即应力张量)]都可优雅地包含在一个 4 维的 2 阶对称张量之中,这个张量称为该物质场的能动张量,其在惯性坐标系的矩阵(4×4 矩阵)记作 $[T_{\mu\nu}]$(希腊字母 μ,ν 的取值范围是 0,1,2,3,见图 21-9),其各个分量的物理意义如下(这是对能动张量的基本要求):T_{00} 等于能量密度;$-T_{0i}$ 等于动量密度的 i 分量(i 的取值范围是 1,2,3);$-T_{0i}c^2$ 等于能流密度的 i 分量,T_{ij} 则等于物质场的应力张量的 ij 分量(i,j 的取值范围是 1,2,3)。电磁场的能动张量 $[T_{\mu\nu}]$ 在理论物理学界有一个公认的表达式[见梁灿彬,周彬上册(2006)P. 178],由该式求得的应力张量与本书的式(20-29)完全一样,因而可以说麦克斯韦应力张量与公认公式差一个负号。

$$[T_{\mu\nu}] = \begin{bmatrix} T_{00} & T_{01} & T_{02} & T_{03} \\ T_{10} & T_{11} & T_{12} & T_{13} \\ T_{20} & T_{21} & T_{22} & T_{23} \\ T_{30} & T_{31} & T_{32} & T_{33} \end{bmatrix}$$

图 21-9 4 维能动张量的矩阵,其中右下角的 3×3 矩阵代表应力张量

[选读 21-2 完]

专题22　磁荷存在性与磁单极子存在性是两回事

本专题导读

（1）与大多数读者的认识相反，即使不存在磁单极子，你也可以说所有带电粒子都有磁荷，而且想说它有多少就有多少（为此只要做一个不影响物理实质的“对偶变换”）。

（2）真正有实质意义的问题是：自然界中所有粒子的磁荷与电荷的比值 q_m/q 是否相同？如果是，则原始麦氏方程组可用，你可以说所有粒子都无磁荷；如果否，则必须用含磁荷的新麦氏方程组取代原始方程组。如果磁单极子存在，就必定是“否”的情况。

§22.1　狄拉克的磁单极子

本专题的公式相当复杂，为了尽可能简化公式形式，我们改用一种特别的单位制（称为**几何高斯制**①）。麦氏方程组在这一单位制中的数的等式最为简单（除某些等式出现系数 4π 外一律无系数），其形式如下：

$$\nabla \cdot \boldsymbol{E}=4\pi\rho\ , \tag{22-1a}$$

$$\nabla\times\boldsymbol{E}=-\frac{\partial \boldsymbol{B}}{\partial t}, \tag{22-1b}$$

$$\nabla \cdot \boldsymbol{B}=0, \tag{22-1c}$$

$$\nabla\times\boldsymbol{B}=4\pi\boldsymbol{J}+\frac{\partial \boldsymbol{E}}{\partial t}。 \tag{22-1d}$$

麦氏方程组关于电和磁的不对称性是尽人皆知的事实，例如$\nabla \cdot \boldsymbol{E}$ 一般非零而$\nabla \cdot \boldsymbol{B}$ 恒为零。$\nabla \cdot \boldsymbol{B}=0$ 表明磁荷的不存在性，这也是众所周知的。然而，出于某些考虑，狄拉克在 1931 年率先提出磁单极子可能存在的建议[Dirac(1931)]，起到了“一石激起千重浪”的作用，促使磁单极子和磁荷的理论研究和实验搜寻成为重要的物理研究课题。狄拉克的**磁单极子**（magnetic monopole）是这样的基本粒子，它只带磁荷而不带电荷。在 1948 年的论文中[Dirac(1948)]，狄拉克用量子力学进一步研究了带电粒子与磁单极子通过电磁场的相互作用，得出以下结论：只当某种条件被满足时，带电粒子和磁单极子的运动方程才可能被量子化。这些条件是：①带电粒子的电荷及磁单极子的磁荷是某个基本单位 e 和 g 的整数倍；②e 和 g 满足

$$ge=\frac{nhc}{4\pi}\ , \tag{22-2}$$

---

① 关于“几何高斯制”可参阅梁灿彬，周彬（2006）上册附录 A。

其中 c 是真空光速$\left(\text{上式为国际单位制形式，用几何高斯单位制则简化为 } ge=\frac{nh}{4\pi}\right)$，$h$ 是普朗克常数，n 只能取零或正负整数，即 $n=0,\pm1,\pm2,\cdots$。虽然狄拉克的理论不能给出基本电荷 e 和基本磁荷 g 的数值，但式(22-2)表明，只要存在磁单极子(哪怕宇宙中只有一个)，任何带电粒子的电荷就只能是 0 或 $hc/4\pi g$ 的整数倍，于是电荷取值的量子化特性就获得一个自然的解释。由于密立根油滴实验以及后来的无数实验都证实了电荷的量子化特性，又由于物理学对这一特性从未给出过理论解释，磁单极子的存在性及其相关理论自然受到普遍的关注。

§22.2 含磁荷的麦氏方程组

只要存在磁单极子，原始的麦氏方程组[式(22-1)]就不再适用，必须修改。最自然的修改应遵从两个原则：①能体现磁荷及其运动(磁流)对电磁场($\boldsymbol{E},\boldsymbol{B}$)的影响；②尽可能体现电和磁的对称性。据此，狄拉克提出了如下的(新的、对称化的)麦氏方程组：

$$\nabla\cdot\boldsymbol{E}=4\pi\rho\ , \tag{22-3a}$$

$$\nabla\times\boldsymbol{E}=-4\pi\boldsymbol{J}_{\mathrm{m}}-\frac{\partial\boldsymbol{B}}{\partial t}, \tag{22-3b}$$

$$\nabla\cdot\boldsymbol{B}=4\pi\rho_{\mathrm{m}}\ , \tag{22-3c}$$

$$\nabla\times\boldsymbol{B}=4\pi\boldsymbol{J}+\frac{\partial\boldsymbol{E}}{\partial t}, \tag{22-3d}$$

其中 ρ_{m} 和 $\boldsymbol{J}_{\mathrm{m}}$ 分别代表磁荷密度和磁流密度。上式的(a)和(d)与原始麦氏方程无异，用此两式不难推出电荷守恒律[即连续性方程，推导见专题 17 的式(17-5)]

$$\nabla\cdot\boldsymbol{J}+\frac{\partial\rho}{\partial t}=0。 \tag{22-4}$$

类似地，由式(22-3b)和式(22-3c)不难推出磁荷守恒律

$$\nabla\cdot\boldsymbol{J}_{\mathrm{m}}+\frac{\partial\rho_{\mathrm{m}}}{\partial t}=0。 \tag{22-5}$$

请特别注意上述讨论的逻辑关系。我们说，如果存在磁单极子，就必须用对称化的麦氏方程组[式(22-3)]取代非对称的(即原始的)麦氏方程组[式(22-1)]。然而，应该强调，即使不存在磁单极子，式(22-3)照样适用，而且它与式(22-1)可以并存，互不矛盾。读者对此会提出一系列疑问，集中体现为如下问题：式(22-3)意味着存在磁荷和磁流，式(22-1)则表明这两者都不存在，两组方程怎能并存不悖？为了回答这些问题，首先要从电磁场的“对偶变换”讲起。

§22.3 电磁场及其场源的对偶变换

为了由浅入深，先讨论无源电磁场($\boldsymbol{E},\boldsymbol{B}$)，它满足原始的无源麦氏方程组

$$\nabla\cdot\boldsymbol{E}=0\ , \tag{22-6a}$$

$$\nabla\times\boldsymbol{E}=-\frac{\partial\boldsymbol{B}}{\partial t}, \tag{22-6b}$$

$$\nabla \cdot \boldsymbol{B}=0, \tag{22-6c}$$

$$\nabla \times \boldsymbol{B}=\frac{\partial \boldsymbol{E}}{\partial t}。 \tag{22-6d}$$

以 α 代表任一常数角度($0\leqslant\alpha\leqslant2\pi$),用下式引入两个新的矢量场 $\tilde{\boldsymbol{E}}$ 和 $\tilde{\boldsymbol{B}}$:

$$\tilde{\boldsymbol{E}}=\boldsymbol{E}\cos\alpha-\boldsymbol{B}\sin\alpha, \qquad \tilde{\boldsymbol{B}}=\boldsymbol{E}\ \sin\alpha+\boldsymbol{B}\cos\alpha。 \tag{22-7}$$

依上式把一对矢量场$(\boldsymbol{E},\boldsymbol{B})$变为另一对矢量场$(\tilde{\boldsymbol{E}},\tilde{\boldsymbol{B}})$的变换称为电磁场的**对偶变换**(duality transformation)。不难验证:

(1) $(\tilde{\boldsymbol{E}},\tilde{\boldsymbol{B}})$也满足无源麦氏方程组,即

$$\nabla \cdot \tilde{\boldsymbol{E}}=0, \tag{22-8a}$$

$$\nabla \times \tilde{\boldsymbol{E}}=-\frac{\partial \tilde{\boldsymbol{B}}}{\partial t}, \tag{22-8b}$$

$$\nabla \cdot \tilde{\boldsymbol{B}}=0, \tag{22-8c}$$

$$\nabla \times \tilde{\boldsymbol{B}}=\frac{\partial \tilde{\boldsymbol{E}}}{\partial t}, \tag{22-8d}$$

因而也是一个无源电磁场。

(2) 作为无源电磁场,$(\tilde{\boldsymbol{E}},\tilde{\boldsymbol{B}})$与$(\boldsymbol{E},\boldsymbol{B})$具有相同的能量密度、能流密度、动量密度和动量流密度(见专题20),因为不难验证如下三式:

(a) $$\frac{1}{8\pi}(\tilde{E}^2+\tilde{B}^2)=\frac{1}{8\pi}(E^2+B^2); \tag{22-9a}$$

(b) $$\frac{1}{4\pi}(\tilde{\boldsymbol{E}}\times\tilde{\boldsymbol{B}})=\frac{1}{4\pi}(\boldsymbol{E}\times\boldsymbol{B}); \tag{22-9b}$$

(c) $$\frac{1}{2}(\tilde{\boldsymbol{E}}\cdot\tilde{\boldsymbol{E}}+\tilde{\boldsymbol{B}}_i\cdot\tilde{\boldsymbol{B}}_j)\delta_{ij}-(\tilde{E}_i\tilde{E}_j+\tilde{B}_i\tilde{B}_j)=\frac{1}{2}(\boldsymbol{E}\cdot\boldsymbol{E}+\boldsymbol{B}_i\cdot\boldsymbol{B}_j)\delta_{ij}-(E_iE_j+B_iB_j)。 \tag{22-9c}$$

注1 以上三式依次是电磁场的能量密度、能流密度(及动量密度)和动量流密度在几何高斯制的表达式,它们在国际制的表达式依次是专题20的式(20-9)、[式(20-10)、式(20-22)]和式(20-29)。本书至今尚未介绍几何高斯制,读者只需承认这一结论。但有一点必须说明:能流密度 $\boldsymbol{Y}$ 和动量密度 $\boldsymbol{\gamma}_{\mathrm{EM}}$ 的表达式在国际制分别为

$$\boldsymbol{Y}=\mu_0^{-1}\boldsymbol{E}\times\boldsymbol{B} \quad 和 \quad \boldsymbol{\gamma}_{\mathrm{EM}}=\varepsilon_0\boldsymbol{E}\times\boldsymbol{B},(国际单位制) \tag{22-10}$$

在高斯制分别为

$$\boldsymbol{Y}=\frac{c}{4\pi}\boldsymbol{E}\times\boldsymbol{B} \quad 和 \quad \boldsymbol{\gamma}_{\mathrm{EM}}=\frac{1}{4\pi c}\boldsymbol{E}\times\boldsymbol{B},(高斯单位制) \tag{22-11}$$

其中 c 是真空光速在高斯制的数值,即 $c\equiv3\times10^{10}$。在相对论中,为了简化公式,常常把光速 c 和引力常数 G 取为1(即取 $c=G=1$),所得的单位制称为几何制。如果原来用高斯制,取 $c=G=1$ 后得到的单位制就称为**几何高斯制**。式(22-11)是高斯制的表达式,采用几何高斯制后式中的 c 成为1,便有

$$\boldsymbol{Y}=\frac{1}{4\pi}\boldsymbol{E}\times\boldsymbol{B} \quad 和 \quad \boldsymbol{\gamma}_{\mathrm{EM}}=\frac{1}{4\pi}\boldsymbol{E}\times\boldsymbol{B},\text{（几何高斯单位制）}$$

也就是说，能流密度和动量密度这两个不同物理量在几何高斯制中有完全相同的表达式，即

$$\boldsymbol{Y}=\boldsymbol{\gamma}_{\mathrm{EM}}=\frac{1}{4\pi}\boldsymbol{E}\times\boldsymbol{B},\text{（几何高斯单位制）} \tag{22-11$'$}$$

所以式(22-9b)表明无源电磁场$(\tilde{\boldsymbol{E}},\tilde{\boldsymbol{B}})$和$(\boldsymbol{E},\boldsymbol{B})$具有相同的能流密度（及动量密度）。

（注 1 完）

这就强烈暗示如下结论：虽然$(\tilde{\boldsymbol{E}},\tilde{\boldsymbol{B}})$与$(\boldsymbol{E},\boldsymbol{B})$是两个不同的电磁场，即

$$(\tilde{\boldsymbol{E}},\tilde{\boldsymbol{B}})\neq(\boldsymbol{E},\boldsymbol{B}),$$

但是它们在实质上完全相同，因为式(22-9)保证对它们所进行的所有物理观测都给出相同的结果。（观测就是用仪器与电磁场进行相互作用，而电磁场与实物的相互作用只能通过场的能量密度、能流密度、动量密度和动量流密度等密度量进行。）请注意我们特意用符号$(\tilde{\boldsymbol{E}},\tilde{\boldsymbol{B}})$[而不是$(\boldsymbol{E}',\boldsymbol{B}')$]代表由对偶变换得到的新场，以区别于由坐标变换（从一个惯性坐标系变到另一惯性坐标系）给出的场$(\boldsymbol{E}',\boldsymbol{B}')$。$(\boldsymbol{E},\boldsymbol{B})$和$(\boldsymbol{E}',\boldsymbol{B}')$是同一个电磁场（同一个电磁场张量$F_{\mu\nu}$）借助于不同坐标系所做的两种分解，虽然分解所得的电场分量和磁场分量在两种分解中不同，但反映的（被分解的）是同一个电磁场$F_{\mu\nu}$（详见§17.1开头关于电磁场的论述）。然而，$(\boldsymbol{E},\boldsymbol{B})$和$(\tilde{\boldsymbol{E}},\tilde{\boldsymbol{B}})$却各自代表着一个不同的电磁场（电磁场张量各为$F_{\mu\nu}$和$\tilde{F}_{\mu\nu}$，请注意$\tilde{F}_{\mu\nu}\neq F_{\mu\nu}$），虽然（正如刚才所说）对这两个电磁场的所有物理观测都给出相同结果（所以它们实质一样），但不能写$\tilde{F}_{\mu\nu}=F_{\mu\nu}$。

无源电磁场只有场量$(\boldsymbol{E},\boldsymbol{B})$而没有源量$(\rho=0,\boldsymbol{J}=0)$，情况比较简单，结论是麦氏方程组在对偶变换下形式不变，但有源电磁场就不这么简单。如果只对场量做对偶变换，新场量$(\tilde{\boldsymbol{E}},\tilde{\boldsymbol{B}})$将不满足麦氏方程组。为了保证麦氏方程组形式不变，必须在对场量做对偶变换的同时也对源量做类似的变换（表达式稍后给出），我们将发现新的场源不但含有电荷密度ρ和电流密度$\boldsymbol{J}$，而且含有磁荷密度ρ_{m}和磁流密度$\boldsymbol{J}_{\mathrm{m}}$。既然如此，不妨假定任何带电粒子（如电子、质子）不但带有电荷q而且带有磁荷q_{m}（包括$q_{\mathrm{m}}=0$的情况），于是电磁场以及带电粒子的运动方程都应做相应的修改：

① 电磁场$(\boldsymbol{E},\boldsymbol{B})$的演化方程应改为对称化的（含$\rho_{\mathrm{m}}$和$\boldsymbol{J}_{\mathrm{m}}$的）麦氏方程组，即式(22-3)。

② 带电粒子的运动方程应由新的洛伦兹力公式给出，这一新公式应该包含带电粒子的磁荷q_{m}所受到的来自电磁场的力。为了保证公式形式在对偶变换下不变，人们发现应取如下形式：

$$\boldsymbol{F}=q(\boldsymbol{E}+\boldsymbol{v}\times\boldsymbol{B})+q_{\mathrm{m}}(\boldsymbol{B}-\boldsymbol{v}\times\boldsymbol{E})。 \tag{22-12}$$

现在对场量$(\boldsymbol{E},\boldsymbol{B})$和源量$(\rho,\rho_{\mathrm{m}})$、$(\boldsymbol{J},\boldsymbol{J}_{\mathrm{m}})$进行角度相同的联合对偶变换

$$(\boldsymbol{E},\boldsymbol{B})\to(\tilde{\boldsymbol{E}},\tilde{\boldsymbol{B}}),\qquad(\rho,\rho_{\mathrm{m}})\to(\tilde{\rho},\tilde{\rho}_{\mathrm{m}}),\qquad(\boldsymbol{J},\boldsymbol{J}_{\mathrm{m}})\to(\tilde{\boldsymbol{J}},\tilde{\boldsymbol{J}}_{\mathrm{m}}),$$

具体变换式为

$$\tilde{\boldsymbol{E}}=\boldsymbol{E}\cos\alpha-\boldsymbol{B}\sin\alpha,\qquad\tilde{\boldsymbol{B}}=\boldsymbol{E}\sin\alpha+\boldsymbol{B}\cos\alpha; \tag{22-13a}$$

$$\tilde{\rho}=\rho\cos\alpha-\rho_{\mathrm{m}}\sin\alpha,\qquad \tilde{\rho}_{\mathrm{m}}=\rho\sin\alpha+\rho_{\mathrm{m}}\cos\alpha;\tag{22-13b}$$

$$\tilde{\boldsymbol{J}}=\boldsymbol{J}\cos\alpha-\boldsymbol{J}_{\mathrm{m}}\sin\alpha,\qquad \tilde{\boldsymbol{J}}_{\mathrm{m}}=\boldsymbol{J}\sin\alpha+\boldsymbol{J}_{\mathrm{m}}\cos\alpha。\tag{22-13c}$$

不难验证(虽然略繁)新麦氏方程组[式(22-3)]和洛伦兹力公式[式(22-12)]在上述联合对偶变换下形式不变(请读者自行验证),就是说,新量($\tilde{\boldsymbol{E}}$, $\tilde{\boldsymbol{B}}$)、($\tilde{\rho}$, $\tilde{\rho}_{\mathrm{m}}$)和($\tilde{\boldsymbol{J}}$, $\tilde{\boldsymbol{J}}_{\mathrm{m}}$)满足

$$\nabla\cdot\tilde{\boldsymbol{E}}=4\pi\tilde{\rho},\tag{22-14a}$$

$$\nabla\times\tilde{\boldsymbol{E}}=-4\pi\tilde{\boldsymbol{J}}_{\mathrm{m}}-\frac{\partial\tilde{\boldsymbol{B}}}{\partial t},\tag{22-14b}$$

$$\nabla\cdot\tilde{\boldsymbol{B}}=4\pi\tilde{\rho}_{\mathrm{m}},\tag{22-14c}$$

$$\nabla\times\tilde{\boldsymbol{B}}=4\pi\tilde{\boldsymbol{J}}+\frac{\partial\tilde{\boldsymbol{E}}}{\partial t},\tag{22-14d}$$

以及

$$\tilde{\boldsymbol{F}}=\tilde{q}(\tilde{\boldsymbol{E}}+\boldsymbol{v}\times\tilde{\boldsymbol{B}})+\tilde{q}_{\mathrm{m}}(\tilde{\boldsymbol{B}}-\boldsymbol{v}\times\tilde{\boldsymbol{E}})。\tag{22-15}$$

利用式(22-13),读者应能证明

$$\tilde{\boldsymbol{F}}=\tilde{q}(\tilde{\boldsymbol{E}}+\boldsymbol{v}\times\tilde{\boldsymbol{B}})+\tilde{q}_{\mathrm{m}}(\tilde{\boldsymbol{B}}-\boldsymbol{v}\times\tilde{\boldsymbol{E}})=q(\boldsymbol{E}+\boldsymbol{v}\times\boldsymbol{B})+q_{\mathrm{m}}(\boldsymbol{B}-\boldsymbol{v}\times\boldsymbol{E})=\boldsymbol{F}。\tag{22-16}$$

请注意以上两式的 $\boldsymbol{v}$ 上都不加 ~ 。

设空间有电磁场($\boldsymbol{E}$, $\boldsymbol{B}$),场源为(ρ, ρ_{m})和($\boldsymbol{J}$, $\boldsymbol{J}_{\mathrm{m}}$)。式(22-14)表明,如果对此电磁场和场源做对偶变换,就会得到一个新的电磁场($\tilde{\boldsymbol{E}}$, $\tilde{\boldsymbol{B}}$),相应的场源是($\tilde{\rho}$, $\tilde{\rho}_{\mathrm{m}}$)和($\tilde{\boldsymbol{J}}$, $\tilde{\boldsymbol{J}}_{\mathrm{m}}$)。于是就存在两种观点(分别称为观点 G 和 $\tilde{\mathrm{G}}$)。观点 G 认为电磁场是($\boldsymbol{E}$, $\boldsymbol{B}$),观点 $\tilde{\mathrm{G}}$ 认为电磁场是($\tilde{\boldsymbol{E}}$, $\tilde{\boldsymbol{B}}$),它不同于($\boldsymbol{E}$, $\boldsymbol{B}$)。表面看来两种观点十分不同,但麦氏方程组以及洛伦兹力公式在对偶变换下的不变性保证这两种观点实质上一样,因为可以证明如下命题。

命题 22-1　把带电粒子看作试探粒子①,只要其初始位置和速度给定,它该怎么运动就怎么运动,与观点的选择无关。更准确地说就是,设粒子的位矢在两种观点中分别为 $\boldsymbol{r}(t)$ 和 $\tilde{\boldsymbol{r}}(t)$,只要给定 $\tilde{\boldsymbol{r}}(0)=\boldsymbol{r}(0)$ 和 $\left.\frac{\mathrm{d}\tilde{\boldsymbol{r}}(t)}{\mathrm{d}t}\right|_{t=0}=\left.\frac{\mathrm{d}\boldsymbol{r}(t)}{\mathrm{d}t}\right|_{t=0}$,就必有 $\tilde{\boldsymbol{r}}(t)=\boldsymbol{r}(t)$(对任意时刻 t)。

证明　观点 G 认为粒子的电荷为 q,磁荷为 q_{m},所处的电磁场为($\boldsymbol{E}$, $\boldsymbol{B}$),其场源为(ρ, ρ_{m})及($\boldsymbol{J}$, $\boldsymbol{J}_{\mathrm{m}}$);观点 $\tilde{\mathrm{G}}$ 认为粒子的电荷为 $\tilde{q}$,磁荷为 $\tilde{q}_{\mathrm{m}}$,所处的电磁场为($\tilde{\boldsymbol{E}}$, $\tilde{\boldsymbol{B}}$),其场源为($\tilde{\rho}$, $\tilde{\rho}_{\mathrm{m}}$)及($\tilde{\boldsymbol{J}}$, $\tilde{\boldsymbol{J}}_{\mathrm{m}}$)。两种观点都认为粒子的初始位置为 $\boldsymbol{r}(0)$,初始速度为 $\left.\frac{\mathrm{d}\boldsymbol{r}(t)}{\mathrm{d}t}\right|_{t=0}$。

设带电粒子的质量为 m,则由牛顿第二定律②以及洛伦兹力公式有

① 试探粒子类似于静电学的试探电荷,就是说,只考虑它在电磁场中受力(被动行为),不考虑它对电磁场的影响(主动行为)。

② 对高速运动粒子则要用狭义相对论的质点运动方程代替牛顿第二定律。

$$m\frac{\mathrm{d}^2\boldsymbol{r}}{\mathrm{d}t^2}=q\left(\boldsymbol{E}+\frac{\mathrm{d}\boldsymbol{r}}{\mathrm{d}t}\times\boldsymbol{B}\right)+q_{\mathrm{m}}\left(\boldsymbol{B}-\frac{\mathrm{d}\boldsymbol{r}}{\mathrm{d}t}\times\boldsymbol{E}\right),\tag{22-17}$$

$$m\frac{\mathrm{d}^2\tilde{\boldsymbol{r}}}{\mathrm{d}t^2}=\tilde{q}\left(\tilde{\boldsymbol{E}}+\frac{\mathrm{d}\tilde{\boldsymbol{r}}}{\mathrm{d}t}\times\tilde{\boldsymbol{B}}\right)+\tilde{q}_{\mathrm{m}}\left(\tilde{\boldsymbol{B}}-\frac{\mathrm{d}\tilde{\boldsymbol{r}}}{\mathrm{d}t}\times\tilde{\boldsymbol{E}}\right)。\tag{22-18}$$

请注意上式[式(22-18)]右边的速度是$\dfrac{\mathrm{d}\tilde{\boldsymbol{r}}}{\mathrm{d}t}$而非$\dfrac{\mathrm{d}\boldsymbol{r}}{\mathrm{d}t}$。令$\boldsymbol{R}(t)\equiv\tilde{\boldsymbol{r}}(t)-\boldsymbol{r}(t)$，则

$$m\frac{\mathrm{d}^2\boldsymbol{R}(t)}{\mathrm{d}t^2}=\left[\tilde{q}\left(\tilde{\boldsymbol{E}}+\frac{\mathrm{d}\tilde{\boldsymbol{r}}}{\mathrm{d}t}\times\tilde{\boldsymbol{B}}\right)+\tilde{q}_{\mathrm{m}}\left(\tilde{\boldsymbol{B}}-\frac{\mathrm{d}\tilde{\boldsymbol{r}}}{\mathrm{d}t}\times\tilde{\boldsymbol{E}}\right)\right]-\left[q\left(\boldsymbol{E}+\frac{\mathrm{d}\boldsymbol{r}}{\mathrm{d}t}\times\boldsymbol{B}\right)+q_{\mathrm{m}}\left(\boldsymbol{B}-\frac{\mathrm{d}\boldsymbol{r}}{\mathrm{d}t}\times\boldsymbol{E}\right)\right]。\tag{22-19}$$

不妨先猜测上列方程的一个解为

$$\boldsymbol{R}(t)=0,\quad（对任意时刻\ t）\tag{22-20}$$

现在验证它的确是方程(22-19)的解：由$\boldsymbol{R}(t)=0$显见

$$方程(22\text{-}19)左边=0,$$

由$\boldsymbol{R}(t)=0$又知$\tilde{\boldsymbol{r}}(t)=r(t)$及$\dfrac{\mathrm{d}\tilde{\boldsymbol{r}}(t)}{\mathrm{d}t}=\dfrac{\mathrm{d}\boldsymbol{r}(t)}{\mathrm{d}t}$，故

$$\begin{aligned}方程(22\text{-}19)右边&=\left[\tilde{q}\left(\tilde{\boldsymbol{E}}+\frac{\mathrm{d}\tilde{\boldsymbol{r}}}{\mathrm{d}t}\times\tilde{\boldsymbol{B}}\right)+\tilde{q}_{\mathrm{m}}\left(\tilde{\boldsymbol{B}}-\frac{\mathrm{d}\tilde{\boldsymbol{r}}}{\mathrm{d}t}\times\tilde{\boldsymbol{E}}\right)\right]-\left[q\left(\boldsymbol{E}+\frac{\mathrm{d}\boldsymbol{r}}{\mathrm{d}t}\times\boldsymbol{B}\right)+q_{\mathrm{m}}\left(\boldsymbol{B}-\frac{\mathrm{d}\boldsymbol{r}}{\mathrm{d}t}\times\boldsymbol{E}\right)\right]\\&=\left[\tilde{q}\left(\tilde{\boldsymbol{E}}+\frac{\mathrm{d}\boldsymbol{r}}{\mathrm{d}t}\times\tilde{\boldsymbol{B}}\right)+\tilde{q}_{\mathrm{m}}\left(\tilde{\boldsymbol{B}}-\frac{\mathrm{d}\boldsymbol{r}}{\mathrm{d}t}\times\tilde{\boldsymbol{E}}\right)\right]-\left[q\left(\boldsymbol{E}+\frac{\mathrm{d}\boldsymbol{r}}{\mathrm{d}t}\times\boldsymbol{B}\right)+q_{\mathrm{m}}\left(\boldsymbol{B}-\frac{\mathrm{d}\boldsymbol{r}}{\mathrm{d}t}\times\boldsymbol{E}\right)\right]\\&=[\tilde{q}(\tilde{\boldsymbol{E}}+\boldsymbol{v}\times\tilde{\boldsymbol{B}})+\tilde{q}_{\mathrm{m}}(\tilde{\boldsymbol{B}}-\boldsymbol{v}\times\tilde{\boldsymbol{E}})]-[q(\boldsymbol{E}+\boldsymbol{v}\times\boldsymbol{B})+q_{\mathrm{m}}(\boldsymbol{B}-\boldsymbol{v}\times\boldsymbol{E})]\\&=\tilde{\boldsymbol{F}}-\boldsymbol{F}=0\end{aligned}$$

[其中末步用到式(22-16)。]

可见$\boldsymbol{R}(t)=0$的确是方程(22-19)的一个解。由解的唯一性定理①可知这必定是正确解，所以待证结论$\tilde{\boldsymbol{r}}(t)=\boldsymbol{r}(t)$得证。 □

注 2　命题 22-1 的重要意义是证明了电磁场(及其场源)的对偶变换不带来实质性影响，表明对偶变换也属于一种规范变换。这里需要做一点解释。规范变换(gauge transformation)最初是指电磁场的标势和矢势的变换(见小节 18.2.1)，其特点是不会影响电场 $\boldsymbol{E}$ 和磁场 $\boldsymbol{B}$。物理学家后来把"规范变换"一词的含义做了推广——凡是不影响物理实质的变换都可称为**规范变换**。

注 3　不过，命题 22-1 把带电粒子看作试探粒子，严格说来这还不够，因为所有带电粒子构成电磁场的场源，它们既受电磁场的影响，反过来又通过麦氏方程组影响电磁场的演化。因此，要严格证明对偶变换的确是规范变换，还应证明在带电粒子和电磁场的初始条件都给定之后("撒手"让两者在相互作用下演化)，其结果对两种观点也完全一样。准确地说，我们可以证明如下命题。

命题 22-2　把电磁场$(\boldsymbol{E},\boldsymbol{B})$及其场源$\{(\rho,\rho_{\mathrm{m}}),(\boldsymbol{J},\boldsymbol{J}_{\mathrm{m}})\}$合称为一个**电磁系统**，简记作

① 请参看专题 17 定理 17-1 证明的脚注。

{EM}，即

$$\{EM\}\equiv\{(\boldsymbol{E},\boldsymbol{B}),(\rho,\rho_m),(\boldsymbol{J},\boldsymbol{J}_m)\}。$$

如果两个电磁系统{EM}和$\{\tilde{E}\tilde{M}\}$的初值$\{(EM)|_0\}$和$\{(\tilde{E}\tilde{M})|_0\}$之间只差到一个对偶变换(变换角度为 α)，而且两者的带电粒子①的初值(位置和速度)对应相同，就有如下结论：

(a) 这两个系统只差到一个对偶变换[即满足式(22-13)]，因而两者的物理实质一样；

(b) 这两个系统的带电粒子的位矢相同，即 $\tilde{\boldsymbol{r}}(t)=\boldsymbol{r}(t)$(对任意时刻 t)。

证明　对系统{EM}做角度为 α 的对偶变换，所得结果记作$\{(\tilde{E}\tilde{M})^*\}$。作为$\{(\tilde{E}\tilde{M})^*\}$在 $t=0$ 时刻的表现，$\{(\tilde{E}\tilde{M})^*\}$的初值$\{(\tilde{E}\tilde{M})^*|_0\}$与{EM}的初值$\{(EM)|_0\}$当然也只差到一个角度为 α 的对偶变换，所以$\{(\tilde{E}\tilde{M})^*\}$的初值就是$\{(\tilde{E}\tilde{M})|_0\}$。由于麦氏方程和洛伦兹力公式在对偶变换下形式不变，$\{(\tilde{E}\tilde{M})^*\}$必定满足式(22-14)(加 ~ 的麦氏方程)和(22-15)(加~的洛伦兹力公式)。另一方面，系统$\{\tilde{E}\tilde{M}\}$是从$\{(\tilde{E}\tilde{M})|_0\}$出发按式(22-14)和(22-15)演化的产物。我们早已知道(根据定理 17-3)电磁系统从初值出发按麦氏方程和洛伦兹力公式演化的结果是唯一的，既然$\{(\tilde{E}\tilde{M})^*\}$和$\{\tilde{E}\tilde{M}\}$都是从$\{(\tilde{E}\tilde{M})|_0\}$出发按式(22-14)和(22-15)演化的产物，两者必定相同，即$\{\tilde{E}\tilde{M}\}=\{(\tilde{E}\tilde{M})^*\}$。而$\{(\tilde{E}\tilde{M})^*\}$与{EM}之间只差到一个对偶变换，故$\{\tilde{E}\tilde{M}\}$与{EM}也只差到一个对偶变换。以上证明了结论(a)，而且，只要你仔细考虑，它也蕴含了结论(b)。　□

§22.4　原始麦氏方程组的成立前提

从§22.2 开头到现在，我们一直假定带电粒子既有电荷又有磁荷，因而其电磁场服从含磁荷的麦氏方程组[式(22-3)]。然而读者一直带着这样的疑问：含磁荷的麦氏方程组与不含磁荷的麦氏方程组[式(22-1)]怎能并存不悖？现在就来讨论这一问题。

先讨论较简单的情况：场中的所有带电粒子都是同一种类的粒子(例如电子)，所以每个粒子的**磁荷电荷比** q_m/q 都一样。由式(22-13b)不难得到粒子的电荷、磁荷变换规律为

$$\tilde{q}=q\cos\alpha-q_m\sin\alpha,\qquad \tilde{q}_m=q\sin\alpha+q_m\cos\alpha。\tag{22-21}$$

只要有意地选择对偶变换的角度 α 满足

$$\tan\alpha=-\frac{q_m}{q},\tag{22-22}$$

就可由式(22-21)得到

$$\tilde{q}=q\cos\alpha+q\frac{\sin^2\alpha}{\cos\alpha},$$

$$\tilde{q}_m=q\sin\alpha-q\tan\alpha\cos\alpha,$$

① 当然，我们默认这两个系统的带电粒子是同种粒子。

因而

$$\tilde{q}=q\frac{1}{\cos\alpha},\qquad \tilde{q}_{\mathrm{m}}=0\ ;\tag{22-23}$$

类似地，由式(22-13c)又得

$$\tilde{\boldsymbol{J}}=\boldsymbol{J}\frac{1}{\cos\alpha},\qquad \tilde{\boldsymbol{J}}_{\mathrm{m}}=0\ 。\tag{22-24}$$

仍用G和$\tilde{G}$代表前述的两种观点，则上式表明观点$\tilde{G}$认为所有粒子都只有电荷而没有磁荷，而这正是传统的说法！可见，如果空间中只有同一种类的粒子，你既可以说它们只有电荷没有磁荷，也可以说它们既有电荷又有磁荷。不管你怎么说，它们该怎么运动就怎么运动！虽然说法变了，但实质上什么也没有变！

然而，假如场中存在不止一种粒子(例如既有电子又有质子、中子甚至其他粒子)，问题就变得微妙，这时必须提出如下问题：

关键问题　自然界中所有粒子的磁荷与电荷的比值q_{m}/q是否相同？

如果这一问题的答案是肯定的话，只需按照式(22-22)选择对偶变换角α就可消除所有粒子的磁荷，从而回到传统的说法，因而原始的(不含磁荷的)麦氏方程组[式(22-1)]适用，我们没有必要舍简逐繁地采用含磁荷的麦氏方程组[式(22-3)]。或者说，式(22-1)和式(22-3)虽然表面不同，但在物理实质上等价。然而，如果上述关键问题的答案是否定的话，就无法找到一个统一的变换角α来消除所有粒子的磁荷，在α的选择上就会遇到“众口难调”、顾此失彼的困难。这时就必须采用含磁荷的麦氏方程组[式(22-3)]取代原始的麦氏方程组[式(22-1)]。

以上讨论表明，“电子(或质子，等等)到底有没有磁荷”的问题不是实质性问题，真正有实质意义的问题是：是否所有种类的粒子都有相同的磁荷电荷比[可参阅Jackson(1975)]？这是一个只能由实验回答的问题。粒子分为稳定粒子和不稳定粒子两大类。电子、质子和中子都是稳定粒子。测量表明，可以在非常高的精确度上认为稳定粒子都有相同的磁荷电荷比，因而可以说它们都没有磁荷(通过一个适当角度的对偶变换就可消除其磁荷)。然而对非稳定粒子的测量则是一个开放得多的问题。按照原始定义，狄拉克的磁单极子是一种只有磁荷没有电荷的粒子，其磁荷电荷比当然不同于电子。可见磁单极子的存在性问题关系重大。人们从狄拉克提出磁单极子问题开始就一直在用实验探寻这种神秘粒子，虽然中间出现过不止一次激动人心的事件，但应该说至今尚无足够证据证明某个实验的确找到了狄拉克的磁单极子。

小结

1. 如果实验证实所有粒子都有相同的磁荷电荷比，则不含磁荷的麦氏方程组[式(22-1)]与含磁荷的麦氏方程组[式(22-3)]总可通过对偶变换相互联系，你既可以采用式(22-1)(这时你说所有粒子都没有磁荷)也可采用式(22-3)(这时你说所有粒子都带有一定的磁荷)，而且，你愿意说某种粒子(如电子)的磁荷是多少都可以，只需保证两种说法(观点)中的电荷与磁荷的平方和为常数。

2. 如果实验证明并非所有粒子都有相同的磁荷电荷比，则麦氏方程组只能取含磁荷的式(22-3)。只要狄拉克的磁单极子存在，就一定是这种情况。

3. 应该把磁单极子的存在性与磁荷的存在性在概念上严格加以区别：即使不存在磁单极子，只要愿意，你也可以说所有带电粒子都有磁荷，而且想说它有多少磁荷就有多少磁荷。不少人把磁荷的存在性与磁单极子的存在性混为一谈，误以为只要磁单极子不存在就意味着磁荷不存在，本专题的一个重要目的就是想消除这种误解。

专题 23 量纲分析简介

本专题导读

(1) 要严格分清量和数。可惜太多人由于不注意区分而导致糊涂后果。物理公式除极少数外都应理解为数的等式。这是量纲分析权威专著的共识。

(2) 物理人都熟悉“量纲”一词，但鲜有人能说出它的正确定义。例如，很多人觉得“量纲就是单位”，假定果真如此，有“单位”一词便已足够，还引入“量纲”概念干什么？

(3) 杜撰了“单位制族”这一极其有用的概念，并以此为基础给出了量纲的准确定义。

(4) 功和力矩在国际制中有相同量纲，两者的单位(**J** 和 **N · m**)可否划等号？你知道答案吗？能说出理由吗？请读小节 23.4.2。

(5) 为量纲分析建立了一个(没有内部逻辑循环的)逻辑体系，包括两个公理并证明了三个定理。

(6) 对“Π 定理” 给出了带有我们浓郁特色的严格证明，举了两个显示其威力的精彩实例。

作 者 说 明

本书第一作者梁灿彬从 1956 年(大学二年级)起对量纲问题感兴趣，历经 61 年时断时续的研究，终于在量纲分析这片“尚待开垦的半处女地”开垦出了一块，包括：提出了“量类”、“单位制族”、“现象类”等极其有用的新概念；解决了物理学界长期以来未能解决(甚至无人提出过)的若干重要问题(例如两个量相乘的定义)。我们打算出版专著，暂名《量纲理论与应用》。考虑到电磁学经常涉及单位制和量纲，特将专著的少数内容写成两个专题(专题 23 和 24)与读者提前分享。我们在专著出版前将做更深入的研究，如果这两个专题的某些讲法与将来的专著不一致，一律以专著为准。

§23.1 用单位把量转化为数

物理学关心各种物理量(physical quantity)及其联系。可以互相比较(测量)的量称为**同类量**，比较的结果是一个实数，简称**数**(number)。例如，百米跑道的长度与米尺的长度是同类量(都是长度量)，用后者测量前者得数为 100。[本专题(和专题 24)特别强调量和数的区别，并特意以粗体字母(如 $\boldsymbol{A}$)和非粗体字母(如 A)分别代表量和数。] 上述事实可用如下等式表示：

$$\text{跑道长度 } \boldsymbol{l}=100\ \mathbf{m}。$$

推广至一般，设 $\boldsymbol{A}_1$ 和 $\boldsymbol{A}_2$ 是同类量，用 $\boldsymbol{A}_1$ 测量 $\boldsymbol{A}_2$ 得数为 A，就可写出等式

编者按：本专题与下专题专门研究单位制问题，根据作者要求，所涉及单位均使用黑体，矢量均采用上加箭头表示。

$$\boldsymbol{A}_2=A\boldsymbol{A}_1 。\tag{23-1}$$

这种类型的等式称为**同类量等式**。

借用上式又可定义同类量之**商**：

$$\frac{\boldsymbol{A}_2}{\boldsymbol{A}_1}=A。\quad(\text{同类量之商是一个数})\tag{23-1'}$$

对任意一个量 $\boldsymbol{A}$，所有与它同类的量的集合称为 $\boldsymbol{A}$ 所在的**量类**，记作 $\tilde{\boldsymbol{A}}$。因此，$\boldsymbol{A}$ 是 $\tilde{\boldsymbol{A}}$ 的元素。例如，所有长度量的集合称为**长度量类**（记作 $\tilde{\boldsymbol{l}}$），跑道长度 $\boldsymbol{l}$ 只是量类 $\tilde{\boldsymbol{l}}$ 的一个元素。类似地还有**质量量类** $\tilde{\boldsymbol{m}}$、**时间量类** $\tilde{\boldsymbol{t}}$、**速度量类** $\tilde{\boldsymbol{v}}$ 等等。

在量类 $\tilde{\boldsymbol{A}}$ 中用一个任选的元素（记作 $\hat{\boldsymbol{A}}$）测量其他元素，就可把每个元素变成一个实数，这个 $\hat{\boldsymbol{A}}$ 称为**单位**。设用 $\hat{\boldsymbol{A}}$ 测 $\boldsymbol{A}$ 得数为 A，就可写成同类量等式

$$\boldsymbol{A}=A\hat{\boldsymbol{A}} 。\tag{23-2}$$

如果改用另一单位 $\hat{\boldsymbol{A}}'$ 测 $\boldsymbol{A}$，会得到另一个数 A'，即

$$\boldsymbol{A}=A'\hat{\boldsymbol{A}}' 。\tag{23-2'}$$

设 $\hat{\boldsymbol{A}}'$ 与 $\hat{\boldsymbol{A}}$ 的关系为

$$\hat{\boldsymbol{A}}'=\alpha\hat{\boldsymbol{A}},\quad(\alpha\text{ 为实数})\tag{23-3}$$

我们当然想由此推导 A' 与 A 的关系。推导时发现要用到某些公理性的东西，准确地说，同类量之间的互相比较（测量）应该遵从某些法则（否则就不是正确测量），可以归纳为如下两点：

设 $\boldsymbol{A}$ 是量类 $\tilde{\boldsymbol{A}}$ 的任一元素，α，β 是任意实数，则

(1) $$\alpha\boldsymbol{A}=\beta\boldsymbol{A}\text{ 等价于 }\alpha=\beta\ ;\tag{23-4}$$

(2) $$\beta(\alpha\boldsymbol{A})=(\beta\alpha)\boldsymbol{A} 。\tag{23-5}$$

利用以上两点法则就可从 $\hat{\boldsymbol{A}}'=\alpha\hat{\boldsymbol{A}}$ 推出 A' 与 A 的关系：

$$\boldsymbol{A}=A'\hat{\boldsymbol{A}}'=A'(\alpha\hat{\boldsymbol{A}})=(A'\alpha)\hat{\boldsymbol{A}}=(\alpha A')\hat{\boldsymbol{A}}\ ,\tag{23-6}$$

[其中第二步用到式(23-3)，第三步用到式(23-5)。] 与式(23-2)联立得

$$A\hat{\boldsymbol{A}}=(\alpha A')\hat{\boldsymbol{A}}\ ,\tag{23-7}$$

于是由式(23-4)便有

$$A=\alpha A' 。\tag{23-8}$$

把式(23-3)与式(23-8)结合便得结论：用不同单位测同一量时，单位越大得数越小。这一结论也可用单位之商表为

$$\frac{\hat{\boldsymbol{A}}'}{\hat{\boldsymbol{A}}}=\frac{A}{A'} 。\tag{23-9}$$

最狭义地讲，数学是研究数的关系的学问，借助于单位把量转变为数，就可以把量的关系的研究转化为数的关系的研究，从而把物理问题转化为数学问题。例如，如果量类 $\tilde{\boldsymbol{A}}$ 的两个元

素 $\boldsymbol{A}_1$ 和 $\boldsymbol{A}_2$ 满足

$$\boldsymbol{A}_1 = A_1\hat{\boldsymbol{A}}, \qquad \boldsymbol{A}_2 = A_2\hat{\boldsymbol{A}}, \tag{23-10}$$

我们就说当 $A_2>A_1$ 时量 $\boldsymbol{A}_2$ 大于量 $\boldsymbol{A}_1$，并记作 $\boldsymbol{A}_2>\boldsymbol{A}_1$。可见，借助于单位就可以用数的不等式来对**同类量的不等式**下定义，用以描述两个同类量孰大孰小。

§23.2 数的等式和量的等式

物理规律是物理量之间关系的反映。既然选定单位后每个量可用一个数代表，物理规律也就可用数的等式表示。反映物理规律的数的等式称为物理规律的**数值表达式**（numerical-valued equation），简称**数的等式**（等号两边都是数）。

为了便于阐明问题，下面采用甲乙对话的方式讲述，其中乙代表本书第一作者。

甲 但是，是不是也应有量的等式？

乙 同类量等式［例如式(23-1)］就是量的等式。

甲 物理书上所有公式（例如 $f=ma$）也都是量的等式吧？

乙 你涉及微妙问题了。我问你，$f=ma$ 中的字母 f 代表什么？

甲 当然代表力了，还用问吗？

乙 设问题涉及的力是 6**N**，则对 f 有两种可能理解：①f 代表 6**N** 这个量；②f 代表以 **N** 为单位测量 6**N** 这个量所得的数（即 6）。你选择①还是②？

甲 我从未想过这个问题，我觉得……应该选①吧？因为 $f=ma$ 是量的等式啊。

乙 依此类推，公式中的字母 m 和 a 应分别代表质量（就说 2 **kg** 吧）和加速度（3 $\mathbf{m/s^2}$）了？

甲 是的。

乙 那么 ma（两个字母并排）又代表什么？

甲 那还用问？当然是 m 与 a 相乘了。

乙 m 和 a 都是量，两个量的相乘你学过吗？所有人从小就学的乘法都是两个数的相乘。“九因歌”（九九乘法表）中的“三七二十一”说的就是 7 的 3 倍等于 21，完全是数的乘法！在我们能查到的数量不小的中外文献中根本找不到对量的乘法以及量的等式的任何定义。因此，如果坚持把 $f=ma$ 理解为量的等式，你根本就说不清右边 ma 的意义。只有把它理解为数的等式（无非是 $6=2\times3$）才是清楚的。

甲 但是我觉得许多人都认为 $f=ma$ 是量的等式。您的说法是别出心裁还是有文献依据？

乙 我认为，凡是把量纲分析真正研究透彻的人都持这一看法（至少有三本权威著作为证，下面一一道来）。我本人一贯偏爱和习惯于把物理规律的数学表达式看作数的等式，这是五十余年前受当时的苏联作者赛纳的书［赛纳(1959)］的影响逐渐形成的。该书第 3 页明确写道：“**通常在公式中的一些符号并非是量的本身，而是一些数值，这些数值是表示这些量用任一单位量度时的数值**。”后来（几年前）还查到两本英文书，绝对明确地声称书中公式都是数的等式，而且特别强调量的等式（量的乘除）没有意义。（这种强调太有必要了！可惜仍未引起绝大多数物理工作者的注意。遗憾！！！）下面从这两本书中各引一段（引文中的重点号是我们加的），以飨读者。Barenblatt(1996)在第 30 页写道：“**在 CGS 单位制中，速度的单位是 1s 走 1cm 这样一种匀速运动的速度，记作 cm/s**。……**单位的这种写法在某种程度上只是一种习惯写法：你不能把比**

值 cm/s 想象为长度标准(cm)与时间标准(s)的商。这种商完全没有意义：你可以用一个数去除另一个数，但不能用一段时间间隔去除一段长度间隔！”Bridgman①(1931)在第 23 页写道：“速度是用某段时间去除某段长度来测量的[但不要忘记这实际上是用一个数(测量某段时间所得的数)去除另一个数(测量某段长度所得的数)]。”

综上所述，我们强调一个结论：所有物理公式都应理解为数的等式[极少数(例如同类量等式)除外]，式中每一字母代表用某一单位测该量所得的数。

为了更有说服力，请再看一个例子。狭义相对论有个著名的洛伦兹变换，其中的时间变换式在国际制的形式为

$$t'=\gamma\left(t-\frac{v}{c^2}x\right),\quad \text{其中 } \gamma\equiv\frac{1}{\sqrt{1-(v/c)^2}}。\tag{23-11}$$

上式的 v/c^2 和 $(v/c)^2$ 使公式及其后续运算繁杂，相对论工作者通常会用“几何单位制”把上式简化为

$$t'=\gamma(t-vx),\quad \text{其中 } \gamma\equiv\frac{1}{\sqrt{1-v^2}}。\tag{23-12}$$

你能讲清这样简化的理由吗？

甲　很简单，就是因为几何单位制取 $c=1$。

乙　但是，如果你坚持把式(23-11)看作量的等式，那么式中的每个字母(包括 c)都代表量，c 代表真空光速这样一个量，即 $\boldsymbol{c}=3\times10^8$ **cm/s**，它怎么能等于 1 这么一个数？(一个量无论如何不能等于一个数！)

甲　这……恐怕我也说不清楚。

乙　那是因为你们都把式(23-11)中的字母看作量。只要把该式的字母看作数，具体说，把 c 理解为用速度的国际制单位 **m/s** 测量真空光速 $\boldsymbol{c}$ 这个量所得的数($c=3\times10^8$)，就不难理解了。

甲　但也不能把 3×10^8 取作 1 啊！?

乙　3×10^8 是用国际制速度单位测 $\boldsymbol{c}$ 所得的数；只要另选一个适当单位去测 c，所得的数就可为 1。你能说出这个新单位是什么吗？

甲　我知道了：只要选 $\boldsymbol{c}$(真空光速)这个量作为速度量类 $\tilde{\boldsymbol{v}}$ 的新单位，用它测 c(自己测自己)，得数自然为 1。

乙　很对！可见，在引进几何单位制时，把式(23-11)看作量的等式就无法理解为什么可以把 $\boldsymbol{c}$ 取为 1。

甲　现在我接受“所有物理公式都应理解为数的等式(极少数除外)”这个结论了。既然如此，是否根本就没必要谈什么量的等式了(同类量等式除外)？

乙　情况却又不如此简单。第一，估计还有不少国内外作者认为量的等式必不可少(特别是在涉及量纲分析时)。第二，中国在这方面有特殊的“国情”。国内出版界至少在近二十年来有一个非常硬性的规定：书中所有公式都只能理解为量的等式。我们的《电磁学》第一版(1980)中的

① Bridgman 是 1946 年诺贝尔物理奖得主，正文所引的书[Bridgman(1931)]是他的早期著作，书名为《量纲分析》，第一版出版于 1922 年。

所有物理规律表达式都是数的等式，但写第二版时就只能都看作量的等式(包括其中某些只有看作数的等式方能正确的公式)。第三，在某些情况下量的等式确实有其方便之处，特别是，人们经常用“单位乘除法”对单位进行运算，例如

$$1\mathbf{Wb}=1\mathbf{H}\cdot\mathbf{A}=1\left(\mathbf{V}\cdot\mathbf{s}\cdot\frac{1}{\mathbf{A}}\right)\cdot\mathbf{A}=1\mathbf{V}\cdot\mathbf{s}=1\mathbf{A}\cdot\mathbf{\Omega}\cdot\mathbf{s}=1\,\frac{\mathbf{C}}{\mathbf{s}}\cdot\frac{1}{\mathbf{S}}\cdot\mathbf{s}=1\,\frac{\mathbf{C}}{\mathbf{S}}=3\times10^{9}\,\frac{\mathbf{SC}}{\mathbf{S}},\tag{23-13}$$

即

$$1\,\textbf{韦}=1\,\textbf{亨}\cdot\textbf{安}=1\left(\textbf{伏}\cdot\textbf{秒}\cdot\frac{1}{\textbf{安}}\right)\cdot\textbf{安}=1\,\textbf{伏}\cdot\textbf{秒}=1\,\textbf{安}\cdot\textbf{欧}\cdot\textbf{秒}$$
$$=1\,\frac{\textbf{库}}{\textbf{秒}}\cdot\frac{1}{\textbf{西}}\cdot\textbf{秒}=1\,\frac{\textbf{库}}{\textbf{西}}=3\times10^{9}\,\frac{\textbf{静库}}{\textbf{西}},$$

从来没有怀疑过这种做法是否会有问题。上式不但是量的等式，还涉及量的“乘积”和“商”的概念，而且默认对量做乘除时通常的运算律成立(用到结合律和交换律)。因此，至少可以说，为了保证“单位乘除法”意义明确，就有必要对量的乘法和量的等式下定义，而且还要证明这样定义的乘法满足通常的运算律。由于所查到的文献都没有给出这个定义，我们只好自己杜撰。经过反复努力，我们终于杜撰出一个比较满意的“量乘”定义，此处难以介绍，详见《量纲理论与应用》一书。

甲 您在§23.1讲过“数学是研究数的关系的学问……”，这句话很有意思。能再讲具体一点吗?

乙 最简单的数学(算术)是四则运算，它只涉及数的关系，例如“九因歌”中的“四六二十四”说的就是6的4倍等于24，完全是数的乘法。就连高等数学的函数及其微积分运算也只涉及数的关系。函数 $y=f(x)$ 给出的是数 y 随数 x 的改变而改变的规律，称 x 为**自变数**，y 为**因变数**，都是数，完全不涉及量。

甲 但多数人都称 x 和 y 为自变量和因变量啊。

乙 这只是个翻译问题①。我们不喜欢这种译法，因为从实质上说它们都是数(变数)。谢天谢地，我国的数学前辈把 function 译作函数而没有译作函量，我们已经很知足了。

甲 难道数学家就一点不关心量吗?

乙 当然也关心，但那已涉及数学的应用(应用题)了。物理学是数学最重要的应用领域之一。为了定量地研究物理，就要借助于单位把物理量转化为数，再用纯数学求得答案，解决问题。一般地说，无论在哪个领域应用数学，都要借用单位把量变成数，从而把该领域的问题转化为数学问题。久而久之，许多物理学家竟然把自己熟悉的数的等式误以为是量的等式。

甲 一般物理书都用粗体字母代表矢量(用以区分矢量和标量)，而本专题的粗体字母却代表量(用以区分量和数)。对吗?

乙 很对。

甲 那么，在涉及矢量的情况下，本专题会用什么记号?

---

① 变数或变量的英语对应词都是 variable，自变数或自变量的对应词是 independent variable(或 argument)，因变数或因变量的对应词是 dependent variable 或 function(函数)。

乙 本专题(和专题 24)用上方加箭头的字母代表矢量，例如用 $\vec{f}$ 代表力这个矢量。

甲 但是，矢量不也是量吗？为什么不用 $\vec{\boldsymbol{f}}$(既加箭头又用粗体)代表力？

乙 你问到微妙之处了。通俗地讲，矢量是既有大小(长度)又有方向的“量”，其大小可用数描述，其方向可用方向角(也是数)描述，所以抽象的矢量属于数而不属于量，只有赋予物理意义(例如力或动量)并且配上单位之后才是量(这时才记作 $\vec{\boldsymbol{f}}$)。“矢量”一词是英语中 vector 的汉译词，而 vector 一词连一点儿“量”的味道都没有。

§23.3 单 位 制

要明白制定单位制的原始动机，先看一个简单例子。欧姆定律的数值表达式是

$$U=IR\ ,\tag{23-14}$$

其中 U、I 和 R 分别是以 **V(伏特)**、**A(安培)** 和 **Ω(欧姆)** 为单位测量问题中的电压 $\boldsymbol{U}$、电流 $\boldsymbol{I}$ 和电阻 $\boldsymbol{R}$ 所得的数。为了更清楚地表明这一点，不妨把上式的 U、I 和 R 明确地写成 $U_{伏}$、$I_{安}$ 和 $R_{欧}$，但请注意它们仍然代表数，只不过把测得此数所用的单位注在右下角而已。(切莫把 $U_{伏}$ 与 U **伏**相混淆，$U_{伏}$ 是数，而 U **伏**则是量！) 于是式(23-14)可以更明确地写成

$$U_{伏}=I_{安}\ R_{欧}。\tag{23-14$'$}$$

但是，如果改用毫安测量电流，并把所得的数记作 $I_{毫安}$，注意到 1 **毫安**$=10^{-3}$**安**，便有

$$I_{安}=10^{-3}I_{毫安}，$$

代入式(23-14′)便得

$$U_{伏}=10^{-3}I_{毫安}R_{欧}。\tag{23-15}$$

为了简洁，通常都去掉下标，于是就有

$$U=10^{-3}IR。\tag{23-15$'$}$$

上式和式(23-14)都可以称为欧姆定律，两者形式不同的原因在于两者采用不同的单位搭配(前者的搭配是“**伏，安，欧**”；后者是“**伏，毫安，欧**”)。

上述例子表明，同一物理规律在不同单位搭配下的数值表达式可能不同。但也不难相信，同一规律的各个数值表达式之间的差别仅体现为一个附加因子。只要在表达式等号右边补一个依赖于各量单位搭配的比例系数 k，就是说，只要把式(23-14)改写为

$$U=kIR\ ,\tag{23-16}$$

便能在任何单位搭配下都成立①。请注意上式的 k 依赖于(而且仅依赖于)式中各量所选的单位。每一量类的单位原则上都可任选，但如果过于任意(“一盘散沙”)，则大量的数的等式中的 k 值将复杂得难以记住。为克服这一困难(也为了其他某些好处)，可用单位制来约束各个量类的单位的选法。一个单位制由以下 3 个要素构成：

(a) 选定 l 个量类 $\tilde{\boldsymbol{J}}_1,\cdots,\tilde{\boldsymbol{J}}_l$ 作为**基本量类**(个数和选法有相当任意性)，其他量类一律称为**导出量类**。

---

① 当等式右边含有不止一项时，各项所补的 k 可能不同。

(b) 对每一基本量类 $\tilde{\boldsymbol{J}}_i(i=1,\cdots,l)$ 任意选定一个单位 $\hat{\boldsymbol{J}}_i$，称为**基本单位**。

(c) 对每一导出量类 $\tilde{\boldsymbol{C}}$，利用一个适当的、涉及 $\tilde{\boldsymbol{C}}$ 的物理规律来定义它的单位，称为**导出单位**。我们先举两个例子，再归纳出一般公式。

例 1 CGS 单位制指定长度、质量和时间为基本量类，指定**厘米、克**和**秒**为基本单位。为了定义速度 $\tilde{\boldsymbol{v}}$(导出量类)的单位，考虑质点做匀速直线运动这样一类物理现象。设质点在t **s**内走了 l **cm**，以 v 代表用任一速度单位 $\hat{\boldsymbol{v}}$ 测质点速度 $\boldsymbol{v}$ 所得的数，则

$$v=k\frac{l}{t},\tag{23-17}$$

其中系数 k 反映速度单位 $\hat{\boldsymbol{v}}$ 的任意性。指定 $k=1$ 便指定了一个确切的速度单位。具体说，$k=1$ 使上式简化为

$$v=\frac{l}{t},\tag{23-18}$$

上式起到给速度的 CGS 制单位 $\hat{\boldsymbol{v}}_{\mathrm{CGS}}$下定义的作用，称为导出单位 $\hat{\boldsymbol{v}}_{\mathrm{CGS}}$的**定义方程**。为了看出这个 $\hat{\boldsymbol{v}}_{\mathrm{CGS}}$是怎样的一种速度，可令 $t=1$ 及 $l=1$(相当于从“匀速直线运动”这样一类物理现象中选定了“1 秒走了 1cm”这样一个具体现象)，代入式(23-18)得 $v=1$，即 $\boldsymbol{v}=\hat{\boldsymbol{v}}_{\mathrm{CGS}}$，说明 $\hat{\boldsymbol{v}}_{\mathrm{CGS}}$就是每**秒**走 1 **厘米**这样一种速度，通常也写成等式

$$\hat{\boldsymbol{v}}_{\mathrm{CGS}}=\mathbf{cm/s}。\tag{23-19}$$

请注意右边的 **cm/s** 只是一个记号，代表“每**秒**走 1 **厘米**”这样一种速度。初学者应该通过这个例子学会从导出单位的定义方程看出该单位大小的这种技巧，切莫以为“这只不过是在讲1×1=1的小学算术，有什么可学的?”

例 2 为定义加速度 $\tilde{\boldsymbol{a}}$(导出量类)的 CGS 制单位，先考虑从静止开始做匀加速运动的质点。设 t **s** 时的末速为 v **cm/s**，以 a 代表用任一加速度单位 $\hat{\boldsymbol{a}}$ 测该质点加速度所得的数，则

$$a=k\frac{v}{t},\tag{23-20}$$

其中 k 反映 $\hat{\boldsymbol{a}}$ 的任意性。指定 $k=1$ 便指定了 CGS 制的加速度单位 $\hat{\boldsymbol{a}}_{\mathrm{CGS}}$。$k=1$ 使上式简化为

$$a=\frac{v}{t},\tag{23-21}$$

当 $t=1$ 及 $v=1$ 时 $a=1$，可见 $\hat{\boldsymbol{a}}_{\mathrm{CGS}}$是速度每秒增加 1 **cm/s** 这样一种加速度，通常写成

$$\hat{\boldsymbol{a}}_{\mathrm{CGS}}=\mathbf{cm/s^2}。\tag{23-22}$$

式(23-21)的作用是给 CGS 制的加速度单位 $\hat{\boldsymbol{a}}_{\mathrm{CGS}}$下定义，所以是这个单位的定义方程。

出于某些需要，还想让定义方程的右边只涉及基本量类，所以还想借 v 与基本量类的关系再改写上式。为此，考虑这样一个(复合的)物理过程(亦称**物理现象**)：质点从静止开始做匀加速运动，加速度、时间和末速显然有式(23-21)的关系；然后它以末速为速度做匀速运动，在t **s** 内走了 l **cm**，便有 $l=vt$，代入式(23-21)便得

$$a=\frac{l}{t^2}。\tag{23-23}$$

上式也能起到给加速度的 CGS 制单位 $\hat{\boldsymbol{a}}_{\mathrm{CGS}}$下定义的作用，所以也称为 $\hat{\boldsymbol{a}}_{\mathrm{CGS}}$的定义方程。为区分起见，我们把式(23-21)和(23-23)分别称为 $\hat{\boldsymbol{a}}_{\mathrm{CGS}}$的**原始定义方程**和**终极定义方程**[终极定义方程的右边必须只含基本量(的数)]。式(23-18)则既是($\hat{\boldsymbol{v}}_{\mathrm{CGS}}$的)原始定义方程也是终极定义方程。

上面对速度和加速度单位下定义时都指定 $k=1$，其实指定 k 为任一非零实数都是允许的。

在上述两例的基础上就可介绍任一导出量类 $\tilde{\boldsymbol{C}}$ 的导出单位 $\hat{\boldsymbol{C}}$ 的定义方程，又分两种情况。

(c1) $\tilde{\boldsymbol{C}}$ 与基本量类有直接关系。这是指存在某种只涉及量类 $\tilde{\boldsymbol{C}}$ 和基本量类 $\tilde{\boldsymbol{J}}_1, \cdots, \tilde{\boldsymbol{J}}_l$ 的物理现象，其规律为

$$C=kJ_1^{\sigma_1}\cdots J_l^{\sigma_l}\ , \tag{23-24}$$

其中 $J_1, \cdots, J_l$ 是以基本单位测问题中的基本量 $\boldsymbol{J}_1, \cdots, \boldsymbol{J}_l$ 所得的数，C 是以 $\tilde{\boldsymbol{C}}$ 的任一单位 $\hat{\boldsymbol{C}}$ 测问题中的量 $\boldsymbol{C}$ 所得的数，$\sigma_1, \cdots, \sigma_l$ 是有理数，系数 k 反映选择 $\hat{\boldsymbol{C}}$ 的任意性。指定 k 值便等价于指定了导出单位 $\hat{\boldsymbol{C}}$。

(c2) $\tilde{\boldsymbol{C}}$ 与基本量类只有间接关系。这是指存在物理规律，它除涉及导出量类 $\tilde{\boldsymbol{C}}$ 和基本量类 $\tilde{\boldsymbol{J}}_1, \cdots, \tilde{\boldsymbol{J}}_l$ 外还涉及导出量类 $\boldsymbol{A}_1, \cdots, \boldsymbol{A}_n$(其导出单位已有定义)，且以基本单位测基本量、以导出单位测 $\boldsymbol{A}_1, \cdots, \boldsymbol{A}_n$、以 $\tilde{C}$ 的任一单位测 C 所得的数 $J_1, \cdots, J_l$; $A_1, \cdots, A_n$; C 满足

$$C=k_{\text{原}}\ A_1^{\rho_1}\cdots A_n^{\rho_n}J_1^{\tau_1}\cdots J_l^{\tau_l}\ , \tag{23-25}$$

其中 $\rho_1, \cdots, \rho_n$ 及 $\tau_1, \cdots, \tau_l$ 为有理数，系数 k 加下标“原”旨在强调这是原始定义方程的系数。指定上式的 $k_{\text{原}}$值便定义了量类 $\tilde{\boldsymbol{C}}$ 的导出单位 $\hat{\boldsymbol{C}}$。

把式(23-25)的 $A_1, \cdots, A_n$ 分别用 $J_1, \cdots, J_l$ 表出，便也归结为式(23-24)的形式，即

$$C=k_{\text{终}}\ J_1^{\sigma_1}\cdots J_l^{\sigma_l}\ , \tag{23-24$'$}$$

其中 $k_{\text{终}}$是若干个 $k_{\text{原}}$的乘积[每个 A_i(i 可从 1 到 n)都有自己的 $k_{\text{原}}$]①。

注 1 导出单位的定义方程必须是数的等式，但是有太多的人误以为是量的等式。

定义 23-1 式(23-25)和(23-24′)都称为导出单位 $\hat{\boldsymbol{C}}$ 的**定义方程**。为区别起见，前者称为**原始定义方程**，后者称为**终极定义方程**。

综上所述，一个单位制由以下三个要素构成：

(a) 基本量类；

(b) 基本单位；

(c) 导出单位的定义方程。

---

① 对某些特殊单位制(例如原子物理学等常用的“原子单位制”)，除了情况(c1)和(c2)外还有少数的特殊情况(c3)，这时要用求解联立方程的办法得到终极定义方程，详见专著《量纲理论与应用》(待出版)。

§23.4 量　纲

23.4.1 量纲的明确定义

学物理的人都知道量纲，但对它的理解往往若明若暗。

何谓量纲？不同作者有不同回答。

有书云：“量纲代表物理量的基本属性（终极性质）。”

述评 ①“属性”多了，量纲代表哪方面的属性？这句话未给出量纲的定义。② 功和力矩是两个非常不同的物理量类，但在国际制中却有相同量纲。试问什么共同“属性”（或“终极性质”）导致它们的量纲相同？你可能会说：“它们毕竟还是有共性的——它们都是力乘距离”。试问这不只是“它们有相同量纲”的（实质上的）同义语吗？这个量纲能反映这两个物理量类的什么共同“属性”（或“终极性质”）？

有书[Ipsen(1960)P.41]云：“量纲无非是推广了的单位。”

述评 ①“推广了的单位”是什么意思？怎样才算把一个单位做了推广？这根本就不是定义！②单位是个量，而后面将看到量纲是个数。物理工作者往往把量纲和单位混为一谈，可是他们又经常对量纲$[A]$取对数，即$\ln[A]$。谁都知道算符 ln 是作用于实数的，都熟知“1 的对数永为零”，假若量纲$[A]$真是个单位，难道“1 的对数永为零”是在说“$\ln(1\ \mathbf{cm})=0$”？抑或是在说$\ln(1\ \mathbf{m})=0$，$\ln(1\ \mathbf{km})=0$……？你不觉得可笑吗？③把量纲和单位混为一谈是物理人（包括知名物理学家）的常见病和多发病。

有书云：“导出量的单位与基本单位的幂次乘积成正比，略去比例系数后的等式称为该导出量的量纲式。”

述评 ①量纲与量纲式是两个概念，应该分清。②量纲式并非单位表达式，单位表达式是量的等式，而量纲式是函数关系式，各有用处，详见后。

下面用对话方式详细介绍量纲的准确定义。

甲 量纲到底是什么？是个单位？是个量？是个数？是物理量的基本属性？还是别的什么东西？

乙 为了给出量纲的明确定义，必须先引入一个全新的概念——**单位制族**。各种单位制可以被分成若干个族，两个单位制如果满足以下条件就称为**同族的**：①基本量类选得相同；②所有导出单位的定义方程在两制中相同。于是任意两个同族的单位制的唯一差别就是基本单位选得不尽相同。例如，力学范畴内的国际制和 CGS 制是同族的，它们都以长度、质量和时间为基本量类，但基本单位不尽相同。

甲 这个不难理解。两个同族单位制的差别就是基本单位可以不同，从而导出单位也就不同。

乙 很对。

甲 能给出两个不同族的单位制的例子吗？

乙 在国际制被大力推广之前，工程界经常使用一种称为“工程制”的单位制，其基本量类是长度、力和时间，与国际制（及 CGS 制）不尽相同，因而与国际制不同族。

甲 现在可以给出量纲的定义了吧?

乙 可以了。物理学中常会遇到改变单位制的情况。假定问题涉及两个**同族**单位制(分别称为"旧制"和"新制"),人们当然关心任一物理量类 $\tilde{A}$ 在旧、新两制的单位的比值,即$\dfrac{\hat{A}_{旧}}{\hat{A}_{新}}$,于是就把这一比值称为量类 $\tilde{A}$(在该单位制族)的**量纲**(dimension)。过去一直把 A 的量纲记作[A],现在按照新的国际习惯改记作 $\dim A$,本专题(和专题 24)为了强调这是量类的量纲,特记作 $\dim\tilde{A}$。于是就有

$$\dim\tilde{A}\equiv\frac{\hat{A}_{旧}}{\hat{A}_{新}}。\tag{23-26}$$

上式就是(在给定两个同族单位制后)任一物理量类的量纲的定义。

甲 上式右边是同类量的比值,是个数。照此说来,量纲是个数了?

乙 的确如此,可惜很多人不知道。

甲 这种讲法好像跟我们熟悉的量纲公式很不一样,例如,谁都知道力在国际制的量纲式是

$$\dim\tilde{f}=\mathrm{LMT}^{-2},\tag{23-27}$$

这跟式(23-26)似乎大相径庭。

乙 上式当然正确,但请你先讲清楚右边的字母 L、M、T 代表什么。

甲 L 代表长度,M 代表质量,T 代表时间,这不是很清楚吗?

乙 我认为你没讲清楚。以 L 为例,它代表长度这个量?还是长度这个量用某种单位测得的数?

甲 代表长度这个量吧?

乙 那它是多大的一个长度?

甲 既然 $\dim\tilde{f}$ 代表力在国际制的量纲,那么 L 就代表 1 **m** 啊。

乙 这样一来,式(23-27)右边岂不就是基本单位加幂后的连乘式吗?对国际制似乎就是

$$\dim\tilde{f}=\mathbf{m}\cdot\mathbf{kg}\cdot\mathbf{s}^{-2}\tag{23-28}$$

了!而人们都承认上式右边等于 **N(牛顿)**,于是上式竟然成为

$$\dim\tilde{f}=\mathbf{N},\tag{23-29}$$

改为文字就是"力的量纲是牛顿",这样一来,量纲竟然就是单位了,还要引入量纲一词干什么!?再说,人们经常对量纲取对数,假定真有 $\dim\tilde{f}=\mathbf{N}$,岂不就有 $\ln\dim\tilde{f}=\ln\mathbf{N}$ 了吗?但你能说清 ln **N**(牛顿的对数)的含义吗?!

甲 我答不上了,我承认我对式(23-27)右边的字母 L、M、T 的意义很不清楚。

乙 我告诉你吧。正体大写字母 L、M、T 依次代表长度、质量和时间这三个量类的量纲,即

$$\mathrm{L}\equiv\dim\tilde{l},\qquad \mathrm{M}\equiv\dim\tilde{m},\qquad \mathrm{T}\equiv\dim\tilde{t},\tag{23-30}$$

而 $\tilde{l}$, $\tilde{m}$, $\tilde{t}$ 是国际制(所在族)的基本量类,所以 L、M、T 其实就是国际制(所在族)的基本量

类的量纲[由式(23-26)定义，简称**基本量纲**]的简写记号。由于导出单位由基本单位通过定义方程来定义，基本单位的改变自然会引起导出单位的改变。

量纲式就是为描述导出单位随基本单位改变而改变的依从关系(函数关系)才引入的。

把国际制看作旧制，再另选一个与国际制同族的单位制(称为新制)，那么，由式(23-26)就有

$$\mathrm{L}\equiv \dim\ \tilde{\boldsymbol{l}}=\frac{\hat{l}_{旧}}{\hat{l}_{新}},\qquad \mathrm{M}\equiv \dim\ \tilde{\boldsymbol{m}}=\frac{\hat{m}_{旧}}{\hat{m}_{新}},\qquad \mathrm{T}\equiv \dim\ \tilde{\boldsymbol{t}}=\frac{\hat{t}_{旧}}{\hat{t}_{新}},\tag{23-31}$$

于是式(23-27)就可理解为 $\dim\tilde{\boldsymbol{f}}$ 作为自变数 $\dim\ \tilde{\boldsymbol{l}}$、$\dim\ \tilde{\boldsymbol{m}}$、$\dim\ \tilde{\boldsymbol{t}}$ 的函数的依从关系(函数关系)，而且一看就知道这是一个很简单的幂函数(幂单项式)关系。

甲 我明白了。如果两个单位制连基本量类都不同，“导出单位随基本单位的改变而改变”(也就是量纲式)就无从谈起，所以要强调量纲是两个同族单位制的单位比。

乙 你理解得很对！下面的任务就是要设法弄清导出单位如何随着基本单位的改变而改变。这个任务可以借助于导出单位的终极定义方程完成。以 $\mathscr{Z}$ 代表任一单位制($\mathscr{Z}$ 是字母 Z 的花体，“制”的拼音首字母)，设导出量类 $\tilde{\boldsymbol{C}}$ 的导出单位的终极定义方程为[即式(23-24′)]

$$C=k_{终}\ J_1^{\sigma_1}\cdots J_l^{\sigma_l}\ ,\tag{23-32}$$

再以 $\mathscr{Z}'$ 代表与 $\mathscr{Z}$ 制同族的另一单位制，以 C' 和 J_1'，…，J_l'代表各有关量在 $\mathscr{Z}'$ 制的数，又有

$$C'=k_{终}\ J_1'^{\sigma_1}\cdots J_l'^{\sigma_l}。\tag{23-32′}$$

甲 系数 $k_{终}$ 为什么不加撇？

乙 根据同族制定义的条件②，所有导出单位的终极定义方程在两制中都相同，所以 $k_{终}$ 在 $\mathscr{Z}$ 和 $\mathscr{Z}'$ 制中一样。两式相除给出

$$\frac{C'}{C}=\left(\frac{J_1'}{J_1}\right)^{\sigma_1}\cdots\left(\frac{J_l'}{J_l}\right)^{\sigma_l}。\tag{23-33}$$

由式(23-9)可得

$$\frac{\hat{\boldsymbol{C}}}{\hat{\boldsymbol{C}}'}=\frac{C'}{C},\qquad \frac{\hat{\boldsymbol{J}}_i}{\hat{\boldsymbol{J}}_i'}=\frac{J_i'}{J_i},\ (其中\ i=1,\ \cdots,\ l),$$

所以

$$\frac{\hat{\boldsymbol{C}}}{\hat{\boldsymbol{C}}'}=\left(\frac{\hat{\boldsymbol{J}}_1}{\hat{\boldsymbol{J}}_1'}\right)^{\sigma_1}\cdots\left(\frac{\hat{\boldsymbol{J}}_l}{\hat{\boldsymbol{J}}_l'}\right)^{\sigma_l}。\tag{23-34}$$

由式(23-26)又有

$$\dim\ \tilde{\boldsymbol{C}}=\frac{\hat{\boldsymbol{C}}}{\hat{\boldsymbol{C}}'},\qquad \dim\ \tilde{\boldsymbol{J}}_i=\frac{\hat{\boldsymbol{J}}_i}{\hat{\boldsymbol{J}}_i'},\tag{23-35}$$

依次称之为量类 $\tilde{\boldsymbol{C}}$ 和 $\tilde{\boldsymbol{J}}_i$(在所论单位制族中)的**量纲**(dimension)，便有

$$\dim\ \tilde{\boldsymbol{C}}=(\dim\ \tilde{\boldsymbol{J}}_1)^{\sigma_1}\cdots(\dim\ \tilde{\boldsymbol{J}}_l)^{\sigma_l}。\tag{23-36}$$

上式称为量类 $\tilde{\boldsymbol{C}}$ 的**量纲式**，它描述导出量类 $\tilde{\boldsymbol{C}}$ 的量纲作为基本量类的量纲的函数关系(而且是幂单项式这样一种简单的函数关系)，由此可知导出单位如何随基本单位的改变而改变。

σ_1, …, σ_l称为 $\tilde{C}$ 的**量纲指数**。量纲指数全部为零的量称为**量纲为 1 的量**(或**无量纲量**)①。

甲 如此说来，量纲不但是个数，而且是个变数了。

乙 是的。给定单位制族后，由于族内的单位制可以任选(各基本单位可以任意地变)，所以基本量类的量纲 $\dim \tilde{J}_i$ 以及导出量类的量纲 $\dim \tilde{C}$ 都是变数，其中 $\dim \tilde{J}_i$ 是自变数(共 l 个)，$\dim \tilde{C}$ 是因变数，即函数(l 元函数)，这个函数关系由量纲式(23-36)给出。谈到某量类的量纲式时必须说明是在哪个单位制族的量纲式。例如，设有两族单位制，第一族(国际制所在族)以长度、质量和时间为基本量类，第二族(工程制所在族)以长度、力和时间为基本量类，则导出量类在第一族单位制中的量纲式为 $\dim \tilde{l}$、$\dim \tilde{m}$、$\dim \tilde{t}$ 的幂单项式(幂连乘式)，在第二族单位制中的量纲式为 $\dim \tilde{l}$、$\dim \tilde{f}$、$\dim \tilde{t}$ 的幂单项式。另一方面，在基本量类一样的前提下，如果导出单位的终极定义方程不同，则同一导出量类的量纲式也可能不同。可见，脱离(不明确)单位制族而侃侃而谈某量类的量纲是没有意义的。谈到量纲式时必须明确两个定语：①哪个量类的；②在哪个单位制族的；准确地说就是"量类 $\tilde{C}$ 的、在某某单位制所在的单位制族内的量纲式"，不过，由于任一单位制都可以自然地衍生出唯一的单位制族，也不妨把"族"字去掉而简化地说"量类 $\tilde{C}$ 的、在某某单位制的量纲式"。

甲 以式(23-35)中的 $\dim \tilde{C}$ 为例，它无非是量类 $\tilde{C}$ 在旧、新两个同族制 $\mathscr{Z}$ 和 $\mathscr{Z}'$ 的单位之比，即

$$\dim \tilde{C}=\frac{\hat{C}}{\hat{C}'}, \tag{23-37}$$

这是一个既依赖于 $\mathscr{Z}$ 制又依赖于 $\mathscr{Z}'$ 制的数，但从记号 $\dim \tilde{C}$ 中看不出 $\mathscr{Z}$ 和 $\mathscr{Z}'$。我觉得这不太好，为了更为清晰，是否应该把 $\dim \tilde{C}$ 写成 $\dim \tilde{C}\,|_{\mathscr{Z}\to\mathscr{Z}'}$？

乙 这也太繁琐了！其实通常没有必要，因为量纲式(23-36)的成立与你选哪两个同族制充当 $\mathscr{Z}$ 和 $\mathscr{Z}'$ 无关。[式中的 $\dim \tilde{C}$ 及 $\dim \tilde{J}_i$ 都依赖于 $\mathscr{Z}$ 和 $\mathscr{Z}'$，但从式(23-36)的推导过程不难看出，无论如何选择 $\mathscr{Z}$ 和 $\mathscr{Z}'$，等式(23-36)都成立。例如，如果你保持 $\mathscr{Z}$ 不变而用 $\mathscr{Z}''$ 代替 $\mathscr{Z}'$，只要把推导过程中每个式子中带撇的字母改为带双撇，最后仍得式(23-36)。]

甲 但是，如果问题涉及某个量类 $\tilde{C}$ 的量纲 $\dim \tilde{C}$ 本身，不是还得注明 $\mathscr{Z}$ 和 $\mathscr{Z}'$ 吗？

乙 这是对的，不过在涉及量纲的理论和应用时，大多数情况下都是关心若干量类的量纲之间的关系而不是某个量类 $\tilde{C}$ 的量纲 $\dim \tilde{C}$ 本身。

甲 所谓"若干量类的量纲之间的关系"，是不是就是指量纲式？

乙 我们把"若干量类的量纲之间的关系"简称为**量纲关系**，量纲式当然是量纲关系(是导

---

① 式(23-36)表明，量类 $\tilde{C}$ 的量纲指数全部为零等价于 $\dim \tilde{C}=1$，即 $\tilde{C}$ 的量纲恒为 1。英语文献称这样的量为 quantity of dimension one，亦称 dimensionless quantity，汉译为**量纲为 1 的量**，亦称**无量纲量**。

出量纲与基本量纲的关系，其中只有一个导出量纲），而量纲关系的内涵更广，可以涉及不止一个导出量纲，例如加速度 $\tilde{\boldsymbol{a}}$、速度 $\tilde{\boldsymbol{v}}$ 和时间 $\tilde{\boldsymbol{t}}$ 之间的量纲关系（在国际制所在族，下文不特别说明时均指在国际制所在族）

$$\dim \tilde{\boldsymbol{a}} = (\dim \tilde{\boldsymbol{v}})(\dim \tilde{\boldsymbol{t}})$$

以及电功率 $\tilde{\boldsymbol{P}}$、电压 $\tilde{\boldsymbol{U}}$ 和电阻 $\tilde{\boldsymbol{R}}$ 之间的量纲关系

$$\dim \tilde{\boldsymbol{P}} = (\dim \tilde{\boldsymbol{U}})^2 (\dim \tilde{\boldsymbol{R}})^{-1}。$$

甲　还有一个问题："无量纲量"与"纯数"这两个概念是否完全一样？

乙　不完全一样。无量纲量用量纲指数定义，而量纲指数依赖于单位制族，所以无量纲量的概念天生就是单位制族依赖的，而"纯数"（指"纯实数"）天生与单位制无关，所以与无量纲量之间不能划等号。不过，也可以把纯数看作一种最为特殊的无量纲量，它"特殊"到这种程度，以至于在任何单位制中它都是无量纲的。因此，我们认为纯数是无量纲量，但无量纲量未必是纯数。

[选读 23-1]

甲　为什么在其他讲量纲的书中从未见过"单位制族"或者实质一样的其他词汇？

乙　不能不说这是一件憾事。由于在书中没有查到，我在 30 多年前不得不杜撰了这个概念，并逐渐发现它极其有用，它重要到这样一种程度，以至于缺少这一概念的量纲理论不可能是一个完整的体系。令我欣喜的是，后来发现一本中文书[胡友秋(2012)]第 14 页有一个"同类单位制"的定义，与我们的"同族单位制"实质相同（但该书并未介绍引入这一词汇的动机，也没有提及它的用处）。2013 年我们又查到 Barenblatt(1996)一书，它在第 31 页引进了"class of systems of units"，直译就是"单位制类"或"单位制族"，而且强调（第 33 页）"**正是量纲的定义问题使我们必须首先定义单位制族这一概念**"。后来我们又在另一本书[Schouten(1951)第 IV 章]中查到内容相近但术语不同的讲法，但该书把单位变换与坐标变换掺和在一起讲，使问题变得复杂难懂。可惜的是，这后两本书在定义"同族单位制"时都只提基本量类相同而不提导出单位定义方程相同，我们认为这是不够用的。还应特别强调的是，我们后来又在"单位制族"这一概念的基础上证明了若干非常重要的（文献中从未见过的）结论，例如"量的等式在不同族单位制中可以有不同形式"，从而破解了一个困扰物理学界多年的历史难题，详见《量纲理论与应用》一书。

[选读 23-1 完]

[选读 23-2]

量纲分析中有三个密切相关而又有所区别的词汇，此即"量纲指数"、"量纲式"和"量纲"。傅里叶（Fourier）早在 1822 年就率先引入量纲指数的概念，本质上与当今的（本书的）含义相同，例如，由熟知的匀加速运动路程公式

$$l = \frac{1}{2}at^2$$

出发，傅里叶得出结论：加速度的"时间量纲指数是-2，长度量纲指数是+1"。在此基础上，后人引入了 L、M、T 的记号，并把

$$[\boldsymbol{f}] = \mathrm{LMT}^{-2}$$

称为力的"量纲式"，与本书的称谓也完全一致。严重的问题出在第三个词——"量纲"。不同作者对"量纲"一词赋予不同含义，造成迄今为止相当严重的混乱局面。除了本节开头所引的某些作者的错误提法("**量纲代表物理量的基本属性**"以及"**量纲是推广了的单位**")之外，还有以下两种讲法：①"量纲"是"量纲指数"的简称[例如，见 Bridgman(1931) P. 23；塞纳(1959) P. 8；Huntley(1967) P. 35]，于是"量纲"成了"量纲指数"的同义语；②"量纲"是"量纲函数"的简称[例如，见 Barenblatt(1996) P. 32]，而"量纲函数"就是"量纲式"所给出的函数关系，所以"量纲"又成为"量纲式"的同义语。你看乱不乱!？就因为多出了一个词汇(称谓)——"量纲"，有人把它往"量纲指数"去靠，有人把它往"量纲式"去靠。另一方面，奇怪的是，在量纲分析中出现得最多的一个符号，即 $\dim \tilde{C}$，却竟然并未获得一个称谓！既然"量纲"一词尚未正式派上用场，而把 $\dim \tilde{C}$ 称为"量纲"又是如此之名正言顺[$\dim \tilde{C}$ 的英文含义恰恰就是"$\tilde{C}$ 的 dimension (量纲)"]，所以本书倡议把 $\dim \tilde{C}$ 称为**量纲**，何乐而不为也!？特别应该指出的是，量纲指数全部为零的量过去被称为"无量纲量"，"无"就是"零"，把量纲指数为零的量称为"无量纲量"的做法分明在暗示着过去把"量纲指数"称为"量纲"；而现在国际上(包含我国)已经明确规定最好称之为"量纲为 1 的量"(虽然也允许称为"无量纲量")，这分明是在提示我们(以力为例)：我们记作 $\dim \tilde{f}$ 的那个东西才是 $\tilde{f}$ 的量纲，而

$$\dim \tilde{f} = (\dim \tilde{l})(\dim \tilde{m})(\dim \tilde{t})^{-2}$$

中的指数 1，1，-2 则不是量纲而是量纲指数。不过，由于①长期的习惯；②字数较少；③目前仍被允许这三个原因，我们还是愿意用"无量纲量"一词。

[选读 23-2 完]

23.4.2 同量纲的非同类量等式

甲 功和力矩在国际制中有相同量纲，它们的国际制单位分别是 **J(焦耳)**和 **N · m(牛 · 米)**，这两个单位是否相等？就是说，是否可以写成等式

$$\mathbf{J} = \mathbf{N} \cdot \mathbf{m}?\text{①} \tag{23-38}$$

乙 这是个非常好的问题。上式是量的等式。现在应该明确指出，量的等式共有三种类型：①同类量等式；②同量纲的非同类量等式；③涉及不同量纲的量的等式(绝大多数量的等式都属于这个类型，例如 $\boldsymbol{U}=\boldsymbol{IR}$ 以及 $\boldsymbol{q}=\boldsymbol{It}$)。类型①的等式就是形如式(23-1)的等式，是意义最为清晰明确的量的等式。至于类型②和③的等式，由于我们并未查到任何文献给出过任何定义，只好自己杜撰。式(23-38)是类型②的简单例子。我先问你，你认为式(23-38)正确吗？

甲 我倾向于认为正确。

乙 然而 **J** 和 **N · m** 本是两个物理意义不同的量，凭什么说它们相等？

甲 因为这两个量类的量纲相同，式(23-38)至少从量纲的角度看是对的。

乙 那你为什么不写 **J**=2 **N · m**？此式从量纲的角度看也对啊(左右两边量纲相同)。

---

① 有趣的是，中学物理教材的某些版本明文规定应写 **J**=**N · m**，另外一些则明文规定 **J** 和 **N · m** 之间不能画等号。对此类问题的认识混乱由此可见一斑。

甲 我答不上来了。但是我总觉得，既然量纲相同，是否也可以把它们看成同类量？

乙 不可以。同类量是可以互相比较的量(存在一种自然的比较方式)，而功和力矩之间没有一种自然的比较方式，它们的主要共同点就是在某些单位制(如国际制)中有相同量纲。

甲 那么 **J** 和 **N·m** 到底有什么关系？难道它们根本就没有什么关系吗？

乙 为了使用方便，我们不妨用定义的方式规定它们相等(规定 **J**=**N·m**)，就是说，我们人为地认为它们相同(简称**认同**)。其实，量纲相同的不同量类还有很多。基本量类越少的单位制，同量纲的不同量类就越多(例如自然单位制和几何单位制)。

甲 任何单位制中同量纲的所有量类的单位都被规定为相等吗？

乙 不一定，详见我们将出版的《量纲理论与应用》一书。

甲 那么第③种类型的量的等式又如何定义？

乙 这个定义更为复杂，我们将在《量纲理论与应用》一书中详细介绍。

§23.5 量纲分析的逻辑体系

量纲分析在物理学中功效非凡，往往起到“出奇兵而建奇功”的作用，优秀物理学家都很善于使用量纲分析。

虽然量纲分析至少已有一百多年的历史(从傅里叶 1822 年的论文算起，其实牛顿就已有量纲思想的萌芽)，而且历经傅里叶(Fourier)、麦克斯韦(Maxwell)、巴荆翰(Buckingham)、瑞利(Rayleigh)、布里格曼(Bridgman)等众多物理学家的演绎发展，但是至今尚未成长为一个完全成熟的学科分支，我们戏称它为“一块尚待进一步开垦的半处女地”，关键在于似乎尚未为它建立起一个严密的逻辑体系。许多物理学家(以及学习物理的师生)在应用量纲分析时往往只是凭借物理直觉而不是有清晰的定理依据。举例来说，人人都知道牛顿万有引力定律

$$f=G\frac{m_1m_2}{r^2} \tag{23-39}$$

中的引力常量 $\boldsymbol{G}$ 是有量纲的，而且都会用如下推导来求得它的量纲式：

$$G=\frac{fr^2}{m_1m_2}, \tag{23-40}$$

$$\dim G=(\dim f)(\dim r)^2(\dim m)^{-2}=(\mathrm{LMT^{-2}})\cdot\mathrm{L^2}\cdot\mathrm{M^{-2}}=\mathrm{L^3M^{-1}T^{-2}}。 \tag{23-41}$$

但是，如果你问他，上式第一个等号的根据是什么？他会觉得“我早就这样做惯了，还要问为什么吗?”其实，根据下面要讲的定理，上式的每一步都是有充足理由的。

关于量纲分析的逻辑体系，我们查阅了许多有关文献和专著。遗憾的是，虽然在某些专著中也给出了一些定理(例如“量纲齐次性定理”)，但其证明的严密性和逻辑性却存在疑问。面对这种局面，我们只能以我们绵薄之力从头开始反复推敲，最后形成若干公理(只能承认，不能证明)和定理。下面详述我们的逻辑体系。

公理 23-1 任何单位制的任一导出单位的终极定义方程都是幂单项式，就是说，都可表为如下形式：

$$C=k_{终}\,J_1^{\sigma_1}\cdots J_l^{\sigma_l}。\qquad [此即式(23-24')]$$

注 2 我们一直企图对此做出证明，使之成为定理而不是公理，但是最后发现我们做不到，

所以只能把它当作公理。不过也可以换一个视角看这个问题——不妨把“终极定义方程都是幂单项式”这一要求改称为“对单位制的附加要求”(而不是作为公理承认),就是说,如果某人制定了一个单位制,其中某一导出单位的终极定义方程不是幂单项式,这个“单位制”就不是一个合法的单位制,必须重新制定。

正如 §23.3 开头所讲,物理规律的数值表达式在不同单位搭配下可能有不同形式,例如欧姆定律在国际制的数值表达式是 $U=IR$,但若把电流单位改为毫安,数值表达式就改为$U=10^{-3}IR$。下面的公理表明,如果两个单位制同族,则任何物理规律的数值表达式都有相同形式,因而非常方便。我们虽然一再努力,但仍然无法逻辑严密地把这一结论证明出来,所以也把它列为公理,此即

公理 23-2 反映物理规律的数的等式(数值表达式)在同族单位制有相同形式。

注 3 根据同族单位制的定义,不难相信在一个单位制族中不存在一个特殊的、优惠的、与众不同的单位制,Barenblatt(1996)把这一结论当作公理(principle)看待。既然两个同族单位制谁也不比谁更特殊,反映物理规律的数的等式在这两个同族制中形式相同也就不难接受。因此,大致上可以说,我们的公理 23-2 与 Barenblatt(1996)的公理是等价的。特别是,它们都不难被接受,但很难被严格证明①。

定理 23-1 任一物理量类的量纲式都是幂单项式,即式(23-36)。

证明 式(23-36)的导出过程就是证明。读者应能看到,这一证明的关键前提是式(23-32),也就是所涉及的量类的单位的终极定义方程必须是幂单项式,而这正是公理23-1 的内容。 □

定理 23-2 设物理现象涉及物理量 $\boldsymbol{A}$、$\boldsymbol{B}$、$\boldsymbol{C}$,它们在单位制 $\mathscr{Z}$ 的数 A、B、C 满足等式

$$C=A^{\alpha}B^{\beta}, \qquad \alpha、\beta \text{ 是任意有理数}, \tag{23-42}$$

则量类 $\tilde{\boldsymbol{A}}$、$\tilde{\boldsymbol{B}}$、$\tilde{\boldsymbol{C}}$ 在 $\mathscr{Z}$ 制所在族的量纲满足量纲关系式

$$\dim \tilde{\boldsymbol{C}}=(\dim \tilde{\boldsymbol{A}})^{\alpha}(\dim \tilde{\boldsymbol{B}})^{\beta}。 \tag{23-43}$$

注 4 式(23-41)的第一个等号的正确性正是靠本定理提供保证的。

证明 设$\mathscr{Z}'$是与 $\mathscr{Z}$ 制同族的单位制,A'、B'、C'是量 $\boldsymbol{A}$、$\boldsymbol{B}$、$\boldsymbol{C}$ 在 $\mathscr{Z}'$ 制的数,则根据公理 23-2,所论物理现象在$\mathscr{Z}'$制的数值表达式必为

$$C'=A'^{\alpha}B'^{\beta}, \tag{23-44}$$

故

$$\dim \tilde{\boldsymbol{C}}=\frac{C'}{C}=\frac{A'^{\alpha}B'^{\beta}}{A^{\alpha}B^{\beta}}=\left(\frac{A'}{A}\right)^{\alpha}\left(\frac{B'}{B}\right)^{\beta}=(\dim \tilde{\boldsymbol{A}})^{\alpha}(\dim \tilde{\boldsymbol{B}})^{\beta}。$$ □

定理 23-3 (量纲齐次性定理②) 设

$$C=A+B+\cdots \tag{23-45}$$

是某物理规律的数值表达式,其中 A, B, C, …是该物理现象涉及的量 $\boldsymbol{A}$, $\boldsymbol{B}$, $\boldsymbol{C}$, …在某单位制 $\mathscr{Z}$ 的数,则相应的量类 $\tilde{\boldsymbol{A}}$, $\tilde{\boldsymbol{B}}$, $\tilde{\boldsymbol{C}}$, …在该制所在族的量纲相等,即

---

① 经过反复努力,我们最近找到一条严格证明本结论的思路,如获成功,将会写进尚待出版的专著《量纲理论与应用》中。

② “量纲齐次性”(dimensional homogenity)的结论是傅里叶在 1822 年的论文中首先指出的。

$$\dim \tilde{\boldsymbol{C}} = \dim \tilde{\boldsymbol{A}} = \dim \tilde{\boldsymbol{B}} = \cdots。\tag{23-46}$$

证明 由量纲定义可知量纲与物理现象中各量的大小无关，故可取式(23-45)右边除第一项外的各项的值为零，即只需讨论

$$C = A \tag{23-47}$$

的情况。而此式可看作式(23-42)在 $\alpha=1$，$\beta=0$ 的特例，故由式(23-43)便知

$$\dim \tilde{\boldsymbol{C}} = \dim \tilde{\boldsymbol{A}}。$$

同理可证式(23-46)。 □

上述定理(量纲齐次性定理)的应用是众所周知的，仅举三例如下。

(1) 有助于迅速发现演算中的某些错误：如果演算中出现一个等式，其等号两边量纲不等或式中某项与其他项量纲不等，则此式必错。例如，如果把匀速圆周运动的加速度公式 $a=\frac{v^2}{R}$ 误记为 $a=\frac{R}{v^2}$，由两边量纲不等可知其必错无疑。

(2) 根据一个肯定正确的等式，可以方便地由其中一项的量纲得知其他各项的量纲。例如，根据电介质的相对介电常数 ε_r 与极化率 χ 在国际制的关系式

$$\varepsilon_r = 1 + \chi$$

可以立即知道 χ 和 ε_r(相应的量)在国际制中都是无量纲量，因为 1 可以看作无量纲量。又如，由国际制等式

$$\vec{H} = \frac{\vec{B}}{\mu_0} - \vec{M}$$

可立即知道磁场强度 $\vec{\boldsymbol{H}}$ 与磁化强度 $\vec{\boldsymbol{M}}$ 有相同量纲。

(3) RL 电路的暂态电流表达式在国际制中为

$$i(t) = \frac{\mathscr{E}}{\mathrm{R}}\left(1-\mathrm{e}^{-\frac{R}{L}t}\right);$$

假如推演不慎(或记忆不准)而误写成

$$i(t) = \frac{\mathscr{E}}{R}\left(1-\mathrm{e}^{-\frac{L}{R}t}\right),$$

从量纲角度可以立即判明此式必错无疑，因为将 $\mathrm{e}^{-\frac{L}{R}t}$ 作泰勒展开会得到诸如 $-\frac{L}{R}t$、$\left(-\frac{L}{R}t\right)^2$、$\left(-\frac{L}{R}t\right)^3$ 等等的多项之和，而 $-\frac{L}{R}t$ 的量纲不为 1，故诸项的量纲不同，违背了量纲齐次性。进一步地，也可得出更一般的结论：超越函数符号(如 sin、lg、ln、exp ……)的作用对象必须是无量纲量，因为它们均可通过泰勒展开而理解为多项之和。

注 5 利用量纲齐次性定理检验公式是学物理的人都会用的，然而这种用法只是量纲分析应用的冰山一角，“冰山”中的大部分是靠“Π 定理”支撑的。利用 Π 定理，物理学家竟能出其不意地用物理手法推出勾股定理；根据一张照片竟能估出第一颗原子弹释放的能量(二战末期的真事)；……本专题的下一节将详细讲述 Π 定理的证明[这一证明带有我们的浓郁特色(例如，

明确区分量和数并使用同族单位制)],然后介绍用 Π 定理推出勾股定理和估算原子弹能量的手法。赵凯华先生的《定性与半定量物理学》[赵凯华(2008)]第二章给出了用 Π 定理解决物理问题的许多精彩例子,我们特别推荐读者研读。

§23.6 威力巨大的 Π 定理

23.6.1 Π 定理及其证明

量纲分析有一个威力巨大的定理,叫作 **Π 定理**[Π 是希腊字母,读作 pai(汉语拼音)],是 E. Buckingham 于 1914 年发表的[见 Buckingham(1914)]。该定理的粗略内容是:任何一个涉及 n 个物理量(指它们的数)的方程都等价于一个只涉及较少个无量纲量的方程。这一等价性使物理问题得以简化,在不少情况下甚至可以利用这一定理(配以适当的物理思辨)直接解决物理问题。

设问题涉及 n 个物理量,它们在某单位制 $\mathscr{Z}$ 的数 $Q_1, \cdots, Q_n$ 满足物理方程

$$f(Q_1, \cdots, Q_n)=0, (f\text{ 代表某函数关系}) \tag{23-48}$$

我们希望对这一方程进行简化。为便于陈述定理,先做一点铺垫。

设所关心的问题涉及 n 个量(简称**涉及量**,同一量类的不同量要单算)。选定某个单位制 $\mathscr{Z}$ 后,可把这 n 个涉及量分为甲、乙两组,其中甲组共有 $m(\leqslant n)$ 个量,记作 $\boldsymbol{A}_1, \cdots, \boldsymbol{A}_m$;其余 $n-m$ 个量属于乙组,记作 $\boldsymbol{B}_1, \cdots, \boldsymbol{B}_{n-m}$。这一分组要满足两个条件:

(a) 每一 $\boldsymbol{B}_j (j=1, \cdots, n-m)$ 的量纲可表为 $\boldsymbol{A}_1, \cdots, \boldsymbol{A}_m$ 的量纲的幂连乘式,即

$$\dim \widetilde{\boldsymbol{B}}_j=(\dim \widetilde{\boldsymbol{A}}_1)^{x_{1j}} \cdots (\dim \widetilde{\boldsymbol{A}}_m)^{x_{mj}}, \quad j=1, \cdots, n-m。 \tag{23-49}$$

其中 $x_{1j}, \cdots, x_{mj}$ 为有理数;

(b) 甲组各量在量纲上独立,即任一甲组量的量纲不能表为组内其他量的量纲的幂连乘式。

下面就可讲述 Π 定理。

Π 定理 选定单位制 $\mathscr{Z}$ 后,设问题的 n 个涉及量中有 m 个属于甲组,则

(a) 可以(且仅可以)构造 $n-m$ 个独立的无量纲量 $\Pi_1, \cdots, \Pi_{n-m}$;

(b) 涉及量服从的物理规律的数值表达式(物理方程)

$$f(A_1, \cdots, A_m; B_1, \cdots, B_{n-m})=0 \tag{23-50}$$

可被改写为如下的无量纲形式:

$$F(\Pi_1, \cdots, \Pi_{n-m})=0。(F\text{ 代表某函数关系}) \tag{23-51}$$

证明 设量 $\boldsymbol{A}_1, \cdots, \boldsymbol{A}_m; B_1, \cdots, B_{n-m}$ 在单位制 $\mathscr{Z}$ 的数为 $A_1, \cdots, A_m; B_1, \cdots, B_{n-m}$,用下式定义 $n-m$ 个数:

$$\Pi_j \equiv B_j A_1^{-x_{1j}} \cdots A_m^{-x_{mj}}, \qquad j=1, \cdots, n-m\ , \tag{23-52}$$

则

$$\dim \widetilde{\boldsymbol{\Pi}}_j=(\dim \widetilde{\boldsymbol{B}}_j)(\dim \widetilde{\boldsymbol{A}}_1)^{-x_{1j}} \cdots (\dim \widetilde{\boldsymbol{A}}_m)^{-x_{mj}}$$

$$=[(\dim \widetilde{\boldsymbol{A}}_1)^{x_{1j}} \cdots (\dim \widetilde{\boldsymbol{A}}_m)^{x_{mj}}][(\dim \widetilde{\boldsymbol{A}}_1)^{-x_{1j}} \cdots (\dim \widetilde{\boldsymbol{A}}_m)^{-x_{mj}}]=1, \qquad j=1, \cdots, n-m,$$

可见 Π_j 是无量纲量,因而式(23-52)定义了 $n-m$ 个无量纲量 $\Pi_1, \cdots, \Pi_{n-m}$。

设$\mathscr{Z}'$是与$\mathscr{Z}$同族的单位制，$\boldsymbol{A}_i(i=1,\cdots,m)$及$\boldsymbol{B}_j$在$\mathscr{Z}'$制的数分别为$A_i'$及$B_j'$。注意到数的等式在同族制形式相同（这是公理 23-2 的结论），便可写出与式（23-52）相应的等式

$$\Pi_j'=B_j'A_1'^{-x_{1j}}\cdots A_m'^{-x_{mj}},\qquad j=1,\cdots,n-m。$$

但Π_j是无量纲量保证在同族单位制转换时Π_j不变，故

$$\Pi_j=\Pi_j'=B_j'A_1'^{-x_{1j}}\cdots A_m'^{-x_{mj}},\qquad j=1,\cdots,n-m。\tag{23-52'}$$

令

$$\gamma_i\equiv\frac{A_i'}{A_i},\tag{23-53}$$

则由量纲定义式（23-26）并配以单位与数的反比关系式（23-9）可知γ_i就是量类$\tilde{\boldsymbol{A}}_i$（在给定同族制$\mathscr{Z}$和$\mathscr{Z}'$后）的量纲。因为$\tilde{\boldsymbol{A}}_i(i=1,\cdots,m)$彼此量纲独立，所以每个量纲$\gamma_i$都可任选。今特选

$$\gamma_i=\frac{1}{A_i},\quad i=1,\cdots,m,$$

便得

$$A_1'=A_2'=\cdots=A_m'=1\ ,\tag{23-54}$$

于是式（23-52 ′）导致

$$\Pi_j=B_j',\quad j=1,\cdots,n-m。\tag{23-55}$$

另一方面，式（23-50）在新制$\mathscr{Z}'$中改取如下形式：

$$f(A_1',\cdots,A_m';B_1',\cdots,B_{n-m}')=0。$$

请注意上式的函数关系f与式（23-50）的函数关系f一样，因为$\mathscr{Z}$和$\mathscr{Z}'$是同族单位制，而物理规律的数值表达式在同族单位制中有相同形式（公理 23-2）。

把式（23-54）及（23-55）代入上式便得

$$f(1,\cdots,1;\Pi_1,\cdots,\Pi_{n-m})=0,$$

所以存在某个函数关系F使$F(\Pi_1,\cdots,\Pi_{n-m})=0$。

下面证明至多只能构造$n-m$个独立的无量纲量，为此先要说明“独立的无量纲量”的含义。仅以$n-m=2$为例（不难推广至一般情形）。“只能构造 2 个独立的无量纲量”的**定义**是：设已按式（23-52）构造了两个无量纲量Π_1、Π_2，则任何第三个无量纲量Π_3总可用Π_1、Π_2表出，即存在函数关系h使得$\Pi_3=h(\Pi_1,\Pi_2)$①。

现在就可根据这个定义证明“至多只能构造$n-m$个独立的无量纲量”的结论。仍以$n-m=2$为例，设在构造了两个无量纲量Π_1、Π_2后还能构造第三个无量纲量Π_3，则Π_3的最一般形式为

$$\Pi_3=\psi(A_1,\cdots,A_m;B_1,B_2)\ ,\tag{23-56}$$

其中$A_1,\cdots,A_m$和B_1,B_2分别是各该量在$\mathscr{Z}$制的数，ψ是某个函数关系。上式是在$\mathscr{Z}$制成立的数的等式，如果改用$\mathscr{Z}'$制，上式将改为

$$\Pi_3'=\psi(A_1',\cdots,A_m';B_1',B_2')。$$

Π_3为无量纲量保证$\Pi_3'=\Pi_3$，所以上式成为

① 严格地说，对h的要求还有一条，详见选读 23-3 的末段。

$$\Pi_3=\psi(A_1',\cdots,A_m';B_1',B_2')。$$

把式(23-54)和式(23-55)代入上式便得

$$\Pi_3=\psi(1,\cdots,1;\Pi_1,\Pi_2)=h(\Pi_1,\Pi_2),$$

其中 h 为某个函数关系。根据上述定义，Π_3 就是不独立的无量纲量。 □

注 6 如果我们重点关心某个乙组量(设为 $\boldsymbol{B}_1$)，就可将相应的无量纲量 Π_1 从方程

$$F(\Pi_1,\cdots,\Pi_{n-m})=0$$

中解出，即

$$\Pi_1=\phi(\Pi_2,\cdots\Pi_{n-m}),$$

其中 ϕ 代表某个函数关系。由式(23-52)又得

$$\Pi_1=B_1A_1^{-x_{11}}\cdots A_m^{-x_{m1}},$$

两式结合得

$$B_1=A_1^{x_{11}}\cdots A_m^{x_{m1}}\phi(\Pi_2,\cdots,\Pi_{n-m})。\tag{23-57}$$

上式在应用 Π 定理时非常方便。

23.6.2 显示 Π 定理威力的两道例题

例 3 用 Π 定理证明勾股定理。

证明 三角形由两个内角以及两角间的边长决定，故直角三角形的面积 $\boldsymbol{S}$ 取决于斜边长和一个锐角(图 23-1 的 $\boldsymbol{C}$ 和 $\boldsymbol{\alpha}$)。可见本问题的涉及量为 $\boldsymbol{S}$、$\boldsymbol{C}$ 和 $\boldsymbol{\alpha}$，故 $n=3$。选国际单位制为 $\mathscr{Z}$。因

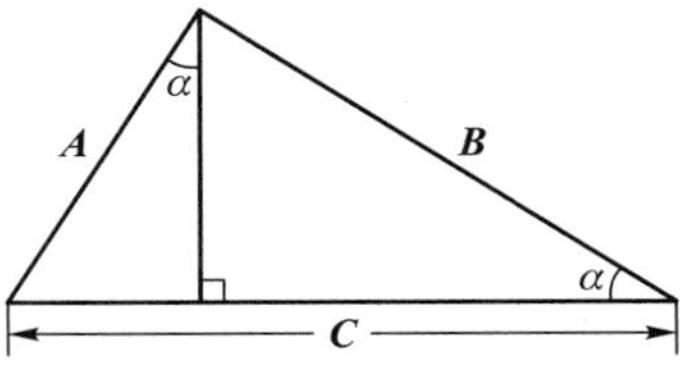

图 23-1 勾股定理证明用图

$$\dim\tilde{\boldsymbol{C}}=\mathrm{L},\qquad \dim\tilde{\boldsymbol{S}}=\mathrm{L}^2,\qquad \dim\tilde{\boldsymbol{\alpha}}=1(\text{即 }\boldsymbol{\alpha}\text{ 为无量纲量}),$$

故 $\tilde{\boldsymbol{S}}$ 和 $\tilde{\boldsymbol{\alpha}}$ 都可用 $\tilde{\boldsymbol{C}}$ 量纲表出：

$$\dim\tilde{\boldsymbol{S}}=(\dim\tilde{\boldsymbol{C}})^2,\qquad \dim\tilde{\boldsymbol{\alpha}}=(\dim\tilde{\boldsymbol{C}})^0。$$

因此，可选 $\boldsymbol{C}$ 为甲组量($m=1$)，选 $\boldsymbol{S}$ 和 $\boldsymbol{\alpha}$ 为乙组量($n-m=2$)。于是由 Π 定理可以定义两个无量纲量 Π_1，Π_2。以 S 和 C 分别代表用国际制单位测面积 $\boldsymbol{S}$ 和斜边长 $\boldsymbol{C}$ 所得的数，则由式(23-52)得 $\Pi_1\equiv SC^{-2}$；$\Pi_2\equiv\alpha$。再由式(23-57)便得 $S=C^2\phi(\Pi_2)$，即

$$S=C^2\phi(\alpha)。\tag{23-58}$$

用斜边的垂线将原三角形分成两个较小的直角三角形，两者也各有一个锐角 α。以 $\boldsymbol{A}$、$\boldsymbol{B}$ 和 $\boldsymbol{S}_1$、$\boldsymbol{S}_2$ 分别代表两者的斜边长和面积，仿照式(23-58)又有

$$S_1=A^2\phi(\alpha),\qquad S_2=B^2\phi(\alpha)。$$

再由 $S=S_1+S_2$ 便得

$$C^2\phi(\alpha)=A^2\phi(\alpha)+B^2\phi(\alpha),$$

因而

$$C^2=A^2+B^2,$$

此即勾股定理。 □

[选读 23-3]

甲 我有一个问题。在勾股定理的推导过程中，能得到最终结论的一个重要原因是：$\phi(\alpha)$

对三个不同的直角三角形是同一个函数(这样才能消掉)。然而这是为什么呢?难道可以直接肯定,这个连具体形式都不知道的函数一定与三角形的大小无关吗?

乙 为回答你的问题,须先介绍"现象类"的概念。有待解决的问题总会涉及某一类型的物理现象,我们称之为一个**现象类**。例如,"求单摆周期"问题涉及各种单摆(不同摆长、摆锤质量等),它们构成一个"单摆现象类"。Π 定理所讨论的"物理问题"其实都是对一个现象类说的[从式(23-48)开始就针对一个现象类],其结论适用于该类中的所有现象。例如,单摆周期公式为

$$T=f(l,\ g)=2\pi\sqrt{\frac{l}{g}};$$

它是每个(小角度)单摆都遵循的物理规律,适用于各种不同摆长、摆锤质量等等的单摆。进一步地,F 是由 f 衍生的函数关系,而 ϕ 又是由 F 衍生的函数关系,故它们也都适用于每一个具体现象,即它们的形式与具体现象无关。

甲 那我懂了。在本例中,所论的现象类就是"直角三角形现象类",其中有各种直角三角形,它们"可大可小"(由斜边长 $\boldsymbol{C}$ 决定)、"可胖可瘦"(由锐角 $\boldsymbol{\alpha}$ 决定),但面积公式[式(23-58)]永远适用,进而 $\phi(\alpha)$ 的函数关系对于每个直角三角形也都相同。

乙 说得很对。补充一点:不用量纲分析的数学推导给出如下的直角三角形面积公式:

$$S=C^2\left(\frac{1}{2}\sin\alpha\cos\alpha\right);$$

与式(23-58)对比可知

$$\phi(\alpha)=\frac{1}{2}\sin\alpha\cos\alpha,$$

其形式的确与具体的直角三角形无关。这至少从一个侧面验证了量纲理论的正确性。

另外,其实在结论"至多只能构造 $n-m$ 个独立的无量纲量"的证明过程中,也会涉及类似的问题。关键在于,在无量纲量的独立性的定义(仍以 $n-m=2$ 为例)中,严格地说,对函数关系 h 的要求应再加上一条——"且其形式与具体现象无关";否则便会有含糊之处,因为作为两个实数,Π_1、Π_2 之间总会差到一个实数因子,即总存在某实数 r,满足 $\Pi_2=r\Pi_1$,这当然是一种函数关系,但总不能说 Π_1、Π_2 也不互相独立吧?关键在于,根据式(23-52),有

$$r=\frac{\Pi_2}{\Pi_1}=\frac{B_2A_1^{-x_{12}}\cdots A_m^{-x_{m2}}}{B_1A_1^{-x_{11}}\cdots A_m^{-x_{m1}}}=B_1^{-1}B_2A_1^{x_{11}-x_{12}}\cdots A_m^{x_{m1}-x_{m2}},$$

于是 r 依赖于 $A_1,\ \cdots,\ A_m;B_1,\ \cdots,\ B_{n-m}$ 的值,就是依赖于具体现象,也就不满足对 h 的上述附加要求。然而,对于 Π_3,情况就不同了。在式(23-56)中,函数关系 ψ 是 Π_3(这个物理概念)的定义,其形式当然与具体现象无关,于是由 ψ 衍生出的 h 也就与具体现象无关,满足附加要求,因而正文中的证明正确。

[选读 23-3 完]

在讲下一道例题之前,先简介一点历史事实。英国著名流体力学专家泰勒爵士(Sir Geoffrey I. Taylor)从 1941 年开始对"高强度爆炸的冲击波(blast wave)"问题做过非常详尽的研究[当时尚未有"原子弹"(atomic bomb)一词],并且找到了爆炸所释放的能量的公式。[见泰勒后来解密发表的原始文献 Taylor(1950, Part I),该文写于 1941 年。] 二战结束前不久的 1945 年 7 月 16

日，美国在新墨西哥州的阿拉莫戈多（Alamogordo, New Mexico）附近试爆了世界第一颗原子弹（三周后才在日本广岛投放第一颗毁灭性原子弹），称为“三位一体核试验”（Trinity nuclear test），并将爆炸过程拍成电影。然而，由于严格保密，泰勒无从取得任何有关技术资料，因而无法用他的公式估算爆炸释放的能量。大约两年后的 1947 年，出于宣传的目的，美国政府允许把爆炸过程的系列照片公之于众（虽然其他资料仍属密件），图23-2就是其中的一张。这使泰勒如获至宝，立即以原来的理论研究为基础对这颗原子弹做了细致入微的推敲考证，最后得出了自己对这颗原子弹所释放的能量的估算值［见 Taylor（1950, Part II）］。美国 FBI（联邦调查局）的情报人员对此既惊诧又紧张，因为泰勒的估算值竟然与一直绝密的美国官方估算值非常接近。有关的历史故事还可参阅孙博华（2016）。

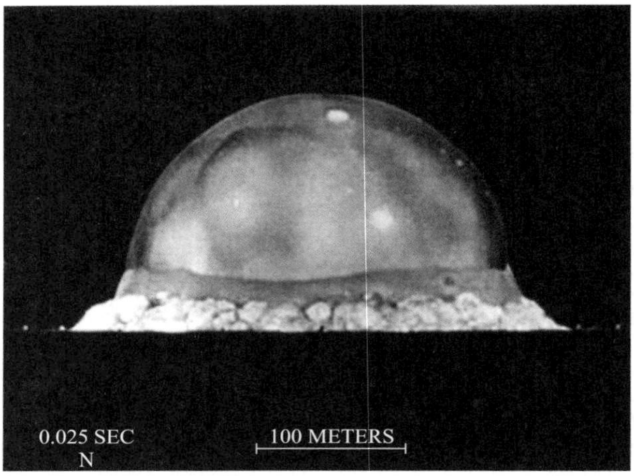

图 23-2 世界第一颗原子弹的“蘑菇云”的一张照片，半球下面的水平线是地面（美国“三位一体”试验时拍摄，1945 年）

这个问题其实是显示 Π 定理在物理和工程应用中的巨大威力的好例子。利用量纲分析，加上某些物理思辨并借用照片给出的数据，的确可以求得该原子弹释放能量的粗略估算值。下面的例题将略去泰勒当年的详尽研究而介绍从 Π 定理出发的估算方法。这是一种经过教学法加工的简化讲法。

例 4 第一颗原子弹爆炸能量的估算①

解 泰勒首先对爆炸问题做了理想化的讨论。他假定爆炸会以无限集中的形式突然释放出有限数额的能量，计算了爆炸点周围空气的运动和压强，发现一个球状冲击波（超热的火球）从爆炸点出发向外传播［见 Taylor（1950, Part I）］。经过研究，他认为问题的涉及量有 5 个（$n=5$）：①爆炸释放的能量 $\boldsymbol{E}$；②从爆炸开始算起的时间 $\boldsymbol{t}$；③时刻 $\boldsymbol{t}$ 的“蘑菇云”（火球）半径 $\boldsymbol{R}$；④火球外面正常大气的密度 $\boldsymbol{\rho}$；⑤空气的热容比 $\boldsymbol{\gamma}$（反映空气的可压缩性，$\gamma\equiv C_p/C_V$，其中 C_p 和 C_V 分别是定压热容和定容热容）。我们现在分步介绍推导过程。

第一步，选用国际单位制。（只限于力学范畴，故基本量类个数 $l=3$。泰勒当年选 CGS 制。）

① 赵凯华（2008）P. 79—82 对本例的问题也有很详细和精彩的讨论。

从 5 个涉及量在该制的量纲式读出量纲指数，并且排成如下的量纲矩阵：

$$\begin{array}{c} \\ \mathrm{L} \\ \mathrm{M} \\ \mathrm{T} \end{array}\begin{array}{c} \begin{array}{ccccc} t & E & \rho & R & \gamma \end{array} \\ \begin{bmatrix} 0 & 2 & -3 & 1 & 0 \\ 0 & 1 & 1 & 0 & 0 \\ 1 & -2 & 0 & 0 & 0 \end{bmatrix} \end{array}, \qquad (23\text{-}59)$$

第二步，求得上述矩阵的列秩 $m=3$，不难看出前 3 列互相线性独立，故可选 $\boldsymbol{t}$, $\boldsymbol{E}$, $\boldsymbol{\rho}$ 为甲组量，$\boldsymbol{R}$, $\boldsymbol{\gamma}$ 为乙组量，即

$$\boldsymbol{A}_1=\boldsymbol{t}, \quad \boldsymbol{A}_2=\boldsymbol{E}, \quad \boldsymbol{A}_3=\boldsymbol{\rho}; \qquad \boldsymbol{B}_1=\boldsymbol{R}, \quad \boldsymbol{B}_2=\boldsymbol{\gamma}。$$

第三步，设法把每个乙组量类的量纲表为甲组量纲的幂连乘式。设

$$\dim \tilde{\boldsymbol{B}}_1=(\dim \tilde{\boldsymbol{A}}_1)^{x_1}(\dim \tilde{\boldsymbol{A}}_2)^{x_2}(\dim \tilde{\boldsymbol{A}}_3)^{x_3},$$

亦即

$$\dim \tilde{\boldsymbol{R}}=(\dim \tilde{\boldsymbol{t}})^{x_1}(\dim \tilde{\boldsymbol{E}})^{x_2}(\dim \tilde{\boldsymbol{\rho}})^{x_3}, \qquad (23\text{-}60)$$

由量纲矩阵[式(23-59)]读出 $\dim \tilde{\boldsymbol{R}}$、$\dim \tilde{\boldsymbol{t}}$、$\dim \tilde{\boldsymbol{E}}$ 和 $\dim \tilde{\boldsymbol{\rho}}$，便可将上式改写为

$$\mathrm{L}^1\mathrm{M}^0\mathrm{T}^0=(\mathrm{L}^0\mathrm{M}^0\mathrm{T}^1)^{x_1}(\mathrm{L}^2\mathrm{M}^1\mathrm{T}^{-2})^{x_2}(\mathrm{L}^{-3}\mathrm{M}^1\mathrm{T}^0)^{x_3}=\mathrm{L}^{2x_2-3x_3}\mathrm{M}^{x_2+x_3}\mathrm{T}^{x_1-2x_2},$$

等式两边的对应量纲指数必须相等，故 $2x_2-3x_3=1$，$x_2+x_3=0$，$x_1-2x_2=0$，解得

$$x_1=\frac{2}{5}, \quad x_2=\frac{1}{5}, \quad x_3=-\frac{1}{5}, \qquad (23\text{-}61)$$

代入式(23-60)给出

$$\dim \tilde{\boldsymbol{R}}=(\dim \tilde{\boldsymbol{t}})^{2/5}(\dim \tilde{\boldsymbol{E}})^{1/5}(\dim \tilde{\boldsymbol{\rho}})^{-1/5}。 \qquad (23\text{-}62)$$

另一方面，由定义可知热容比 $\tilde{\boldsymbol{\gamma}}$ 是无量纲量类(量纲指数全部为零)，故

$$\dim \tilde{\boldsymbol{\gamma}}=(\dim \tilde{\boldsymbol{t}})^0(\dim \tilde{\boldsymbol{E}})^0(\dim \tilde{\boldsymbol{\rho}})^0。 \qquad (23\text{-}63)$$

利用式(23-62)和(23-63)就可定义两个无量纲量

$$\Pi_1 \equiv Rt^{-2/5}E^{-1/5}\rho^{1/5}=R\left(\frac{\rho}{t^2E}\right)^{1/5}, \qquad (23\text{-}64)$$

$$\Pi_2 \equiv \gamma。 \qquad (23\text{-}65)$$

由 Π 定理可知 Π_1 和 Π_2 满足某个方程 $F(\Pi_1, \Pi_2)=0$，故可把 Π_1 表为 Π_2 的函数：

$$\Pi_1=\phi(\Pi_2)。 \qquad (23\text{-}66)$$

注意到式(23-64)和(23-65)，便得

$$R=\left(\frac{t^2E}{\rho}\right)^{1/5}\phi(\gamma)。 \qquad (23\text{-}67)$$

泰勒在 1941 年就得到了这一公式[即 Taylor(1950, Part I)第 1 页的无编号公式]。以此为基础，他对强度较小的爆炸理论做了详细的研究和计算，从空气的热容比 $\gamma=1.4$ 出发求得[见 Taylor(1950, Part I)的式(38)]

$$\phi(\gamma)=(0.926)^{-2/5}\approx 1.03, \qquad (23\text{-}68)$$

即 $\phi(\gamma)$ 与 1 极其接近。取 $\phi(\gamma)=1$，则式(23-67)简化为

$$R=\left(\frac{t^2E}{\rho}\right)^{1/5}。\tag{23-69}$$

可见爆炸释放的能量值 E 只依赖于 $\boldsymbol{t}$、$\boldsymbol{R}$ 和 $\boldsymbol{\rho}$ 三个量的数值。以上是泰勒的纯理论研究结果。第一颗原子弹爆炸后，虽然泰勒很想对其释放的能量 E 做出估算，但由于无法获得有关数据（关键是 t 和 R 都不知道），就连很粗略的估算也不可能。情况在两年后的 1947 年才发生根本改观，因为他获得了美国公布的原子弹爆炸电影的系列照片（从照片读出的数据见表 1）。我们不妨先利用图 23-2 的那张照片做个粗略估算。对式(23-69)取对数得

$$\log_{10}E=5\log_{10}R-2\log_{10}t+\log_{10}\rho。\tag{23-70}$$

由图 23-2 查得 $t=0.025$（**秒**）时 $R=130$（**米**），再把大气密度 ρ 估计为 1.25（**千克/米**^{3}）（泰勒就是这样取的），代入上式便得

$$\log_{10}E=5\times\log_{10}(130)-2\times\log_{10}(0.025)+\log_{10}(1.25)=13.87,$$

因而 $E=7.4\times10^{13}$（**焦**）。一千吨 TNT 炸药爆炸时放出的能量是 4.18×10^{12} **焦**，所以第一颗原子弹放出的能量是

$$\boldsymbol{E}=7.4\times10^{13}\,\text{焦}=\frac{7.4\times10^{13}}{4.18\times10^{12}}\,\text{千吨}=17.8\ \text{千吨}。$$

这与美国官方后来公布的估计值（18~20 千吨）非常接近。 ■

表 23-1 第一颗原子弹爆炸 t 毫秒后的"蘑菇云"半径 R（单位是米）

t	$R(t)$	t	$R(t)$	t	$R(t)$	t	$R(t)$	t	$R(t)$
0.10	11.1	0.80	34.2	1.50	44.4	3.53	61.1	15.0	106.5
0.24	19.9	0.94	36.3	1.65	46.0	3.80	62.9	25.0	130.0
0.38	25.4	1.08	38.9	1.79	46.9	4.07	64.3	34.0	145.0
0.52	28.8	1.22	41.0	1.93	48.7	4.34	65.6	53.0	175.0
0.66	31.9	1.36	42.8	3.26	59.0	4.61	67.3	62.0	185.0

[选读 23-4]

以上是经过教学法加工的讲法。泰勒当年的研究则要复杂得多。注意到第一颗原子弹的强度远大于 Taylor(1950, Part I)前面大半部分所研究的爆炸的强度，他觉得必须用系列照片的数据来检验式(23-69)的 $R\sim t$ 关系是否适用（该式表明 $t\propto R^{5/2}$），为此他用表 23-1 的数据画出 $\frac{5}{2}\log_{10}R$ 与 $\log_{10}t$ 的关系曲线，发现的确非常接近于斜率为 45°的直线，与 $t\propto R^{5/2}$ 吻合得很好（见图 23-3）。空气在室温下的热容比 $\gamma=1.4$。利用照片的数据，他在默认 $\gamma=1.4$ 的前提下求得的 $\boldsymbol{E}$（折合为吨）为

$$\boldsymbol{E}=16800\ \text{吨}。$$

然而 γ 的数值在甚强爆炸（指第一颗原子弹）的高温下会对 1.4 有所偏离（因而会随着时间的增大而改变），偏离来自不止一种原因[详见 Taylor(1950, Part II)]，经过分析和计算，他又做了第二种选择：取 $\gamma=1.29$，求得

$$\boldsymbol{E}=23700\ \text{吨}。$$

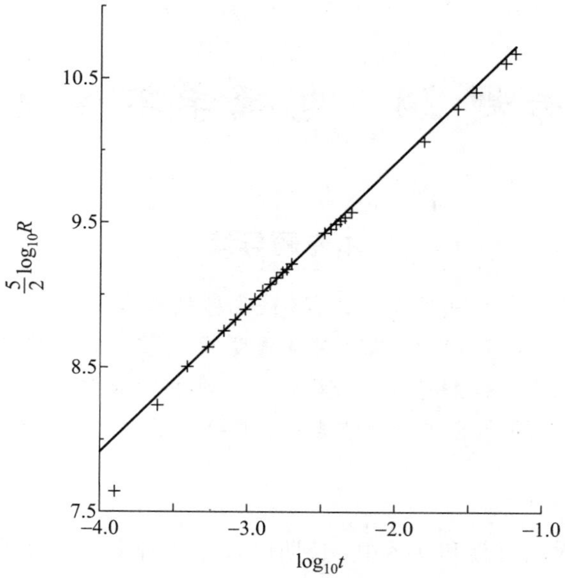

图 23−3 反映 $t\propto R^{5/2}$ 关系的对数曲线图

他问自己：上述两种估算值哪个更可信？经过反复思考，他在文中表示了如下看法：由于某种原因，γ 值在高温下会减小，但另外一些原因又会使 γ 值在高温下增大。如果这两种反方向的效应不能互相抵消，γ 值就会在爆炸过程中随着时间的增大而改变，γ 就是 t 的函数，$R\propto t^{5/2}$ 的关系就不会准确成立[这可由式(23−67)看出]。然而第一颗原子弹的照片数据竟然如此出乎意料地支持这一比例关系(仍见图 23−3)，恐怕就说明上述两种效应的确互相抵消干净。于是他得出结论：由 $\gamma=1.4$ 出发得出的结果(即 $\boldsymbol{E}=16800$ 吨)更为可信。

[选读 23−4 完]

专题 24　电磁学单位制

本专题导读

详述了电磁学 4 种主要单位制的制定过程（按我们的整理），至少起到拾遗补缺的作用。此外还有我们的特色，例如，磁感应强度 $\boldsymbol{B}$ 和磁场强度 $\boldsymbol{H}$ 的 CGSM 制单位分别是 **Gs**（高斯）和 **Oe**（奥斯特），几乎人人都认为 **Gs = Oe**（高斯 = 奥斯特），但鲜有能说明理由者。许多人认为这是当然的，无需理由。我们在 § 24. 3 指出这绝非当然，并给出了该式成立的理由。

在电磁学及电动力学的书籍和文献中，长期以来存在着多制并存的局面。历史上最早出现的是**绝对静电制**（简称**静电制**或 CGSE 制）和**绝对电磁制**（简称**电磁制**或 CGSM 制），后来又出现**高斯制**以及各种各样的“实用化”和“有理化”单位制。现在用得最多的是 MKSA 制（国际制的电磁学部分）。本专题介绍这几种单位制的简要发展过程，着重说明它们的制定步骤以及 4 者之间的关系。阅读本专题前请先读专题 23，至少读完 § 23.1 至 § 23.3。

§ 24. 1　概　　述

CGSE 制（静电制）和 CGSM 制（电磁制）都是把力学中的 CGS 制加以扩展、使之包含电磁学单位的结果。大致说来，电学公式（数的等式）在 CGSE 制中比较简单，磁学公式在 CGSM 制中比较简单，这导致人们更偏爱一种“混合单位制”（后称**高斯制**），其中电学量与 CGSE 制有相同单位，磁学量与 CGSM 制有相同单位，从而使大多数电磁学公式都比较简单。

电磁单位制后来又朝着两个方向做了重要改进。

第一个改进方向是“实用化”。CGSE 制、CGSM 制和高斯制有一个共同缺点，就是不少单位存在“不实用性”。例如：① 这三个单位制的功的单位［**erg**（**尔格**）］由于太小而很不实用：人的肉眼每眨一下所做的功就达到数百 **erg**；②CGSM 制的电压单位由于太小而极不实用：如果用它测量日用的 220**V** 交流电压，所得数值竟达 2.2×10^{10}之巨；③ 若以 CGSE 制的电流单位测量一个 1**kW** 的小型电热器（用于 220**V**）的电流，所得数值竟然超过10^{10}。于是，创建“实用化”单位制的呼声早就出现而且日渐高涨。1861 年，英国成立的电气标准委员会提出了电阻单位改用 **Ω**（**欧姆**）、电压单位改用 **V**（**伏特**）的建议。1881 年在巴黎召开的第一届国际电气工程师大会批准了这一建议，并增补了电流用 **A**（**安培**）、电荷量用 **C**（**库仑**）、电容用 **F**（**法拉**）等实用单位。1893 年在芝加哥召开的第四届国际电气工程师大会以决议的方式确立了一套国际性的电磁学单位，并明确给出 **A**（**安培**）与 CGSM 制电流单位［记作 CGSM(I)］的关系：

$$1\mathbf{A}=\frac{1}{10}\mathrm{CGSM}(I)\text{。}\qquad(24-1)$$

第二个改进方向是"有理化"。CGSE 制、CGSM 制和高斯制的麦氏方程都含有无理数因子 4π，例如在高斯制中就有

$$\vec{\nabla}\cdot\vec{E}=4\pi\rho,\qquad \vec{\nabla}\times\vec{B}=\frac{4\pi}{c}\vec{j}+\frac{1}{c}\frac{\partial\vec{E}}{\partial t},\tag{24-2}$$

此外，这个无理系数 4π 还出现在许多常用公式中，如平板电容器的电容公式 $C=\frac{S}{4\pi d}$和螺线管内磁感应公式 $B=4\pi nI$。为了在这些公式中去掉无理系数，英国的赫维赛(O. Heaviside)于 1882 年提出了他的"有理化"方案。应该说明，要使所有电磁学公式都不含 4π 是不可能的，改变单位制所能做到的只是将这些公式中的 4π 转移到较不常用的公式中去。例如，适当改变电荷量单位就可使$\vec{\nabla}\cdot\vec{E}=4\pi\rho$ 改为$\vec{\nabla}\cdot\vec{E}=\rho$，但却使库仑力公式多出一个 4π 系数：

$$f=\frac{q_1q_2}{4\pi r^2}。\tag{24-3}$$

不过，只要能把比较常用的公式中的 4π 转移到用得较少的公式中，这种"有理化"方案就是利多于弊、得大于失。

沿着上述两个方向历经多次改进之后，终于在 1960 年的第十一届国际计量大会上以决议的方式确立了既"实用化"又"有理化"的国际单位制，其电磁学部分称为 **MKSA 制(米-千克-秒-安培制)**。

CGSE 制、CGSM 制和高斯制都只有 3 个基本单位，就是 **cm**、**g** 和 **s**。MKSA 制则有 4 个基本量类——长度、质量、时间和电流，基本单位依次为 **m**、**kg**、**s** 和 **A**。制定导出单位时，有 3 个带有待选系数的公式特别重要，因为 4 种单位制在导出单位方面的区别的主要根源就在于对这 3 个公式选择了不同的系数。下面列出这 3 个公式(都是数的等式)。

1. 均匀电介质的库仑定律

$$f=k_{库}\frac{q_1q_2}{\varepsilon r^2}。\tag{24-4}$$

2. 均匀磁介质的毕-萨定律(用于电流为 I_1 的无限长直导线①)

$$B=k_{毕}\,\mu\frac{2I_1}{a}。\tag{24-5a}$$

以 $\boldsymbol{\mu}_0$ 代表真空的磁导率，将上式用于磁导率$\boldsymbol{\mu}=\frac{\boldsymbol{\mu}_0}{2}$的磁介质中，得

$$B=k_{毕}\,\mu_0\frac{I_1}{a}。\tag{24-5b}$$

3. 长为 l、电流为 I_2 的直导线段在与它垂直的均匀磁场 B 中所受的安培力

$$f=k_{安}\,I_2Bl。\tag{24-6}$$

① 均匀磁介质中带有系数 $k_{毕}$ 的毕-萨定律的表达式为 $\mathrm{d}\vec{B}=k_{毕}\,\mu\frac{I\mathrm{d}\vec{l}\times\vec{e}_r}{r^2}$，用于电流为 I_1 的无限长直导线，便知离导线为 a 的点的磁场(大小)B 服从式(24-5a)。

§24.2　CGSE 单位制

（a）规定真空介电常量 $\boldsymbol{\varepsilon}_0$ 在 CGSE 制的数值 ε_0 为 1。本质上就是选 $\boldsymbol{\varepsilon}_0$ 为介电常量 $\tilde{\boldsymbol{\varepsilon}}$ 的 CGSE 制单位，但 CGSE 制不把 $\tilde{\boldsymbol{\varepsilon}}$ 列入第 4 个基本量类，写量纲式时右边只有 3 个基本量纲。

（b）取式(24-4)的 $k_{库}=1$，便得库仑力公式

$$f=\frac{q_1q_2}{\varepsilon r^2}。\tag{24-7}$$

对真空，因 $\varepsilon_0=1$，故

$$f=\frac{q_1q_2}{r^2}。\tag{24-8}$$

由于量类 $\tilde{\boldsymbol{f}}$ 和 $\tilde{\boldsymbol{r}}$ 的单位早已在 CGS 制中制定[$\hat{\boldsymbol{f}}=$**dyn**(达因)，$\hat{\boldsymbol{l}}=$**cm**]，所以就选上式为电量单位 $\hat{\boldsymbol{q}}$ 的定义方程，所得的电量单位 $\hat{\boldsymbol{q}}$ 称为 **SC(静库)**。当 $r=1$，$q_1=q_2=1$ 时由式(24-8)得 $f=1$，可见静库是这样一份电量，当真空中相距 **1cm**、电量相等的两个点电荷之间的库仑力为 **1dyn** 时，每个点电荷的电量就是 **1SC**。

（c）由于时间 $\tilde{\boldsymbol{t}}$ 和电量 $\tilde{\boldsymbol{q}}$ 的单位已有定义，自然就选下式为电流单位 $\hat{\boldsymbol{I}}$ 的定义方程：

$$I=\frac{q}{t}。\tag{24-9}$$

此单位没有专名，可记作 CGSE(I)，但也有人称之为 **SA(静安)**。

（d）取式(24-6)的 $k_{安}=1$，便得安培力公式

$$f=I_2Bl。\tag{24-10}$$

选上式为磁感应强度单位 $\hat{\boldsymbol{B}}$ 的定义方程。当 $l=1$，$B=1$，$I_2=1$ 时有 $f=1$，可见，如果与磁场垂直的、长为 **1cm**、电流为 1 CGSE(I)的直导线段所受的安培力为 **1dyn**，该磁场的磁感应 $\boldsymbol{B}$ 就等于 $\hat{\boldsymbol{B}}$。此单位无专名，可记作 CGSE(B)。

（e）取式(24-5b)的 $k_{毕}=1$，得

$$B=\mu_0\frac{I_1}{a}。\tag{24-11}$$

选上式为磁导率单位 $\hat{\boldsymbol{\mu}}_{\text{CGSE}}$ 的定义方程。为了看出这个单位的大小，可求助于导致毕-萨定律的实验。在磁导率为 $\boldsymbol{\mu}_0/2$ 的磁介质中放置一条无限长直导线，令其电流为 1CGSE(I)，在与此线相距 **1cm** 处($\boldsymbol{a}=$**1cm**)以 CGSE(B)为单位测量磁感应，发现得值为

$$B=\frac{1}{(\tilde{3}\times10^{10})^2}=\frac{1}{\tilde{9}\times10^{20}}。$$

($\tilde{3}$ 是 2.99792458 的简写，$\tilde{9}\equiv\tilde{3}^2$。按规定，以 **m/s** 为单位测光速得数为 299792458。)

将 $I_1=1$，$a=1$ 及 $B=\dfrac{1}{\tilde{9}\times10^{20}}$ 代入式(24-11)便得

$$\mu_0 = \frac{1}{\tilde{9} \times 10^{20}}。\tag{24-12}$$

也可更明确地写成

$$\mu_{0\text{CGSE}} = \frac{1}{\tilde{9} \times 10^{20}}。\tag{24-12'}$$

这就是说，被选作磁导率单位 $\hat{\boldsymbol{\mu}}_{\text{CGSE}}$ 的是这样一种磁导率，它等于真空磁导率 $\boldsymbol{\mu}_0$ 的 $\tilde{9} \times 10^{20}$ 倍。以 c_{CGS} 代表用 CGS 制的速度单位测光速所得的数，则 $c_{\text{CGS}} = \tilde{3} \times 10^{10}$，故

$$\mu_{0\text{CGSE}} = \frac{1}{c_{\text{CGS}}^2}，\quad 也可简记作\ \mu_0 = \frac{1}{c^2}。\tag{24-13}$$

CGSE 制的其他导出单位的定义方程与 MKSA 制相同，例如电容 C、电阻 R 和电极化强度 $\vec{P}$ 的导出单位的定义方程依次为

$$C = \frac{Q}{U}，\qquad R = \frac{U}{I}，\qquad \vec{P} = \frac{\sum \vec{p}_i}{\Delta V}。\tag{24-14}$$

§24.3　CGSM 单位制

（a）规定真空磁导率 $\boldsymbol{\mu}_0$ 在 CGSM 制的数值 μ_0 为 1。本质上就是选 $\boldsymbol{\mu}_0$ 为磁导率量类 $\tilde{\boldsymbol{\mu}}$ 的 CGSM 制单位，但 CGSM 制不把 $\tilde{\boldsymbol{\mu}}$ 列入第 4 个基本量类，写量纲式时右边只有 3 个基本量纲。

（b）取 $k_{\text{毕}} = k_{\text{安}} = 1$，把式(24-5b)代入式(24-6)得

$$f = \mu_0 I_1 I_2 \frac{l}{a}。\tag{24-15}$$

上式的 f 是位于磁导率为$\dfrac{\boldsymbol{\mu}_0}{2}$的磁介质中的、长为 l、电流为 I_2 的一段直导线所受到的、与它相距为 a、平行放置、电流为 I_1 的无限长直导线的安培力。（当然，f 等等都是用 CGSM 制单位测各该量所得的数）。注意到 CGSM 制有 $\mu_0 = 1$，便得

$$f = I_1 I_2 \frac{l}{a}。\tag{24-16}$$

选上式为电流的 CGSM 制单位 $\hat{\boldsymbol{I}}_{\text{CGSM}}$ 的定义方程。此单位无专名，记作 CGSM(I)。为找出它与 CGSE(I)的关系，考虑上述磁介质中的一段长为 l、电流为 I 的直导线所受到的、与它相距为 a、平行放置、电流亦为 I 的无限长直导线的力，由式(24-16)可知此力的数值为

$$f_{\text{CGSM}} = I_{\text{CGSM}}^2 \frac{l_{\text{CGSM}}}{a_{\text{CGSM}}}。\tag{24-17}$$

字母加下标是为了明确指出它们都是用 CGSM 制单位测得的数。又因为 $\boldsymbol{l}$，$\boldsymbol{a}$，$\boldsymbol{f}$ 都是力学量，其 CGSM 制单位与 CGS 制单位一样，故上式可简化为

$$f_{\text{CGS}} = I_{\text{CGSM}}^2 \frac{l_{\text{CGS}}}{a_{\text{CGS}}}。\tag{24-17'}$$

如果改用 CGSE 制单位测量，则由式(24-10)和(24-11)得[其中第二步还用到式(24-13)]

$$f_{\mathrm{CGS}}=\mu_{0\,\mathrm{CGSE}}I_{\mathrm{CGSE}}^{2}\frac{l_{\mathrm{CGS}}}{a_{\mathrm{CGS}}}=\frac{1}{c_{\mathrm{CGS}}^{2}}I_{\mathrm{CGSE}}^{2}\frac{l_{\mathrm{CGS}}}{a_{\mathrm{CGS}}},\tag{24-18}$$

对比式(24-17′)和式(24-18)便得

$$I_{\mathrm{CGSE}}=c_{\mathrm{CGS}}I_{\mathrm{CGSM}}=\tilde{3}\times10^{10}I_{\mathrm{CGSM}}\ ,\tag{24-19}$$

因而

$$\mathrm{CGSM}(I)=c_{\mathrm{CGS}}\mathrm{CGSE}(I)=\tilde{3}\times10^{10}\mathrm{CGSE}(I)。\tag{24-20}$$

(c) 由于时间 $\tilde{t}$ 和电流 $\tilde{I}$ 的单位已有定义，自然就选下式为电量的 CGSM 制单位的定义方程：

$$q=It。\tag{24-21}$$

此单位记作 CGSM(q)。由于上式对 CGSE 制也成立，利用式(24-20)不难求得

$$\mathrm{CGSM}(q)=c_{\mathrm{CGS}}\mathrm{CGSE}(q)=\tilde{3}\times10^{10}\mathrm{CGSE}(q)。\tag{24-22}$$

(d) 因为已取 $k_{安}=1$，安培力公式(24-6)便成为

$$f=I_2Bl。\tag{24-23}$$

选上式为磁感应的 CGSM 制单位 $\hat{\boldsymbol{B}}_{\mathrm{CGSM}}$ 的定义方程。这一单位称为 **Gs(高斯)**，亦可记作 CGSM(B)。因为式(24-23)也适用于 CGSE 制，与式(24-20)结合不难求得

$$\mathrm{CGSM}(B)=\frac{1}{c_{\mathrm{CGS}}}\mathrm{CGSE}(B)=\frac{1}{\tilde{3}\times10^{10}}\mathrm{CGSE}(B)\ ,\tag{24-24}$$

亦即

$$\mathbf{Gs}=\frac{1}{c_{\mathrm{CGS}}}\mathrm{CGSE}(B)=\frac{1}{\tilde{3}\times10^{10}}\mathrm{CGSE}(B)。$$

(e) 根据分子电流观点，磁场强度 $\overrightarrow{H}$ 的定义

$$\overrightarrow{H}=\overrightarrow{B}-4\,\overrightarrow{M}，(这是 CGSM 制的数的等式)\tag{24-25}$$

其中 $\overrightarrow{M}$ 是磁化强度矢量。在只关心单位问题时不妨将上式写成标量形式

$$H=B-4\pi M,\tag{24-26}$$

再把上式用于真空，得

$$H=B,\tag{24-27}$$

选上式为磁场强度的 CGSM 制单位 $\hat{\boldsymbol{H}}_{\mathrm{CGSM}}$ 的定义方程。这一单位称为 **Oe(奥斯特)**，亦可记作 CGSM(H)。当 $B=1$ 时上式给出 $H=1$，可见，真空中磁感应为 1**Gs** 处的磁场强度就是 1**Oe**。于是多数作者认为这两个单位相等，即

$$\mathbf{Gs}=\mathbf{Oe},\tag{24-28}$$

但少数谨慎的作者[例如塞纳(1959)]只说“真空中磁场强度为 1**Oe** 处的磁感应为 1**Gs**”[这无非就是式(24-27)的同义语]，就是不说“**Oe** 等于 **Gs**”。我们赞同这种审慎态度，因为 **Gs**=**Oe** 是个同量纲不同物理量类之间的量的等式，而这种类型的量的等式在我们能查到的文献中从未下过定义(但我们将要出版的《量纲理论与应用》将会给出我们的定义)。不过，不妨说我们提前

约定它们相等（类似于小节 23.4.2 的处理方式），即对它们先做认同（认为两者相同）。后面将会看到（详见我们的《量纲理论与应用》），这一提前认同的做法给定义量的等式提供了基础。

（f）磁介质中的磁化强度矢量 $\vec{\boldsymbol{M}}$ 定义为单位体积内的总磁矩 $\vec{\boldsymbol{p}}_{\mathrm{m}}$，写成数的等式就是

$$\vec{M} \equiv \frac{\vec{p}_{\mathrm{m}}}{V}。\tag{24-29}$$

又因闭合电流的磁矩等于电流乘面积，故上式可改写为标量形式

$$M = \frac{IS}{V} = \frac{I}{l}。\tag{24-30}$$

选上式（指 $M=I/l$）为磁化强度的 CGSM 制单位 $\hat{\boldsymbol{M}}_{\mathrm{CGSM}}$ 的定义方程便有（见选读 24-1）

$$\hat{\boldsymbol{M}}_{\mathrm{CGSM}} = \hat{\boldsymbol{B}}_{\mathrm{CGSM}} = \mathbf{Gs}。\tag{24-31}$$

[选读 24-1]

设磁导率 $\mu=1/2$ 的磁介质中有一条电流为 $\boldsymbol{I}=I\,\hat{\boldsymbol{I}}_{\mathrm{CGSM}}$ 的无限长直导线，离线 $\boldsymbol{l}=l\,\hat{\boldsymbol{l}}_{\mathrm{CGSM}}$ 处的 P 点的磁感应为 $B\mathbf{Gs}$，把式（24-5b）用于 CGSM 制，注意到该制有 $k_{毕}=1$，便得

$$B = \frac{I}{l}。\tag{24-32}$$

另一方面，令 $\beta \ll 1$，在 P 点附近取体积为 $\beta l^3\mathbf{cm}^3$ 的一小块（补 β 是为使其小），设其磁矩相当于一个电流为 $\boldsymbol{I}=I\,\hat{\boldsymbol{I}}_{\mathrm{CGSM}}$、面积为 $\beta l^2\mathbf{cm}^2$ 的电流环，则 P 点的磁化强度 $\boldsymbol{M}=M\,\hat{\boldsymbol{M}}_{\mathrm{CGSM}}$ 满足

$$M = \frac{I(\beta l^2)}{\beta l^3} = \frac{I}{l}。\tag{24-33}$$

以上两式联立给出

$$M = B。\tag{24-34}$$

上式就是 P 点的磁化强度与磁感应的关系（均指用 CGSM 单位测得的数）。当 $B=1$ 时上式给出 $M=1$，可见，当 P 点的磁化强度为 $\boldsymbol{M}=1\hat{\boldsymbol{M}}_{\mathrm{CGSM}}$ 时，其磁感应为 $\boldsymbol{B}=1\,\hat{\boldsymbol{B}}_{\mathrm{CGSM}}$，于是多数作者认为

$$\hat{\boldsymbol{M}}_{\mathrm{CGSM}} = \hat{\boldsymbol{B}}_{\mathrm{CGSM}} = \mathbf{Gs},\tag{24-35}$$

并给出结论：在 CGSM 制中，磁化强度与磁感应有相同的单位，都是 **Gs**（这其实也是把 $\hat{\boldsymbol{M}}_{\mathrm{CGSM}}$ 与 $\hat{\boldsymbol{B}}_{\mathrm{CGSM}}$ 提前认同的结果）。

[选读 24-1 完]

（g）取式（24-4）的 $k_{库}=1$，便得库仑力公式

$$f = \frac{q_1 q_2}{\varepsilon r^2}。\tag{24-36}$$

对真空有

$$f = \frac{q_1 q_2}{\varepsilon_0 r^2}。\tag{24-37}$$

选上式为介电常量的 CGSM 制单位 $\hat{\boldsymbol{\varepsilon}}_{\mathrm{CGSM}}$［即 CGSM（$\varepsilon$）］的定义方程。为看出此单位的大小，可求助于库仑实验。实验发现，（真空中）相距 **1cm**、电荷量为 1 CGSM（q）的两个点电荷之间的库

仑力为 $\tilde{9}\times10^{20}$ **dyn**。将 $q_1=q_2=1$，$r=1$，$f=\tilde{9}\times10^{20}$ 代入式(24-37)便得

$$\varepsilon_{0\mathrm{CGSM}}=\frac{1}{\tilde{9}\times10^{20}}=\frac{1}{c_{\mathrm{CGS}}^2}。\tag{24-38}$$

请注意 $\varepsilon_{0\mathrm{CGSM}}$ 是用 CGSM(ε)为单位测量真空介电常量 $\boldsymbol{\varepsilon}_0$ 所得的数。$\varepsilon_{0\mathrm{CGSM}}=\frac{1}{c_{\mathrm{CGS}}^2}\ll1$ 表明 CGSM(ε)是个很大的单位，它等于真空介电常量 $\boldsymbol{\varepsilon}_0$ 的 $\tilde{9}\times10^{20}$ 倍，即

$$\mathrm{CGSM}(\varepsilon)=\tilde{9}\times10^{20}\boldsymbol{\varepsilon}_0。\tag{24-39}$$

CGSM 制的其他导出单位的定义方程与 MKSA 制相同。

§24.4 高斯单位制

高斯单位制可以看作 CGSE 制和 CGSM 制的“混合制”，它的电学量单位与 CGSE 制相同，磁学量单位与 CGSM 制相同，从而兼顾了两者的优点——只含电学量的公式以及只含磁学量的公式都比较简单。当公式既含电学量(如 q、I)又含磁学量(如 B、Φ)时，虽然可能出现不为 1 的系数，但这些系数在多数情况下为 $c=\tilde{3}\times10^{10}$ 或其幂函数(如 c^3、c^{-2})，故亦不难记住(见表 24-1)。然而，所谓给定一个单位制，不仅仅是给定其全体单位(“单位制不等于其全体单位的集合”)，而且还应明确给出它的基本量类、基本单位和全体导出单位的定义方程，所以我们仍按照这个要求对高斯制进行介绍(其中有许多是我们杜撰的看法)。

高斯制有 3 个基本量类，即长度 $\tilde{\boldsymbol{l}}$、质量 $\tilde{\boldsymbol{m}}$ 和时间 $\tilde{\boldsymbol{t}}$，基本单位依次为 **cm**、**g** 和 **s**(与 CGS 制同)。高斯制的所有力学(及几何)导出单位也都与 CGS 制一样。下面逐一介绍最基础的几个电磁学导出单位的制定过程。

(a) 与 CGSE 制一样，规定真空介电常量 $\boldsymbol{\varepsilon}_0$ 在高斯制的数值为 1，即 $\varepsilon_{0高}=1$。

(b) 取式(24-4)的 $k_{库}=1$，得真空中的库仑力公式

$$f=\frac{q_1q_2}{r^2}。\tag{24-40}$$

选上式为电量的高斯制单位 $\hat{\boldsymbol{q}}_{高}$ 的定义方程，显然有

$$\hat{\boldsymbol{q}}_{高}=\hat{\boldsymbol{q}}_{\mathrm{CGSE}}=\mathbf{SC}(\text{静库})。\tag{24-41}$$

(c) 选 $I=\frac{q}{t}$ 为电流的高斯制单位 $\hat{\boldsymbol{I}}_{高}$ 的定义方程，自然有

$$\hat{\boldsymbol{I}}_{高}=\hat{\boldsymbol{I}}_{\mathrm{CGSE}}\equiv\mathrm{CGSE}(I)。\tag{24-42}$$

(d) 取式(24-6)的 $k_{安}$ 为

$$k_{安}=\frac{1}{c_{高}}=\frac{1}{\tilde{3}\times10^{10}},\quad(\text{从现在起把 } c_{\mathrm{CGS}} \text{ 改记作 } c_{高})\tag{24-43}$$

由此便得高斯制的安培力公式

$$f=\frac{1}{c_{高}}IBl。$$

选上式为磁感应的高斯制单位 $\hat{\boldsymbol{B}}_{高}$ 的定义方程，我们来找出 $\hat{\boldsymbol{B}}_{高}$ 与 $\hat{\boldsymbol{B}}_{\mathrm{CGSM}}$ 的关系。将上式明

确写成

$$f_{高}=\frac{1}{c_{高}}I_{高}\ B_{高}\ l_{高},\tag{24-44}$$

而 $\hat{\boldsymbol{I}}_{高}=\hat{\boldsymbol{I}}_{\mathrm{CGSE}}$[见式(24-42)]导致数的等式 $I_{高}=I_{\mathrm{CGSE}}$，故上式又可改写为

$$f_{\mathrm{CGS}}=\frac{1}{c_{高}}I_{\mathrm{CGSE}}B_{高}\ l_{\mathrm{CGS}}。\tag{24-44′}$$

由 CGSM 制的 $k_{安}=1$ 又知式(24-6)可写成

$$f_{\mathrm{CGS}}=I_{\mathrm{CGSM}}B_{\mathrm{CGSM}}l_{\mathrm{CGS}}。\tag{24-45}$$

式(24-44′)除以式(24-45)给出[其中第二步用到式(24-19)]

$$1=\frac{1}{c_{高}}\frac{I_{\mathrm{CGSE}}}{I_{\mathrm{CGSM}}}\frac{B_{高}}{B_{\mathrm{CGSM}}}=\frac{B_{高}}{B_{\mathrm{CGSM}}}。\tag{24-46}$$

可见

$$\hat{\boldsymbol{B}}_{高}=\hat{\boldsymbol{B}}_{\mathrm{CGSM}}=\mathbf{Gs}。\tag{24-47}$$

这正是我们所期望的(高斯制的磁学量单位应与 CGSM 制相同)。

(e) 取式(24-5b)的 $k_{毕}$ 为

$$k_{毕}=\frac{1}{c_{高}}=\frac{1}{\tilde{3}\times10^{10}},\tag{24-48}$$

则磁导率 $\boldsymbol{\mu}=\frac{\boldsymbol{\mu}_0}{2}$ 的磁介质中无限长直导线的磁感应满足

$$B=\frac{1}{c_{高}}\mu_0\ \frac{I}{a}。$$

最好明确写成

$$B_{高}=\frac{1}{c_{高}}\mu_{0高}\frac{I_{高}}{a_{高}}。\tag{24-49}$$

选上式为磁导率的高斯制单位 $\hat{\boldsymbol{\mu}}_{高}$ 的定义方程。我们来找出 $\mu_{0高}$ 的数值(因为 $\boldsymbol{\mu}_0$ 是磁学量，当然希望验证 $\mu_{0高}=\mu_{0\mathrm{CGSM}}=1$)。由式(24-49)得

$$\mu_{0高}=c_{高}\ a_{高}\frac{B_{高}}{I_{高}}=c_{高}\ a_{\mathrm{CGS}}\frac{B_{\mathrm{CGSM}}}{c_{高}\ I_{\mathrm{CGSM}}}=a_{\mathrm{CGS}}\frac{B_{\mathrm{CGSM}}}{I_{\mathrm{CGSM}}},\tag{24-50}$$

其中第二步用到式(24-46)、(24-42)及(24-20)。再把式(24-5b)用于 CGSM 制，注意到该制有 $k_{毕}=1$ 及 $\mu_0=1$，得

$$B_{\mathrm{CGSM}}=\frac{I_{\mathrm{CGSM}}}{a_{\mathrm{CGS}}},$$

代入式(24-50)便得 $\mu_{0高}=1$，这正是我们所期望的。

(f) 有了磁感应单位 $\hat{\boldsymbol{B}}$ 后就可定义磁通的单位 $\hat{\boldsymbol{\Phi}}$。在 CGSE 制、CGSM 制(还有下面要讲的 MKSA 制)中，$\hat{\boldsymbol{\Phi}}$ 都以

$$\Phi=BS\tag{24-51}$$

为定义方程，即

$$\Phi_{\text{CGSE}}=B_{\text{CGSE}}S_{\text{CGS}}, \qquad \Phi_{\text{CGSM}}=B_{\text{CGSM}}S_{\text{CGS}}, \tag{24-51'}$$

所以 $\hat{\boldsymbol{\Phi}}_{高}$ 自然也用此式为定义方程，即

$$\Phi_{高}=B_{高}\,S_{\text{CGS}}=B_{\text{CGSM}}S_{\text{CGS}}=\Phi_{\text{CGSM}}。\tag{24-51''}$$

注意到 $\tilde{\boldsymbol{\Phi}}$ 是磁学量类，上式正好验证了我们期望的结果，即 $\hat{\boldsymbol{\Phi}}_{高}=\hat{\boldsymbol{\Phi}}_{\text{CGSM}}$。

(g) 然而电感(自感和互感)的高斯制单位却有点微妙。以自感 $\tilde{\boldsymbol{L}}$ 为例。量类 $\tilde{\boldsymbol{L}}$ 既涉及磁通 $\tilde{\boldsymbol{\Phi}}$(磁学量类)又涉及电流 $\tilde{\boldsymbol{I}}$(电学量类)，它的单位 $\hat{\boldsymbol{L}}_{高}$ 应等于 $\hat{\boldsymbol{L}}_{\text{CGSM}}$ 还是 $\hat{\boldsymbol{L}}_{\text{CGSE}}$？事实上这两种选择都有人采用，详情如下。

在 CGSE 制、CGSM 制(还有下面要讲的 MKSA 制)中，$\hat{\boldsymbol{L}}$ 都以

$$L=\frac{\Phi}{I} \tag{24-52}$$

为定义方程，即

$$L_{\text{CGSE}}=\frac{\Phi_{\text{CGSE}}}{I_{\text{CGSE}}}, \qquad L_{\text{CGSM}}=\frac{\Phi_{\text{CGSM}}}{I_{\text{CGSM}}}。\tag{24-52'}$$

不难验证，为了得到

$$\hat{\boldsymbol{L}}_{高}=\hat{L}_{\text{CGSM}} \tag{24-53}$$

的结果，应选下式为 $\hat{\boldsymbol{L}}_{高}$ 的定义方程：

$$L=c\,\frac{\Phi}{I}, \qquad c=\tilde{3}\times 10^{10}; \tag{24-53'}$$

而为了得到

$$\hat{\boldsymbol{L}}_{高}=\hat{L}_{\text{CGSE}} \tag{24-54}$$

的结果，则应选下式为 $\hat{\boldsymbol{L}}_{高}$ 的定义方程：

$$L=\frac{1}{c}\,\frac{\Phi}{I}, \qquad c=\tilde{3}\times 10^{10}。\tag{24-54'}$$

至今似乎尚未见到一个国际性的统一选择。苏联著名物理学家塔姆的《电学原理》是电磁理论方面的经典名著，该书从头至尾只用高斯制(完全用高斯制的书近代已不多见)，所以我们更偏爱于它的选择。该书(中译本下册)的式(65.6)与本书的式(24-53′)实质相同，所以得到的 $\hat{\boldsymbol{L}}_{高}$ 等于 $\hat{\boldsymbol{L}}_{\text{CGSM}}$。下面列出采用这一选择的某些书目：

① 塔姆(中译本 1958)；

② Reitz, and Milford (1960), P. 368, TABLE II-1;

③ Panofsky, and Phillips (1962), P. 465;

④ 陈鹏万(1978), P. 312, 313, 表 11-7;

⑤ 复旦大学，上海师范大学(1979), P. 418, 表 II-1;

⑥ 赵凯华，陈熙谋(2011) P. 619 的表 9-3;

⑦ 梁灿彬(2017)表 10-6。

另一方面，也有不少作者采用式(24-54′)作为 $\hat{\boldsymbol{L}}_{高}$ 的定义方程，下面列出某些书目：

① Scott（1959），书末表 A.7A；

② Pugh, and Pugh（1970），P.13，Table 1-3；

③ 珀塞尔（中译本 1979），P.307 的自感电动势公式 $\mathscr{E}_{11}=-L_1\dfrac{\mathrm{d}I_1}{\mathrm{d}t}$是这种选择的结果。

④ Pollack and Stump（2005），P.609，TABLE II；

⑤ 胡友秋（2012），P.23，P.107，P.118。

高斯制的其他多数导出单位的定义方程与 MKSA 制相同，少数（既涉及电学量又涉及磁学量）除外，自感就是一例，已如上述。另一个例子是磁矩，其高斯制单位的定义方程为

$$\vec{p}_{\mathrm{m}}=\frac{1}{c}IS\vec{e}_{\mathrm{n}}。\tag{24-55}$$

§24.5　MKSA 单位制

MKSA 单位制有 4 个基本量类，即长度 $\tilde{\boldsymbol{l}}$、质量 $\tilde{\boldsymbol{m}}$、时间 $\tilde{\boldsymbol{t}}$ 和电流 $\tilde{\boldsymbol{I}}$，基本单位依次为 **m**、**kg**、**s** 和 **A**。由式（24-1）及（24-20）可知

$$1\mathbf{A}=\frac{1}{10}\mathrm{CGSM}(I)=\tilde{3}\times10^9\mathrm{CGSE}(I),\tag{24-56}$$

（a）选 $q=It$ 为电量的 MKSA 制（国际制）单位 $\hat{\boldsymbol{q}}_{国}$（称为**库仑**，记作 **C**）的定义方程，并明确写成

$$q_{国}=I_{国}\ t_{国}。\tag{24-57}$$

因为电量的 CGSE 单位 $\hat{\boldsymbol{q}}_{\mathrm{CGSE}}$的定义方程也是 $q=It$，利用式（24-56）、（24-57）以及

$$t_{国}=t_{\mathrm{CGS}}(=t_{秒})$$

便得

$$q_{\mathrm{CGSE}}=I_{\mathrm{CGSE}}t_{\mathrm{CGS}}=(\tilde{3}\times10^9I_{国})\times t_{国}=\tilde{3}\times10^9q_{国},$$

因而

$$\hat{\boldsymbol{q}}_{国}=\tilde{3}\times10^9\hat{\boldsymbol{q}}_{\mathrm{CGSE}},\quad 即\quad 1\mathbf{C}=\tilde{3}\times10^9\mathbf{SC}。\tag{24-58}$$

（b）取式（24-4）的 $k_{库}=\dfrac{1}{4\pi}$（“有理化”的代价），得库仑力公式

$$f=\frac{q_1q_2}{4\pi\varepsilon r^2}。\tag{24-59}$$

令 $q\equiv q_1=q_2$，以 $\boldsymbol{\varepsilon}_0$ 代表真空的介电常量，将上式用于介电常量为 $\boldsymbol{\varepsilon}_0/4\pi$ 的电介质，得

$$f=\frac{q^2}{\varepsilon_0r^2},\quad 即\quad \varepsilon_0=\frac{q^2}{fr^2}。\tag{24-60}$$

选上式为介电常量的国际制单位 $\hat{\boldsymbol{\varepsilon}}_{国}$ 的定义方程。为看出这个 $\hat{\boldsymbol{\varepsilon}}_{国}$ 的大小，把上式明确写成

$$\varepsilon_{0国}=\frac{q_{国}{}^2}{f_{国}\ r_{国}{}^2}。\tag{24-61}$$

另一方面，把式(24-7) 用于介电常量为 $\boldsymbol{\varepsilon}_0/4\pi$ 的电介质，加注下标“CGSE”，并利用 $\varepsilon_{0\text{CGSE}}=1$，又得

$$f_{\text{CGSE}}=4\pi\frac{q_{\text{CGSE}}^2}{r_{\text{CGSE}}^2}=4\pi\frac{(10c_{国}\ q_{国})^2}{(10^2r_{国})^2}=(4\pi\times10^{-2})c_{国}^2\ \varepsilon_{0国}f_{国}$$
$$=(4\pi\times10^{-2})c_{国}^2\ \varepsilon_{0国}\times(10^{-5}f_{\text{CGSE}})。$$

[其中第三步用到式(24-61)，第四步用到 $1\mathbf{N}=10^5\mathbf{dyn}$。] 于是读出

$$\varepsilon_{0国}=\frac{1}{(4\pi\times10^{-7})c_{国}^2}\approx8.9\times10^{-12}, \tag{24-62}$$

这意味着

$$\hat{\boldsymbol{\varepsilon}}_{国}\approx\frac{1}{8.9\times10^{-12}}\boldsymbol{\varepsilon}_0\approx1.1\times10^{11}\boldsymbol{\varepsilon}_0, \tag{24-63}$$

可见 $\hat{\boldsymbol{\varepsilon}}_{国}$ 是个很大的介电常量，它约等于真空介电常量的10^{11}倍。

(c) 选 $E=\dfrac{f}{q}$为电场强度的 MKSA 制单位 $\hat{\boldsymbol{E}}_{国}$ 的定义方程，并明确写成

$$E_{国}=\frac{f_{国}}{q_{国}}, \tag{24-64}$$

因电场的 CGSE 制单位 $\hat{\boldsymbol{E}}_{\text{CGSE}}$的定义方程也是 $E=\dfrac{f}{q}$，即

$$E_{\text{CGSE}}=\frac{f_{\text{CGSE}}}{q_{\text{CGSE}}},$$

再由 $1\mathbf{N}=10^5\mathbf{dyn}$ 及 $1\mathbf{C}=\tilde{3}\times10^9\mathbf{SC}$ 得

$$f_{国}=10^{-5}f_{\text{CGSE}},\qquad q_{国}=\frac{1}{\tilde{3}\times10^9}q_{\text{CGSE}},$$

代入式(24-64)给出

$$E_{国}=\tilde{3}\times10^4E_{\text{CGSE}},\qquad 因而\quad \hat{\boldsymbol{E}}_{国}=\frac{1}{\tilde{3}\times10^4}\hat{\boldsymbol{E}}_{\text{CGSE}}。 \tag{24-65}$$

(d) 取式(24-6)的 $k_{安}=1$，得安培力公式

$$f=IBl。$$

选上式为磁感应的国际制单位 $\hat{\boldsymbol{B}}_{国}$ 的定义方程(称 $\hat{\boldsymbol{B}}_{国}$为**特斯拉**，记作 **T**)，并明确写成

$$f_{国}=I_{国}\ B_{国}\ l_{国}。 \tag{24-66}$$

注意到上式也是磁感应的 CGSM 制单位(**高斯**)的定义方程，即

$$f_{\text{CGSM}}=I_{\text{CGSM}}B_{\text{CGSM}}l_{\text{CGSM}}。 \tag{24-67}$$

利用 $f_{\text{CGSM}}=10^5f_{国}$(因 $1\mathbf{N}=10^5\mathbf{dyn}$)、$I_{\text{CGSM}}=10^{-1}I_{国}$[来自式(24-56)]以及 $l_{\text{CGSM}}=10^2l_{国}$，由式(24-66)、(24-67)可得

$$B_{\text{CGSM}}=10^4B_{国}。 \tag{24-68}$$

可见

$$\hat{\boldsymbol{B}}_{国}=10^4\hat{\boldsymbol{B}}_{\text{CGSM}},\quad 即\quad \mathbf{T}=10^4\mathbf{Gs}。 \tag{24-69}$$

(e) 取式(24-5)的 $k_{毕}=\dfrac{1}{4\pi}$，将式(24-5)用于磁导率 $\mu=2\pi\mu_0$ 的磁介质，得

$$B=\mu_0\frac{I}{a},$$

选此式为磁导率的国际制单位 $\hat{\boldsymbol{\mu}}_{国}$ 的定义方程，并明确写成

$$\mu_{0国}=\frac{a_{国}B_{国}}{I_{国}}。\tag{24-70}$$

注意到 CGSM 制有 $k_{毕}=1$ 及 $\mu_0=1$，仍把式(24-5)用于 $\boldsymbol{\mu}=2\pi\boldsymbol{\mu}_0$ 的磁介质，得

$$B_{CGSM}=\mu_{CGSM}\frac{2I_{CGSM}}{a_{CGSM}}=2\pi\mu_{0CGSM}\frac{2I_{CGSM}}{a_{CGSM}}=4\pi\frac{I_{CGSM}}{a_{CGSM}}。\tag{24-71}$$

利用 $I_{CGSM}=10^{-1}I_{国}$ 及 $a_{CGSM}=10^2a_{国}$，由式(24-70)、(24-71)便得

$$\mu_{0国}=4\pi\times10^{-7}。\tag{24-72}$$

上式与式(24-62)结合给出

$$\varepsilon_{0国}\mu_{0国}=\frac{1}{(\tilde{3}\times10^8)^2}=\frac{1}{c_{国}^{\ 2}}。\tag{24-73}$$

MKSA 制的其他导出单位的定义方程见基础篇第四版的表 10-4(即第二、第三版附录的表 4)。

表 24-1 主要电磁学公式在各单位制的形式

(说明：表中的 c 代表真空光速在各该单位制的数)

	普适形式	CGSE 制 $k_{库}=k_{安}=k_{毕}=1$ $\varepsilon_0=1$, $\mu_0=1/c^2$	CGSM 制 $k_{库}=k_{安}=k_{毕}=1$ $\varepsilon_0=1/c^2$, $\mu_0=1$	高斯制 $k_{库}=1$ $k_{安}=k_{毕}=1/c$ $\varepsilon_0=\mu_0=1$	MKSA 制 $k_{库}=k_{毕}=1/4\pi$ $k_{安}=1$ $\varepsilon_0=10^7/4\pi c^2$ $\mu_0=4\pi\times10^{-7}$
库仑定律	$f=k_{库}\dfrac{q_1q_2}{\varepsilon_0r^2}$	$f=\dfrac{q_1q_2}{r^2}$	$f=c^2\dfrac{q_1q_2}{r^2}$	$f=\dfrac{q_1q_2}{r^2}$	$f=\dfrac{q_1q_2}{4\pi\varepsilon_0r^2}$
点电荷电场	$E=k_{库}\dfrac{q}{\varepsilon_0r^2}$	$E=\dfrac{q}{r^2}$	$E=c^2\dfrac{q}{r^2}$	$E=\dfrac{q}{r^2}$	$E=\dfrac{q}{4\pi\varepsilon_0r^2}$
高斯定理	$\oiint\vec{E}\cdot d\vec{S}=k_{库}4\pi q/\varepsilon_0$	$\oiint\vec{E}\cdot d\vec{S}=4\pi q$	$\oiint\vec{E}\cdot d\vec{S}=c^24\pi q$	$\oiint\vec{E}\cdot d\vec{S}=4\pi q$	$\oiint\vec{E}\cdot d\vec{S}=q/\varepsilon_0$
点电荷电势	$V=k_{库}\dfrac{q}{\varepsilon_0r}$	$V=\dfrac{q}{r}$	$V=c^2\dfrac{q}{r}$	$V=\dfrac{q}{r}$	$V=\dfrac{q}{4\pi\varepsilon_0r}$
平行板电容	$C=\dfrac{\varepsilon_0S}{k_{库}4\pi d}$	$C=\dfrac{S}{4\pi d}$	$C=\dfrac{S}{c^24\pi d}$	$C=\dfrac{S}{4\pi d}$	$C=\dfrac{\varepsilon_0S}{d}$
电位移定义	$\vec{D}\equiv\varepsilon_0\vec{E}+k_{库}4\pi\vec{P}$	$\vec{D}\equiv\vec{E}+4\pi\vec{P}$	$\vec{D}\equiv c^{-2}\vec{E}+4\pi\vec{P}$	$\vec{D}\equiv\vec{E}+4\pi\vec{P}$	$\vec{D}\equiv\varepsilon_0\vec{E}+\vec{P}$
高斯定理(有介质)	$\oiint\vec{D}\cdot d\vec{S}=k_{库}4\pi q_0$	$\oiint\vec{D}\cdot d\vec{S}=4\pi q_0$	$\oiint\vec{D}\cdot d\vec{S}=4\pi q_0$	$\oiint\vec{D}\cdot d\vec{S}=4\pi q_0$	$\oiint\vec{D}\cdot d\vec{S}=q_0$
介电常数定义	$\varepsilon\equiv\varepsilon_0(1+k_{库}4\pi\chi)$	$\varepsilon\equiv1+4\pi\chi$	$\varepsilon\equiv c^{-2}(1+4\pi\chi)$	$\varepsilon\equiv1+4\pi\chi$	$\varepsilon\equiv\varepsilon_0(1+\chi)$
安培力	$d\vec{f}=k_{安}Id\vec{l}\times\vec{B}$	$d\vec{f}=Id\vec{l}\times\vec{B}$	$d\vec{f}=Id\vec{l}\times\vec{B}$	$d\vec{f}=c^{-1}Id\vec{l}\times\vec{B}$	$d\vec{f}=Id\vec{l}\times\vec{B}$

续表

	普适形式	CGSE 制 $k_库=k_安=k_毕=1$ $\varepsilon_0=1,\mu_0=1/c^2$	CGSM 制 $k_库=k_安=k_毕=1$ $\varepsilon_0=1/c^2,\mu_0=1$	高斯制 $k_库=1$ $k_安=k_毕=1/c$ $\varepsilon_0=\mu_0=1$	MKSA 制 $k_库=k_毕=1/4\pi$ $k_安=1$ $\varepsilon_0=10^7/4\pi c^2$ $\mu_0=4\pi\times10^{-7}$
磁矩定义	$p_m\equiv k_安 IS$	$p_m\equiv IS$	$p_m\equiv IS$	$p_m\equiv c^{-1}IS$	$p_m\equiv IS$
洛伦兹力	$\vec{f}=q(\vec{E}+k_安\vec{v}\times\vec{B})$	$\vec{f}=q(\vec{E}+\vec{v}\times\vec{B})$	$\vec{f}=q(\vec{E}+\vec{v}\times\vec{B})$	$\vec{f}=q(\vec{E}+c^{-1}\vec{v}\times\vec{B})$	$\vec{f}=q(\vec{E}+\vec{v}\times\vec{B})$
毕-萨定律	$\mathrm{d}\vec{B}=k_毕\mu_0\frac{I\mathrm{d}\vec{l}\times\vec{e}_r}{r^2}$	$\mathrm{d}\vec{B}=\frac{1}{c^2}\frac{I\mathrm{d}\vec{l}\times\vec{e}_r}{r^2}$	$\mathrm{d}\vec{B}=\frac{I\mathrm{d}\vec{l}\times\vec{e}_r}{r^2}$	$\mathrm{d}\vec{B}=\frac{1}{c}\frac{I\mathrm{d}\vec{l}\times\vec{e}_r}{r^2}$	$\mathrm{d}\vec{B}=\frac{\mu_0 I\mathrm{d}\vec{l}\times\vec{e}_r}{4\pi r^2}$
螺线管磁场	$B=k_毕\mu_0 4\pi nI$	$B=c^{-2}4\pi nI$	$B=4\pi nI$	$B=c^{-1}4\pi nI$	$B=\mu_0 nI$
安培环路定理	$\oint\vec{B}\cdot\mathrm{d}\vec{l}=k_毕\mu_0 4\pi I$	$\oint\vec{B}\cdot\mathrm{d}\vec{l}=c^{-2}4\pi I$	$\oint\vec{B}\cdot\mathrm{d}\vec{l}=4\pi I$	$\oint\vec{B}\cdot\mathrm{d}\vec{l}=c^{-1}4\pi I$	$\oint\vec{B}\cdot\mathrm{d}\vec{l}=\mu_0 I$
磁场强度定义	$\vec{H}\equiv\frac{\vec{B}}{\mu_0}-\frac{k_毕}{k_安}4\pi\vec{M}$	$\vec{H}\equiv c^2\vec{B}-4\pi\vec{M}$	$\vec{H}\equiv\vec{B}-4\pi\vec{M}$	$\vec{H}\equiv\vec{B}-4\pi\vec{M}$	$\vec{H}\equiv\frac{\vec{B}}{\mu_0}-\vec{M}$
环路定理（有磁质）	$\oint\vec{H}\cdot\mathrm{d}\vec{l}=k_毕 4\pi I_0$	$\oint\vec{H}\cdot\mathrm{d}\vec{l}=4\pi I_0$	$\oint\vec{H}\cdot\mathrm{d}\vec{l}=4\pi I_0$	$\oint\vec{H}\cdot\mathrm{d}\vec{l}=c^{-1}4\pi I_0$	$\oint\vec{H}\cdot\mathrm{d}\vec{l}=I_0$
磁导率定义	$\mu\equiv\mu_0(1+\frac{k_毕}{k_安}4\pi\chi_m)$	$\mu\equiv c^{-2}(1+4\pi\chi_m)$	$\mu\equiv 1+4\pi\chi_m$	$\mu\equiv 1+4\pi\chi_m$	$\mu\equiv\mu_0(1+\chi_m)$
法拉第定律	$\mathscr{E}=-k_安\frac{\mathrm{d}\Phi}{\mathrm{d}t}$	$\mathscr{E}=-\frac{\mathrm{d}\Phi}{\mathrm{d}t}$	$\mathscr{E}=-\frac{\mathrm{d}\Phi}{\mathrm{d}t}$	$\mathscr{E}=-\frac{1}{c}\frac{\mathrm{d}\Phi}{\mathrm{d}t}$	$\mathscr{E}=-\frac{\mathrm{d}\Phi}{\mathrm{d}t}$
自感定义	$L\equiv\frac{1}{k_安}\frac{\Phi}{I}$	$L\equiv\frac{\Phi}{I}$	$L\equiv\frac{\Phi}{I}$	$L\equiv c\frac{\Phi}{I}$	$L\equiv\frac{\Phi}{I}$
自感电动势	$\mathscr{E}_自=-k_安{}^2L\frac{\mathrm{d}i}{\mathrm{d}t}$	$\mathscr{E}_自=-L\frac{\mathrm{d}i}{\mathrm{d}t}$	$\mathscr{E}_自=-L\frac{\mathrm{d}i}{\mathrm{d}t}$	$\mathscr{E}_自=-\frac{1}{c^2}L\frac{\mathrm{d}i}{\mathrm{d}t}$	$\mathscr{E}_自=-L\frac{\mathrm{d}i}{\mathrm{d}t}$

参考文献

读者意见反馈

为收集对教材的意见建议，进一步完善教材编写并做好服务工作，读者可将对本教材的意见建议通过如下渠道反馈至我社。

咨询电话　400-810-0598

反馈邮箱　hepsci@pub.hep.cn

通信地址　北京市朝阳区惠新东街4号富盛大厦1座

高等教育出版社理科事业部

邮政编码　100029

防伪查询说明

用户购书后刮开封底防伪涂层，使用手机微信等软件扫描二维码，会跳转至防伪查询网页，获得所购图书详细信息。

防伪客服电话　（010）58582300